有机分子结构波谱解析

朱淮武 编

化学工业出版社
化学与应用化学出版中心
·北京·

图书在版编目（CIP）数据

有机分子结构波谱解析/朱淮武编．—北京：化学工业出版社，2005.8（2021.7重印）
ISBN 978-7-5025-7562-5

Ⅰ．有… Ⅱ．朱… Ⅲ．有机化合物-分子结构-波谱分析 Ⅳ．O656.4

中国版本图书馆 CIP 数据核字（2005）第 098091 号

责任编辑：成荣霞　　　　　　　　装帧设计：潘　虹
责任校对：蒋　宇

出版发行：化学工业出版社（北京市东城区青年湖南街 13 号　邮政编码 100011）
印　　装：北京科印技术咨询服务有限公司数码印刷分部
787mm×1092mm　1/16　印张 20¼　字数 537 千字　2021 年 7 月北京第 1 版第 11 次印刷

购书咨询：010-64518888　　　　　　　　售后服务：010-64518899
网　　址：http://www.cip.com.cn
凡购买本书，如有缺损质量问题，本社销售中心负责调换。

定　价：58.00 元　　　　　　　　　　　　　　　　　　　　版权所有　违者必究

序

　　自从 20 世纪 30 年代紫外光谱发展以来，后经 40 年代红外光谱、50 年代质谱、60 年代核磁共振氢谱、70 年代核磁共振碳谱、80 年代核磁共振二维谱的发展，有机谱学分析现已相当成熟和完善，紫外、红外、质谱、核磁共振等谱学手段已成为有机化合物分子结构鉴定和测定的常规方法，具有快速、灵敏、准确、重复性好、信息丰富以及样品用量少等特点，是化学手段所不能相比拟的。由于有机谱学分析的迅猛发展，极大地促进了有机化学的发展，且丰富了有机化学的内容。因此，有机谱学分析现已成为从事有机化学以及与有机化学相关的科学工作者所必须掌握的重要专业知识。

　　对于一般化学工作者，最重要的是"识谱"及实际应用。虽然有机谱图能够提供大量有关有机化合物分子结构的信息和数据，但是，能够有效地获取和应用这些信息和数据，取决于每个人的"识谱"能力。提高"识谱"能力的关键有两条：第一，熟练掌握各种有机谱学的原理（无需深究其数学推导）、概念、规律以及与有机化合物结构的关系；第二，需要不断地解析大量的由简单到复杂的有机谱图，从中积累经验。本书正是基于上述出发点编写而成的。

　　书中较系统地阐述了紫外光谱、红外光谱、核磁共振波谱和质谱的基本原理及其谱图解析方法，并通过精选大量有代表性的实例进行详细解析，以阐明各种分子谱图数据与有机化合物分子结构的关系。本书阐述概念清晰、逻辑性强、简明扼要、通俗易懂，书末还附有必要的有机谱学分析所需数据。因此本书实为掌握并提高有机谱学解析能力的一本好的参考书。

赵天增

前　言

　　有机结构波谱分析是建立在紫外光谱、红外光谱、核磁共振氢谱和碳谱、有机质谱基础上，用于鉴别有机化合物结构的定性分析方法。与经典的化学分析方法相比较，波谱分析法具有快速、灵敏、准确、重复性好、信息丰富以及样品用量少等特点。它的应用能使许多结构复杂的有机化合物结构得以快速地确定，从而使有机化合物的结构鉴定工作达到一个新的水平，极大地丰富了有机化学的内容，这也是经典的化学分析方法所不能比拟的。正是由于波谱分析的重要性，使得这门学科成为了与有机化学相关的科学工作者所必须掌握的重要专业知识。

　　鉴于一般化学工作者的兴趣在于应用，所以本书对波谱学理论未加深入阐述，而是注重于介绍各种波谱与有机化合物结构的关系、各种波谱在有机化合物结构分析中的解析技能。考虑到各种波谱均有其特点和局限性，为了使它们获得最有效的利用，在本书的最后一章介绍了如何组合各种波谱数据，彼此补充，相互论证，进行综合解析。

　　全书共分7章。除了在第6章简略地介绍了质谱仪的构造外，其他章节均未涉及仪器的结构及描绘，事实上，除非专门从事波谱仪器工作，对于一般的化学工作者来说，只要具备解析波谱的能力就行了，并不一定要求对仪器有太详细的了解。这就是编者所依据的宗旨。

　　本书的编写建立在作者积累多年讲授"有机结构分析"课程的教学经验基础之上。同时，吸纳了历届学习该课程的本科生及研究生根据自身学习的情况对本书涉及的内容和解题思路提出的建议。此外，在本书的编写过程中，还参阅了大量有关波谱分析的专著和文献，已将主要参考书目列于书后，在此向各位编著者表示深切的谢意。

　　本书在编写过程中得到首都师范大学王学琳教授、贵州大学张朝平教授的鼓励和支持；贵州师范大学理学院研究生罗世霞打印并仔细校对了全部文稿；化学工业出版社相关编辑为本书的出版做了大量细致的编辑工作，在此对他们一并致以诚挚的感谢。

　　限于编者水平，书中不妥之处在所难免，恳请广大读者批评指正。

编者
于贵州师范大学理学院

目 录

第1章　分子光谱概述 ·· 1
  1.1　光的特性 ·· 1
    1.1.1　光的波动性 ·· 1
    1.1.2　光的微粒性 ·· 2
  1.2　分子吸收光谱和分子发光光谱 ·· 2
    1.2.1　分子吸收光谱 ··· 2
    1.2.2　分子发光光谱 ··· 4
  1.3　吸收光谱的强度 ·· 4

第2章　紫外吸收光谱 ·· 6
  2.1　紫外吸收光谱的基本知识 ·· 6
    2.1.1　紫外吸收光谱的表示方法 ··· 6
    2.1.2　紫外吸收光谱中常用的几种术语 ································· 6
  2.2　紫外吸收光谱的基本原理 ·· 7
    2.2.1　电子跃迁产生紫外吸收光谱 ······································ 7
    2.2.2　电子跃迁类型 ·· 7
    2.2.3　共轭体系与吸收峰波长的关系 ··································· 8
    2.2.4　加合原则 ··· 9
  2.3　影响紫外吸收光谱的因素 ·· 9
    2.3.1　溶剂对吸收波长的影响 ·· 9
    2.3.2　分子离子化对吸收波长的影响 ·································· 11
  2.4　各类有机化合物的紫外吸收光谱 ··· 12
    2.4.1　非共轭体系的简单分子 ··· 12
    2.4.2　含有共轭体系的分子 ··· 13
    2.4.3　芳香族化合物分子 ·· 18
  2.5　紫外吸收光谱在有机结构分析中的应用 ··································· 23
    2.5.1　紫外吸收光谱提供的结构信息 ·································· 23
    2.5.2　解析紫外光谱的程序 ··· 23
    2.5.3　解析紫外光谱的实例 ··· 24
    2.5.4　紫外光谱的应用 ··· 26

第3章　红外吸收光谱 ·· 29
  3.1　红外吸收光谱的基本知识 ··· 29
    3.1.1　红外吸收光谱的表示方法 ······································· 29
    3.1.2　红外吸收光谱中常用的几种术语 ······························· 29
  3.2　红外吸收光谱的基本原理 ··· 31
    3.2.1　双原子分子的振动光谱 ··· 31
    3.2.2　多原子分子的振动光谱 ··· 35

3.2.3 振动光谱产生的条件 ······ 37
3.3 影响红外吸收峰位和峰强变化的因素 ······ 38
　　3.3.1 影响峰位变化的因素 ······ 38
　　3.3.2 影响峰强变化的因素 ······ 44
3.4 各类有机化合物的红外特征吸收频率 ······ 45
　　3.4.1 烷烃和环烷烃的特征吸收频率 ······ 45
　　3.4.2 烯烃的特征吸收频率 ······ 46
　　3.4.3 炔烃的特征吸收频率 ······ 47
　　3.4.4 芳烃的特征吸收频率 ······ 47
　　3.4.5 醇和酚类的特征吸收频率 ······ 50
　　3.4.6 醚类的特征吸收频率 ······ 51
　　3.4.7 羰基化合物的特征吸收频率 ······ 52
　　3.4.8 胺类的特征吸收频率 ······ 57
　　3.4.9 硝基化合物的特征吸收频率 ······ 58
　　3.4.10 腈类的特征吸收频率 ······ 59
　　3.4.11 其他各类化合物的特征吸收频率 ······ 59
3.5 拉曼光谱简介 ······ 60
　　3.5.1 基本原理 ······ 60
　　3.5.2 拉曼光谱的主要特点 ······ 62
　　3.5.3 拉曼光谱与红外光谱相比较所具有的优点 ······ 62
3.6 红外光谱图的解析 ······ 62
　　3.6.1 解析红外光谱图的先行知识 ······ 63
　　3.6.2 解析红外光谱图的程序 ······ 65
　　3.6.3 解析红外光谱图的要点 ······ 66
　　3.6.4 解析红外光谱图的实例 ······ 67
3.7 红外吸收光谱的应用 ······ 72
　　3.7.1 确定未知物的结构 ······ 72
　　3.7.2 监视化学反应 ······ 73
　　3.7.3 物质纯度的检查 ······ 73
　　3.7.4 红外光谱的进展——傅里叶变换红外光谱仪 ······ 74

第4章 核磁共振氢谱 ······ 76
4.1 核磁共振氢谱基本原理 ······ 76
　　4.1.1 原子核的自旋和磁矩 ······ 76
　　4.1.2 核的进动和核磁能级 ······ 78
　　4.1.3 核磁共振条件 ······ 79
　　4.1.4 弛豫过程 ······ 80
4.2 化学位移 ······ 82
　　4.2.1 化学位移的产生及表示方法 ······ 82
　　4.2.2 影响化学位移 δ_H 的因素 ······ 84
　　4.2.3 各类质子的化学位移 ······ 91
4.3 自旋偶合与自旋裂分 ······ 95
　　4.3.1 自旋偶合及自旋裂分的起因 ······ 95

	4.3.2	$n+1$ 规律	97
	4.3.3	偶合常数	98
	4.3.4	核的等价性质	102
	4.3.5	自旋体系分类的定义和表示方法	103
	4.3.6	一级谱	104
	4.3.7	二级谱	108
4.4	常见的几种复杂谱图	112
	4.4.1	取代苯环	112
	4.4.2	取代杂芳环	114
	4.4.3	单取代乙烯	114
	4.4.4	正构长链烷基	114
4.5	简化复杂谱图的几种方法	116
	4.5.1	使用高磁场的核磁共振仪	116
	4.5.2	自旋去偶	117
	4.5.3	核 Overhauser 效应	118
	4.5.4	化学位移试剂	119
	4.5.5	溶剂效应	120
4.6	核磁共振氢谱的解析	121
	4.6.1	解析核磁共振氢谱的先行知识	121
	4.6.2	解析核磁共振氢谱的程序	124
	4.6.3	解析核磁共振氢谱的实例	125

第 5 章 核磁共振碳谱 131

5.1	核磁共振碳谱的特点	131
5.2	核磁共振碳谱的去偶技术	132
	5.2.1 质子噪声去偶	132
	5.2.2 偏共振去偶	132
	5.2.3 质子选择性去偶	133
	5.2.4 门控去偶和反转门控去偶	134
	5.2.5 INEPT 和 DEPT 谱	134
5.3	^{13}C 的化学位移	135
	5.3.1 化学位移 δ_C 的表示方法	135
	5.3.2 影响化学位移 δ_C 的因素	136
	5.3.3 各类碳核的化学位移	139
5.4	^{13}C 的自旋偶合及偶合常数	148
	5.4.1 $^{13}C-^{1}H$ 偶合	148
	5.4.2 $^{13}C-D$ 偶合与 $^{13}C-^{13}C$ 偶合 ..	149
	5.4.3 $^{13}C-^{19}F$,$^{13}C-^{31}P$ 偶合 ..	149
5.5	核磁共振碳谱的解析	149
	5.5.1 解析核磁共振碳谱的程序	150
	5.5.2 解析核磁共振碳谱的实例	151
5.6	二维核磁共振谱简介	158
	5.6.1 二维核磁共振概述	158

  5.6.2 几种常用的二维核磁共振谱 ·· 160

第6章 质谱 ··· 166
6.1 质谱的基本知识 ··· 167
  6.1.1 质谱计的一般原理 ·· 167
  6.1.2 质谱计的分辨率及质量范围 ···································· 168
  6.1.3 质谱的表示方法 ··· 170
6.2 质谱中离子的主要类型 ·· 171
  6.2.1 分子离子 ··· 171
  6.2.2 同位素离子 ·· 175
  6.2.3 碎片离子 ··· 179
  6.2.4 亚稳离子 ··· 179
  6.2.5 多电荷离子 ·· 180
  6.2.6 离子与分子相互作用产生的离子 ······························ 180
6.3 分子式的确定 ··· 181
  6.3.1 高分辨质谱法 ·· 181
  6.3.2 同位素丰度法 ·· 181
6.4 离子的裂解过程 ·· 183
  6.4.1 裂解的基本概念 ··· 184
  6.4.2 裂解类型 ··· 184
  6.4.3 裂解的一般规律 ··· 189
6.5 常见各类有机化合物的质谱裂解特性 ······························· 192
  6.5.1 烷烃类 ·· 192
  6.5.2 烯烃类 ·· 193
  6.5.3 炔烃类 ·· 194
  6.5.4 芳烃类 ·· 194
  6.5.5 醇类 ··· 195
  6.5.6 酚和芳香醇类 ·· 197
  6.5.7 醚类 ··· 198
  6.5.8 醛类 ··· 199
  6.5.9 酮类 ··· 200
  6.5.10 羧酸类 ··· 202
  6.5.11 羧酸酯类 ·· 203
  6.5.12 胺类 ·· 204
  6.5.13 酰胺类 ··· 205
  6.5.14 腈类 ·· 206
  6.5.15 硝基化合物 ··· 207
  6.5.16 卤化物 ··· 207
  6.5.17 含硫化合物 ··· 208
6.6 质谱图的解析 ··· 210
  6.6.1 解析质谱图的先行知识 ··· 210
  6.6.2 解析质谱图的程序 ·· 211
  6.6.3 解析质谱图的实例 ·· 212

第7章　四种波谱的综合解析 ·· 223
　7.1　四谱综合解析的一般程序 ··· 223
　　7.1.1　分子量和分子式的确定 ·· 223
　　7.1.2　根据分子式计算不饱和度 ··· 224
　　7.1.3　不饱和类型的判断 ··· 224
　　7.1.4　活泼氢的识别 ··· 224
　　7.1.5　结构式的推定 ··· 224
　　7.1.6　结构式的最终确定 ··· 225
　7.2　四谱综合解析的实例 ·· 226

主要参考文献 ·· 244

附录Ⅰ　常见各类有机化合物的红外特征吸收频率 ··· 245
附录Ⅱ　常见各类有机化合物的质子化学位移 ··· 255
附录Ⅲ　各种类型质子的偶合常数 ·· 263
附录Ⅳ　一些常见有机化合物的 ^{13}C 化学位移 ··· 265
附录Ⅴ　一些有机化合物的 ^{13}C 偶合常数 ··· 268
附录Ⅵ　普通碎片离子系列（主要为偶电子离子）··· 273
附录Ⅶ　从分子离子丢失的中性碎片 ··· 274
附录Ⅷ　有机化合物质谱中一些常见碎片离子（正电荷未标出）······························ 276
附录Ⅸ　部分贝农（Beynon）表 ··· 278

第1章 分子光谱概述

吸收光谱是研究电磁波与物质分子相互作用的科学。当电磁波照射物质时，物质的分子或原子将吸收一定波长的电磁波而产生相应的吸收光谱。吸收光谱的特征与分子或原子的内部结构有着密切的关系，因此，深入研究物质对电磁波的吸收特征，就可以获得物质内部结构的重要信息。

1.1 光的特性

光是一种电磁波，而 X 射线、γ射线和无线电波也是电磁波，所有这些电磁波在本质上完全相同，只是波长或频率有所差别。如果把自然界存在的各种不同波长的电磁波按波长顺序排列成一谱，即称为电磁波谱（表1-1）。不同波长的电磁波具有不同的特性，它们与物质的作用不同，检测的方法也不同，由此产生了不同的波谱类型。

表 1-1 电磁波谱

电磁波	波长①	跃迁类型	波谱类型
γ射线	0.001～0.01nm	核跃迁	穆斯堡尔谱
X 射线	0.01～10nm	内层电子	X 射线
真空紫外	10～200nm	外层电子	紫外吸收光谱
近紫外	200～400nm	外层电子	紫外吸收光谱
可见光	400～800nm	外层电子	可见吸收光谱
近红外	0.8～2.5μm	分子振动	红外吸收光谱；拉曼谱
中红外	2.5～25μm	分子振动	红外吸收光谱；拉曼谱
远红外	25～1000μm	分子转动	远红外吸收光谱
微波	0.1～10cm	分子转动；电子自旋	微波波谱；顺磁共振
射频	>10cm	核自旋	核磁共振光谱

① 波长范围的划分并不是很严格，在不同的文献资料中会有所出入。

无论何种电磁波都具有波粒二象性，即既有波动性，又有微粒性。在传播运动过程中波动性突出（例如光的偏振、干涉、衍射等现象就是波动性的体现），而与物质相互作用时微粒性就突出（例如光电效应、光的吸收和散射等就是微粒性的体现）。对于电磁波的波动性和微粒性的特性，下面将分别进行讨论。

1.1.1 光的波动性

首先可以把光看成是一种振动波。对光波来说，其传播过程的主要特性可用图1-1表示。

λ 的单位因波谱区域的不同，而在习惯上采用不同的单位。例如在 X 射线区和紫外-可见光区常用纳米（nm）为单位；红外区常用微米（μm 或 cm^{-1}）为单位；微波区常用厘米（cm）为单位；无线电波区常用米（m）为单位。它们的相互关系为：

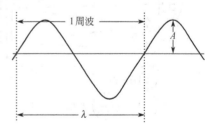

图 1-1 光的波性特征

A—波的振幅（偏离横轴的最大摆动），长度单位；
ν—振动频率（单位时间内经过某一点的波的数目），Hz；
T—周期（循环一周所需的时间），s；与ν为倒数关系，即 $T=1/\nu$；
$\bar{\nu}$—波数［波长的倒数（$\bar{\nu}=1/\lambda$）］，cm^{-1}；
λ—波长（在周期波传播方向上，两相邻同相位点间的距离），长度单位。

$$1\mu m = 10^{-4} cm \qquad 1nm = 10^{-7} cm$$

任何一种波长的光,其 λ 和 ν 之间的关系见式(1-1):

$$\nu = \frac{c}{\lambda} \tag{1-1}$$

式中,c 为光速,$c=3.0\times10^8$ m/s。

1.1.2 光的微粒性

在讨论光或电磁辐射与原子及分子的相互作用时,又可把光看成是一种从光源射出的能量子流或者是以高速(3.0×10^8 m/s)移动的粒子。这种能量子也叫光量子或光子。光子具有能量,各种不同波长光子的能量用 E 表示,光子的能量与波长或频率有关,这一关系由著名的普朗克公式(Plank's equation)给出:

$$E = h\nu = h\frac{c}{\lambda} = hc\bar{\nu} \tag{1-2}$$

式中,h 为普朗克常数,$h = 6.626\times10^{-34}$ J·s。

从式(1-2)可以看出,电磁波的频率愈高,波长愈短,则光子的能量就愈高,所以电磁波的频率、波长或波数也是能量高低的量度标尺。

例. 波长为 400nm 的紫外线,其能量是多少?

解:$E = h\dfrac{c}{\lambda} = 6.626\times10^{-34}\times\dfrac{3.0\times10^8}{400\times10^{-9}} = 4.97\times10^{-19}$ (J)

当电磁波与物质相互作用时,所被吸收能量的大小及强度都与物质分子的结构有关,如果用发射连续波长的电磁波照射物质,并测量该物质对各种波长的吸收程度,就得到反映分子结构特征的吸收光谱图。这就是利用光谱法测定分子结构的依据。

1.2 分子吸收光谱和分子发光光谱

根据光谱产生的机理不同,分子光谱又可分为分子吸收光谱和分子发光光谱。

1.2.1 分子吸收光谱

所有的原子或分子均能吸收电磁波,且对吸收的波长有选择性。这种现象的产生主要是因为分子的能量具有量子化的特征。在正常状态下原子或分子处于一定能级即基态,经光激发后,随激发光能量的大小,其能级提高一级或数级,即分子由基态跃迁到激发态。也就是说,分子不能任意吸收各种能量,只能吸收相当于两个或几个能级之差的能量。换言之,即原子或分子只吸收具有一定能量或其倍数光子。当某一连续光源(由一定区域内所有波长的光线组成的光束)经过光栅或棱镜后(图1-2),光线即被分解成各个波长组分。这些分解的波长组分在通过含有原子或分子的样品池时,透

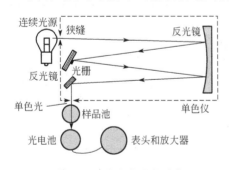

图 1-2 吸收光度法的示意

过的光线就不再是连续的了。其中有些光波可与池内的原子或分子相互作用并被吸收,把被吸收光波的波长接收在鉴定设备上而予以鉴定,记录下来的图像就叫吸收光谱。

分子的吸收光谱基本上分为 3 类——转动光谱、振动光谱和电子光谱。

(1) 转动光谱

纯粹的转动光谱只涉及分子转动能级的改变,不产生振动和电子状态的改变。分子的转动能是分子的重心绕轴旋转时所具有的动能,如图1-3所示。转动能级间距离很小,吸收光子的波长长,频率低。通常两个转动能级的能量差 $\Delta E_{转动}$ 一般为 0.05eV 以下(1eV=

$1.602×10^{-19}$ J)。单纯的转动光谱出现在远红外区和微波区。

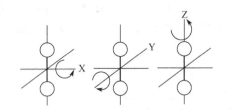

图 1-3　分子过重心绕轴旋转示意图　　　　图 1-4　弹簧两侧各连一个小球的谐振子

(2) 振动光谱

振动光谱的产生起源于分子振动能级的跃迁，振动能是分子振动而具有的位能和动能。为了便于理解，可以把分子中由化学键相连的两个原子模拟地看成被弹簧连接的两个小球（图1-4）。使弹簧发生伸展振动时，小球即离开原位。这里，弹簧强度（或化学键的键强）越大，则伸展弹簧需要的能量（或使分子发生振动能级跃迁需要的能量）也将越大。

由于振动能级的间距大于转动能级，因此在每一振动能级改变时，还伴有转动能级改变，谱线密集，显示出转动能级改变的细微结构，吸收峰加宽，称为"振动-转动"吸收带，或"振转"吸收。通常两个振动能级的能级差 $\Delta E_{振动}$ 约为 0.05~1eV，其吸收出现在波长较短、频率较高的红外区域，故分子的振动-转动光谱又称为红外光谱。

(3) 电子光谱

电子光谱是因分子吸收光子后使电子跃迁，产生电子能级的改变而形成的。电子能是分子及原子中的电子具有的位能和动能。电子的动能是电子运动的结果，而电子的位能则起因于电子与原子核及其他电子之间的相互作用。通常两个电子能级的能量差 $\Delta E_{电子}$ 约为 1~20eV，故当电子能级改变时，不可避免地伴随有振动能级和转动能级的变化。所以电子光谱中既包括因价电子跃迁而产生的吸收谱线，也含有振动谱线和转动谱线。如果仪器的分辨能力不够，电子跃迁谱线和相应的振动和转动谱线将密集在一起，在光谱吸收曲线（以吸收强度对波长作图所得到的曲线）上就会出现较宽的吸收峰，而不是尖锐的峰。当样品在气态或非极性溶剂的稀溶液中有时可以观察到吸收峰上有明显的锯齿状振动吸收的精细结构。图 1-5（a）是苯溶液的 B 吸收带；图 1-5（b）是苯蒸气的相应吸收带，显示了清晰的振动结构。

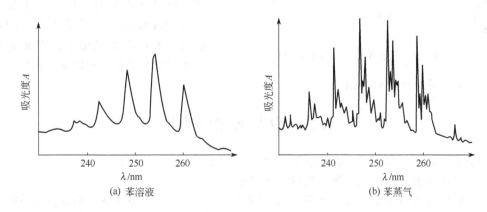

图 1-5　苯的紫外吸收光谱

由于电子能级跃迁产生的吸收出现在紫外区及可见光区，故电子光谱又称为紫外-可见光谱。

上述3种吸收光谱能级的改变,可用图1-6来说明。图中的S_0和S_1是两个电子能级;在同一电子能级中还因振动能量不同而分为若干$V=0, 1, 2, 3……$振动能级;在同一电子能级和同一振动能级中,还因转动能量的不同而分为若干$J=0, 1, 2, 3……$转动能级。

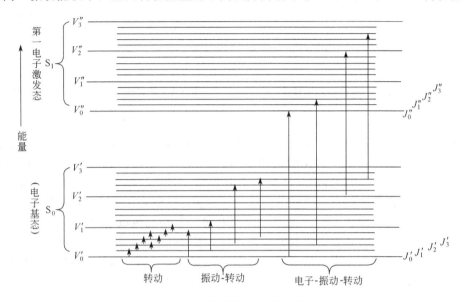

图1-6 双原子分子能级和能级跃迁示意
V—振动能级;J—转动能级

1.2.2 分子发光光谱

分子发光光谱包括荧光光谱、磷光光谱和化学发光光谱。荧光和磷光都是光致发光,是物质的基态分子吸收一定波长范围的光辐射激发至单线激发态,当其由激发态回到基态时产生的二次辐射(见图1-7)。荧光产生于单线激发态向基态跃迁,而磷光是单线激发态先过渡到三线激发态,然后由三线激发态向基态跃迁而产生的。化学发光是化学反应物或反应产物受反应释放的化学能激发而产生的光辐射。发光光谱为发光强度与波长之间的关系曲线。

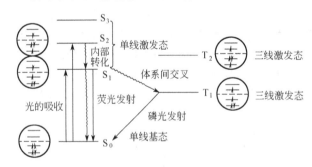

图1-7 光的吸收和发射示意图

本书只讨论分子吸收光谱。

1.3 吸收光谱的强度

关于吸收光谱的吸收强度在实验上可用比耳-朗伯(Bee-Lambert)定律来描述。这条定律是吸收光的基本定律,也是测量吸收光的理论基础。

当一束单色光透过溶液时,光被吸收的程度(即吸光度)与溶液的光程长度及溶液浓度有关。如一个吸收池的厚度为l,内装浓度为c的溶液,当强度为I_0的入射光透过时,一部分光线被吸收,透射光的强度变为I(见图1-8),则在一定浓度范围内有以下关系存在:

$$A = \lg \frac{I_0}{I} = a \cdot c \cdot l = \lg \frac{1}{T} \tag{1-3}$$

式 (1-3) 就是比耳-朗伯定律的数学表述式。
式中　A——吸光度；
　　　T——透射比（或透射率、透光度），$T=I/I_0$；
　　　a——吸收系数。$a=A/(cl)$。

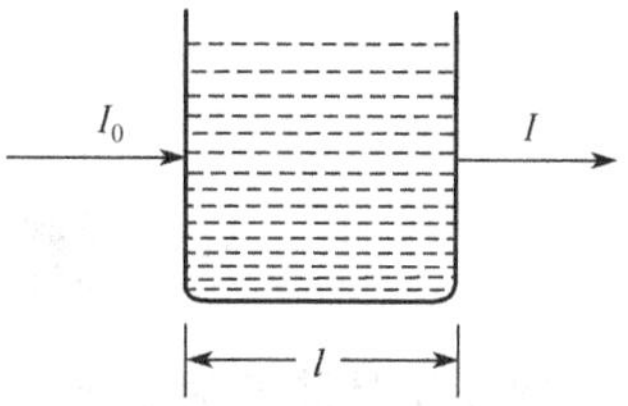

如果 c 的单位采用 mol/L，l 的单位为 cm 时，则相应的吸收系数称为摩尔吸收系数，用符号 ε 表示 [ε 的单位为 L/(mol·cm)，但一般不写单位]；如果 c 的单位用体积质量浓度（g/100mL），l 的单位为 cm，则相应的吸收系数用符号 $E_{1cm}^{1\%}$ 表示。在有机及药物化学中常采用这一方法，其优点在于对相对分子质量未定的物质适用。

图 1-8　光线透过吸收池示意图

$E_{1cm}^{1\%}$ 和 ε 的关系可用式 (1-4) 或式 (1-5) 表示：

$$E_{1cm}^{1\%}=\frac{10\varepsilon}{M} \quad （M 为物质的相对分子质量） \tag{1-4}$$

或
$$\varepsilon=E_{1cm}^{1\%}\times 0.1M \tag{1-5}$$

对一个化合物而言，在不同波长下具有不同的 ε，但在一定波长下，它是一个特征常数，不随溶液浓度或吸收池厚度而改变。因此 ε 可作为物质对某个特定波长光吸收能力的量度。对不同物质而言，在同一波长下，ε 愈大，表示物质对该波长光的吸收能力愈强。ε 是定性鉴定化合物，特别是有机化合物的重要参数之一。它的值在紫外光谱和红外光谱中用于表示峰强的含义如下。

① 在紫外光谱中：
$\varepsilon>10^4$ 时，为强吸收；
$\varepsilon=10^3\sim 10^4$，为较强吸收；
$\varepsilon=10^2\sim 10^3$，为较弱吸收；
$\varepsilon<10^2$ 时，为弱吸收。

② 在红外光谱中：
$\varepsilon>200$，很强的峰，用 vs 表示 (very strong)；
$\varepsilon=75\sim 200$，强峰，用 s 表示 (strong)；
$\varepsilon=25\sim 75$，中强峰，用 m 表示 (medium)；
$\varepsilon=5\sim 25$，弱峰，用 w 表示 (weak)；
$\varepsilon=0\sim 5$，很弱的峰，用 vw 表示 (very weak)。

应当指出，红外光谱用于结构鉴定时经常使用 T 或 A 为相对强度，此时所指的强吸收峰或弱吸收峰是对整个光谱图的相对强度而言，并不代表一定的 ε 值范围。

第 2 章 紫外吸收光谱

紫外光是波长为 10~400nm 的光波。又可把其分为两部分：10~200nm 为远紫外区，200~400nm 为近紫外区。由于空气中的水分、氧、氮及二氧化碳等都对远紫外区这一段电磁波产生吸收，所以在此波段进行紫外光谱测量时，仪器的光路系统必须抽成真空，以排除空气中上述气体的干扰。故此区又称为真空紫外区。由于实验技术要求苛刻，它的测量较为困难，同时能提供的信息也比较有限，因而对化合物的远紫外区光谱至今也还研究很少。在有机光谱分析中，近紫外区最为有用，通常所指的紫外光谱，实际上就是近紫外区的光谱。

当分子中的某些价电子吸收一定波长的紫外光，就会由低能级（处于基态）跃迁至高能级（激发态），此时产生的吸收光谱叫做紫外光谱（ultraviolet spectra，简写成 UV）。

2.1 紫外吸收光谱的基本知识

2.1.1 紫外吸收光谱的表示方法

紫外光谱通常在非常稀的溶液中测量。精确地称取一定量的化合物（当相对分子质量在 100~200 之间时，通常取 1mg 左右），将其溶解在选定的溶剂中（见第三节），在一个石英样品池中装入该溶液，另一个石英样品池装入纯溶剂，两个池分别放在紫外分光光度计的适当位置上进行测试。在大多数仪器中，测试结果被记录成以吸光度 A 为纵坐标和 λ 为横坐标的吸收曲线。为了发表或比较结果，坐标常变换为 ε 对 λ 或者 $\lg\varepsilon$ 对 λ，λ 的单位均为 nm。图 2-1 中曲线的高峰称为最大吸收峰，它所对应的波长称为最大吸收波长，记为 λ_{max}；曲线中的峰谷所对应的波长称最小吸收波长，记为 λ_{min}；有时在峰旁边还可看到一个小的曲折，称为肩峰（sh.）。

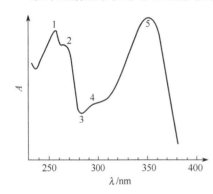

图 2-1 紫外吸收光谱示意
1,5—吸收峰；2,4—肩峰；3—吸收谷

一个化合物在紫外光谱上，由于特殊的分子结构，往往出现几个最大的吸收峰。光谱上的 λ_{max}、λ_{min}、肩峰以及整个紫外光谱的形状取决于化合物的性质，其特征随化合物的结构而异，所以是物质定性的依据。

在文献中，一个化合物的紫外光谱特征除少数给出曲线外，还常用文字符号表示。一般给出的是强吸收带最高处的波长及相应的摩尔吸光系数 ε_{max} 或 $\lg\varepsilon_{max}$，但有时也同时报道最低吸收谷的波长及其摩尔吸光系数。例如：苯乙酮在乙醇中测定的紫外光谱可表示为 λ_{max}^{EtOH} 243nm（ε_{max} 13000 或 $\lg\varepsilon_{max}$ 4.11）、279nm（ε_{max} 1200）、315nm（ε_{max} 55）。λ 的右上角注明的是测定时用的溶剂，各波长数字后面的括弧内注明该峰的强度。

2.1.2 紫外吸收光谱中常用的几种术语

（1）发色团

发色团这一术语原意是指能使化合物呈现颜色的一些基团。在紫外光谱中沿用这一术语，其含义已经扩充：凡是能导致化合物在紫外及可见光区产生吸收的基团，不论是否显出颜色都称为发色团。发色团一般为带 π 电子的基团。例如，C=C、C≡C、苯环以及

C=O、N=N、NO_2等不饱和基团都是发色团。

如果化合物中有几个发色团互相共轭,则各单个发色团所产生的吸收带将消失,而代之出现新的共轭吸收带,其波长将比单个发色团的吸收波长长,吸收强度也将显著增强。

(2) 助色团

助色团是指那些本身不会使化合物分子产生颜色或者在紫外及可见光区不产生吸收的一些基团,但这些基团与发色团相连时却能使发色团的吸收带波长移向长波,同时使吸收强度增加。通常,助色团是由含有孤对电子的原子或原子团所组成。例如:—OH、—OR、—NHR、—SR、—Cl 等。这些基团借助 p-π 共轭使发色团增加共轭程度,从而使电子跃迁的能量下降。

各种助色团的助色效应,以 O^- 为最大,F 为最小。助色团的助色效应强弱大致为下列顺序:

$$O^- > NR_2 > NHR > NH_2 > OCH_3 > SH > OH > Br > Cl > CH_3 > F$$

(3) 向红位移和向蓝位移

当有机化合物分子中引入了助色团或其他发色团而使分子结构发生变化,或者受溶剂等因素的影响,使其紫外吸收带的最大吸收波长向长波方向移动的现象称为红移。与此相反,如果吸收带的最大吸收波长向短波方向移动,则称为蓝移或紫移。

(4) 增色效应和减色效应

当有机化合物分子中引入了助色团或其他发色团而使分子结构发生变化,或者受溶剂等因素的影响,使吸收带的强度即摩尔吸光系数 ε 增大或减少的现象称为增色效应或减色效应。

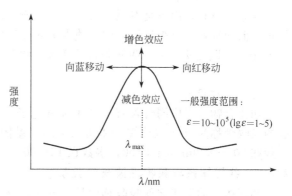

图 2-2 吸收谱带的术语

上述吸收谱带术语可用图 2-2 表示其相互关系。

2.2 紫外吸收光谱的基本原理

2.2.1 电子跃迁产生紫外吸收光谱

紫外吸收光谱是由分子中价电子能级跃迁所产生的。通常分子处于基态,当紫外光通过物质分子且其能量($E=h\nu$)恰好等于电子能级基态(E_0)与其高能态(E_1)能量的差值($\Delta E_电 = E_1 - E_0$)时,紫外光的能量就会转移给分子,使电子从 E_0 跃迁到 E_1 而产生紫外吸收光谱。由于电子跃迁能($\Delta E_电$)远大于分子的振动能量差($\Delta E_振$)和转动能量差($\Delta E_转$),因此在电子跃迁的同时,不可避免地伴随着振动能级和转动能级的跃迁,故所产生的吸收因附加上振动能级和转动能级的跃迁而变成宽的吸收带。

2.2.2 电子跃迁类型

有机分子中,主要含有 3 种类型的价电子,即 σ 键电子,π 键电子及未成键 n 电子。由于化合物不同,其所含的价电子类型也不同,故产生的电子跃迁类型也不同。各种类型的电子跃迁能级如图 2-3 所示,它们跃迁能的大小次序如下:

$$\Delta E_{\sigma \to \sigma^*} > \Delta E_{n \to \sigma^*} \geqslant \Delta E_{\pi \to \pi^*} > \Delta E_{n \to \pi^*}$$

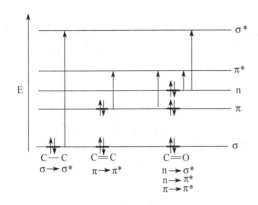

图 2-3 各种电子跃迁能级

下面分别讨论各种类型的价电子跃迁。

① σ→σ* 跃迁　由于 σ 键结合比较牢固,电子跃迁需要很高的能量,只有吸收远紫外光才能跃迁,因此只具有 σ 键电子的饱和烃类在近紫外区无吸收,在远紫外(约 150nm)处才有吸收。

② n→σ* 跃迁　氧、氮、硫和卤素等都含有未成键 n 电子。因此含有这些原子的化合物都有由 n→σ* 跃迁引起的吸收。这类跃迁所需吸收的能量比 σ→σ* 的小,其吸收靠近紫外区边端(约 200nm)附近,称末端吸收。

③ π→π* 跃迁　不饱和化合物及芳香化合物除含 σ 电子外,还含有 π 电子。一般来说,只含孤立双键的 π→π* 跃迁大多在约 200nm 处有吸收,其摩尔吸光系数 $\varepsilon > 10^4$。而共轭双键的 π→π* 跃迁则向长波移动,这是由于共轭的 π 电子在整个共轭体系内流动,属于共轭链上全部原子所有,而不是专属于某一个原子所有,所以它们受到的束缚力小得多,只要受到能量较低的辐射即可被激发,因而使得吸收光谱的波长变长,也使吸光系数变大。由共轭体系的 π→π* 跃迁所产生的吸收带称为 K 带(德文:Konjuierte　共轭的),K 带的波长大于 200nm,$\varepsilon > 10^4$。

④ n→π* 跃迁

如化合物分子中同时含有 π 电子和 n 电子,则可产生 n→π* 跃迁。由 n→π* 跃迁所引起的吸收带称为 R 带(德文:Radikalartig　基团型的)。R 带所需的能量最低,其吸收波长一般在 200～400nm,$\varepsilon < 100$,多数在 15～50。

2.2.3 共轭体系与吸收峰波长的关系

共轭体系的形成将使吸收移向长波方向。分子中的共轭体系越长,则吸收向长波方向移动的距离越大,而且吸收强度增强,亦即吸收波长是随共轭程度增加而增加(表 2-1)。这种现象可以认为是由于形成了离域 π 键,使 π→π* 跃迁的基态与激发态间的能量差值变小,π 电子更容易被激发而跃迁到反键 π* 轨道上去。图 2-4 显示了从乙烯变成丁二烯时的 π 轨道的变化。原乙烯的两个 π 轨道各自分裂成为两个新的轨道,即重新组成了两个成键轨道 π_1、π_2 和两个反键轨道 π_3^*、π_4^*。当丁二烯分子受到紫外光激发时,处于 π_2 轨道上的电子只需接受较低的能量就可以跃迁到 π_3^* 轨道上,这就导致了吸收带波长红移。

表 2-1　$H(CH=CH)_nH$ 的最大吸收波长

n	λ_{max}/nm	溶　剂	n	λ_{max}/nm	溶　剂
2	217	己烷	6	364	2,2,4-三甲基戊烷
3	268	2,2,4-三甲基戊烷	7	390	2,2,4-三甲基戊烷
4	304	环己烷	8	410	2,2,4-三甲基戊烷
5	334	2,2,4-三甲基戊烷	10	447	2,2,4-三甲基戊烷

不同的发色团共轭也会引起 π→π* 跃迁吸收波长红移。如果共轭基团中还含有 n 电子,则 n→π* 跃迁吸收波长也发生红移。例如乙醛的 π→π* 跃迁和 n→π* 跃迁的吸收带波长分别为 170nm 和 290nm,而丙烯醛分子中由于存在双键与羰基共轭,使 π→π* 跃迁和 n→π* 跃迁的吸收带波长分别移至 210nm 和 315nm(图 2-5)。从图中也可看出羰基与烯双键共轭不但使电子在成键 π 轨道与反键 π* 轨道之间跃迁的能量降低,也使 n→π* 跃迁的能量降低。

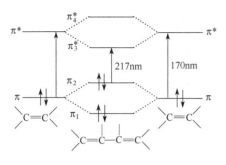

图 2-4 乙烯共轭双键能级

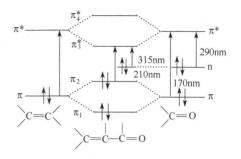

图 2-5 丙烯醛羰基与烯双键共轭能级

2.2.4 加合原则

一个分子中的两个发色团（A，B）被一个或更多个隔离原子或原子团（如—CH_2—）分开，则这个分子的紫外吸收光谱近似于 A、B 发色团紫外吸收光谱之加和，称为"加合原则"或"叠加原则"。

由加合原则可知，一个化合物的紫外吸收为该分子中几个相互不共轭部分的结构单元的紫外吸收的加合。

当研究一个结构复杂的化合物时，由于仅是其中共轭体系或羰基等有紫外吸收，因此，可以选取结构上大为简化的模型化合物来估计该化合物的紫外吸收。具体例子将在第五节作介绍。

2.3 影响紫外吸收光谱的因素

有机化合物紫外吸收光谱的吸收带波长和吸收强度，往往会受各种因素的影响而发生变化。

2.3.1 溶剂对吸收波长的影响

有机化合物紫外吸收光谱的吸收带波长和吸收强度，与所采用的溶剂有密切关系。通常，一个化合物在非极性溶剂中测得的吸收光谱与在气态时测得的吸收光谱比较相似，而在极性溶剂（如醇、水等）中的吸收光谱则与气态时区别较大。这一现象称为溶剂效应。下面就讨论溶剂效应对 $n \rightarrow \pi^*$ 跃迁和 $\pi \rightarrow \pi^*$ 跃迁吸收谱带的影响。

(1) 溶剂极性对 $n \rightarrow \pi^*$ 跃迁谱带的影响

$n \rightarrow \pi^*$ 跃迁的吸收谱带随溶剂极性的增大而向蓝移。一般来说，从以环己烷为溶剂改为以乙醇为溶剂，会使该谱带蓝移 7nm；如改为以极性更大的水为溶剂，则将蓝移 8nm。增大溶剂的极性会引起 $n \rightarrow \pi^*$ 跃迁的吸收谱带蓝移的原因如下：

会发生 $n \rightarrow \pi^*$ 跃迁的分子，都含有非键电子。例如 C=O 在基态时碳氧键极化成 $\overset{\delta+}{C}=\overset{\delta-}{O}$，当 n 电子跃迁到 π^* 分子轨道时，氧的电子转移到碳那里，使羰基激发态的极性减小，即 $\overset{\delta+}{C}=\overset{\delta-}{O}$（基态）→ C=O（激发态）。所以，与极性溶剂的偶极-偶极相互作用强度以基态大于激发态。被极性溶剂稳定而下降的能量亦是基态大于激发态。于是有 $\Delta E_{极} > \Delta E_{非}$，跃迁能增加而发生吸收峰蓝移，如图 2-6（a）所示；溶剂对 $n \rightarrow \pi^*$ 跃迁的另一个影响是形成氢键。例如，羰基与极性溶剂发生氢键缔合的作用强度，极性较强的基态大于极性较弱的激发态，致使基态能级的能量下降较大，而激发态能级的能量下降较小，仍然是 $\Delta E_{极} > \Delta E_{非}$，故使吸收峰蓝移。

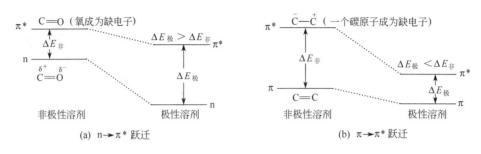

图 2-6 n→π* 跃迁和 π→π* 跃迁的溶剂效应

（2）溶剂极性对 π→π* 跃迁谱带的影响

π→π* 跃迁的吸收谱带随溶剂极性的增大而向红移。一般来说，从以环己烷为溶剂改为以乙醇为溶剂，会使该谱带红移 10~20nm。增大溶剂的极性引起 π→π* 跃迁吸收谱带红移的原因如下。

大多数会发生 π→π* 跃迁的分子，其激发态的极性总是比基态的极性大，因而激发态与极性溶剂之间发生相互作用从而降低其能量的程度，要比极性较小的基态与极性溶剂发生作用而降低的能量大。也就是说，在极性溶剂作用下，基态与激发态之间的能量差别变小了，因而要实现这一跃迁所需的能量也相应地小了，即有 $\Delta E_极 < \Delta E_非$，故引起吸收峰红移，这可以用图 2-6（b）加以说明。

综上所述，溶剂的极性增大，π→π* 跃迁吸收谱带发生红移，n→π* 跃迁吸收谱带发生蓝移。这两种不同方向的影响可以清楚地从表 2-2 中异亚丙基丙酮 $CH_3COCH=C(CH_3)_2$ 的紫外吸收光谱在不同溶剂中的 λ_{max} 值看出来。正是因为溶剂的极性对 π→π* 跃迁吸收谱带和 n→π* 跃迁吸收谱带的影响如此不同，因此可以利用溶剂效应来区别这两种跃迁引起的吸收谱带。又由于同一种物质在不同的溶剂中吸收谱带的位置不相同，因而要将一种未知物质的吸收光谱与已知物质的吸收光谱进行比较时，必须采用相同的溶剂，在引用文献数据时也应注明所用溶剂。通常，在没有特别注明溶剂的场合，一般都是指采用乙醇（或甲醇）作为溶剂。

表 2-2 异亚丙基丙酮 $CH_3COCH=C(CH_3)_2$ 吸收带与溶剂极性的关系

溶剂		己烷	乙醚	乙醇	甲醇	水
介电常数		2.0	4.3	25.8	31	81
$\lambda_{max}/nm(\varepsilon_{max})$	π→π*	229.5(12600)	230(12600)	237(12600)	238(10700)	244.5(10000)
	n→π*	327(97.5)	326(96)	315(78)	312(74)	305(60)

（3）测定用溶剂的选择

测定化合物的紫外吸收光谱时，一般均配成溶液，故选择合适的溶剂很重要。选择溶剂的条件除了要求样品不与溶剂发生相互作用外，还应注意下列原则：溶剂对样品有足够的溶解能力；样品在该溶剂中有良好的吸收峰形；在所测定的波长范围内，溶剂本身没有吸收。这是因为虽然对照空白是溶剂，似乎溶剂吸收的影响能抵消，但由于溶剂的吸收使通过的光减弱，光电倍增管几乎处于无光情况，这样会使放大器产生很大噪声，从而影响准确度。

表 2-3 介绍了一些常用溶剂在紫外区的吸收极限波长，若被测物的吸收波长比溶剂的极限波长短，则溶剂本身将有吸收，因而影响测定的准确度。

一般来说，测定非极性化合物的紫外吸收光谱，多用环己烷作溶剂。尤其是芳香化合物，在环己烷中测定的紫外吸收光谱能显示其特有的精细结构。测定极性化合物时，多用甲醇或乙醇作溶剂。在溶剂选择好之后，接着就需要考虑配制何种浓度的样品液进行测定最合适。一般溶液的浓度最好使透射比在 20%～65%，吸光度约在 0.2～0.7 之间，大致用 10^{-5}～10^{-2} mol/L 浓度为宜。

表 2-3　一些常用溶剂的最低使用波长极限

溶　剂	λ_{min}/nm	溶　剂	λ_{min}/nm
十氢化萘	200	正丁醇	240
水	205	氯仿	245
甲醇	210	乙酸乙酯	256
乙醇	210	四氯化碳	265
己烷	210	二甲基亚砜	265
环己烷	210	二甲基甲酰胺	270
异丙醇	210	苯	280
正庚烷	210	甲苯	285
乙腈	210	四氯乙烯	290
乙醚	215	二甲苯	295
四氢呋喃	220	吡啶	305
二氧六环	220	丙酮	330
二氯甲烷	240	二硫化碳	380

2.3.2　分子离子化对吸收波长的影响

若化合物在不同的 pH 值介质中能形成阳离子或阴离子，则吸收谱带会随分子的离子化而改变。如苯胺在酸性介质中形成苯胺盐阳离子：

$$\text{C}_6\text{H}_5\text{NH}_2 \underset{\text{OH}^-}{\overset{\text{H}^+}{\rightleftharpoons}} \text{C}_6\text{H}_5\overset{+}{\text{NH}}_3$$

λ_{max} 230nm (ε_{max} 8600)　　　　λ_{max} 203nm (ε_{max} 7500)
λ_{max} 280nm (ε_{max} 1470)　　　　λ_{max} 254nm (ε_{max} 160)

苯胺形成盐后，氮原子的未成键电子消失，氨基的助色作用也随之消失，因此苯胺盐的吸收谱带发生蓝移，它的紫外吸收与苯无区别。

苯酚在碱性介质中能形成苯酚阴离子，其吸收谱带发生红移，且 ε_{max} 也显著增加。这是由于苯酚分子中—OH 含有两对孤对电子，与苯环上 π 电子形成 p-π 共轭，当形成酚盐阴离子时，氧原子上孤对电子增加到 3 对，使 p-π 共轭作用进一步增强之故。

$$\text{C}_6\text{H}_5\text{OH} \underset{\text{H}^+}{\overset{\text{OH}^-}{\rightleftharpoons}} \text{C}_6\text{H}_5\text{O}^-$$

λ_{max} 211nm (ε_{max} 6200)　　　　λ_{max} 236nm (ε_{max} 9400)
λ_{max} 270nm (ε_{max} 1450)　　　　λ_{max} 287nm (ε_{max} 2600)

利用上述这两个反应加碱（对 Ph—$\overset{+}{\text{NH}}_3$ 而言）或加酸（对 Ph—O^- 而言）又可复原的特性，可推断未知物的苯环上是否有—NH_2 或—OH。具体做法如下。

① 判断苯环上是否连有—NH_2、—NR_2。可在样品吸收池内滴加一滴 0.1mol/L 盐酸后测紫外吸收，若吸收发生改变（蓝移，相对未加酸而言），再在该吸收池内滴加一滴 0.1mol/L 氢氧化钠，看是否能恢复为加酸前的吸收，若能恢复，则证明此样品的苯环上连有—NH_2、—NR_2 等基团。

② 判断苯环上是否连有—OH。可在样品吸收池内滴加一滴 0.1mol/L 氢氧化钠后测紫外吸收，若吸收发生改变（红移，相对未加碱而言），再在该吸收池内滴加一滴 0.1mol/L 盐酸，看是否能恢复为加碱前的吸收，若能恢复，则证明此样品的苯环上连有—OH。

2.4 各类有机化合物的紫外吸收光谱

各类有机化合物都有吸收紫外光的特性,化合物的分子结构不同,其吸收光谱特征亦各不相同。本节将分别讨论简单分子、共轭分子和芳香化合物分子的紫外吸收光谱与分子结构的关系。

2.4.1 非共轭体系的简单分子

(1) 饱和的有机化合物

对于饱和碳氢化合物来说,分子中只有结合牢固的σ键电子,需吸收较高的能量才能产生σ→σ*跃迁,因而通常只在远紫外区才有吸收。由于远紫外区在一般仪器的使用范围之外,故这类化合物的紫外吸收在有机光谱分析中的应用价值很小。

对含有杂原子的饱和醇、醚、胺、硫化物和卤代烃等,分子中除含σ电子外,尚有杂原子上未成键的n电子,故可发生n→σ*跃迁,所需的能量较σ→σ*跃迁小,但其吸收带在近紫外区的较少。

从上面的讨论可知,一般的饱和有机化合物在近紫外区无吸收,不能将紫外吸收用于鉴定;反之,它们在近紫外区对紫外光是透明的,所以在紫外测定中常将它们用作溶剂。

(2) 含非共轭烯、炔基团的化合物

这类化合物都含π电子,可以发生π→π*跃迁,π→π*跃迁的能量虽比σ→σ*跃迁能量低,但其吸收波长仍在远紫外区。例如,丁烯和环己烯的吸收波长分别为178nm和184nm,乙炔的吸收波长为173nm;只有当烯、炔的重键与助色团相连接时,由于助色团杂原子上的未共用电子对(如—NR_2、—OR、—SR、Cl等上的n电子)与重键发生共轭,吸收带才向红移,强度也增加。因此,烯基和炔基虽名为生色团,但若无助色团的作用,在近紫外区是没有吸收的。

(3) 含不饱和杂原子的化合物

在这类化合物中,除发生π→π*跃迁外,还会发生n→σ*和n→π*跃迁。其中π→π*跃迁的吸收波长处于远紫外区,而n→π*跃迁则因所需能量较低,故吸收波长处于近紫外区,但吸收强度低。然而毕竟其吸收位置较佳,易于检测,因此在紫外鉴定中是不容忽视的。表2-4为一些含不饱和杂原子基团的n→π*跃迁吸收。

表2-4 一些含不饱和杂原子基团的n→π*跃迁吸收

化合物类别	官能团结构式	代表化合物	λ_{max}/nm	ε_{max}	溶 剂
醛	RCHO	乙醛	290	16	庚烷
酮	RCOR′	丙酮	279	15	己烷
酰卤	RCOX	乙酰氯	235	53	己烷
酰胺	$RCONH_2$	乙酰胺	214	—	水
酯	RCOOR′	乙酸乙酯	207	69	石油醚
羧酸	RCOOH	乙酸	204	62	水
硝基	—NO_2	硝基甲烷	271	18.6	乙醇
硝酸酯	—ONO_2	硝酸乙酯	270	12	二氧六环
甲亚胺	C=N—	丙酮肟	190	5000	水
腈	—C≡N	乙腈	<160	—	—
亚砜	S=O	环己基甲基亚砜	210	1500	乙醇
砜	O_2S	二甲基砜	<180	—	—

从表 2-4 可以看到，有些孤立的生色团并不能在近紫外区产生吸收，这是因为生色团与相邻的原子或原子团产生共轭效应和诱导效应的综合结果所致。酮基的 n→π* 跃迁吸收带比醛基的波长短，可能是因为烷基的超共轭效应使 π* 能级提高之故；当醛基上的氢被卤素、氨基、烷氧基、羟基等取代变成酰卤、酰胺、酯和羧酸时，其 n→π* 跃迁显著地蓝移。这是杂原子上的未成键电子对通过共轭和诱导效应影响羰基的缘故。未成键电子对与羰基 π 电子的相互作用，使基态 π 轨道的能量降低，而激发态 π* 轨道能量提高，这种作用对 n 能级一般无影响，故使 n→π* 跃迁能增高，吸收带向短波移动。此外，氯、氮和氧等杂原子的电负性均比碳原子强，吸电子的诱导效应使羰基氧原子上的未成键电子拉得紧，可能降低羰基基态 n 的能级，使 n 轨道基态和 π* 轨道能级的差距更大，即诱导效应的影响亦使吸收带向短波方向移动。

2.4.2 含有共轭体系的分子

当两个生色团在同一个分子中，其间有一个以上的亚甲基，分子的紫外光谱往往是两个单独生色团光谱的加合（加合原则）。若两个生色团间只隔一个单键则成为共轭体系。共轭体系中两个生色团相互影响，其吸收光谱和单一生色团相比，有很大改变。若再用不同的取代基取代共轭体系中的氢原子，则该共轭体系的 π→π* 跃迁吸收波长就会有更大的变化。下面就分别讨论共轭烯烃和 α,β-不饱和羰基化合物的 π→π* 跃迁吸收规律。

（1）共轭二烯、共轭三烯及共轭四烯的最大吸收波长值的计算

在对大量的共轭烯烃吸收紫外光谱实验数据总结的基础上，Woodward 于 1941 年提出了计算共轭烯烃吸收波长的规律，后又经 Fieser 修正成为 Woodward-Fieser 规则（表 2-5）。据此可以计算共轭烯烃的最大吸收波长值。其计算过程是先从共轭烯烃得到一个基本吸收波长值，然后对连接在共轭体系上的不同取代基以及其他结构因素加以修正。该规则不能预测吸收波长的强度。

下面是应用这个经验规则的例子。

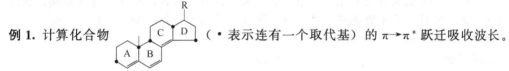

例 1. 计算化合物（·表示连有一个取代基）的 π→π* 跃迁吸收波长。

解：查表 2-5，该化合物的基本值为 214nm。从结构式中可看到环 C 中的双键既是环 B 的环外双键，也是环 D 的环外双键，故应计为两个环外双键。

表 2-5 共轭烯烃紫外吸收带的 Woodward-Fieser 规则（乙醇溶液）

共 轭 烯 烃	λ/nm	共 轭 烯 烃	λ/nm
共轭二烯基本值	214	—Cl,—Br	5
下列结构因素导致的增量值		—OR	6
共轭二烯在同一环内(同环二烯)①	39	—SR	30
共轭体系每增加一个双键②	30	—NR¹R²	60
共轭体系每增加一个环外双键③	5	—O—COR 或 —O—COAr	0
共轭体系上的取代		溶剂校正值	0
—R(烷基或环)	5		

① 本表特指六元环而言，若为五元环或七元环，则增量值相应改为 14nm 和 27nm。

② 这仅适用于成串共轭的分子，如 C═C—C═C—C═C，而不适用于交叉共轭的分子，如 C═C—C═C。
　　C═C

③ 环外双键是指在某一环的环外并与该环直接相连的双键，而且要共轭。如在结构 A｜B 中，双键 1 是环 B 的环外双键，双键 2 是环 A 的环外双键。

共轭二烯基本值	214nm
烷基取代（5×5）	25nm
环外双键（5×3）	15nm
增加一个共轭双键	30nm

λ_{max} 计算值　　284nm
λ_{max} 实测值　　283nm（ε 33000）

例 2. 计算化合物 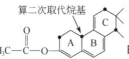 的 π→π* 跃迁吸收波长。

解：从该化合物的结构式中，可以看出这是个具有同环二烯（环 B）的分子。

共轭二烯基本值	214nm
同环二烯	39nm
烷基取代（5×5）	25nm
环外双键（5×3）	15nm
增加两个共轭双键（30×2）	60nm

λ_{max} 计算值　　353nm
λ_{max} 实测值　　355nm（ε 19700）

例 3. 计算化合物 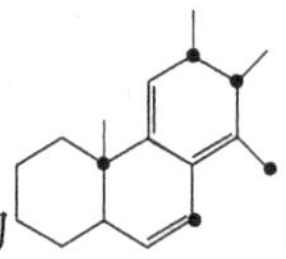 的 π→π* 跃迁吸收波长。

解：这是一个交叉共轭体系，应取具有较大波长值的共轭体系作为计算基础。在这里应选同环二烯。在计算中不算侧链上的双键，因为它只能和母体中的一个双键共轭。

共轭二烯基本值	214nm
同环二烯	39nm
烷基取代（5×5）	25nm
环外双键（5×2）	10nm

λ_{max} 计算值　　288nm
λ_{max} 实测值　　285nm（ε 9100）

（2）共轭多烯的最大吸收波长值的计算

Woodward-Fieser 规则仅适用于计算共轭二烯至四烯的 λ_{max} 值，而对于共轭多烯体系则不能得到满意的结果。如果一个多烯分子中含有 4 个以上的共轭双键，则可按照 Fisesr 和 Kuhn 所提出的公式计算其 λ_{max} 值式（2-1）和 ε_{max} 值式（2-2）。

$$\lambda_{max}(己烷溶液)=114+5M+n(48.0-1.7n)-16.5R_{endo}-10R_{exo} \quad (2-1)$$

$$\varepsilon_{max}(己烷溶液)=1.74\times10^4 n \quad (2-2)$$

式中　M——取代的烷基数；
　　　n——共轭双键数；
　　　R_{endo}——具有环内双键的环数；
　　　R_{exo}——具有环外双键的环数。

例 1. 全反式番茄红素的结构为

计算 λ_{max} 和 ε_{max}。

解：$M=8$，$n=11$（两端双键未参加共轭），$R_{endo}=0$，$R_{exo}=0$

$\lambda_{max}=114+5\times 8+11\times(48.0-1.7\times 11)-16.5\times 0-10\times 0=476.3\text{nm}$（实测值474nm）

$\varepsilon_{max}=1.74\times 10^4\times 11=19.1\times 10^4$（实测值$18.6\times 10^4$）

例2. 能有效地消除体内有害因子氧自由基的 β-胡萝卜素是多烯化合物。其全反式 β-胡萝卜素的结构为

计算 λ_{max} 和 ε_{max}。

解：$M=10$，$n=11$，$R_{endo}=2$，$R_{exo}=0$

$\lambda_{max}=114+5\times 10+11\times(48.0-1.7\times 11)-16.5\times 2-10\times 0=453.3\text{nm}$（实测值452nm）

$\varepsilon_{max}=1.74\times 10^4\times 11=19.1\times 10^4$（实测值$15.2\times 10^4$）

ε 的计算值与实测值不总是符合得很好，这是因为 ε 值的计算公式是半经验式的。

（3）α,β-不饱和羰基化合物的最大吸收波长值的计算

我们可以用 $\overset{\delta}{C}=\overset{\gamma}{C}-\overset{\beta}{C}=\overset{\alpha}{C}-\overset{X}{\underset{\parallel}{C}}=O$ 这个一般式来表示含有一个 C=O 键和多个 C=C 键相共轭的 α,β-不饱和羰基化合物。如果 X 是烷基，则为烯酮；如果 X 是氢，则为烯醛；如果 X 是羟基，则为烯酸；如果 X 是烷氧基，则为烯酯。

根据这类化合物的结构特点，它们的紫外光谱应有一个强的 $\pi\rightarrow\pi^*$ 吸收带（K带）和一个弱的 $n\rightarrow\pi^*$ 吸收带，随着共轭体系的增长，此弱带将为 $\pi\rightarrow\pi^*$ 跃迁强带所掩盖；该强吸收带的 ε_{max} 值通常总是大于 1×10^4。

α,β-不饱和羰基化合物 K 带的 λ_{max} 值可用表2-6所列数据进行计算。

表2-6 α,β-不饱和羰基化合物 K 带的计算规则

$\overset{\delta}{C}=\overset{\gamma}{C}-\overset{\beta}{C}=\overset{\alpha}{C}-\overset{X}{\underset{\parallel}{C}}=O$	λ/nm			
α,β-不饱和羰基化合物基本值				
酮(X=C)	215			
醛(X=H)	209			
酸或酯(X=OH 或 OR)	193			
α,β-不饱和五元环酮①	202			
下列结构因素导致的增量值				
同环共轭双键	39			
共轭体系每增加一个双键	30			
环外双键，五元环及七元环内双键(酸或酯)	5			
烯基上的取代	α	β	γ	δ（或更高）
—R(烷基或环)	10	12	18	18
—OH	35	30	50	50
—OR	35	30	17	31
—OCOR	6	6	6	6
—Cl	15	12		
—Br	25	30		

续表

$\overset{\delta}{C}=\overset{}{C}-\overset{\gamma}{C}=\overset{}{C}-\overset{\beta}{C}=\overset{}{C}-\overset{\alpha}{C}\overset{X}{=}\overset{}{C}=O$	λ/nm
—SR	85
—NRR′	95
溶剂校正[②]	
水	8
甲醇,乙醇	0
氯仿	1
1,4-二氧六环	5
乙醚	7
正己烷,环己烷	11

[①] 指双键和羰基均在同一环中,否则作开链论,以215nm为基本值。
[②] 表中所列数值是在95%乙醇中测定的。这类化合物受溶剂极性影响较为显著。因此,如用其他溶剂时,可把表中数据计算得到的波长再减去溶剂校正值,就是在该溶剂中的吸收波长。

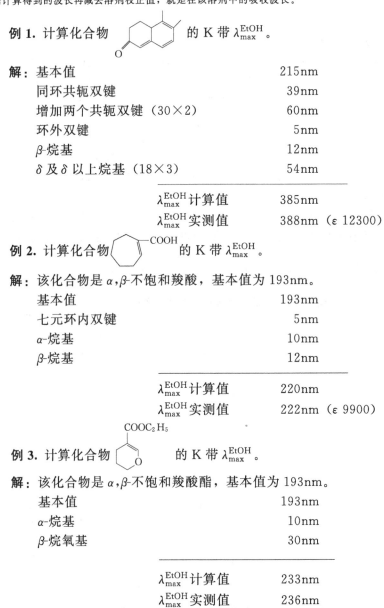

例1. 计算化合物 的 K 带 $\lambda_{\max}^{\text{EtOH}}$。

解：
基本值	215nm
同环共轭双键	39nm
增加两个共轭双键（30×2）	60nm
环外双键	5nm
β-烷基	12nm
δ 及 δ 以上烷基（18×3）	54nm
$\lambda_{\max}^{\text{EtOH}}$ 计算值	385nm
$\lambda_{\max}^{\text{EtOH}}$ 实测值	388nm（ε 12300）

例2. 计算化合物 的 K 带 $\lambda_{\max}^{\text{EtOH}}$。

解： 该化合物是 α,β-不饱和羧酸,基本值为193nm。

基本值	193nm
七元环内双键	5nm
α-烷基	10nm
β-烷基	12nm
$\lambda_{\max}^{\text{EtOH}}$ 计算值	220nm
$\lambda_{\max}^{\text{EtOH}}$ 实测值	222nm（ε 9900）

例3. 计算化合物 的 K 带 $\lambda_{\max}^{\text{EtOH}}$。

解： 该化合物是 α,β-不饱和羧酸酯,基本值为193nm。

基本值	193nm
α-烷基	10nm
β-烷氧基	30nm
$\lambda_{\max}^{\text{EtOH}}$ 计算值	233nm
$\lambda_{\max}^{\text{EtOH}}$ 实测值	236nm

例 4. 计算化合物 [结构式] 的 K 带 λ_{max}^{EtOH}。

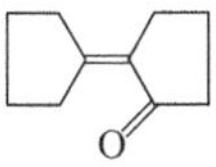

解: 这个化合物的双键和羰基不在同一个五元环中,故应按开链酮的基本值计为 215nm。

基本值	215nm
环外双键 (5×2)	10nm
α-烷基	10nm
β-烷基 (12×2)	24nm
λ_{max}^{EtOH} 计算值	233nm
λ_{max}^{EtOH} 实测值	236nm

例 5. 计算化合物 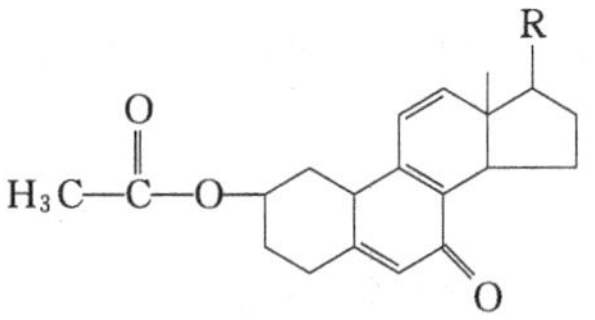 的 K 带 $\lambda_{max}^{环己烷}$。

解: 这个化合物有交叉共轭,须取其中较大的波长(亦即能量最低)进行计算。

基本值	215nm
同环共轭双键	39nm
增加一个共轭双键	30nm
α-烷基	10nm
β-烷基	12nm
δ-烷基	18nm
λ_{max}^{EtOH} 计算值	324nm

减去环己烷溶剂校正值 11,所以 $\lambda_{max}^{环己烷} = 324-11 = 313$(nm)

例 6. 计算化合物 [结构式] 的 K 带 λ_{max}^{EtOH}。

解: 这个化合物是 α,β-不饱和五元酮,基本值为 202nm。

基本值	202nm
增加一个共轭双键	30nm
环外双键	5nm
β-烷基	12nm
γ-烷基	18nm
δ-烷基	18nm
λ_{max}^{EtOH} 计算值	285nm
λ_{max}^{EtOH} 实测值	281nm

(4) 共轭多烯醛、酮、酸、酯的最大吸收波长值的计算

关于共轭多烯醛、酮、酸、酯的 K 带吸收波长,有人提出下列计算公式式(2-3),具有一定的参考价值。

$$(\lambda_{max}^{石油醚})^2 = (39.78 - 39.33 \times 0.920^N) \times 10^4 \text{nm} \tag{2-3}$$

其中，$N=n+N_R+N_{rl}+N_{AC}$。

式中　　n——共轭双键数；

N_R——烷基，一个 R 取代时，$N_R=0.1$；

N_{rl}——含有双键的环数，一个 rl 取代时，$N_{rl}=-0.8$；

N_{AC}——COOH 或 COOR 数，一个 AC 取代时，$N_{AC}=-0.3$。

例 1. 计算化合物 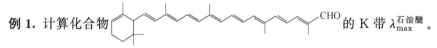 的 K 带 $\lambda_{max}^{石油醚}$。

解：$n=8$，$N_R=5$，$rl=0$，$N_{AC}=0$

所以，$N=8+0.1\times 5+(-0.8)\times 0+(-0.3)\times 0=8.5$

$$\lambda_{max}^{石油醚}=\sqrt{(39.78-39.33\times 0.920^{8.5})\times 10^4}=451.9\text{nm}(实测值 450\text{nm})$$

例 2. 计算化合物 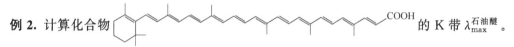 的 K 带 $\lambda_{max}^{石油醚}$。

解：$n=12$，$N_R=8$，$rl=1$，$N_{AC}=1$

所以，$N=12+0.1\times 8+(-0.8)\times 1+(-0.3)\times 1=11.7$

$$\lambda_{max}^{石油醚}=\sqrt{(39.78-39.33\times 0.920^{11.7})\times 10^4}=499.5\text{nm}(实测值 501\text{nm})$$

2.4.3　芳香族化合物分子

最简单的芳香族化合物是苯。苯在紫外区有 3 个吸收峰：E_1 带（Ethylenic，意为乙烯式），λ_{max}^{MeOH} 184nm（ε_{max} 47000），E_2 带 λ_{max}^{MeOH} 203.5nm（ε_{max} 7400），B 带（Benzenoid，意为苯类）λ_{max}^{MeOH} 254nm（ε_{max} 204），它们均为 $\pi\to\pi^*$ 跃迁所产生：

E_1 带：

是由苯环内乙烯键上的 π 电子被激发所致。此带在远紫外区，不常用。

E_2 带：

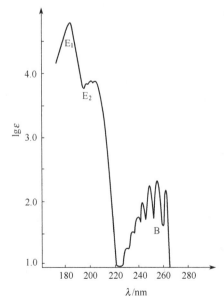

图 2-7　苯的紫外吸收光谱

是由苯环的共轭二烯所引起。此带可因苯环上引入助色团而红移，吸收峰出现在较长的波长处。当苯环上引入发色团时，吸收峰更加显著地红移。此时的 E_2 带相当于 K 带，故有的文献也把 E_2 带称为 K 带。

B 带则是由 $\pi\to\pi^*$ 跃迁时伴随分子振动能级变化所引起的吸收带，此带为一宽峰，并出现若干小峰（或称精细结构），如图 2-7 所示。在极性溶剂中这些精细结构峰变得不明显或消失，B 带呈宽的峰包状。特征 B 带对于识别分子中的苯环很有用。

（1）单取代苯

苯环上的取代基能影响苯的电子分布，使苯原有的 3 个吸收带发生变化，复杂的 B 带一般都简单化，并且各吸收带也向红位移，同时吸收强度增加。影响的大小与取代基的类型有关。

① 当苯环上的氢被烷基取代时，由于烷基的 σ

电子与苯环上π电子的超共轭作用,使吸收带向红移,但影响较小。

② 当苯环上的氢被供电子的助色团(如—NH_2、—OR 等)取代时,由于助色团的 p 电子与苯环上π电子形成 p-π 共轭,使吸收带红移。常见各种助色团影响吸收带红移的大小,有下列顺序可作定性参考:

$$—O^- > —NH_2 > —OCH_3 > —OH > —Br > —Cl > —CH_3$$

③ 当苯环上的氢被吸电子的发色团(如 $\diagdown C=O$ 、—NO_2 等)取代时,由于发色团的π电子与苯环上π电子形成π-π共轭,相连产生更大的共轭体系,使苯的 E_2(或 K)带、B 带发生较大的红移,吸收强度也显著地增加。常见各种发色团影响吸收带红移的大小,有下列顺序可作定性参考:

$$—NO_2 > —CHO > —COCH_3 > —COOH > —CN, COO^- > —SO_2NH_2$$

表 2-7 是常见的单取代苯的 K、B 吸收带波长和摩尔吸光系数。

表 2-7　常见单取代苯的吸光特性

取代基	E_2 带		B 带		溶剂
	λ/nm	ε_{max}	λ/nm	ε_{max}	
—NH_3^+	203	7500	254	169	2%甲醇
—H	203.5	7400	254	204	2%甲醇
—CH_3	206.5	7000	261	225	2%甲醇
—I	207	7000	257	700	2%甲醇
—Cl	209.5	7400	263.5	190	2%甲醇
—Br	210	7900	261	192	2%甲醇
—OH	210.5	6200	270	1450	2%甲醇
—OCH_3	217	6400	269	1480	2%甲醇
—SO_2NH_2	217.5	9700	264.5	740	2%甲醇
—CN	224	13000	271	1000	2%甲醇
—COO^-	224	8700	268	560	2%甲醇
—COOH	230	11600	273	970	2%甲醇
—NH_2	230	8600	280	1430	2%甲醇
—O^-	235	9400	287	2600	2%甲醇
—C≡CH	236	15500	278	650	庚烷
—$NHCOCH_3$	238	10500	—		水
—CH=CH_2	244	12000	282	450	乙醇
—$COCH_3$	240	13000	278	1100	乙醇
—Ph	246	20000	—		庚烷
—CHO	244	15000	280	1500	乙醇
—NO_2	252	10000	280	1000	己烷
—NO_2	268.5	7800	—	—	2%甲醇
—N=N—Ph(反式)	319	19500	—	—	氯仿

(2) 双取代苯

在双取代苯中,由于取代基的性质和取代位置的不同,对苯的吸收光谱产生的影响也不同,往往难于简单地加以推测。但下列一些定性的规律往往是有用的。

① 对位二取代苯。

a. 如果两个取代基属于同类基团,即都是供电子基或都是吸电子基,则 E_2 带发生红移，位移程度由红移效应最大的基团决定。例如，对硝基苯甲酸中的—COOH是吸电子基，可使苯的E_2带（203.5nm）红移至230nm（在2%甲醇中，下同），即$\Delta\lambda_1=26.5$nm（表2-8）。而—NO_2也是吸电子基，它使苯的E_2带红移至268.5nm，即$\Delta\lambda_2=65.0$nm。由于对硝基苯甲酸的E_2带位置与增值$\Delta\lambda$较大的硝基苯的E_2带大致相近（实测对硝基苯甲酸的E_2带的λ_{max}为264nm），故位移程度是由红移效应较强的硝基所决定。

表 2-8 取代苯中各种取代基对苯的E_2带的增值$\Delta\lambda$（2%甲醇）

取代基	Δλ/nm	取代基	Δλ/nm	取代基	Δλ/nm
—CH_3	3.0	—CN	20.5	—O^-	31.5
—Cl	6.0	—COOH	24.5①	—$COCH_3$	42.0
—Br	6.5	—COOH	26.5	—CHO	46.0
—OH	7.0	—NH_2	26.5	—NO_2	56.5①
—OCH_3	13.5	—$NHCOCH_3$	38.5①	—NO_2	65.0

① 溶剂为乙醇。

b. 如果两个取代基分别属于不同类型基团，即一个是供电子基，另一个是吸电子基，则因两个取代基效应相反，产生协同作用，其E_2带红移值的幅度大于两种取代基增值之和。例如，在对硝基苯胺中，—NO_2的$\Delta\lambda_1=65.0$nm，—NH_2的$\Delta\lambda_2=26.5$nm。两者之和$\Delta\lambda=\Delta\lambda_1+\Delta\lambda_2=65.0+26.5=91.5$nm。而实测对硝基苯胺的$E_2$带$\lambda_{max}$为381.5nm，即它的红移值实测为：$\Delta\lambda=381.5-203.5=178.0$nm。此值要比两个取代基增值之和（$\Delta\lambda_1+\Delta\lambda_2$）大得多。因此，对位二取代苯若是由两个电性相反的基团取代，其E_2带的λ_{max}值不能用增值数来估算。

② 邻位和间位二取代苯。

这类双取代苯不论两个取代基是否相同的类型，两个取代基引起的E_2带λ_{max}的移动，大致等于两个取代基增值之和。例如，—OH的$\Delta\lambda_1=7.0$nm，—COOH的$\Delta\lambda_2=26.5$nm。因此，邻或间羟基苯甲酸的$\Delta\lambda$应该等于$\Delta\lambda_1$与$\Delta\lambda_2$之和，即$\Delta\lambda=7.0+26.5=33.5$nm，亦即邻羟基苯甲酸或间羟基苯甲酸的$E_2$带$\lambda_{max}=203.5+33.5=237.0$nm（实测邻羟基苯甲酸、间羟基苯甲酸的$E_2$带$\lambda_{max}$分别为237.0nm和237.5nm）。

总之，由上面的讨论可知，当苯环上的两个氢原子被取代后，无论取代基是供电子基还是吸电子基，也无论其相对位置如何，其结果都能使苯的吸收带红移，且吸收强度增加。

(3) 苯甲酰基衍生物的最大吸收波长值的计算

苯甲酰基衍生物Y—C_6H_4—COX中由于苯环与羰基共轭能产生很强的K带（E_2带），其吸收波长可以按Scott规则进行计算。运算时只需将母体C_6H_5-COX的基本值加上各取代基Y的参数（表2-9）就可以得到最大吸收波长值。有时这个推定法也可以应用于苯甲酰基衍生物的多取代物。但除了此类化合物以外的多取代苯，则由于取代基间的相互关系更为复杂，往往很难加以简单的推测，故本书不予讨论。

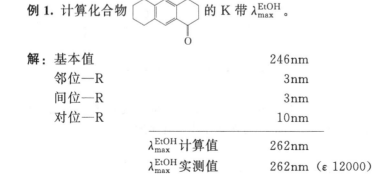

例 1. 计算化合物 的K带λ_{max}^{EtOH}。

解：

基本值	246nm
邻位—R	3nm
间位—R	3nm
对位—R	10nm
λ_{max}^{EtOH}计算值	262nm
λ_{max}^{EtOH}实测值	262nm（ε 12000）

表 2-9　Y-C$_6$H$_4$-COX 型化合物 K 带的计算规则（溶剂：乙醇）

	λ/nm		
母体基本值			
酮(X＝C)	246		
醛(X＝H)	250		
酸或酯(X＝OH 或 OR)	230		
各种取代基 Y	邻位	间位	对位[①]
—R(烷基或环)	3	3	10
—OH，—OR	7	7	25
—O$^-$	11	20	78
—Cl	0	0	10
—Br	2	2	15
—NH$_2$	13	13	58
—NHCOCH$_3$	20	20	45
—NHCH$_3$			73
—N(CH$_3$)$_2$	20	20	85

① 表中取代基的位置是相对于羰基的位置。

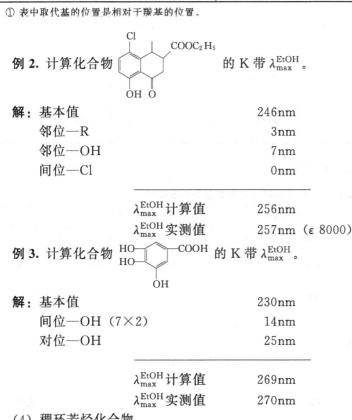

例 2. 计算化合物 的 K 带 λ_{max}^{EtOH}。

解：　基本值　　　　　　　　246nm
　　　邻位—R　　　　　　　　3nm
　　　邻位—OH　　　　　　　7nm
　　　间位—Cl　　　　　　　　0nm
　　　――――――――――――――――
　　　λ_{max}^{EtOH} 计算值　　　256nm
　　　λ_{max}^{EtOH} 实测值　　　257nm (ε 8000)

例 3. 计算化合物 的 K 带 λ_{max}^{EtOH}。

解：　基本值　　　　　　　　230nm
　　　间位—OH（7×2）　　　14nm
　　　对位—OH　　　　　　　25nm
　　　――――――――――――――――
　　　λ_{max}^{EtOH} 计算值　　　269nm
　　　λ_{max}^{EtOH} 实测值　　　270nm

（4）稠环芳烃化合物

稠环芳烃化合物的范围非常之广，以至于在本书中无法详细讨论。它们的吸收光谱通常很复杂，由于这个原因它们可以起到指纹的作用，特别是对于非极性的取代基更是如此。表 2-10 给出了一些稠环芳烃化合物的紫外吸收光谱数据。

（5）芳杂环化合物

芳杂环化合物的范围也是非常的大，在本书中难以详细介绍。一般来说，它们的吸收光谱与相应的碳环化合物类似，但这仅仅是在十分粗略的意义上。无论是在吡咯还是吡啶中，杂原子均会导致显著的取代基效应，这种效应取决于取代基和杂原子的给电子效应或者吸电子效应以及它们的取向。表 2-11 给出了一些芳杂环化合物的紫外吸收光谱数据。

表 2-10 一些稠环芳烃化合物的紫外吸收特征

化合物	结构式	E_1 带		E_2 带		B 带	
		λ/nm	ε_{max}	λ/nm	ε_{max}	λ/nm	ε_{max}
萘	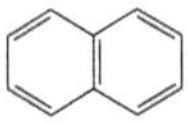	220	110000	275①	5600	314①	316
蒽	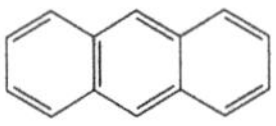	252	200000	375①	7900		
菲	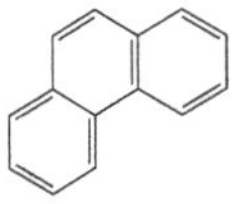	252	50000	295	13000	330	250
芘	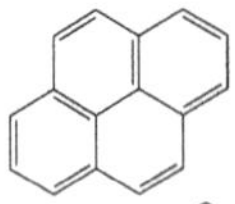	240	89000	334	50000	352	630
䓛	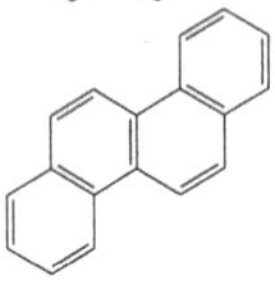	268	141000	320	13000	360	630
丁省	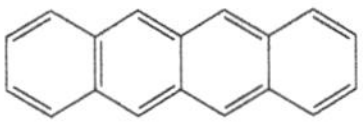	278	130000	473	11000		
戊省	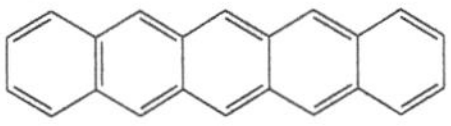	310	283000	580	126000	428	—

① 为一系列小峰的中心。
注：空白处表示弱吸收带常被邻近的强峰所掩盖。

表 2-11 一些芳杂环化合物的紫外吸收特征

化合物	结构式	吸收峰带 I		吸收峰带 II		溶 剂
		λ/nm	ε_{max}	λ/nm	ε_{max}	
环戊二烯		200	10000	238	3400	己烷
呋喃		200	10000	252	1	环己烷
噻吩		231	7100	269.5	1.5	己烷
吡咯	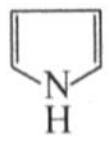	211	15000	240	300	己烷
咪唑		210	5000	250	60	乙醇
吡啶	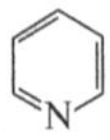	257	2750	270	450	己烷
嘧啶	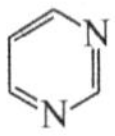	244	3160	267	316	水
喹啉	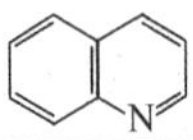	275	4500	311	6300	乙醇

2.5 紫外吸收光谱在有机结构分析中的应用

从一个有机化合物的紫外吸收光谱中，可以得到两类数据：λ_{max}和ε_{max}。应用这两类数据及其变化规律，可以解决有机结构分析中的一些问题。

2.5.1 紫外吸收光谱提供的结构信息

通常，有机化合物的紫外吸收光谱只有少数几个宽的吸收带，它不能表现出整个分子的特征，仅能反映分子中含有的发色团及其与助色团相互关系的特性，而那些对发色团影响不大的其他结构部分，在紫外光谱上是反映不出来的。所以，如没有其他信息可寻，仅依靠紫外光谱来推断未知物的结构是困难的，还必须与红外光谱、核磁共振波谱及质谱法很好地结合起来，才能发挥较大的作用。但根据紫外光谱可以了解到以下的结构信息：

① 如果在200～400nm区间无吸收峰，则该化合物应无共轭双键系统，可能为饱和的有机化合物，或非共轭的烯、炔。

② 如果在270～350nm区间有一个很弱的吸收峰（$\varepsilon=10\sim100$），并且在200nm以上无其他吸收，则该化合物应含有带孤对电子的未共轭的发色团。例如，$\diagdown\!\!\!\!\diagup\!\!\mathrm{C}{=}\ddot{\mathrm{O}}$、$\diagdown\!\!\!\!\diagup\!\!\mathrm{C}{=}\mathrm{C}{-}\ddot{\mathrm{O}}{-}$ 或 $\diagdown\!\!\!\!\diagup\!\!\mathrm{C}{=}\mathrm{C}{-}\ddot{\mathrm{N}}\diagdown\!\!\!\!\diagup$ 等。弱峰系由$n\rightarrow\pi^*$跃迁引起。

③ 如果在200～300区间有强吸收峰[$\varepsilon=(1\sim2)\times10^4$]，表明有$\alpha,\beta$-不饱和羰基化合物或共轭烯烃结构。

④ 如果在200～250nm区间有强吸收峰（$\varepsilon=10^3\sim10^4$），结合250～290nm区间的中等强度吸收峰（$\varepsilon=10^2\sim10^3$）或显示不同程度的精细结构，说明分子中有苯环存在。前者为E_2带，后者为B带。

⑤ 如果在紫外光谱中有许多吸收峰，而某些峰甚至出现在可见光区，则该化合物结构中可能具有长链共轭体系或稠环芳烃发色团。如果化合物有颜色，则至少有4～5个相互共轭的发色团（主要指双键）。但某些含氮化合物及碘仿等除外。

根据以上信息，可以初步确定未知物的归属范围。因此，紫外吸收光谱的λ_{max}和ε_{max}已经作为一般化合物的物理常数用于鉴定工作。

2.5.2 解析紫外光谱的程序

(1) 由紫外光谱图找出最大吸收峰所对应的波长λ_{max}和吸收强度ε_{max}。

(2) 推断该吸收峰属何种吸收峰以及可能的化合物骨架结构类型。

(3) 与同类已知化合物（模型化合物）的紫外光谱进行比较，或将预定结构计算值与实验值进行比较分析。

(4) 与标准品进行比较、对照或查找标准谱图核对。目前有如下常用的紫外标准谱图及数据表。

① Organic Electronic Spectral Data (Vol I～Vol IX)，J. M. Kamlet，J. J. Phillips 主编。这套最有价值的数据集是通过对从1945年起的主要期刊的完全检索形成的。化合物由它们的分子式进行索引，吸收最大值均被列出，并附有参考文献。

② The Sadtler Spectra, Ultraviolet Sadtler Research Laboratories 编。这是由Sadtler研究实验室编的紫外标准谱图。附有化合物名称索引，化合物类别索引、分子式索引、探知表及光谱号码索引。

2.5.3 解析紫外光谱的实例

紫外光谱虽不能鉴定饱和化合物，但对于确定分子中不饱和部分的结构骨架是很有帮助的。具体方法是将 λ_{max} 的计算值与实验值进行比较，以做出最终的判断；或者与模型化合物的紫外光谱进行比较，根据模型化合物的结构，做出适宜的判断。因为对于结构复杂的有机化合物往往难以精确地计算出 λ_{max}，故在结构分析中常将样品的紫外光谱与模型化合物进行比较。

例 1. 从鸦胆子属植物中提取得到一种苦木内酯化合物，经其他方法测得它的结构可能为 A 或 B。其紫外光谱 λ_{max}^{EtOH} 为 221nm，280nm；$\lambda_{max}^{EtOH+NaOH}$ 为 221nm，328nm。试判断其结构。

解：在结构 A 及结构 B 中，均有两个发色骨架：a_1 及 a_2 为 α,β-不饱和六元环酮类结构，b_1 及 b_2 为 α,β-不饱和酯类。根据这两个化合物的发色骨架计算其 λ_{max}^{EtOH} 如下：

结构 A

a_1 骨架：$\lambda_{max}^{EtOH}=215nm(母体)+35nm(\alpha\text{-}OH)+2\times 12nm(2 个 \beta\text{-}R)=274nm$

b_1 骨架：$\lambda_{max}^{EtOH}=193nm(母体)+2\times 12nm(2 个 \beta\text{-}R)=217nm$

结构 B

a_2 骨架：$\lambda_{max}^{EtOH}=215nm+(2\times 12)nm=239nm$

b_2 骨架：$\lambda_{max}^{EtOH}=193nm+(2\times 12)nm=217nm$

分析以上计算所得数据可知，与紫外光谱实测结果相近的应为结构 A。当加入 NaOH 测定时（$\lambda_{max}^{EtOH+NaOH}$），$a_1$ 骨架上的烯醇式羟基失去质子变成烯醇阴离子，共轭作用得以进一步加强，故该吸收带由 280nm 向红移至 328nm。结构 B 与实测结果不符：a_2 为 239nm（计算）与实测值 280nm 相差太大，且在 NaOH 中测定时，不会引起红移。由此可判断该化合物的结构应为 A。

例 2. 某化合物，分子式为 $C_7H_{10}O$，经红外光谱测定含有酮羰基、甲基及碳碳双键，但不能肯定是六元环酮还是开链的脂肪酮。紫外吸收光谱数据为 λ_{max}^{EtOH} 257nm（$\varepsilon > 10^4$），试推测其结构。

解：根据题意，可获得以下信息。

① 由于 UV λ_{max}^{EtOH} 257nm，$\varepsilon > 10^4$，且含有 C=O 及 C=C，故该化合物可能是 α,β-不饱和酮。

② 不饱和度 $U=3$（关于不饱和度 U 的含义及计算，可参见第 3 章 3.6 节）。3 个不饱和度，1 个为羰基，1 个为双键，还剩 1 个可能是环或 1 个双键。

③ 如果是六元环酮，则可以有下面的几种结构：

$\lambda_{max}=215nm+10nm+12nm=237nm$

24

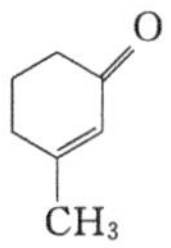

$$\lambda_{max} = 215\text{nm} + (2\times12)\text{nm} = 239\text{nm}$$

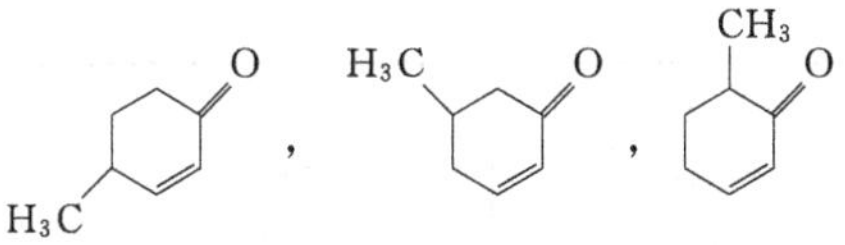

$$\lambda_{max} = 215\text{nm} + 12\text{nm} = 227\text{nm}$$

上述六元环酮的 λ_{max} 计算值与所给的实测值相差较大，故不可能是六元环酮。

④ 如果是开链的脂肪酮，则可以多一个双键，并与原有的共轭体系进一步共轭，λ_{max} 值也随之增大。下面是开链脂肪酮的几种结构：

结构 A：$H_3C-CH=CH-CH=CH-\overset{O}{\underset{}{C}}-CH_3$ 或 $H_2C=\overset{CH_3}{\underset{}{C}}-CH=CH-\overset{O}{\underset{}{C}}-CH_3$

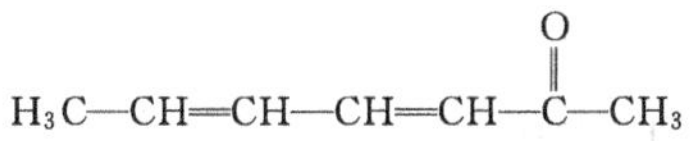

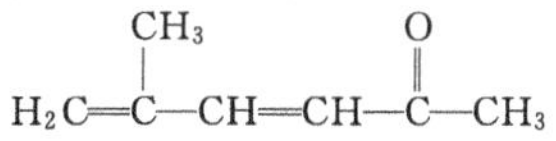

$$\lambda_{max} = 215\text{nm} + 30\text{nm} + 18\text{nm} = 263\text{nm}$$

结构 B：$H_2C=CH-\overset{CH_3}{\underset{}{C}}=CH-\overset{O}{\underset{}{C}}-CH_3 \quad \lambda_{max} = 215\text{nm} + 30\text{nm} + 12\text{nm} = 257\text{nm}$

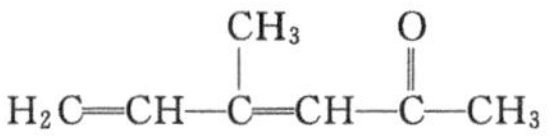

结构 C：$H_2C=CH-CH=\overset{CH_3}{\underset{}{C}}-\overset{O}{\underset{}{C}}-CH_3 \quad \lambda_{max} = 215\text{nm} + 30\text{nm} + 10\text{nm} = 255\text{nm}$

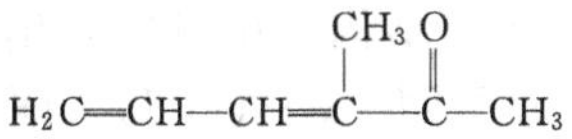

结构 A 的计算值与实验值相差较大，而 B、C 则较为接近。因此可判断化合物是开链的共轭脂肪酮。至于是 B 还是 C，即取代基的确切位置还有待于进一步鉴定。

例 3. 2-(1-环己烯基)-2-丙醇经浓硫酸脱水得产物 C_9H_{14}，测其 UV 谱得 λ_{max} 242nm（ε 10100）。确定此产物的结构。

解： 这是醇在硫酸作用下失去水的反应。失水可经由下面 2 个途径进行：

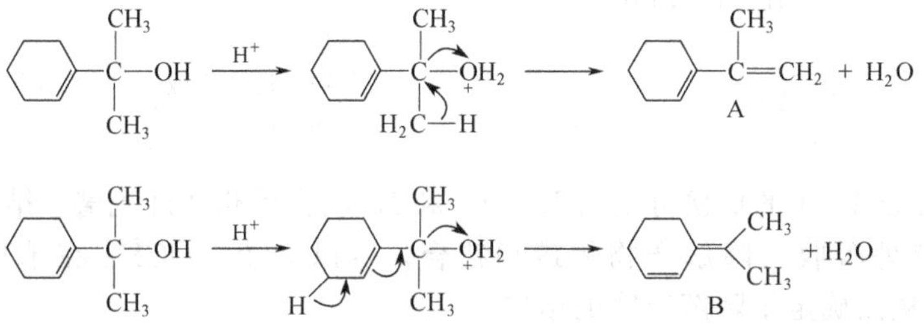

上述 2 个失水产物的 λ_{max} 分别为：A $\lambda_{max} = 214\text{nm} + (3\times5)\text{nm} = 229\text{nm}$

B $\lambda_{max} = 214\text{nm} + (4\times5)\text{nm} + 5\text{nm} = 239\text{nm}$

通过计算可知，此失水产物的结构应为 B。

例 4. 抗菌素（Griseofulvin）与 NaOH 反应后，产物有 2 个可能的结构：

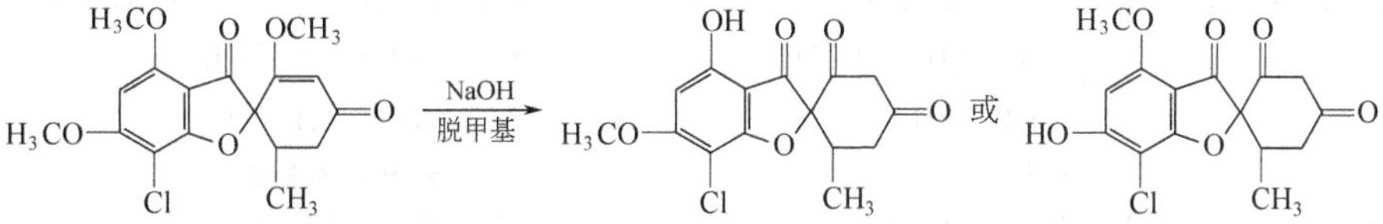

用核磁共振光谱或红外光谱判别很困难，但可用它的 UV 谱跟下列模型化合物的 UV 谱比较：

25

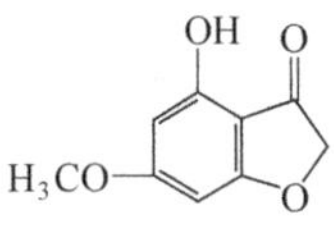

项 目	A	B	C	产物
λ_{max}/nm	280	284	283	292
加 NaOH 后 λ_{max}/nm	285	318	306	327
$\Delta\lambda_{max}$/nm	5	34	23	35

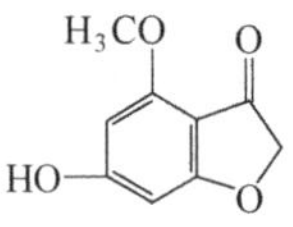

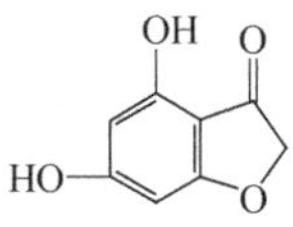

从测定出的 $\Delta\lambda_{max}$ 值可确定产物的结构为 Ⅱ。

例 5. 测定四环素的结构时,发现其降解产物有如下结构:

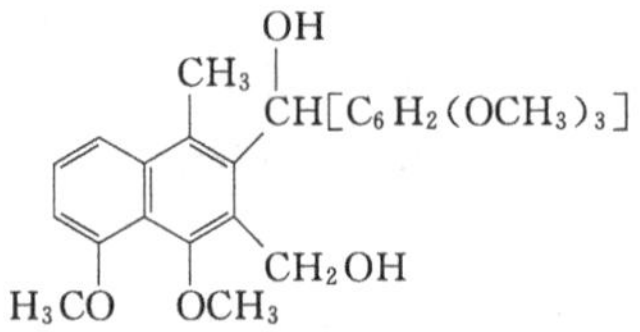

其中方括号内苯环上的 3 个—OCH_3 的位置没有确定;从这结构式中可以看出,此化合物有 2 个发色单元——萘系统及苯系统,且它们被一个饱和原子团—CH(OH)—隔开,彼此处于不共轭的地位。因此,这个化合物的紫外光谱应该近似地等于这两组发色单元的光谱之和(加合原则)。故可选择容易得到的模型化合物:

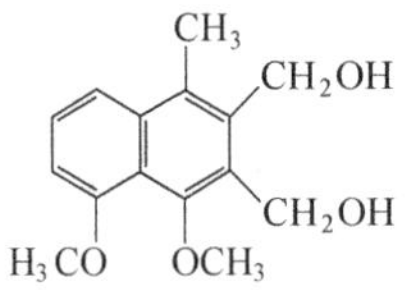

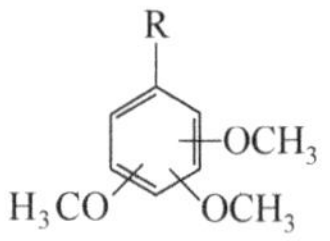

B_1: 1,2,3-三取代
B_2: 1,2,4-三取代
B_3: 1,3,5-三取代

将模型化合物 A 以 1:1 的比例分别与 B_1、B_2 和 B_3 混合后测紫外光谱。结果发现,模型化合物 A+B_2 的紫外吸收与降解产物的最相符合,所以 3 个—OCH_3 在苯环上的位置应是 1,2,4-三取代,从而确定了降解产物的结构。

从例 4、例 5 这 2 个例子可以看出,将未知物与模型化合物进行紫外光谱比较以确定分子骨架时,只要求模型化合物具有与样品相同的发色系统就可以了,并不要求它们是完全相同的化合物。因为若 2 个化合物相同,其紫外光谱固然完全相同,反过来如紫外光谱相同,则不一定为相同的化合物,但有相同的发色团。例如,甲基麻黄碱与去甲基麻黄碱的结构是不相同的,但这两个化合物的紫外吸收皆出自于苯的母核(即母核相同),而不同点(N-甲基与 N-去甲基之别)距苯母核较远,几乎无影响,所以紫外光谱基本上是相同的。

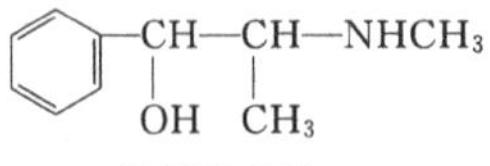

甲基麻黄碱
λ_{max} 251nm (lgε 2.20)
λ_{max} 257nm (lgε 2.27)
λ_{max} 264nm (lgε 2.19)

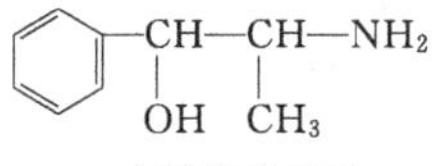

去甲基麻黄碱
λ_{max} 251nm (lgε 2.11)
λ_{max} 257nm (lgε 2.11)
λ_{max} 264nm (lgε 2.20)

2.5.4 紫外光谱的应用

紫外光谱在有机结构鉴定中的应用已在上面举例阐明。下面对紫外光谱在其他方面的应用作一简介。

(1) 化合物纯度的鉴定

紫外光谱用于鉴定物质纯度时,有用量少、快速和灵敏等优点(检测灵敏度很高,$10^{-5} \sim 10^{-3}$ mol/L 的溶液即可检出)。例如,工业上生产环己烷是将苯彻底氢化而获得的。但若产品中混有微量苯时,其紫外光谱在 254nm 处会有苯的吸收峰;又如标准菲的氯仿溶液在 296nm 处有强吸收(ε 12590)。而用某方法精制得到的菲,其测得的 ε 值为 11330,比标准菲低 10%,这说明精制品的实际菲含量只有 90%,其余很可能是蒽等杂质。

(2) 确定共轭体系,区分同分异构体

由于紫外光谱反映共轭体系最灵敏可靠,因此要确定分子中有无共轭体系、共轭的程度及共轭的性质,用紫外光谱最为理想。

例如,紫罗兰酮有 α 和 β 两种异构体:

α-紫罗兰酮 β-紫罗兰酮
λ_{max} 228nm (ε_{max} 14000) λ_{max} 296nm (ε_{max} 11000)

因 β 紫罗兰酮比 α-紫罗兰酮的共轭链要长,所以其紫外吸收波长也要大些。利用这一差别很容易用紫外光谱区分这两种异构体。

又如生产尼龙的原料蓖麻油酸[$CH_3(CH_2)_5CH(OH)CH_2CH=CH(CH_2)_7COOH$]脱水处理时,根据所用脱水的方法和条件的不同得到不同含量的 2 种异构体,一种是 9,11-亚油酸[$CH_3(CH_2)_5CH=CH-CH=CH(CH_2)_7COOH$],另一种是 9,12-亚油酸[$CH_3(CH_2)_4CH=CHCH_2CH=CH(CH_2)_7COOH$]。9,11-亚油酸为共轭二烯酸,其环己烷溶液在 232nm 处有一较强的吸收,而 9,12-亚油酸分子中的双键是孤立的,在紫外区无吸收。因此,可借紫外光谱的测定来监视和控制脱水反应的进行。

(3) 确定构型,区分顺、反及互变异构体

有机分子的构型不同,其紫外光谱的 λ_{max} 和 ε_{max} 也不同。通常,反式共轭体的同平面性比顺式好,故吸收波长较顺式异构体的长,吸收强度也要大些。顺式异构体则因同侧发色团之间有障碍,使分子发生扭偏,从而影响了它们之间的共轭作用,所以吸收峰向蓝移,吸收强度的减弱比波长变化明显。例如:

反式肉桂酸 顺式肉桂酸
λ_{max} 295nm (ε_{max} 27000) λ_{max} 280nm (ε_{max} 13500)

(E)-1,2-二苯乙烯 (Z)-1,2-二苯乙烯
λ_{max} 295.5nm (ε_{max} 27600) λ_{max} 280nm (ε_{max} 10500)

同样,对于互变异构体也可利用它们紫外光谱的不同而加以区别。例如 1,3-环己二酮的互变异构:

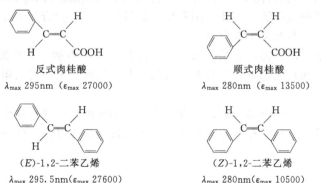

$\lambda_{max}^{环己烷}$ 295nm (ε 50) λ_{max}^{EtOH} 255nm (ε 12500) $\lambda_{max}^{EtOH+NaOH}$ 280nm (ε 20000)

在非极性溶剂环己烷中，以 β-二酮形式存在，表现出 n→π* 跃迁，产生弱的 R 带。在极性溶剂乙醇中，以 β-羟基烯酮式结构存在，给出强吸收的 K 带。在碱性乙醇中，以烯醇氧负离子形式存在，氧原子上负电荷增加了共轭双键的电子云密度，使 K 带进一步红移至 280nm，ε 值也增大。

又如，乙酰乙酸乙酯有酮式和烯醇式两种互变异构体：

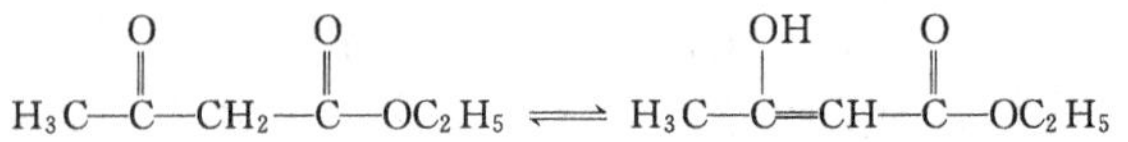

$$H_3C-\overset{O}{\underset{}{C}}-CH_2-\overset{O}{\underset{}{C}}-OC_2H_5 \rightleftharpoons H_3C-\overset{OH}{\underset{}{C}}=CH-\overset{O}{\underset{}{C}}-OC_2H_5$$

酮式　　　　　　　　　烯醇式

酮式异构体只有孤立的羰基，它的 π→π* 跃迁和 n→π* 跃迁的吸收波长分别为 204nm 和 274nm（ε_{max} 16），而烯醇式存在双键与羰基的共轭，π→π* 跃迁吸收带红移到 243nm（ε_{max} 16000）。乙酰乙酸乙酯在溶液中以什么形式存在，取决于溶剂的极性。

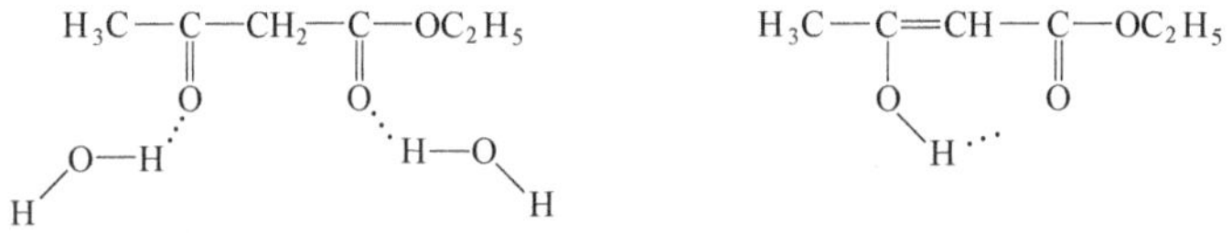

酮式与水形成氢键　　　　　　　　　烯醇式的分子内氢键

通常，在像水这样的极性溶剂中，酮式异构体占优势。这是由于乙酰乙酸乙酯的酮式异构体可与水形成氢键，使体系的能量降低以达到稳定状态。这时，上述酮式和烯醇式的平衡式向左移动，溶液中酮式含量增高；而在像己烷之类的非极性溶剂中，则烯醇式异构体的比率上升。此时不存在与溶剂形成的氢键，而是形成分子内氢键，所以平衡向右移动，溶液中烯醇式含量增高。总之，溶剂的极性越小，乙酰乙酸乙酯烯醇式异构体的比率越大。例如，在水、乙醇、乙醚和己烷中，烯醇式异构体的比率分别为 0、12%、32% 和 51%。

（4）洗涤制品、化妆品中主要成分分析

洗涤剂及洗涤制品常常是由阴离子和非离子表面活性剂及其他成分复配而成，通过测定洗涤剂水溶液的紫外光谱，根据是否出现 261nm 和 277nm 吸收峰可以判断是否存在烷基苯磺酸钠和烷基酚聚氧乙烯醚 2 种表面活性剂。对化妆品中的某些主要成分，如防晒化妆品的防晒剂以及祛臭化妆品中的祛臭剂、杀菌剂等均含有能强烈吸收紫外光的共轭芳环化合物（如二苯酮衍生物、肉桂酸酯等）；同时，作为祛臭剂的苯磺酸锌、六氯苯、卤代水杨酰苯胺等都在紫外区有特征吸收峰。因此，用紫外光谱进行鉴定、分析是十分有效的。

（5）食品中添加剂及维生素分析

为了防止食品变质，提高食品的保存性，往往在食品中加入某些添加剂，如抗氧化剂、防腐剂等，这些添加剂大部分是具有芳环结构或共轭结构，因此可以用紫外光谱进行鉴定和分析。

有时为了提高食品的营养价值，在食品中加入某些维生素进行强化。各种维生素几乎都具有共轭双键或芳环结构，在紫外区有其特征吸收峰，故亦可以用紫外光谱对维生素进行鉴定、分析。

第3章 红外吸收光谱

红外光是介于可见光和微波区之间的电磁波,其波长范围为 0.8~1000μm。由于实验技术和获得的信息不同,常常把红外区分成3个区域(参见表1-1)。其中中红外区(2.5~25μm)是人们研究、积累光谱数据资料及应用得最多的区域,也即一般所称的红外区。

当用一束具有连续波长的红外光照射物质时,该物质的分子就要吸收一定波长的红外光的光能,并将其转变为分子的振动能和转动能,从而引起分子振动-转动能级的跃迁。通过仪器记录下不同波长的透光率(或吸光度)的变化曲线,即是该物质的红外吸收光谱(Infrared Spectra,简写成 IR)。

红外吸收光谱用于研究化学问题始于20世纪20年代,但一直到1947年世界上第一台实用的双光束自动记录红外分光光度计投入使用后,仪器制造技术上的困难才逐渐得到解决,于是这一分析工具就日益被推广应用。到了20世纪70年代,由于电子计算机技术和快速傅里叶变换技术的发展和应用,出现了采用傅里叶变换的红外分光光度计(Fourier Transform Infrared Spectrometer,简写成 FT-IR),它具有记录速度快,光通量大,分辨率高,偏振特性小以及可累积多次扫描后再进行记录,并可以与气相色谱联用等优点,使这一分析工具的作用更大了。目前,红外光谱法已成为现代结构化学、分析化学最常用的不可缺少的工具。

3.1 红外吸收光谱的基本知识

3.1.1 红外吸收光谱的表示方法

在实际应用中,红外吸收光谱最常用的是坐标曲线表示法,即以横坐标表示吸收峰的位置,用波数 $\nu(cm^{-1})$ 或波长 $\lambda(\mu m)$ 作为横坐标的量度。波数自左向右逐渐下降(4000~400cm^{-1}),波长则自左向右逐渐增大(2.5~25μm)。以纵坐标表示吸收峰的强弱,用百分透过率($T\%$)或吸光度(A)作为其量度单位。吸收峰的强弱一般可以定性地分为很强(vs)、强(s)、中等(m)、弱(w)和很弱(vw)。

红外光谱图的横坐标有波数等间隔和波长等间隔2种,分别叫做线性波数表示法和线性波长表示法,二者常在谱图上同时标出。图3-1(a)、(b)两图分别为仲丁苯的线性波数和线性波长的光谱,由于两图的外貌不尽相同,易误认为是不同化合物的光谱图,这在对照标准谱图时值得注意。

图 3-1(a)在 1500cm^{-1} 以前图形展开较好,图 3-1(b)则在 1500cm^{-1} 以后图形展开较好,这是因为波数和波长互为倒数关系所致。

$$\bar{\nu}=1/\lambda \qquad (3-1)$$

采用波数为横坐标的量度,其优点是和能量($E=h\nu=hc\bar{\nu}$)有正比关系。故目前广泛使用的是波数单位。

除了用谱图形式之外也可用文字形式表示红外光谱信息。

3.1.2 红外吸收光谱中常用的几种术语

(1)基频峰与泛频峰

当分子吸收一定频率的红外线,振动能级从基态(V_0)跃迁到第一激发态(V_1)时所产生的吸收峰,称之为基频峰。它的振动频率 ν 等于红外辐射频率。

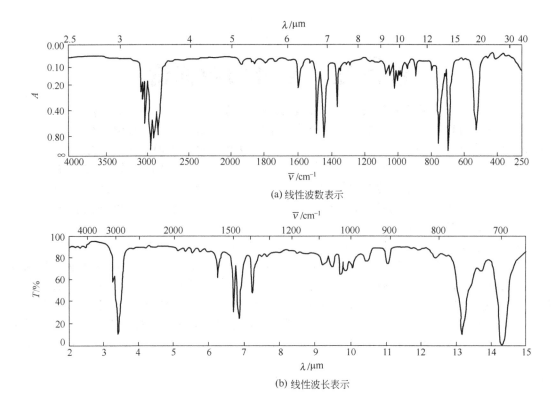

图 3-1 仲丁苯的红外吸收光谱

振动能级由基态 V_0 跃迁到第二激发态 V_2、第三激发态 V_3……所产生的吸收峰称为倍频峰。通常,基频峰强度都比倍频峰强。在倍频峰中二倍频峰 2ν 还比较强,三倍频峰 3ν 以上因振动能级跃迁几率很小,峰强一般都很弱,常常测不到。

此外,尚有组频峰,它包括合频峰及差频峰,它们的强度更弱,一般不易辨认。倍频峰、合频峰及差频峰总称为泛频峰。

基频峰与泛频峰之间的关系见表 3-1。

表 3-1 基频峰与泛频峰的关系

吸 收 峰			频 率
基 频 峰			ν_1、ν_2、ν_3……
泛频峰	倍 频 峰①		$2\nu_1$、$2\nu_2$、$2\nu_3$、$3\nu_1$、$3\nu_2$、$3\nu_3$……
	组 频 峰	合频峰	$\nu_1+\nu_2$、$2\nu_1+2\nu_2$……(任两峰的加合)
		差频峰	$\nu_2-\nu_1$、$2\nu_3-2\nu_1$……(任两峰的相减)

① 由于分子的非谐性,振动能级间隔不是等距离的,故倍频峰并非基频峰的整数倍而是稍小些(参见本章 3.2 节),这在实际工作中应加以注意。

(2) 特征区与指纹区

习惯上把波数在 4000~1330cm^{-1}(波长为 2.5~7.5μm)之间的高频区称为特征频率区,简称特征区。特征区吸收峰较疏、容易辨认。有机化合物分子中官能团的特征频率大多位于该区域。由于在此区域内振动频率高,受分子中其他结构的影响较小,因而有明显的特征性,故在该区中的频率可作为官能团定性的主要依据。

波数在 1330~400cm^{-1}(波长为 7.5~25μm)之间的低频区通常称为指纹区。在此区域中各种官能团的特征频率不具有鲜明的特征性。出现的峰主要是 C—X（X=C，N，O）单键的伸缩振动及各种弯曲振动。由于这些单键的键强差别不大，原子质量又相似，所以峰带特别密集，犹如人的指纹，故称指纹区。各个化合物在结构上的微小差异在指纹区都会得到反映，因此，在确认有机化合物结构时用处也很大。

(3) 特征峰与相关峰

在特征区中，凡是能用于鉴定原子基团存在的吸收峰称为特征峰。其对应的频率称为特征频率。一个基团除了有特征峰外，还有许多其他各种振动形式的吸收峰，习惯上把这些相互依存而又相互可以佐证的吸收峰称为相关峰。例如，CH_3 相关峰：不对称伸缩振动约 $2960cm^{-1}$，对称伸缩振动约 $2870cm^{-1}$，不对称弯曲振动约 $1460cm^{-1}$，对称弯曲振动约 $1380cm^{-1}$ 等。用一组相关峰鉴别基团的存在是个较重要的原则。在一些情况下，因与其他峰重叠或峰强太弱，并非所有的峰都能观测到，但必须先找出主要的相关峰，然后才能认定基团的存在。

(4) 费米（Fermi）共振

当倍频峰或组频峰位于某比较强的基频峰附近时，这两个频率彼此相互作用，使其中一个频率比无相互作用时要高，而另一个频率比无相互作用时要低，同时弱的倍频峰或组频峰的吸收强度常常被大大强化，这种现象首先是由 Fermi 在 CO_2 分子中发现的，因此将其称为 Fermi 共振。

在红外光谱中，Fermi 共振是一个普遍现象。

(5) 振动偶合

两个基团在分子中靠得很近且它们的振动基频相同或相近时，它们之间就会发生相互作用使其吸收频率偏离于基频，一个高于正常频率，一个低于正常频率，这种现象称为振动偶合。

3.2 红外吸收光谱的基本原理

红外吸收光谱起源于分子的振动-转动能级跃迁。由于振动能级跃迁所需的能量 $\Delta E_{振}$ 远比转动能级跃迁的能量 $\Delta E_{转}$ 大，故发生振动能级跃迁时，必伴随着转动能级的跃迁。因此，通常所测得的振动光谱包含有转动光谱。由于转动光谱被"淹没"在振动光谱中，所以一般情况下测得的红外光谱只是分子的振动光谱。于是我们便可以由分子的振动情况，从理论上预言实测分子能产生多少吸收峰以及这些峰的位置和强度如何等。为了讨论问题的简便，我们从最简单的双原子分子着手，待搞清双原子分子的振动光谱理论后，就可以把多原子分子看成是双原子分子的集合而加以讨论。

3.2.1 双原子分子的振动光谱

(1) 经典力学方法

分子是由原子组成，它并非坚硬的整体，可看作是由相当于各种原子的小球和相当于各种化学键的各种强度的弹簧组成的体系。以双原子分子为例，若把两个原子看成质量不等的小球 m_1 和 m_2，把连接它们的化学键看成质量可以忽略不计的弹簧，则它们之间的伸缩振动可以近似地看成沿轴线方向的简谐振动（图 3-2）。因此，可以把双原子分子称为谐振子。这个体系的振动频率 ν 可根据经典力学中的 Hooke 定律导出：

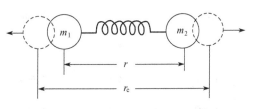

r—平衡状态时原子间距离；r_e—振动过程中某瞬间距离

图 3-2 双原子分子的振动

$$\nu = \frac{1}{2\pi}\sqrt{\frac{K'}{\mu'}} \text{ (Hz)} \tag{3-2}$$

若用波数 $\bar{\nu}$ 表示，则式（3-2）可写成：

$$\bar{\nu} = \frac{1}{2\pi c}\sqrt{\frac{K'}{\mu'}} \text{ (cm}^{-1}\text{)} \tag{3-3}$$

式中　c——光速，cm/s；

　　　K'——化学键的力常数，其含义是 2 个原子由平衡位置伸长 0.1nm 后的恢复力，N/cm；

　　　μ'——折合质量，g。

$$\mu' = \frac{m_1 m_2}{m_1 + m_2} \tag{3-4}$$

式中，m_1，m_2 分别为 2 个原子的质量，g。

若 μ' 用 2 个原子的摩尔质量 M_1、M_2 表示其折合质量，则式（3-4）可改写为：

$$\mu' = \frac{M_1 M_2}{M_1 + M_2} \cdot \frac{1}{N'} \tag{3-5}$$

式中，N' 为阿伏伽德罗常数，$N' = 6.023 \times 10^{23}$ mol^{-1}。

若力常数 K' 以 N/cm 为单位，并将式（3-5）和各常数值代入式（3-3），化简即得：

$$\bar{\nu} = 1303\sqrt{\frac{K}{\frac{M_1 M_2}{M_1 + M_2}}} = 1303\sqrt{\frac{K}{\mu}} \text{ (cm}^{-1}\text{)} \tag{3-6}$$

式中　K——以 N/cm 为单位表示的力常数；

　　　μ——以 2 个原子的摩尔质量表示的折合质量；

　　　1303——等于 $\frac{1}{2\pi c}\sqrt{N' \times 10^5}$。

由式（3-2）、式（3-6）可知，双原子分子的振动频率取决于化学键的力常数和原子的质量，也即取决于分子的结构特征。这就是红外吸收光谱测定化合物的理论依据。

表 3-2 列出了有机分子中常见基团的力常数和折合质量。

表 3-2　有机分子中常见基团的力常数和折合质量

键	力常数 K/(N/cm)	折合质量 μ（摩尔质量表示）	键	力常数 K/(N/cm)	折合质量 μ（摩尔质量表示）
O—H	7.7	0.948	＞C—O	5.4	6.856
＞N—H	6.4	0.940	＞C＝O	12	6.856
≡C—H	5.9	0.930	—C≡N	18	6.462
＝C—H	5.1	0.930	＞C—F	5.9	7.355
｜C—H	4.8	0.930	＞C—Cl	3.6	8.934
＞C—C＜	4.5	6.000	＞C—Br	3.1	10.416
＞C＝C＜	9.6	6.000	＞C—I	2.7	10.963
—C≡C—	15.6	6.000			

例. 如果饱和烃中 C—H 键的力常数为 4.8N/cm，求 C—H 键的伸缩振动频率。

解：

根据式（3-6）计算：

$$\bar{\nu}_{\text{C—H}} = 1303\sqrt{\frac{K}{\mu}} = 1303\sqrt{\frac{4.8}{0.930}} = 2960 \text{ (cm}^{-1})$$

若 C—H 键的 H 原子被重氢（D）取代，则 C—D 键的伸缩振动频率应为：

$$\bar{\nu}_{\text{C—D}} = 1303\sqrt{\frac{K}{\frac{M_1 \cdot M_2}{M_1 + M_2}}} = 1303\sqrt{\frac{4.8}{\frac{12 \times 2}{12 + 2}}} = 2180 \text{ (cm}^{-1})$$

比较两者，可见 $\bar{\nu}_{\text{C—D}} < \bar{\nu}_{\text{C—H}}$。通过该例计算，可知相对原子质量越大，频率越低。由于氢的相对原子质量最小，故含氢原子的化学键的伸缩振动频率都出现在中红外的高频区。

(2) 量子力学方法

上面我们是把双原子分子当作谐振子模型，并用经典力学的方法加以讨论。它较圆满地解释了振动光谱的强吸收峰（基频峰），而对一些弱的吸收峰不能给予解释。其原因是它将微观粒子（原子、电子等）当作经典粒子来描述，而对微观粒子的波动性未予考虑。为了研究物质波动这一运动状态，必须引入量子力学的概念。依据量子力学的观点，当分子吸收红外光，引起分子的振动与转动，其能级间的跃迁，要满足一定的量子化条件（选律）。对于双原子分子的振动，我们可以从振动势能和原子核间距离变化的关系加以讨论。图 3-3 为谐振子的势能曲线与振动能级跃迁，图 3-4 为非谐振子的势能曲线与振动能级，无论分子中键的性质如何，都具有图 3-4 中实线所示的形式。

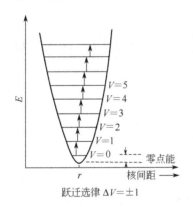
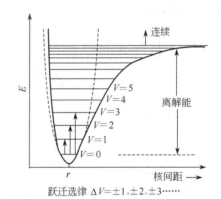

图 3-3 谐振子的势能曲线与振动能级跃迁（箭头）　　图 3-4 非谐振子（双原子分子）的势能曲线
　　　　　　　　　　　　　　　　　　　　　　　　　　　　与振动能级（虚线为谐振子势能曲线）

比较图 3-3 与图 3-4，可看出谐振子的势能曲线与非谐振子的势能曲线是不完全相同的。谐振子的振动能级是等间隔的，而非谐振子的振动能级只在最低几个能级是近似等距的，随着能级的增高，间隔愈来愈小，和谐振子结果偏差愈来愈大。这就是说，作为非谐振子的真实分子中的原子核间振动只有在振幅非常小时，才可以大致认为是简谐振动。振幅较大时，原子核间的振动已是非谐振动。当原子核间距离增加到某一程度以上时。核引力趋于零。最终使两原子完全离开，分子就离解了。这时势能与原子核间的距离变化无关，势能曲线趋于一常数（图 3-4 中实线）。

用量子力学方法处理图 3-3 中谐振子的振动能量 $E_{振}$ 可得：

$$E_{振} = \left(V + \frac{1}{2}\right)h\nu \tag{3-7}$$

式中　　V——振动量子数。$V=0,1,2\cdots\cdots$；

　　　　h——Planck 常数；

　　　　ν——谐振子的振动频率。

从式（3-7）可看出，当振动量子数 $V=0$ 时，体系能量仍不为零，它是 $V=0$ 到曲线最低点间的距离所相当的能量称做零点能。用量子力学的观点，由该式还可看出，谐振子粒子的能量并不像经典力学那样可以取任意的、连续变化的数值，它是一些分立的、不连续的能量，这就是所谓能量的量子化，而量子化就是微观粒子波动性的产物。

由于真实分子的振动是非谐振动，因此须对式（3-7）加以修正。从量子力学可求得非谐振子的能量为：

$$E_{振}=\left(V+\frac{1}{2}\right)h\nu-\left(V+\frac{1}{2}\right)^2h\nu x+\left(V+\frac{1}{2}\right)^3h\nu y+\cdots\cdots \quad (3\text{-}8)$$

式中，x、y 为非谐振常数，它是表示分子非谐性大小的一个量。分子振动的振幅愈大、则非谐性愈大。由于 $|x|$ 值很小，且 $|x|>|y|>\cdots\cdots$，所以高次项可以忽略。故式（3-8）可写成：

$$E_{振}=\left(V+\frac{1}{2}\right)h\nu-\left(V+\frac{1}{2}\right)^2h\nu x \quad (3\text{-}9)$$

比较式（3-7）与式（3-9），可以看出谐振子的振动能和非谐振子的振动能之间的差别仅在于 $\left(V+\frac{1}{2}\right)^2h\nu x$ 这一非谐项。

当跃迁选律 $\Delta V=\pm1$，±2，$\pm3\cdots\cdots$时，其相对应的能级跃迁的能量差 $\Delta E_{振}$ 和振动频率分别为：

$V=0\rightarrow V=1$

$$\Delta E'_{振}=\left[\left(1+\frac{1}{2}\right)h\nu-\left(1+\frac{1}{2}\right)^2h\nu x\right]-\left[\left(0+\frac{1}{2}\right)h\nu-\left(0+\frac{1}{2}\right)^2h\nu x\right]=h\nu-2h\nu x$$

$$\nu'=\frac{\Delta E'_{振}}{h}=\frac{h\nu-2h\nu x}{h}=\nu-2\nu x \quad (3\text{-}10)$$

$V=0\rightarrow V=2$

$$\Delta E''_{振}=2h\nu-6h\nu x$$
$$\nu''=2\nu-6\nu x \quad (3\text{-}11)$$

$V=0\rightarrow V=3$

$$\Delta E'''_{振}=3h\nu-12h\nu x$$
$$\nu'''=3\nu-12\nu x \quad (3\text{-}12)$$

式中　　ν——谐振子模型的振动频率；

　　　　ν'——非谐振子模型基频峰的频率；

　　　　ν''——非谐振子模型倍频峰的频率；

　　　　ν'''——非谐振子模型 3 倍频峰的频率。

式（3-10）表明，非谐振子的基频值比作为谐振子振动低 $2\nu x$。所以直接按谐振子计算出来的基频值要比实际频率观察值高。例如，按谐振子计算 $CHCl_3$ 中 C—H 键伸缩振动基频值为 2960cm^{-1}，比实际观察值 2915cm^{-1} 高。式（3-11）、式（3-12）亦表明，倍频峰、3 倍频峰也不是正好等于基频峰的 2 倍、3 倍，而是要低 $6\nu x$、$12\nu x$，这也和观察到的实验结果相一致。这些都说明利用非谐振子模型讨论双原子分子的振动比谐振子模型更接近于真实分子的振动情况。但由于谐振子模型用于计算频率值的式（3-6）既能反映吸收峰位置与力常数及原子质量的关系，又能反映分子振动光谱的特性，故一般都可用于粗略地计算双原子分子或多原子分子中双原子的化学键的振动频率。

3.2.2 多原子分子的振动光谱

上面我们把双原子分子视做一个谐振子或非谐振子，用经典力学和量子力学的方法加以讨论。而对多原子分子，则可以把它视为双原子分子的集合，如有机化合物分子中的一些基团（C=O、—OH等），我们就可以把它们看作是分子中一些相对独立的结构单元（视做双原子分子），利用谐振子或非谐振子加以讨论。这样就能使我们对多原子分子的振动形式及能级做定性描述，对红外光谱中出现的基频峰数目有一个初步了解，并能对吸收峰进行归属。

但值得注意的是，多原子分子由于组成分子的原子较多，加之分子中各原子的排布情况不同，造成分子的振动比较复杂，因而其振动光谱是相当复杂的。然而，正是由于这种复杂性，才提供了大量的有关分子结构的信息。所以，研究分子的振动在理论上和实践上都有很大的意义。下面我们就从实用的角度对有关多原子分子的振动及其规律做些必要的阐述。

（1）分子的基本振动形式

不论多原子分子的红外光谱有多复杂，其吸收峰均可归属为分子中化学键的两大类振动形式，即伸缩振动和弯曲振动。

① 伸缩振动（ν） 伸缩振动指原子沿键轴方向来回地运动，是键长变化、键角不变的振动。伸缩振动又可分为对称伸缩振动（ν_s）和不对称伸缩振动（ν_{as}）两种。

② 弯曲振动（δ） 弯曲振动指原子垂直于价键方向的运动，是键长不变、键角发生变化的振动，亦称变形或变角振动。弯曲振动又可分为面内弯曲振动（$\delta_{i.p}$）和面外弯曲振动（$\delta_{o.o.p}$）两种。

面内弯曲振动是在几个原子所构成的平面内进行的，这个平面可用纸面代表。面内弯曲振动又可分为剪式振动 δ_s 和面内摇摆振动 ρ 两种。剪式振动是使键角发生交替变化的弯曲振动。由于键角在振动过程中的变化类似剪刀的"开"、"闭"，故称为剪式振动。面内摇摆是指基团作为一个整体在基团所在的平面内摇摆振动。

面外弯曲振动是在垂直于几个原子所在平面内进行。面外弯曲振动又可分为面外摇摆振动 ω 和扭曲振动 τ 两种。面外摇摆振动是基团作为整体在垂直于基团所在平面中的方向相同地来回振动；扭曲振动则是指基团作为整体在垂直于基团所在平面中方向相反的来回振动。

在上面4种弯曲振动中，出现较多的是剪式振动和面外摇摆振动2种。但在实际工作中一般对面内弯曲和面外弯曲振动不再细分。

上述各种振动形式可用亚甲基的基本振动为例进行说明，见图3-5。

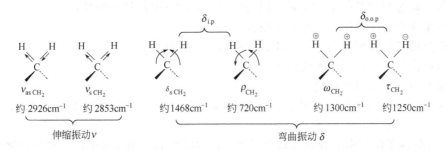

图 3-5 亚甲基的基本振动形式及红外吸收
⊕—垂直于纸面的向上运动；⊖—垂直于纸面的向下运动

此外，由4个原子组成的基团（如甲基），其弯曲振动也有对称和不对称之分。

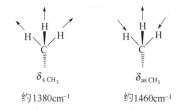

$\delta_{s\,CH_3}$ 约1380cm^{-1} $\delta_{as\,CH_3}$ 约1460cm^{-1}

① 对称弯曲振动（δ_s） 3个相同的原子同时向中心原子做振动。

② 不对称弯曲振动（δ_{as}） 这种振动实际上存在2种形式，一种是2个原子向内，另1个原子向外做相对运动；一种是2个原子向外，另1个原子向内做相对运动。

在各种振动形式中，若按能量高低顺序，不对称伸缩振动所需的能量最高，其次是对称伸缩振动，再其次是弯曲振动，故有：

$$\underset{\text{高频区(能量大)}}{\nu_{as} > \nu_s} > \underset{\text{低频区(能量小)}}{\delta(\text{一般不超过 }1650\text{cm}^{-1})}$$

因此，同一基团的弯曲振动在其伸缩振动的低频端出现。

(2) 分子的基本振动数目

任何复杂的运动都可以看作是一些简单运动的组合。对于多原子分子的复杂振动，可以把它们分解成许多简单的基本振动，这种基本振动被称为简正振动，亦称为振动自由度。振动自由度的数目与红外光谱中吸收峰的数目密切相关。所谓自由度，即指定空间中组成分子的所有原子的空间坐标总数。例如，单原子在空间只需3个坐标 x,y,z 便可决定它的位置，因此它有3个自由度；如果这个原子被限制在某平面中运动，它就只剩下2个自由度了。可以想像，N 个原子组成分子时，并没有损失它们的自由度。因为这 N 个原子在形成分子后仍可在三维空间中运动，所以此分子应当保留着 $3N$ 个自由度，但这 $3N$ 个自由度是整个分子平动自由度、转动自由度和振动自由度之和。

$$\text{振动自由度数} = 3N - (\text{平动自由度数} + \text{转动自由度数}) \tag{3-13}$$

其中，平动和转动各用去3个自由度(线性分子只用去5个自由度，因为线性分子只有2个转动自由度)，因此由 N 个原子组成的分子应当有：

$$\text{振动自由度数(非线性分子)} = 3N - 6 \tag{3-14}$$

$$\text{振动自由度数(线性分子)} = 3N - 5 \tag{3-15}$$

理论上，与每1个振动自由度相应，都有1个振动运动（具有振动频率 ν），即1个红外吸收峰。所以由 N 个原子组成的多原子分子最多可以有 $3N-6$ 个（线性分子是 $3N-5$ 个）红外基频吸收，但在实际中观测到的红外基频吸收数目却往往少于 $3N-6$ 个。原因如下：

① 如振动过程中分子不发生瞬间偶极矩变化，则不引起红外吸收；

② 频率完全相同的振动彼此发生简并；

③ 强宽峰往往要覆盖与它频率相近的弱而窄的吸收峰；

④ 吸收强度太弱，以致无法测定；

⑤ 吸收峰落在中红外区之外。

当然也有使吸收峰增多的因素，如倍频峰、合频峰、差频峰以及费米共振和振动偶合等。

以上这些因素能使吸收峰数目减少或增多，而减少的可能性较多。有机化合物一般是由多原子组成的分子，它的红外吸收峰较多，通常有5~30个吸收峰。对这些峰的归属，应侧重在由简正振动而引起的 $3N-6$ 的吸收峰；而由倍频、合频、差频引起的弱吸收峰，其归属往往不易确定。所以，要根据具体情况做相应的考虑。

下面用水分子的基本振动来说明振动自由度与红外吸收峰数目的关系。

水分子属非线性分子，振动自由度数＝3×3－6＝3。与这3个振动自由度对应有3种简正振动（图3-6）。

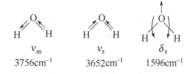

图 3-6 水分子的3种简正振动及其吸收波数

3.2.3 振动光谱产生的条件

振动光谱是由分子的振动能级发生跃迁而产生的。实验结果和量子力学理论都证明，这种能级的跃迁要服从一定的选律，且在能级跃迁的过程中必须有偶极矩的变化。

① 吸收与振动能级间隔 $\Delta E_振$ 的能量相应波长的红外线，才能引起振动能级的跃迁而产生红外光谱。这是振动光谱产生的第一个条件。

由于分子在发生振动能级跃迁时，需要吸收一定的能量，而这个能量通常是由照射体系的红外线（$E_红 = h\nu_红$）来供给。当发生振动能级跃迁时，必须满足：

$$\Delta E_振 = E_红 = h\nu_红 \tag{3-16}$$

而根据式（3-7），可得：

$$\Delta E_振 = \Delta V h \nu_振 \tag{3-17}$$

故有：

$$\nu_红 = \Delta V \nu_振 \tag{3-18}$$

式中，ΔV 是振动光谱的跃迁选律，$\Delta V = \pm 1, \pm 2, \pm 3 \cdots\cdots$ 除了由 $V=0 \rightarrow V=1$ 或 $V=0 \rightarrow V=2 \cdots\cdots$ 以外，$V=1 \rightarrow V=2$，$V=2 \rightarrow V=3$ 等跃迁也是可能的。式（3-18）说明，只有当红外辐射频率等于振动量子数的差值与振动频率的乘积时，分子才能吸收红外线，产生红外光谱。由于在常温下绝大多数分子处于 $V=0$ 的振动基态，因此我们主要观察到的是由 $V=0 \rightarrow V=1$ 的吸收峰，其振动频率刚好等于红外辐射频率。

② 瞬间偶极矩发生变化的振动才有红外吸收，这是振动光谱产生的第2个条件。

所谓偶极矩的变化，指的是分子中电荷的分布发生变化。极性分子和某些非极性分子在振动时会产生瞬间偶极矩，从而保证了分子吸收到红外光的能量。红外光是一种具有交变电场的电磁波，处在电磁辐射中的分子中的偶极子经受交替的作用力而使偶极矩增加或减少（图3-7）。由于偶极子具有一定的原有振动频率，只有当辐射频率与偶极子频率相匹配时，分子才能与电磁波发生相互作用（振动偶合）而增加它的振动能，使振动振幅加大，即分子由原来的基态振动跃迁到较高的振动能级。可见，并非所有的振动能都会产生红外吸收，只有发生偶极矩变化的振动才能引起可观测的红外吸收谱带。

图 3-7 偶极子在交变电场中的作用

一般来说，极性分子或极性键（如 NO、HCl、C═O 等）在振动时有偶极矩的变化，故有红外吸收，这种有红外吸收的振动称为"红外活性的"。而非极性分子（如 H_2、O_2、N_2）以及对称取代的化学键（如 C═C、S—S、N═N、C≡C 等）在振动时没有偶极矩的变化，故无红外吸收，这种没有红外吸收的振动称为"非红外活性的"。

例如，线性分子 CO_2 共有 3×3－5＝4个振动自由度，其对应的简正振动如图3-8所示。

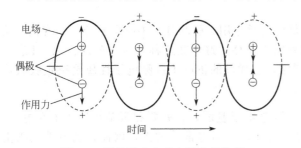

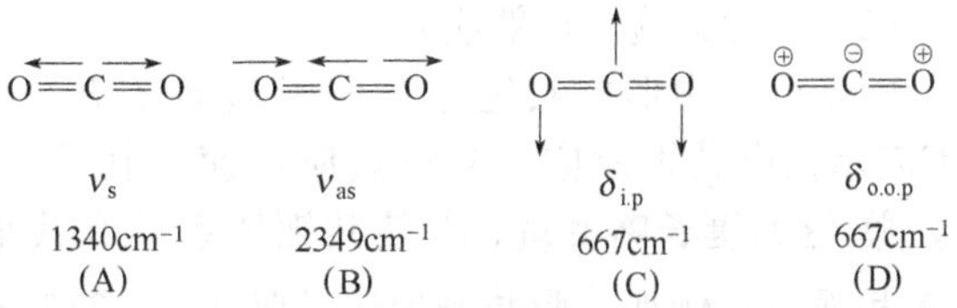

图 3-8 CO_2 分子的4种简正振动及其吸收波数

振动形式（A）是对称伸缩振动，2个C＝O键同时伸长或缩短，偶极矩始终为零，是非红外活性的，故在红外光谱中不出现这个峰。振动形式（B）是不对称伸缩振动，2个C＝O键1个伸长，另1个缩短，有瞬间偶极矩的变化，是红外活性的，其吸收峰在2349cm^{-1}处。振动形式（C）和振动形式（D）都是弯曲振动，有瞬间偶极矩的变化，但由于这两种振动有相同的频率，发生了简并，因而在红外光谱中只产生在667cm^{-1}处1个吸收峰。这样，CO_2虽有4种简正振动，但在红外光谱中只看到2349cm^{-1}和667 cm^{-1} 2个吸收峰。

3.3 影响红外吸收峰位和峰强变化的因素

应用红外光谱时，我们主要注意的是吸收峰的位置、形状和相对强度，因为这是定性定量的依据。此外，我们还知道分子中化学键的振动并不是孤立的，而要受分子中其他部分，特别是相邻基团的影响，有时还会受到溶剂、测定条件等外部因素影响。所以，同一基团的吸收峰位及强度并不总是固定不变的，而是在一定范围内波动。因此，了解影响峰位和峰强变化的因素将有助于分子结构的解析。

3.3.1 影响峰位变化的因素

3.2节讲到，红外吸收峰的位置是由原子的质量和化学键的力常数来决定的，那么由相同原子和化学键所组成的基团，其红外吸收峰位就应该出现在固定的位置。但实际不然，因为1个基团的力常数会因它周围的环境不同而有某种程度的改变，从而使吸收峰或多或少有些位移，这种吸收峰的位移反过来又为我们提供了分子中邻接基团的情况，帮助我们进一步识别各类化合物。

影响吸收峰位变化的因素很多，有内部因素也有外部因素，大体上可以归纳为以下几个方面。

（1）诱导效应（I效应）

由于取代基具有不同的电负性，通过静电诱导作用，引起分子中电子云分布的变化，从而改变键的力常数，使键或基团的特征频率发生位移，这种效应称为诱导效应。以－I表示亲电诱导效应，＋I表示供电诱导效应。通常，取代基的供电子或吸电子性质是决定吸收峰在某一频率范围内准确位置的重要因素。

例如，羰基（$\overset{\delta+}{C}＝\overset{\delta-}{O}$）碳上若连接有一强吸电子基团，它就要和羰基氧原子争夺电子，使羰基的极性减小，从而使C＝O的双键性增加，亦即力常数增大，因此，随着羰基碳上取代基的电负性增强而使C＝O伸缩振动频率向高波数位移（表3-3）。

表3-3 羰基碳上取代基的电负性对C＝O伸缩振动频率的影响

化合物	R－C(=O)－R′	R－C(=O)－H	R－C(=O)→Cl	R－C(=O)→F	F←C(=O)→F
$\bar{\nu}_{C=O}$/cm^{-1}	约1715	约1730	约1800	约1920	约1928

（2）共轭效应（C效应）

由于分子中形成共轭体系所引起的效应，称为共轭效应。以－C表示亲电共轭效应，＋C表示供电共轭效应。共轭效应可使共轭体系中的电子云密度平均化，双键的键长略变长，单键的键长略变短，并使共轭体系具有共平面性。因此，它显著地影响某些键的振动频率和强度。例如，脂肪酮的羰基吸收在1715cm^{-1}，而芳香酮（R－C(=O)－C₆H₅）的羰基却在

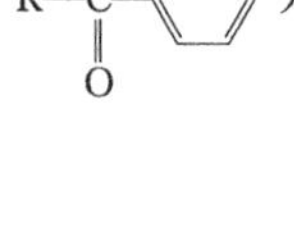

1693cm^{-1}处产生吸收,同时对应C=C(苯环骨架)振动的1600cm^{-1}峰带亦加强,这主要是C=O和苯环C=C共轭,使C=C—C=O的键长平均化了(它们的双键比原来孤立的双键键长增加)。双键的特性减小,力常数降低,频率自然降低。同时,C=O的引入,使苯环C=C上的电子云不再平均分布,而产生倾斜,因而使C=C略带有极性,它的吸收强度就增加。又如孤立的C=C伸缩振动在1650cm^{-1},而共轭的C=C—C=C则在1630cm^{-1},随着共轭体系的增大,波数位置逐渐移近1600cm^{-1}。对于苯环来讲,本身是一个大的共轭体系,它的骨架吸收峰出现在1600cm^{-1}。

另外,在一个化合物中,共轭效应和诱导效应往往同时存在,这时吸收峰的位移方向由影响较大的那个效应所决定。例如N和Cl两个元素的电负性都是3.0,但它们对C=O的影响不同。酰氯(R—CO—Cl)中的C=O吸收峰约在1800cm^{-1},而酰胺(R—CO—NH$_2$)中的C=O吸收峰却在1650cm^{-1}。其原因是Cl和C不在同一周期上,p-π重叠差,主要以诱导效应为主,即Cl的$-I>+C$,所以波数升高;而N与C为同一周期,p-π重叠较好,共轭效应的影响超过了诱导效应,即N的$+C>-I$。结果,由于电子密度平均化,使C=O双键性质降低,即力常数减小,故吸收峰移向低波数区。

类似上述情况,在同一化合物中同时存在I效应和C效应的例子很多,而其最后的振动频率位移方向和程度取决于这2种电子效应的净结果(表3-4)。

表3-4 同一化合物中I效应与C效应的净结果比较

化合物	R—CO—R'	R—CO—NH$_2$	R—CO—SR'	R—CO—OR'	R—CO—Cl
$\bar{\nu}_{C=O}$/cm^{-1}	约1715	约1650	约1690	约1735	约1800
电子效应的净结果		$+C>-I$(氮)	$+C>-I$(硫)	$-I>+C$(氧)	$-I>+C$(氯)

(3) 空间效应

① 共轭的空间阻碍 共轭效应的存在可使振动频率往低波数方向移动。但若分子结构中有空间阻碍,将使共轭效应被限制,而振动频率接近正常值。例如:

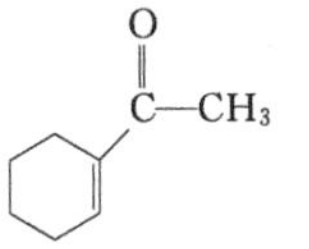

A ($\bar{\nu}_{C=O}$1663cm^{-1}) B ($\bar{\nu}_{C=O}$1686cm^{-1}) C ($\bar{\nu}_{C=O}$1693cm^{-1})

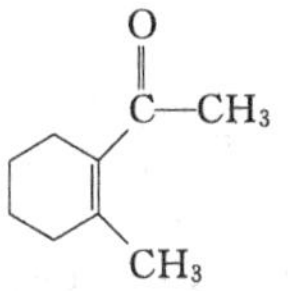

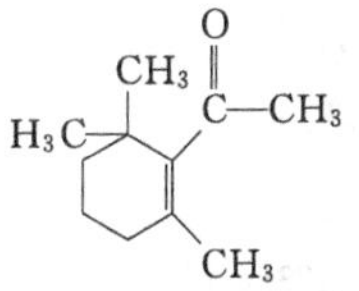

上述3个化合物,由于B、C都引入了邻位取代的甲基,造成空间阻碍,使羰基不能和环上双键在同一平面上,共轭效应受到限制,故B、C中C=O的双键特性强于A,吸收峰出现在较高波数处。

② 偶极场效应(F效应) 偶极场效应也是一种使电子云密度发生变化的效应。但与诱导效应和共轭效应不同的是,偶极场效应不是通过化学键,而是通过分子内的空间才能起作用,因此只有在立体结构上互相靠近的那些基团之间才能产生偶极场效应。例如,1,3-二氯丙酮有3种旋转异构体,其液态光谱出现如下3个羰基吸收频率。

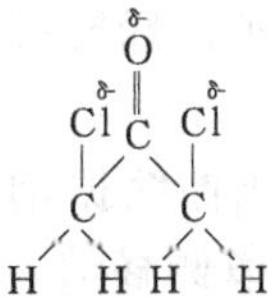

A ($\bar{\nu}_{C=O}$1755cm^{-1}) B ($\bar{\nu}_{C=O}$1742cm^{-1}) C ($\bar{\nu}_{C=O}$1728cm^{-1})

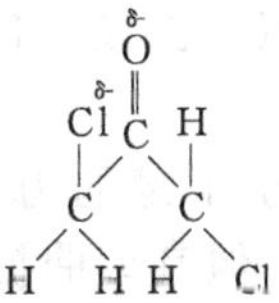

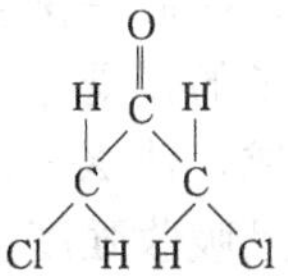

虽然 C—Cl 键与 C=O 键均可形成 $\overset{\delta+}{C}—\overset{\delta-}{Cl}$ 及 $\overset{\delta+}{C}=\overset{\delta-}{O}$ 两个偶极，但在 A、B 中，C—Cl 与 C=O 因比较靠近而产生 F 效应，即 $\overset{\delta+}{C}—\overset{\delta-}{Cl}$ 和 $\overset{\delta+}{C}=\overset{\delta-}{O}$ 的两个偶极之间产生同性电荷排斥，使 C=O 的双键性增加，力常数增大，因此 $\nu_{C=O}$ 值增高。而 C 接近正常频率。

（4）环张力效应

在正常情况下，碳原子位于正四面体的中心，碳的 sp^3 杂化轨道形成的键角为 109°28′，这时各杂化轨道之间的排斥力最小，体系最稳定。但有时由于结合条件而使键角改变，引起键能变化，从而使振动频率产生位移。最简单的例子就是环丙烷，3 个碳原子形成三角形，键角 60°比 109°28′小得多，因而引起了分子的张力，为了减小张力，有力图恢复正常键角的趋势。

环张力的影响在含有双键的振动中最为显著。当环中有张力时，环内各键削弱（C—C 键呈弯曲键，p 电子成分增高）。键角的缩小使双键性减弱，所以环内双键的伸缩振动频率亦随之下降。而对于环外双键（如 C=O）的伸缩振动频率，则因环张力的增加反而向高波数侧位移。这是因为当环缩小时，C—C 键具有更大的 p 电子成分，而 C=O 碳上有更多的 s 电子成分，需要更大的能量才能使它发生伸缩振动（即力常数增大了）。例如：

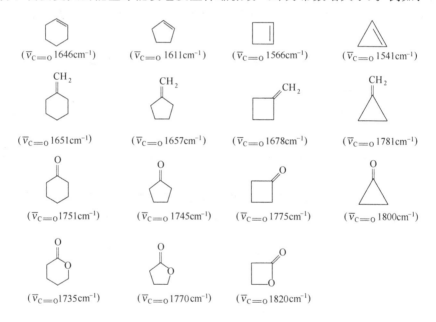

从以上实例变化的趋势可以看出，大于六元环的系统，其环内或环外的双键伸缩振动频率均接近正常的频率。这是因为大于六元环系统中，依靠环的折叠的调节作用可以降低张力，而使键角接近正常的缘故。

（5）氢键效应

当一个系统含有 1 个质子给予体 X—H 和 1 个质子接受体 Y，且质子的 s 轨道可以和 Y 的 p 轨道或 π 轨道发生有效的重叠时，氢键便能形成（X—H⋯Y）。X、Y 都是电负性大的原子，且 Y 具有未成对电子。在有机化合物中，通常的质子给予体是羟基、羧基、氨基、酚基或酰胺等基团，而质子接受体通常是氧、氮、卤素（F、Cl）和硫等原子，烯键等不饱和基团也可成为质子的接受体。

由于氢键的形成，使 X—H 的键变长，减小了键的力常数，其结果造成伸缩振动频率向低波数侧移动，且吸收强度变大，峰带变宽，但其弯曲振动频率却向高波数侧移动，此移动与其伸缩振动频率相比就不那么明显了。氢键的形成对质子接受体的影响通常不如对质子给予体的影响大，但仍可使质子接受体的力常数减小，其伸缩振动频率向低波数侧移动较小的距离。

① 分子内氢键　当分子内同时具有质子给予体和质子接受体，而且在特定条件下，又允许两者的轨道发生有效重叠，则可形成分子内氢键。分子内氢键的形成，可使质子给予体的吸收峰大幅度地向低波数方向位移。例如，羟基和羰基形成分子内氢键，ν_{OH} 及 $\nu_{C=O}$ 吸收都向低波数方向移动，只不过 $\nu_{C=O}$ 移动的幅度较小。例如，α-羟基蒽醌容易形成分子内氢键，而 β-羟基蒽醌只可能形成分子间氢键，如图 3-9、图 3-10 所示：

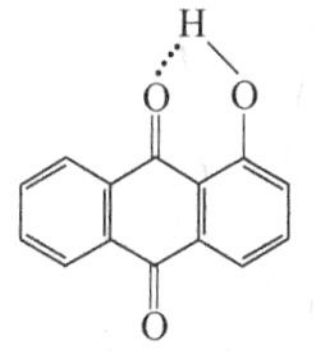

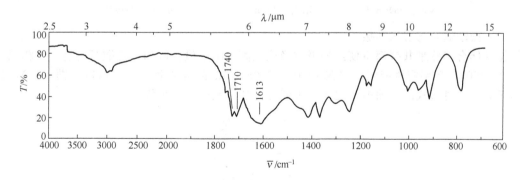

$\nu_{C=O}$（缔合）1622cm^{-1}　　　　　　　　　　$\nu_{C=O}$（游离）1676cm^{-1}

$\nu_{C=O}$（游离）1675cm^{-1}　　　　　　　　　　$\nu_{C=O}$（游离）1673cm^{-1}

ν_{O-H}（缔合）2843cm^{-1}　　　　　　　　　　ν_{O-H}（游离）3615～3606cm^{-1}

图 3-9　形成分子内氢键　　　　　　　　　　图 3-10　未形成分子内氢键

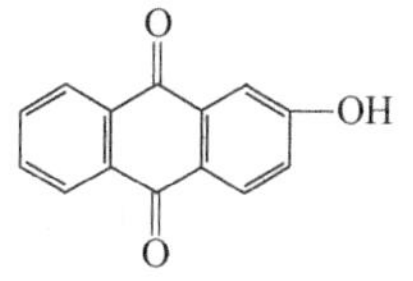

对可发生分子内互变异构的化合物，若能形成分子内氢键，吸收峰也将发生位移，在红外光谱上能够出现各种异构体的峰带。例如，乙酰丙酮（$CH_3COCH_2COCH_3$）有酮式及烯醇式互变异构体：

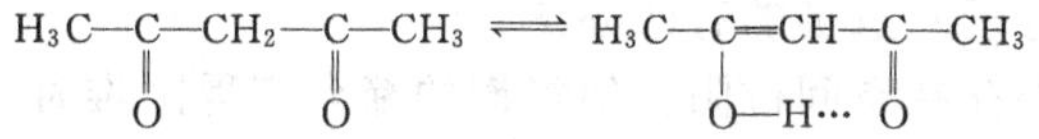

酮式　　　　　　　　　　　烯醇式

$\nu_{C=O}$ 1740cm^{-1}　　　　　　$\nu_{C=O}$ 1613cm^{-1}

$\nu_{C=O}$ 1710cm^{-1}　　　　　　ν_{O-H} 3200～2800cm^{-1}

酮式有 2 个 $\nu_{C=O}$ 吸收峰。烯醇式有 ν_{OH} 和 $\nu_{C=O}$ 吸收峰。从图 3-11 上可观察到烯醇式的 $\nu_{C=O}$ 1613cm^{-1} 的吸收比酮式的 1740cm^{-1} 和 1710 cm^{-1} 强，因此烯醇式比酮式多一些。

图 3-11　乙酰丙酮的 IR 谱图

② 分子间氢键　分子间氢键是指同种或不同种化合物的 2 个或多个分子之间的缔合。缔合的结果就形成二聚体或多聚体。对于具体的化合物样品是否形成了分子间氢键以及缔合的程度有多大，则与该化合物的样品浓度密切相关。例如，环己醇在浓度小于 0.01mol/L 的四氯化碳稀溶液中，分子间并不形成氢键，所以 ν_{OH} 3620cm^{-1} 处为游离态的羟基吸收峰。

但随着溶液浓度的增高，游离羟基的吸收减弱。在 0.1mol/L 溶液中出现二聚体 ν_{OH} 3485cm^{-1} 的吸收和多聚体 ν_{OH} 3360cm^{-1} 的吸收。而在 1.0mol/L 溶液中几乎都是多聚体 ν_{OH} 3320cm^{-1}，并且吸收峰带加宽，强度加大。图 3-12 是不同浓度的环己醇四氯化碳溶液的红外光谱。

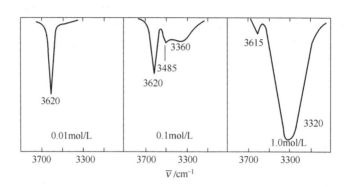

图 3-12　不同浓度环己醇 CCl$_4$ 溶液的 IR 光谱

从上面的讨论可知，氢键有分子内和分子间之分。分子内氢键取决于分子的内在性质，不受溶剂的种类、浓度和温度变化的影响，其 X—H 的伸缩振动谱带的位置、强度和形状的改变均较分子间氢键小，而分子间氢键则受上述因素的影响。如果把样品溶液稀释到很稀的程度，此时样品中分子间的距离相距很远，大都呈游离状态，就不能生成分子间的氢键。这是区别分子内氢键和分子间氢键的有效办法。

另外，若分子结构中存在空间位阻，使氢键的缔合变得困难时，则其相应的吸收峰趋于正常值。例如：

$\bar{\nu}_{O-H}$ 3380cm^{-1}　　　　$\bar{\nu}_{O-H}$ 3510cm^{-1}　　　　$\bar{\nu}_{O-H}$ 3530cm^{-1}

（6）振动偶合与费米共振

振动偶合和费米共振都将使红外吸收峰位偏离于基频值。例如，乙酸酐含有 2 个相似的 C=O，其吸收频率应该相同，但在 1860~1720cm^{-1} 之间有 2 个 $\nu_{C=O}$ 吸收峰（图 3-13），这是由于如下 2 种形式的伸缩振动之间发生偶合，从而裂分为 2 个峰。

$\nu_{sC=O}$ 1750cm^{-1}　　　　$\nu_{asC=O}$ 1828cm^{-1}

又如，孤立的甲基在 1380cm^{-1} 附近出现对称弯曲振动的单峰，而异丙基中的甲基弯曲振动变为 1385cm^{-1} 附近和 1370cm^{-1} 附近的双峰，这也是由于 2 个甲基对称弯曲振动之间的偶合所致。

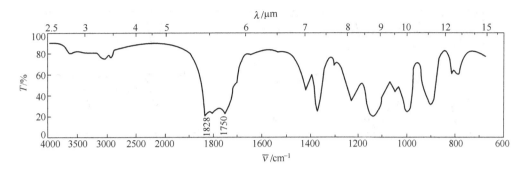

图 3-13 乙酸酐的 IR 谱图

苯的 3 个基频峰的频率分别为 1485cm^{-1}、1585cm^{-1} 和 3070cm^{-1} 前，2 个频率的合频峰为 3070cm^{-1}，恰与最后 1 个基频相同，于是两者发生费米共振，在 3099cm^{-1} 和 3045cm^{-1} 出现 2 个强度近似相等的吸收峰。

许多醛类化合物的醛基 C—H 键的弯曲振动在 1390cm^{-1} 附近，其倍频吸收和醛基 C—H 键的伸缩振动区域 2850~2700cm^{-1} 十分接近，两者发生费米共振，在该区域内出现 2 个中等强度的吸收峰，1 个在 2720cm^{-1} 附近，另 1 个在 2830cm^{-1} 附近，这 2 个峰成为鉴定醛基的特征频率。参见图 3-14。

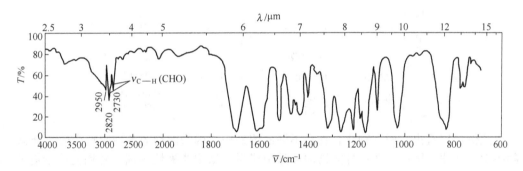

图 3-14 对甲氧基苯甲醛的 IR 谱图

(7) 物态变化的影响

红外光谱可以在样品的各种物理状态（气态、液态、固态、溶液或悬浮液）下进行测定。由于状态不同，它们的光谱往往也有不同程度的变化，所以在查阅标准谱图时，要注意样品状态及制样方式。分子在气态时，可以自由旋转，分子间的相互作用很小，因此在低压下可测得游离分子的光谱。而在液态和固态时，由于分子间作用力较强，可能发生分子间的缔合或形成氢键，使其特征吸收峰的位置、强度和形状有较大的改变。例如，丙酮的 $\nu_{C=O}$ 在气态、液态时的频率分别为 1738cm^{-1}（气态）和 1715cm^{-1}（液态）。从液态至结晶形固态，虽然也有吸收频率的位移，但一般来说，除形成氢键外，这种位移并非很大。不过由于结晶形固态的分子取向是一定的，所以往往会造成一些峰带从光谱中消失的现象。这是由于结晶形固态中不存在像气态或液态中的转动异构体的缘故。但在另外一些例子中，则可能出现一些新吸收峰，其峰形比气态和液态的尖锐，这是由于晶格力场的作用，发生了分子振动与晶格振动的偶合所致。图 3-15 是 1,10-二溴正癸烷固态与液态的红外光谱。值得注意的是，图 3-15 中 (a)、(b) 两图的谱线差异较大，容易被认为是不同的化合物。

(8) 溶剂的影响

在溶液状态测定光谱时，由于溶剂的种类不同，同一物质与溶剂间的相互作用也就不

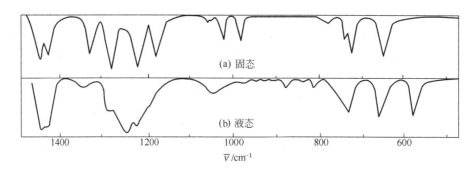

图 3-15　Br—$(CH_2)_{10}$—Br 的 IR 光谱

同，所测得的吸收光谱固然也不同。一般来说，极性基团（如—NH_2、—OH、C=O、C≡N 等）的伸缩振动频率随溶剂的极性增大而向低波数位移，强度亦增大。例如，不同溶剂中的羧酸 $\nu_{C=O}$ 波数为：

溶剂极性增大↓			
气态	—C(=O)—OH	$\nu_{C=O}$（游离）	1780 cm^{-1}
非极性溶剂	—C(=O)—OH	$\nu_{C=O}$（游离）	1760 cm^{-1}
乙醚中	—C(=O)—OH ··· O(C_2H_5)(C_2H_5)	$\nu_{C=O}$	1735 cm^{-1}
乙醇中	—C(=O ··· HOC_2H_5)—OH	$\nu_{C=O}$	1720 cm^{-1}
碱液中	—C(O)(O)	$\nu_{as\,C=O}$ $\nu_{s\,C=O}$	1610~1500 cm^{-1} 1400 cm^{-1}

由此例可以看出，同一种化合物在不同的溶剂中，因为溶剂的各种影响会使化合物的特征频率发生变化。因此，在红外光谱的测量中应尽量采用非极性溶剂。常用的溶剂有 CCl_4、CS_2、$CHCl_3$、CH_2Cl_2、CH_3CN、CH_3COCH_3 等。配制的溶液要使其透过率在 20%～60% 之间。

3.3.2　影响峰强变化的因素

红外吸收峰的强度主要由振动过程中偶极矩的变化以及振动能级跃迁几率 2 个因素决定。振动时偶极矩变化愈大，或随着振动能级跃迁几率的增加，都将使吸收峰强度增大。

（1）振动过程中偶极矩的变化涉及到如下因素

① 原子的电负性　化学键两端连接的原子，若电负性相差越大（即极性越大），则瞬间偶极矩的变化也越大，在伸缩振动时，引起的红外吸收峰也越强（有费米共振等因素时除外）。例如：

$\nu_{C=O}$（强度）>ν_{C-C}（强度）；ν_{O-H}（强度）>ν_{C-H}（强度）>ν_{C-C}（强度）

② 化学键的振动形式　分子中化学键的不同振动形式对分子的电荷分布影响不同，所以吸收强度也不同。一般来说峰强与化学键振动形式之间有下列规律：

ν_{as}（强度）>ν_s（强度）；ν（强度）>δ（强度）

③ 分子的对称性　分子结构越对称，则瞬间偶极矩的变化也越小，其吸收峰也就越弱。当在振动过程中整个分子的偶极矩始终为零时，则没有吸收峰出现。如 CO_2 对称伸缩振动就没有吸收峰。

④ 氢键的形成　氢键的形成往往使吸收峰强度增大，峰带变宽，原因是生成氢键后使

电偶极矩有了明显的改变。

⑤ 与偶极矩大的基团共轭　如 C═C 键的伸缩振动，其吸收强度本来非常弱，但当它与 C═O 键共轭后（C═C—C═O），则 C═O 与 C═C 两个峰的强度都增强。在 C═C—O—中，C═C 键伸缩振动吸收峰的强度也显著增加。

⑥ Fermi 共振　Fermi 共振亦可使弱的倍频峰或组频峰的吸收强度大大强化。

(2) 振动能级跃迁几率涉及到如下因素

① 加大样品浓度，就是使跃迁几率增加，故吸收峰强随之增大。

② 基频峰强于倍频峰。这是由于从基态（V_0）跃迁到第二激发态（V_2）时，振幅加大，偶极矩变大，本应产生较强的倍频峰，但因这种跃迁几率很低，所以峰强反而很弱。

3.4　各类有机化合物的红外特征吸收频率

从理论上说，物质吸收红外光的频率完全可以由数学法计算得到，但是随着组成分子的原子数增加，使得计算变得十分困难，再加之分子内的其他部分或溶剂等分子外的条件影响，会使相同的基团或键在不同分子中的特征吸收峰的频率并不总是出现在同一位置。因此，大多数化合物的红外吸收光谱与结构的关系实际上只能通过经验手段来找到（也就是比较大量已知化合物的红外光谱），从中总结出各种基团的吸收规律，得到所谓基团特征频率。虽然这样得到的结果不如数学法，但是却真实地反映了红外光谱与分子结构的关系。故我们可以由实测的光谱振动频率来推断分子结构。常见各类有机化合物的红外特征吸收频率列于本书附录一中。图 3-16 显示了某一频率区域内可能存在的基团。所给出的这些图表对于有机化合物的红外谱图的解析是十分有用的。例如，测得某一未知物的红外谱图，可将其中主要特征峰频率与图 3-16 或附录Ⅰ核对，检查其可能存在的基团，进而定出分子结构。

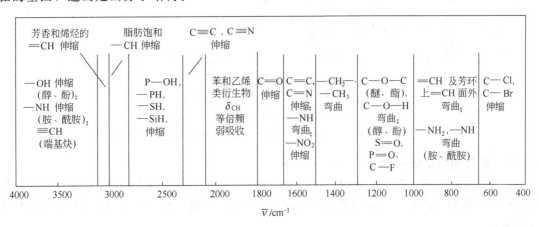

图 3-16　红外吸收光谱中各种主要基团的大致分布图

为了正确使用附录Ⅰ中的数据，兹将各类有机化合物的红外特征吸收再作如下说明。

3.4.1　烷烃和环烷烃的特征吸收频率

烷烃和环烷烃的红外吸收主要由两部分组成。一部分是由 C—H 键的振动（伸缩振动和弯曲振动）引起的，另一部分是由碳骼振动所引起的。

① C—H 伸缩振动　烷烃和环烷烃分子中的碳均为饱和碳。而饱和碳与不饱和碳的 C—H 伸缩振动的分界线是 3000cm^{-1}。其中，饱和碳（除三元环外）的 C—H 伸缩振动频率低于 3000cm^{-1}，不饱和碳（重键及苯环）的 C—H 伸缩振动频率大于 3000cm^{-1}。因此，在

利用C—H伸缩振动吸收峰区别饱和与不饱和化合物时，这一特征特别有用。

甲基和亚甲基引起双峰，因为二者均有不对称与对称2种伸缩振动。

② C—H弯曲振动 烷烃和环烷烃的C—H弯曲振动吸收，一般在1485～700cm^{-1}区域。其中，甲基的δ_s（约为1380cm^{-1}）峰对结构敏感，强度一般比δ_{asCH_3}弱，它的出现是化合物中存在甲基的证明，其强度随分子中甲基数目增多而增大。当2个或3个甲基连接在同一碳原子上时（异丙基或叔丁基），1380cm^{-1}峰会分裂成为2个峰。异丙基的两峰位于1385cm^{-1}和1370cm^{-1}左右，强度大致相等；而叔丁基的这两个吸收峰分别位于1390cm^{-1}和1365cm^{-1}附近，且1365cm^{-1}峰的强度为1390cm^{-1}峰的2倍左右。所以，常常根据这一区域吸收峰的状态和C—C键骨架的振动吸收位置（1255～1140cm^{-1}）来鉴定分子的分支情况。此外，与甲基相邻基团的电负性对δ_{sCH_3}峰的位置有较大影响，详见附录Ⅰ的表Ⅰ-2。

当化合物具有4个或4个以上的—CH$_2$直线相连时，—CH$_2$的平面摇摆振动在720cm^{-1}附近有弱的吸收峰，随着相连的CH$_2$个数的减少，其吸收的位置有规律地向高波数方向移动。因此，它在结构鉴定上也具有重要的作用。

③ C—C骨架振动 C—C的伸缩和骨架振动吸收一般都不强，在结构分析中有用的只是异丙基和叔丁基的骨架振动吸收。若在1170cm^{-1}及1150cm^{-1}附近有峰出现，则可证明异丙基的存在。而1250cm^{-1}和1210cm^{-1}附近的峰共存，表示分子中有叔丁基存在。

烷烃的红外光谱可参见图3-17，这是一张典型的支链烷烃的红外光谱图。

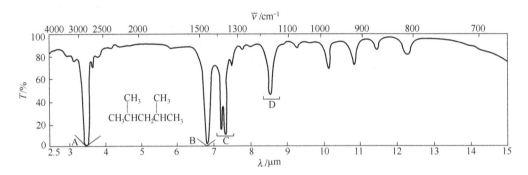

图3-17 2,4-二甲基戊烷的IR谱图

A—ν_{C-H}，不超过3000cm^{-1}；B—δ_{asC-H}，1468cm^{-1}；
C—δ_{sC-H}（异丙基双峰），1385cm^{-1}，1368cm^{-1}；D—异丙基骨架振动，1168cm^{-1}

3.4.2 烯烃的特征吸收频率

烯烃化合物具有3个特征吸收，即双键碳原子上的C—H键伸缩振动、C=C键的伸缩振动和双键碳原子的C—H键的面外弯曲振动。根据这些吸收峰可以容易地将烷烃和烯烃区别开来。

① 烯烃=C—H伸缩振动 烯烃=CH$_2$伸缩振动有对称和不对称之分，除了它的对称伸缩振动吸收出现在2975cm^{-1}处与饱和烃的甲基不对称伸缩振动吸收重叠之外，其余的烯烃=C—H伸缩振动皆大于3000cm^{-1}。由于烷烃的甲基、亚甲基的C—H伸缩振动皆小于3000cm^{-1}，因此，如有不饱和的双键（包括苯环和三元环的C—H），则多在甲基、亚甲基伸缩振动吸收峰旁边（靠近高波数）出现一个小峰。这是识别不饱和化合物的一个有效特征吸收。

② 烯烃C=C伸缩振动 C=C的伸缩振动对鉴定双键的存在，其作用是有限的，吸收一般位于1680～1580cm^{-1}区域，峰的强度变化较大。当C=C键处于分子的对称中心

时，此吸收峰完全不出现，而 C=C 键处于不对称中心时，其吸收强度通常也很弱。只有 C=C 与苯环或羰基等共轭时，此吸收峰才成为强吸收，并且吸收频率往低波数方向位移。

在共轭二烯中，由于 2 个 C=C 键的振动偶合，分别约在 1600cm^{-1}（较强）和 1650cm^{-1}（弱）处出现 2 个吸收峰，前者是鉴定共轭二烯的特征峰。3 个以上双键的共轭使得该区的吸收变得复杂，往往出现几个吸收峰，甚至在 1660～1580cm^{-1} 区间出现 1 个宽峰。

③ 烯烃=C—H 弯曲振动　对鉴定烯烃十分重要的是=C—H 的面外弯曲振动，其吸收一般出现在 1000～670cm^{-1} 区域。由于不同类型的烯烃在此区间有其独特的吸收，而且比较固定，不受取代基的变化而发生很大的变化（共轭对烯烃的面外弯曲振动吸收影响也不大）。同时，这一吸收的强度特别大，因此在判断烯烃的存在及其类型时，是十分有用的。

关于=C—H 的面内弯曲振动，一般在 1450～1280cm^{-1} 区间，强度都比较弱，而且一些烯烃由于分子的对称性而无此吸收峰，所以在结构分析中的用处不大。所有的=C—H 面内弯曲振动只有 RR′C=CH$_2$ 的=CH$_2$ 弯曲振动（约 1420cm^{-1}）较固定，具有一定的参考价值。

烯烃的红外光谱可参见图 3-18，这是一张典型的末端烯烃的红外光谱图。

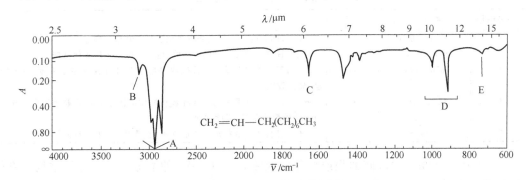

图 3-18　1-癸烯的 IR 谱图

A—ν_{C-H}(饱和)，不超过 3000cm^{-1}；B—$\nu_{=C-H}$，3049cm^{-1}；C—$\nu_{C=C}$，1645cm^{-1}；
D—$\delta_{=CH_2}$（面外），986cm^{-1}，907cm^{-1}；E—ρ_{CH_2}(CH$_2$ 多于 4 个)，720cm^{-1}

3.4.3　炔烃的特征吸收频率

炔烃化合物具有 3 个特征吸收，即 ≡C—H 键的伸缩振动，C≡C 键的伸缩振动和 ≡C—H 键的弯曲振动，其中 ≡C—H 的弯曲振动是乙炔和单取代炔烃的特征。

① 炔烃 ≡C—H 伸缩振动　单取代炔烃的 ≡C—H 伸缩振动吸收位于 3330～3267cm^{-1} 区域，在该区域内有 N—H 和 O—H 存在干扰吸收，但后者的峰形较宽，还是易于区分的。

② 炔烃 C≡C 伸缩振动　炔烃分子中有一较弱的 C≡C 伸缩振动吸收在 2260～2100cm^{-1} 区域。由于对称性的限制，我们在红外光谱上观察不到乙炔或对称取代的炔烃的 C≡C 谱带。单取代炔烃的 C≡C 谱带要比双取代的 C≡C 谱带强些。

③ 炔烃 ≡C—H 弯曲振动　单取代炔烃的 ≡C—H 弯曲振动在 700～610cm^{-1} 区间有 1 个强而宽的吸收，其倍频在 1370～1220cm^{-1} 区域以 1 个弱而宽的谱带出现。

炔烃的红外光谱可参见图 3-19，这是一张典型的末端炔烃的红外光谱图。

3.4.4　芳烃的特征吸收频率

芳烃化合物的红外光谱中包括许多尖锐明显的吸收峰。通过对化合物进行红外光谱的分析，不但可以鉴别芳环的存在与否，而且可以了解其取代的情况。芳烃的红外吸收可以按表

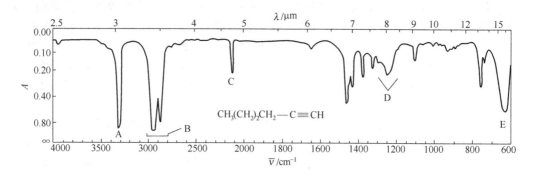

图 3-19　1-己炔的 IR 谱图

A—$\nu_{\equiv C-H}$，3268cm^{-1}；B—ν_{C-H}(饱和)，2941～2857cm^{-1}；
C—$\nu_{C\equiv C}$，2110cm^{-1}；D—$\delta_{\equiv C-H}$(倍频)，1247cm^{-1}；E—$\delta_{\equiv C-H}$(基频)，630cm^{-1}

3-5 所示的 5 个"相关峰"区进行分析。

表 3-5　芳烃的 5 个相关峰

相关峰编号	波数(cm^{-1})	强度	注　释
1	3100～3000	m	=C—H 伸缩振动,用高分辨率仪器测定时显示多重峰
2	2000～1660	w	=C—H 面外弯曲振动的泛频峰,可用于确定苯环取代类型
3	1650～1430	不定	$\nu_{C=C}$,芳环骨架振动。这段吸收是鉴别芳环存在的主要依据,峰形明显,波数较固定
4	1225～950	w	=C—H 面内弯曲振动。其峰数和峰位取决于芳环的取代类型。环上引入极性取代基时,强度增加
5	900～650	s	=C—H 面外弯曲振动。非常特征,主要用于判断苯环取代类型

① 3100～3000cm^{-1} 区间的强或中等吸收峰是 =C—H 伸缩振动。如分子结构中有较多的甲基、亚甲基时,则成为一吸收峰的肩。

② 2000～1660cm^{-1} 之间是 =C—H 面外弯曲振动的泛频区。该区的干扰少,可以根据这一区域谱图的形状知道环上取代的情况（见图 3-20）,当取代基是烷基时最为可靠。由于该段吸收强度弱,仅在加大样品浓度时才能清楚地描绘出来,因此在作图时应加大样品浓度。

③ 1650～1430cm^{-1} 区间有苯环骨架的 4 个吸收；分别约在 1450cm^{-1}、1500cm^{-1}、1580cm^{-1} 和 1600cm^{-1} 处。1450cm^{-1} 的吸收与—CH$_2$、—CH$_3$ 的吸收很靠近,因此特征不明显。后三处的吸收表明苯环的存在,但这三处吸收不一定同时存在。原则上,当苯环与其他基团有 π-π 共轭或 p-π 共轭时,才有 1580cm^{-1} 处的吸收。共轭的结果还可使 1600cm^{-1} 和 1500cm^{-1} 处的 2 个峰增强。1600cm^{-1} 和 1500cm^{-1} 两个峰比较稳定,但也因取代情况不同而发生位移。例如,不对称的三取代或二取代可使峰位移至高波数区,而连三取代则又使峰位向低波数方向位移。

④ 1225～950cm^{-1} 区间是=C—H 面内弯曲振动,吸收较弱,而且处于指纹区,干扰多,仅作佐证参考用。详见表 3-6。

⑤ 900～650cm^{-1} 区间是=C—H 面外弯曲振动,振动吸收很强。根据这一区域谱图的形状和吸收波数值,就可以知道苯环上取代的情况。详见图 3-20 以及附录 Ⅰ 的表 Ⅰ-6。

总之,确定样品有无芳环,可先由 3100～3000cm^{-1} 区间的=C—H 伸缩振动吸收峰和 1600cm^{-1}、1500cm^{-1} 的苯环骨架 C=C 振动来判断,而环的取代情况则可由 900～650cm^{-1} 的=C—H 面外弯曲振动及 2000～1660cm^{-1} 的泛频区来判断。

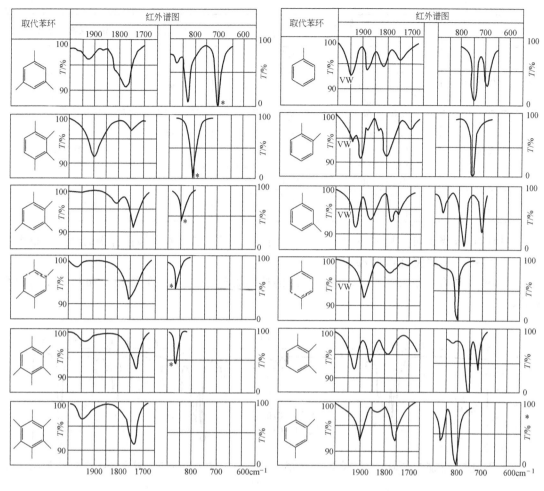

图 3-20 苯环不同取代类型在 2000~1660 cm^{-1} 和 900~650 cm^{-1} 区域内吸收峰图像

注 1. VW 表示极弱。
2. 鉴定时，标有 " * " 的峰较双取代苯类的对应谱带可信度差些。

表 3-6 芳烃＝C—H 面内弯曲振动与苯环取代类型

取代位置	吸收峰位置		强 度	相邻氢原子的数目
	$\bar{\nu}/\text{cm}^{-1}$	$\lambda/\mu\text{m}$		
一元取代	1117~1125	8.51~8.89	w	5 个相邻氢原子
	1110~1070	9.01~9.35	w	
	1070~1000	9.35~10.00	w	
1,2-二元取代	1225~1175	8.17~8.51	w	4 个相邻氢原子
	1125~1090	8.89~9.17	w	
	1070~1000	9.35~10.00(双峰)	w	
	1000~960	10.00~10.42	w	
1,3-二元取代	1175~1125	8.51~8.89	w	3 个相邻氢原子
	1110~1070	9.01~9.35	w	
	1070~1000	9.35~10.00	w	
1,4-二元取代	1225~1175	8.17~8.51	w	2 个相邻氢原子
	1125~1090	8.89~9.17	w	
	1070~1000	9.35~10.00(双峰)	w	

续表

取代位置	吸收峰位置		强度	相邻氢原子的数目
	$\bar{\nu}/\text{cm}^{-1}$	$\lambda/\mu\text{m}$		
1,2,3-三元取代	1175～1125	8.51～8.89	w	3个相邻氢原子
	1110～1070	9.01～9.35	w	
	1070～1000	9.35～10.00	w	
	1000～960	10.00～10.42	w	
1,2,4-三元取代	1225～1175	8.17～8.51	w	2个相邻氢原子
	1175～1125	8.51～8.89	w	
	1125～1090	8.89～9.17	w	
	1070～1000	9.35～10.00(双峰)	w	
	1000～960	10.00～10.42	w	
1,3,5-三元取代	1175～1125	8.51～8.89	w	孤立氢
	1070～1000	9.35～10.00	w	

芳烃的红外光谱可参见图 3-21，这是一张典型的邻二取代芳香族化合物的红外光谱图。

3.4.5 醇和酚类的特征吸收频率

醇和酚类具有3个特征吸收，即O—H的伸缩振动，C—O的伸缩振动和O—H的弯曲振动。

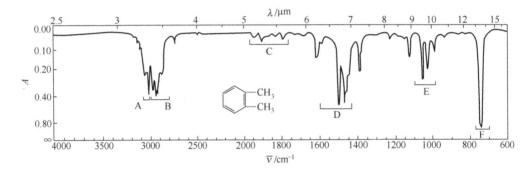

图 3-21　邻二甲苯的 IR 谱图

A—$\nu_{=C-H}$, 3008cm^{-1}; B—ν_{CH_3}, 2965cm^{-1}, 2938cm^{-1}, 2918cm^{-1}, 2875cm^{-1};
C—$\delta_{=C-H}$ 的面外泛频峰，$2000\sim1667\text{cm}^{-1}$; D—$\nu_{C=C}$(苯环骨架)，$1605\text{cm}^{-1}$, 1495cm^{-1}, 1466cm^{-1};
E—$\delta_{=C-H}$(面内)，1052cm^{-1}, 1022cm^{-1}; F—$\delta_{=C-H}$(面外)，742cm^{-1}(1,2-二元取代)

① O—H伸缩振动　由于O—H基是一个强极性基团，易发生缔合现象而形成氢键，所以O—H伸缩振动的吸收位置和强度受温度和浓度影响很大。

在气态或稀溶液中测定时，可以在 $3650\sim3590\text{cm}^{-1}$ 区间观察到游离O—H的伸缩振动吸收，峰形比较尖锐，不同的醇类，其吸收频率也有所区别，它们的次序是伯醇（约 3640cm^{-1}）、仲醇（约 3630cm^{-1}）、叔醇（约 3620cm^{-1}）、酚（约 3610cm^{-1}）。

在固态、液态或浓溶液下进行测定时，只能在 $3550\sim3200\text{cm}^{-1}$ 区间观察到缔合O—H的伸缩振动吸收，峰形宽。氢键缔合作用越强，其吸收频率越低，吸收峰亦相应加宽。

发生螯合的O—H（属分子内氢键），如水杨醛、邻硝基苯酚等，其O—H伸缩振动出现在 $3200\sim2500\text{cm}^{-1}$ 区间。此峰宽且散，有时会因强度过低而不易识别。分子内氢键是无法用降低浓度和变换溶剂等方法消除的。

在对O—H伸缩振动解释的时候，应注意水分子的干扰，因结晶水的O—H伸缩振动也出现在 $3600\sim3000\text{cm}^{-1}$ 区间，所以样品必须经过严格干燥。同时还应注意N—H基伸缩振动和C=O伸缩振动的倍频（弱峰）也出现在此区域，要仔细识别。

② C—O 伸缩振动　醇和酚的 C—O 伸缩振动是位于 1260～1000cm^{-1} 区间的一个强吸收峰，由于它位于指纹区，干扰较多，特别是醚类的 C—O 伸缩振动也在此区域内，且是第一强吸收，所以要确定它是含—OH 的化合物还是醚，须借助于—OH 的伸缩振动和面内弯曲振动是否存在，醚类是没有—OH 吸收的。不同的醇类，其 C—O 伸缩振动频率也不相同，它们的次序是伯醇（约 1050cm^{-1}）、仲醇（约 1100cm^{-1}）、叔醇（约 1150cm^{-1}）、酚（约 1230cm^{-1}），都是强吸收。由于氢键的缘故，其峰形都是比较宽散的。

③ O—H 弯曲振动　O—H 弯曲振动有 2 种，即面外弯曲振动和面内弯曲振动。

O—H 面外弯曲振动吸收峰较宽，峰的中心位于 650cm^{-1} 左右，受氢键的影响很大，位置也不固定，无实用价值。

O—H 面内弯曲振动吸收位于 1410～1260cm^{-1} 区间，峰形宽（缔合），常为双峰，吸收强度中等。此吸收亦受氢键的影响，当溶液被充分稀释后，峰变弱，最后约在 1250cm^{-1} 处出现一狭窄的尖峰。O—H 面内弯曲振动可作为判断—OH 存在与否的佐证。

醇的红外光谱可参见图 3-22，这是一张典型的带有支链的仲醇红外光谱。图 3-23 则是最简单的酚的红外光谱图。

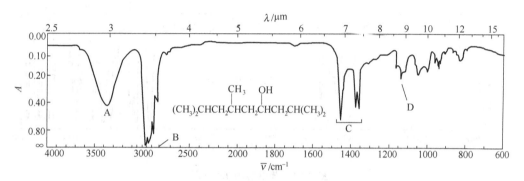

图 3-22　2,6,8-三甲基-4-壬醇的 IR 谱图

A—ν_{OH}（缔合），3355cm^{-1}；B—ν_{C-H}，3000～2800cm^{-1}；C—δ_{C-H}，1373cm^{-1}，1355cm^{-1} 为异丙基双峰；
D—ν_{C-O}，1138cm^{-1}，由于分子中具有许多 C—H 键，使 C—H 谱带很强，因而这一谱带似乎弱些

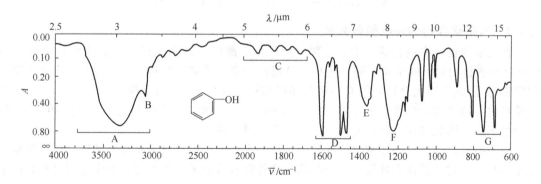

图 3-23　苯酚的 IR 谱图

A—ν_{OH}（缔合），3333cm^{-1}；B—$\nu_{=C-H}$，3045cm^{-1}；C—$\delta_{=C-H}$ 的面外泛频峰，2000～1667cm^{-1}；
D—$\nu_{C=C}$（苯环骨架），1580cm^{-1}，1495cm^{-1}，1468cm^{-1}；E—δ_{OH}（面内），1359cm^{-1}；
F—ν_{C-O}，1223cm^{-1}；G—$\delta_{=C-H}$（面外），745cm^{-1}，685cm^{-1}（一元取代）

3.4.6　醚类的特征吸收频率

醚类的结构特征为 C—O—C。环氧化合物、缩醛、缩酮分子中均含有此结构，因此它

们的红外特征也相近；又由于 C—O 和 C—C 折合质量很接近，使 C—O 振动频率接近 C—C 的骨架振动，不过氧的电负性很强，振动时偶极矩变化很大，因而 C—O 的伸缩振动强度比 C—C 骨架振动强得多，这有利于与 C—C 键的区别。但其他类型的化合物，如醇类、羧酸、酯等亦含有 C—O 键，它们都在 1300～1000cm^{-1} 区间有强的吸收峰，极易与醚类的 C—O 混淆，因此仅用红外光谱来确定醚键的存在与否是有困难的。当在该区域出现这一强峰时，可以认为分子中存在—C—O 或 =C—O，但不一定就是醚类。

缩醛和缩酮是特殊形式的醚，由于 C—O—C—O—C 的伸缩振动偶合，其吸收峰分裂为 3 个，出现在 1190～1160cm^{-1}，1143～1125cm^{-1} 和 1098～1063cm^{-1} 区间，均为强峰。除此之外，在缩醛的光谱中还有 1 个吸收位置在 1116～1105cm^{-1} 处的特征吸收峰，它是由 C—O 邻接的 C—H 弯曲振动所引起的，缩酮无此峰，因此可用来区分缩醛和缩酮。

过氧化合物的—O—O—键吸收都不强，脂肪族的 C—O—O—C 伸缩振动吸收峰在 820～890cm^{-1} 区间，芳香族的在 1000cm^{-1} 附近，都是弱峰，易受干扰，一般不易鉴别。

醚类的红外光谱可参见图 3-24，这是一张典型的芳烷基醚的红外光谱。

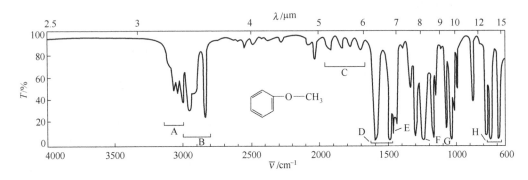

图 3-24 苯甲醚的 IR 谱图

A—$\nu_{=C-H}$，3072cm^{-1}，3041cm^{-1}，3012cm^{-1}；B—ν_{CH_3}，2967cm^{-1}，2846cm^{-1}；

C—$\delta_{=C-H}$ 的面外泛频峰，2000～1660cm^{-1}；D—$\nu_{C=C}$（苯环骨架），1602cm^{-1}，1588cm^{-1}，1497cm^{-1}；

E—δ_{CH_3}，1455cm^{-1}；F—$\nu_{as=C-O-C}$，1251cm^{-1}；G—$\nu_{s=C-O-C}$，1042cm^{-1}；

H—$\delta_{=C-H}$（面外），747cm^{-1}，696cm^{-1}（一元取代）

3.4.7 羰基化合物的特征吸收频率

含羰基的化合物包括醛、酮、羧酸、羧酸酯、酸酐、酰卤和酰胺等。这些化合物中与 C=O 相连接的原子或基团不同，使 C=O 键的力常数受到了影响（见 3.3 节影响峰位变化的因素），因此不同化合物中的 C=O 伸缩振动频率各有差异（详见附录Ⅰ中的表Ⅰ-9）。各类羰基化合物的 C=O 吸收出现在 1900～1600cm^{-1} 区间，因吸收强度大，位置相对恒定，又少受干扰，因此它成为红外光谱中最易识别的吸收峰之一。

应当指出，通过红外光谱确定羰基的存在并不困难，但要确定是哪一种羰基化合物常常并不容易，这时必须依靠各类化合物的其他红外吸收特征来帮助鉴定。下面分别对各类羰基化合物进行讨论。

① 醛类 醛和酮的 C=O 伸缩振动吸收位置相差不多（醛的羰基吸收比相应的酮通常要高 10cm^{-1} 左右），所以，根据 C=O 吸收峰的差异是无法对两者进行区别的。为了识别醛类，必须借助于—CHO 上的 C—H 伸缩振动，醛类在约 2830cm^{-1} 和 2720cm^{-1} 处存在 2 个中等强度的吸收。当碳链增长时，2830cm^{-1} 处的峰可能与通常的饱和 C—H 伸缩振动合并而成为一个不太明显的肩峰，2720cm^{-1} 处的峰则一般不会重叠，因此它是鉴别醛类的一个重要吸收。

醛类的红外光谱可参见图 3-25，这是典型的芳香醛的红外光谱。

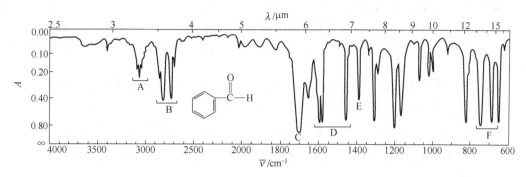

图 3-25　苯甲醛的 IR 谱图

A—$\nu_{=C-H}$，3060cm^{-1}，3020cm^{-1}；
B—$\nu_{C-H(CHO)}$，2820cm^{-1}，2730cm^{-1}，由于与谱带 E 的倍频，有费米共振而产生双峰；
C—$\nu_{C=O}$，1700cm^{-1}；D—$\nu_{C=C}$(苯环骨架)，1598cm^{-1}，1580cm^{-1}，1455cm^{-1}；
E—$\delta_{C-H(CHO)}$，1390cm^{-1}；F—$\delta_{=C-H}$(面外)，750cm^{-1}，690cm^{-1}（一元取代）

② 酮类　酮类的特征吸收除了在 1715cm^{-1} 附近有 C═O 吸收峰外，还存在 3430cm^{-1} 附近弱而尖锐的 C═O 伸缩振动的倍频峰以及由 C—C(═O)—C 基中的 C—C—C 伸缩和弯曲振动引起的一个中等吸收，通常这一吸收在 1300～1100cm^{-1} 区间，芳香酮在此区域的较高频率端有吸收。这是鉴别酮类的一个比较重要的依据。

酮的红外光谱可参见图 3-26，这是典型的芳香酮的红外光谱。

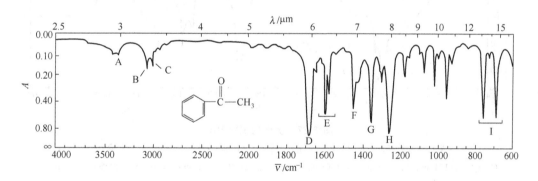

图 3-26　苯乙酮的 IR 谱图

A—$\nu_{C=O}$的倍频，3350cm^{-1}；B—$\nu_{=C-H}$，3070cm^{-1}；C—$\nu_{sCH_3(CH_3CO中)}$，3000cm^{-1}（见附录Ⅰ表Ⅰ-2）；
D—$\nu_{C=O}$（与苯基共轭），1683cm^{-1}；E—$\nu_{C=C}$(苯环骨架)，1600cm^{-1}，1580cm^{-1}；
F—δ_{asCH_3}，1450cm^{-1}；G—δ_{sCH_3}，1360cm^{-1}；H—C—CO—C 伸缩和弯曲振动，1270cm^{-1}；
I—$\delta_{=C-H}$(面外)，760cm^{-1}，690cm^{-1}（一元取代）

③ 羧酸类　羧酸由于强的氢键作用，常以二聚体的形式存在：

$$R-C\begin{matrix}O\cdots H-O\\ \\ O-H\cdots O\end{matrix}C-R$$

这时它的 C═O 伸缩振动吸收峰出现在 1710cm^{-1} 附近。而—OH 的伸缩振动吸收则在 3300～2500cm^{-1} 区间出现一宽而强的峰，成为羧酸的特征吸收。当碳链逐渐增长时，还可以看到 C—H 伸缩振动从上述宽展的—OH 伸缩振动峰中逐渐显露出来。羧酸除了 C=O、OH 的吸收外,尚有几处明显的吸收,分别位于 1420cm^{-1}、1250cm^{-1} 和 925cm^{-1} 附近。1420cm^{-1}、1250cm^{-1} 附近的吸收分别为 C—O 伸缩振动和 O—H 面内弯曲振动的吸收,而 925cm^{-1} 附近的中等强度宽展的峰则是二聚体—OH 的面外弯曲振动的吸收,它也是羧酸的特征吸收之一。

羧酸的特征吸收较多,容易判断它的存在。但如遇到某些复杂情况不能作出决定时,可加入少量碱使其离子化(在羧酸的氯仿溶液中加入几滴三乙胺),在离子化了的羧基负离子($-C\underset{O}{\overset{O}{\lessgtr}}$)中,由于出现 2 个 C=O 基,使 C=O 基的双键性降低较大,因此再也看不到典型的 C=O 伸缩振动吸收了。取而代之的是在 1610~1550cm^{-1} 和 1420~1300cm^{-1} 之间的 2 个 C(=O)$_2$ 的吸收峰:

$\nu_{as\ C(=O)_2}$ $\nu_{s\ C(=O)_2}$

1610~1550cm^{-1}(强)   1420~1300cm^{-1}(中)

这 2 个吸收是鉴别羧酸盐的主要依据。如果再在离子化的羧酸中加入数滴强酸,若其吸收恢复原状,则该化合物必定是羧酸。

庚酸的红外光谱可参见图 3-27,这是典型的饱和脂肪酸的红外光谱。

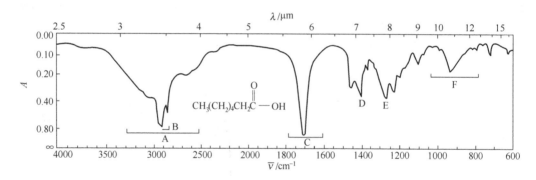

图 3-27 庚酸的 IR 谱图

A—ν_{OH}(宽),3000~2500cm^{-1};B—ν_{C-H},2950cm^{-1},2920cm^{-1},2850cm^{-1}[重叠在 ν_{OH} 上];
C—$\nu_{C=O}$,1715cm^{-1};D—ν_{C-O},1408cm^{-1};E—δ_{OH}(面内),1280cm^{-1};F—δ_{OH}(面外),930cm^{-1}

④ 酯类 酯类的主要特征吸收是 C=O 和 C—O—C 的伸缩振动吸收。其 C=O 的吸收比对应的酮类高 20cm^{-1} 左右,大约位于 1740cm^{-1} 附近。而 C—O—C 伸缩振动位置在 1300~1000cm^{-1} 区间,它包括 C—O—C 的不对称伸缩振动和对称伸缩振动 2 个峰,其中 C—O—C 不对称伸缩振动为一强而宽展的峰,称为"酯带",它的强度通常比 C=O 吸收峰还要大,这是鉴定酯类的一个重要依据。相比之下,C—O—C 对称伸缩振动的重要性就远不如它的不对称伸缩振动。因此,在识别酯类时一般只要在 1300~1000cm^{-1} 区域内找到 1 个非常强而宽的吸收峰就可以了。

六元环内酯或更大的环内酯的 C=O 与开链饱和酯类相似,但小环内酯由于有张力,C=O 吸收将移向高波数区。内酯亦存在 C—O—C 的不对称伸缩振动和对称伸缩振动,其特点是强度比开链的弱。

酯类的红外光谱可参见图 3-28,这是典型的饱和脂肪酸酯的红外光谱。

⑤ 酸酐类 酸酐的结构中含有 2 个 C=O 基,但其振动频率并不相同,这是由于振动

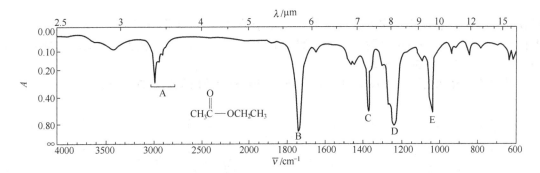

图 3-28 乙酸乙酯的 IR 谱图

A—ν_{C-H}，3000～2850 cm^{-1}；B—$\nu_{C=O}$，1740 cm^{-1}；C—δ_{sCH_3}，1375 cm^{-1}；

D—$\nu_{asC-O-C}$，1239 cm^{-1}；E—ν_{sC-O-C}，1049 cm^{-1}

的偶合，使其分裂为 2 个吸收峰（一般在 1820 cm^{-1} 和 1760 cm^{-1} 附近），彼此间隔 60 cm^{-1} 左右。它们的强度与酸酐的结构有关，开链酸酐的高波数峰较低波数峰稍强，而环状酸酐高波数峰却较低波数峰弱得多。借此可区别两类酸酐。在环状酸酐中，C═O 的伸缩振动吸收随环张力的增大向高波数区移动。

酸酐的另一个特征吸收是 —C—O—C— 的 C—O—C 伸缩振动的强而较宽的吸收。开链酸酐与环状酸酐的这一吸收的位置不同，可作为识别它们的另一指标。开链酸酐的这一吸收位于 1170～1045 cm^{-1} 之间，而环状酸酐在 1300～1200 cm^{-1} 之间。如果在这 2 个区域没有这种强吸收，则可排除酸酐的存在。反之，如果存在这种吸收，则不能立即断言为酸酐，因为其他不少类型的化合物在该处亦可出现强吸收，为此必须结合羰基的裂分峰的存在与否，再作出最后的判断。

另外，由于直接连在芳环上的酸酐基团使芳环取代基配置的规律被严重干扰，故通常已不宜再用来确定芳环上取代基的位置了。

酸酐的红外光谱可参见图 3-29，这是典型的饱和开链酸酐的红外光谱。

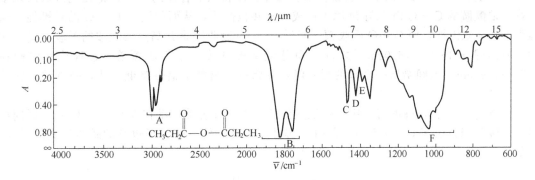

图 3-29 丙酸酐的 IR 谱图

A—ν_{C-H}，2990 cm^{-1}，2950 cm^{-1}，2880 cm^{-1}；B—$\begin{cases} \nu_{asC=O}, & 1825 \text{ cm}^{-1} \\ \nu_{sC=O}, & 1758 \text{ cm}^{-1} \end{cases}$；C—$\delta_{asCH_3}$，1465 cm^{-1}；

D—δ_{sCH_2}，1420 cm^{-1}（见附录 I 的表 I-3）；E—δ_{sCH_3}，1380 cm^{-1}；F—$\nu_{C-CO-O-CO-C}$，1040 cm^{-1}

⑥ 酰卤类 酰卤中羰基是和卤素直接相连的，由于卤素原子的强吸电子效应使其C═O伸缩振动吸收频率移向高波数区，位置在 1815～1770 cm^{-1} 之间。有时还可观察到在C═O

吸收峰上出现一个肩峰（靠近低波数侧，常见于芳酰卤），这是由于 $\mathrm{C-\overset{\overset{O}{\|}}{C}-X}$ 中的 C—C 伸缩振动（芳酰卤在 875cm^{-1} 附近，脂肪酰卤在 1000～910cm^{-1}，常呈现为宽展的峰）的倍频与羰基发生 Fermi 共振所致。

酰卤的红外光谱可参见图 3-30，这是典型的饱和脂肪酰氯的红外光谱。

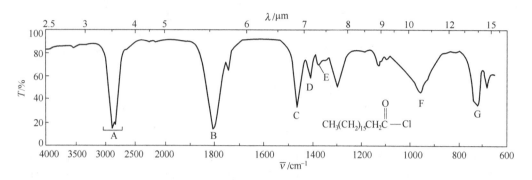

图 3-30　硬脂酰氯的 IR 谱图

A—$\nu_{\mathrm{C-H}}$，3000～2840cm^{-1}；B—$\nu_{\mathrm{C=O}}$，1805cm^{-1}；C—$\delta_{\mathrm{CH_3}}$，$\delta_{\mathrm{CH_2}}$，1460cm^{-1}；

D—$\delta_{\mathrm{sCH_2}}$(RCH$_2$CO)，1400cm^{-1}（见附录Ⅰ表Ⅰ-3）；E—$\delta_{\mathrm{sCH_3}}$，1370cm^{-1}；

F—$\nu_{\mathrm{C-C}}$(C—CO—X)，955cm^{-1}；G—$\rho_{\mathrm{CH_2}}$(CH$_2$ 多于 4 个)，720cm^{-1}

⑦ 酰胺类　酰胺类化合物中除二甲基甲酰胺和二乙基甲酰胺为液体之外，绝大多数是固体化合物。由于伯酰胺、仲酰胺易发生氢键缔合作用，在固态时主要是氢键缔合状态，在浓溶液中出现游离态和缔合态的平衡。只有在非极性溶剂的稀溶液中，才主要以游离态存在。所以，在不同状态下测得的伯酰胺、仲酰胺的吸收峰位变化较大（见附录Ⅰ中表Ⅰ-9 的酰胺类）。酰胺的谱图比较复杂，其特征吸收主要有 3 种：N—H 伸缩振动，C=O 伸缩振动（习惯上称为酰胺Ⅰ谱带）和 N—H 弯曲振动（习惯上称为酰胺Ⅱ谱带）。

a. 伯酰胺　伯酰胺的—NH$_2$ 有 N—H 的不对称和对称伸缩振动。当发生氢键缔合时，该吸收出现在 3360～3180cm^{-1} 区域。随着二缔合体和三缔合体的存在，将在此区域出现多重峰；伯酰胺的 C=O 由于与 N 原子形成 p-π 共轭体系，从而削弱了 C=O 的双键性，增强了 C—N 双键性，使 C=O 吸收频率降低，C—N 吸收频率升高；伯酰胺的酰胺Ⅱ谱带在固态时出现在 1650～1620cm^{-1} 之间，而且经常被酰胺Ⅰ谱带所覆盖。在稀溶液中则在 1620～1590cm^{-1} 区间给出一个窄的吸收峰，其频率比酰胺Ⅰ谱带略低一些，强度约为它的 1/2～1/3。

b. 仲酰胺　在很稀的溶液中，仲酰胺的游离 N—H 伸缩振动在 3460～3420cm^{-1} 区间显出一个吸收峰。由于 C—N 键具有部分双键性，因此就使酰胺分子也有顺式与反式的区别。例如：

顺式　　　　　　　　反式
$\nu_{\mathrm{N-H}}$ 3440～3420cm^{-1}　　$\nu_{\mathrm{N-H}}$ 3460～3440cm^{-1}

在较浓的溶液和固体样品中，仲酰胺的缔合 N—H 伸缩振动在 3330～3070cm^{-1} 区域内呈现多重峰。这是因为顺式构型的酰胺基可缔合成二聚体，而反式构型的酰胺基可以产生多聚体之故。

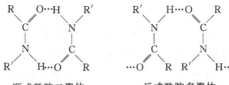

顺式酰胺二聚体　　　　反式酰胺多聚体

仲酰胺 C=O 峰位的移动规律符合通常的羰基位移规律。仲酰胺的酰胺Ⅱ谱带吸收位于 $1570 \sim 1510 \text{cm}^{-1}$ 区间，其位置与所处的物理状态有较大的关系。

c. 叔酰胺　叔酰胺的 C=O 吸收位于 $1670 \sim 1630 \text{cm}^{-1}$ 区间，与物相及浓度均无太大的依赖关系，这是因为叔酰胺无 N—H 键，不可能发生氢键缔合的缘故。当然，叔酰胺亦无 N—H 伸缩和弯曲振动的吸收。

d. 内酰胺　含有 N—H 键的内酰胺在 3200cm^{-1} 附近有 N—H 伸缩振动的强吸收，此峰在稀释时没有明显的位移。内酰胺的 C=O 吸收频率随环张力的增大向高波数区移动。尤其值得注意的是，即使含有 N—H 的内酰胺也不出现酰胺Ⅱ谱带的吸收。在内酰胺中，N—H 面外摇摆振动在 $800 \sim 700 \text{cm}^{-1}$ 区域产生宽的吸收。

酰胺的红外光谱可参见图 3-31，这是典型的伯酰胺的红外光谱。

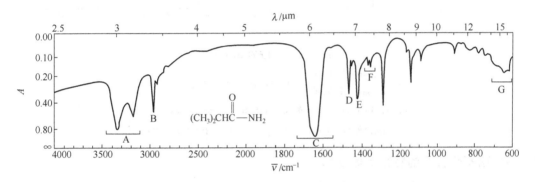

图 3-31　异丁酰胺的 IR 谱图

$A - \begin{cases} \nu_{asNH}, 3350\text{cm}^{-1} \\ \nu_{sNH}, 3170\text{cm}^{-1} \end{cases}$；$B - \nu_{C-H}, 2960\text{cm}^{-1}$；$C - $重叠$\begin{cases} \nu_{C=O}（酰胺Ⅰ谱带），1640\text{cm}^{-1} \\ \delta_{NH}（酰胺Ⅱ谱带），1640\text{cm}^{-1} \end{cases}$；

$D - \delta_{asCH_3}, 1470\text{cm}^{-1}$；$E - \nu_{C-N}, 1425\text{cm}^{-1}$；$F - \delta_{sC-H}$（异丙基双峰），$1370\text{cm}^{-1}, 1360\text{cm}^{-1}$；

$G - \delta_{NH}$（面外），$700 \sim 600 \text{cm}^{-1}$

3.4.8　胺类的特征吸收频率

胺类具有 3 个特征吸收，即 N—H 的伸缩振动和弯曲振动以及 C—N 的伸缩振动。

① N—H 伸缩振动　前面在讨论酰胺时已经谈到了氨基的 N—H 伸缩振动频率。胺类化合物中 N—H 伸缩振动的规律与酰胺类似，故在此不再重复。

② N—H 弯曲振动　伯胺的 N—H 面内弯曲振动吸收位于 $1650 \sim 1580 \text{cm}^{-1}$（中-强峰）。仲胺在此区域有弱吸收。某些芳胺由于芳环骨架振动吸收也在此区域而掩蔽了相应的 N—H 吸收。氢键的缔合将使该吸收谱带略向高频区位移，但不显著。伯胺和仲胺的液态样品由于 N—H 面外弯曲振动，在 $900 \sim 650 \text{cm}^{-1}$ 区域出现中到强的宽吸收，其位置决定于氢键缔合的程度。

③ C—N 伸缩振动　在脂肪族伯胺、仲胺和叔胺中，非共轭的 C—N 键在 $1220 \sim 1020 \text{cm}^{-1}$ 区域出现中到弱的吸收峰，其吸收位置与胺的类别及在 α-碳上取代基的类型有关。由于这些吸收都不是强吸收，而且又位于指纹区，因此它们对于结构测定用处不大。

芳胺的 C—N 伸缩振动是强峰，特征性强。各类芳胺的 C—N 吸收位置各不相同，详见附录Ⅰ的表Ⅰ-10。

另外，因胺类是碱性化合物，易与酸形成铵盐（在惰性溶剂中通入干燥的氯化氢气体即可）：$R\overset{+}{N}H_3$、$R_2\overset{+}{N}H_2$、$R_3\overset{+}{N}H$和$R_4\overset{+}{N}$型的铵盐。铵盐具有很强的特征"铵带"，可作为鉴定胺类的进一步证明。在实际工作中，由于伯胺、仲胺和叔胺的特征吸收常常受到干扰，或者缺少特征吸收（如叔胺），往往难于区别，此时可借助简单的化学反应，使它们变为铵盐，然后根据其铵盐的光谱来加以鉴别。

胺类的红外光谱可参见图3-32，这是典型的脂肪族伯胺的红外光谱。

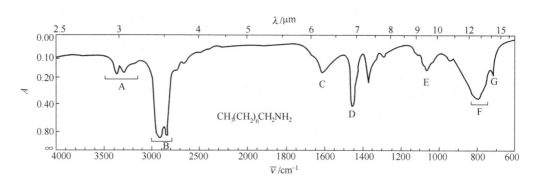

图 3-32　辛胺的 IR 谱图

$A-\begin{cases}\nu_{as\,NH},\ 3365cm^{-1}\\\nu_{s\,NH},\ 3290cm^{-1}\end{cases}$；$B-\nu_{C-H}$，$2910cm^{-1}$，$2850cm^{-1}$；

$C-\delta_{s\,NH}$，$1620cm^{-1}$；$D-\delta_{sCH_2}$，$1458cm^{-1}$；$E-\nu_{C-N}$，$1063cm^{-1}$；

$F-\delta_{NH}$(面外)，$790cm^{-1}$；$G-\rho_{CH_2}$(CH_2多于4个)，$720cm^{-1}$

3.4.9　硝基化合物的特征吸收频率

硝基（$-NO_2$）存在于硝基化合物、硝酸酯（$-O-NO_2$）和硝胺（$\diagup\!\!\!\!\diagdown N-NO_2$）中。它有2个特征吸收峰，相应于$-NO_2$的不对称伸缩振动和对称伸缩振动：

$$\nu_{asNO_2}\ 1650\sim1500cm^{-1}\qquad\nu_{sNO_2}\ 1385\sim1250cm^{-1}$$

脂肪族硝基化合物的这两个强峰分别位于$1560\sim1534cm^{-1}$和$1385\sim1344cm^{-1}$区间，其中不对称伸缩振动峰比对称伸缩振动峰要强些。它们的确切位置与α-碳原子上取代基电负性和α,β-不饱和键的共轭效应有关。

芳香族硝基化合物的$-NO_2$不对称伸缩振动峰和对称伸缩振动峰分别位于$1550\sim1510cm^{-1}$和$1365\sim1335cm^{-1}$区间，与脂肪硝基物相反，其对称伸缩振动峰较不对称伸缩振动峰要强些，而且吸收峰位置还受苯环上取代基的影响。另外，需注意$C-N$伸缩振动在$920\sim850cm^{-1}$区间，很容易和芳环上的$=C-H$面外弯曲振动相混淆，应当注意区分。

对比之下，硝酸酯类化合物也有3个强的特征峰，分别位于$1650\sim1600cm^{-1}$，$1300\sim1250cm^{-1}$和$870\sim830cm^{-1}$（ν_{O-N}）；硝胺中$-NO_2$的不对称伸缩振动峰和对称伸缩振动峰分别位于$1585\sim1530cm^{-1}$和$1300\sim1260cm^{-1}$区间。

硝基化合物的红外光谱可参见图3-33，这是典型的芳香族硝基化合物的红外光谱。

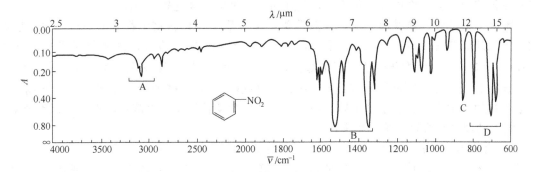

图 3-33 硝基苯的 IR 谱图

A—$\nu_{=C-H}$, 3100cm^{-1}, 3080cm^{-1}; B—$\begin{cases}\nu_{as\,NO_2}, & 1525\text{cm}^{-1}\\ \nu_{s\,NO_2}, & 1345\text{cm}^{-1}\end{cases}$; C—$\nu_{C-N}$, 850cm^{-1};

D—对测定苯环的取代性质没有什么用处的低频区,因为这些吸收形式是由—NO$_2$ 和 =C—H 面外弯曲振动相互作用引起的

3.4.10 腈类的特征吸收频率

腈类的特征频率只有 1 个 C≡N 吸收频率。饱和脂肪腈的 C≡N 伸缩振动在 2260~2240cm^{-1} 区间有 1 个独特的强而尖锐的吸收峰,当与不饱和键或芳环共轭时,该吸收峰位移到 2240~2215cm^{-1} 区间,且强度增加。一般来说,共轭的 C≡N 伸缩振动峰位置要比非共轭的低约 30cm^{-1}。若 C≡N 基的 α-碳原子上连接有吸电子原子,如氧或氯等,则会使吸收峰强度减弱。

值得注意的是,双取代炔烃的 C≡C 伸缩振动在 2260~2190cm^{-1} 区间有弱的吸收。异氰酸酯的 N=C=O 伸缩振动在 2275~2240cm^{-1} 区间有很强而宽的吸收。上述这 2 个吸收都与 C≡N 的吸收区域相重,但毕竟吸收峰的强度和形状有所不同,还是易识别,不会混淆的。

腈类的红外光谱可参见图 3-34,这是典型的芳香腈的红外光谱。

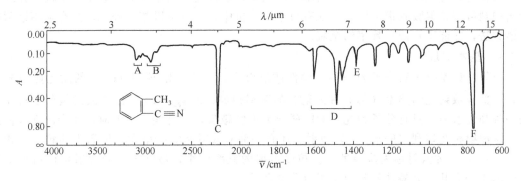

图 3-34 邻甲基苯甲腈的 IR 谱图

A—$\nu_{=C-H}$, 3070cm^{-1}, 3025cm^{-1}; B—ν_{C-H}, 2910cm^{-1}, 2860cm^{-1};
C—$\nu_{C≡N}$, 2210cm^{-1}; D—$\nu_{C=C}$(苯环骨架),1600cm^{-1}, 1490cm^{-1}, 1465cm^{-1};
E—$\delta_{s\,CH_3}$, 1380cm^{-1}; F—$\delta_{=C-H}$(面外),760cm^{-1}

3.4.11 其他各类化合物的特征吸收频率

主要对含有卤素、硫、磷等元素的有机化合物作简要介绍。

① 有机硫化合物 硫醇的红外特征性不强,它的 S—H 键形成氢键的趋向很小,在液

态和在稀溶液中吸收峰位移变化不大,其伸缩振动峰的强度远较—OH为弱。

砜类、磺酰胺、磺酰卤、磺酸及其酯类、硫酸酯等类化合物中都含有—SO_2—官能团,它们的红外光谱中都有$\nu_{as(-SO_2-)}$和$\nu_{s(-SO_2-)}$两个强而宽展的峰,具体位置见附录Ⅰ表Ⅰ-13。而对应的亚砜类化合物分子中都含有—SO—官能团,其红外特征峰是$\nu_{S=O}$。

含硫分子中C—S伸缩振动峰位于705~570cm^{-1}区间。峰的确切位置由硫的结构和碳上取代基的性质决定。由于这个峰很弱,加之其他含碳骨架振动也落在该吸收区,因此C—S伸缩振动峰在有机物结构分析中用处不大。

② 有机磷化合物　有机磷化合物显示的特征吸收峰有P—H、P—C、P=O和P—O等化学键的振动吸收。其中P—H弯曲振动峰很微弱,只有中等强度的P—H伸缩振动峰出现,峰形尖锐,位置恒定,受分子其余部分结构影响较小。而P=O伸缩振动在1350~1150cm^{-1}区间有强吸收,且受分子中取代基类型影响很小。至于P—C、P—O等与P有关的化学键的伸缩振动吸收,参见附录Ⅰ表Ⅰ-14。

③ 卤素化合物　卤素化合物的强吸收是由C—X键的伸缩振动引起的(附录Ⅰ表Ⅰ-15),该吸收易受到邻接官能团的影响,变化较大,特别是含氟和含氯的化合物变化更大。在用溶液法或液膜法测定时,常出现由不同构象引起的几个伸缩振动吸收峰。故欲确证化合物中是否含有卤素,红外光谱法不太合适。

此外,值得一提的是,在多卤代芳烃中,由于卤原子的影响,芳环骨架振动的吸收峰往往不太明显。

3.5　拉曼光谱简介

拉曼(Raman)光谱是研究分子振动运动的另一种光谱方法。它的原理和机制都与红外光谱不同,红外光谱为吸收光谱,拉曼光谱则是散射光谱。但拉曼光谱提供的结构信息却与红外光谱类似,都是关于分子内部各种简正振动频率及有关振动能级的情况,从而可用来鉴定分子中存在的某些官能团。这是因为有些官能团的振动在拉曼光谱中能观测到,在红外光谱中则很弱,甚至不出现,而另一些基团的振动,在拉曼光谱中很弱,甚至不出现,在红外光谱中则可能是强吸收带。所以,在有机结构分析中,二者可以相互补充,只有采用这两种光谱方法,才能得到振动频率的全貌。

3.5.1　基本原理

拉曼光谱是分子对光子的一种非弹性散射效应。当用一定频率($\nu_{激}$)的激光照射分子时,一部分散射光的频率($\nu_{散}$)和入射光的频率相等,即$\nu_{激}=\nu_{散}$。这种散射是分子对光子的一种弹性散射。只有分子和光子间的碰撞为弹性碰撞,没有能量交换时,才会出现这种散射。该散射称为瑞利(Rayleigh)散射。还有一部分散射光的频率和入射激光的频率不相等($\nu_{散}\neq\nu_{激}$),这种散射称为拉曼散射。拉曼散射的概率极小,最强的拉曼散射也仅占整个散射光的千分之几,而最弱的甚至小于万分之几。

处于振动基态V_0的分子在光子的作用下,激发到较高的、不稳定的能态(称虚态),当分子离开不稳定的能态,回到较低能量的振动激发态V_1时,散射光的能量等于入射激光的能量减去两振动能级的能量差,即$h\nu_{散}=h\nu_{激}-\Delta E(v_0\rightarrow v_1)$,此时$\nu_{散}<\nu_{激}$,这是拉曼散射的斯托克斯(Stokes)线,见图3-35。

如果光子与处于振动激发态V_1的分子相互作用,被激发到更高的不稳定的能态,当分子离开不稳定的能态回到振动基态V_0时,散射光的能量等于入射激光的能量加上两振动能级的能量差,即$h\nu_{散}=h\nu_{激}+\Delta E(v_0\rightarrow v_1)$,此时$\nu_{散}>\nu_{激}$,这是拉曼散射的反斯托克斯

(Anti-Stokes）线。

目前发表的拉曼光谱图通常只有斯托克斯线。无论是 $\nu_{散}<\nu_{激}$，还是 $\nu_{散}>\nu_{激}$，都会造成和 $\nu_{激}$ 有一个频率的位移 $\Delta\nu$，该位移称做拉曼位移。测定入射激光频率位移的各散射线，可得到振动能级的记录谱图，也就是非弹性碰撞的记录，这就是拉曼光谱。由图 3-35 可知，位于瑞利线低频一侧的斯托克斯谱带强度一般是瑞利线的 10^{-5}，而高频一侧的反斯托克斯强度更低。这是因为分子振动能级的基态分子数比激发态的分子数多，即由玻耳兹曼分布所致。

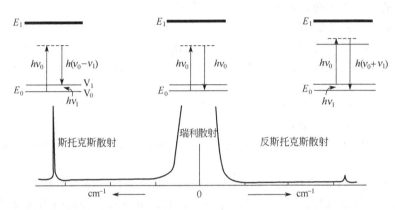

图 3-35　瑞利散射、斯托克斯和反斯托克斯散射

红外谱带的强度正比于原子通过它们平衡位置的偶极矩的变化，而拉曼光谱的强度则取决于原子通过它们平衡位置的极化度的变化。极化度可看作是核的运动电子云位移难易的量度。因此，拉曼强度与平衡前后电子云形状的变化大小有关。

下面将以线性三原子分子 CS_2 为例进行说明。

CS_2 有四个振动方式（$3n-5=4$，$n=3$），即 ν_1、ν_2、ν_3 和 ν_4。其中，ν_3 和 ν_4 是双重简并振动，如图 3-36 所示。CS_2 分子的所有振动可以看作是由这四个基本振动构成的。在对称伸缩 ν_1 中，偶极矩没有变化，因此不是红外活性的。但是，随着电子云的方向变化，偶极矩发生反向的变化。在反对称伸缩振动 ν_2 时，电子云会偏向中心碳原子的右边或左边；在弯曲振动 ν_3 时，电子云向上或向下弯曲；在弯曲振动 ν_4 时，电子云在纸平面的上方或下方弯曲。因此振动 ν_2 和 ν_3（或 ν_4）是红外活性的。

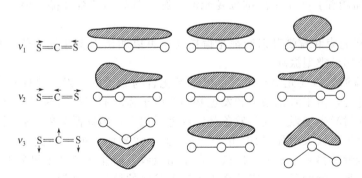

图 3-36　CS_2 的振动方式及其电子云形状
（ν_3 和 ν_4 是双重简并振动，ν_4 振动方向垂直于纸平面）

用拉曼光谱观测 CS_2 的振动情况是与红外光谱有很大差别的。在 ν_1 时，由于分子的伸长或缩短，电子云的形状是不同的，因此由 ν_1 得到一条拉曼谱线；在 ν_2、ν_3 和 ν_4 时，在振

动通过它们的平衡状态的以前或以后，电子云的形状是相同的，因此不是拉曼活性的。由此可知，红外谱带和拉曼谱带是互相补充的。

测定拉曼光谱时，将激光束射入样品池，一般在与激光束成 90°处观察散射光。如果在样品池和单色器狭缝之间插入一个起偏振器，由于激光束偏振，根据起偏振器的安放方向与激光束的偏振方向平行或者垂直，记录下来的拉曼谱带的强度大小将有差别。起偏振器垂直时光的强度与平行时光的强度的比值（$I_\perp/I_\parallel$），称为退偏振比 ρ，其最大值是 0.75。ρ 在 0～0.75 之间的振动称为偏振振动，它们是由对称振动引起的。测量退偏振比对于各个振动形式谱带的归属和重叠谱带的分离是很有用的。

3.5.2　拉曼光谱的主要特点

① 对称振动和准对称振动。例如，对称取代的 S—S、C═C、N═N 和 C≡C 能产生强拉曼谱带。从单键到双键，再到三键，由于含有可变形的电子逐渐增加，故谱带强度随之增加。

② 在红外光谱中，由 C≡N、C═S、S—H 伸缩振动产生的谱带一般较弱或强度可变，但在拉曼光谱中则是强谱带。

③ 环状化合物中，构成环状骨架的所有键同时伸缩，这种对称呼吸振动通常是拉曼光谱的最强谱带。

④ 具有结构 X═Y═Z 的化合物，C═N═C 和 O═C═O 这类键在拉曼光谱中的对称伸缩是强谱带，但在红外光谱中却是弱谱带；而它们的反对称伸缩振动情况则相反。

⑤ C—C 伸缩振动是拉曼强谱带。

⑥ 醇和烷烃的拉曼光谱是相似的，这是由于以下 3 个原因。

a. C—O 与 C—C 的力常数或键的强度没有很大差别；

b. 羟基与甲基的质量仅差 2；

c. 同 C—H 和 N—H 的拉曼谱带相比，O—H 的谱带较弱。

3.5.3　拉曼光谱与红外光谱相比较所具有的优点

① 拉曼光谱仪常规的测试范围是 4000～40cm^{-1}，而一般色散型红外光谱仪测试范围较窄（4000～200cm^{-1}）。

② 由于拉曼散射能够全部透过玻璃，所以样品可装入玻璃瓶、毛细管等容器中直接进行测定。

③ 由于水的拉曼光谱一般很弱，故可以直接测试样品水溶液的拉曼光谱。

④ 固体样品能够直接用于测试拉曼光谱，例如单晶和纤维样品，而无需像红外光谱那样研磨制样。

⑤ 入射的激光束和拉曼散射光都是偏振光，可以测试退偏振比 ρ 值。根据 ρ 值还能判断拉曼谱带属于哪种类型振动。

⑥ 采用共振激光拉曼光谱技术，可以记录化合物分子中非发色基团存在时的发色基团的拉曼光谱。这时，由于激光频率和发色基团的电子运动的特征频率相等或近似，也就是处于共振状态，入射激光场强烈地与发色基团的电子偶合，因此激光能够强烈地促进电子的运动，使拉曼散射过程大大增强（10^5 倍以上）。由于激光场和电子如此强烈的偶合，以致激光的相当大的能量转移到分子上，即被发色基团吸收，而非发色基团组分不发生共振，由其产生的拉曼散射是正常的弱值，因此突出了发色基团的拉曼光谱带。

3.6　红外光谱图的解析

红外光谱图的解析就是根据实际测绘的红外光谱图上所出现的吸收峰的位置、强度和形状,利用基团振动频率与分子结构的关系,来确定吸收峰的归属,确认分子中所含的基团或键,进而由其特征吸收频率的位移、峰的强度和形状的改变,来推断分子结构。这里应着重指出,分子的红外光谱虽然取决于分子的结构,但其红外光谱亦受聚集态和测定条件等因素的影响,所以在解析谱图时要予以留意。此外,红外光谱的成功解释还依赖于充分运用所有其他可以利用的物理和化学的数据(如熔点、沸点、折射率、元素分析、分子量、紫外光谱、核磁共振谱和质谱等),并且考察试样的来源以及制备方法所提供的情报等。这犹如医生诊断疾病一样,必须了解患者的病史,并依据血象的化验和X光透视等结果,与医生的实地检查综合地加以推断确诊。因而亦把红外光谱图的解析称为"光谱诊断"。

总之,红外光谱图的解析是相当复杂的,它在很大程度上取决于光谱解析工作者的实际经验。因此,在对红外吸收光谱的基本原理有所了解之后,就须在实际工作中逐渐积累经验。下面将详细介绍解析红外光谱图的具体方法,以供借鉴和参考。

3.6.1 解析红外光谱图的先行知识

(1) 红外吸收光谱的三要素(峰位、峰强、峰形)

① 峰位 峰的位置是指示某一基团存在的最有用的特征。由于许多不同的基团可能在相同的频率区域产生吸收,因此,在进行这种对应分析时应特别小心。当然,也不必为基团所在吸收位置有细微差别而困惑。

② 峰强 若光谱图中有强的吸收峰,则表明分子中含有极性较强的基团。例如,羰基和醚键等极性较强的基团的吸收峰均很强。此外,把谱图中一个峰的强度和另一个峰的强度相比较,不仅可以得出一定量的概念,同时也可以指示某特殊基团或元素的存在。如C=C键与氧原子相连接,像C=C=O或C=C—C=O,则使C=C键的吸收峰强度增加,故可证实氧原子的存在。

③ 峰形 在许多情况下,从吸收峰的形状也可以获得有关基团的一些信息。例如,氢键和离子化的官能团都可以产生很宽的红外吸收峰,而酸酐会出现分裂的羰基峰等,这些峰的形状对于鉴定特定基团的存在是很有用的。

红外吸收光谱中峰的形状有宽峰、尖锋、肩峰和双峰等类型,如图3-37所示。

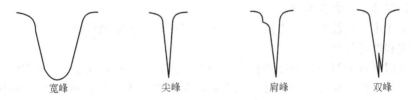

图 3-37 红外光谱吸收峰形状

(2) 红外谱图解析方法(直接法、否定法、肯定法)

① 直接法 用已知物的标准品与要检验的样品,在完全相同的条件下,分别测定其红外光谱,并进行对照,若谱图完全相同时,则可肯定为同一化合物(极个别例外,如对映异构体)。这是一个最直接、最可靠的方法。在无标准品对照,但有标准谱图时,则可按名称、分子式查找核对。常见的标准红外谱图集有如下几种。

a. 萨特勒(Sadtler)红外谱图集 它是由美国费城 Sadtler 研究室编制,于 1947 年开始出版,并逐年增印(每年增加纯化合物谱图约 2000 张),是目前收集红外光谱最多的图集。该图集分标准谱图和商品谱图两大类。标准谱图是用纯度在 98% 以上的化合物测定的,它包括棱镜光谱图(波长范围为 2.5～15μm,光谱图的横轴是以波长等间隔表示,纵轴是以百分透过率表示)和光栅光谱图(波长范围为 2.5～50μm,光谱图的横轴是以波数等间隔表示,纵轴是以百分透过率表示)。由图上可看到分子式、结构式、分子量、熔点或沸点、样品来源、制样方法和绘图所用仪器等。商品谱图收集了大量商品的红外光谱,它又可分成 20 类(如农业化学品、表面活性剂、食品添加剂等)。

Sadtler 标准谱图备有多种索引帮助查找谱图,如化合物名称字母顺序索引,分子式索引,化学分类索引,光谱收集顺序号码索引及谱线索引等。这为查阅提供了方便。

b. DMS 穿孔卡片(documentation of molecular spectrsopy) 它是由汤姆森(H. W. Thormpson,英)和凯塞(H. Kaiser,德)编制的,分别用英文和德文出版。此卡片可以回答如下问题:给定化合物光谱形状;给定光谱应属何种化合物;什么样的物质应有什么样的吸收峰;某种官能团或某种特定分子结构,其特征吸收峰如何;在给定的物质中有何种杂质。

c. 阿尔德奇(Aldrich)红外光谱图集 它是波切雷(J. Pouchere)编制,由美国 Aldrich 化学公司于 1970 年出版的。该谱图集刊载近 9000 张各类化合物的红外光谱。

除以上几种光谱资料外,还有很多已出版的光谱资料,这里不再一一介绍。此外,对配有"谱库"磁盘的光谱仪,可借助于计算机完成与标准谱图核对的工作。

在用未知物谱图查对标准谱图时,必须注意如下两点。

a. 所用仪器与标准谱图是否一致。如所用仪器分辨率较高,则某些峰的结构会有细微差别。

b. 测绘条件(指样品的物理状态、样品浓度及溶剂等)与标准谱图是否一致。若不同,则谱图也会有差异。尤其在溶剂因素影响较大时,须加倍注意,以免得出错误的结论。如果只是样品浓度不同,则峰的强度会改变,但是每个峰的强弱顺序(相对强度)通常应该是一致的。固体样品因结晶条件不同,也可能出现差异,甚至差异很大。

② 否定法 根据红外光谱与分子结构的关系,谱图中某些波数的吸收峰就反映了某种基团的存在。当谱图中不出现某种吸收峰时,就可否定某种基团的存在。例如,在 $1900 \sim 1600 \mathrm{cm}^{-1}$ 区间无强吸收,就表示不存在 C=O 基。

③ 肯定法 借助于红外光谱中的特征吸收峰,以确定某种特征基团存在的方法叫做肯定法。例如,谱图中 $1740 \mathrm{cm}^{-1}$ 处有吸收峰,且在 $1300 \sim 1000 \mathrm{cm}^{-1}$ 区域内出现两个强吸收峰,就可以判定分子中含有酯基。

在实际工作中,往往是三种方法联合使用,以便得出正确的结论。

(3) 不饱和度的计算

在进行光谱解析的时候,若已知化合物的分子式,则往往要先根据化合物的分子式进行不饱和度的计算,以获得分子中双键、三键和环多少的线索。这样可以大为缩小探索范围,同时也可以验证光谱解析的结果。

不饱和度(degree of unsaturation)的定义为:当一个化合物衍变为相应烃后,与其同碳的饱和开链烃比较,每缺少两个氢则为一个不饱和度。因此,一个双键的不饱和度为 1,一个三键的不饱和度为 2,一个脂环(不论大小)的不饱和度为 1,一个苯环的不饱和度为 4(可理解为 1 个环和 3 个双键)。一个化合物的不饱和度系指其中双键、三键、脂环和苯环的不饱和度之总和,且不能对它们加以区分。计算不饱和度的经验公式如下:

$$U = 1 + 2n_6 + n_4 + \frac{1}{2}(3n_5 + n_3 - n_1) \tag{3-19}$$

式中,U 为不饱和度,n_6、n_5、n_4、n_3 和 n_1 分别为 Ⅵ 价、Ⅴ 价、Ⅳ 价、Ⅲ 价和 Ⅰ 价元素的原子个数。如果化合物中不含 Ⅴ 价以上元素,则式(3-19)可以简化为:

$$U = 1 + n_4 + \frac{1}{2}(n_3 - n_1) \tag{3-20}$$

应用式(3-19)和式(3-20)应注意下列几点。

① 计算不饱和度时，Ⅱ价元素，如氧等不参加计算。
② 元素化合价应按其在化合物中实际提供成键电子数计算。例如，氮原子已成Ⅲ价（共价），另外又提供一孤对电子为配价键时，故氮的化合价应按Ⅴ价计。
③ 一个化合物中，当有多个同一元素原子，且它们提供成键电子不同时，则应分别按各自实际提供成键电子数计算。例如，一个化合物中含有4个氮原子，其中两个为Ⅲ价，另外2个为Ⅴ价，则应分别计入 n_3 与 n_5 中。
④ 元素化合价不分正负，也不论是何种元素，只按价分类计算。例如，Ⅰ价元素不仅包括了氢，还包括了+1价的碱金属和-1价的卤素。
⑤ 对于含有变价元素，如氮、磷、硫等化合物，不妨对每种可能的化合价作一次不饱和度的计算，然后再根据光谱证据取舍。

例. 计算 $C_{13}H_{13}O_4P$ 的不饱和度（磷在有机化合物中主要表现为Ⅲ价和Ⅴ价）。

解：按Ⅲ价计算：

$$U=1+13+\frac{1}{2}(1-13)=8$$

按Ⅴ价计算：

$$U=1+13+\frac{1}{2}(3-13)=9$$

3.6.2 解析红外光谱图的程序

有关红外谱图解析的方法，目前还没有一个统一的方法和步骤。一张谱图解析质量的高低，在很大程度上取决于光谱解析工作者对光谱与化学结构关系的理解和经验的积累，以及灵活运用基团特征吸收峰及其变迁规律等。有这样一个经验：先特征（区），后指纹（区）；先最强（峰），后次强（峰）；先否定（法），后肯定（法）；抓住一组相关峰。这条经验叙述的解析谱图的顺序值得借鉴。

红外谱图的解析虽然没有固定的程序，但通常可按下列步骤进行。

① 根据分子式计算不饱和度，以缩小解析范围。

不饱和度可用来估计分子中是否含有双键、三键、芳环等，初步判断有机化合物的类别，以缩小解析范围。例如，若未知物是芳香族化合物，则不饱和度大（$U \geqslant 4$），且约在 $1600cm^{-1}$、$1580cm^{-1}$、$1500cm^{-1}$ 和 $1450cm^{-1}$ 处有苯环骨架振动，在 $900 \sim 650cm^{-1}$ 区间有表征苯环取代情况的特征吸收，否则就可能是脂肪族化合物。

② 从特征频率区入手，找出化合物所含主要官能团。

特征频率区，即 $4000 \sim 1330cm^{-1}$ 区，大部分有机化合物的官能团在此区均有吸收。可先考虑此区域中的最强吸收峰，因为强的吸收往往对应着化合物的主要官能团。然后考虑中强吸收峰，有时也考虑有特征的较弱吸收峰。

为了便于查找，又可将特征频率区分成如下3个波段。

a. $4000 \sim 2300cm^{-1}$ 区　凡与质子有关的基团（X—H）伸缩振动均在此区出现。如 —OH($3650 \sim 3200cm^{-1}$)，—COOH($3560 \sim 2500cm^{-1}$)，—NH($3550 \sim 3070cm^{-1}$)，—SH($2590 \sim 2550cm^{-1}$)，—PH($2440 \sim 2350cm^{-1}$) 等。

C—H 的伸缩振动，可因碳原子的不同杂化形式分为两类。以 $3000cm^{-1}$ 为界，饱和烷烃在略低于 $3000cm^{-1}$ 处；烯烃、炔烃、芳香族化合物以及张力环烷烃均在 $3000cm^{-1}$ 以上。

甲基和亚甲基吸收在 $2970 \sim 2840cm^{-1}$ 区间，而 $1455cm^{-1}$ 附近的吸收峰可进一步证明它们的存在。$1395 \sim 1360cm^{-1}$ 区出现吸收峰是甲基的特征，如果它不存在，则表明化合物不含甲基支链。

b. $2300 \sim 1900cm^{-1}$ 区　这个区域出现的吸收峰主要为三键和累积双键的伸缩振动，如

$C\equiv C$，$C\equiv N$，$C=C=C$ 和 $N=C=O$ 等，一般是中强峰或弱峰。

c. 1900～1330cm^{-1}区　这个区域出现的吸收峰，主要为双键的伸缩振动。

酸酐、酰卤、酯、醛、酮、羧酸、酰胺、醌和羧酸离子中的 $C=O$ 伸缩振动峰大致按照这里所排的次序由高到低依次出现在 1900～1600cm^{-1}区，都是强峰。

此外，$C=C$（烯、芳环），—NO$_2$（硝基），$N=O$（亚硝基）等也在此区域有吸收。

在 1650～1550cm^{-1}区还出现 N—H 的面内弯曲振动吸收峰。

通过对特征频率区出现的吸收峰的分析，不但可以了解到分子中的主要官能团，而且可以确定化合物的可能类别。为了进一步确定，还必须通过指纹区的分析，找出可靠的证据。

③ 对指纹区进行分析，进一步找出官能团存在的证据。

指纹区为波数在 1330～400cm^{-1} 之间的低频区。该区的吸收能反映物质的精细结构，特征性高，与特征频率区的吸收结合起来研究，对鉴别不同物质结构很有用处，但识别困难，也不是所有的峰均能逐一给予解释。考虑到此区域中峰多的特点，故应首先看最强的吸收峰。

指纹区又可分成如下 2 个波段。

a. 1330～900cm^{-1}区　这一区域包括 C—O，C—N，C—F，C—P，P—O 等单键的伸缩振动吸收以及 $C=S$，$S=O$，$P=O$ 等双键的伸缩振动吸收。包括的化合物很广泛，如醇、醚、羧酸、酯、胺、有机氟、磷和硫等化合物。该区域对指示官能团的存在与否，其特征性不如 4000～1330 区域内的强，需要与其他区域吸收数据或其他物理、化学数据相配合来印证官能团的存在。

b. 900～400cm^{-1}区　这一区域的吸收可以指示 (CH$_2$)$_n$ 的存在（$n\geq 4$），反映烯烃双键的取代情况和构型（顺式或反式），苯环上取代基的位置以及是否含氯、溴或碘等。所以该区域也是红外谱图分析的重要波段。

④ 合并结构单元，搭成可能的分子骨架。

根据上述解析过程中得到的结构单元，对可能的分子结构作些设想，提出若干个初步设计的分子骨架，然后再综合分析各种已知信息，删去不合理的部分，确定 1～2 个与光谱图最相接近的结构（有时只靠红外谱图确定它的结构是有一定局限性的，尚需借助于紫外光谱、核磁共振谱和质谱，甚至有的还要用化学方法等加以综合确定）。

⑤ 对照标准谱图，确证结构。

为了确证结构，可从标准谱图集中找出这个化合物的谱图与样品谱图对照，以核对推测的结构是否正确。此时应注意两张谱图的制样方式，并预料到波数线性与波长线性的谱图形状会呈现的变化以及光栅谱图与棱镜谱图之间的差异；另外，亦可根据所定结构式的物理常数，如沸点、熔点、密度、折射率等，将其与样品的物理常数比较。若两者符合，说明定出的结构是正确的，否则就有问题。如有条件，还可配合紫外、核磁和质谱作进一步验证，必要时还可将化合物进行化学转化（如酸转变成盐或酯，胺转变成铵盐等）后，再测红外光谱观察其变化。

3.6.3　解析红外光谱图的要点

① 在实践中应掌握每一类化合物谱图的特征峰。谱图中最强的峰往往反映其主要基团的存在，一般是比较典型的。但是也有一些峰虽然不很强，却是某类化合物很有用的特征吸收峰。例如，天然橡胶的 C—H 面外弯曲振动在 835cm^{-1} 处有特征吸收，可用来区别天然橡胶和合成橡胶，因为合成的聚异戊二烯在 835cm^{-1} 处没有这个吸收峰。

由于特征峰是和其分子中特有的结构相联系的，因此，为了熟悉谱图，必须了解各类有机化合物具体的结构特征以及这些结构特征和特征峰的关系。也就是说，必须掌握基团和频率的关系，才能掌握其内在的规律。附录Ⅰ所列各类基团的特征吸收频率，可供我们用查

"字典"的方式来确认基团的类别。

② 否定法比肯定法更可靠。若在各种官能团的特定范围内，没有特定的吸收峰存在，就可以认为分子中不含有这种官能团。例如，在 1900～1600cm^{-1} 区间无强吸收，就可以排除含有羰基结构的化合物。否定的结论是比较容易下的，而肯定法却不能只靠少数特征吸收峰肯定某基团的存在。做肯定的结论时必须慎重，因为不同的基团有可能在同一区域产生吸收。要肯定某个基团的存在，必须有其他几个相关峰做旁证。也就是说应根据几个波数区吸收峰的联合判断才能确定某基团的存在。如醛类必须要由它的羰基峰和 2900～2700cm^{-1} 区的 $\nu_{C-H(CHO)}$ 吸收峰来决定。而羰基归属为酯类时，需在 1300～1000cm^{-1} 区有 2 个强的 C—O—C 吸收峰（其中一个也可能较弱）才能确诊。

③ 并非每一个吸收峰都能解释。因为有些峰是分子作为一个整体的吸收，而有些峰则是某些峰的倍频和组频；还有一些峰则是多个基团振动吸收的叠加。这些情况相当复杂，不能逐一进行解释。

④ 在一个混合物中，鉴别个别组分的可能性取决于各组分的相似性和其结构的复杂性。混合物的红外光谱是很难识别的，因此分离提纯工作对未知物的剖析显得十分必要。

⑤ 约在 3350cm^{-1} 和 1640cm^{-1} 处的中强吸收峰常常表示了水分的存在。

⑥ 与单体比较，聚合物一般只给出少数几条强度较小的宽峰。此外，红外光谱不能区分高分子聚合物。如分子量为 100000 和 15000 的聚苯乙烯，两者在 4000～650cm^{-1} 的红外区域找不到光谱上的差异。

⑦ 对映异构体具有相同的光谱，不能用红外光谱来鉴别这类异构体。

⑧ 解析光谱图时当然首先注意强吸收峰，但有些弱峰、肩峰的存在也不可忽略，往往可对研究结构提供线索。

⑨ 解析光谱图时辨认峰的位置固然重要，但峰的强度对确定结构也是有用的信息。有时注意分子中两个特征峰相对强度的变化能为确认复杂基团的存在提供线索。

3.6.4 解析红外光谱图的实例

例 1. 有一化合物的分子式为 $C_4H_8O_2$，它的红外光谱如图 3-38 所示，试推测其结构。

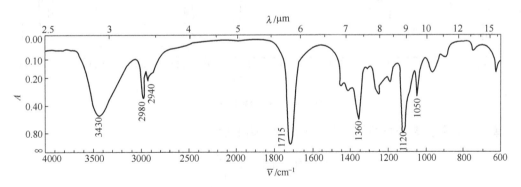

图 3-38 $C_4H_8O_2$ 的 IR 谱图

解： ① 根据分子式计算不饱和度

$$U = 1 + n_4 + \frac{1}{2}(n_3 - n_1) = 1 + 4 + \frac{1}{2}(0 - 8) = 1$$

② 对特征频率区进行分析 根据峰形和吸收强度，在 3430cm^{-1} 处强而宽的吸收为缔合—OH 的伸缩振动。2980cm^{-1}、2940cm^{-1}、2880cm^{-1} 处的吸收为饱和碳的 C—H 伸缩振

动。强的 1715cm^{-1} 吸收为 C=O 峰。1455cm^{-1} 处为—CH$_3$ 或—CH$_2$ 的弯曲振动吸收。1360cm^{-1} 处则为—CH$_3$ 的对称弯曲振动吸收。

③ 对指纹区进行分析　结合特征频率区的分析，1120cm^{-1} 处的吸收应为 C—CO—C 伸缩和弯曲振动，1050cm^{-1} 处的吸收应为 C—O 伸缩振动。

④ 合并结构单元　从分子式 C$_4$H$_8$O$_2$ 中扣除 C=O、OH、CH$_3$ 后，尚剩 2 个碳和 4 个氢无归宿，可能是 2 个 CH$_2$ 或 CH$_3$CH—。根据不饱和度和已推断出的结构单元，可搭成羟基酮类结构：

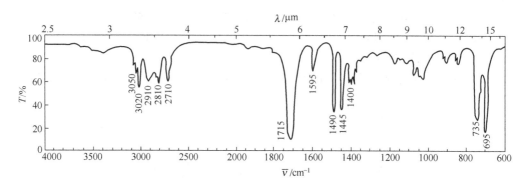

根据 2980cm^{-1}、1360cm^{-1} 处的吸收，可进一步推断该分子中的甲基是与羰基直接相连的，即具有 CH$_3$C=O 的结构。而结构 C 中无此结构，故可删去。从 A、B 的结构中可看出其—OH 是分别与伯碳原子和仲碳原子相连的，但 1050cm^{-1} 处的 C—O 吸收却不能指出其连接的形式（详见附录Ⅰ的表Ⅰ-7）。因此，需通过查阅标准谱图来加以确定。

⑤ 确证结构　从 Sadtler 标准红外谱图集中，查出 545K 号（3-羟基-2-丁酮）标准光谱图的峰位、峰形、相对强度和峰数等与样品光谱相一致，故该化合物应为 B。

例 2. 某未知化合物经元素分析的结果为含碳 80.6％，含氢 7.5％。质谱给出的分子量为 134。紫外光谱数据为：λ_{max}^{EtOH} 262nm(ε_{max}258)，λ_{max}^{EtOH} 283nm(ε_{max}163)。它的红外光谱如图 3-39 所示，试推测该未知物的结构。

图 3-39　未知物 IR 谱图

解： ① 根据元素分析的结果求分子式和不饱和度

$$碳原子数 = 134 \times \frac{80.6\%}{12} = 9$$

$$氢原子数 = 134 \times \frac{7.5\%}{1} = 10$$

根据红外谱图中 1715cm^{-1} 处的强吸收，可断定分子中含有氧原子，故

$$氧原子数 = 134 \times \frac{[100-(80.6+7.5)]\%}{16} = 1$$

所以，未知物的分子式为 C$_9$H$_{10}$O

$$U = 1 + n_4 + \frac{1}{2}(n_3 - n_1) = 1 + 9 + \frac{1}{2}(0 - 10) = 5$$

② 对特征频率区进行分析 由于该化合物的不饱和度比较高,故推测可能含有苯环。从 3050cm^{-1}、3020cm^{-1} 处的 =C—H 伸缩振动吸收,1595cm^{-1}、1490cm^{-1} 和 1445cm^{-1} 处的苯环骨架振动以及 UVλ_{max}^{EtOH} 262nm(ε_{max} 258) 的苯环 B 带吸收,都断定确有苯环。2910cm^{-1} 处的吸收为饱和碳的 C—H 伸缩振动,而 1400cm^{-1}、1380cm^{-1} 处的吸收进一步证实了分子含有 —CH$_3$ 或 —CH$_2$。1715cm^{-1} 处的强吸收为 C=O 的伸缩振动,3400cm^{-1} 处很弱的羰基倍频吸收和 UVλ_{max}^{EtOH} 283nm(ε_{max} 163) 弱的 n→π* 跃迁也支持了这一结论。又因为高频区 2810cm^{-1} 和 2710cm^{-1} 处有 2 个中等强度的吸收峰,为醛基中的 $\nu_{C-H(CHO)}$。据此可知,该化合物为醛类,且分子中含有苯环。

③ 对指纹区进行分析 根据特征频率区的分析,735cm^{-1}、695cm^{-1} 处的 2 个强吸收应为苯环上 5 个相邻氢的面外弯曲振动所引起,即为单取代苯类型。

④ 合并结构单元 从分子式 C$_9$H$_{10}$O 中扣除单取代苯环和醛基后,碳氢数目就剩下 2 个碳和 4 个氢无归宿。可能是 2 个 —CH$_2$ 或 CH$_3$CH— 。根据已推断出的结构单元可以有下面 2 种可能的结构:

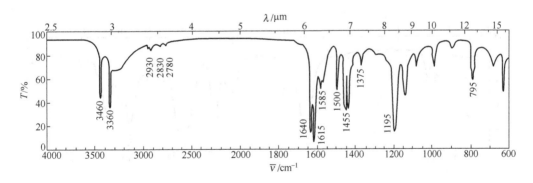

A
(3-苯丙醛)

B
(2-苯丙醛)

⑤ 确证结构 从 Sadtler 标准红外谱图集中,查出 29863K 号 (3-苯丙醛) 标准光谱图与样品光谱图相一致,故该化合物应为 A。

例 3. 有一化合物的分子式为 C$_8$H$_9$NO$_3$,熔点为 126~128℃,它的红外光谱如图 3-40 所示,试推测其结构。

图 3-40 C$_8$H$_9$NO$_3$ 的 IR 谱图

解: ① 根据分子式计算不饱和度

$$U = 1 + n_4 + \frac{1}{2}(n_3 - n_1) = 1 + 8 + \frac{1}{2}(1 - 9) = 5$$

或

$$U = 1 + n_4 + \frac{1}{2}(3n_5 - n_1) = 1 + 8 + \frac{1}{2}(3 - 9) = 6$$

② 对特征频率区进行分析 该化合物的不饱和度比较高,故推测可能含有苯环。从

1615cm^{-1}、1585cm^{-1}和1500cm^{-1}的苯环骨架振动以及3100~3000cm^{-1}区弱的=C—H伸缩振动可证实该分子中含有苯环。3460cm^{-1}、3360cm^{-1}处2个中等强度的尖锐吸收峰为—NH$_2$的不对称和对称伸缩振动。3300~3000cm^{-1}区很宽而弱的吸收为螯形化合物中的—OH吸收。1640cm^{-1}的强吸收为C=O的伸缩振动（共轭C=O）。由于在2830cm^{-1}、2780cm^{-1}处有2个弱的吸收峰，为醛基中的$\nu_{C-H(CHO)}$，故此羰基是以醛基形式存在。在1455cm^{-1}处的吸收为—CH$_3$或—CH$_2$的弯曲振动。1375cm^{-1}处的吸收则为—CH$_3$的弯曲振动。

③ 对指纹区进行分析 结合特征频率区的分析，1195cm^{-1}处为C—O吸收（酚、芳醚）。795cm^{-1}处的吸收为苯环上=C—H的面外弯曲振动（1,4-二元取代或1,2,3,4-四元取代）。

④ 合并结构单元 若该化合物为1,4-二元取代，则从分子式C$_8$H$_9$NO$_3$中扣除二元取代苯环、—CHO、—OH、—NH$_2$和—CH$_3$后，尚余一个氧原子无归宿，并且还比分子式多出2个氢原子。据此，可知该化合物不可能是1,4-二元取代。若为1,2,3,4-四元取代，则从分子式中扣除已知结构单元后，只剩余一个氧原子尚无归宿。根据有机化学知识，这个氧原子只能与—CH$_3$结合成—OCH$_3$。这样，苯环上共有—OCH$_3$、—CHO、—NH$_2$和—OH 4个取代基，它们在苯环4个相邻的位置上，可以任意更换其取代位置，且都能发生缔合，这样共可组成十二种结构形式，其不饱和度均为5($U=6$可删去）。因此，从解析的角度都不能删掉，需核对标准光谱或借助于核磁共振谱等综合分析。

⑤ 确证结构 从Sadtler标准红外谱图集中，查出1516K号标准光谱图与样品光谱图比较吻合，所以该化合物的结构式应为标准谱图上所定的2-氨基-4-羟基-3-甲氧基苯甲醛，即：

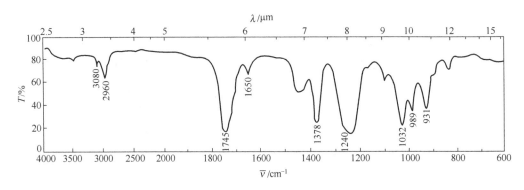

例4. 某未知物的分子式为C$_5$H$_8$O$_2$，它的红外光谱如图3-41所示，试推测其结构。

图3-41 C$_5$H$_8$O$_2$的IR谱图

解： 根据分子式计算不饱和度$U=1+5+\frac{1}{2}(0-8)=2$

3080cm^{-1}处的吸收为=C—H伸缩振动，1650cm^{-1}处的弱吸收为C=C伸缩振动，结合不饱和度可确定该分子具有端烯结构。2960cm^{-1}处的吸收为饱和碳的C—H伸缩振动。1745cm^{-1}处的强吸收为C=O的伸缩振动，1240cm^{-1}和1032cm^{-1}处的强吸收则是酯的C—O—C不对称和对称伸缩振动，其波数值进一步说明了这是乙酸酯。1378cm^{-1}处—CH$_3$的对称弯曲吸收也证实了乙酸酯的存在。989cm^{-1}和931cm^{-1}处的吸收为端乙烯基的面外弯

曲。从分子式 $C_5H_8O_2$ 中扣除 $CH_3\overset{\underset{\|}{O}}{C}-O-$、$CH_2=CH-$，只剩下 1 个碳和 2 个氢，只能是 1 个 $-CH_2$。根据已推断出的这些结构即写出如下结构：

$$CH_3\overset{\underset{\|}{O}}{C}-O-CH_2CH=CH_2 \quad （乙酸烯丙酯）$$

例 5. 某未知物的分子式为 C_7H_8S，它的红外光谱如图 3-42 所示，试推测其结构。

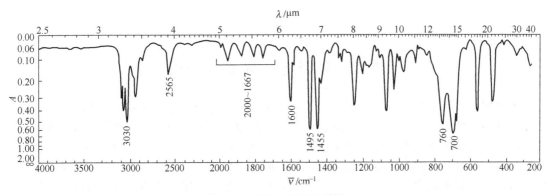

图 3-42　C_7H_8S 的 IR 谱图

解： 根据分子式计算不饱和度 $U=1+7+\dfrac{1}{2}(0-8)=4$

该化合物的不饱和度为 4，推测可能含有苯环。从 $3085cm^{-1}$、$3060cm^{-1}$ 和 $3030cm^{-1}$ 处的 $=C-H$ 伸缩振动吸收以及 $1600cm^{-1}$、$1495cm^{-1}$ 和 $1455cm^{-1}$ 处的苯环骨架振动，可确定该分子式中具有苯环。$2930cm^{-1}$ 处的吸收为饱和碳的 $C-H$ 伸缩振动。$2565cm^{-1}$ 处的弱吸收为 $S-H$ 伸缩振动。$2000\sim1667cm^{-1}$ 区间苯环 $=C-H$ 面外弯曲振动的泛频峰的峰形，$760cm^{-1}$ 和 $700cm^{-1}$ 处的苯环 $=C-H$ 面外弯曲振动，都说明了该化合物为单取代苯类型。从分子式 C_7H_8S 中扣除单取代苯环和 $S-H$ 后，只剩下 1 个碳和 2 个氢（CH_2）。所以该未知化合物只能是苄基硫醇：

$$\text{C}_6\text{H}_5-CH_2SH$$

例 6. 某未知物的分子式为 C_8H_7N，它的红外光谱如图 3-43 所示，试推测其结构。

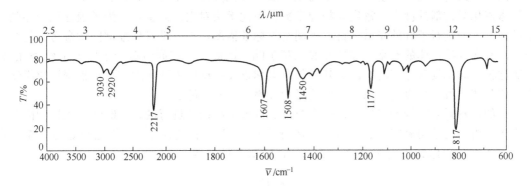

图 3-43　C_8H_7N 的 IR 谱图

解： 根据分子式计算不饱和度 $U=1+8+\dfrac{1}{2}(1-7)=6$

该化合物的不饱和度比较高，推测可能含有苯环及 2 个双键或 1 个三键。从 $3030cm^{-1}$

71

处的=C—H伸缩振动吸收，1607cm^{-1}和1508cm^{-1}处的苯环骨架振动，可确定该分子中含有苯环，817cm^{-1}处苯环=C—H面外弯曲振动，说明苯环发生了对位取代。2920cm^{-1}、1450cm^{-1}和1380cm^{-1}处的吸收峰说明有—CH$_3$或—CH$_2$。由于该分子中含有氮，结合2217cm^{-1}处的强吸收，可推断该吸收为C≡N（因吸收的波数值较小，故应为共轭C≡N）。

综上所述，可推测该未知物为对甲基苯腈：

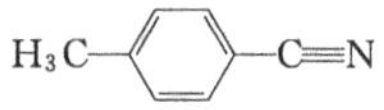

$$H_3C-\!\!\!\!\bigcirc\!\!\!\!-C\equiv N$$

3.7 红外吸收光谱的应用

红外吸收光谱在化学领域中主要用于官能团分析、物质鉴定、未知物结构测定、监视化学反应和纯度的检查、含量分析以及测定分子基本力学参数（如键长、键角、键能等）和其他一些物理化学问题。由于红外光谱法具有鉴定物质可靠、操作简便、分析快速、样品用量小、样品不受破坏，并且可以回收等优点，因而在有机化学、生物化学、药物化学、高分子化学等有关学科中获得广泛的应用。下面就对红外光谱在确定未知物结构、监视化学反应和纯度的检查三个方面的应用，作以简单介绍。

3.7.1 确定未知物的结构

未知物结构的确定是在"各基团都有自己的特征吸收峰"这个基础上进行的。结构测定比较复杂，至今没有一定的规则。对结构比较简单的未知物，可依靠红外光谱提供的信息和所给出的分子式，把它的结构推出来。对结构比较复杂的未知物，尚需配合紫外光谱、核磁共振谱、质谱、经典的降解与合成以及其他理化数据综合分析。

对一个未知物进行分析时，应预先了解其来源、物态、物理常数、可能的成分等。如果是混合物，必须先进行分离纯化，才能进行结构分析。在分析进行到最后阶段时，往往可通过查阅标准谱图以做最后的核定。但应指出的是，由于标准谱图的数量是有限的，不是所有的化合物都有其标准谱图，特别是近年来新合成的化合物，有时根本没有标准谱图可对照。在这种情况下，则要根据识谱的经验，再借助其他光谱和化合物的物理常数，甚至化学方法，才能最后确定化合物的结构。

例如，某化学试剂厂生产一种新的化学试剂柠檬酸三异丁酯。查阅有关文献，文献上没有报道该化学试剂的沸点、密度等物理常数，因此无法对它加以鉴定。为了确证该产品的化学结构，人们进行了红外光谱分析。查阅红外标准谱图，当时没有标准谱图供参考，但是该类产品有同分异构体的产品，即柠檬酸三正丁酯。因此，人们同时测绘了它们的红外光谱，对照比较的结果发现它们的谱图极其相似，差别仅在指纹区内某些地方。再根据该化学试剂的合成工艺路线，可以断定该试剂产品必为柠檬酸三异丁酯。

又如，青霉素结构确定的工作是在第二次世界大战期间进行的，当时红外光谱刚刚开始应用于有机物的结构测定。已知青霉素的分子式是$C_{16}H_{18}N_2SO_4$，也知它可进行水解，产生分子式为$C_{16}H_{20}N_2SO_5$的水解产物B，且已知B的结构。

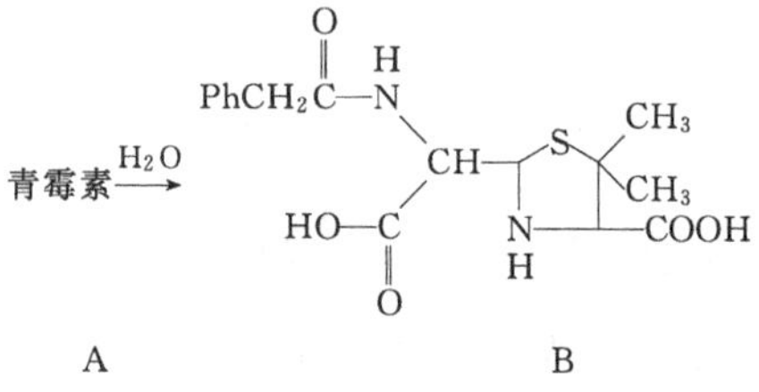

青霉素 $\xrightarrow{H_2O}$

A　　　　　　B

由此，可以推测青霉素的可能结构 C 和 D：

根据有机化学知识，C 或 D 都可以水解产生 B。

从青霉素的红外光谱，发现它除了有峰在 1700cm^{-1} 左右（羧羰基），在波数较高的区域还有一个羰基峰在 1770cm^{-1} 处。为了解释产生 1770cm^{-1} 峰可能的结构，合成了下列模型化合物，并测定它们的红外光谱，见表 3-7。

表 3-7　测定模型化合物的光谱数据

化合物代号	E	F	G
结构式			
$\bar{\nu}_{C=O}/cm^{-1}$	1800	1740	1770

化合物 G 的 $\nu_{C=O}$ 位置与青霉素是吻合的。因此，青霉素最有可能的结构是化合物 D，而不是化合物 C。这个结构后来得到了证实。

此项工作说明了红外光谱有助于结构的确定。同时也告诫我们须谨慎在红外光谱的分析中，许多因素都会影响一个官能团的吸收频率。在用与模型化合物比较的方法时，需与结构较接近的比较，否则会导致错误的结论。

3.7.2　监视化学反应

化学合成中，通过红外光谱可了解化学反应是否朝预定方向进行以及反应过程中所期望的基团是否引入或除去。若化学反应比较简单，引入或除去某基团，则相应的特征吸收峰就产生或消失，通过分析谱图便可确定。例如下列反应：

$$\text{Ph-CH}_2\text{-C(=O)-CH}_2\text{CH}_3 + \text{PhNH}_2 \longrightarrow \text{Ph-CH}_2\text{-C(=N-Ph)-CH}_2\text{CH}_3 + \text{H}_2\text{O}$$

可用红外光谱来监视此反应的进程。其有关的红外特征吸收如图 3-44 所示。开始时，反应混合物只有 1710cm^{-1} 处的羰基吸收峰。随着反应的进行，每隔一定时间从反应混合物中抽取少量样品测试它的红外光谱，便可见羰基的吸收峰逐渐减弱，而生成物中的 C=N 伸缩振动峰在 1640cm^{-1} 处逐渐增强，经 10h 后，1710cm^{-1} 处的吸收峰消失，即表明反应完成了。

3.7.3　物质纯度的检查

样品中若含有杂质，则它的的红外光谱图与纯物质相比，会出现多余的吸收峰，于是可以借助比较物质提纯前后的红外光谱来了解物质提纯过程中杂质的消除情况。提纯后由于杂质的减少，红外光谱中杂质的吸收峰减弱或消失。例如，二甲苯中常含对位、间位和邻位三种异构体，为了分离出化学合成中常用的原料对二甲苯，采用低温分布结晶的方法提纯。在二甲苯的红外光

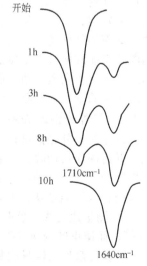

图 3-44　红外光谱监视反应

谱中,对位、间位、邻位三种异构体相应于苯环的=C—H 面外弯曲振动频率分别为 800cm^{-1}、722cm^{-1} 和 694cm^{-1}、745cm^{-1},并且吸收峰强度都很高。图 3-45 是二甲苯低温分步结晶过程中,各分离物在 900~700cm^{-1} 区域的红外光谱。

图 3-45 (a) 是第一级分离的红外光谱,除对二甲苯 800cm^{-1} 处的特征峰外,还有间位和邻位苯环取代的特征峰 (772cm^{-1} 和 694cm^{-1}、745cm^{-1}),并且强度也较高。图 3-45 (b) 是第二级分离的红外光谱,其中 772cm^{-1} 及 745cm^{-1} 这两个峰的吸收强度虽然减弱,但仍能观察到,说明对二甲苯的纯度有提高,但间位和邻位二甲苯仍然存在。图 3-45 (c) 是第三级分离的红外光谱,图中只出现对二甲苯 800cm^{-1} 的特征峰,间位和邻位所对应的吸收峰已消失,说明分离达到了一定纯度。

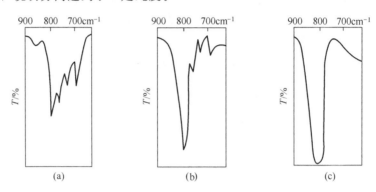

图 3-45 二甲苯低温分步结晶过程中分离物在 900~700cm^{-1} 区域的 IR 谱图

又如,某工厂有几批一级盐酸,由于长时间储存放置后,颜色发黄,产品外形不佳,不知何故。为查明产品发黄原因,进行过一系列化验工作,复测金属杂质含量,产品都合格。查不出原因,而大批盐酸产品积压,影响了生产。为查明一级盐酸发黄的原因,人们用红外光谱进行了分析。为了寻找发黄盐酸和合格盐酸的质量差异,人们用二硫化碳分别萃取发黄盐酸和合格盐酸产品,取其萃取液进行红外光谱分析比较。结果发现,盐酸不论好坏,多少都含有一些氯代烃等杂质。例如,三氯甲烷在 1210cm^{-1}、750cm^{-1} 处有吸收,1,2-二氯乙烷在 713cm^{-1} 处有吸收,二氯甲烷在 741cm^{-1} 处有吸收等。但是发黄盐酸比合格盐酸多出 1 种杂质,其红外吸收峰为 1755cm^{-1},这比一般醛羰基(约 1725cm^{-1})高 30cm^{-1},比一般酮羰基(约 1720cm^{-1})高 35cm^{-1}。按红外光谱知识,推测该杂质可能是 2 个以上氯取代的醛(酮)类。盐酸粗品也有此杂质。最后从原料盐酸来源处了解到盐酸可能含有三氯乙醛杂质,继而用红外光谱测试三氯乙醛已知样品,证实了 1755cm^{-1} 吸收峰为三氯乙醛吸收。故判断发黄盐酸的有害杂质是三氯乙醛。盐酸的精馏提纯只能消除无机杂质,而消除不了三氯乙醛这个有机杂质。精馏后,一级盐酸当时无色,储存一段时间后,无色的三氯乙醛慢慢聚合成黄色的聚三氯乙醛,使盐酸产品外观逐渐发黄。

3.7.4 红外光谱的进展——傅里叶变换红外光谱仪

以往的红外光谱仪是利用棱镜或光栅作为色散元件,将光源发出的红外光由单色器分光,并由探测器接收。色散型仪器响应时间长,速度慢,灵敏度、分辨率和准确度都较低。傅里叶变换红外光谱仪为干涉型仪器,它没有狭缝和单色器,通过样品的干涉光直接由探测器接受,因而能量高、响应快。它具有如下特点。

① 测量速度快 色散型仪器扫描速度慢,通常需时 4min、8min、15min、30min,乃至 1h 等。而傅里叶变换红外扫描速度快,快的只需 0.01s,简易型仪器扫描速度稍慢,也只需 1s。所以色散型仪器只能测定稳定物质的红外光谱,而干涉型仪器可以跟踪化学反应,同时可和色谱联用。

② 能量大，灵敏度高　傅里叶变换红外光谱仪由于没有狭缝和单色器，反射镜面大，到达检测器上的能量大，因而可以测弱吸收（如一些细小的样品），例如直径为 $10\mu m$ 的 1 根纤维单丝就可直接测定。另外，它可以检出 $10\sim100ng$ 的样品，如薄层色谱分离的样品可不经剥离直接用傅里叶变换红外测漫反射光谱。

③ 分辨率高　棱镜型红外光谱仪分辨率很难达到 $1cm^{-1}$，光栅型红外光谱仪也只能在 $0.2cm^{-1}$ 以上，而傅里叶红外光谱仪通常分辨率可达 $0.1cm^{-1}$，高的甚至可达 $0.005cm^{-1}$。傅里叶红外还可做基线校正、差谱、累加等工作。

第4章 核磁共振氢谱

核磁共振（nuclear magnetic resonance，简写成 NMR）与紫外、红外吸收光谱一样，都是微观粒子吸收电磁波后在不同能级上的跃迁。紫外和红外吸收光谱是分子分别吸收了波长为 200～400nm 和 2.5～25μm 的辐射后，分别引起分子中电子的跃迁和原子振动能级的跃迁。而在核磁共振波谱中是用波长很长（约 10^6～10^9μm，在射频区）、频率为兆赫数量级、能量很低的电磁波照射分子，这时不会引起分子的振动或转动能级的跃迁，更不会引起电子能级的跃迁，但这种电磁波能与处在强磁场中的磁性原子核相互作用（在强磁场的激励下，某些磁性原子核的能量可以裂分为两个或两个以上的能级），引起磁性的原子核在外磁场中发生磁能级的共振跃迁，从而产生吸收信号。这种原子核对射频电磁波辐射的吸收就称为核磁共振波谱。核磁共振波谱又可进一步分为氢谱（^{1}H-NMR）和碳谱（^{13}C-NMR）。所谓氢谱，实际上指的是质子谱（proton magnetic resonance，简写成 PMR），而碳谱则是指 ^{13}C 谱（carbon magnetic resonance，简写成 ^{13}CMR）。目前，核磁共振技术发展得最成熟且应用最广泛的是氢谱，它可以提供有机化合物中氢原子所处的位置、化学环境、在各官能团或骨架上氢原子的相对数目、分子构型等有关信息，为确定有机分子结构提供重要的依据。

核磁共振现象是于 1946 年被分别由美国斯坦福（Stanford）大学的布洛赫（F. Bloch）和哈佛（Harvard）大学的珀塞尔（E. M. Purcell）带领的两个小组几乎同时观察到的：Bloch 等检测了水中质子的信号；Purcell 等观察到石蜡中质子的信号。他们两人因此获得了 1952 年诺贝尔物理学奖。此后，化学家们发现分子的环境会影响处于磁场中的原子核的核磁共振吸收，而且此效应与分子结构密切相关。从此，核磁共振波谱的发展极其迅速。1966年出现高分辨核磁共振仪；20 世纪 70 年代出现了脉冲傅里叶变换核磁共振仪，进一步提高了灵敏度。近年来又出现了新的双共振技术，从而使复杂的谱图简单化而易于解析。正是由于核磁共振理论和实验技术的迅猛发展，极大地拓宽了它的应用和研究的范围，使之成为研究有机化学、生物化学、药物化学、物理化学和无机化学的重要手段。本章将讨论核磁共振氢谱的基本原理及其在有机结构分析方面的应用。

4.1 核磁共振氢谱基本原理

原子核是微观粒子，它的许多特性是量子化的，不能用经典概念来解释。有些特性虽可以用经典概念来说明，但不能把经典力学的处理方法完全套上去。这在学习中应加以注意。

4.1.1 原子核的自旋和磁矩

（1）原子核的自旋

实验证明，大多数原子核都有围绕某个轴作自身旋转运动的现象，称为核的自旋运动。核的自旋运动一般是用自旋角动量 P 来描述的，它是一个矢量，其方向与旋转轴相重合，其值由下式决定：

$$P = \frac{h}{2\pi}\sqrt{I(I+1)} \tag{4-1}$$

式中　h——Planck 常数；
　　　I——自旋量子数，其值与该核的质量数和原子序数有关，见表 4-1。

从表 4-1 可以看出，凡是质量数和原子序数之一是奇数的核，I 均不为零，亦即有自旋现象；而只有质量数和原子序数均为偶数的核的 I 才为零，亦即没有自旋现象，不会产生核磁共振吸收，这类核在核磁共振研究上是没有意义的。

表 4-1　各种原子核的自旋量子数

质量数	原子序数	自旋量子数 I	实　例
偶数	偶数	0	$^{12}C, ^{16}O, ^{32}S, ^{28}Si, ^{30}Si$ 等
奇数	奇数或偶数	$\frac{1}{2}$	$^{1}H, ^{13}C, ^{15}N, ^{19}F, ^{29}Si, ^{31}P$ 等
奇数	奇数或偶数	$\frac{3}{2}, \frac{5}{2} \cdots$	$^{11}B, ^{17}O, ^{33}S, ^{35}Cl, ^{37}Cl, ^{79}Br, ^{127}I$ 等
偶数	奇数	$1, 2, 3 \cdots$	$^{2}H, ^{10}B, ^{14}N$ 等

自旋量子数等于 $\frac{1}{2}$ 的原子核，其电荷均匀分布于原子核表面（原子核是带正电荷的粒子），这样的原子核不具有电四极矩（两个大小相等、方向相反的电偶极矩，相隔一个很小距离排列着，就构成电四极矩，如图 4-1 所示。有些电荷，其对外的作用相当于电四极矩。有不少原子核，就相当于一个点电荷加一个电四极矩的作用，我们就说这种原子核具有电四极矩），它的核磁共振的谱线窄，最宜于核磁共振检测，其中以 ^{1}H（质子）核研究最多。因为 C、H、O、N 是组成有机化合物的最重要的元素，而 ^{12}C 和 ^{16}O 不发生核磁共振，^{15}N 的相对灵敏度又很低，并且核磁共振的谱线亦宽，只有 ^{1}H 的天然丰度大（占 99.98%），磁性也较强，所以 ^{1}H 的相对灵敏度大，容易测定，在有机波谱分析中占有十分重要的地位。

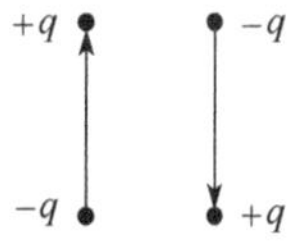

图 4-1　电四极矩

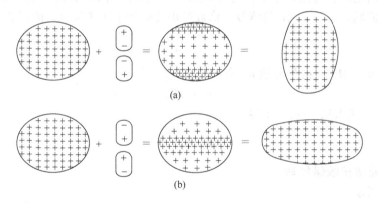

图 4-2　原子核的电四极矩

自旋量子数大于 $\frac{1}{2}$ 的原子核，其电荷在原子核表面呈非均匀分布，如图 4-2 所示。对图中的原子核，我们可考虑为在电荷均匀分布的基础上加一对电偶极矩。对图 4-2（a）所示原子核来说，两极正电荷密度加大，表面电荷分布是不均匀的。若改变球体形状，使表面电荷密度相等，则圆球变为纵向延伸的椭球。按照电四极矩公式：

$$Q = \frac{2}{5} Z (b^2 - a^2) \tag{4-2}$$

式中　b, a——分别为椭球纵向和横向半径；
　　　Z——球体所带电荷。

这样，图 4-2（a）所示的原子核具有正的电四极矩，图 4-2（b）所示的原子核具有负的电四极矩。凡具有电四极矩（不论是正值或是负值）的原子核都具有特有的弛豫机制，常导致核磁共振的谱线加宽，这对于核磁共振信号的检测是不利的，对此本书不予讨论。

(2) 原子核的磁矩

由于原子核是带电粒子，因而在围绕自旋轴作自旋运动时，就会产生一个磁场，犹如一个小的磁铁棒（称磁偶极子），具有磁性质，如图 4-3 所示。两磁极间的磁偶极的大小（即磁性大小）就称为核磁矩 μ。核磁矩是一个矢量，其方向与自旋角动量 P 的方向重合。μ 与 P 之间存在着下列关系：

$$\mu = \gamma P \tag{4-3}$$

式中，γ 是比例常数，称为磁旋比，有时也称作旋磁比，rad/(T·s)。它代表了每个原子核的特性。

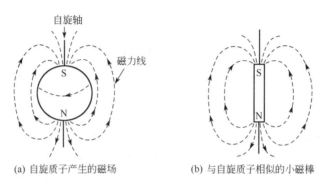

(a) 自旋质子产生的磁场　　　　(b) 与自旋质子相似的小磁棒

图 4-3　自旋质子产生的磁场及与自旋质子相似的小磁棒

应该指出的是，自旋角动量 P 是量子化的，它在外磁场 H_0 方向（沿 Z 轴）的分量 P_z，根据量子力学原则，应为 $h/2\pi$ 的倍数，倍数可用自旋量子数 I 表示，因而有：

$$P_z = \frac{Ih}{2\pi} \tag{4-4}$$

而核磁矩 μ 在 H_0 方向的分量 μ_z 为：

$$\mu_z = \gamma P_z \tag{4-5}$$

将式 (4-4) 代入式 (4-5) 中得：

$$\mu_z = \frac{\gamma I h}{2\pi} \tag{4-6}$$

4.1.2　核的进动和核磁能级

(1) 核的进动

将自旋核放到外磁场 H_0 中时，自旋核的行为就像一个在重力场中作旋转的陀螺，即一方面自旋，一方面由于磁场作用而围绕磁场方向旋转，这种运动方式称为进动，又称拉莫尔 (Larmor) 进动，如图 4-4 所示。核的自旋轴（同核磁矩矢量 μ 重合）和 H_0 轴（回旋轴）并不完全一致而形成一个 θ 角，自旋核就沿轴进动，其进动频率 ν_0 称为 Larmor 频率，Larmor 频率随磁场强度 H_0 的增加而增大，即 $\nu_0 \propto H_0$。

(2) 核磁能级

由磁学原理可知，核磁矩 μ 在外磁场 H_0 中的能量 E 是用 μ 在 H_0 方向的分量 μ_z 与磁场强度 H_0 的乘积来表示：

$$E = -\mu_z H_0 \tag{4-7}$$

式中，负号表示核磁矩与磁场顺向时能量较低，反向时能量较高。

将式 (4-6) 代入式 (4-7) 中得：

$$E = -\frac{\gamma I h H_0}{2\pi} \tag{4-8}$$

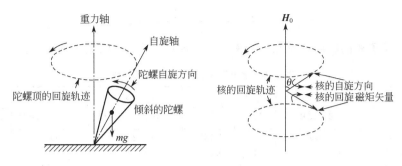

图 4-4 陀螺的旋进运动模拟外磁场中的磁性核

按照量子力学规律，自旋核在外磁场 H_0 中要进行取向，其取向数共有（$2I+1$）个，即自旋取向数为 $2I+1$。应当指出的是，每个自旋取向将分别代表原子核的某个特定的能量状态，并可由一个磁量子数 m 来表示，m 只能取（$2I+1$）个值，其取值的范围为 $+I$ 到 $-I$。以 $I=\frac{1}{2}$ 的核为例，在磁场中的自旋取向数为 $2\times\frac{1}{2}+1=2$，即相对于 H_0 有 2 种自旋相反的取向。其中一个取向的

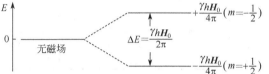

图 4-5 $I=\frac{1}{2}$ 的核在外磁场 H_0 中的磁能级

$m=+\frac{1}{2}$，相应的 $E_{+\frac{1}{2}}=-\mu_z H_0$，这时能量较低；另一个取向的 $m=-\frac{1}{2}$，相应的 $E_{-\frac{1}{2}}=+\mu_z H_0$，这时能量稍高，如图 4-5 所示。

如果要使 $+\frac{1}{2}$ 取向变为 $-\frac{1}{2}$ 取向，必须吸收能量，其大小为两种取向间的能量差：

$$\Delta E = E_{-\frac{1}{2}} - E_{+\frac{1}{2}} = 2\mu_z H_0 = \frac{\gamma h H_0}{2\pi} \tag{4-9}$$

4.1.3 核磁共振条件

如果在与外磁场 H_0 的垂直方向上设置射频振荡线圈，那么就会产生与 H_0 垂直的直线振动磁场 H_1，如图 4-6 所示。H_1 可以分解为 2 个矢量成分，即位相相同而向相反方向旋转的 2 个回旋成分。其中一个回旋成分的旋转方向与自旋核进动的轨道方向相同。当把射频改变时，H_1 的回旋磁场成分频率就会逐渐变化。如果这个频率 ν 与自旋核的 Larmor 频率 ν_0 相同时，核就吸收射频波的能量，从低能态向高能态跃迁，此亦即核磁共振。共振频率可由式（4-9）改写得到：

$$\nu = \frac{\gamma H_0}{2\pi} \tag{4-10}$$

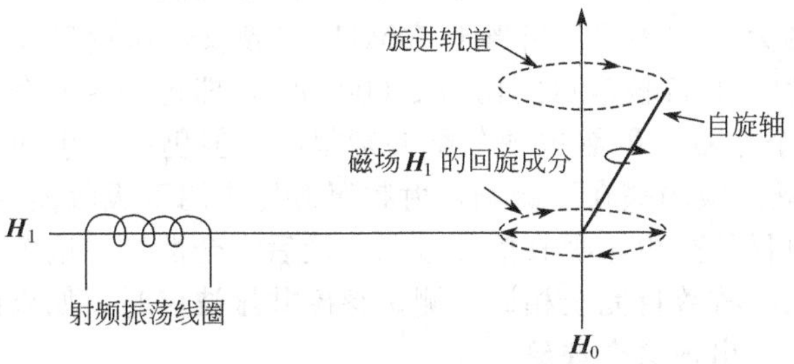

式（4-10）被称为"共振方程"或"共振条件"，可以用来计算 $I=\frac{1}{2}$ 的核的 Larmor 进动频率 ν_0（核磁共振是通过共振频率 ν 测定了核的 Larmor 进动频率 ν_0，读者应牢记这一关系）。例如，在 $H_0=1.4092$T 的磁场中，质子发生核磁共振需要吸收的射频波频率为：

图 4-6 射频振荡器发出的磁场 H_1 和它的回旋成分

$$\nu = \frac{\gamma H_0}{2\pi} = \frac{2.6753 \times 10^8 \times 1.4092}{2 \times 3.14} = 60 \text{MHz}$$

一些常见原子核的磁旋比 γ 和它们发生共振时的 ν 和 H_0 的关系见表 4-2。

表 4-2 常见原子核的核磁共振参数

核	天然丰度/%	相对灵敏度（同一磁场）	自旋数 I	磁矩 μ[①]	磁旋比 γ /[弧度/(T·s)]	共振频率 ν/MHz $H_0=1.4092\text{T}$	共振频率 ν/MHz $H_0=2.3500\text{T}$
^{1}H	99.9844	1.000	1/2	2.7927	2.6753×10^8	60.0	100
^{2}H	1.56×10^{-2}	9.64×10^{-2}	1	0.8574	0.4102×10^8	9.21	15.4
^{12}C	98.893	—	0	—	—	无共振	无共振
^{13}C	1.108	1.59×10^{-2}	1/2	0.7022	0.6728×10^8	15.1	25.2
^{14}N	99.635	1.01×10^{-3}	1	0.4036	0.1931×10^8	4.33	7.23
^{15}N	0.365	1.04×10^{-3}	1/2	-0.2830	-0.2712×10^8	6.09	10.2
^{16}O	99.759	—	0	—	—	无共振	无共振
^{17}O	3.7×10^{-2}	2.91×10^{-2}	5/2	-1.8930	-0.3628×10^8	8.13	13.6
^{19}F	100	0.834	1/2	2.6273	2.5179×10^8	56.5	94.2
^{35}Cl	75.4	4.71×10^{-3}	3/2	0.8209	0.2624×10^8	5.88	9.80
^{31}P	100	6.64×10^{-2}	1/2	1.1305	1.0840×10^8	24.3	40.6

① $\mu = 5.049 \times 10^{-27}$ J/T。

从式 (4-10) 可以看出，对一定的核来说，若 H_0 固定，则 ν 值大小将仅仅取决于 γ 值。显然，γ 值不同的原子核，在同一磁场强度下发生核跃迁时需要不同频率的射频波。以 ^{1}H 和 ^{19}F 来说，因 $\gamma_H > \gamma_F$，所以在同样的磁场强度 H_0 下，对于 ^{1}H 须用比对 ^{19}F 更大的射频才能发生共振。因此，某一射频只能观测一种核，不存在相互掺杂的问题。同理，若固定射频，则对于 ^{19}F 须用比对 ^{1}H 更大的 H_0 才能发生共振。

实现共振有如下两种方法。

① H_0 不变，改变 ν。

方法是将样品置于强度固定的外磁场中，并逐渐改变照射用射频波的频率，直至引起共振。这种方法叫做扫频。

② ν 不变，改变 H_0。

方法是将样品用频率固定的射频波进行照射，并缓缓改变外磁场的强度，直至引起共振为止。这种方法叫做扫场。

通常，在实际工作中常使用第二种方法。

4.1.4 弛豫过程

在吸收光谱中，当电磁波的能量 $h\nu$ 等于样品分子的某种能级差 ΔE 时，样品分子就可以吸收电磁波的能量，从低能级跃迁到高能级。同样，在此频率的电磁波的作用下，样品分子也能从高能级回到低能级，放出该频率的电磁波能量。以上这两个方向相反的过程是吸收光谱都具有的共性。根据玻耳兹曼 (Boltzman) 分配定律计算的结果，处于低能级的原子核数仅占有极微弱的优势。例如，在外磁场为 1.4092T（相当于 60MHz 射频仪器所用磁场强度），温度为 27℃（300K）时，低、高两能级 ^{1}H 核数目之比为 1.0000099，即每一百万个氢核中低能级的氢核数目仅比高能级多 10 个左右。虽然这种分配差别很小，但仍能产生净的吸收现象。这个微弱的多数的 ^{1}H 核，使低能级的核在强磁场及射频照射的作用下吸收能量，由低能级跃迁到高能级。随着低能态核数目的减少，吸收信号减弱，最后完全消失，这个现象叫做饱和。出现饱和时，高低能级的两种核数目完全相同。测定核磁共振波谱时，如果照射电磁波的强度太大或扫描时间过长，就会出现这个现象。

在一般的吸收光谱中，处于高能态的粒子可以通过自发辐射回到低能级，始终保持低能态粒子数大于高能态粒子数,其自发辐射已相当有效,这种自发辐射的概率是与两个能级能量之差 ΔE 成正比关系的。而在核磁共振波谱中,由于 ΔE 非常小,所以自发辐射的几率实际为零。因此,若要在一定时间间隔内持续检测到核磁共振信号,就必须有某种通过非辐射方式使高能态核回到低能态的过程,以保持低能态核数始终大于高能态核数。这个过程就称为弛豫。弛豫过程一般分为纵向弛豫和横向弛豫两类。

① 纵向弛豫 又称自旋-晶格弛豫。这个弛豫过程是由处于高能级的核,将能量转移给周围的分子(如果是固体,周围分子就是固体的晶格;如果是液体,周围分子就是同类分子或溶剂分子),最终变为热运动,而自旋核则回到低能级。由于核的外面有电子云包围,其核磁能量的转移不能像分子那样通过相互碰撞来完成,而是通过下面的机理来完成的:自旋核周围的分子相当于许多小磁体,这些小磁体快速运动而产生瞬息万变的各种频率的交替磁场。在这些磁场的频率中,如果恰好有和自旋核的回旋频率相等的自旋核,那么自旋核就会与这种交替磁场交换能量,把能量传给周围分子而跳回低能级,完成自旋核的弛豫过程。弛豫的结果是磁核的总能量下降了。

一个自旋体系由于核磁共振打破了原来的平衡(Boltzman 分布),而又通过纵向弛豫回到平衡所需的时间,以半衰期 T_1 表示。T_1 越小,表示纵向弛豫过程愈快。一般液体和气体样品的 T_1 很小,仅几秒钟。固体样品因分子的热运动受到很大的限制,因而不能有效地产生纵向弛豫,T_1 值就很大,有时需要几小时。因此,测定核磁共振波谱时一般多采用液体试样。

② 横向弛豫 又称自旋-自旋弛豫。是一个自旋核与另一个自旋核交换能量的过程。当一个自旋核回旋时,在附近有回旋频率相同而处于不同的自旋态(亦即能级不同)的自旋核时,两者即可交换能量。高能级的核将能量转移给低能级的核,使后者跃迁到高能级而自身回到低能级。交换能量后,两个核的自旋方向发生调换,各种能级的核数目不变,系统的总能量不变。因而称为横向弛豫,这个弛豫时间以半衰期 T_2 表示。一般液体和气体样品的 T_2 与 T_1 差不多,在 1s 左右。固体样品因为各核间的相互位置固定,能有效地进行横向弛豫,所以 T_2 特别短,大约为 $10^{-5} \sim 10^{-4}$ s。同理,黏度较大的液体的 T_2 值也较小。

弛豫过程虽然分为纵向和横向两种,而且两者的弛豫时间也有不同,但是对于一个自旋核来说,总是通过最有效的途径,达到弛豫的目的,各种不同样品的实际弛豫时间,决定于 T_1、T_2 中较小的一个。如固体样品,实际弛豫时间为 T_2。

弛豫时间(T_1 或 T_2 之较小者)对核磁共振谱线宽度的影响很大。根据测不准原理:

$$\Delta E \cdot \Delta t \approx h \tag{4-11}$$

式中,Δt 是粒子停留在某一能级上的时间。在核磁共振现象中,自旋核在某能级停留的时间决定于自旋-自旋的相互作用。而这个作用的时间常数是 T_2,所以:

$$\Delta E \cdot T_2 \approx h \tag{4-12}$$

而 $\Delta E = \Delta \nu h$,故有:

$$\Delta \nu \approx 1/T_2 \tag{4-13}$$

式中,$\Delta \nu$ 为共振谱线的宽度,Hz,它与弛豫时间成反比。由于固体样品的 T_2 很小,所以共振谱线很宽。为得到高分辨的谱图,需将固体样品配成溶液后测定。当然,固体样品也可做高分辨谱图,但需求助于特殊的实验技术。

应强调指出的是,通常核磁共振氢谱的测定是在液体状态下进行的,因此,样品须用不含 ^1H 的溶剂溶解,如氘代氯仿($CDCl_3$)或四氯化碳(CCl_4)等溶剂。若用 $CHCl_3$ 作溶剂,则因 $CHCl_3$ 中的氢核共振峰(δ_H 7.27)常易与芳香氢核共振峰(δ_H 7.20)发生干扰,从而影响对结果的正确判断。$CDCl_3$ 中往往也混有少许 $CHCl_3$,这在实际工作中应当注意。对水溶性物质的测定,可用重水(D_2O)或三氟乙酸(CF_3COOH,δ_H 11.34)等作为溶剂。

样品用量一般为 30mg（浓度为 0.1～0.5mol/L）。

4.2 化学位移

化学位移是核磁共振波谱中反映化合物结构的一个很重要的数据。

4.2.1 化学位移的产生及表示方法

根据上节讨论的共振条件可知，当质子置于强度一定的磁场，例如 $H_0=1.4092$T 的外磁场中时，质子产生的核磁共振频率也就一定，即为 60MHz；反之，当照射用的射频频率一定时，如 60MHz，那么质子将在 1.4092T 处发生共振。如果有机化合物中所有的质子共振频率（或磁场强度）都一样，则它们在核磁共振谱图上将只出现一个吸收峰，那么这种核磁共振谱图对有机化合物的结构剖析来说就毫无用处。但事实上并不是这样，1950 年人们发现，在给定的照射频率下，质子的共振磁场强度是与它所处的化学环境有关的。在外磁场中，质子实际上感受到的磁场强度，不完全与外磁场强度相同。这是因为质子的外围有电子云环绕，而电子在与外磁场垂直的平面上环流时，会产生与外磁场方向相反的感生磁场（根据 Lorentz 定律——电子在外磁场中运动产生的磁场和外磁场方向相反），如图 4-7 所示，其方向可用右手法则确定。我们把质子周围的电子对质子的这种作用叫做屏蔽作用。各种质子在分子内的环境不完全相同，所以电子云的分布情况也不一样。因此，不同质子会受到不同强度的感生磁场的作用，即不同程度的屏蔽作用。这种感生磁场的强度与外磁场的强度成正比例，质子实际上感受到的磁场强度为 $H_0(1-\sigma)$，σ 称为屏蔽常数，其值与质子外围的电子密度有关，电子密度愈大屏蔽程度愈大，σ 值亦增大。犹如太阳照在地球表面上的多少与地球周围空间的云层有关，云层越多则地球表面接收阳光的有效程度越小。这也就是说，σ 反映了质子外围的电子对质子屏蔽作用的大小，亦即反映了质子所处的化学环境。所以式（4-10）应改写为：

$$\nu=\frac{\gamma}{2\pi}H_0(1-\sigma) \tag{4-14}$$

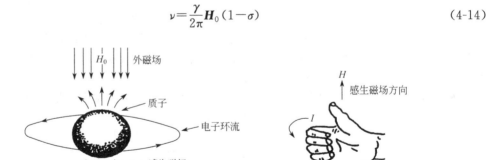

图 4-7 电子对质子的屏蔽作用

从式（4-14）可以看出：如将磁场固定而改变频率，或将射频频率固定而改变磁场强度时，不同化学环境的质子（即具有不同屏蔽常数 σ 的质子）会一个接一个地产生共振。

化合物中处于不同化学环境中的质子的共振频率虽有差异，但差异范围不大，约为百万分之十左右。对其绝对值的测量，难以达到所需要求的精度。故实际工作中是采用测定相对值来表示，即以某标准物质的共振峰为原点，测定样品中各共振峰与原点的相对距离，其精确度可达 1Hz 以内，相对值比较容易测量，这种相对距离就称为化学位移。

由于核外电子的感生磁场与外加磁场强度成正比，因而由屏蔽作用引起的化学位移大小也与外加磁场强度成正比。当所用仪器的频率不同时，同一个核的化学位移也不相同。例如，乙醚（$CH_3CH_2OCH_2CH_3$）中，—CH_3 和—CH_2 的 H 与标准物四甲基硅烷之间的频率差在 60MHz 仪器上测定时分别为 69Hz 和 202Hz，而在 100MHz 仪器上测定时则分别为 115Hz 和 337Hz。从此例可以看出，同一化合物在频率不同的仪器上测得的谱图若以共振频率表示，将没有简单、直观的可比性。

为了解决这个问题，1970 年国际纯粹和应用化学协会（IUPAC）建议，化学位移一律采用位移常数 δ 值表示，δ 的定义如下式所示：

$$\delta = \frac{\nu_{样品} - \nu_{标准}}{\nu_{标准}} \times 10^6 = \frac{\nu_{样品} - \nu_{标准}}{\nu_{仪器}} \times 10^6 \tag{4-15}$$

同理，δ 亦可表示为：

$$\delta = \frac{H_{标准} - H_{样品}}{H_{标准}} \times 10^6 = \frac{H_{标准} - H_{样品}}{H_{仪器}} \times 10^6 \tag{4-16}$$

式中　$\nu_{样品}$，$\nu_{标准}$——分别为样品和标准物中质子的共振频率；

$H_{样品}$，$H_{标准}$——分别为样品和标准物中质子的共振磁场强度；

$\nu_{仪器}$，$H_{仪器}$——分别为所用仪器的频率和磁场强度。

当固定磁场、扫描频率时，采用式（4-15）计算 δ；当固定频率、扫描磁场时，采用式（4-16）计算 δ。

δ 的数值通过用频率差除以标准物的 $\nu_{标准}$，是为了得到同所使用仪器的频率或磁场强度无关的化学位移值。因为在实际工作中常使用不同频率或不同磁场强度的核磁共振仪进行测定。用 $\nu_{仪器}$ 代替 $\nu_{标准}$，是因为 $\nu_{标准}$ 与核磁共振仪中用来照射样品的射频辐射的固定频率相差很小（约十万分之一），故为方便起见，可用 $\nu_{仪器}$ 代替 $\nu_{标准}$。乘以 10^6 是因为 $\nu_{样品}$ 和 $\nu_{标准}$ 的数值都很大（数十至数百兆赫），而它们的相差值却很小，通常是几十至几百赫，因而 δ 值一般是百万分之几或百万分之零点几，为了使 δ 所得数值易读易写，乘以 10^6 即可，这样就使百万分之一的 δ 读数变为1，百万分之二的 δ 读数变成2 等。因此，过去通常就将 ppm（part per million，百万分之一）作为 δ 值的单位，现在已基本上不用此单位，只保留数值。对 ^{1}H-NMR，δ_H 值范围为 0~20。在 60MHz 的仪器上，$\delta_H 1$ 相当于 60Hz；100MHz 的仪器上，$\delta_H 1$ 相当于 100Hz。

乙醚中—CH_3 和—CH_2 的化学位移如用 δ_H 值表示，在 60MHz 和 100MHz 仪器上测定时分别为：

60MHz 仪器：$\delta_{CH_3} = \frac{69}{60 \times 10^6} \times 10^6 = 1.15$　　$\delta_{CH_2} = \frac{202}{60 \times 10^6} \times 10^6 = 3.37$

100MHz 仪器：$\delta_{CH_3} = \frac{115}{100 \times 10^6} \times 10^6 = 1.15$　　$\delta_{CH_2} = \frac{337}{100 \times 10^6} \times 10^6 = 3.37$

此例说明，若用频率来表示化学位移，则同一种质子在不同仪器上测得的化学位移值是不相同的，这在实际工作中不容易进行比较。而用 δ_H 值表示的化学位移，在不同仪器上测得的化学位移值是相同的。这样，使用不同频率仪器的工作者均具有对照谱线的共同标准，使化学位移的数值不随仪器的频率或磁场强度的改变而变化。

除了用 δ_H 表示化学位移外，在早期的文献中还采用 τ 值作为化学位移的量度，τ 与 δ_H 的关系为：$\tau = 10 - \delta_H$。

测定核磁共振谱时，通常都把痕迹量的四甲基硅烷（$CH_3)_4Si$（tetramethylsilane，简写成 TMS）加在样品的四氯化碳或氘代氯仿溶液中，作为标准物质，这叫做内标准。TMS 不溶于重水，因此用重水作为溶剂时，要把 TMS 放在毛细管中，加封后把这个毛细管放在含试样的重水溶液中进行测定，这叫做外标准。用 TMS 作标准物质，是因为它具有以下优点。

① TMS分子中有十二个相同化学环境的氢，NMR信号为单一尖峰。用少量的TMS即可测出NMR信号。

② 因为Si的电负性（1.8）比C的电负性（2.5）小，TMS质子处在高电子密度区，产生较大的屏蔽效应。它产生的NMR信号所需的磁场强度比一般有机物中质子产生NMR信号所需的磁场强度都大，故与样品信号之间不会互相重叠干扰。

③ TMS为惰性非极性化合物，与样品之间不会发生化学反应或分子间缔合。

④ TMS易溶于有机溶剂，沸点又低（27℃），极易从样品中除去，因此回收样品容易。

由于TMS不溶于重水，用重水测谱时亦可用其他内标准物。例如，4,4-二甲基-4-硅代戊磺酸钠$(CH_3)_4Si(CH_2)_3SO_3Na$（简称DSS，在水溶液中δ_H 0.02。它的三个CH_2的共振峰δ_H在0.5~3.0之间，对样品测试有干扰。但当浓度为1‰时只出现CH_3尖峰，CH_2峰埋在基线噪声中）、叔丁醇（δ_H 1.28）、乙腈（δ_H 1.95）、丙酮（δ_H 2.05）、二氧杂环己烷（δ_H 3.56）等。

鉴于一般有机化合物中质子发生共振所需磁场强度均比TMS质子共振所需的磁场强度要小这一事实，IUPAC于1970年作出规定：TMS质子的单峰δ_H值为零，在TMS左边的峰δ_H为正值，右边的峰δ_H为负值（在NMR谱图上，磁场强度是由左向右递增）。因此，当外磁场强度由左向右扫描逐渐增大时，δ_H值却由左向右逐渐减小。δ_H值范围一般在0~10之间。凡是δ_H值较大的质子就认为是处于低场，位于谱图的左边。δ_H值较小的质子则认为是处于高场，位于谱图的右边。TMS的共振吸收峰位于谱图最右边，如图4-8所示。

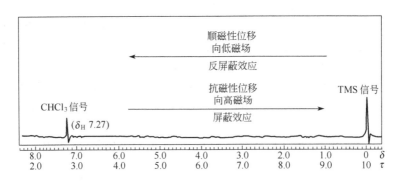

图4-8　$CDCl_3$（含有少量$CHCl_3$）的^1H-NMR谱图

4.2.2　影响化学位移δ_H的因素

化学位移是由质子外围电子对质子的屏蔽作用所引起的。因此，凡是使质子外围电子云密度改变的因素都将影响化学位移。影响因素主要包括与质子相邻近的原子或原子团的电负性、各向异性效应、氢键、质子交换、范德华力及溶剂效应等。

（1）取代基电负性

有机化合物中的质子，会因受屏蔽效应的影响而改变其化学位移值。屏蔽效应与质子周围电子云密度有关。如果与质子相连接的原子或原子团的电负性较强，质子周围的电子云密度就比较小，即抗磁屏蔽效应比较小，因此质子就在低场发生共振，化学位移δ_H值就大。反之，如与质子相连的原子或原子团是推电子的，则质子周围的电子云密度就增加，屏蔽效应亦增大，化学位移δ_H就向高场移动。表4-3表明，在甲烷衍生物CH_3X中，随着取代基（X）电负性的增大，使CH_3X分子中的质子裸露程度变大，故其δ_H值逐渐向低场位移。

表 4-3　CH_3X 的 δ_H 大小与取代基（X）电负性的关系

取代基(X)	δ_H	X的电负性	取代基(X)	δ_H	X的电负性
—Si$(CH_3)_3$	0.0	1.8	—OH	3.38	3.5
—H	0.13	2.1	—I	2.16	2.5
—CH_3	0.88	2.5	—Br	2.68	2.8
—CN	1.97		—Cl	3.05	3.0
—$COCH_3$	2.08		—F	4.26	4.0
—NH_2	2.36	3.0			

应强调指出的是，电负性原子或原子团的诱导效应随间隔键数的增多而减弱。电负性与化学位移的关系极为重要，往往是预测化学位移的最重要因素。

(2) 各向异性效应

质子的 δ_H 除了与电负性有密切关系外，还受其他一些因素的影响。因为在实践工作中发现，有些问题单用电负性不能作出圆满解释。例如，碳杂化轨道的电负性有下列次序：

$$sp(3.29) > sp^2(2.75) > sp^3(2.48)$$

当碳的杂化态由 sp^3 向 sp 变化时，即 s 性质从 25% 增加到 50% 时，这时成键电子更靠近碳，因而对相连的质子有去屏蔽作用。当无其他效应存在时，s 性质变化 25%，能使 δ_H 值向低场移动约 5。因此，单从电负性的角度来看，烷、烯、炔质子的 δ_H 值应为：

$$\delta_{\equiv C-H} > \delta_{=C-H} > \delta_{\diagdown C-H}$$

但是，事实不然，烷、烯、炔质子的 δ_H 值实际排列顺序为：

$$\delta_{=C-H}(5.0\sim6.0) > \delta_{\equiv C-H}(1.8\sim3.0) > \delta_{\diagdown C-H}(0\sim1.8)$$

此外，同样是与 sp^2 杂化碳相连的质子，芳香质子却处于比烯烃质子较低的磁场，醛基质子则处于更低的磁场，这可从它们的化学位移 δ_H 值中反映出来：

$\delta_H\ 7.0\sim8.0$　　　$\delta_H\ 9.5\sim10.0$

上述这些现象显然不能用电负性来解释，但可以用各向异性效应来解释。所谓各向异性效应就是当化合物的电子云分布不是球形对称时（π 电子系统时最为明显），就对邻近质子附加了一个各向异性的磁场，从而对外磁场起着增强或减弱的作用。增强外磁场的区域称为去屏蔽区，用"−"表示，位于该区的质子共振峰将移向低场；减弱外磁场的区域称为屏蔽区，用"+"表示，位于该区的质子共振峰将移向高场。各向异性效应是通过空间传递的，在氢谱中，这种效应很重要。

① 三键的各向异性效应　　碳碳三键是直线型的，其筒形 π 电子云围绕着轴线循环，在外磁场的作用下，所产生的感生磁场是各向异性的，如图 4-9 所示。当乙炔分子与外磁场平行时，圆筒轴线上的炔氢位于屏蔽区，受到屏蔽效应"+"，故其共振峰移向高场。

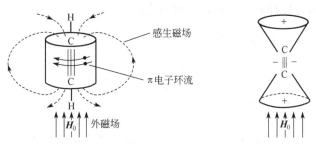

图 4-9　乙炔质子的屏蔽作用

② 双键的各向异性效应 当外磁场的方向与双键所处的平面互相垂直时，π 电子环流所产生的感生磁场也是各向异性的，如图 4-10 所示。双键平面的上下处于屏蔽区"＋"，沿双键平面的周围是去屏蔽区"－"，烯氢或醛基质子都位于去屏蔽区，故其共振峰移向低场。

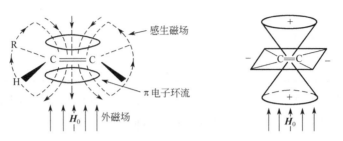

图 4-10 双键质子的去屏蔽作用

含双键的基团，如 C═C、C═O、C═S 等都有同样的效应。醛氢除受 C═O 的去屏蔽效应外，还受到氧原子的电负性影响，故 δ_H 位于低场（δ_H 9.5～10.0）。

烯氢受各向异性效应影响时，位于去屏蔽区，而炔氢则位于屏蔽区，这就说明了为何乙炔质子比乙烯质子处在较高场。

苯环的各向异性效应的产生，是由于苯环的 π 电子云在苯环平面上下构成的两个面包圈似的环状电子云，对外磁场作用特别敏感，各向异性效应十分强烈，所以在苯环平面上下产生抗磁性屏蔽"＋"，在苯环平面周围则产生顺磁性屏蔽"－"。苯环质子位于去屏蔽区，如图 4-11 所示，故化学位移 δ_H 移向低场。更由于苯环是环状的离域 π 电子所产生的环电流，所以它的各向异性效应比双键的各向异性效应强烈，因而苯环质子的 δ_H 7.3 大于烯氢 δ_H 5.3。

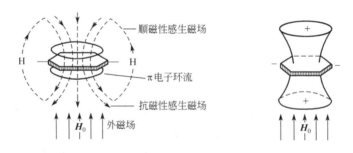

图 4-11 苯环质子的去屏蔽作用

关于苯环的这种环电流效应（即在环平面上下质子受到屏蔽作用，在环平面周围质子受到去屏蔽作用），现在已作为检验化合物是否具有芳香性的标准之一。特别是某些化合物中尽管不存在经典的苯环，但如果它具有环电流效应，则可肯定该化合物具有显著的芳香性。事实上，目前的非苯芳烃都具有这种环电流效应。

例.

[18]-轮烯
18 个 π 电子，符合 $4n+2$
规则，有芳香性

[16]-轮烯
16 个 π 电子，不符合 $4n+2$
规则，无芳香性

[18]-轮烯环内的六个质子受到环电流效应的屏蔽作用,其效果已超过了 TMS 中质子的屏蔽作用,故 δ_H 为负值。而环外十二个质子受到的是环电流效应的去屏蔽作用,所以 δ_H 处于低场。

③ 单键的各向异性效应　与由环电流所产生的各向异性效应相比,C—C 键(或 C—O、C—N 等键)的 σ 电子所产生的各向异性效应较弱,C—C 键的轴就是去屏蔽圆锥的轴,如图 4-12 所示。当用烷基相继取代碳上的氢后,质子受到的去屏蔽效应逐渐增大,共振信号移向低场:

甲基 δ_H 0.85～0.95　　亚甲基 δ_H 1.20～1.40　　次甲基 δ_H 1.40～1.65

例. 环己烷中直立键质子(H_a)的化学位移大于平伏键质子(H_e),这可用单键的各向异性效应来解释。

在图 4-13 中,C_1 上的 H_a 和 H_e,由于受到 C_1—C_2 键和 C_1—C_6 键的同样的各向异性效应,所以不会产生 δ_{H_a} 和 δ_{H_e} 的差别。但 H_e 处于 C_2—C_3 键和 C_5—C_6 键的去屏蔽圆锥之中,H_a 则处于 C_2—C_3 键和 C_5—C_6 键的去屏蔽圆锥之外,因此,$\delta_{H_a} < \delta_{H_e}$,差值约 0.5。当然,$C_3$—$C_4$ 键、C_4—C_5 键以及 C—H 键对此差值也稍有贡献。

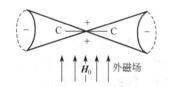
图 4-12　单键的去屏蔽作用

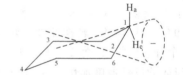
图 4-13　C—C 键对 H_e 的去屏蔽作用

(3) 氢键

氢原子核的化学位移对氢键是非常敏感的。当氢键形成时,氢变得更加趋于正电性($\overset{\delta^-}{X}$—$\overset{\delta^+}{H}$…$\overset{\delta^-}{Y}$,X、Y 通常是 O、N 和 F 等电负性大的元素)。这是由于给予体 Y 的存在,它所形成的静电场将氢拉向 Y,而将 X—H 键的电子推向 X,其结果是造成 H 周围的电子云密度降低,因而去屏蔽效应增加,质子的化学位移移向低场。形成氢键趋势愈大,质子向低场移动愈显著。醇类、羧酸类、胺类等常具有氢键作用。

由于氢键作用可随条件的变化而不同,因而条件的变化会影响 δ_{-OH}。δ_{-COOH} 则因稳定的二聚体占多数,氢键强度变化不大,故 δ_{-COOH} 固定在较小的范围内(δ_H 10.0～13.0)。影响氢键形成的因素主要有如下几种。

① 温度　氢键缔合时有热量放出,故提高温度不利于缔合,从而使有氢键的质子 δ_H 向高场移动。

$$2ROH \rightleftharpoons ROH\cdots\overset{H}{\underset{}{O}}-R + 热量$$
未缔合　　氢键缔合

② 浓度　用惰性溶剂稀释溶液,会使有氢键的质子 δ_H 移向高场,因为这样会使分子间氢键减弱,从而影响到 δ_H。例如,用 CCl_4 稀释醇、酚等溶液时,—OH 信号会向高场移动。

对于在分子内生成氢键的质子,其 δ_H 值一般与溶液浓度无关,而只决定于分子本身的结构特征。

利用核磁共振对氢键的研究,可在一些决定分子结构的课题中发挥作用。

例. 一化合物的结构可能为 A、B、C 中的一种。经用其稀溶液测定 ^{1}H-NMR 谱后,得到分子中两个羟基质子的 δ_H 值分别为 10.05 和 5.20,试问其结构为何?

根据有两个 ^{1}H-NMR 信号,可肯定不是 C。因为 C 中两个—OH 质子都可和—$CO_2C_2H_5$ 的羰基形成分子内氢键,所以它们—OH 质子产生的化学位移应该相同;B 中的两个—OH 都不能和—$CO_2C_2H_5$ 形成分子内氢键,因而也应具有相同的 δ_H 值,故也不是;而 A 中邻近—$CO_2C_2H_5$ 的—OH 质子可与羰基形成分子内氢键,它的 δ_H 值增大,但另一个—OH 质子却不会和—$CO_2C_2H_5$ 形成氢键,δ_H 值要小些,符合题意,两个—OH 质子有不同的 δ_H 值。所以 A 为可能的结构。

(4) 质子交换

当一个分子有两种或两种以上不同形式时,若这两种形式的相互转化速度为 $10^{-5} \sim 10$ 次/s 数量级时,就会对核磁共振谱产生明显的影响,使共振吸收峰的位置与形状发生变化。

常见的质子交换有构象交换及位置交换等。

① 构象交换 以环己烷直立键质子(H_a)与平伏键质子(H_e)之间的交换为例,低温时(-89℃)H_a 与 H_e 转换速度比较慢,故谱图上出现 2 个峰,如图 4-14(a)所示。6 个 H_a 为 1 个峰,6 个 H_e 为 1 个峰,H_a 峰比 H_e 峰处于高场,它们的 δ_H 值相差 0.5。但在室温时,因环的反转速度加快(约 $10^4 \sim 10^5$ 次/s),H_a 和 H_e 越来越区分不清:

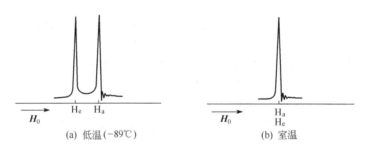

所以谱图上只显出一个单峰,见图 4-14(b)。

图 4-14 环己烷在不同温度时的 ^{1}H-NMR 谱

若环的反转速度处于这两种极端的情况之间,则出现复杂的峰形,有时会构成很钝的峰,如图 4-15 所示。

② 位置交换 有机化合物中的质子可分为不可交换氢(与 C、Si、P 等原子相连接的氢)与可交换氢(与 O、N、S 等原子相连接的氢,例如—OH、—COOH、—NH_2、—SH 等)两类。可交换氢又称活泼氢。

某些分子间的氢可互相交换,如醇类:

$$ROH_a + R'OH_b \rightleftharpoons ROH_b + R'OH_a$$

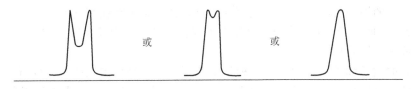

图 4-15 环己烷的反转速度处于两种极端状态之间时的 ^{1}H-NMR 谱

也可由溶质与溶剂间的氢进行交换,如:

$$RCOOH_a + HOH_b \rightleftharpoons RCOOH_b + HOH_a$$

以乙酸水溶液为例(乙酸-水,摩尔比为 1∶1 的混合物),原来预计应出现 3 个峰,其中一个是—CH_3 峰,另两个则应分别是由水及乙酸中的—OH 给出。但是结果不然,—CH_3 峰的 δ_H 虽保持不变,而原来 2 个—OH 吸收峰却在原处消失了,并在相应的 2 个—OH 峰位的中间出现了 1 个新峰,如图 4-16 所示,它代表了由于乙酸及水中 2 个—OH 快速交换所产生的平均峰,其化学位移是两类质子的重量平均值:

$$\delta_H(\text{实测}) = N_a \delta_a + N_b \delta_b \tag{4-17}$$

式中,δ_a, δ_b 分别为 H_a 和 H_b 单独存在时的化学位移;N_a, N_b 分别为 H_a 和 H_b 的摩尔分数。

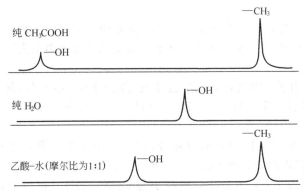

图 4-16 乙酸、水和乙酸-水的混合物(摩尔比为 1∶1)的 ^{1}H-NMR 谱

例. 浓度为 50% 的 CH_3COOH 水溶液,其 CH_3COOH 中羧基质子的 δ_H 值为 11.6,H_2O 中质子的 δ_H 值为 5.2。则在 ^{1}H-NMR 谱图中只能见到一个活泼质子峰,它的化学位移为:

$$\delta_H = N_{H_2O} \delta_{H_2O} + N_{CH_3COOH} \delta_{CH_3COOH} = \frac{2 \times 0.5}{0.5 + 2 \times 0.5} \times 5.2 + \frac{0.5}{0.5 + 2 \times 0.5} \times 11.6 = 7.3$$

由于可交换氢的化学位移值是不固定的,其值范围较宽,易干扰其他质子的鉴定,故实验时常用重水把可交换氢交换掉:

$$ROH + DOD \rightleftharpoons ROD + HOD$$

这时,ROH 变成 ROD,若—OH 的信号消失或减小(交换慢时),则表示有活泼氢。

—OH 与 D_2O 交换较快;—NH 与 D_2O 交换就比较慢,但可借加入催化剂(如微量酸)或放置数小时,以促进其交换速度;而—SH 与 D_2O 在常温时的交换太慢,在核磁共振谱上常见不到有交换,但在温度较高时也可见到有交换反应。故可交换氢的交换速度为:—OH>—NH>—SH。

分子内氢键的—OH,加 D_2O 后质子信号不易消失,因为它与 D_2O 交换速度较慢;与碳相连的 H,在加 D_2O 后一般也不会消失。

总之,由于存在交换反应,所以可交换氢的化学位移是不恒定的,其值取决于浓度、温度、溶剂等因素的综合影响。因此，如要确定化合物中是否存在可交换氢，可借改变浓度或温度，以观察 δ_H 值有无变化。如 δ_H 值发生了变化，则分子中就含有可交换氢。

(5) 范德瓦耳斯效应

当所研究的质子和邻近的原子间距处于范德瓦耳斯半径范围之内时，邻近原子将对质子外围的电子产生排斥作用，从而使质子周围的电子云密度减小，对质子的屏蔽效应显著下降，共振信号移向低场。这种效应称为范德瓦耳斯效应。

例. 在下面化合物中：

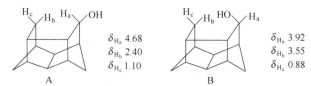

A 的 H_a 受到 H_b 的范德瓦耳斯效应，因此其信号的 δ_H 值为 4.68，比 B 的 H_a δ_H 3.92 大得多。另外，A 和 B 的 H_b 都要受到对面的 H 或—OH 的范德瓦耳斯效应，所以 δ_H 值分别为 2.40 和 3.55，比 A 和 B 的 H_c 大得多。B 的 H_c δ_H 值小于 A 的 H_c，这是因为—OH 不但使 H_b 上屏蔽作用减小，而且减小的电子云部分地移向 H_c，使 H_c 周围的电子云密度增大，故 δ_H 值小。

分子中大基团的范德瓦耳斯力总是产生去屏蔽效应，有时可能掩盖了电负性效应引起的差别，需予以注意。当然这一效应也随着质子与大基团之间距离增大而迅速减小。

(6) 溶剂效应

同一种样品，使用不同的溶剂，化学位移值可能不同，这种因溶剂不同而引起化学位移值改变的效应称为溶剂效应。对于—OH，—SH，—NH_2 和—NH 等活泼氢而言，溶剂效应非常强烈。

实践证明，CCl_4 和 $CDCl_3$ 等溶剂对化合物的 δ_H 值基本上没有影响。例如，与碳相连的质子用 60MHz 的仪器测定，在 CCl_4 和 $CDCl_3$ 中仅差±6Hz（相当于 δ_H 0.1）。但若选用芳香性溶剂，如 C_6H_6、C_6D_6 或吡啶，则能引起 δ_H 值 30Hz（相当于 δ_H 0.5）的变化。这是由于具有高度的磁各向异性效应的芳香溶剂分子与样品分子的碰撞会产生瞬间的络合物，这样就把一个各向异性的芳香环引入分子，这时样品分子中，某些质子位于芳香环的去屏蔽区，某些质子位于屏蔽区，从而使质子原有的 δ_H 值发生变化。

例如，N,N-二甲基甲酰胺由于氮原子上的孤电子对和羰基共轭，使得 C—N 键具有部分双键的性质：

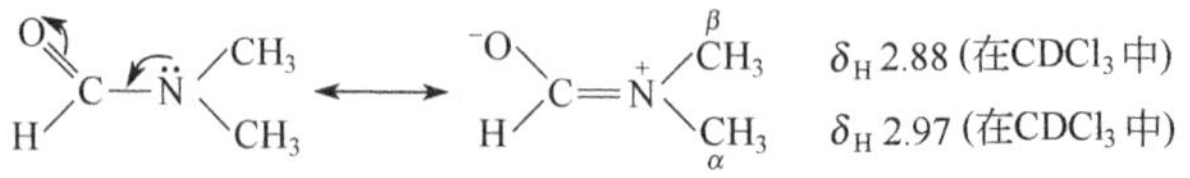

$$\underset{H}{\overset{O}{\underset{\|}{C}}}-\overset{\cdot\cdot}{N}\underset{CH_3}{\overset{CH_3}{\diagup}} \longleftrightarrow \underset{H}{\overset{O^-}{\underset{|}{C}}}=\overset{+}{N}\underset{\alpha \ CH_3}{\overset{\beta \ CH_3}{\diagup}} \quad \delta_H\ 2.88\ (在 CDCl_3 中)\\ \delta_H\ 2.97\ (在 CDCl_3 中)$$

致使 C—N 键不能自由旋转，两个甲基在空间的相对位置也就被固定了，所以它们的质子的 δ_H 值不同。

苯的存在可使 α-CH_3 和 β-CH_3 的 δ_H 值发生变化。当苯溶剂加入氯仿中时，苯就和 N,N-二甲基甲酰胺形成瞬间络合物。苯环尽量靠近 N,N-二甲基甲酰胺的正电一端，远离负电一端，如图 4-17 所示。由于苯环是磁各向异性的，使得 α-CH_3 处于屏蔽区，β-CH_3 处于去屏蔽区，故 β 质子在苯中的 δ_H 值变为大于 α 质子的 δ_H 值。

又如，在醛、酮类化合物中，羰基显出极性（$\overset{\delta+}{C}=\overset{\delta-}{O}$），在苯溶剂中，苯的 π 电子体系趋向于羰基的正端，这使得和羰基碳相连的质子或烷基上的质子处于苯的屏蔽区，δ_H 值变小，如图 4-18 所示。

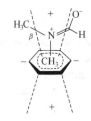
图 4-17 苯环对 N,N-二甲基甲酰胺中甲基的屏蔽

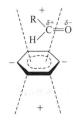
图 4-18 苯环对醛、酮的屏蔽

由于质子的化学位移范围比较小,做核磁共振实验又必须配成溶液,所以溶剂效应是一个不可忽略的因素,在报道核磁共振的数据或谱图时,一定要注明是什么溶剂。溶剂效应并不是坏事,在利用核磁共振做结构测定时,有时改变溶剂可以帮助我们阐明结构。

例.化合物 $C_{12}H_{26}O_4Si_2$ 有 3 个顺反异构体:

(分子对称,各自只有 1 个—OCH_3 峰)

在 $CDCl_3$ 溶液中 ^1H-NMR 谱只有 1 个—OCH_3 峰 (δ_H 3.5);当改用 C_6D_6 作溶剂时,^1H-NMR 谱中有 4 个—OCH_3 峰 (δ_H 3.3~3.6),这表明在 $CDCl_3$ 为溶剂时,这 3 个异构的—OCH_3 刚巧有同样的化学位移,而由 C_6D_6 为溶剂时,由于溶剂效应对每一个异构体的影响不同,所以—OCH_3 的化学位移的不同就显现出来了。

总之,我们在实际工作中可利用溶剂效应,使原来相互重叠或相距太近而不易解析的信号分开,这是一项有用的实验技术。

上面简单叙述了各种主要影响化学位移的因素。在应用这些影响规律时,一定要注意会有一些特殊情况,因为化学位移是各种因素影响的总和。为慎重起见,最好找相类似的化合物进行对照。

4.2.3 各类质子的化学位移

在一定的温度下,用同样的溶剂和浓度测定时,化学位移的重现性可以达到 0.1Hz。溶剂不同,化学位移就有一些差异。对有些质子来说,有时差异相当大。因此,标准谱图都是用一定的溶剂测定的,一般都使用 CCl_4 或 $CDCl_3$。

化学位移能够反映分子结构的变化,而且它的重现性较好,是确定分子结构时的一个重要参数。处在同一基团内的质子的化学位移相同,故其共振吸收峰就在一定范围内出现。所以,由化学位移的数值就可以推断分子中有无某一基团存在。至于精确定量地算出化学位移值来,目前还存在一定的困难。尽管现在对化学位移的理论研究已相当深入,已经在原则上能做理论的计算,但是,在一般情况下,还不能预先提供一个精确而定量的计算值。因此,根据大量实验数据统计归纳出来的化学位移的经验数据及一些经验关系和经验参数在实际工作中就十分有用。有关化学位移的详细数据,人们经过长期的实践,近几十年来已积累了相当多的知识与经验。现将常见各类有机化合物的质子的化学位移用图表的形式列于附录Ⅱ中。图 4-19 则绘示了各类质子化学位移的分布情况。利用所给出的这些图表,就可从化学位移推断官能团,反之,也可从官能团推断化学位移。

化学位移 δ_H 值,除了可利用各种化学位移表直接查获外,还可以用某些经验公式计算而得。下面就对亚甲基和次甲基质子、烯烃质子、芳烃质子的计算方法进行介绍。

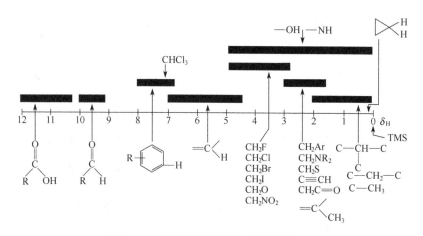

图 4-19 各类质子化学位移的分布范围

① 亚甲基和次甲基质子　由于亚甲基和次甲基分别与 2 个和 3 个取代基相连，而这些取代基的电负性和各向异性效应都将影响其质子的化学位移。因此，亚甲基和次甲基质子的化学位移较甲基质子的难总结。在归纳大量实验资料的基础上，Shoolery 提出了计算亚甲基和次甲基质子化学位移的经验公式：

$$\delta_{\diagdown CH_2 \diagup} = 1.25 + \sum_{1}^{2} \sigma \tag{4-18}$$

$$\delta_{\diagdown C \diagup}^{\diagup} = 1.50 + \sum_{1}^{3} \sigma \tag{4-19}$$

式中，σ 为取代基的经验屏蔽常数，其数值如表 4-4 所示。

表 4-4　Shoolery 公式中经验屏蔽常数

取 代 基	σ	取 代 基	σ	取 代 基	σ
—R	0.0	—OH	1.7	—NO$_2$	3.0
—C=C—	0.8	—OR	1.5	—SR	1.0
—C≡C—	0.9	—OPh	2.3	—CHO	1.2
—Ph	1.3	—OCOR	2.7	—COR	1.2
—Cl	2.0	—OCOPh	2.9	—COOH	0.8
—Br	1.9	—NH$_2$	1.0	—COOR	0.7
—I	1.4	—NR$_2$	1.0	—CN	1.2

应强调指出的是，在用 Shoolery 公式进行计算时，有时误差较大。其原因主要有两点：第一，取代基的屏蔽常数 σ 为一平均值，故计算值也是平均值；第二，在计算 δ_H 值时，仅考虑了侧面 α-位取代基的影响，而未考虑 α-位以后的不同取代基（它们会使 δ_H 值有一定变化）的影响，因而计算出的 δ_H 值是近似的。故有人认为 Shoolery 公式对次甲基质子化学位移的估算无意义。虽然如此，用 Shoolery 公式对亚甲基质子的化学位移的估算仍然相当有用。

例.

(1) BrCH$_2$Cl　　　$\delta_{\diagdown CH_2 \diagup} = 1.25 + 1.9 + 2.0 = 5.15$　　$\delta_{实测} = 5.16$

(2) CH$_3$CH$_2$COR　$\delta_{\diagdown CH_2 \diagup} = 1.25 + 0 + 1.2 = 2.45$　　$\delta_{实测} = 2.47$

(3) HC(OMe)$_2$COOMe　$\delta_{\diagdown C \diagup}^{\diagup} = 1.50 + 2 \times 1.5 + 0.7 = 5.2$　　$\delta_{实测} = 4.82$

(4) $CH_3OCHCOOH$ $\delta_{\diagup C}$ =1.50+1.3+1.5+0.8=5.1 $\delta_{实测}$=4.8
        |
        Ph

② 烯烃质子 用核磁共振氢谱来确定有机化合物中是否有双键存在,要比用其他光谱方法来得容易。而且还可以通过烯烃质子的鉴定得到不饱和结构的知识。烯烃质子不同于烷烃质子,它们受取代基的各向异性效应的影响较之取代基的电负性影响更大。通常带有两个以上取代基的烯烃质子,由于受到各个取代基各向异性效应的大小、方向及空间位阻等引起的各种效应的叠加作用,一般不能预测烯烃质子的化学位移,但可通过下面的经验公式求得:

$$\delta_{C=C-H} = 5.25 + Z_{同} + Z_{顺} + Z_{反} \qquad (4\text{-}20)$$

烯烃的通式为:

$$\begin{array}{c} H \diagdown \diagup R_{反} \\ C=C \\ R_{同} \diagup \diagdown R_{顺} \end{array}$$

式(4-20)中的 $Z_{同}$、$Z_{顺}$、$Z_{反}$ 分别是受 $R_{同}$、$R_{顺}$、$R_{反}$ 影响的经验参数,其数值如表4-5所示。这些经验参数是由四千多种化合物统计而得,其中有94%的化合物计算值与实测值误差在0.3以内。

例 1. $\begin{array}{c} CH_3 \diagdown \diagup H_a \\ C=C \\ HC\equiv \diagup \diagdown H_b \end{array}$ $\delta_{H_a}=5.25+0+(-0.22)+0.12=5.15$ $\delta_{实测}=5.27$
                   $\delta_{H_b}=5.25+0+0.38+(-0.28)=5.35$ $\delta_{实测}=5.37$

例 2. $\begin{array}{c} Ph \diagdown \diagup H_a \\ C=C \\ H_b \diagup \diagdown COOH \end{array}$ $\delta_{H_a}=5.25+0.97+0.36+0=6.58$ $\delta_{实测}=6.46$
                   $\delta_{H_b}=5.25+1.38+1.41+0=8.04$ $\delta_{实测}=7.83$

③ 芳烃质子 芳烃质子由于受π电子环流的影响,一般出现在比烯烃质子更低的磁场中(δ_H 值在6~8之间)。从理论上讲,单取代苯环上的质子是不一样的:$\begin{array}{c} H_b \diagdown H_a \\ H_c - \diagdown \diagup - X \\ H_b \diagup H_a \end{array}$。但事实上,当取代基 X 是一个饱和烃基时,这五个质子的化学位移往往是没有区别的,在谱图上出现的是一个共振单峰。但当取代基 X 是杂原子(为 O、N、S 等)或是不饱和的碳(如 C=O、C=C 等)的时候,则 H_a、H_b 和 H_c 的 δ_H 值不一样。此时苯环上的质子不但受π电子环流的影响,而且还受到取代基 X 的各向异性效应和共轭效应的影响。所以,这时的苯环质子呈现出很复杂的多重峰。

通常,取代苯环上剩余质子的化学位移可按下面经验公式估算:

$$\delta_H = 7.26 + \sum Z \qquad (4\text{-}21)$$

式中,Z 为取代基对苯环上剩余质子的 δ_H 值的影响,Z 的值决定于取代基的种类及该取代基相对于所计算的苯环质子的位置,其数值如表4-6所示。

稠环上质子的 δ_H 值亦可按式(4-21)近似估算。

值得注意的是,在复杂的结构中,由于各种基团的各向异性及其他结构因素的影响,芳烃质子的计算值与实测值差别较大。

例 1.   (结构式:2位COOH,3位H,6位OCH₃的苯) $\delta_{H\text{-}2}=7.26+(邻 COOH)+(间 OCH_3)=7.26+0.85+(-0.09)=8.02$ $\delta_{实测}=8.08$
                   $\delta_{H\text{-}3}=7.26+(邻 OCH_3)+(间 COOH)=7.26+(-0.48)+0.18=6.96$ $\delta_{实测}=6.98$

表 4-5　计算烯氢 δ_H 值的经验参数

取代基	$Z_{同}$	$Z_{顺}$	$Z_{反}$	取代基	$Z_{同}$	$Z_{顺}$	$Z_{反}$
—H	0	0	0	—OCOR	2.11	−0.35	−0.64
—R	0.45	−0.22	−0.28	—NR(R 饱和)	0.80	−1.26	−1.21
—R(环内)①	0.69	−0.25	−0.28	—NR(R 不饱和)	1.17	−0.53	−0.99
—CH$_2$—Ar	1.05	−0.29	−0.32	—NCOR	2.08	−0.57	−0.72
—CH$_2$X(X=F,Cl,Br)	0.70	0.11	−0.04	—N=N—Ph	2.39	1.11	0.67
—CHF$_2$	0.66	0.32	0.21	—SR	1.11	−0.29	−0.13
—CF$_3$	0.66	0.61	0.32	—SOR	1.27	0.67	0.41
—CH$_2$O	0.64	−0.01	−0.02	—SO$_2$R	1.55	1.16	0.93
—CH$_2$N	0.58	−0.10	−0.08	—SCOR	1.41	0.06	0.02
—CH$_2$S	0.71	−0.13	−0.22	—SCN	0.80	1.17	1.11
—CH$_2$CO,CH$_2$CN	0.69	−0.08	−0.06	—SF$_5$	1.68	0.61	0.49
—C=C	1.00	−0.09	−0.23	—CHO	1.02	0.95	1.17
—C=C(共轭)②	1.24	0.02	−0.05	—CO	1.10	1.12	0.87
—C≡C	0.47	0.38	0.12	—CO(共轭)②	1.06	0.91	0.74
—Ar	1.38	0.36	−0.07	—COOH	0.97	1.41	0.71
—Ar(环内双键)③	1.60	—	−0.05	—COOR	0.80	1.18	0.55
—Ar(邻位取代)	1.65	0.19	0.09	—COOR(共轭)②	0.78	1.01	0.46
—F	1.54	−0.40	−1.02	—CONR$_2$	1.37	0.98	0.46
—Cl	1.08	0.18	0.13	—COCl	1.11	1.46	1.01
—Br	1.07	0.45	0.55	—CN	0.27	0.75	0.55
—I	1.14	0.81	0.88	—PO(OCH$_2$CH$_3$)$_2$	0.66	0.88	0.67
—OR(R 饱和)	1.22	−1.07	−1.21	—OPO(OCH$_2$CH$_3$)$_2$	1.33	−0.34	−0.66
—OR(R 不饱和)	1.21	−0.60	−1.00				

① 烷基及双键均在环内。
② 取代基除和所讨论的双键共轭之外，还和别的基团形成共轭体系。
③ 和芳环相连的双键处于环内（如 1,2-二氢萘）。

表 4-6　计算苯环氢 δ_H 值的经验参数

取代基	$Z_{邻}$	$Z_{间}$	$Z_{对}$	取代基	$Z_{邻}$	$Z_{间}$	$Z_{对}$
—H	0	0	0	—N$^+$(CH$_3$)$_3$I$^-$	0.69	0.36	0.31
—CH$_3$	−0.20	−0.12	−0.22	—NHCOCH$_3$	0.12	−0.07	−0.28
—CH$_2$CH$_3$	−0.14	−0.06	−0.17	—N(CH$_3$)COCH$_3$	−0.16	0.05	−0.02
—CH(CH$_3$)$_2$	−0.13	−0.08	−0.18	—NHNH$_2$	−0.60	−0.08	−0.55
—C(CH$_3$)$_3$	0.02	−0.08	−0.21	—N=N—Ph	0.67	0.20	0.20
—CH$_2$Cl	0.00	0.00	0.00	—NO	0.58	0.31	0.37
—CF$_3$	0.32	0.14	0.20	—NO$_2$	0.95	0.26	0.38
—CCl$_3$	0.64	0.13	0.10	—SH	−0.08	−0.16	−0.22
—CH$_2$OH	−0.07	−0.07	−0.07	—SCH$_3$	−0.08	−0.10	−0.24
—CH=CH$_2$	0.06	−0.03	−0.10	—S—Ph	0.06	−0.09	−0.15
—CH=CH—Ph	0.15	−0.01	−0.16	—SO$_3$CH$_3$	0.60	0.26	0.33
—C≡CH	0.15	−0.02	−0.01	—SO$_2$Cl	0.76	0.35	0.45
—C≡C—Ph	0.19	0.02	0.00	—CHO	0.56	0.22	0.29
—Ph	0.37	0.20	0.10	—COCH$_3$	0.62	0.14	0.21
—F	−0.26	0.00	−0.20	—COCH$_2$CH$_3$	0.63	0.13	0.20
—Cl	0.03	−0.02	−0.09	—COC(CH$_3$)$_3$	0.44	0.05	0.05
—Br	0.18	−0.08	−0.04	—CO—Ph	0.47	0.13	0.22
—I	0.39	−0.21	0.00	—COOH	0.85	0.18	0.27
—OH	−0.56	−0.12	−0.45	—COOCH$_3$	0.71	0.11	0.21
—OCH$_3$	−0.48	−0.09	−0.44	—COOCH(CH$_3$)$_2$	0.70	0.09	0.19
—OCH$_2$CH$_3$	−0.46	−0.10	−0.43	—COO—Ph	0.90	0.17	0.27
—O—Ph	−0.29	−0.05	−0.23	—CONH$_2$	0.61	0.10	0.17
—OCOCH$_3$	−0.25	0.03	−0.13	—COCl	0.84	0.22	0.36
—OCO—Ph	−0.09	0.09	−0.08	—COBr	0.80	0.21	0.37
—OSO$_2$CH$_3$	−0.05	0.07	−0.01	—CH=N—Ph	~0.6	~0.2	~0.2
—NH$_2$	−0.75	−0.25	−0.65	—CN	0.36	0.18	0.28
—NHCH$_3$	−0.80	−0.22	−0.68	—Si(CH$_3$)$_3$	0.22	−0.02	−0.02
—N(CH$_3$)$_2$	−0.66	−0.18	−0.67	—PO(OCH$_3$)$_2$	0.48	0.16	0.24

例 2.

[结构式: 2-甲基-7-乙氧基-1,8-二羟基蒽醌类结构]

$\delta_{H-2} = 7.26 + (邻 CH_3) + (邻 OH) + (间 CO—Ph) + (对 CO—Ph)$
$= 7.26 + (-0.20) + (-0.56) + 0.13 + 0.22 = 6.85$
$\delta_{实测} = 7.00$

因此，还可以算出 H-4，H-5 和 H-7 的 δ 值：

$\delta_{H-4} = 7.21 \qquad \delta_{实测} = 7.50$
$\delta_{H-5} = 6.95 \qquad \delta_{实测} = 7.30$
$\delta_{H-7} = 6.59 \qquad \delta_{实测} = 6.60$

除了上面介绍的几种可以估量质子化学位移的经验公式外，我们还经常遇到大量的各种类型的有机化合物，这些有机化合物中的质子化学位移值，既可通过查阅附录Ⅱ获得，亦可查阅有关的专论，本书不再赘述。

4.3 自旋偶合与自旋裂分

迄今，我们在讨论化学位移时，仅仅考虑了质子所处的电子环境，而忽略了同一分子中质子间的相互作用。实际上，这种作用是不可忽略的，它虽不影响质子的化学位移，但对谱图的峰形却有着重要影响。例如，乙醚的低分辨 ^{1}H-NMR 谱图［图 4-20（a）］上出现的是相当于三个质子（—CH$_3$）和相当于两个质子（ \CH$_2$ ）的两个单峰，其中峰面积比为 3：2。但在高分辨 ^{1}H-NMR 谱图［图 4-20（b）］上却表现为相当于三个质子的一组三重峰及相当于两个质子的一组四重峰，峰面积比仍为 3：2。产生这种现象的原因是由于分子内部邻近氢核自旋的相互干扰引起的，这种相邻近氢核自旋之间的相互干扰作用就称为自旋偶合，由自旋偶合引起的谱线增多的现象叫做自旋裂分。偶合表示核的相互作用，裂分表示谱线增多的现象，即偶合是裂分的原因，裂分是偶合的结果。

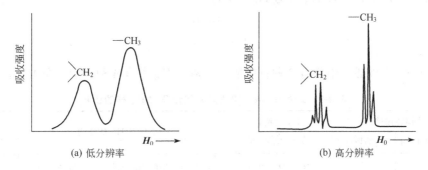

图 4-20 乙醚的 ^{1}H-NMR 谱图

4.3.1 自旋偶合及自旋裂分的起因

先讨论一个氢核对一个邻近氢核自旋偶合的情况。对于如下所示的这样一个分子结构片段：

[结构片段: —C(H$_B$)—C(H$_A$)—]

在 H$_A$ 核邻近有 H$_B$ 核存在，H$_B$ 核在外磁场中有两种自旋取向，对 H$_A$ 核有干扰（核间的干扰是通过成键电子传递的），H$_B$ 核的这两种自旋取向将相应产生两种小磁场，强度均为 ΔH。其中的一种与外磁场 H_0 同方向 $\left(m_B = +\dfrac{1}{2}\right)$，这时 H$_A$ 核实际受到的磁场要比没

有 H_B 核存在时稍大，结果使 H_A 核产生核磁共振所需的磁场稍小于外加磁场，此时 H_a 核的共振信号将出现在比原来稍低的磁场 $H_0-\Delta H$ 处（H_0 为 H_A 核原来的共振磁场强度）；而另一种与外磁场 H_0 反方向 $\left(m_B=-\dfrac{1}{2}\right)$ 的小磁场 ΔH，则使 H_A 核受到的净磁场要比外加磁场 H_0 提供的磁场弱些，核磁共振仪必须供给稍大些的磁场以便克服 H_B 核对 H_A 核产生的自旋反向磁场。结果导致一个高场位移，此时 H_A 核共振信号出现在比原来稍高的磁场 $H_0+\Delta H$ 处。这样 H_A 核共振信号就由原来的 H_0 变为 $(H_0-\Delta H)$ 和 $(H_0+\Delta H)$。即 H_A 核受到邻近的 H_B 核自旋偶合作用后，原来的共振单峰被裂分为二重峰。因为 H_B 核的两种自旋取向 $\left(m_B=\pm\dfrac{1}{2}\right)$ 的概率相等，故在 $(H_0-\Delta H)$ 和 $(H_0+\Delta H)$ 处的峰强相等，而面积总和正好与未裂分的单峰一样，峰位对称分布在未裂分的单峰左右两侧，如图 4-21 所示。

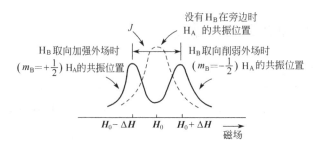

图 4-21 H_A 被邻近一个 H_B 裂分的图形

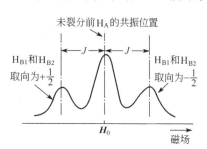

图 4-22 H_A 被邻近两个等同的 H_B 裂分的图形

同样，H_B 核也将因为 H_A 核有两种自旋取向，被裂分成二重峰，所以在它们的 ^1H-NMR 谱图上将会出现 2 个二重峰。

如果 H_B 有两个，可将 H_B 分为 H_{B1}、H_{B2}：

$$H_{B2}-\overset{H_{B1}}{\underset{|}{C}}-\overset{H_A}{\underset{|}{C}}-$$

每一个 H_B 在外磁场中都有 2 种自旋取向，两个 H_B 共有 4 种自旋取向组合，见表 4-7。

表 4-7 2 个 H_B 核不同取向的组合及对 H_A 核的影响

序号	不同取向的组合		H_A 共振处的磁场强度 H_0'	ΔH 对 H_A 的作用	H_A 的裂分峰数
	H_{B1} 的取向	H_{B2} 的取向			
①	$+\dfrac{1}{2}$	$+\dfrac{1}{2}$	$H_0'=H_0-2\Delta H$	增大 H_A 周围的磁场，使 H_A 在低场共振	三重峰
②	$+\dfrac{1}{2}$	$-\dfrac{1}{2}$	$H_0'=H_0-\Delta H+\Delta H=H_0$	无影响	
③	$-\dfrac{1}{2}$	$+\dfrac{1}{2}$	$H_0'=H_0+\Delta H-\Delta H=H_0$	无影响	
④	$-\dfrac{1}{2}$	$-\dfrac{1}{2}$	$H_0'=H_0+2\Delta H$	减小 H_A 周围的磁场，使 H_A 在高场共振	

由于 H_{B1} 核和 H_{B2} 核是等价的，因此②和③这两种组合方式没有差别，结果只产生 3 种局部磁场。H_A 核受到这 3 种磁效应而裂分为三重峰。又由于表中的这 4 种自旋取向组合概率都一样，但②和③的组合方式实际上只是 1 种，故其共振信号强度增大一倍。所以 H_A 核共振信号中 3 个峰的强度（或面积）比为 1:2:1，如图 4-22 所示。反之，H_B 核只受到 1 个 H_A 核的偶合，故为一双峰。双峰和三重峰的强度比为 2:1。

同样道理，如果 H_B 有 3 个，即—CH_3。—CH_3 的 3 个质子的自旋取向组合有 8 种（见表 4-8）。这 8 种取向组合只产生 4 种局部磁场。H_A 核受到这 4 种磁效应而裂分为四重峰。由于这 8 种自旋取向组合概率都一样，因此，这四重峰的强度比为 1：3：3：1，如图 4-23 所示。反之，H_B 核只受到一个 H_A 核的偶合，故呈现为一双峰。双峰和四重峰的强度比为 3：1。

表 4-8 3 个 H_B 核不同取向组合及对 H_A 核的影响

序号	不同取向的组合			H_A 共振处的磁场强度 H_0'	ΔH 对 H_A 的作用	H_A 的裂分峰数
	H_{B1} 的取向	H_{B2} 的取向	H_{B3} 的取向			
①	$+\frac{1}{2}$	$+\frac{1}{2}$	$+\frac{1}{2}$	$H_0' = H_0 - 3\Delta H$	增大 H_A 周围的磁场，使 H_A 在低场共振	四重峰
②	$+\frac{1}{2}$	$+\frac{1}{2}$	$-\frac{1}{2}$	$H_0' = H_0 - \Delta H$	增大 H_A 周围的磁场，但幅度不如上面的一种，故使 H_A 在较低场共振	
③	$+\frac{1}{2}$	$-\frac{1}{2}$	$+\frac{1}{2}$	$H_0' = H_0 - \Delta H$		
④	$-\frac{1}{2}$	$+\frac{1}{2}$	$+\frac{1}{2}$	$H_0' = H_0 - \Delta H$		
⑤	$-\frac{1}{2}$	$-\frac{1}{2}$	$+\frac{1}{2}$	$H_0' = H_0 + \Delta H$	减小 H_A 周围的磁场，但幅度不如下面的一种，故使 H_A 在较高场共振	
⑥	$-\frac{1}{2}$	$+\frac{1}{2}$	$-\frac{1}{2}$	$H_0' = H_0 + \Delta H$		
⑦	$+\frac{1}{2}$	$-\frac{1}{2}$	$-\frac{1}{2}$	$H_0' = H_0 + \Delta H$		
⑧	$-\frac{1}{2}$	$-\frac{1}{2}$	$-\frac{1}{2}$	$H_0' = H_0 + 3\Delta H$	减小 H_A 周围的磁场，使 H_A 在高场共振	

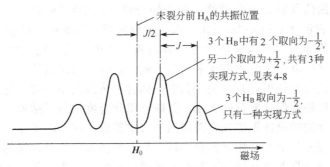

图 4-23 H_A 被邻近 3 个等同的 H_B 裂分的图形

4.3.2 $n+1$ 规律

从上面的讨论中可以看出，相邻氢核之间的相互偶合是有一定规律可循的：当某基团上的氢核有 n 个相邻的全同氢核存在时，其共振吸收峰将被裂分为 $n+1$ 个，这就是 $n+1$ 规律：

$$裂分峰数 = n+1 \tag{4-22}$$

也就是裂分峰数比与之偶合的氢核数多一。若这些相邻的氢核处在不同的环境中时（如一种环境氢核为 n 个，另一种环境氢核为 n' 个……），则会显示 $(n+1)(n'+1)$……个峰。一般来说，按照 $n+1$ 规律裂分的谱图叫做一级谱图。

按 $n+1$ 规律裂分的各峰的强度之比也有一定规律，基本上为二项式 $(X+1)^n$ 展开式的各项系数之比。例如：

$$n=2, (X+1)^2 = X^2 + 2X + 1 \quad (即\ 1：2：1)$$

$$n=3, (X+1)^3 = X^3+3X^2+3X+1 \quad \text{(即 1:3:3:1)}$$
$$\vdots \qquad \vdots$$

各裂分峰的强度之比还可用 Pascal 三角形来表示，见表 4-9。

表 4-9 Pascal 三角形表示的一级谱图各峰的相对强度之比

相邻氢核数 n	裂分峰数 $n+1$	相对强度
0	1	1
1	2	1 1
2	3	1 2 1
3	4	1 3 3 1
4	5	1 4 6 4 1
5	6	1 5 10 10 5 1

在 Pascal 三角形中，每个数字代表峰的强度，相邻两数相加即为下一位置上的数字，外边每行的数字始终是 1。

应强调指出的是，$n+1$ 规律仅仅是一个近似规律，因为我们分析某基团上氢的裂分时，是把它当作一个孤立体系，然后再加上与其相邻基团上氢的偶合作用的小修正。这种情况，只有当 $\Delta\nu \gg J$（$\Delta\nu/J > 6$）时，才能成立。这里 J 为两相邻基团上氢之间的偶合常数（下面即将论及），$\Delta\nu$ 为它们之间的频率差的绝对值（单位为 Hz）。若 J 和 $\Delta\nu$ 相近到一定程度时，甚至 $J > \Delta\nu$，上面的规律就行不通了，此时相邻基团上氢的自旋偶合行为较复杂，会使谱图上呈现复杂的裂分峰，以致难于辨认和解释。通常，就把这种不符合 $n+1$ 裂分规律、裂分峰强度不再是 $(X+1)^n$ 展开式各项系数之比的谱图叫做二级谱图或高级谱图。

4.3.3 偶合常数

自旋偶合使共振信号裂分为多重峰。两个裂分峰之间的距离（以 Hz 或 c/s 计），就称为偶合常数，用 J 表示（见图 4-23）。由于偶合常数起源于自旋核间的相互偶合，是通过它们之间的成键电子传递的，所以偶合常数与外加磁场强度无关，而与它们之间键的数目有关，也与影响它们之间电子云分布的因素（如单键、双键、取代基的电负性、立体化学、由于内部或外部因素的极化作用等）有关。总之，偶合常数的大小与有机化合物分子结构有着密切的关系，故可以根据偶合常数的大小，判断有机化合物的分子结构。

目前，有关偶合的理论还不能预言精确的偶合常数值。在实际工作中，偶合常数值的获取可以从谱图上直接测量出来。相互偶合的两个核，其偶合常数是相同的。因此，在分析核磁共振谱时，就可以根据偶合常数相同与否判断哪些核之间发生了相互偶合。与化学位移一样，偶合常数也是测量和鉴定有机化合物分子结构的一个重要数据，是准确解析谱图的一个重要依据。

偶合常数有正、负两种❶。一般来说，经过奇数个键的两个核之间的偶合常数为正，而经过偶数个键的两个核之间的偶合常数为负。这个规律适用于链状化合物，但同碳氢核（相隔偶数个键）有时会具有正的偶合常数。在脂环化合物中，还没有找出规律性。在苯的衍生物中邻、间、对位氢核之间的偶合常数都是正的。由于偶合常数的正负不能直接从谱图上观察得到，故在起初解释波谱时，最好先把正负值的问题忽略。

按照相互偶合的氢核之间相隔键数的多少，可将偶合分为同碳偶合、邻位偶合及远程偶合三类。

(1) 同碳偶合

---

❶ 有关偶合常数的正负问题，不属于本书讨论范围，这里仅作简单交代，读者若有兴趣，可以查阅有关专著。

两个氢原子同处于一个碳原子上时，即它们之间键的数目为2个时（H—C—H），两者之间的偶合常数称为同碳偶合常数，以$J_{同}$（J_{gem}）表示，也可用$^2J_{H-C-H}$表示（偶合常数符号的左上角用以表示偶合核之间键的数目，右下角表示其他情报）。^2J一般为负值，但变化范围较大（通常在$-20\sim+40\text{Hz}$）。影响^2J代数值的因素有如下几点：

① 2个C—H键之间键角的大小　^2J的大小与键角有关，这种依赖关系如图4-24所示。从图中可以看出，随着键角的增加（亦即使轨道的s特性增加），从而对^2J作出正的贡献，见表4-10。

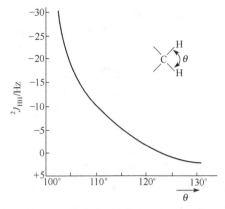

图4-24　偶合常数^2J与键角θ的关系

从此表也可看出，由于端烯的^2J值较小，所以在端烯的峰组中，由^2J引起的峰的裂分经常不很明显。

表4-10　^2J与键角的关系

键角 θ	109°28′	114°	120°
^2J/Hz	-12.4	-4.5	$+2.3$

脂环上的^2J能否反映出来，取决于环的取代情况和环能否快速翻转。

对于开链化合物，由于单键迅速旋转，使同碳氢核趋于平均化而表现为磁等价核（关于磁等价下文将论及），所以^2J一般不表现出来。但当旋转受到阻碍时，^2J能明显地表现出来。

② 取代基的影响　当取代基为吸电子基团时，^2J往正的方向变化；取代基为供电子基团时，^2J往负的方向变化，见表4-11。

表4-11　取代基的吸、供电性对^2J的影响

化合物	CH_4	CH_3Cl	CH_2Cl_2	$CH_2=CH_2$	$CH_2=O$
^2J/Hz	-12.4	-10.8	-7.5	$+2.3$	$+42$

杂原子上孤电子对的超共轭作用使^2J往正的方向变化。甲醛是一个突出的例子，甲醛与乙烯对比，其一侧=CH_2为氧原子所取代，后者是吸电子的，而它的一对孤对电子又参加超共轭，这两个作用方向一致，所以甲醛的^2J高达42Hz。

③ 构象　在表4-12的2个氧硫烷的构象中，(B)中S的孤对电子与相邻直立C—H键平行，较好地参与超共轭，因此^2J更正些。

表4-12　化合物构象对^2J的影响

化合物	(A)	(B)
^2J/Hz	-13.7	-11.7

④ 邻位 π 键的影响　CH_2 与 π 键（$C=C$、$C=O$、$C≡C$、$C≡N$）连接时，^2J 往负方向变化。若有关的键能够自由旋转时，则可按下式计算：

$$^2J = -12.4 - 1.9n \text{ Hz} \tag{4-23}$$

式中，n 为 π 键数。例如：

$$\text{R—}\overset{\overset{O}{\|}}{C}\text{—}CH_2\text{—} \qquad ^2J = -12.4 - 1.9 \times 1 \text{ Hz} = -14.3 \text{ Hz}$$

$$N≡C\text{—}CH_2\text{—} \qquad ^2J = -12.4 - 1.9 \times 2 \text{ Hz} = -16.2 \text{ Hz}$$

(2) 邻位偶合

两个氢原子处于相邻的两个碳原子上，成 H—C—C—H 形式，它们之间的偶合常数称为邻位偶合常数，以 $J_{邻}$（J_{vic}）或 $^3J_{H-C-C-H}$ 表示。因为在氢谱中同碳二氢的 δ_H 值经常相等，所以 ^2J 往往反映不出来。而距离大于三根键的氢核之间的偶合常数又较小。因此，通常在谱图中见到的裂分峰是由 ^3J 引起的，故 ^3J 在氢谱中占有突出的位置。影响 ^3J 数值的因素有下列几点：

① 二面角 Φ　^3J 与二面角 Φ 有关（见图 4-25）。Karplus 从理论上计算得到了 ^3J 与二面角 Φ 的关系式❶：

$$^3J = A + B\cos\Phi + C\cos 2\Phi \tag{4-24}$$

式中，常数 $A = 4.22$，$B = -0.5$，$C = 4.5$。归纳实验数据也得到了同样的关系式，但 $A = 7$，$B = -1$，$C = 5$，此时与实验结果更符合。用 ^3J 对 Φ 作图，便可得图 4-25 所表示的 Karplus 关系曲线。

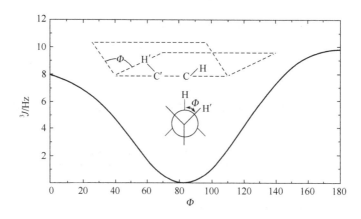

图 4-25　邻位的 Karplus 相互关系；邻位质子间的双面夹角和偶合常数的关系

Karplus 关系式在实际工作中很有用。一般 H_a—C_a 与 C_b—H_b 两个键的夹角为 0°、180°时，^3J 最大；60°或 120°时，^3J 值较小，见图 4-25。如果键上有强电负性取代基时，^3J 值有改变，但是基本规律不变。这一规律常常用于分析环状化合物的构型。例如环己烷的椅式构象：

---

❶ 关于 Karplus 关系式，在考虑取代基的电负性、取代基的取向、键长、键角等因素之后，Karplus 方程有不同的修正式。它们的常数可以选择不一样的，甚至表达式也有所不同。

直立-直立型 H_a：

$\Phi=180°$，^3J（计算值）$=9.2\text{Hz}$，^3J（观察值）$=8\sim14\text{Hz}$（通常 $8\sim10\text{Hz}$）；

直立-平伏型 H：

$\Phi=60°$，^3J（计算值）$=1.7\text{Hz}$，^3J（观察值）$=1\sim7\text{Hz}$（通常 $2\sim3\text{Hz}$）；

平伏-平伏型 H_e：

$\Phi=60°$，^3J（计算值）$=1.7\text{Hz}$，^3J（观察值）$=1\sim7\text{Hz}$（通常 $2\sim3\text{Hz}$）。

因此，我们可通过观察共振谱形并比较 ^3J 值来确定环己烷类化合物的构型。

必须指出，^3J 值除与二面角有关外，取代基的电负性、键角 θ 和键长对其也有一定的影响，所以用 Karplus 关系式计算的值只是近似的。

② 取代基的电负性　二面角是影响 ^3J 的主要因素，取代基的电负性也是影响 ^3J 的重要因素。对乙烷系 CH_3CH_2X 的 ^3J 可用下式计算：

$$^3J = 7.9 - 0.7n \cdot \Delta E \tag{4-25}$$

式中，n 为 X 的数目。

$\Delta E = E_X - E_H$（E_X、E_H 是 X 和 H 的电负性）。

例如，在 $CH_2ClCHCl_2$ 中，$n=3$，$E_{Cl}=3.15$，$E_H=2.20$，所以 $^3J = 7.9 - 3 \times 0.7 \times (3.15-2.20)\text{Hz} = 5.9\text{Hz}$（实测值为 6.0Hz）。

在环状化合物中，电负性取代基的方向也会影响 ^3J 的大小。例如，当取代基 X 处于环己烷的 e 键时，$^3J_{H_aH_e}$ 约是 5.5Hz，但当 X 在 a 键上时，$^3J_{H_aH_e}$ 就变为约 2.5Hz，虽然这两种情况中二面角都是 $60°$ 左右。

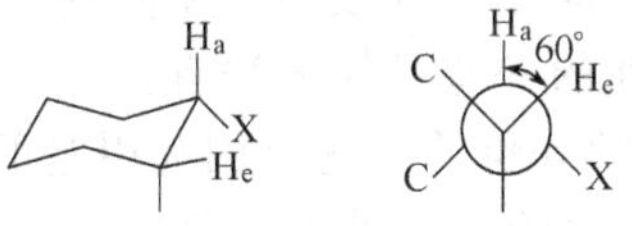

$^3J_{H_aH_e} \approx 5.5\text{Hz}$
（X=Cl，OAc，OH 等）

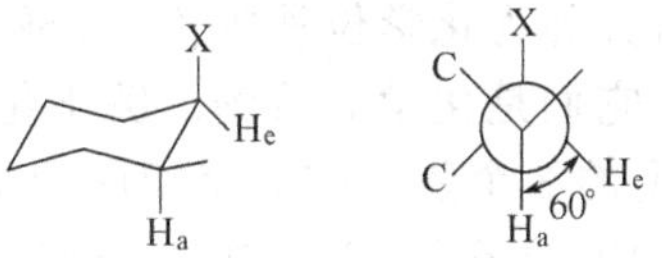

$^3J_{H_aH_e} \approx 2.5\text{Hz}$
（X=Br，OAc，OH 等）

③ 键长的影响　一般，$^3J \propto 1/$键长，故键长越长，^3J 越小。因为键长随键强的增加而降低（但不成比例），故 ^3J 将按下列顺序排列：

$$^3J_{C\equiv C} > {}^3J_{C=C} > {}^3J_{C-C}$$

例如：

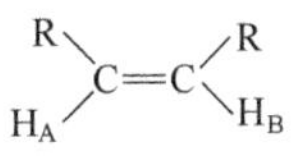

碳-碳键长为 0.133nm
$^3J_{H_AH_B} = 11.5\text{Hz}$（实验值）

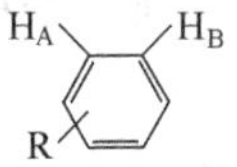

碳-碳键长为 0.139nm
$^3J_{H_AH_B} = 8.0\text{Hz}$

④ 键角的影响　通常，^3J 随键角 θ 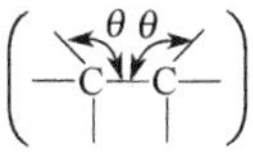 的减小而增大，见表 4-13。

表 4-13　键角 θ 对 ^3J 的影响

化合物	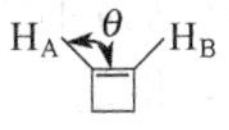	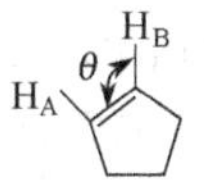	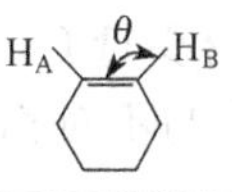
θ	$\theta=\dfrac{360°-90°}{2}=135°$	$\theta=\dfrac{360°-180°}{2}=126°$	$\theta=\dfrac{360°-120°}{2}=120°$
$^3J_{H_AH_B}/\text{Hz}$	$2.5\sim4.0$	$5\sim7$	$8.8\sim10.5$

(3) 远程偶合

两核之间相距超过三个键的偶合，统称远程偶合，其偶合常数用 $J_远$ 表示。对于间隔在三个以上单键的两个核来说，因 $J_远$ 很小，故可忽略不计。但在 π 系统中（如烯丙体系及芳环），因电子流动性较大，即使间隔超过三个键以上，仍可发生偶合，但作用较弱，$J_远$ 在 0～3Hz，故在常规操作时不易见到裂分，但仍可由峰的胖瘦（可比较其半高宽度）来推断远程偶合的有无，必要时进行放大。

① 烯丙基型偶合常数 这种偶合是跨越三个单键与一个双键的偶合，其 $J_远$ 值分别为：

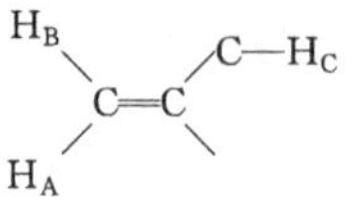

$^4J_{H_AH_C}$（反式）＝1.6～3.0Hz

$^4J_{H_BH_C}$（顺式）＝0～1.5Hz

② 芳香质子的偶合常数 根据芳香质子的 J 值大小可判断取代基的位置。

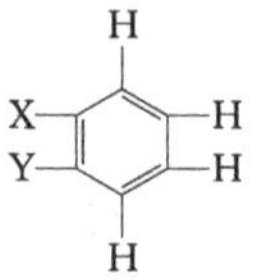

$J_邻 = 6～10Hz$

$J_间 = 1～3Hz$

$J_对 = 0～1Hz$

上述三种类型的偶合常数范围可参见附录Ⅲ。在实际应用时，如若需要，还得进一步查阅有关的文献资料。

4.3.4 核的等价性质

在进一步分析核磁共振谱的类别及其解析之前，需要对核的等价性进行说明。

(1) 化学等价

化学等价又称为化学位移等价。若分子中两个相同原子（或两个相同基团）处于相同的化学环境时，它们是化学等价的。关于化学等价判断的一些具体方法有：

① 甲基上的 3 个氢（或 3 个相同的基团）是化学等价的。这是因为甲基的旋转所致。

② 构象固定的环上 CH_2 中的 2 个氢不是化学等价的（参见 4.2 节）。

③ 单键不能快速旋转时，同一原子上两个相同基团不是化学等价的。例如：

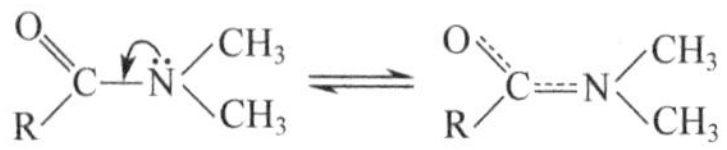

由于 p-π 共轭作用，使 C—N 单键带有一定的双键性，不能自由旋转，N 上两个甲基受到分子内不同的屏蔽作用，因而这两个甲基呈现出 2 个峰（高温下则只出现 1 个峰）。

又如 $BrCH_2CH(CH_3)_2$ 有下列 3 个构象式：

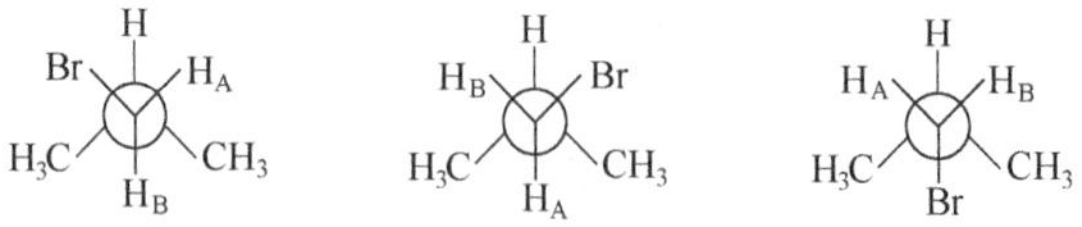

由以上构象式图可以看出：亚甲基中的两个氢核 H_A、H_B 处于不同的化学环境，应该是不等价的。但在室温或较高温度下，分子绕 C—C 键快速旋转，使各氢核处于一个平均的环境中，因此 H_A 和 H_B 是等价的。但在低温下，这个化合物由两个构象组成，即大部分是 A 及 B，另有少量 C，于是 H_A 和 H_B 因所处环境有差别而成为不等价的了。

④ 与不对称碳相连的 CH_2 上的两个氢不是化学等价的。例如：

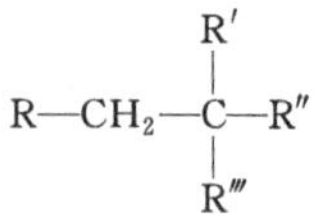

在该结构中，不管 R—CH_2—的旋转速度有多快，CH_2 氢核还是不等价。旋转很快时，下面三个构象的或然率可能是几乎相等，但两个氢核的环境还是不相同：

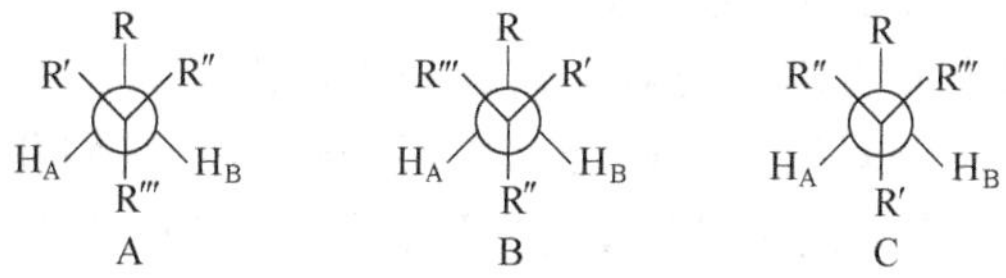

（此处为三个 Newman 投影式 A、B、C）

在构象 A 中，H_A 在 R′和 R‴之间时，R 在 R′和 R″之间。另一方面在构象 C 中，H_B 在 R′和 R‴之间时，而 R 却在 R″和 R‴之间，因此 H_B 和 H_A 的环境仍然不一样，成为不等价氢核。

这里必须指出的是，在核磁共振谱中，对于不对称碳的要求，有时并不完全与立体化学中光学异构体的概念一致。例如：

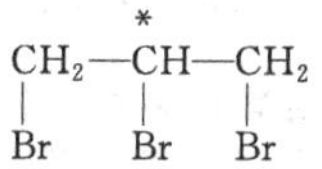

$$CH_2-\overset{*}{C}H-CH_2$$
$$\,\,\,|\quad\quad\,\,|\quad\quad\,\,|$$
$$\,\,Br\quad\,\,Br\quad\,\,Br$$

在分子中有对称面，标有星号的碳原子并非不对称碳，但是对于每一个 CH_2 而言，它的近邻碳 C^* 上的 3 个取代基是不同的：H，Br，CH_2Br，因此仍是"不对称的"，CH_2 上的两个氢的化学位移也因此而不同。为了有别于旋光异构中所指的不对称碳原子而称此碳原子为"手性"（chiral，含意与其镜影不同）碳。由于这个手性碳的存在，使 $\diagdown CH_2$ 上的两个氢产生差别，这种 $\diagdown CH_2$ 可称为原手性（prochiral）基团。

（2）磁等价

两个核（或基团）磁等价必须同时满足下列两个条件：

① 它们是化学等价的；

② 它们对分子中任意另一个核的偶合作用强度都相同（即 J 相同）。

显然，所有磁等价的核一定是化学等价的，但反之不然。例如：

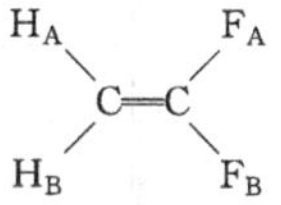

（此处为 $H_2C=CF_2$ 结构式，标有 H_A, H_B, F_A, F_B）

从分子的对称性很容易看出两个 H 是化学等价的，两个 F 也是化学等价的。但以某一指定的 F 考虑，一个 H 和它是顺式偶合，而另一个 H 和它则是反式偶合，其偶合常数 $^3J_{H_AF_A} \neq {}^3J_{H_AF_B}$，$^3J_{H_BF_B} \neq {}^3J_{H_BF_A}$，因此，两个 H 化学等价而磁不等价。同理，两个 F 也是磁不等价的。

4.3.5 自旋体系分类的定义和表示方法

（1）定义

相互偶合的核组成一个自旋体系。体系内部的核相互偶合但不和体系外的任何一个核偶合。这就是说，自旋体系是孤立的。例如，在化合物 CH_3CH_2—O—$CH(CH_3)_2$ 中，CH_3CH_2—构成一个自旋体系，—$CH(CH_3)_2$ 构成另外一个自旋体系。此外，在一个自旋体系内，并不要求某一核与自旋体系内的其他所有核都发生偶合。

（2）表示方法

① 化学位移相同的核构成一个核组，以一个大写英文字母标注。

② 几个核组之间分别用不同的字母标注。若它们化学位移相差很大，标注就用字母表上距离远的字母表示，如 AX，AM 等。反之，则用字母表上顺序的字母表示，如 AB，XY 等。

③ 核组内的核若磁等价，则在大写字母右下角用阿拉伯数字注明该组核的数目。

④ 若核组内的核磁不等价，则要分别在字母右上角加撇、双撇等，以示区别。例如，在邻二氯苯中，四个质子构成 AA′BB′ 体系。

上述①、③、④项都十分明确。现对②作进一步讨论。

一个自旋体系内两个核间相互（偶合）作用的强弱与它们化学位移值之差密切相关。或者更确切地说，当以 Hz 为共同单位时，它们相互作用的强弱是以 $\Delta\nu/J$ 的数值来衡量的（$\Delta\nu$ 是化学位移之差，以 Hz 表示）。当 $\Delta\nu \gg J$ 时，两核组间的相互作是弱的，理论计算时可忽略一些近似为零的项。其谱图的确也是简单的；反之当 $J \approx \Delta\nu$ 或 $J > \Delta\nu$ 时，两核组间的相互作用是强的，理论计算时不能近似处理，其谱图峰组复杂。强偶合的两核组就以 AB 表示，弱偶合的两核组则以 AX 表示。然而偶合的强或弱没有绝对界限，即以何种 $\Delta\nu/J$ 数值来划分，没有统一的规定。$\Delta\nu/J > 6$ 可认为是弱偶合作用。

表 4-14 列出一些化合物中氢核所属自旋体系的名称，供读者参考。

表 4-14　一些化合物中氢核所属自旋体系的名称

化　合　物	自旋体系	化　合　物	自旋体系
$CH_2=CCl_2$	A_2（单峰）	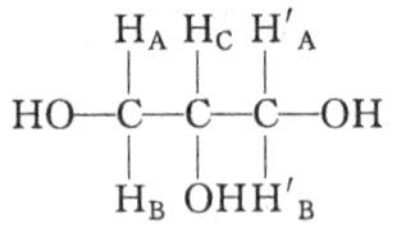 HO-CH(H_A)-C(H_C)(H'_A)-CH(OH)- H_B OH H'_B	AA′BB′C
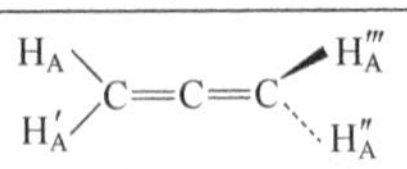 $H_A H_A'''$ C=C=C $H_A' H_A''$	AA′A″A‴（单峰）		
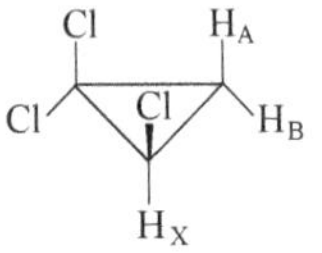 (环丙烷 Cl,Cl,H_A,H_B,Cl,H_X)	ABX	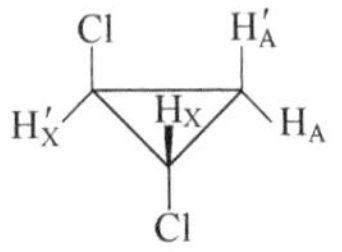 (环丙烷 H'_X,H_X,H_A,H'_A,Cl)	AA′XX′
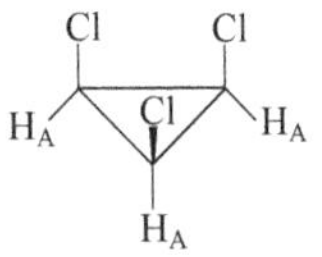 (环丙烷 Cl,Cl,H_A,H_A,Cl,H_A)	A_3（单峰）	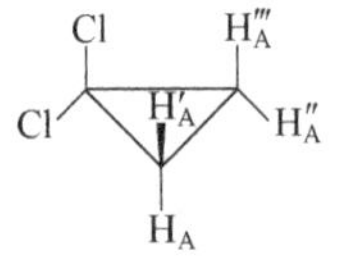 (环丙烷 Cl,H'_A,H_A‴,H″_A,Cl,H_A)	AA′A″A‴
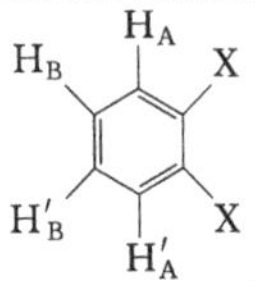 (苯环 H_B,H_A,X,X,H'_B,H'_A)	AA′BB′	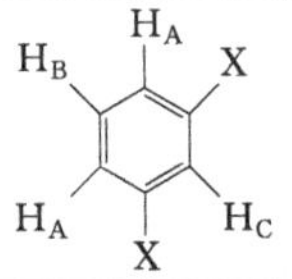 (苯环 H_A,H_B,X,H_C)	A_2BC
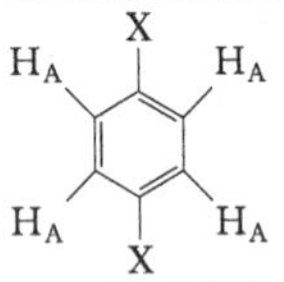 (苯环 H_A,H_A,X,X,H_A,H_A)	A_4（单峰）	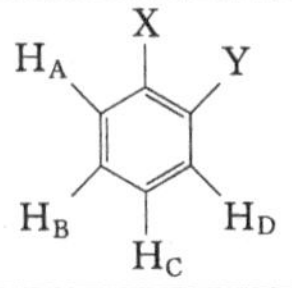 (苯环 X,H_A,Y,H_B,H_C,H_D)	ABCD（裂分峰复杂）
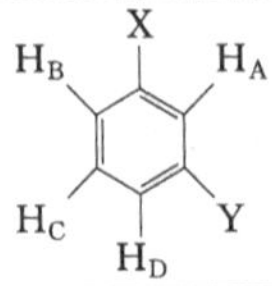 (苯环 X,H_B,H_A,H_C,Y,H_D)	ABCD	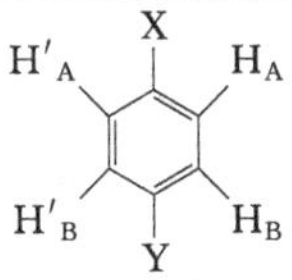 (苯环 H'_A,X,H_A,H'_B,Y,H_B)	AA′BB′（裂分峰左右对称）
$CH_3CH_2NO_2$	A_3X_2		

4.3.6　一级谱

如前所述，核磁谱图可分为一级谱图和二级谱图。所谓一级谱图是指能用 $n+1$ 规律分析的谱图（对于 $I \neq \dfrac{1}{2}$ 的原子则采用 $2nI+1$ 规律）。产生一级谱的条件为：

① $\Delta\nu/J$ 的数值要大，至少应大 6 倍以上，即 $\Delta\nu/J > 6$。例如，在 $CHCl_2CH_2Cl$ 的

60MHz ^{1}H-NMR 中，$\delta_{\diagup CH} = 5.80$，$\delta_{\diagup CH_2} = 3.96$，$^3J_{HH} = 6.5$Hz，其中 $\Delta\nu/J$ 值为：

$$\frac{\Delta\nu}{J} = \frac{(5.80-3.96) \times 60}{6.5} \approx 17$$

所以它的光谱属于一级谱。

② 同一核组（其化学位移相同）的核均为磁等价的。这一条件甚至比第1点更重要。例如，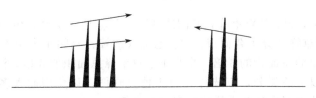 的两个氢核是磁不等价的（前面已叙及），因此其谱图不是一级谱，它的氢谱谱线数目超过十条。

符合上述两个条件的一级谱，具有下列几个特征：

① 相邻氢核偶合所具有的裂分峰数可用 $n+1$ 规律描述。

② 各裂分峰的相对强度（峰面积）可用二项式 $(X+1)^n$ 展开式的各项系数近似地表示。

③ 从谱图上可直接读出化学位移 δ_H。多重峰的中心位置即为 δ_H，裂分的峰大体上左右对称。但实际上两组相互偶合的峰组都是相应的"内侧"峰略偏高，而"外侧"峰略偏低（见图 4-26），好像"相互吸引"一样，因此，从两组峰的外形就很容易看出它们是相互偶合的。

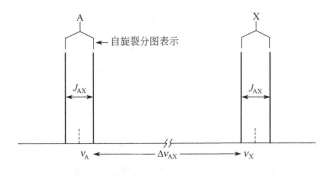

图 4-26 两组裂分峰的外形示意

④ 相互偶合的氢核，其偶合常数 J 必然相等，亦即各裂分峰的间距相等，等于偶合常数 J。

一级谱一般包括 AX、A_mX_n、AMX、$A_mM_nX_{n'}$ 等体系的光谱。现分别叙述如下：

① AX 体系

由 $n+1$ 规律可知，AX 体系应出现两个双重峰，故应为四条谱线，如图 4-27 所示，其中 A 及 X 各占有两条线，二线的间距等于偶合常数 J_{AX} 之值，且 $J_{AX} \ll \Delta\nu_{AX}$。A 及 X 的化学位移处于所属二线中心。谱图中四线高度相等。

图 4-27 AX 体系

在实际的问题中，若都是氢核，则往往 $\Delta\nu$ 不够大，对于真正的 AX（如 HF，HC≡CF，$HCCl_2F$ 等）体系，遇到的机会较少。

从分析上面的谱图可以看到，在分析 NMR 谱时，可利用一种叫做"自旋裂分图"的方法来进行分析。现以如下部分结构为例进一步说明：

$$H_A-\overset{\overset{\displaystyle H_A}{|}}{C}-\overset{\overset{\displaystyle }{|}}{C}-\overset{\overset{\displaystyle }{|}}{C}$$
$$\quad\ \ H_A\ H_M\ H_X$$

其中，H_M 受到 3 个 H_A 以及 1 个 H_X 的偶合（两次裂分），而 H_A 和 H_X 只受到 H_M 的偶合（一次裂分）；如果设 $J_{AM}=4Hz$，$J_{MX}=10Hz$，则上述三种质子的裂分峰在 NMR 谱上的分布情况应如图 4-28 所示。

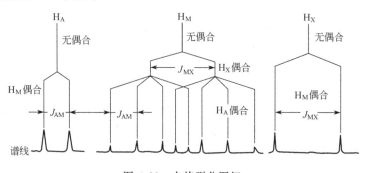

图 4-28 自旋裂分图解

从图中可以看出，H_A 是双重峰，峰间距 4Hz；H_M 是八重峰，由两组相同的、强度比为 1∶3∶3∶1 的四重峰部分重叠而成；H_X 也是双重峰，峰间距为 10Hz。H_A 双重峰的总面积，应为 H_M 八重峰总面积的 3 倍，也是 H_X 双重峰总面积的 3 倍。注意在作自旋裂分图解时，若包含一次以上的裂分，应选择大的 J 值先作图，以免引起太多交叉。从这里可以看出，多次裂分将使观测到的各小峰的强度大为降低。

识谱时要求从所看到的 NMR 裂分谱线，反过来找出原来的偶合关系以及所反映的部分结构。有时情况比较简单，能容易地辨别出来；但有时情况稍复杂些，这主要是多次裂分造成谱线较多重叠的缘故，如图 4-29 代表下列部分结构中的 H_M：

$$H_{A1}-\overset{\overset{\displaystyle }{|}}{C}-\overset{\overset{\displaystyle }{|}}{C}-\overset{\overset{\displaystyle }{|}}{C}$$
$$\quad\ \ H_{A2}\ H_M\ H_X$$

设 H_{A1} 和 H_{A2} 不是化学等价的质子，$J_{A_1M}=8Hz$，$J_{A_2M}=7Hz$，$J_{MX}=10Hz$。按照自旋裂分图解，谱线有一处彼此交叉，要从中反过来找出彼此的偶合关系及对应的偶合常数。

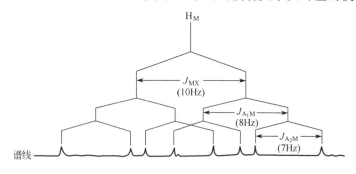

图 4-29 3 次不同偶合的自旋裂分图解及谱线

② AX_2 体系

AX_2 体系共有五条谱线，其中 A 呈三条线，强度比为 1∶2∶1，X 呈两条线，强度比为 1∶1。三重峰和双峰的裂距大小等于偶合常数 J_{AX}，各组峰的中心即化学位移之值，如

图 4-30 所示。图 4-31 是 AX_2 体系的一个典型例子。

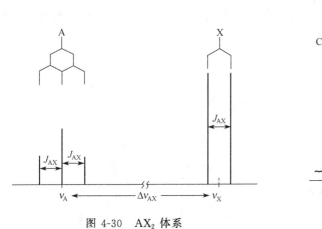

图 4-30　AX_2 体系

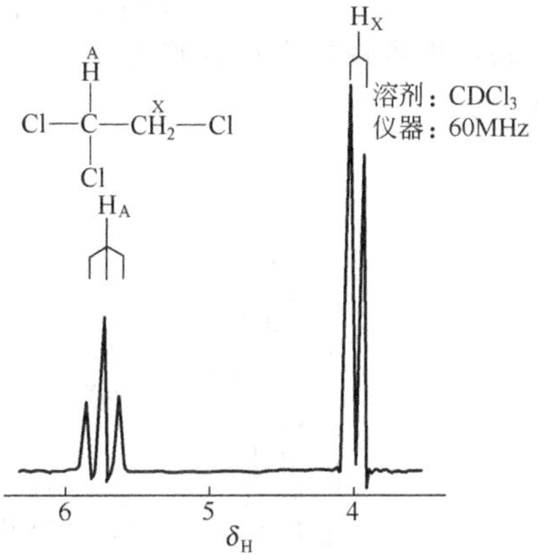

图 4-31　AX_2 体系谱图示例

③ A_2X_2 体系

在 A_2X_2 体系中 $\Delta\nu_{AX} \gg J_{AX}$。$A_2X_2$ 体系共有六条谱线，其中 A 占三条，X 占三条。由 A_2X_2 体系的谱图中可直接读出 ν_A、ν_X 以及 J_{AX}，每三条线的中点为其化学位移，其裂距为 J_{AX}，强度比为 1∶2∶1，如图 4-32 所示。图 4-33 是 A_2X_2 体系的一个典型例子。

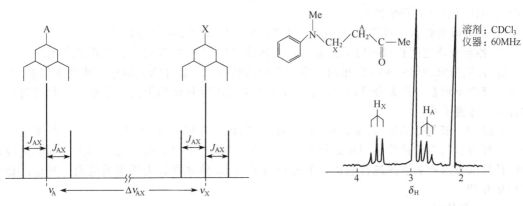

图 4-32　A_2X_2 体系

图 4-33　A_2X_2 体系谱图示例

④ AMX 体系

AMX 体系共有 12 条谱线，如图 4-34 所示。其中每一个核被其他二核裂分为四重峰，四线强度相等。12 条线共有三种裂距，分别为 J_{AM}、J_{AX}、J_{MX}，它们均远小于它们之间的

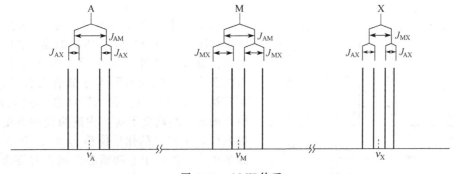

图 4-34　AMX 体系

化学位移之差：
$$\Delta\nu_{AM} \gg J_{AM}，\Delta\nu_{AX} \gg J_{AX}，\Delta\nu_{MX} \gg J_{MX}$$

每组四重峰的中央分别为 A、M、X 的化学位移之值。图 4-35 是 AMX 体系的一个典型例子。

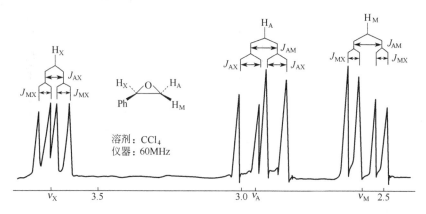

图 4-35　AMX 体系谱图示例

4.3.7　二级谱

不能同时满足一级谱的两个条件时，则产生二级谱（高级谱）。二级谱的图形复杂，与一级谱相比具有下列几个特征：

① 裂分峰的数目不再遵守 $(n+1)$ 规律，常会出现更多的裂分峰。

② 各裂分峰之间相对强度关系复杂，不再是 $(X+1)^n$ 展开式的各项系数之比。

③ 各裂分峰的间距不一定相同，除了个别的类型外，裂分峰的间距不能代表偶合常数，化学位移也不定在一组裂分峰的中心。即 δ_H 与 J 值不能从谱图上直接读得，必须通过一定的计算后才能求得。

二级谱一般包括 AB、AB_2、ABX、ABC、A_2B_2、AA′BB′、AA′XX′、AB_3 等类型。前面三种经过较简单的运算，即可进行解析，求出各类质子的 δ_H 和 J 值。其余的须经过较繁杂的计算或查对有关谱图进行解析。下面对 AB、AB_2 体系作较为详细的说明，其余的则只作简单介绍。

（1）AB 体系

AB 体系是二级谱中最简单的一种。常见的 AB 体系有 $\overset{*}{-}\underset{|}{C}-CH_2$、

等类型。

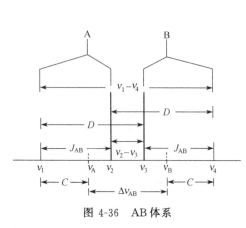

图 4-36　AB 体系

当 AX 体系的 $\Delta\nu_{AX}$ 不够大时，AX 体系就变成 AB 体系。和 AX 体系相同的是，AB 体系仍是四条谱线，如图 4-36 所示，其中 A 及 B 各占有两条线，二线的间隔等于偶合常数 J_{AB} 之值，可直接由图中得出。和 AX 体系不同的是，AB 体系的四条线高度不等，内侧两线的高度高于外侧两线，A 和 B 的化学位移 ν_A 和 ν_B 不在所属二线的中心，而在中心和重心之间，需要通过计算才能求出。

AB 体系各参数间有如下关系：

$$J_{AB} = \nu_1 - \nu_2 = \nu_3 - \nu_4 \tag{4-26}$$

J_{AB} 与化学位移差 $\Delta\nu_{AB}$ 及 D（D 表示 $\nu_1 \sim \nu_3$ 线或 $\nu_2 \sim \nu_4$ 线间的距离）具有直角三角形的关系：

$$\Delta\nu_{AB} = \sqrt{D^2 - J_{AB}^2} = \sqrt{(D+J_{AB})(D-J_{AB})} = \sqrt{(\nu_1-\nu_4)(\nu_2-\nu_3)} \tag{4-27}$$

$$C = \frac{1}{2}[(\nu_1 - \nu_4) - \Delta\nu_{AB}]$$

故：
$$\nu_A = \nu_1 - C = \nu_1 - \frac{1}{2}[(\nu_1 - \nu_4) - \Delta\nu_{AB}] \tag{4-28}$$

$$\nu_B = \nu_4 + C = \nu_4 + \frac{1}{2}[(\nu_1 - \nu_4) - \Delta\nu_{AB}] \tag{4-29}$$

如已知 ν_A，则减去 $\Delta\nu_{AB}$ 值也可求得 ν_B：

$$\nu_B = \nu_A - \Delta\nu_{AB}$$

各裂分峰的强度比有如下关系：

$$\frac{I_2}{I_1} = \frac{I_3}{I_4} = \frac{D + J_{AB}}{D - J_{AB}} = \frac{\nu_1 - \nu_4}{\nu_2 - \nu_3} \tag{4-30}$$

式中，I_1、I_2、I_3、I_4 分别代表 ν_1、ν_2、ν_3、ν_4 线的强度。从该式亦可看出，内侧峰（I_2 和 I_3）总比外侧峰（I_1 和 I_4）高，只有当 $\Delta\nu_{AB} \gg J_{AB}$，外侧峰和内侧峰才能近似等高。

另外，从式（4-27）可知 $D^2 > J_{AB}^2$。所以高场（或低场）一侧相邻二谱线距离一定为 J_{AB}，J_{AB} 不可能为 ν_1、ν_3（或 ν_2、ν_4）间的距离。即 AB 体系的谱线不能发生交叉。例如图 4-37 的解析方法是错误的。

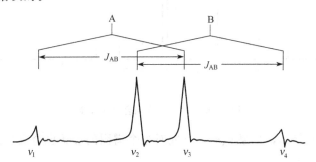

图 4-37 AB 体系（错误的解析方法）

例．设 AB 体系中的两个二重峰，其位置为 $\nu_1 = 300\,\text{Hz}$，$\nu_2 = 290\,\text{Hz}$，$\nu_3 = 289\,\text{Hz}$，$\nu_4 = 279\,\text{Hz}$（60MHz 仪器测定），试计算 $\Delta\nu_{AB}$、ν_A、ν_B 及 I_2/I_1（或 I_3/I_4）。

$$\Delta\nu_{AB} = \sqrt{(300-279)(290-289)} = 4.6\,\text{Hz}$$

$$\nu_A = 300 - \frac{1}{2}[(300-279)-4.6] = 291.8\,\text{Hz} \qquad \delta_A = \frac{291.8}{60} = 4.86$$

$$\nu_B = 291.8 - 4.6 = 287.2\,\text{Hz} \qquad \delta_B = \frac{287.2}{60} = 4.79$$

$$\frac{I_2}{I_1} = \frac{I_3}{I_4} = \frac{300-279}{290-289} = 21$$

图 4-38 是 AB 体系的两个例子。

(2) AB$_2$ 体系

AB$_2$ 体系常见于对称三取代苯环、对称二取代吡啶环、

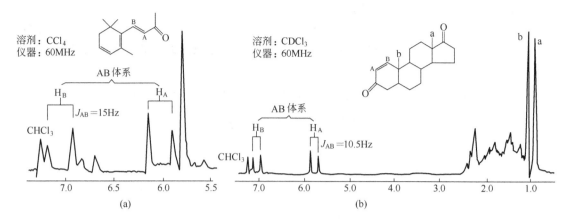

图 4-38 AB 体系谱图示例

$\overset{\diagdown}{\diagup}$CH—CH$_2$—、$\overset{\diagdown}{\diagup}$CH—CH—CH$\overset{\diagup}{\diagdown}$ 等类型。

AB$_2$ 体系的谱图如图 4-39 所示，共有 9 条谱线。其中 A 有 4 条（1~4），B 有 4 条（5~8），有时在 B$_2$ 共振线的最外部可见第九条很弱的综合峰。A 部分的谱线形成由里向外倾斜（强度递减）的四重峰。B$_2$ 部分的谱线由两组二重峰组成，里面的双峰较强，外面的双峰较弱，而且其间距也较宽。有时 5、6 两峰重合在一起呈单峰外形（最强的峰）。

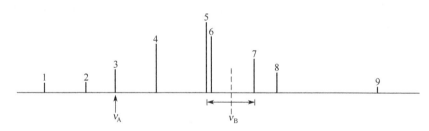

图 4-39 AB$_2$ 体系偶合裂分示意

在图 4-39 中，$\nu_A > \nu_B$，如果 $\nu_A < \nu_B$（此时整个谱图的形状也会反过来），则标号需从右开始。

AB$_2$ 体系谱线间有以下关系：

$$\nu_1 - \nu_2 = \nu_3 - \nu_4 = \nu_6 - \nu_7 \tag{4-31}$$

$$\nu_1 - \nu_3 = \nu_2 - \nu_4 = \nu_5 - \nu_8 \tag{4-32}$$

$$\nu_3 - \nu_6 = \nu_4 - \nu_7 = \nu_8 - \nu_9 \tag{4-33}$$

另外，第 3 线即 ν_A 所在，第 5、7 两线的中点即 ν_B 所在：

$$\nu_A = \nu_3 \tag{4-34}$$

$$\nu_B = \frac{1}{2}(\nu_5 - \nu_7) \tag{4-35}$$

$$J_{AB} = \frac{1}{3}[(\nu_1 - \nu_4) + (\nu_6 - \nu_8)] \tag{4-36}$$

式（4-36）中的 $\nu_1 - \nu_4$ 表示 A 的谱线裂分宽度；$\nu_6 - \nu_8$ 近似为 B 的谱线裂分宽度（因第 6 线经常很接近第 5 线，第 9 线是综合谱线，且一般强度很弱）；现在相互偶合的核共三个，故前面除以 3。

AB$_2$ 体系是介于 A$_3$ 和 AX$_2$ 体系之间的体系。

掌握 AB$_2$ 体系的解释方法对推测结构是很有用的。以图 4-40 为例，从谱图形状可知它

为 AB_2 体系。从峰组处于较低场位置可知该化合物为对称二取代吡啶衍生物。按式（4-36）可算出 $J_{AB}=8Hz$，这与吡啶环 3-位、4-位（或 4-位、5-位）氢的偶合常数对应（见附录Ⅲ），因此可知该化合物的吡啶环上 3-位、4-位、5-位有三个相邻的氢，这就可加速推断结构的进程。

图 4-41 是 AB_2 体系的另一个例子。

(3) ABX 体系

ABX 体系是很常见的二级谱体系。AB_2 体系常要求分子有对称性，AMX 体系要求 3 个核的化学位移相差较大，它们都不如 ABX 体系常见。

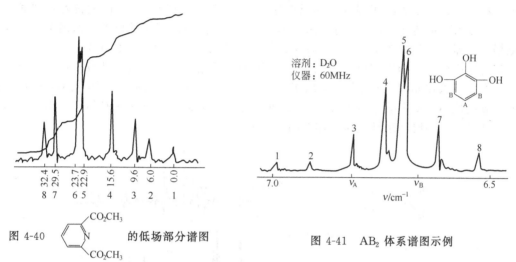

图 4-40 吡啶-2,6-二甲酸甲酯的低场部分谱图

图 4-41 AB_2 体系谱图示例

在 ABX 体系中，A、B 的化学位移相近，它们之间有强偶合作用，X 的化学位移与 A、B 相距较远，故 X 与 A、B 的偶合弱。因此，ABX 体系的谱图由两部分组成：AB 部分为 8 条谱线，X 部分为 4 条较强的谱线和两条较弱的综合谱线。所以，ABX 体系最多可以有 14 条谱线。关于这些谱线的来源和强弱可参阅有关的专论，本书不予讨论。

(4) ABC 体系

ABC 体系最多可以有 15 条谱线，由于 3 个核的化学位移都靠近，所以 15 条谱线强度的分布是中间高，两侧低；若 3 个核的化学位移完全相同，就成为 A_3 体系，3 个核将只产生一条谱线。

(5) A_2B_2 体系或 $AA'BB'$ 体系

苯环的对称二取代（不同基团的对位取代、相同基团的邻位取代）及—CH_2—CH_2—均可形成 A_2B_2 体系或 $AA'BB'$ 体系。A_2B_2 或 $AA'BB'$ 体系谱图的特点为左右对称，见图 4-42。

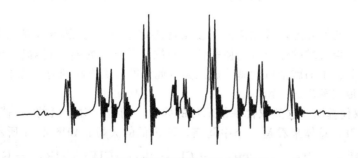

图 4-42 邻二氯苯的核磁共振氢谱

邻二氯苯是 AA′BB′ 体系的一个例子。它有对称的多条谱线，可用做调节仪器分辨率的样品。

从上面的讨论中可以看出，二级谱的分析显然要比一级谱的分析困难得多。尽管前人已根据不同的二级裂分，把它们分成不同的自旋体系，并对各种体系进行了计算，但这些计算一般都比较复杂，特别对于一些复杂体系，需要求助于计算机才行。而对于普通有机化学工作者的常规应用来说，由于条件的限制，不可能（往往也无必要）求助于计算机。因此，我们平常对于二级谱的分析，可利用化学位移和偶合常数的知识、裂距相等的规则以及各组峰强度的关系，进行简单的分析；再则，随着 NMR 仪器的发展，尤其是超导磁铁的应用（永久磁铁和电磁铁产生的磁场强度最高只能达到 2.44T，相当于 100MHz 的仪器；超导磁铁的磁场强度目前可达 21T，相当于 900MHz 的仪器），使得高磁场的仪器日渐增多。从这些高磁场的仪器上得到的 NMR 谱，往往可以使复杂的二级谱简化为一级近似谱。这是因为化学位移的频率差 $\Delta\nu$ 是随仪器的磁场强度增高而成直线增加的，而偶合常数 J 的大小基本上保持不变。所以在 60MHz 的谱图中属于 ABC 体系的［图 4-43（a）］在用 220MHz 仪器的时候，就变成 AMX 体系［图 4-43（c）］，可以用"一级谱"的方法来解析了。因此，目前没有必要花太多的时间来解决自旋体系的非一级谱。

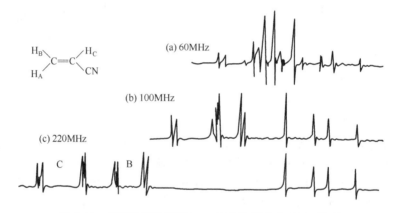

图 4-43　仪器磁场强度增加，ABC 体系变成 AMX 体系

4.4　常见的几种复杂谱图

本节将对一些常见的复杂谱图进行讨论，以培养并提高分析谱图的能力。

4.4.1　取代苯环

（1）单取代苯环

在谱图的苯环氢区域内，从积分曲线（参见 4.6 节）得知有 5 个氢存在时，可判定苯环是单取代。

从上节的讨论我们知道，核磁谱图的复杂性决定于 $\Delta\nu/J$。随取代基的变化，苯环的 J 改变并不大，因此取代基的性质（它使邻位、间位、对位氢的 δ_H 值偏离于苯）决定了谱图的复杂程度和形状。下面就把取代基分成三类（此处的分类方法与有机化学中的分类方法不尽相同）来讨论取代苯环的谱图。

① 第一类取代基团　这类取代基使苯环的邻位、间位、对位氢的 δ_H 值位移幅度不大。故它们的峰拉不开，总体来看是一个中间高、两边低的大峰，如图 4-44 所示。属于该类的取代基有：—CH_3，—CH_2—，—CH〈，—Cl，—Br，—CH=CHR，—C≡CR 等。

② 第二类取代基团 这类取代基是有机化学中使苯环活化的邻位、对位定位基。它们使苯环邻位、对位氢的电子云密度增加，而使 δ_H 值移向高场。间位氢的 δ_H 值往高场移动较少。因此，苯环上的 5 个氢的谱峰分成两组：邻位、对位的氢（一共 3 个氢）的谱峰在相对高场位置；间位的两个氢的谱峰在相对低场位置。由于间位氢的两侧都有邻碳上的氢，^3J 又大于 ^4J 及 ^5J，因此，其谱峰粗略看是三重峰。高场 3 个氢的谱峰则很复杂，如图 4-45 所示。属于该类的取代基有：—OH，—OR，—NH$_2$，—NHR，—NRR′ 等。

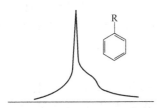

图 4-44 与第一类取代基团相连的苯环氢峰形

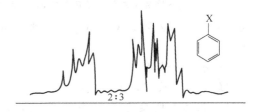

图 4-45 与第二类取代基团相连的苯环氢峰形

③ 第三类取代基团 这类取代基使苯环钝化，电子云密度降低，因而使 δ_H 值移向低场。邻位两个氢谱线位移较大，处在最低场。间位、对位 3 个氢谱线往低场位移较小，相对处于高场。处在低场的邻位氢粗看为双峰，因邻位氢只有一侧的邻碳上的氢与其偶合，^3J 又大于 ^4J 及 ^5J。属于该类的取代基有：—CHO，—COR，—COOR，—COOH，—CONHR，—NO$_2$，—N=N—Ar，—$\overset{|}{\underset{}{C}}$=NH(R)，—SO$_3$H 等。

知道单取代苯环谱图的上述三种模式，对于推断结构很有用处。比如未知物谱图苯环部分低场两个氢的 δ_H 值靠近 8，粗看是双重峰，高场 3 个氢的 δ_H 值也略大于 7.3（苯的 δ_H 值），由此可知苯环上的取代基是羰基、硝基等第三类基团。

(2) 对位二取代苯环

① 相同基团对位取代 这种取代形式使整个分子具有高度的对称性，苯环上的 4 个氢构成 A$_4$ 体系，其谱图上出现的是单峰，如图 4-46 所示。

② 不同基团对位取代 这种取代形式使苯环上的 4 个氢构成 AA′BB′ 体系，其谱图应当是左右对称的（见图 4-47）。这一鲜明的特点使其在取代苯环谱图中是最易识别的。它粗看是左右对称的四重峰，中间一对强峰，外面一对弱峰，每个峰可能还有各自小的卫星峰（以某谱线为中心，左右对称的一对强度低的谱峰）。

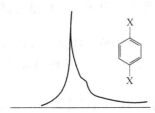

图 4-46 相同基团对位取代的苯环氢峰形

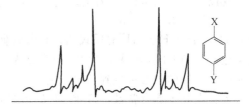

图 4-47 不同基团对位取代的苯环氢峰形

(3) 邻位二取代苯环

① 相同基团邻位取代 这种取代形式使苯环上的 4 个氢构成典型的 AA′BB′ 体系，其谱图左右对称（见图 4-48）。它的谱图一般比脂肪族 X—CH$_2$—CH$_2$—Y 的 AA′BB′ 体系复杂，但二者化学位移相差很大，它们不可能混淆。

② 不同基团邻位取代 这种取代形式使苯环上的 4 个氢构成 ABCD 体系，其谱图是最复杂的。如果两个取代基性质差别大（如分属第二类、第三类取代基），或二者性质差别虽不很大，但仪器分辨率高，苯环上 4 个氢近似于 AKPX 体系，即每个氢的谱线可解析为首

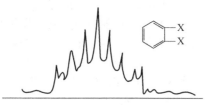

图 4-48 相同基团邻位取代的苯环氢峰形

先按 ^3J 裂分（两侧邻碳上有氢者粗看为三重峰，一侧邻碳上有氢者粗看为双重峰），然后再按 ^4J、^5J 裂分（偶合常数按 ^3J、^4J、^5J 顺序递减）。

（4）间位二取代苯环

相同基团间位取代，苯环上 4 个氢形成 AB_2C 体系。若两基团不同则形成 ABCD 体系。间位二取代苯环的谱图一般也是相当复杂的，但两个取代基团中间的隔离氢因无 ^3J 偶合，经常显示粗略的单峰。据此可以判断间位取代苯环的存在。

（5）多取代苯环

苯环上三取代时，苯环上所余 3 个氢构成 AMX 或 ABX、ABC、AB_2 体系。苯环上四取代时，苯环上所余 2 个氢构成 AB 体系。五取代时苯环上所余孤立氢产生不分裂的单峰。

综上所述，对苯环谱图的分析可归纳为下列要点。

① 取代基可分为三类，它们对其邻位、间位、对位氢的 δ_H 值影响不同。

② 苯环上剩余的氢之间 δ_H 值相差越大，或所用核磁仪器的频率越高，其谱图越可近似地按一级谱分析，反之，则为典型的二级谱。

③ 当按一级谱近似分析时，^3J 起主要作用，所讨论的氢的谱线主要被其邻碳上的氢分裂。

4.4.2 取代杂芳环

由于杂原子的存在，杂芳环上（相对杂原子）不同位置的氢的化学位移已拉开一定距离，取代基效应使之更进一步拉开。因此，取代的杂芳环的氢谱经常可按一级谱图近似分析。但分析谱图时，需注意偶合常数的数值和所讨论的氢相对杂原子的位置有关（参见附录Ⅲ）。

4.4.3 单取代乙烯

单取代乙烯烯键上的氢之间存在着顺式、反式、同碳偶合，它们同取代的烷基还有 ^3J 及远程偶合。因此，谱线很复杂（比两侧都有取代的乙烯复杂）。

现以 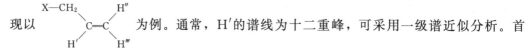 为例。通常，H' 的谱线为十二重峰，可采用一级谱近似分析。首先是 H' 分别与 H'' 和 H''' 的反式偶合和顺式偶合，形成 2 个双重峰。这两个双重峰的 4 条谱线又进一步与 CH_2 氢偶合（^3J）而裂分为 4 组三重峰。从任意一个三重峰中可找到 ^3J 数值，从 4 组三重峰的中心可找到 $J_{反}$，$J_{顺}$。

因存在几个偶合常数，H'' 和 H''' 的谱线是复杂的。可对 H'' 和 H''' 具体分析：a. H'' 和 H''' 各自被 H' 裂分为二重峰，$J_{反}$ 及 $J_{顺}$ 具有较大的数值；b. H'' 或 H''' 之间的偶合常数 ^2J 具有较小的数值；c. H'' 或 H''' 和 CH_2 之间的远程偶合常数 ^4J 较小，因此主要由 $J_{反}$ 和 $J_{顺}$ 决定 H'' 和 H''' 谱线的分布，而 $J_{反}$ 和 $J_{顺}$ 形成的两组双重峰中常有两峰很靠近，因此 H'' 和 H''' 的谱线粗看是三重峰。

4.4.4 正构长链烷基

饱和长碳链也是经常遇见的结构单元。其通式为 $X—(CH_2)_n—CH_3$。在常见的有机化合物中，各种取代基对烷基而言都是吸电子的，因此 X 的 α-位 CH_2 的谱峰移向低场；β-位 CH_2 的谱峰亦移向低场，但移动距离较前者小得多。位数更高的 CH_2 化学位移很相近，在

$\delta_H \approx 1.25$ 处形成一个粗的单峰。因它们 δ_H 值相差很小,而 $^3J \approx 6 \sim 7 Hz$,因此形成强偶合体系,峰形是很复杂的,只因其所有谱线集中,故粗看为一单峰。

按 $n+1$ 规律预测,端甲基与 CH_2 相邻,故应呈现三重峰。但如上所述,连接端甲基的 CH_2 与若干个 CH_2 的 δ_H 值很靠近,形成一个大的强偶合体系,因此把 CH_3 和其相邻的 CH_2 "划"出来单独考虑偶合裂分是不正确的,应统一考虑 CH_3 与若干个 CH_2 所形成的强偶合体系。由于这个原因,端甲基的三重峰是畸变的,左外侧峰钝,右外侧峰很不明显。这种现象沿用了早期的命名——虚假偶合,或称虚假远程偶合。它的意思是,好像端甲基和其 α-CH_2 以外的氢也有偶合关系一样,实际上 ^4J、^5J 都是等于零的,故称为虚假偶合。

虚假偶合不限于长碳链,图 4-49 也是一个例子。其中 CH 不显示五重峰(它的两侧共有 2 个 CH_2,$n=4$),而是显示一个钝而宽的峰,这是因为与该 CH 相邻的几个 CH_2 形成了强偶合体系,因此不能把两个 α-CH_2 单独"划"出来考虑对 CH 的偶合分裂。

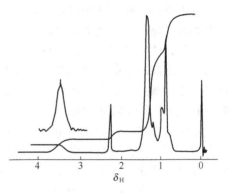

图 4-49 $(CH_3CH_2CH_2CH_2)_2$CHOH 的 ^{1}H-NMR 谱图

只要存在强偶合体系,就可能表现出虚假偶合。在脂肪氢、芳香氢中都有可能找到虚假偶合的例子。虚假偶合不仅可能表现为峰形的畸变,也可能表现为谱线裂分数目及裂距的异常,对于虚假偶合的具体说明如下所述。

例如,虚假偶合需有一个 —CH_A—CH_B—CH_C— 体系。相邻碳上两个氢存在着 ^3J 偶合,但 H_A 和 H_C 之间的偶合常数为零。图 4-50 描述了 δ_{H_A} 和 δ_{H_B} 逐渐接近时,3 个氢的谱线的变化。当 δ_{H_A} 与 δ_{H_B} 相差较大时($\delta_{H_A} - \delta_{H_B}$ 约为 $J_{H_AH_B}$ 的 3 倍),每个氢的谱线的数目尚可由 $n+1$ 规律计算 [图 4-50 (a)]。当 δ_{H_A} 与 δ_{H_B} 靠近时,各个氢的谱线数目有了变化,由于 H_A 和 H_B 已是强偶合体系,H_C 和 H_A 明显出现进一步分裂,好像它们之间存在着偶合关系一样。当 δ_{H_A} 与 δ_{H_B} 进一步靠近时,3 个氢形成 ABX 体系,从图中可清楚地看到一组四重峰,另外一组四重峰中心二峰已重合,外侧二峰因强度很低而未能显示 [图 4-50 (b)];H_C 的裂分间距与前面相比明显发生变化 [图 4-50 (c)]。当 δ_{H_A} 与 δ_{H_B} 相等时,H_C 呈现三重峰

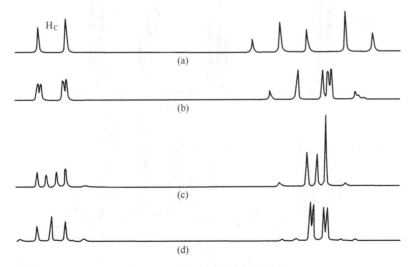

图 4-50 关于虚假偶合的说明

[图 4-50 (d)]，好像它相邻两个磁等价的氢一样（但应注意到其裂距不是原来的 ^3J，且三重峰外侧还有一对强度很低的峰）；H_A 与 H_B 的部分，谱线似乎简单，这叫假象简单图谱。

4.5 简化复杂谱图的几种方法

由于质子的核磁共振谱很拥挤，各种质子信号主要集中在 $\delta_H \approx 0 \sim 10$ 范围内，于是谱线重叠在一起的机会很多；又由于 $\Delta\nu/J$ 比值有时不够大，谱图成为复杂的二级谱，难于解析；此外，信号经多次自旋裂分，也会变得复杂。为此，发展了一些简化核磁谱图的方法，例如，采用高磁场的核磁共振仪，或采用去偶法、核 Overhauser 效应、化学位移试剂和溶剂效应等核磁共振技术。现分别叙述如下。

4.5.1 使用高磁场的核磁共振仪

在第 4.3 节中我们已讨论过 $\Delta\nu/J$ 比值决定了谱图的复杂程度。J 是分子所固有属性，不随测试所用仪器的磁场强度改变而改变。但以"Hz"计的化学位移差 $\Delta\nu$ 却正比于仪器的磁场强度（当然，化学位移之差以 $\Delta\delta_H$ 计，是不随仪器的场强而改变的）。例如，$\Delta\delta_H$ 若为 0.1，在 60MHz 的仪器所画谱图上，它相当于 6Hz，在 400MHz 的仪器所画的谱图上，它相当于 40Hz。设 $J=6$Hz，用 60MHz 仪器作图，得到的是二级谱（$\Delta\nu/J=1$）。用 400MHz 仪器作图，所得谱图近似为一级谱（$\Delta\nu/J=40/6\approx 7$），因此谱图大为简化。

图 4-51 是阿司匹林（Aspirin）分别在 60MHz 和 250MHz 仪器上测定的 ^{1}H-NMR 谱。从图中可看到 Aspirin 芳环上的 4 个氢在 60MHz 仪器上呈现为难以直接分析的二级复杂谱，而在 250MHz 仪器上已经还原为一级谱，可用自旋裂分图解方法进行分析：H_A 被一个邻位氢和一个间位氢分裂两次，由于 $J_{对}$ 值太小，在图中看不出来；同理，H_B 被两个邻位氢分

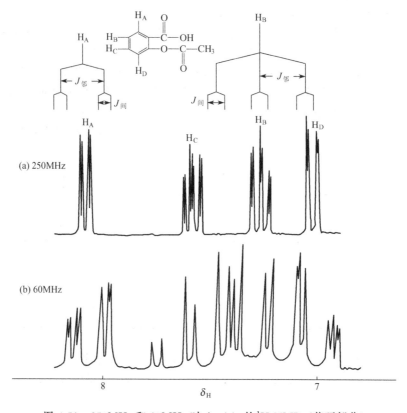

图 4-51　250MHz 和 60MHz 时 Aspirin 的 ^{1}H-NMR（芳环部分）

裂成强度为 1∶2∶1 的三重峰，再进一步被一个间位氢分裂。用同样的图解方法可以对 H_C、H_D 进行分析。但对图 4-51（b）却无法再用这种简单的图解方法来分析了。

前面图 4-43 介绍的亦是使用不同磁场强度仪器测定同一化合物的例子。

4.5.2 自旋去偶

自旋偶合引起的谱线裂分可以提供结构信息，但谱线的裂分往往又太复杂，以至于从谱图上不易直接看出哪两组质子之间发生了相互偶合，从而给解析谱图带来困难。在这种情况下，若采用双照射去偶技术，则可简化谱图或发现隐藏的信号，同时可以得到有关偶合的信息，确定去偶质子的化学位移，有助于对分子结构的剖析。

自旋去偶的原理是这样的：化学位移不同的 H_A 质子与 H_B 质子之间如果有偶合，H_A 核的信号就裂分为二重峰。这是由于 H_B 核的两种自旋态（$m_B = \pm \frac{1}{2}$）引起的局部磁场对 H_A 核作出的不同影响的结果。但若在扫描时，除用一射频 ν_1 照射 H_A 核使它产生共振的同时，又用另一射频 ν_2 来照射 H_B 核并也使之共振，则 H_A 核的信号变为单峰。这是因为 H_B 核共振时将迅速吸收和放出射频能量，当它在 $-\frac{1}{2}$ 和 $+\frac{1}{2}$ 两个自旋能态间往返的速度快到 H_A 核无法分辨其能级的差异时，H_B 核对 H_A 核的两种不同影响就会相互抵消，即去掉了对 H_A 核的偶合作用。这种现象称为自旋去偶，简称去偶。因为进行这种实验时是用两种不同的射频（ν_1、ν_2）同时作用于一种分子，又因为有两种核同时发生共振，故这种实验手段也叫做双照射或双共振去偶。

双共振去偶的书写方式是：把被测核写在前面，把被去偶的核写在后面的大括号中。例如，上述的同核双共振可写成 $H_A\{H_B\}$。而对异核双共振可写成 $^{13}C\{^1H\}$。

自旋去偶不但可以简化复杂谱图，而且还有助于确定分子结构。例如，穿心莲内酯三乙酰物的结构，经过一系列的分析，最终确定有如下两种可能的结构式：

这两种结构的差别在于与烯键相连的亚甲基（虚圆圈）不同，在（A）中为 $\diagdown$C=CH—CH$_2$—C$\diagdown$，在 B 中为 $\diagdown$C=CH—CH$_2$—O$\diagdown$。前一种 δ_{CH_2} 应在 2.45 左右，而后一种 $\delta_{CH_2} > 4$（因受氧原子影响）。这两种 CH$_2$ 应该都能与烯键氢（以 ⑪ 表示）发生偶合。图 4-52 给出该化合物的 ^{1}H-NMR 谱。在 δ_H 7.0 左右的三重峰即为此烯键氢。照射距此组峰

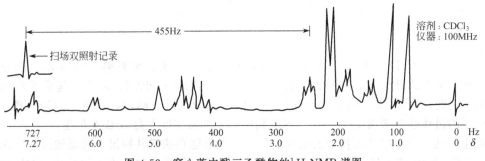

图 4-52 穿心莲内酯三乙酰物的 ^{1}H-NMR 谱图

455Hz 的峰（即 $\delta_H 2.45$ 峰）时，发生去偶现象（见图 4-52 中左上角三重峰变为单峰），证明这两组核原来有偶合，因而排除结构 B，确认结构 A 为穿心莲内酯三乙酰物。

4.5.3 核 Overhauser 效应

1965 年奥氏（Overhauser）发现，在核磁共振中，当对某一核进行双照射使之达到饱和后，与其相近的另一个核的共振信号得到了增加（两个核之间不一定存在相互偶合作用），这种现象即称为 Overhauser 效应（nuclear overhauser effect，简写成 NOE）。产生这一现象的原因是分子内有在空间位置上相互靠近的两个核 H_A 和 H_B，它们相互弛豫较强，当 H_B 核受到照射达饱和时，它要把能量转移给 H_A 核，于是 H_A 核吸收的能量增多，共振信号增大。这一效应的大小与两核间距离的六次方成反比。当核间距离超过 0.3nm 时，就看不到这一现象。

NOE 是另一种形式的双照射，它不但可以找出相互偶合的两个核的关系，更重要的是它可以找出互不偶合而空间距离邻近的两个核的关系，因此在立体化学和构象测定方面有极为重要的用途。

例 1. 下述两种化合物：

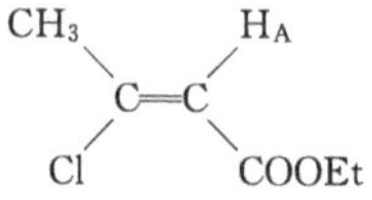

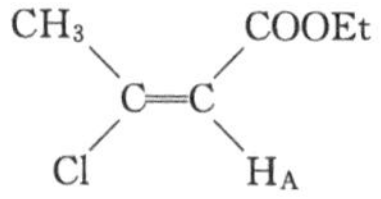

显然，A 中甲基质子和 H_A 间存在 NOE 效应，B 中不存在。因此，当对甲基质子进行双照射时，若谱图上 H_A 的信号增强，则必为 A 化合物，若 H_A 的信号不变，则为 B 化合物。由此可对顺、反异构体进行判断。

例 2. 在化合物 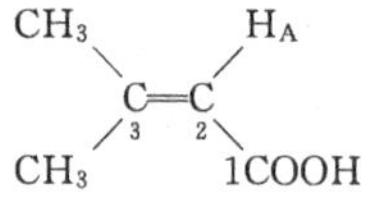 的 ^{1}H-NMR 谱中，$\delta_H 1.42$ 和 $\delta_H 1.97$ 处出现两组二重峰，这是 3-位碳上两个—CH_3 的信号，被 2-位质子 H_A 偶合裂分为二重峰，要确定哪个 δ_H 值属于哪一个—CH_3，可用双共振去偶法。用 ν_2 照射 $\delta_H 1.42$ 或 $\delta_H 1.97$ 的—CH_3 时，都会使 2-位质子 H_A 的七重峰（$\delta_H 5.66$）减少为四重峰。但当照射 $\delta_H 1.42$ 的—CH_3 时，还会使 2-位质子 H_A 的信号增强 17%。而照射 $\delta_H 1.97$ 的—CH_3 时，2-位质子 H_A 的信号不增强。这说明 $\delta_H 1.42$ 的—CH_3 和 2-位质子 H_A 处于更靠近的位置，有 NOE 效应，因此，$\delta_H 1.42$ 的—CH_3 与 2-位质子 H_A 处于顺式，$\delta_H 1.97$ 的—CH_3 则处于反式。

例 3. 某未知物，已确定它是以下列两种异构体之一的形式存在，试确定它的实际结构。

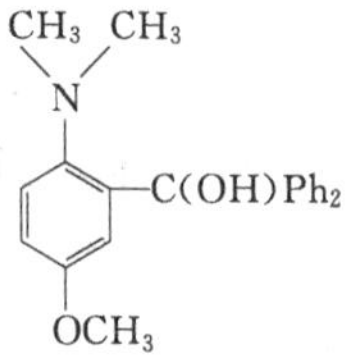

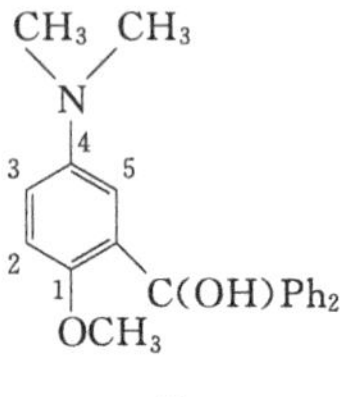

首先对—$N(CH_3)_2$ 中的甲基质子峰进行双照射，发现有两处峰的强度发生变化，即 H-3 和 H-5 质子的谱线强度分别增加 21% 和 24%。这说明—$N(CH_3)_2$ 中甲基质子与 H-3 或 H-5 质子之间存在 NOE 效应，表明它们在空间上比较接近。同理，照射—OCH_3 峰，发现 H-2 质子的谱线强度增加 19%，这就容易判明该未知物实际上是以 B 式存在。

综上所述，分子中几何构型的微细变化，一般都能在核磁共振谱上明显地反映出来，因而 ^{1}H-NMR 比 IR 或 UV 等更常被用来确定化合物的几何异构体。而在这方面 NOE 和去偶法又起着很重要的作用。

在应用 NOE 时必须注意：a. 只有吸收强度变化大于 10%，才能肯定两个氢在空间邻近；b. 即使观察不到 NOE 效应，也不能否定两个氢在空间邻近，这可能是存在其他的干扰而掩蔽了 NOE 效应。

4.5.4 化学位移试剂

同一分子中有一些质子的化学环境近似，化学位移相差不大，以致吸收峰互相重叠；若这些质子之间还有偶合作用，就会由于 $\Delta\nu/J$ 值很小而导致复杂的二级谱。这时若在其样品溶液中加入含有顺磁性的金属络合物，就会发现各种质子的信号将发生不同程度的顺磁性或抗磁性位移。这种使样品的质子信号发生位移的试剂叫做化学位移试剂。质子信号的位移是由顺磁性金属，如铕（Eu）或镨（Pr）的未成对电子引起的。常用的化学位移试剂有：

$$\mathrm{Eu}\left[\begin{array}{l}\mathrm{O=C-C(CH_3)_3}\\\mathrm{CH}\\\mathrm{O-C-C(CH_3)_3}\end{array}\right]_3$$ 三(2,2,6,6-四甲基-3,5-庚二酮)铕
简写成 Eu(DPM)$_3$
DPM 是 dipivalyl methanato 的缩写

$$\mathrm{Eu}\left[\begin{array}{l}\mathrm{O=C-C(CH_3)_3}\\\mathrm{CH}\\\mathrm{O-C-CF_2CF_2CF_3}\end{array}\right]_3$$ 三(2,2-二甲基-6,6,7,7,8,8,8-七氟-3,5-辛二酮)铕
简写成 Eu(FOD)$_3$
FOD 是 heptafluoro dimethyloctanedianoto 的缩写

$$\mathrm{Pr}\left[\begin{array}{l}\mathrm{O=C-C(CH_3)_3}\\\mathrm{CH}\\\mathrm{O-C-C(CH_3)_3}\end{array}\right]_3$$ 三(2,2,6,6-四甲基-3,5-庚二酮)镨
简写成 Pr(DPM)$_3$

这些位移试剂能与含有孤对电子的化合物生成配位络合物。一般来说，这些位移试剂对下面这些官能团的位移影响顺序为：

$$-\mathrm{NH_2} > -\mathrm{OH} > \mathrm{\ \ \ C=O} > -\mathrm{O-} > -\mathrm{COOR} > -\mathrm{CN}$$

位移试剂具有把各种质子信号分开的功能，这时各种质子间的偶合作用也会因为 $\Delta\nu/J$ 值变得很大而呈直观、简单的一级谱。图 4-53（a）和 4-53（b）就是正己醇溶液在加入 Eu(DPM)$_3$ 前后的 ^{1}H-NMR 谱图。从中可以看出原来挤在 δ_H 1.3 附近的 4 个—CH$_2$—已被全部拉开，呈现出清晰的一级谱图。这个例子表明，用位移试剂能在不增大外加磁场的情况下扩展 ^{1}H-NMR 吸收谱型，亦即用化学方法也可以达到与提高仪器磁场强度所得到的相同

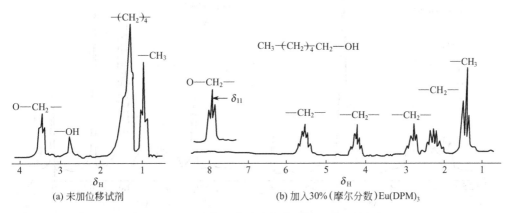

图 4-53　正己醇加入位移试剂前后 ^{1}H-NMR 的变化

效果。

通常 Eu 试剂把化学位移向左（低场）移，而 Pr 试剂向右（高场）移。图 4-54 就是在正戊醇中加入 Pr(DPM)$_3$ 后的 ^{1}H-NMR 谱图，结果所有质子的 NMR 信号都出现在参照物 TMS 的右边，从而具有负的 δ_H 值。

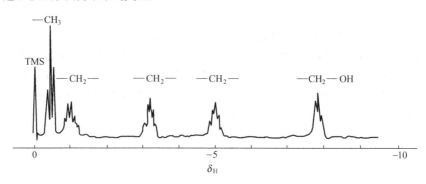

图 4-54　加入 Pr(DPM)$_3$ 后正戊醇的 ^{1}H-NMR 谱

Eu(DPM)$_3$ 的缺点是溶解度小（一般最好的溶剂是 CCl$_4$，其次是 C$_6$D$_6$ 和 CDCl$_3$），但它的谱峰在 δ_H -1～-2 之间，对谱图无干扰；Eu(FOD)$_3$ 比 Eu(DPM)$_3$ 更易溶解，应用较广。但它在 δ_H 1～2 之间有峰，对谱图有干扰，故采用氘代物 Eu(FOD)$_3$-d$_{27}$。

在使用位移试剂的谱图中应指明使用位移试剂的比例、温度及使用的溶剂。当位移试剂加入量过多时，会使位移过大而使峰的归属难以辨认，故应以谱线能分辨开的量为宜。使用位移试剂后的化学位移绝对值，因受多种因素影响，意义已不大，但相对数值是有意义的；此外，位移试剂遇酸即行分解，故不能用于酸及酚。卤代烷、吲哚等基本上不发生位移变化，硝基化合物的位移变化也很弱，所以位移试剂对这几类化合物无效。

最后必须指出的是，位移试剂容易潮解而影响使用效果，所以必须保存在装有 P$_2$O$_5$ 的真空干燥器中。

4.5.5　溶剂效应

溶剂效应在第 4.2 节中曾经提到，这里将作进一步的介绍。由于苯、吡啶和乙腈等溶剂的磁的各向异性比较大，所以在样品溶液中加入少量此类物质，它们会对样品分子的不同部

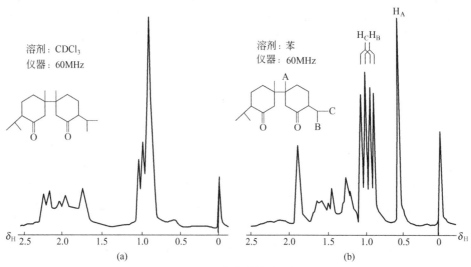

图 4-55　苯溶剂效应示例

分产生不同的屏蔽作用。在核磁测定时，常用 $CDCl_3$ 作溶剂。若这时有些峰组相互重叠，可滴加少量 C_6D_6，重叠的峰组有可能分开，从而简化了谱图。

图 4-55 是利用苯溶剂效应的一个例子。图 4-55（a）中，用 $CDCl_3$ 作溶剂，甲基峰重叠很厉害，无法判断有无异丙基存在。图 4-55（b）中，用苯做溶剂，各种甲基分得很清楚，异丙基的存在由图中立刻就可以认出。

4.6 核磁共振氢谱的解析

在解析核磁共振氢谱之前，应尽量获取被分析样品的有关知识和实验结果。例如，化合物的来源或者它的合成方法；化合物元素分析结果；由质谱或其他方法求得的分子量以及由紫外光谱或红外光谱所得到的某些结构信息。这些知识和信息对谱图的解析可提供重要线索。解析的原则是先易后难，先典型后一般。注意观察各峰偶合裂分情况，找出相互偶合的结构单元，注意高场和低场出现的特殊峰等。现将如何解析核磁共振氢谱的一些大体上的做法总结如下，以供借鉴和参考。

4.6.1 解析核磁共振氢谱的先行知识

① 检查谱图中基线有无不规则情况。若样品中含有铁或 Fe^{3+}、Cu^{2+} 和 Mn^{2+} 等顺磁性物质，将使谱线显著加宽，须事先将这些杂质除去。样品中含 O_2 也会使谱线加宽，必要时可通入 N_2 或用深冷方法除去。检查标准物（如 TMS）的信号是否尖锐和对称。若 TMS 信号不在零点，应重新测试或作平行校正。

② 识别溶剂峰。理想的溶剂具备以下条件：不含质子、沸点低、与样品不发生缔合、溶解度好、价格便宜等。在迫不得已要用含有质子的溶剂时，则要选择不掩盖重要质子信号的溶剂。为避免溶剂中质子的干扰，多采用氘代溶剂，如 $CHCl_3$-d_1（$CDCl_3$）、$(CH_3)_2CO$-d_6（CD_3COCD_3）、H_2O-d_2（D_2O）等。在使用氘代溶剂时应注意，由于这些溶剂通常只有 99%～99.8% 的氘代率，因此总会有残余溶剂峰存在，故要注意识别。

一些常用溶剂的质子峰 δ_H 值列于表 4-15 中。

表 4-15 一些常用溶剂的质子峰 δ_H 值

名 称	分子式	δ_H（以 TMS 为标准）[①]	名 称	分子式	δ_H（以 TMS 为标准）[①]
氯仿-d_1	$CHCl_3$-d_1	7.27	二氧六环-d_8	$C_4H_8O_2$-d_8	3.55
丙酮-d_6	$(CH_3)_2CO$-d_6	2.05	三氟乙酸	CF_3COOH	11.34
重水	H_2O-d_2	4.7[②]	甲苯	$C_6H_5CH_3$	2.31；7.10
二甲基亚砜-d_6	$(CH_3)_2SO$-d_6	2.50	环己烷	C_6H_{12}	1.42
苯-d_6	C_6H_6-d_6	7.20	二氯甲烷	CH_2Cl_2	5.32
甲醇-d_4	CH_3OH-d_4	3.35；4.8[②]	四氯化碳	CCl_4	—
吡啶-d_5	C_5H_5N-d_5	6.98；7.35；8.50	二硫化碳	CS_2	—
乙酸-d_4	CH_3COOH-d_4	2.05；8.5[②]			

[①] 对氘代溶剂则是指残留质子信号。
[②] 数值随溶质和温度而变化。

另外，这些溶剂中常含有微量的水。图 4-56 绘示出了一些含有微量水的氘代溶剂的峰形和位置，供参考。

③ 区别杂质峰、旋转边峰及 ^{13}C 卫星峰。通常，杂质含量相比于样品总是少的，因此杂质的峰面积和样品的峰面积相比也是小的，且样品和杂质的峰面积之间没有简单的整数比关系。据此，可将杂质峰区别出来。

为提高样品所在处的磁场均匀性，以提高谱线的分辨率，测试时样品管是处于快速旋转状态。当仪器调节未达良好工作状态时，旋转的样品管中就会产生不均匀磁场而出现旋转

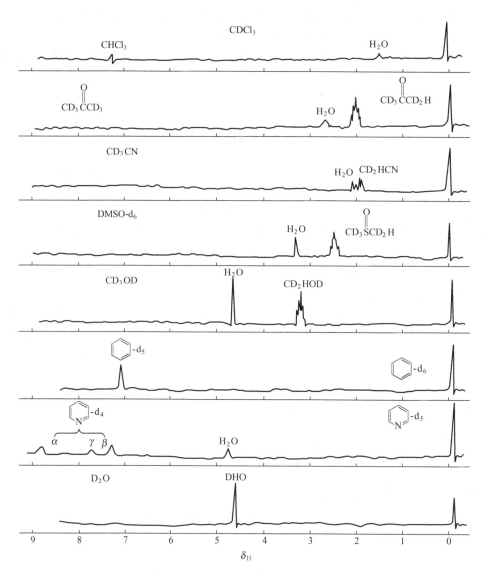

图 4-56 一些常用氘代溶剂的吸收峰

边峰,即以强谱线为中心,左右等距处出现一对较弱的峰,它们被称为旋转边峰(见图 4-57)。旋转边峰的特点是左右对称,当以"周/秒"为单位时,边峰到中央强峰的距离为样品管的旋转速度。改变样品管旋转速度时,边峰相对中心峰的距离也改变,由此可进一步确认边峰。

^{13}C 具有磁矩,它可与 ^1H 偶合而产生对 ^1H 峰的裂分,这就是 ^{13}C 卫星峰。^{13}C 的天然丰度有 1.1%,因此在含氢溶剂如 $CHCl_3$ 中有 1.1% 的 $^{13}CHCl_3$,^1H 与 ^{13}C 偶合而裂分,就在 $CHCl_3$ 主峰的两边出现这种卫星峰(见图 4-57),其强度为主信号的 1.1%。由于强度很低,故只有在谱图放大的情况下才能观察到。一般情况下卫星峰不会对样品谱图造成干扰。

④ 根据积分曲线算出各峰的相对面积比。现代化的 NMR 仪都装有自动积分仪,可对峰面积进行自动积分,把峰面积变成阶梯式的积分曲线高度。这个积分曲线的画法是由左至右,即由低磁场移向高磁场,从积分曲线起点到终点总高度与分子中所有质子的数目成正比。而每一个阶梯的高度则与相应的质子数成正比。积分曲线高度一般都用记录纸上的小方

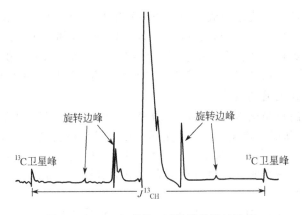

图 4-57　CHCl₃ 的 ^{13}C 卫星峰及旋转边峰

格数或厘米数表示，值得注意的是，这个高度并不代表分子中质子的绝对数目。分子中不同类型质子的绝对数目可通过下式求得：

$$所求质子数 = \frac{所求质子的积分线高度}{\sum 积分线高度} \times 质子总数 \qquad (4-37)$$

例. 图 4-58 是对氯苯乙醚（$p\text{-ClC}_6\text{H}_4\text{OCH}_2\text{CH}_3$）的 ^{1}H-NMR 谱。

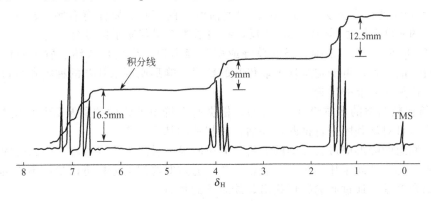

图 4-58　对氯苯乙醚的 ^{1}H-NMR 谱图

$$总积分线高度 = 16.5 + 9 + 12.5 = 38 \ (\text{mm})$$

分子中质子总数为 9 个，所以与图中各积分线高度相对应的质子数为：

$$质子数 = \frac{16.5}{38} \times 9 = 3.91 \approx 4$$

$$质子数 = \frac{9}{38} \times 9 = 2.13 \approx 2$$

$$质子数 = \frac{12.5}{38} \times 9 = 2.96 \approx 3$$

上述 3 个信号计算的结果都不是整数，这是由于积分仪的误差引起的。较好的积分仪，误差只有 ±2%，较差的会达到 10% 左右。如果谱图中有几个较大的峰，则小峰的面积会有明显的误差。另外，在强信号的积分线上，往往可以看到这样一种现象，即因为惯性的关系，记录笔往往要画过头。因此，在测量高度时要注意，应该选择水平的地方以减少测量误差。

对一些比较复杂的谱图，峰组重叠，往往难于确定某指定质子的积分值，即使在这种情况下，近似的积分比例仍是有价值的数据。例如，整个苯环区域的积分值可以提供苯环上质子的数目,也就是苯环上取代基的数目等。当各峰组对应的质子数目不很清楚时,质子数的分配需仔细考虑。若对质子的分配有错误,将会使推测结构的工作步入歧途。

值得一提的是,近代一些仪器已能直接在谱图上给出每一组峰面积的数字值(通常为非整数值),我们只需将这些数字值折合成整数比即可知道各谱峰相对质子数目的比值。

4.6.2 解析核磁共振氢谱的程序

核磁共振氢谱的解析虽然没有统一固定的程序,但通常可按下列步骤进行:

① 根据分子式计算不饱和度,以缩小解析范围及验证解析结果(见第3.6节)。

② 利用积分曲线,算出各峰的相对质子数。然后参考分子式中质子的数目,决定各信号峰所代表的质子数。这个时候,也可用可靠的甲基信号或孤立的亚甲基信号为标准按比例推算各峰的相应质子数。

③ 先根据 δ_H、J 与结构的一般关系,识别一些强单峰及特征峰,例如,CH_3O—、CH_3N、苯环—CH_3、$CH_3\overset{O}{\overset{\|}{C}}$—、$CH_3\overset{|}{\overset{|}{C}}$—、$RO$—$CH_2CN$、$R\overset{O}{\overset{\|}{C}}$—$CH_2Cl$、$CH_3CR_3$ 等孤立的甲基或亚甲基质子信号,以及在低磁场处($10<\delta_H<16$)出现的—COOH、—CHO 及具有分子内氢键的—OH 信号等。

④ 如结构中可能有 OH、NH、COOH 等基团,应当将滴加 D_2O 前后的谱图进行比较,若加 D_2O 后相应的信号消失,则可确证此类活泼氢的存在。要注意有些 —$\overset{O}{\overset{\|}{C}}$—NH— 或具有分子内氢键的—OH 信号不会消失,相反,有些活泼亚甲基质子信号会消失。

⑤ 若在 δ_H 6.5~8.5 范围有强的单峰或多重峰出现,往往是苯环上质子的信号。根据这一区域质子的数目,可确定苯环上取代基的数目。峰形则因取代基的种类和数目的不同而有所区别。详见 4.4 节的讨论。

⑥ 解析比较简单的多重峰(一级谱)。根据每个峰组的化学位移及其相应的质子数目,利用附录 II 就可对该基团进行推断,并估计其相邻的基团。

对每个峰组的峰形应进行仔细的分析。分析时最关键之处为寻找峰组中的等间距和峰组间的等间距。每一种间距相应于一个偶合常数,通过对峰组的分析可以找出不同的 J,并找出相互的偶合关系。通过此途径可找出邻碳质子的数目。

当从裂分间距计算 J 值时,应注意谱图是在多少兆赫的仪器上测绘的,因为有了仪器的工作频率才能从化学位移之差 $\Delta\delta_H$ 算出 $\Delta\nu$(Hz)。当谱图显示烷基链 ^3J 偶合裂分时,其间距(相应 6~7Hz)也可以作为计算其他裂分间距所对应的赫兹数的基准。

⑦ 解析高级偶合系统(二级谱)。如果有必要,在不同的溶剂中再测定一次,有时由于化学位移的变化,共振谱会简化。如果条件允许,可以用去偶法、NOE 效应、加位移试剂等方法解析复杂的谱图。

⑧ 根据上面对各峰组化学位移和偶合关系的分析,推出若干结构单元,最后组合为几种可能的结构式。每一可能的结构式不能和谱图有大的矛盾。

⑨ 对推出的可能结构进行"指认",以确定其正确性。在这假设的结构式中,每个官能团均应在谱图上找到相应的峰组,峰组的 δ_H 值及偶合裂分(峰形和 J 值大小)都应该和结构式相符。如存在较大矛盾,则说明所设结构式是不合理的,应予以去除。通过指认校核所有可能的结构式,进而找出最合理的结构式。

⑩ 结合元素分析、不饱和度、紫外光谱、红外光谱、质谱以及其他化学方法所提供的有关数据,对推定的结构式进行全面复核。并最好能与标准谱图进行核对,最后得出正确结论。

常用标准核磁共振氢谱图集有:

① "Sadtler Nuclear Magnetic Resonance Spectra" 由 Sadtler Research Laboratories 出版。从 1969 年的第 1 卷到 1979 年的第 50 卷，共收集 32000 张光谱。用 Varian A-60（射频 60MHz）仪器测定，溶剂为氘氯仿。记载项目有：化合物名称，结构式，分子量，熔（沸）点，样品来源，测定条件，质子信号的解释，红外和核磁共振氢谱号码。附有六种索引供查阅。

② "The Sadtler Handbook of Proton NMR Spectra" 由 W. W. Simom 编，Sadtler Research Laboratories 出版（1978 年）。共有 2999 张 ^{1}H-NMR 谱图。按各种官能团、化合物种类和基本骨架排列。

③ "High Resolution NMR Spectra Cataog" 由 Varian 公司出版。共 2 卷，收集 700 张谱图，都是用 Varian A-60 仪器测定的。溶剂为氘氯仿，用 TMS 作为内标。记载项目有：光谱号码，化合物名称，分子式，测定条件，标准光谱和各信号的解析。附有三种索引供查阅。

④ "The Aldrich Library of NMR Spectra" C. J. Pouchert 等编，Aldrich Chem. Co. Inc，1983 年由原 11 卷缩为 2 卷出版。共收入约 9000 张谱图，第二卷后有化合物名称索引，分子式索引和 Aldrich 谱图索引。

⑤ "Handbook of Proton-NMR Spectra and Data" Asahi Research Center Co. Ltd 编辑，Academic Press Japan，Inc. 1987。收入 8000 个有机化合物谱图，并记载有分子式、相对分子质量、熔点、沸点。以化合物的含碳数为序，分 10 卷出版，每卷后面附有 4 种索引：化学名称索引，分子式索引，基础结构索引和化学位移索引，另有索引卷（Index to Volumes 1~10），包括全部收入化合物的 4 种索引。

4.6.3 解析核磁共振氢谱的实例

从以上几节介绍可知，一张 NMR 谱图给我们提供了化学位移、自旋裂分和偶合常数、积分线高度三个主要参数。利用这些参数就可以对谱图进行解析。

例 1. 一晶形固体，分子式为 $C_6H_3OBr_3$，熔点 96℃。图 4-59 是它的 ^{1}H-NMR 谱，其中有 * 号者系加入 D_2O 后重新测得的谱图。试推测该化合物的结构。

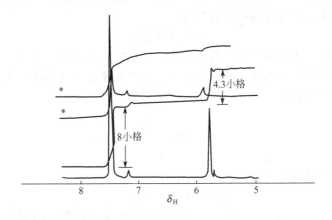

图 4-59　$C_6H_3OBr_3$ 的 ^{1}H-NMR 谱图

解：根据分子式求得不饱和度 $U=4$；谱图上共给出两组峰，其中 δ_H 7.45 处的单峰由积分曲线指示相当于两个质子，δ_H 5.75 处的单峰相当于一个质子。因 δ_H 5.75 单峰在加入 D_2O 后消失，故应为活泼氢，结合分子式可知为—OH。由化学位移值知 δ_H 7.45 单峰为苯环质子，因数目只有两个，故必为一个四取代苯。根据分子式及不饱和度，并考虑这两个苯环质子应处于相同的化学环境（苯环质子呈单峰），可推测该化合物有下面两种可能结构：

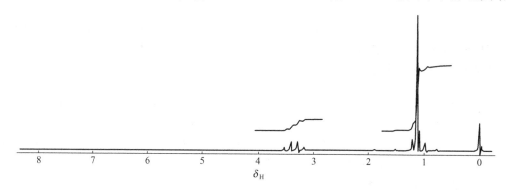

A   B

为了区别二者，可通过对苯环上剩余质子的化学位移值的计算来判别。

根据式（4-21）：

在 A 中，δ_{H-2} 或 $\delta_{H-6} = 7.26 + 0.18 - 0.08 - 0.04 - 0.56 = 6.76$

在 B 中，δ_{H-3} 或 $\delta_{H-5} = 7.26 + 0.18 + 0.18 - 0.12 - 0.04 = 7.46$

因化合物 B 中的苯环质子 δ_H 值更接近谱图上给出的苯环质子 δ_H 值（7.45），故该化合物的结构为 B。经对照标准谱图确认无误。

例 2. 某化合物的分子式为 $C_6H_{14}O$，它的核磁共振氢谱如图 4-60 所示，试推测其结构。

图 4-60 $C_6H_{14}O$ 的 ^1H-NMR 谱图

解： 根据分子式求得不饱和度 $U = 0$。积分曲线（从低场到高场）指出谱图中两组峰的强度比为 2∶12，其加和为 14，与分子式中质子数目一致；根据 δ_H 3.36 的四重峰并有 2 个氢的事实，可推知这是与 CH_3 相连的 CH_2，且另一端应连有电负性的原子或基团，结合分子式可知应与氧相连，故可得部分结构片断：

$$-O-CH_2CH_3$$

从分子式中扣除上述结构片断，尚余 C_4H_9。从 δ_H 1.10 的 12 个氢（粗看似一种环境中的氢，但小峰与大峰的强度不成比例，细看有一组三重峰及一组单峰）中扣除 3 个氢，剩 9 个氢，只能有一种结构片断：

$$CH_3-\underset{\underset{CH_3}{|}}{\overset{\overset{CH_3}{|}}{C}}-$$

故所推未知物的结构式为：

$$(CH_3)_3C-O-CH_2CH_3$$

例 3. 某化合物的分子式为 C_7H_9N，它的核磁共振氢谱如图 4-61 所示，试推测其结构。

解： 根据分子式求得 $U = 4$；积分曲线（从低场到高场）指出谱图中三组峰的强度比为 4∶2∶3，其加和为 9，与分子式中质子数目一致；结合不饱和度及 δ_H 6.37、δ_H 6.79 的两组二重峰（峰形对称，共有 4 个质子），可推知这是一个对位二取代苯。δ_H 3.24 单峰相当于两个质子，在加入 D_2O 后消失，应为活泼氢，结合分子式可知为 NH_2 基。δ_H 2.16 单峰代表 CH_3 的 3 个质子。至此，所推出的结构片段已满足分子式的要求，且只能有一种组合方式：

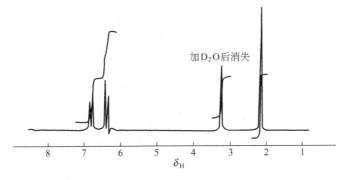

图 4-61 C$_7$H$_9$N 的 ^{1}H-NMR 谱图

$$\underset{H_2N}{\delta_H\ 6.37}\underset{}{\bigcirc}\underset{CH_3}{\delta_H\ 6.79}$$

例 4. 某化合物的分子式为 C$_7$H$_{16}$O$_3$,它的核磁共振氢谱如图 4-62 所示,试推测其结构。

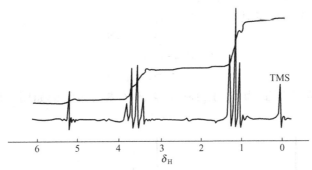

图 4-62 C$_7$H$_{16}$O$_3$ 的 ^{1}H-NMR 谱图

解: 根据分子式求得 $U=0$,说明这是个饱和的化合物;积分曲线(从低场到高场)指出谱图中三组峰的强度比为 1∶6∶9,其加和为 16,正好与分子式中质子数目一致;δ_H 1.2 附近峰为 CH$_3$CH$_2$—中甲基峰,被邻接 CH$_2$ 裂分为三重峰。δ_H 3.6 峰为与氧相连的亚甲基峰,移向低场,同时被邻接甲基裂分为四重峰。由于 δ_H 1.2 峰和 δ_H 3.6 峰所代表的质子数分别为 9 个和 6 个,所以结构中应有 3 个 CH$_3$ 和 3 个 CH$_2$,即应具有如下结构单元:

$$(CH_3CH_2O)_3$$

从分子式中扣除上述已知的片段后,尚余 CH。所以 δ_H 5.2 的单峰应为与 3 个氧相连的次甲基峰。据此,可知该化合物的结构为:

$$(CH_3CH_2O)_3CH$$

例 5. 某化合物的分子式为 C$_{11}$H$_{20}$O$_4$,红外光谱指出它是个酯类化合物,它的核磁共振氢谱如图 4-63 所示,试推测其结构。

解: 根据分子式求得 $U=2$;积分曲线(从低场到高场)指出谱图中四组峰的强度比为 2∶2∶3∶3,其加和为 10,而分子式中有 20 个质子,这表示该分子是对称的;从偶合裂分的峰形以及所处的化学位移,可拼出部分结构片段:

$$-\overset{\overset{O}{\|}}{C}-O-CH_2CH_3 \qquad -\overset{|}{\underset{|}{C}}-CH_2-CH_3$$

因为分子要求对称,故上述两个结构片段应分别有两个。这样,原来分子中的 4 个氧和两个不饱和度都已用完,并多出一个碳原子,由于酯基不能共用碳原子,所以只能是两个

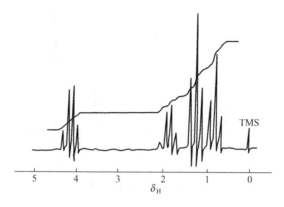

图 4-63 $C_{11}H_{20}O_4$ 的 ^{1}H-NMR 谱图

—CH_2—CH_3 共用一个碳，即有：

$$\left(\begin{matrix}O\\\|\\-C-O-CH_2CH_3\end{matrix}\right)_2 \qquad CH_3CH_2-\overset{|}{\underset{|}{C}}-CH_2CH_3$$

两个一价基和一个两价基只有一种组合方式：

$$CH_3CH_2-\overset{COOCH_2CH_3}{\underset{COOCH_2CH_3}{\overset{|}{\underset{|}{C}}}}-CH_2CH_3$$

例 6. 某化合物的分子式为 $C_9H_{11}BrO$，它的核磁共振氢谱如图 4-64 所示，试推测其结构。

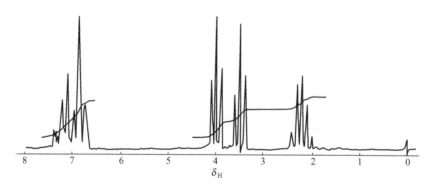

图 4-64 $C_9H_{11}BrO$ 的 ^{1}H-NMR 谱图

解：根据分子式求得 $U=4$；积分曲线（从左至右）指出谱图中四组峰的强度比为 5∶2∶2∶2，其加和为 11，正好与分子式中质子数目一致；中心在 δ_H 7.0 处的多重峰有 5 个质子，可能是一个单取代苯环，其峰组的复杂性则说明苯环上有供电子基，如 OR 等。中心在 δ_H 4.0 处的三重峰有两个质子，说明存在一个 CH_2，由于它裂分为三重峰（$J=5.75Hz$），所以这个 CH_2 必然与另一个 CH_2 相偶合。同样，中心靠近 δ_H 3.5 处的三重峰（$J=6.5Hz$）也相当于一个 CH_2，它也与另一个 CH_2 偶合。因上述两组峰的 J 不同，所以可以肯定 δ_H 4.0 和 δ_H 3.5 处的两个 CH_2 是不相互偶合的。其中每一个都以稍微不同的 J 值与第三个 CH_2 偶合。若假定它们与 δ_H 2.2 处的五重峰有关，则上述两个三重峰的外形支持了这一假设，每一个三重峰的两根外线中靠高场一侧的一根线较高，这表示与之偶合的质子信号在高场。再看 δ_H 2.2 处的五重峰，其外形也呈现出与之偶合的质子在低场的模式。

综上分析，可推出该化合物具有如下结构单元：

$$—O—\underset{\delta_H 4.0}{CH_2}—\underset{\delta_H 2.2}{CH_2}—\underset{\delta_H 3.5}{CH_2}—$$

从分子式中减去上述碎片后，剩下 C_6H_5Br，因此该化合物的结构应为：

$$\text{C}_6\text{H}_5\text{—O—CH}_2\text{—CH}_2\text{—CH}_2\text{—Br}$$

在此结构中，位于 $\delta_H 2.2$ 的中间 CH_2，它的信号预期能看到 (2+1)(2+1)，即九重峰，但实际上 $J_{OCH_2—CH_2}$ 和 $J_{CH_2—CH_2Br}$ 的值相差不大，所以作为一级近似，可认为它具有 4 个等价的相邻质子，并被裂分成五重峰。

例 7. 异香草醛 A 在乙酸中与 1mol 溴作用，得到主要产物为 B，然后使羟基甲基化得到 C，C 的核磁共振氢谱如图 4-65 所示，试问溴应在苯环上的哪一个位置？

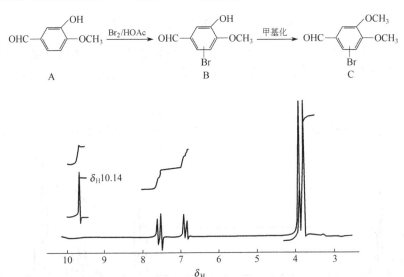

图 4-65　化合物 C 的 ^{1}H-NMR 谱图

解： $\delta_H 3.76$ 及 $\delta_H 3.87$ 的两个单峰为 2 个甲氧基的吸收。$\delta_H 6.86$ 和 $\delta_H 7.55$ 的两组峰为苯环上两个质子的信号。从谱图上可以看到 $\delta_H 6.86$ 和 $\delta_H 7.55$ 处的峰均是二重峰，其间距相等，大约在 7~9Hz（此处因谱图被缩小了，所以不容易测量）。据此，可推知溴原子必须在苯环的 2-位上。因为如果它在苯环的 5-位或 6-位上，则苯环上两个质子的偶合常数将分别属于 $J_间$ 和 $J_对$（$J_间 = 1~3$Hz，$J_对 = 0~0.6$Hz，$J_邻 = 7~9$Hz），比谱图中给出的 J 要小得多。故该化合物的结构为：

$$\text{OHC}—\underset{Br}{\underset{|}{C_6H_2}}(OCH_3)(OCH_3)$$

谱图中 $\delta_H 6.86$ 为苯环 5-位上的质子信号。$\delta_H 7.55$ 为苯环 6-位上的质子信号，因和醛基更近，故处于更低场。$\delta_H 10.14$ 为醛基质子的吸收。

例 8. 某化合物的分子式为 $C_6H_{10}O_3$，它的核磁共振氢谱如图 4-66 所示，试推测其结构。

解： 根据分子式求得 $U=2$；积分曲线从低场到高场的四组峰强度比为 2∶2∶3∶3，其加和为 10，与分子式中质子数目一致；中心在 $\delta_H 4.15$ 处四重峰与中心在 $\delta_H 1.18$ 处的三重峰从峰形外观及所分配的质子数看，可推知这是一个 —CH_2CH_3，且根据 CH_2 的 δ_H 值，可知该 CH_2 应与氧相连，即有 CH_3CH_2O 的结构单元；从 $\delta_H 3.50$ 处的 2 个质子和 $\delta_H 2.19$ 处的 3 个质子，可判断这分别是 1 个 CH_2 和 1 个 CH_3，并且它们均无邻近的氢核。从分子

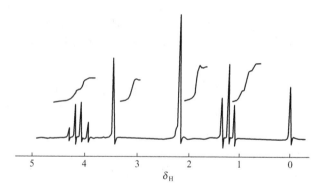

图 4-66 $C_6H_{10}O_3$ 的 ^{1}H-NMR 谱图

式中扣除上述已知结构单元，尚余 C_2O_2。由于不饱和度为 2，上述所推结构单元又都是饱和的，所以这剩余的 C_2O_2 只能是 2 个 C=O。据此，可知该化合物的结构为：

$$CH_3-\overset{O}{\underset{\|}{C}}-CH_2-\overset{O}{\underset{\|}{C}}-OCH_2CH_3$$

例 9. 某化合物的分子式为 $C_{10}H_{12}O$，它的核磁共振氢谱如图 4-67 所示，试推测其结构。

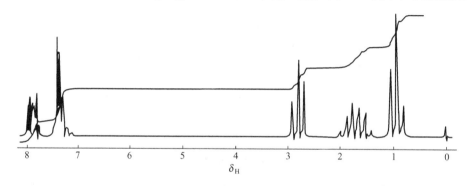

图 4-67 $C_{10}H_{12}O$ 的 ^{1}H-NMR 谱图

解： 根据分子式求得 $U=5$；积分曲线从低场到高场的五组峰强度比为 2∶3∶2∶2∶3，其加和为 12，与分子式中质子数目相一致；中心在 δ_H 7.9 和 δ_H 7.4 处的两组复杂多重峰共有 5 个质子，根据分子式及不饱和度，可判定这是一个单取代苯；中心在 δ_H 2.81 处的三重峰和 δ_H 1.75 处的多重峰分别有 2 个质子，应为 2 个 CH_2；δ_H 0.95 处的三重峰有 3 个质子，应为 1 个 CH_3。从分子式中扣除已推出的结构单元，尚余 CO，因还有一个不饱和度尚无归属，故这 CO 应为 C=O。据此，可推出如下结构：

$$\underset{A}{\text{Ph-CH}_2\text{CH}_2\overset{O}{\underset{\|}{C}}CH_3} \qquad \underset{B}{\text{Ph-CH}_2\overset{O}{\underset{\|}{C}}CH_2CH_3} \qquad \underset{C}{\text{Ph-}\overset{O}{\underset{\|}{C}}CH_2CH_2CH_3}$$

结构 A 中有 1 个 CH_3 单峰，B 中的 CH_2 有 1 个为单峰，而谱图中却没有呈现出一组单峰，且若为 A 或 B，则苯环氢亦不应呈现复杂多重峰。而结构 C 中的两个 CH_2 的峰形与谱图相对应，苯环氢的复杂峰形亦证明有吸电子基与苯环相连，故所推结构为 C。

第5章 核磁共振碳谱

在核磁共振波谱中,氢谱是研究得最早且最多的,而碳谱则是于近20多年才得以飞速发展起来的。由于碳是有机化合物的分子基本骨架,它可以为有机分子的结构提供重要的信息,故对它的分析备受人们的关注。^{13}C 因其天然丰度低和磁旋比 γ 较小,所以 ^{13}C 的共振强度很小,只有 ^{1}H-NMR 的 1/6000;另一个不利因素是 ^{13}C 和它周围的 ^{1}H 核发生多次偶合分裂 ($^{1}J_{CH}$,$^{2}J_{CH}$,$^{3}J_{CH}$ 等),使信号严重分散,所以以早期连续波扫描(CW)的实验方法无法得到满意的碳谱,必须采用一系列措施来提高检测灵敏度并清除 ^{1}H 的偶合,这些措施包括提高磁场强度,采用脉冲傅里叶变换实验技术(PFT)、质子噪声去偶(同时产生NOE)等。由于计算机和电子技术的进步,现在已能顺利完成各种 ^{13}C-NMR 实验,使得碳谱得到了广泛的研究和应用。在结构测定、构象分析、动态过程的探讨、活性中间体和反应机制的研究、高聚物立体规整性和序列分布的研究以及定量分析等方面都显示了巨大的威力,成为化学、化工、生物和医药等学科领域不可缺少的分析工具。

5.1 核磁共振碳谱的特点

与氢谱相比碳谱具有以下特点:

① 化学位移范围宽。碳谱的化学位移值 δ_C 一般在 200 以内,最大的可达到 600。而氢谱的化学位移值 δ_H 一般在 10 以内,最大也只有 20。由于碳谱的化学位移变化范围比氢谱大几十倍,因此分子结构的微小差异所引起的化学位移的不同就能在碳谱中反映出来。分子量在 300~500 的有机化合物,若分子无对称性,基本上每个碳原子都有其可分辨的化学位移值。如果消除碳与氢之间的偶合,在上述条件下,碳谱上每个碳原子都对应有一条尖锐、可分辨的谱线。但对氢谱而言,由于化学位移差距小,加上偶合作用使谱线产生裂分,经常出现谱线的重叠,从而使氢谱难以分辨、解析。

② 给出不与氢相连的碳的共振吸收峰。季碳、C=O、C=C=C、C≡C、N=C=O、C≡N 等基团中的碳不与氢直接相连,从氢谱中得不到直接的信息,只能靠分子式及其对相邻基团 δ_H 值的影响来判断。而在碳谱中均能给出各自的特征吸收峰。

③ 偶合常数大。由于 ^{13}C 天然丰度只有 1.1%,与它直接相连的碳原子也是 ^{13}C 的概率很小,故在碳谱中一般不考虑天然丰度的化合物中的 ^{13}C—^{13}C 偶合,而碳原子常与氢原子连接,它们可以互相偶合,这种 ^{13}C—^{1}H 键的偶合常数值很大,一般在 125~250Hz。由于 ^{13}C 天然丰度很低,这种偶合并不影响氢谱,但在碳谱中是主要的。所以不去偶的碳谱,各个裂分的谱线彼此交叠,很难识别。故常规的碳谱都是质子噪声去偶谱,去掉了全部 ^{13}C—^{1}H 偶合,得到的各种碳的谱线都是单峰。

④ 弛豫时间长。^{13}C 的弛豫时间比 ^{1}H 慢得多,有的化合物中的一些碳原子的弛豫时间长达几分钟,这使得测定 T_1、T_2 等较为方便。另外,不同种类的碳原子弛豫时间也相差较大,这样,可以通过测定弛豫时间来得到更多的结构信息。但也正是由于各种碳原子的弛豫时间不同,去偶造成的 NOE 效应大小不一,所以常规的 ^{13}C 谱(质子噪声去偶谱)是不能直接用于定量分析的。

⑤ 共振方法多。碳谱除质子噪声去偶谱外,还有多种其他的共振方法,可获得不同的信息。例如偏共振去偶谱,可获得 ^{13}C—^{1}H 偶合信息;反转门控去偶谱,可获得定量信息

等。因此,碳谱比氢谱的信息更丰富,解析结论更清楚。

⑥ 信噪比低。与氢谱相比碳谱也有其不足之处,主要是碳谱的信噪比低。核磁共振一般是以一个基准物质的信号(S)和噪声(N)的比作为灵敏度。信噪比 S/N 正比于核磁共振波谱仪的磁场强度 H_0、测定核的磁旋比 γ、待测核的自旋量子数 I 及其核的数目 n,反比于测试时的绝对温度 T,其关系式如下:

$$\frac{S}{N} \propto \frac{H_0^2 \gamma^3 n I(I+1)}{T} \tag{5-1}$$

对于 I 都等于 $\frac{1}{2}$ 的 ^{13}C 和 ^{1}H,由于 γ 和 n 这两个参数的不同,在同样的 H_0 和 T 的实验条件下,^{13}C 的信噪比与 ^{1}H 的信噪比之比值约为 1/6000。因此,在氢谱的测定条件下,是难以测量碳谱的。为了提高测试时碳谱的灵敏度,只要样品来源和溶解度允许,用于配制的样品量愈多愈好。通常使用 10mm 内径的样品管,需溶剂 1mL 左右,样品量为几十毫克。

5.2 核磁共振碳谱的去偶技术

在氢谱中,^{13}C 对 ^{1}H 的偶合峰仅以极弱的卫星峰(见图 4-57)出现,可以忽略不计。反过来,在碳谱中,^{1}H 对 ^{13}C 的偶合是普遍存在的,且 ^1J 值宽到几十至几百赫兹范围,加之 $^2J \sim ^4J$ 的存在,虽能给出丰富的结构分析信息,但谱峰相互交错,难以归属,给谱图解析、结构推导带来了极大的困难。且偶合裂分的同时,又大大降低了碳谱的灵敏度。解决这些问题的方法,通常采用去偶技术。

5.2.1 质子噪声去偶

质子噪声去偶也称做质子宽带去偶,为 ^{13}C-NMR 的常规谱,是一种双共振技术,以符号 ^{13}C{^{1}H} 表示。它的实验方法是在测定碳谱时,以一相当宽的频率(包括样品中所有氢核的共振频率)照射样品,由此消除 ^{13}C 和 ^{1}H 之间的全部偶合,使每种碳原子仅给出一条共振谱线,如图 5-1(d)所示。Overhauser 还发现,在照射 ^{1}H 核时,与之相近的 ^{13}C 核的信号也得到增强,称之为 NOE 效应,可表示为:

$$\text{NOE}_{\max} = 1 + \frac{\gamma_{^1\text{H}}}{2\gamma_{^{13}\text{C}}} \tag{5-2}$$

式中,$\gamma_{^1\text{H}}$ 和 $\gamma_{^{13}\text{C}}$ 分别为 ^{1}H 和 ^{13}C 核的磁旋比。从该式可知有 NOE 的 ^{13}C-NMR 谱的信号将增强至 2.988 倍(最大理论值)。实测的 NOE 可能小于该值,这与弛豫的机制有关。谱带的合并以及 NOE 效应将使 ^{13}C-NMR 谱的观测比较容易。

如无特殊说明,通常在文献以及各种标准 ^{13}C-NMR 谱图中,给出的均是质子噪声去偶谱。

5.2.2 偏共振去偶

质子噪声去偶使 ^{13}C-NMR 谱线简化,增加了大部分谱带的高度,但同时也失去了许多有用的结构信息,不便识别伯、仲、叔、季不同类型的碳。

偏共振去偶也称做不完全去偶,它的实验方法是采用一个频率范围较小、比质子噪声去偶功率弱的照射场 H_2(去偶频率),其频率略高于待测样品所有氢核的共振吸收位置,使 ^{1}H 与 ^{13}C 之间在一定程度上去偶,这不仅消除了 $^2J \sim ^4J$ 的弱偶合,而且使 ^1J 减小到 J^r($J^r \ll {}^1J$)。J^r 称为表观偶合常数。J^r 与 ^1J 的关系如下:

$$J^r = \frac{^1J}{\gamma \cdot H_2/2\pi} \Delta\nu \tag{5-3}$$

式中，$\Delta\nu$ 为质子共振频率与照射场 H_2 频率的偏移值，γ 为 ^{1}H 核的磁旋比。$\Delta\nu$ 与 $\gamma \cdot H_2/2\pi$ 的比例可以调整。当照射场频率接近质子共振频率，即 $\Delta\nu$ 值减小时，J^r 随之减小，同时增强的 NOE 随之增加。采用偏共振去偶，既避免或降低了谱线间的重叠，具有较高的信噪比，又保留了与碳核直接相连的质子的偶合信息。通常，在偏共振去偶时，^{13}C 裂分为 n 重峰，就表明它与 ($n-1$) 个质子直接相连，即：

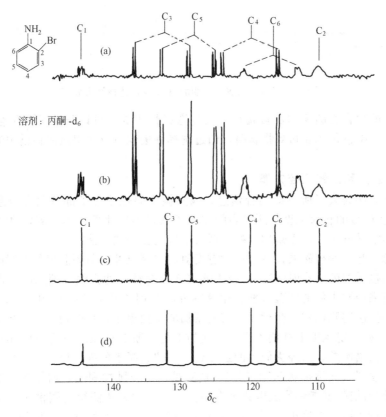

q，t，d，s 峰分别对应于伯碳、仲碳、叔碳、季碳。

图 5-1　2-溴苯胺的 ^{13}C-NMR 谱
(a) 未去偶的单共振谱；(b) 门控去偶谱；
(c) 反转门控去偶谱；(d) 质子噪声去偶谱

5.2.3　质子选择性去偶

质子选择性去偶是偏共振去偶的特例。当测一个化合物的 ^{13}C-NMR 谱时，选择某一特定质子的共振频率为去偶场，以低功率照射，则与这个质子直接相连的碳发生全去偶尔变为尖锐的单峰，且信号强度因 NOE 效应而大大增强。对其他碳的谱线只受到不同的偏频照射，产生不同程度的偏共振去偶，称为质子选择性去偶。图 5-2 是苄基丙二酸二乙酯的选择性去偶谱。图 5-2（a）是选择性去偶频率对准甲基碳原子上氢核的共振频率，所以该碳共振峰为单峰。图 5-2（b）是去偶频率对准 C-2 上氢的共振频率，该碳谱线为单峰。C-4 谱线也呈现为单峰，这是因为氢谱中对应的这两种氢的共振频率相差不大。

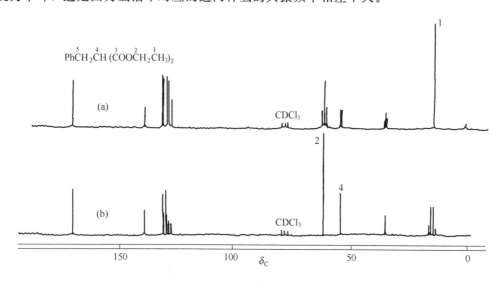

图 5-2　苄基丙二酸二乙酯的 ^{13}C-NMR 选择性去偶谱

当所讨论的化合物的氢谱已被指认，通过选择性去偶，可以帮助对该化合物碳谱的指认。如果氢谱、碳谱都未能得到指认时，通过选择性去偶可以找出这两种谱中峰组之间的对应关系。

5.2.4　门控去偶和反转门控去偶

质子噪声去偶失去了所有的偶合信息，偏共振去偶也损失了部分偶合信息，而且都因 NOE 不同而使信号的相对强度与所代表的碳原子数目不成比例。为了测定真正的偶合常数或作各类碳的定量分析，可以采用门控去偶或反转门控去偶方法。

在脉冲傅里叶变换核磁共振波谱仪中有发射门（用以控制射频脉冲的发射时间）和接受门（用以控制接受器的工作时间）。门控去偶（又称交替脉冲去偶或预脉冲去偶）是指用发射门及接受门来控制去偶的实验方法，用这种方法与用单共振法获得的 ^{13}C-NMR 谱较为相似，但用单共振法得到同样一张谱图，需要累加的次数更多，耗时很长。门控去偶法借助于 NOE 的帮助，在一定程度上补偿了这一方法的不足。图 5-1（a）和图 5-1（b）用的是同样的脉冲间隔和扫描次数，门控去偶谱的强度比未去偶共振谱的强度增强近一倍。

反转门控去偶（又称抑制 NOE 门控去偶）是用加长脉冲间隔，增加延迟时间，尽可能抑制 NOE，使谱线强度能够代表碳数多少的方法，由此方法测得的碳谱称为反转门控去偶谱，亦称为定量碳谱。在这种谱图中，碳数与其相应的信号强度接近成比例，如有不同的各级碳，其信号强度也将基本上按含碳数成正比。比较图 5-1（c）和图 5-1（d），可以看出反转门控去偶谱提供了碳原子的定量信息。

5.2.5　INEPT 和 DEPT 谱

上面讲过的质子噪声去偶谱可以使碳谱简化，但是它损失了 ^{13}C 和 ^{1}H 之间的偶合信息，因此无法确定谱线所属的碳原子的级数。虽然常用偏共振去偶技术来解决这一问题，但对于一些较复杂的有机分子或生物高分子等，多重峰仍将彼此交叠，再加上有些核的次级效应以及碳谱的信号较低，更是难以分辨各种碳的级数。随着现代脉冲技术的进展，已发展了多种确定碳原子级数的方法，如：J 调制法、APT 法、INEPT 法和 DEPT 法等。目前常用的有

INEPT 和 DEPT 技术。INEPT 称为非灵敏核的极化转移增强法。DEPT 称为无畸变的极化转移增强法。两者均是近年来发展起来的新的脉冲实验方法，可明显增强非灵敏核，如 ^{13}C、^{15}N 等的灵敏度，使 ^{13}C 信号对 ^1H 信号增强约 4 倍。INEPT 技术对设置的 $^{13}C—^1H$ 偶合常数比较敏感，常发生谱带畸变。而 DEPT 技术是对它的改进，对设定的 ^1J 值依赖较小，可以得到无畸变的谱图。这里简要介绍 DEPT 谱。在 DEPT 谱中季碳原子是不出峰的，根据不同的设置，DEPT 谱有下列三种谱图：

a. DEPT45 谱　在这类谱图中 CH、CH_2 和 CH_3 均出正峰。
b. DEPT90 谱　在这类谱图中只有 CH 出正峰，其余的碳均不出峰。
c. DEPT135 谱　在这类谱图中 CH 和 CH_3 出正峰，CH_2 出负峰。

图 5-3 为 β-苯丙烯酸乙酯的质子噪声去偶谱和 DEPT 的三种谱图。

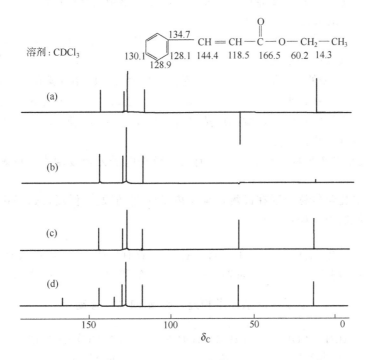

图 5-3　β-苯丙烯酸乙酯的 ^{13}C-NMR 谱
(a) DEPT135 谱，CH 和 CH_3 出正峰，CH_2 出负峰；(b) DEPT90 谱，只有 CH 出峰；
(c) DEPT45 谱，除季碳原子 δ_C166.5 和 δ_C134.7 外均出峰；(d) 质子噪声去偶谱

5.3　^{13}C 的化学位移

碳谱中化学位移 δ_C 是最重要的参数。

5.3.1　化学位移 δ_C 的表示方法

^{13}C 的化学位移与 ^1H 的化学位移标度方法是一样的，相应于式（4-14）和式（4-15）。碳谱的化学位移对核所受的化学环境是很敏感的，它直接反映了所观察核周围的基团、电子分布情况，即核所受屏蔽作用的大小，其值的范围比氢谱宽得多，一般为 0~250。不同结构与化学环境的碳原子，它们的 δ_C 从高场到低场的顺序与它们相连的氢原子的 δ_H 有一定的对应性，但并非完全相同。如饱和碳在较高场，炔碳次之，烯碳和芳碳在较低场，而羰基碳在更低场。

^{13}C 化学位移的标准物，同氢谱一样，通常也使用四甲基硅烷（TMS），标准物可以作为内标直接加在样品管内，也可用做外标。早期文献报道的 ^{13}C 化学位移 δ_C 值也有用二硫化碳作为标准物的，可通过下式换算为 TMS 作为标准物的 δ_C 值：

$$\delta_{C(TMS)} = 192.8 + \delta_{C(CS_2)} \text{（内标）} \tag{5-4}$$

$$\delta_{C(TMS)} = 193.7 + \delta_{C(CS_2)} \text{（外标）} \tag{5-5}$$

实际上溶剂的共振谱经常作为化学位移的第二个参考标度。

5.3.2 影响化学位移 δ_C 的因素

化学位移主要是受到屏蔽作用的影响，氢谱化学位移的决定因素是抗磁屏蔽，而在碳谱中，化学位移的决定因素是顺磁屏蔽。下面就讨论几项影响化学位移的结构因素。

(1) 碳原子的轨道杂化

化合物中碳原子轨道杂化有 sp^3、sp^2 和 sp 三种基本状态，它在很大程度上决定着 ^{13}C 化学位移的范围，其次序基本上与 ^{1}H 的化学位移平行，一般情况为：sp^3 杂化碳的 δ_C 值在 0~60 范围；sp^2 杂化碳的 δ_C 值在 100~220 范围，其中 C═O 中的碳位于 160~220 范围的低场端，这是由于电子跃迁类型为 n→π*，ΔE 值较小之故；sp 杂化碳的 δ_C 值在 60~90 范围，这是因为其三重键的贡献，使顺磁屏蔽降低，从而比 sp^2 杂化碳处于较高场。

(2) 碳核周围的电子云密度

^{13}C 的化学位移与碳核周围电子云密度有关，核外电子云密度增大，屏蔽效应增强，δ_C 值向高场位移。

碳负离子碳的化学位移出现在高场，碳正离子的 δ_C 值处于低场，这是由于碳正离子缺电子，强烈去屏蔽所致。如：

$CH_3\overset{+}{C}(C_2H_5)_2$ $(CH_3)_2\overset{+}{C}C_2H_5$ $(CH_3)_3\overset{+}{C}$ $(CH_3)_2\overset{+}{C}H$
δ_C 334.7 δ_C 333.8 δ_C 330.0 δ_C 319.6

碳正离子与含未共享电子对的杂原子相连，δ_C 则向高场移动：

$(CH_3)_2\overset{+}{C}OH$ $CH_3\overset{+}{C}(OH)C_6H_5$ $CH_3\overset{+}{C}(OH)OC_2H_5$
δ_C 250.3 δ_C 220.2 δ_C 191.1

此外，这也可用来解释羰基碳的 δ_C 值为什么处于较低场，因为存在下述共振：

$$\diagdown\kern-0.5em\diagup\text{C}═\text{O} \longleftrightarrow \diagdown\kern-0.5em\diagup\overset{+}{\text{C}}-\text{O}$$

(3) 诱导效应

电负性基团会使邻近 ^{13}C 核去屏蔽。基团的电负性越强，去屏蔽效应越大。如：

CH_3F CH_3Cl CH_3Br CH_4 CH_3I
δ_C 80 δ_C 24.9 δ_C 20.0 δ_C −2.6 δ_C −20.7

CH_3I 中 δ_C 较 CH_4 位于更高场，是由于碘原子核外围有丰富的电子，碘的引入对与其相连的碳核产生抗磁性屏蔽作用，碘取代越多，这种屏蔽作用越大。

诱导效应对 δ_C 的影响还随着离电负性基团的距离增大而减小，如表 5-1 所示。表中数据表明：F、Cl、Br 的 α-位诱导效应最大，β-位次之。γ-位反而向高场移动，这是由立体效应所引起的（下面即将论及）。对于 γ-位以上的碳，诱导效应的影响可忽略不计。

表 5-1 正己烷端基卤代后的 δ_C 变化

卤代基团 X	$X-\overset{\alpha}{C}H_2$	$X-\overset{\beta}{C}H_2$	$X-\overset{\gamma}{C}H_2$	$X-\overset{\delta}{C}H_2$	$X-\overset{\varepsilon}{C}H_2$	$X-\overset{>\varepsilon}{C}H_2$
H	$\delta=14.1$	23.1	32.2	32.2	23.1	14.1
F	$\Delta\delta^{①}=70.1$	7.8	−6.8	0.0	0.0	0.0
Cl	$\Delta\delta=31.0$	10.0	−5.1	−0.5	0.0	0.0
Br	$\Delta\delta=19.7$	10.2	−3.8	−0.7	0.0	0.0
I	$\Delta\delta=-7.2$	10.9	−1.5	−0.9	0.0	0.0

① $\Delta\delta=\delta_{RX}-\delta_{RH}$。

(4) 共轭效应

由于共轭效应降低了重键的键级，使电子在共轭体系中的分布不均匀，导致 δ_C 向低场或高场位移。例如，在羰基碳的邻位引入双键或含孤对电子的杂原子，由于形成了共轭体系，羰基碳上电子密度相对增加，屏蔽作用增大而使化学位移偏向高场。因此，α,β-不饱和羰基化合物中的羰基碳的化学位移比饱和羰基化合物的羰基碳更偏向高场。如：

$$CH_3CH_2CH_2\underset{\delta_{C=O}\ 206.8}{\overset{O}{\overset{\|}{C}}}CH_3 \qquad CH_3CH=\underset{\delta_{C=O}\ 195.8}{\overset{O}{\overset{\|}{C}}}CH_3 \qquad CH_3CH=\underset{\delta_{C=O}\ 179.4}{\overset{O}{\overset{\|}{C}}}OH$$

又如：

$$\underset{123.3}{CH_2=CH_2} \qquad \underset{201}{CH_3CHO} \qquad \underset{152.1}{\overset{H_3C}{\underset{H}{>}}}C=\underset{191.4}{\overset{H}{\underset{CHO}{<}}} \quad (反\ 2\text{-丁烯醛})$$

根据共轭体系电子分布的规律，在反 2-丁烯醛中的共轭链原子上出现 $\delta+$ 和 $\delta-$ 的交替分布，3-位碳带有部分正电荷，较 2-位碳低场位移，而 C=O 碳较乙醛中 C=O 的 δ_C 位于更高场（$\overset{\delta+}{C}=\overset{\delta-}{C}-\overset{\delta+}{C}=\overset{\delta-}{O}$）

(5) 立体效应

^{13}C 化学位移还易受分子内几何因素的影响。相隔几个键的碳由于空间上的接近可能产生强烈的相互影响。通常的解释是空间上接近的碳上 H 之间的斥力作用使相连碳上的电子密度有所增加，从而增大屏蔽效应，化学位移移向高场。

表 5-1 显示的 γ-位的化学位移向高场移动（链烃的 γ-邻位交叉效应），就是 2 个空间距离较近的原子相互排斥，将电子云彼此推向对方核的附近，使 δ_C 向高场移动。

γ-邻位交叉效应在六元环系化合物中普遍存在，当环上的取代基处于直立键时，将对 γ-位（C-3 和 C-5）产生 γ-邻位交叉效应，δ_C 向高场位移约 5：

烯类化合物中，处于顺式的 2 个取代基也有这类立体效应。顺式异构体的 α-碳的 δ_C 比相应反式异构体的 δ_C 向高场位移约 5：

$$\underset{顺式}{\overset{11.4}{H_3C}\underset{H}{>}C=\underset{H}{\overset{CH_3}{<}}_{124.2}} \qquad \underset{反式}{\overset{16.8}{H_3C}\underset{H}{>}C=\underset{CH_3}{\overset{H}{<}}_{125.4}}$$

若分子中空间位阻的存在使共轭程度降低，也会导致 δ_C 值改变。如下列化合物中随着空间位阻增大，羰基碳的 δ_C 值向低场位移。

        PhCOCH₃   (o-MeC₆H₄)COCH₃   (2,6-Me₂C₆H₃)COCH₃

       $\delta_{C=O}$ 195.7 $\delta_{C=O}$ 199.0 $\delta_{C=O}$ 205.5

(6) 取代情况

通常，随着碳原子上取代基数目的增加，它的化学位移也随之向低场偏移。如：

$\overset{*}{C}H_4$	$\overset{*}{C}H_3CH_3$	$\overset{*}{C}H_2(CH_3)_2$	$\overset{*}{C}H(CH_3)_3$	$\overset{*}{C}(CH_3)_4$
δ_{C^*} -2.7	δ_{C^*} 5.4	δ_{C^*} 15.4	δ_{C^*} 24.3	δ_{C^*} 27.4

另外，取代的烷基越大，化学位移值也越大。如：

$\delta_{C^*}[R\overset{*}{C}H_2C(CH_3)_3] > \delta_{C^*}[R\overset{*}{C}H_2CH(CH_3)_2] > \delta_{C^*}[R\overset{*}{C}H_2CH_2CH_3] > \delta_{C^*}[R\overset{*}{C}H_3]$

(7) 介质效应

不同的溶剂、不同的浓度以及不同的 pH 值都会引起碳谱的化学位移值的改变，δ_C 改变的范围为几至十几。由不同溶剂引起的 δ_C 值的变化，称为溶剂位移效应。这通常是样品中的氢与极性溶剂通过氢键缔合产生去屏蔽效应的结果。一般来说，溶剂对 ^{13}C 化学位移的影响比对 ^1H 化学位移的影响大。以苯胺为例，不同的溶剂中各个碳的 δ_C 值见表 5-2。

表 5-2 苯胺 δ_C 的溶剂效应

溶 剂	C-1	C-2,6	C-3,5	C-4
CCl₄	146.5	115.3	129.5	118.8
CH₃SO₃H	128.9	123.1	130.4	130.0
CH₃COOH	134.0	122.5	129.9	127.4
(CD₃)₂CO	148.6	114.7	129.1	117.0
(CD₃)₂SO	149.2	114.2	129.0	116.5

当碳核附近有易随 pH 值变化而影响其离解度的基团（如—OH、—COOH、—NH₂、—SH 等）时，这些基团上的电子云密度将随 pH 值的改变而影响到邻碳的屏蔽作用，从而使邻碳的 δ_C 值发生变化。

(8) 温度效应

温度的变化可使 δ_C 有几个数值的位移。当分子有构型、构象变化或有交换过程时，温度的变化直接影响着动态过程的平衡，从而使谱线的数目、分辨率、线形发生明显的变化。如吡唑分子中存在着下列互变异构：

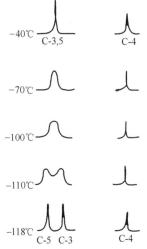

图 5-4 吡唑的变温碳谱

吡唑的变温碳谱如图 5-4 所示。温度较高时，异构化变换速度较快，C-3 和 C-5 谱线出峰位置一致，为一平均值。当温度为 -40℃ 时有两条谱线，分别对应于 C-3、C-5 和 C-4。随着温度的再降低，C-4 谱线基本不变，而 C-3、C-5 的谱线逐渐呈现出两条谱线。

最后值得一提的是，与 ^{1}H-NMR 不同，在 ^{13}C-NMR 中邻近基团的各向异性对有关碳核的 δ_C 影响相对小得多。

5.3.3 各类碳核的化学位移

如前所述，影响碳谱化学位移的因素很多，并且通常对 δ_C 值的预测以及对 δ_C 值与化学结构关系的解释也不如 ^{1}H-NMR 谱那么容易。在目前一般情况下，还不能预先提供一个精确而定量的计算值。因此，根据大量实验数据统计归纳出来的化学位移的经验数据及一些经验关系和经验参数在实际工作中就十分有用。图 5-5 给出了各类碳核化学位移 δ_C 变化的范围（一般为 0~220）。附录Ⅳ则列出了一些常见有机化合物的 δ_C 值。利用这些图表数据。我们就可以对各类碳核进行标识，进而做结构分析。

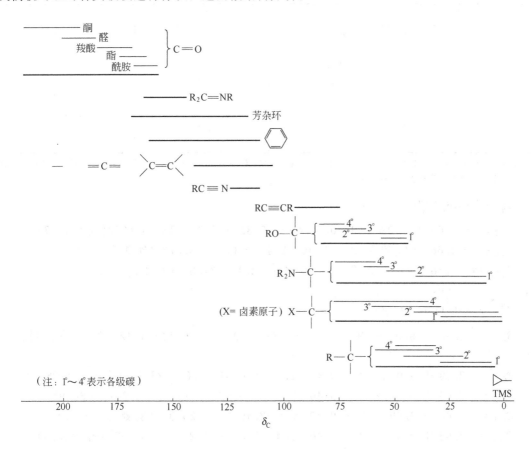

图 5-5 各类碳核的化学位移范围

δ_C 值除了可从各种化学位移表上直接查获外，还可以用一些经验公式计算而得，其计算通式为：

$$\delta_C(K)=B+\sum n_{ik}A_i \tag{5-6}$$

式中，$\delta_C(K)$ 为 K 碳原子的 δ_C 值；B 为常数，是某种基准物质的 δ_C 值，如烷烃以 CH_4 为基准物（δ_C -2.68，以 TMS=0 为标准，下同），烯烃以 $CH_2=CH_2$ 为基准物（δ_C 123.3），炔烃以 $CH\equiv CH$ 为基准物（δ_C 71.9），芳烃以苯为基准物（δ_C 128.5）；n_{ik} 为相对于 K 碳原子的 i-位取代基的个数，$i=\alpha,\beta,\gamma,\delta\cdots\cdots A_i$ 为 i-位取代基的取代参数。A_i 值来源于经验归纳，有时与实测值的误差较大，需用修正项 $\sum S$ 加以修正。下面就对烷烃、取代烷烃、环烷烃及取代环烷烃、烯烃、炔烃和苯环及其取代苯环的 δ_C 值计算方法进行介绍。

(1) 烷烃

直链和支链烷烃是计算各种取代烷烃的基础。Grant and Paul 法和 Lindeman and Adams 法是两种经典且通用的计算方法,这两种方法计算的结果虽有一些差异,但基本一致。本书只介绍 Grant and Paul 法:

$$\delta_C(K) = -2.68 + \sum n_{ik}A_i + \sum S \tag{5-7}$$

式中,A_i 为位移参数;S 为修正值,均可由参数表 5-3 中查获。计算直链烷烃时,$\sum S$ 项略去不计。

表 5-3 Grant and Paul 参数表[①]

C_k	A_i	C_k	S
α-位	9.09	1(3)	−1.12
β-位	9.40	1(4)	−3.34
γ-位	−2.49	2(3)	−2.5
δ-位	0.31	2(4)	−7.23
ε-位	0.11	3(2)	−3.64
		3(3)	−9.47
		4(1)	−1.5
		4(2)	−8.36

① 表中 1(3),1(4),2(3),2(4) ……分别为 CH_3 与 CH,CH_3 与季 C,CH_2 与 CH,CH_2 与季 C……相连,以此类推。表中未列出项 S 值近于 0,忽略不计。

例 1. $\underset{1}{CH_3}\underset{2}{CH_2}\underset{3}{CH_2}\underset{4}{CH_2}\underset{5}{CH_2}\underset{6}{CH_3}$

$\delta_{C-1,6} = -2.68 + 9.09 + 9.40 - 2.49 + 0.31 + 0.11 = 13.74$(实测 $\delta_C = 13.7$)

$\delta_{C-2,5} = -2.68 + 9.09 \times 2 + 9.40 - 2.49 + 0.31 = 22.72$(实测 $\delta_C = 22.8$)

$\delta_{C-3,4} = -2.68 + 9.09 \times 2 + 9.40 \times 2 - 2.49 = 31.81$(实测 $\delta_C = 31.9$)

例 2. $\underset{1}{CH_3}\underset{2}{\overset{\overset{\displaystyle CH_3}{|}}{CH}}\underset{3}{CH_2}\underset{4}{CH_2}\underset{5}{CH_2}\underset{6}{CH_3}$

$\delta_{C-1} = -2.68 + 9.09 + 9.40 \times 2 - 2.49 + 0.31 + 0.11 - 1.12 = 22.02$(实测 $\delta_C = 22.4$)

$\delta_{C-2} = -2.68 + 9.09 \times 3 + 9.40 - 2.49 + 0.31 - 3.64 = 28.17$(实测 $\delta_C = 28.1$)

$\delta_{C-3} = -2.68 + 9.09 \times 2 + 9.40 \times 3 - 2.49 - 2.5 = 38.71$(实测 $\delta_C = 38.9$)

$\delta_{C-4} = -2.68 + 9.09 \times 2 + 9.40 \times 2 - 2.49 \times 2 = 29.32$(实测 $\delta_C = 29.7$)

$\delta_{C-5} = -2.68 + 9.09 \times 2 + 9.40 - 2.49 + 0.31 \times 2 = 23.03$(实测 $\delta_C = 23.0$)

$\delta_{C-6} = -2.68 + 9.09 + 9.40 - 2.49 + 0.31 + 0.11 \times 2 = 13.85$(实测 $\delta_C = 13.6$)

例 3. $\underset{1}{CH_3}\underset{2}{\overset{\overset{\displaystyle CH_3}{|}}{\underset{\underset{\displaystyle CH_3}{|}}{C}}}\underset{3}{CH_2}\underset{4}{CH_3}$

$\delta_{C-1} = -2.68 + 9.09 + 9.40 \times 3 - 2.49 - 3.34 = 28.78$(实测 $\delta_C = 28.7$)

$\delta_{C-2} = -2.68 + 9.09 \times 4 + 9.40 - 1.5 \times 3 - 8.36 = 30.22$(实测 $\delta_C = 30.2$)

$\delta_{C-3} = -2.68 + 9.09 \times 2 + 9.40 \times 3 - 7.23 = 36.47$(实测 $\delta_C = 36.5$)

$\delta_{C-4} = -2.68 + 9.09 + 9.40 - 2.49 \times 3 = 8.34$(实测 $\delta_C = 8.5$)

(2) 取代烷烃

各种取代基对烷烃碳原子 δ_C 值有很大的影响。人们经过长期的实践,归纳出一些取代基对 α-位、β-位、γ-位、δ-位、ε-位碳的取代参数,见表 5-4。

表 5-4 取代烷烃的取代参数

取代基 X_i	A_{ki} n-X_i—$\overset{\alpha}{C}$—$\overset{\beta}{C}$—$\overset{\gamma}{C}$—$\overset{\delta}{C}$—$\overset{\varepsilon}{C}$					A_{ki} iso-$\overset{\varepsilon}{C}$—$\overset{\delta}{C}$—$\overset{\gamma}{C}$—$\overset{\beta}{C}$—$\overset{\alpha}{\underset{X_i}{C}}$—$\overset{\beta}{C}$—$\overset{\gamma}{C}$—$\overset{\delta}{C}$—$\overset{\varepsilon}{C}$				
	α	β	γ	δ	ε	α	β	γ	δ	ε
—CH_3	9	10	−2	0	0	6	8	−2	0	0
—$CH=CH_2$	20	6	−0.5	0	0	—	—	—	0	0
—C_6H_5	23	9	−2	0	0	17	7	−2	0	0
—$C\equiv CH$	4.5	5.5	−3.5	0.5	0	—	—	—	0	0
—CHO	30	−0.5	−2.5	0	0	—	—	—	0	0
$>$CO	23	3	3	0	0	—	—	—	0	0
—COR	29	3	−3.5	0	0	23	1	−3.5	0	0
—COOH	20	2	−3	0	0	16	2	−3	0	0
—COOR	22.5	2.5	−3	0	0	17	2	−3	0	0
—COCl	33	2	−3.5	0	0	28	2	−3.5	0	0
—$CONH_2$	22	2.5	−3	−0.5	0	—	—	—	0	0
—COO^-	24.5	3.5	−2.5	0	0	20	3	−2.5	0	0
$>$C=NOH（顺式）	11.5	0.5	−2	0	0	—	—	—	0	0
$>$C=NOH（反式）	16	4.5	−1.5	0	0	—	—	—	0	0
—OH	49	10	−6	0	0	41	8	−6	0	0
—OR	57	7	−5	−0.5	0	51	5	−5	−0.5	0
—OCOR	52	6.5	−4	0	0	45	5	−4	0	0
—NH_2	28.5	11.5	−5	0	0	24	10	−5	0	0
—NHR	36.5	8	−4.5	−0.5	−0.5	30	7	−4.5	−0.5	−0.5
—NR_2	40.5	5	−4.5	−0.5	0	—	—	—	0	0
—$\overset{+}{N}H_3$	26	7.5	−4.5	0	0	24	6	−4.5	0	0
—$\overset{+}{N}R_3$	30.5	5.5	−7	−0.5	−0.5	—	—	—	0	0
—NO_2	61.5	3	−4.5	−1	−0.5	57	4	−4.5	−1	−0.5
—NC	27.5	6.5	−4.5	0	0	—	—	—	0	0
—CN	3	2.5	−3	0.5	0	1	3	−3	0.5	0
—SH	10.5	11.5	−3.5	0	0	11	11	−3.5	0	0
—SR	20.5	6.5	−2.5	0	0	—	—	—	0	0
—F	70	8	−7	0	0	63	6	−7	0	0
—Cl	31	10	−5	−0.5	0	32	10	−5	−0.5	0
—Br	20	10	−4	−0.5	0	26	10	−4	−0.5	0
—I	−7	11	−1.5	−1	0	4	12	−1.5	−1	0

这些参数分为正取代烷烃（取代基在烷基链端）和异取代烷烃（取代基与叔碳或季碳相连）。从表 5-4 中可以看出，取代基 X_i 对 α-位碳和 β-位碳的 δ_C 值影响较大，其中尤以 α-位的影响最大，它们均使 δ_C 值向低场位移（碘除外）。取代基对 γ-位碳的 δ_C 值的影响与前二者相反，均向高场位移，这主要是 γ-邻位交叉效应的结果。

取代烷烃 δ_C 值的计算是根据式 (5-7)，先计算无取代时烷烃各碳原子的 δ_C 值，然后再与表 5-4 中相应的取代参数相加而得：

$$\delta_C(K) = \delta'_C(K) + \sum A_{ki}(X_i) \tag{5-8}$$

式中，$\delta_C(K)$ 为无取代时烷烃 K 碳原子的 δ_C 值；$A_{ki}(X_i)$ 为取代基 X_i 对 K 碳原子的取代参数，可从表 5-4 中查获。

值得一提的是，由于取代基的影响是各种因素的综合结果，尤其是有多个取代基或多种取代基存在时，取代效应的加和性会使问题更趋复杂，从而导致计算结果与实验值之间会有一些较大的误差，即便如此，计算结果对谱图的标识仍有极高的参考价值。

例1. $\underset{1}{CH_3}\underset{2}{CH_2}\underset{3}{\overset{\overset{OH}{|}}{CH}}CH_2CH_3$

先计算出把 OH 基变换为 H 时的 δ'_C 值：

$$\delta'_{C-1}=13.63；\delta'_{C-2}=22.41；\delta'_{C-3}=34.3$$

再从表 5-4 中查出 OH 基对不同位置碳的取代参数，代入式（5-8）计算：

$\delta_{C-1}=13.63+\gamma\text{-OH}=13.63-6=7.63$（实测 $\delta_C=10.1$）
$\delta_{C-2}=22.41+\beta\text{-OH}=22.41+8=30.41$（实测 $\delta_C=30.0$）
$\delta_{C-3}=34.3+\alpha\text{-OH}=34.3+41=75.30$（实测 $\delta_C=73.8$）

例2. $\underset{4}{HOCH_2}\underset{3}{CH_2}\underset{2}{CH_2}\overset{\overset{O}{\|}}{C}O\underset{1'}{CH_2}\underset{2'}{CH_3}$

先把该化合物拆分为如下两段：

$HOCH_2CH_2CH_2\overset{\overset{O}{\|}}{C}OR$ 和 $R\overset{\overset{O}{\|}}{C}OCH_2CH_3$

再分别计算出把 HO、COOR 和 OCOR 基团变换为 H 时各个碳原子的 δ'_C 值：

$$\delta'_{C-2}=15.81；\delta'_{C-3}=15.50；\delta'_{C-4}=15.81；\delta'_{C-1'}=6.41；\delta'_{C-2'}=6.41$$

从表 5-4 中查出各取代基对不同位置碳的取代参数，代入式（5-8）计算：

$\delta_{C-2}=15.81+\alpha\text{-COOR}+\gamma\text{-OH}=15.81+22.5-6=32.31$（实测 $\delta_C=31.1$）
$\delta_{C-3}=15.50+\beta\text{-COOR}+\beta\text{-OH}=15.50+2.5+10=28.0$（实测 $\delta_C=27.9$）
$\delta_{C-4}=15.81+\gamma\text{-COOR}+\alpha\text{-OH}=15.81-3+49=61.81$（实测 $\delta_C=61.8$）
$\delta_{C-1'}=6.41+\alpha\text{-OCOR}=6.41+52=58.41$（实测 $\delta_C=60.6$）
$\delta_{C-2'}=6.41+\beta\text{-OCOR}=6.41+6.5=12.91$（实测 $\delta_C=14.2$）

（3）环烷烃及取代环烷烃

一些常见的环烷烃的 δ_C 值如下：

δ_C -3.5 δ_C 22.4 δ_C 25.6 δ_C 26.9 δ_C 28.4 δ_C 26.9 δ_C 25.8 δ_C 25.0

从上面的数据可以看出，环烷烃为张力环时，δ_C 位于较高场，由五元环到十元环，δ_C 值并无大的变化，都在 20 左右。若把烷基取代基引入后，则可使环烷烃的 α-位碳和 β-位碳的 δ_C 值向低场位移，使 γ-位碳的 δ_C 值向高场位移。

目前在环烷烃的经验计算中对取代环己烷研究得比较充分，其计算公式为：

$$\delta_C(K)=27.6+\sum A_{ks}(X_i)+\sum S \tag{5-9}$$

式中，$A_{ks}(X_i)$ 为取代基 X_i 对 K 碳原子的取代参数（见表 5-5）。A 有两个脚标，第一个脚标 K 表示取代基相对 K 碳原子的位置，第二个脚标 S 表示取代基处于直立键（a）或平伏键（e）。修正项 $\sum S$ 仅用于有两个（或两个以上）甲基取代的时候，其数值决定于两个取代甲基的空间关系，见表 5-6。

表 5-5 取代环己烷的取代参数

取代基 X_i	$\alpha\text{-}A_{KS}$		$\beta\text{-}A_{KS}$		$\gamma\text{-}A_{KS}$		$\delta\text{-}A_{KS}$	
	a	e	a	e	a	e	a	e
CH_3	1.5	6	5.5	9	−6.5	0	0	−0.3
OH	39	43	5	8	−7	−3	−1	−2
OCH_3	47	52	2	4	−7	−3	−1	−2
$OCOCH_3$	42	46	3	5	−6	−2	0	−2
NH_2		24		10		−2		−1
NC	23	25	4	7	−7	−3	−2	−2
CN	0	1	−1	3	−5	−2	−1	−2
F	61	64	3	6	−7	−3	−2	−3
Cl	33	33	7	11	−6	0	−1	−2
Br	28	25	8	12	−6	1	−1	−1
I	11	3	9	13	−4	2	−1	−2

表 5-6 取代甲基空间因素修正值

空间关系	$\alpha_a\alpha_e$	$\alpha_e\beta_a$	$\alpha_e\beta_e$	$\alpha_a\beta_e$	$\beta_a\beta_e$	$\beta_e\gamma_a$	$\beta_e\gamma_e$	$\gamma_a\gamma_e$
修正值	−3.8	2.9	−2.9	−3.4	−1.3	−0.8	+1.6	+2.0

例 1.

$\delta_{C\text{-}1}=27.6+\alpha_e\text{-OH}+\beta_e\text{-}CH_3=27.6+43+9=79.6$（实测 $\delta_C=76.4$）

$\delta_{C\text{-}2}=27.6+\alpha_e\text{-}CH_3+\beta_e\text{-OH}=27.6+6+8=41.6$（实测 $\delta_C=40.3$）

$\delta_{C\text{-}3}=27.6+\beta_e\text{-}CH_3+\gamma_e\text{-OH}=27.6+9-3=33.6$（实测 $\delta_C=33.8$）

$\delta_{C\text{-}4}=27.6+\gamma_e\text{-}CH_3+\delta_e\text{-OH}=27.6+0-2=25.6$（实测 $\delta_C=25.8$）

$\delta_{C\text{-}5}=27.6+\gamma_e\text{-OH}+\delta_e\text{-}CH_3=27.6-3-0.3=24.3$（实测 $\delta_C=25.3$）

$\delta_{C\text{-}6}=27.6+\beta_e\text{-OH}+\gamma_e\text{-}CH_3=27.6+8+0=35.6$（实测 $\delta_C=35.6$）

例 2.

$\delta_{C\text{-}1}=27.6+\alpha_e\text{-}CH_3+\beta_a\text{-}CH_3+\gamma_e\text{-}CH_3+\alpha_e\beta_a=27.6+6+5.5+0-2.9=36.2$

$\delta_{C\text{-}2}=27.6+\alpha_a\text{-}CH_3+\beta_e\text{-}CH_3+\gamma_e\text{-}CH_3+\alpha_a\beta_e=27.6+1.5+9+0-3.4=34.7$（实测 $\delta_C=33.6$）

（4）烯烃及其衍生物

不含杂原子的烯烃的 sp^2 碳 δ_C 值在 100~160 范围。由下面两对碳骨架相同的烯烃和烷烃的 δ_C 值可以看出，烯键对分子中 sp^3 碳的 δ_C 影响较小。如：

$$\underset{18.7}{CH_3}-CH=CH_2 \qquad \underset{15.7}{CH_3}-CH_2-CH_3$$

$$\underset{30.4}{CH_3}-\underset{31.6}{\underset{|}{\overset{CH_3}{\overset{|}{C}}}}-\underset{52.2}{CH_2}-\underset{143.7}{\underset{|}{\overset{CH_3}{\overset{|}{C}}}}=\underset{114.4}{CH_2} \qquad \underset{29.9}{CH_3}-\underset{30.4}{\underset{|}{\overset{CH_3}{\overset{|}{C}}}}-\underset{53.5}{CH_2}-\underset{25.3}{\underset{|}{\overset{CH_3}{\overset{|}{CH}}}}-\underset{24.7}{CH_3}$$

所以在烯烃及其衍生物的计算中，除 α-碳原子外，其他 sp^3 碳原子均可按烷烃或取代烷烃的方法计算。sp^2 碳的 δ_C 值与取代基的性质和立体因素有关，对结构为 $\overset{\gamma'}{C}-\overset{\beta'}{C}-\overset{\alpha'}{C}-C=\overset{k}{C}-\overset{\alpha}{C}-\overset{\beta}{C}-\overset{\gamma}{C}$ 的烯烃，其计算公式为：

$$\delta_C(K) = 123.3 + \sum A_{ki}(X_i) + \sum A'_{ki}(X_i) + \sum S \qquad (5\text{-}10)$$

式中，$\delta_C(K)$ 为所讨论的烯碳的 δ_C 值；A_{ki} 为取代基 X_i 对同侧 K 碳原子的取代参数；A'_{ki} 为取代基 X_i 对另一侧 K 碳原子的取代参数；修正值 $\sum S$ 决定于双键上取代基的位置。上述各取代参数见表 5-7。

表 5-7 取代基对烯碳的取代参数

取代基 X_i	A_{ki}			A'_{ki}			修正值 S[①]	
	α	β	γ	α'	β'	γ'		
—C—	10.6	7.2	−1.5	−7.9	−1.8	1.5		
—C(CH$_3$)$_3$	25			−14			$\alpha\alpha'$ （反式）	0
—C$_6$H$_5$	12			−11			（顺式）	−1.1
—CHO	13			13			$\alpha\alpha$	−4.8
—COCH$_3$	15			6			$\alpha'\alpha'$	+2.5
—COOH	4			9			$\beta\beta$	+2.3
—COOR	6			7				
—OH		6			−1			
—OR	29	2		−39	−1			
—OCOR	18			−27				
—Cl	3	−1		−6	2			
—Br	−8			−1	2			
—I	−38			7				
—CN	−16			15				

① 修正值是两个取代基互为顺式、反式、同碳（$\alpha\alpha$、$\beta\beta$ 或 $\alpha'\alpha'$）时的 δ_C 校正值；单取代烯 $S=0$。

例 1. $\underset{1}{H_2C}=\underset{2}{CH}\underset{}{CH}(CH_3)CH_2CH_3$

$\delta_{C\text{-}1} = 123.3 + \alpha'\text{-CH} + \beta'\text{-CH}_2 + \beta'\text{-CH}_3 + \gamma'\text{-CH}_3$
$\quad = 123.3 − 7.9 − 1.8 − 1.8 + 1.5 = 113.3$ （实测 $\delta_C = 112.5$）

$\delta_{C\text{-}2} = 123.3 + \alpha\text{-CH} + \beta\text{-CH}_2 + \beta\text{-CH}_3 + \gamma\text{-CH}_3$
$\quad = 123.3 + 10.6 + 7.2 + 7.2 − 1.5 = 146.8$ （实测 $\delta_C = 144.5$）

例 2. (CH$_3$)(H)C$_3$=C$_2$(CH$_3$)(CH$_3$)

$\delta_{C\text{-}2} = 123.3 + 2\alpha\text{-CH}_3 + \alpha'\text{-CH}_3 + \alpha\alpha' + \alpha\alpha$
$\quad = 123.3 + 2 \times 10.6 − 7.9 − 1.1 − 4.8 = 130.7$ （实测 $\delta_C = 131.8$）

$\delta_{C\text{-}3} = 123.3 + \alpha\text{-CH}_3 + 2\alpha'\text{-CH}_3 + \alpha\alpha' + \alpha'\alpha'$
$\quad = 123.3 + 10.6 − 2 \times 7.9 − 1.1 + 2.5 = 119.5$ （实测 $\delta_C = 118.5$）

例 3. (CH$_3$)$_2$CH—C$_3$H=C$_2$H—COOH

$\delta_{C\text{-}2} = 123.3 + \alpha\text{-COOH} + \alpha'\text{-CH} + 2\beta'\text{-CH}_3 + \alpha\alpha'$
$\quad = 123.3 + 4 − 7.9 − 2 \times 1.8 − 1.1 = 114.7$ （实测 $\delta_C = 116.4$）

$\delta_{C\text{-}3} = 123.3 + \alpha\text{-CH} + 2\beta\text{-CH}_3 + \alpha'\text{-COOH} + \alpha\alpha' + \beta\beta$
$\quad = 123.3 + 10.6 + 2 \times 7.2 + 9 − 1.1 + 2.3 = 158.5$ （实测 $\delta_C = 158.3$）

（5）炔烃及其衍生物

炔烃的 sp 碳 δ_C 值在 60～90 范围。与炔碳相邻的 sp^3 碳所受影响比烯键大得多，其 δ_C

向高场位移常大于 10。如：

$$\underset{13.7}{CH_3}-\underset{22.7}{CH_2}-\underset{31.7}{CH_2}-CH_2-CH_2-CH_3 \qquad \underset{8.7}{CH_3}-\underset{10.7}{CH_2}-\underset{82.0}{C}\equiv C-CH_2-CH_3$$

烷基以外的取代基，对炔碳的影响很大，其 δ_C 值常常超过一般的炔碳范围，它会把相邻的炔碳拉向低场，把另一侧的炔碳推向高场。如：

$$HC\equiv \underset{23.2\ \ 89.4}{C-OCH_2CH_3} \qquad CH_3-\underset{28.0\ 88.4}{C\equiv C-OCH_3}$$

对结构为 $\overset{\delta'}{C}-\overset{\gamma'}{C}-\overset{\beta'}{C}-\overset{\alpha'}{C}-\overset{k}{C}\equiv\overset{\alpha}{C}-\overset{\beta}{C}-\overset{\gamma}{C}-\overset{\delta}{C}$ 的炔烃，其计算公式为：

$$\delta_C(K)=71.9+\sum A_{ki}(X_i)+\sum A'_{ki}(X_i) \tag{5-11}$$

式中，各符号的含义与式（5-10）相同，其取代参数见表 5-8。

表 5-8 烷基取代基对炔碳的取代参数[①]

	A_{ki}				A'_{ki}		
α	β	γ	δ	α'	β'	γ'	δ'
6.93	4.75	−0.13	0.51	−5.69	2.32	−1.31	0.56

[①] 除烷基以外的其他基团对炔碳的数据较为零散，本书不作介绍。

例. $CH_3CH_2CH_2CH_2\underset{3\ \ \ 2\ 1}{C\equiv CCH_3}$

$\delta_{C-2}=71.9+\alpha\text{-}CH_3+\alpha'\text{-}CH_2+\beta'\text{-}CH_2+\gamma'\text{-}CH_2+\delta'\text{-}CH_3$
$\quad\ =71.9+6.93-5.69+2.32-1.31+0.56=74.71$（实测 $\delta_C=74.2$）

$\delta_{C-3}=71.9+\alpha\text{-}CH_2+\beta\text{-}CH_2+\gamma\text{-}CH_2+\delta\text{-}CH_3+\alpha'\text{-}CH_3$
$\quad\ =71.9+6.93+4.75-0.13+0.51-5.69=78.27$（实测 $\delta_C=77.6$）

对非烷基取代的炔烃中炔碳 δ_C 值，我们可通过查阅有关的文献资料获取。表 5-9 列出了一些取代炔烃的 δ_C 值，供查阅。

表 5-9 取代炔烃 $R-\overset{\beta}{C}\equiv\overset{\alpha}{C}-X$ 的 δ_C 值

R	X	α-C	β-C	R	X	α-C	β-C
H	SCH_2CH_3	72.8	81.6	C_2H_5	OC_2H_5	88.3	36.2
H	OCH_2CH_3	89.6	24.4	C_2H_5	SCH_3	92.9	67.5
H	C_4H_9	83.0	66.0	C_2H_5	C_2H_5	82.0	82.0
H	C_6H_5	83.3	77.7	C_4H_9	Cl	56.7	68.8
H	$C(CH_3)_2OH$	88.5	70.0	C_4H_9	Br	38.4	79.8
H	$C(CH_3)(C_2H_5)OH$	88.0	71.2	C_4H_9	I	−3.3	96.8
CH_3	OCH_3	88.6	28.2	C_4H_9	$OCOCH_3$	97.4	87.0
CH_3	C_6H_5	85.7	79.8	C_6H_5	C_6H_5	89.9	89.9

(6) 取代苯

取代苯以苯的 δ_C 128.5 为基值，其 δ_C 值在 100～160 范围。当苯环上的氢被其他基团取代，被取代的碳原子 C-1 的 δ_C 值有明显变化。邻位、对位碳原子 δ_C 值也可能有较大变化，间位碳原子几乎不变。

除了少数屏蔽效应较大的取代基，如 I、Br、CN、C≡C、CF_3 使 C-1 的 δ_C 值移向低场。供电子基团，将别是一些有孤对电子的基团，如 OH、OR、NH_2 等，能使邻位、对位碳的 δ_C 值移向高场。吸电子基团，如 CHO、COR、COOH 等，则使邻位、对位碳的 δ_C 值向低场移动。

对于多取代苯的 δ_C 值，其计算公式为：

$$\delta_C(K) = 128.5 + \sum A_i \tag{5-12}$$

式中，$\delta_C(K)$ 为所讨论的苯环碳的 δ_C 值；A_i 为取代基对所讨论苯环碳的取代参数，其值见表 5-10。

表 5-10 取代苯的取代参数

取 代 基	A_1	A_o	A_m	A_p	取代基中的 δ_C（内标 TMS）
—H[①]	0.0	0.0	0.0	0.0	
—CH$_3$[①]	+8.9	+0.7	−0.1	−0.29	21.3
—CH$_2$CH$_3$[②]	+15.6	−0.5	0.0	−2.6	29.2(CH$_2$), 15.8(CH$_3$)
—CH(CH$_3$)$_2$[②]	+20.1	−2.0	0.0	−2.5	34.4(CH), 24.1(CH$_3$)
—C(CH$_3$)$_3$[②]	+22.2	−3.4	−0.4	−3.1	35.5(C), 31.4(CH$_3$)
—CH=CH$_2$[②]	+9.5	−2.0	+0.2	−0.5	135.5(CH), 112.0(CH$_2$)
—C≡CH[①]	−6.1	+3.8	+0.4	−0.2	
—C$_6$H$_5$[①]	+13.1	−1.1	+0.4	−1.2	
—CH$_2$OH[②]	+12.3	−1.4	−1.4	−1.4	64.5
—CH$_2$OCOCH$_3$[③]	+7.7	~0.0	~0.0	~0.0	20.7(CH$_3$), 66.1(CH$_2$), 117.5(C=O)
—OH[①]	+26.9	−12.7	+1.4	−7.3	
—OCH$_3$[①]	+31.4	−14.4	+1.0	−7.7	54.1
—OC$_6$H$_5$[②]	+29.2	−9.4	+1.6	−5.1	
—OCOCH$_3$[②]	+23.0	−6.4	+1.3	−2.3	
—CHO[②]	+8.6	+1.3	+0.6	+5.5	192.0
—COCH$_3$[①]	+9.1	+0.1	0.0	+4.2	25.0(CH$_3$), 195.7(C=O)
—COC$_6$H$_5$[①]	+9.4	+1.7	−0.2	+3.6	
—COCF$_3$[③]	−5.6	+1.8	+0.7	+6.7	
—COOH[①]	+2.1	+1.5	0.0	+5.1	172.6
—COOCH$_3$[③]	+1.3	−0.5	−0.5	+3.5	51.0(CH$_3$)
—COCl[①]	+4.6	+2.4	0.0	+6.2	
—CN[①]	−15.4	+3.6	+0.6	+3.9	118.7
—NH$_2$[①]	+18.0	−13.3	+0.9	−9.8	
—N(CH$_3$)$_2$[②]	+22.4	−15.7	+0.8	−15.7	
—NHNH$_2$[①]	+22.8	−16.5	+0.5	−9.6	
—N=N—C$_6$H$_5$[②]	+24.0	−5.8	+0.3	+2.2	
—NHCOCH$_3$[②]	+11.0	−9.9	+0.2	−5.6	
—NO$_2$[②]	+20.0	−4.8	+0.9	+5.8	
—N$^+$≡N[③]	−12.7	+6.0	+5.7	+16.0	
—N=C=O[①]	+5.7	−3.6	+1.2	−2.8	
—F[①]	+34.8	−12.9	+1.4	−4.5	
—Cl[①]	+6.2	+0.4	+1.3	−1.9	
—Br[①]	−5.5	+3.4	+1.7	−1.6	
—I[②]	−32.2	+9.9	+2.6	−7.4	
—CF$_3$[③]	−9.0	−2.2	+0.3	+3.2	
—SH[③]	+2.3	+1.1	+1.1	−3.1	
—SCH$_3$[③]	+10.2	−1.8	+0.4	−3.6	
—SO$_3$H[③]	+15.0	−2.2	+1.3	+3.8	

① 在 CCl$_4$ 中。
② 无溶剂。
③ 在 CDCl$_3$ 中。
注：溶剂和浓度不同，A_i 值有一定的差异。

例．

$$\delta_{C-1} = 128.5 + A_1\text{-OH} + A_o\text{-C(CH}_3)_3 + A_p\text{-OCH}_3 = 128.5 + 26.9 − 3.4 − 7.7$$

$$\delta_{C-1} = 144.3 \text{(实测 } \delta_C = 147.9)$$

$$\delta_{C-2} = 128.5 + A_1\text{-}C(CH_3)_3 + A_o\text{-}OH + A_m\text{-}OCH_3 = 128.5 + 22.2 - 12.7 + 1$$
$$= 139.0 \text{(实测 } \delta_C = 136.9)$$

$$\delta_{C-3} = 128.5 + A_o\text{-}C(CH_3)_3 + A_o\text{-}OCH_3 + A_m\text{-}OH = 128.5 - 3.4 - 14.4 + 1.4$$
$$= 112.1 \text{(实测 } \delta_C = 110.2)$$

$$\delta_{C-4} = 128.5 + A_1\text{-}OCH_3 + A_m\text{-}C(CH_3)_3 + A_p\text{-}OH = 128.5 + 31.4 - 0.4 - 7.3$$
$$= 152.2 \text{(实测 } \delta_C = 152.3)$$

$$\delta_{C-5} = 128.5 + A_o\text{-}OCH_3 + A_m\text{-}OH + A_p\text{-}C(CH_3)_3 = 128.5 - 14.4 + 1.4 - 3.1$$
$$= 112.4 \text{(实测 } \delta_C = 113.5)$$

$$\delta_{C-6} = 128.5 + A_o\text{-}OH + A_m\text{-}OCH_3 + A_m\text{-}C(CH_3)_3 = 128.5 - 12.7 + 1.0 - 0.4$$
$$= 116.4 \text{(实测 } \delta_C = 116.2)$$

(7) 羰基化合物

羰基碳的 δ_C 值在 160～220 范围。除了醛羰基碳与氢直接相连,在偏共振去偶谱中以双峰出现外,其余的羰基碳在偏共振去偶谱中均以单峰出现。因在质子噪声去偶谱中无 NOE 效应,故羰基碳的吸收峰都较弱,在谱图中易于识别。

各类羰基化合物 δ_C 值的大约次序是:

$$\text{酮、醛} > \text{酸} > \text{酯} \approx \text{酰氯} \approx \text{酰胺} > \text{酸酐}$$
$$\longrightarrow \delta_{C=O} \text{减小}$$

① 醛 醛羰基的 $\delta_{C=O}$ 约为 200 ± 5,其吸收峰较其他羰基吸收峰略强。随着 α-位碳上取代基数目的增加,$\delta_{C=O}$ 略向低场位移。如:

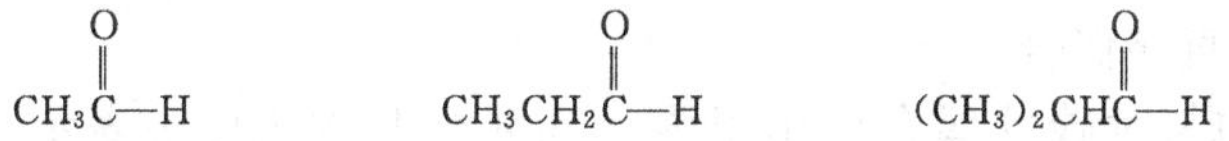

CH$_3$C(=O)H $\delta_{C=O}$ 200.5
CH$_3$CH$_2$C(=O)H $\delta_{C=O}$ 202.7
(CH$_3$)$_2$CHC(=O)H $\delta_{C=O}$ 204.9

② 酮 酮羰基的 $\delta_{C=O}$ 约为 210 ± 10。随着 α-位碳上取代基数目的增多,$\delta_{C=O}$ 略向低场位移。如:

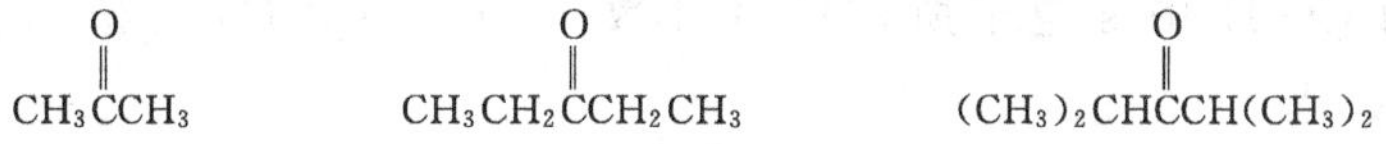

CH$_3$C(=O)CH$_3$ $\delta_{C=O}$ 206.0
CH$_3$CH$_2$C(=O)CH$_2$CH$_3$ $\delta_{C=O}$ 211.4
(CH$_3$)$_2$CHC(=O)CH(CH$_3$)$_2$ $\delta_{C=O}$ 215.5

α, β-不饱和醛、酮,由于 π-π 共轭作用,$\delta_{C=O}$ 向高场位移约 5～10。当有空间位阻使共轭作用降低时,$\delta_{C=O}$ 则逐渐向低场位移。如:

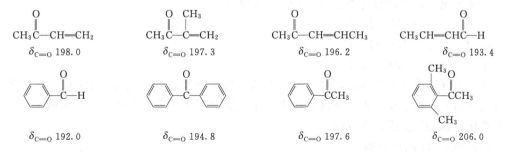

③ 羧酸及其衍生物 羧酸及其衍生物,如酯、酰胺、酰氯的羰基与杂原子(O、N、Cl)相连,由于 p-π 共轭作用,其 $\delta_{C=O}$ 向高场位移至 160～185 范围。与不饱和基团相连,$\delta_{C=O}$ 亦向高场位移。如:

$\delta_{C=O}$ 177.0

$\delta_{C=O}$ 172.7

$\delta_{C=O}$ 171.3

$\delta_{C=O}$ 170.0

$\delta_{C=O}$ 173

$\delta_{C=O}$ 171

$\delta_{C=O}$ 168

$\delta_{C=O}$ 167

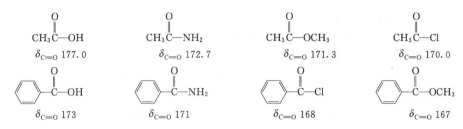

附录Ⅳ表Ⅳ-5，表Ⅳ-6 分别列出了各类常见羰基化合物的 $\delta_{C=O}$值，供查阅。

5.4 ^{13}C 的自旋偶合及偶合常数

在氢谱中存在着 ^{1}H—^{1}H 之间的偶合裂分及偶合常数。同样，在碳谱中也存在着 ^{13}C—^{13}C之间的偶合现象。只是^{13}C 的天然丰度仅为^{12}C 的 1.1%，两个^{13}C 相遇的概率极小，导致^{13}C—^{13}C之间的偶合可以忽略不计。但是^{13}C 和其他丰度较大的核相邻时，它们之间的偶合则是必须考虑的。一般来说，碳谱中偶合常数的应用不如氢谱中广泛，因此，本节仅作一些简单介绍。

5.4.1 ^{13}C—^{1}H 偶合

有机化合物中最主要的元素是 C 和 H，而^{1}H 的天然丰度高达 99.98%，因此，^{13}C—^{1}H 的偶合是最重要的。碳谱中谱线的裂分数目与氢谱一样，决定于相邻偶合核的自旋量子数 I 和核的数目 n，可用 $2nI+1$ 规律来计算，对于 $I=\frac{1}{2}$的自旋核，裂分峰数符合 $n+1$ 规律，两个裂分峰之间的距离就是偶合常数 J。

(1) ^{13}C—^{1}H 的直接偶合

与碳直接相连的氢对碳的偶合作用很强，其偶合常数用$^1J_{CH}$表示。$^1J_{CH}$值的范围约为 120～300Hz。影响$^1J_{CH}$值大小的主要因素是 C—H 的 s 电子成分，其值可由如下经验公式计算：

$$^1J_{CH}=5\times(s\%) \tag{5-13}$$

式中，s%为 C—H 中 s 电子所占的百分数——s%(sp^3-C)＝25；s%(sp^2-C)＝33；s%(sp-C)＝50。

例. ① CH_3CH_3　$^1J_{CH}=5\times25=125$（实测 124.9）

② $CH_2=CH_2$　$^1J_{CH}=5\times33=165$（实测 156.2）

③ $CH\equiv CH$　$^1J_{CH}=5\times50=250$（实测 249.0）

一般情况下，不同杂化类型的$^1J_{CH}$值分布范围为：

sp^3-C：$^1J_{CH}=120\sim130$Hz

sp^2-C：$^1J_{CH}=150\sim180$Hz

sp-C：$^1J_{CH}=250\sim270$Hz

除了 s 电子成分的影响外，取代基的电负性以及环的大小对$^1J_{CH}$也有影响，随着取代基的电负性增大，碳原子上取代程度的增多，$^1J_{CH}$值也随之增大。附录Ⅴ表Ⅴ-1 列出了一些常见有机化合物的$^1J_{CH}$值，供查阅。

(2) ^{13}C—^{1}H 的远程偶合

间隔 2 个或 2 个以上键的^{13}C 和^{1}H 之间的偶合统称远程偶合。这类偶合常数往往难以估算，其值在－5～60Hz 范围。

二键偶合常数$^2J_{CH}$值与碳的杂化、取代基或杂原子以及构型有关。碳的杂化不同，s 电子的成分亦不同，$^2J_{CH}$值随 s 电子成分的增加而增大。当取代基或杂原子与偶合核相连时也使$^2J_{CH}$值增大。当化合物构型不同时，$^2J_{CH}$值也会有差异。一些有机化合物的$^2J_{CH}$值参见附录 V 表 V-3。

三键偶合常数$^3J_{CH}$值在十几赫兹之内。它的大小与相互偶合碳、氢的双面夹角有关；在共轭体系中还与核间所处的共轭位置有关。

5.4.2 ^{13}C—D 偶合与 ^{13}C—^{13}C 偶合

① ^{13}C—D 的偶合 ^{13}C—D 的偶合裂分来源于样品测试时使用的氘代试剂。氘的自旋量子数 $I=1$，这意味着在磁场中氘原子有 3 个可能的能级。与氘原子相连的碳原子因此将会感受到 3 个大小略有不同的磁场，这取决于氘核所处的自旋状态。由于这些能级间的差别很小，所以实际上与碳相连的氘核处于这三种状态中的任何一种的概率是一样的，结果是碳核以相同的概率在 3 个频率处发生共振，正如 $CDCl_3$ 中^{13}C 的信号是位于 δ_C 77 的 3 条等距离的弱吸收线。

^{13}C—D 的 $^1J_{CD}$ 与 ^{13}C—^1H 的 $^1J_{CH}$ 之比约等于它们的磁旋比：

$$^1J_{CD}/^1J_{CH}=\gamma_D/\gamma_H=\frac{1}{6.5}(Hz) \tag{5-14}$$

因此，对$^1J_{CH}$的所有相关性也同样适用于$^1J_{CD}$。常见氘代溶剂的$^1J_{CD}$值见附录 V 表 V-2。

② ^{13}C—^{13}C 的偶合 由于^{13}C的天然丰度很低，一个^{13}C与另一个^{13}C相连的情况非常罕见。因此这种极少的结合方式产生的相互偶合的信号极弱而消失在噪声中，以至于没有用处。但是^{13}C的富集在机理研究以及生物合成中很普遍，这时就有可能看到这种偶合。

通常，$^1J_{CC}$在 30～180Hz 范围；$^2J_{CC}$、$^3J_{CC}$值一般较小，在 7～15Hz 范围。$^1J_{CC}$值随 s 电子成分增多而增大。烷烃及取代烷烃的$^1J_{CC}$约为（30±10）Hz，芳烃、烯烃和炔烃中不饱和碳的$^1J_{CC}$值依次增大，可以粗略地把两个偶合碳的 s 性质的乘积与$^1J_{CC}$看成简单的线形关系。

5.4.3 ^{13}C—^{19}F，^{13}C—^{31}P 偶合

^{13}C 与自旋量子数 $I\neq0$ 的杂原子，如^{19}F、^{31}P 和^{15}N 等都以一定的偶合常数发生自旋偶合而裂分；而与具有较大四极矩的杂原子，如^{14}N、$^{35/37}Cl$、^{127}I 等，则因其弛豫很快而不显示偶合。了解杂原子与碳的偶合状况，将有助于在质子去偶的碳谱中对光谱信号的归属。

① ^{13}C—^{19}F 的偶合 ^{19}F 对^{13}C的偶合裂分符合 $n+1$ 规律。

$^1J_{CF}$一般数值很大，且多为负值，约为$-150\sim-350$Hz，在谱图中以绝对值存在。$^2J_{CF}$约为 20～60Hz，$^3J_{CF}$约为 4～20Hz，$^4J_{CF}$约为 0～5Hz。一些^{13}C—^{19}F 的偶合常数见附录 V 表 V-4。

② ^{13}C—^{31}P ^{31}P 对^{13}C的偶合裂分符合 $n+1$ 规律。

磷化合物中磷的价态不同，对^{13}C的偶合常数 J 值亦不同。如，对于五价磷，则$^1J_{CP}\approx$ 50～180Hz，对于三价磷，则$^1J_{CP}<50$Hz。一些三价磷和五价磷的^{13}C—^{31}P偶合常数见附录 V 表 V-5 和表 V-6。

由于^{15}N的天然丰度很小（只有^{14}N的 0.37%），所以^{15}N与^{13}C的偶合是非常之小的，一般情况下是不易观察到的。

5.5 核磁共振碳谱的解析

核磁共振碳谱可用于有机化合物的结构鉴定、有机反应机理的研究、动态过程和平衡过程的研究、合成高分子的研究等。其中，在有机化合物结构鉴定方面的应用最为普遍。由于

碳谱的谱宽远远大于氢谱，因此信号重叠的机会要少得多。通过碳谱的分析不仅可给出分子中的全部碳原子数目，亦可提供有关对称情况及其官能团性质的信息。伯、仲、叔、季碳原子数目亦可由偏共振去偶谱及 DEPT 谱解析获得，这就使结构鉴定中所遇到的困难大为减少。因此，掌握碳谱的解析方法对推测有机化合物结构是很有帮助的。

5.5.1 解析核磁共振碳谱的程序

在解析核磁共振碳谱之前，应尽可能先了解被分析样品的来源及测试方法和条件，并注意识别谱图中的杂质峰和溶剂峰。一般来说，杂质峰均为较弱的峰。当杂质峰较强而难以确定时，可用反转门控去偶的方法测定定量碳谱，在定量碳谱中各峰面积（峰强度）与分子结构中各碳原子数成正比，明显不符合比例关系的峰一般为杂质峰。

在测试碳谱时所采用的溶剂应是氘代的，而氘代溶剂中的碳原子在碳谱中又均有相应的共振吸收峰。因此，熟悉一些常用氘代溶剂在碳谱中的位置和峰形是非常必要的。图 5-6 给出了一些常用溶剂的峰位和偶合裂分情况，供查阅。

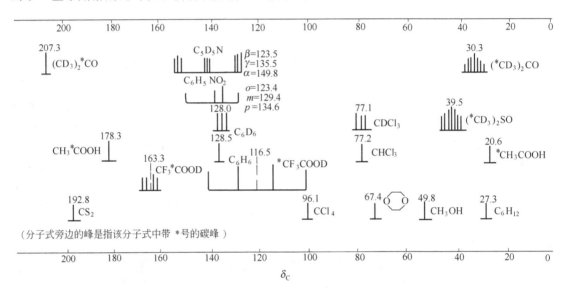

图 5-6 一些常用溶剂的 ^{13}C 化学位移及偶合裂分

鉴于目前对碳谱的解析方法尚未有一个统一的模式，故下面所介绍的 ^{13}C-NMR 谱图解析的一般程序，仅供借鉴和参考。

① 根据质谱数据（见 6.3 节）或其他方面的数据求出分子式，由此计算出化合物的不饱和度。

② 由于质子噪声去偶谱中每条谱线都表示一种类型的碳原子，故当谱线数目与分子式中碳原子数目相等时，说明分子无对称性；而当谱线数目小于分子式中碳原子数目时，则说明分子有一定的对称性。如果化合物分子中碳原子数目较多时，应考虑到不同碳原子的 δ_C 值有可能偶合重合。

③ 通过偏共振去偶谱分析与每种化学环境不同的碳直接相连的氢原子的数目，从而判别出伯、仲、叔、季碳，并结合 δ_C 值，推导出可能的基团及与其相连的可能基团。若与碳直接相连的氢原子数目之和与分子中氢原子数目相吻合。则化合物不含 OH、COOH、NH_2、NHR 等基团，因这些基团的氢是不与碳直接相连的活泼氢。若推断的氢原子数目之和小于分子中的氢原子数目，则可能有上述基团存在。

碳原子的级数除了可由上面介绍的偏共振去偶方法分析确定外，还可利用化合物的 DEPT 谱并参照该化合物的质子噪声去偶谱对 DEPT45、DEPT90 和 DEPT135 谱进行分析，由此确定各谱线所属的碳原子级数。根据碳原子的级数，便可计算出与碳相连的氢原子数。

④ 根据各峰的 δ_C 值确定碳原子杂化的类型。通常的做法是按其 δ_C 值分为 3 个区来分别考虑：

a. δ_C 0~100。这一区域主要为各种 sp^3 杂化碳原子的共振吸收区。饱和碳原子若不直接与氧、硫、氮、氟等杂原子相连，其 δ_C 值一般小于 55。δ_C 60~90 为炔碳原子的吸收区。

b. δ_C 100~160。这一区域主要为各种 sp^2 杂化碳原子（除羰基碳）的共振吸收区。烯、芳环（可根据苯环碳吸收峰的数目和季碳数目判断苯环的取代情况）、除丙二烯型同碳连有两个双键的碳原子外的所有其他 sp^2 碳原子、碳氮三键的碳原子都在此区域。

c. δ_C 160~220。在这一区域内可检测到各种类型的羰基碳。其中醛和酮的羰基碳 δ_C 出现在 190~220 范围，羧酸、酯、酐和酰胺的羰基碳 δ_C 出现在 160~190 范围（参见附录Ⅳ表Ⅳ-5、表Ⅳ-6）。

⑤ 结合上述几项推出的结构单元，合理地组合成一个或几个可能的结构式。

⑥ 确证结构式。用全部波谱数据和 δ_C 经验计算公式验证并确定惟一的或可能性最大的结构式，并与标准谱图和数据表进行核对。目前经常使用的标准谱图和数据表有：

a. Sadtler Reference Spectra Collection 1976 年出版的 ^{13}C-NMR 谱图集；

b. Bruker CO 出版的 ^{13}C-Data Bank；

c. JEOL CO 出版的 ^{13}C-FT-NMR Spectra。

5.5.2 解析核磁共振碳谱的实例

在下面所列举的例题中，为节约篇幅，均未给出偏共振去偶谱，而是在质子噪声去偶谱图上以字母标记其多重性：s—单峰；d—双峰；t—三重峰；q—四重峰。

例 1. 某化合物的分子式为 C_5H_8，它的 ^{13}C-NMR 谱如图 5-7 所示，试推测其结构。

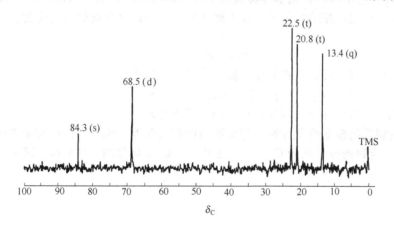

图 5-7 C_5H_8 的 ^{13}C-NMR 谱图

解： 根据分子式求得不饱和度 $U=2$。谱图上显示了 5 个峰，分子式中也有 5 个碳原子，由此可知他们是 5 个不等价的碳原子。δ_C 13.4 峰是四重峰，为 1 个 CH_3；δ_C 20.8 和 δ_C 22.5 峰均为三重峰，分别对应 2 个 CH_2；δ_C 68.5 峰是双峰，为一个 CH，因为该分子中未含有吸电子的杂原子，故从其化学位移值可判断这是一个炔碳（端炔），δ_C 84.3 的单峰（被取代的炔碳）则可对此作进一步的证实，2 个不饱和度亦因分子含有炔键而找到了归属。至此，已可推导出该化合物的结构为：

$$\overset{5}{C}H_3\overset{4}{C}H_2\overset{3}{C}H_2\overset{2}{C}\equiv\overset{1}{C}H$$

为了验证结果的正确性，可用 5.3 节介绍的经验公式进行计算并与实测值核对：

$\delta_{C-1}=71.9-5.69+2.32-1.31=67.22$（实测 68.5，双峰）

$\delta_{C-2} = 71.9 + 6.93 + 4.75 - 0.13 = 83.45$（实测 84.3，单峰）

$\delta_{C-3} = (-2.68 + 9.09 + 9.40) + 4.5 = 20.31$（实测 20.8，三重峰）

$\delta_{C-4} = (-2.68 + 9.09 \times 2) + 5.5 = 21$（实测 22.5，三重峰）

$\delta_{C-5} = (-2.68 + 9.09 + 9.40) - 3.5 = 12.31$（实测 13.4，四重峰）

比较计算值与实测值及峰的多重性，可知推测的结构是正确的。

例2. 某化合物的分子式为 $C_4H_6O_2$，它的 ^{13}C-NMR 谱如图 5-8 所示，试推测其结构。

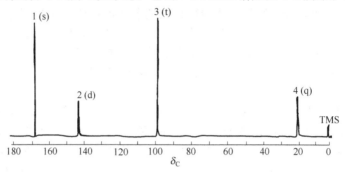

图 5-8　$C_4H_6O_2$ 的 ^{13}C-NMR 谱图

解： 根据分子式求得不饱和度 $U=2$。谱图上显示了 4 个峰，分子式中也有 4 个碳原子，由此表明这是不等价的 4 个碳。峰 4 是四重峰，为 1 个 CH_3；峰 3 是三重峰，结合不饱和度及考虑到其化学位移已处于 sp^2 杂化碳吸收区末端，这个碳应为 $=CH_2$；峰 2 是二重峰，且化学位移已处于较低场，结合分子中含有氧原子，推测这个碳应为与氧直接相连的 sp^2 碳 $O-CH=$；峰 1 是单峰，其化学位移值处于羰基碳吸收区，故可判断为 $C=O$ 碳。根据上面所推出的结构片段，并结合分子式及不饱和度，可知该化合物的结构应为：

$$CH_3 \overset{O}{\underset{\parallel}{C}} - O - \overset{1}{C}H = \overset{2}{C}H_2$$

为确证起见，可用经验公式的计算值与实测值进行核对：

$\delta_{C-1} = 123.3 + 18 = 141.3$（与峰 2 值近似，二重峰）

$\delta_{C-2} = 123.3 - 27 = 96.3$（与峰 3 值近似，三重峰）

比较谱线裂分的多重性及计算值与实测值的相近程度，说明所推结构是正确的。

例3. 某化合物的分子式为 $C_{12}H_{26}$，它的 ^{13}C-NMR 谱如图 5-9 所示，试推测其结构。

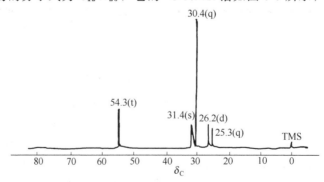

图 5-9　$C_{12}H_{26}$ 的 ^{13}C-NMR 谱图

解： 根据分子式求得不饱和度 $U=0$，可知该化合物应为一饱和链烃。谱图上显示了 5 个峰，而分子式则提供了 12 个碳原子，说明该分子结构必定具有某种对称性。从 δ_C 30.4 和 δ_C 25.3 峰的裂分数可以看出有两种类型甲基，且根据峰的高度可以估计它们的比例约为

6∶1（虽然峰高与所代表的碳数没有严格定量关系，但仍有一定的参考价值），即有 6 个等价的 CH_3 和另一个不同的 CH_3。δ_C 26.2 峰是双峰，为 CH。δ_C 31.4 峰是单峰，为季碳。δ_C 54.3 峰是三重峰，为 CH_2。

从上面推出的结构信息，我们可以得到的结构单元有：

   3 个 CH（CH_3）$_2$ 1 个 CH_3 1 个 CH_2 1 个季碳

或：2 个 C（CH_3）$_3$ 1 个 CH_3 CH_2 CH

根据分子对称性的要求，将这些结构单元合并，可得到如下结构：

A、B 结构均具有对称性，符合谱图解析结果。为了区别二者，可用经验公式的计算值与实测值进行核对来判别，结果见表 5-11。

表 5-11 $C_{12}H_{26}$ 的计算值与实测值比较

碳的类型	6 个等价 CH_3	CH_2	CH	CH_3	季碳
A 计算值	18.17	21.53	40.34	10.2	91.12
B 计算值	29.51	51.21	21.17	20.97	25.88
实测值	30.4	54.3	26.2	25.3	31.4

通过比较可知，计算值与实测值相对吻合得较好的为 B，故所推测的结构应为 B。

例 4. 某化合物的分子式为 $C_{10}H_{12}O$，它的 ^{13}C-NMR 谱如图 5-10 所示，试推测其结构。

图 5-10 $C_{10}H_{12}O$ 的 ^{13}C-NMR 谱图

解：根据分子式求得不饱和度 $U=5$。从化学位移值和峰的裂分数，可推测出 δ_C 13.7 的四重峰为 CH_3；δ_C 17.6 和 δ_C 40.2 的三重峰分别为 2 个 CH_2；δ_C 199 的单峰为 C=O；δ_C 125～140 区域的 4 个峰为烯烃或芳烃碳原子。从分子式 $C_{10}H_{12}O$ 中扣除上述已推出的部分结构单元，尚余 C_6H_5。这里，如果把剩余部分的结构作为苯基，不但满足了不饱和度，而且正好解释在 δ_C 125～140 区域内出现的 4 个信号。其中，δ_C 137 的单峰为与取代基直接相连的苯环碳原子（季碳），δ_C 133 中等强度的信号是对位的碳原子，剩下的 2 个信号可归属为邻位或间位碳原子。至此，可推导出如下结构：

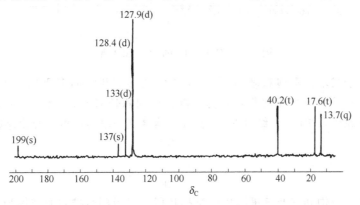

由于谱图上的两个 CH$_2$ 中有一个位于 δ_C 17.6 的高磁场，而与 —C(=O)— 相邻接的 CH$_2$ 的 δ_C 值应在 30～40 附近，因此，B 式应被否定。C 结构中的 CH$_3$ 与 C=O 相邻接，其 δ_C 值至少应大于 25，所以也可予以否定。A 结构与谱图上的数据比较吻合，可用其计算值与实测值相对照，结果见表 5-12。

表 5-12　A 结构的计算值与实测值比较

碳位	C-1	C-2,3,5,6	C-4	C-1′	C-2′	C-3′
计算值	137.6	128.5,128.6	132.7	44.81	18.5	12.31
实测值	137	127.9,128.4	133	40.2	17.6	13.7

表 5-12 中的数据表明，计算值与实测值吻合得较好，说明所推导的结构 A 是正确的。

例 5. 某化合物的分子式为 C$_5$H$_9$ClO，它的 ^{13}C-NMR 谱如图 5-11，试推测其结构。

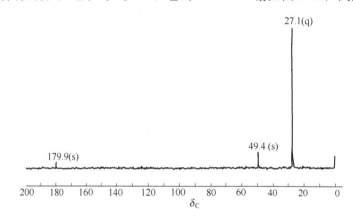

图 5-11　C$_5$H$_9$ClO 的 ^{13}C-NMR 谱图

解： 根据分子式求得不饱和度 $U=1$。从化学位移值和峰的多重性，可推测出 δ_C 27.1 的信号是 CH$_3$；δ_C 179.9 的信号很弱且为单峰，可判断是 C=O；δ_C 49.4 的信号在烷烃的区域内，为季碳原子（单峰），结合有强的 CH$_3$ 信号这一事实，可推导出结构单元：

$$H_3C-\underset{\underset{CH_3}{|}}{\overset{\overset{CH_3}{|}}{C}}-$$

根据分子式、不饱和度及已推测出的结构片段，可得到所推测的结构为：

$$H_3C-\underset{\underset{CH_3}{|}}{\overset{\overset{CH_3}{|}}{C}}-\overset{O}{\overset{\|}{C}}-Cl$$

例 6. 某化合物的分子式为 C$_{10}$H$_{12}$，它的 ^{13}C-NMR 谱如图 5-12 所示，试推测其结构。

解： 根据分子式求得不饱和度 $U=5$。谱图上显示了 5 个峰，而分子式提供了 10 个碳原子，说明该分子结构中必定存在着某种对称性。从 δ_C 24.1 和 δ_C 30.1 的三重峰可判断为 2 个 CH$_2$，由于在谱图上未显示有 CH$_3$ 峰，故这 2 个 CH$_2$ 信号应构成饱和环（因为在分子结构的末端不可能有 CH$_2$ 这样的取代基）。δ_C 126.1、δ_C 129.7、δ_C 137.4 的 3 个峰为烯烃或芳烃碳原子，考虑到不饱和度和分子对称性的要求，这 3 个峰应为 3 种类型的苯环碳。结合分子式及已得知的结构信息，可以方便地得到如下结构：

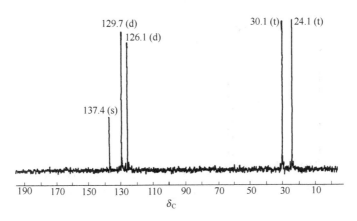

图 5-12　$C_{10}H_{12}$ 的 ^{13}C-NMR 谱图

例 7. 某化合物的分子式为 $C_8H_8O_2$，它的 ^{13}C-NMR 谱如图 5-13 所示，试推测其结构。

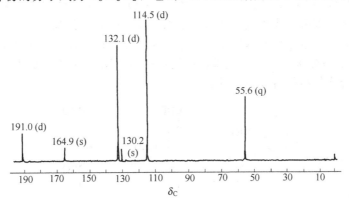

图 5-13　$C_8H_8O_2$ 的 ^{13}C-NMR 谱图

解： 根据分子式求得不饱和度 $U=5$。谱图上的峰数少于分子式中的碳原子数，说明分子结构中具有一定的对称性。从化学位移值和峰的多重性，可推知 δ_C 191.0 的双峰归属为 —CHO，δ_C 55.6 的四重峰归属为 CH_3。从分子式 $C_8H_8O_2$ 中扣除 CHO 和 CH_3 后，余下 C_6H_4O。这里，如果把剩余部分的结构作为对位二取代苯基来考虑，不但满足了不饱和度和分子对称性的要求，而且正好解释了 δ_C 164.9 和 δ_C 130.2 这 2 个单峰，它们均为与取代基直接相连的苯环碳原子（季碳），δ_C 132.1 和 δ_C 114.5 这 2 个双峰则为苯环上未被取代的 4 个碳原子。至此，可推导出如下结构：

$$CH_3O-\underset{5\ \ \ 6}{\overset{4\ \ \ 3\ \ \ 2}{\bigcirc}}-CHO$$

对甲氧基苯甲醛

表 5-13 中数据说明，所推测的结构为对甲氧基苯甲醛是正确的。

表 5-13　对甲氧基苯甲醛的计算值与实测值

苯环碳位	C-1	C-2,6	C-3,5	C-4
计算值	129.4	130.8	114.7	165.4
实测值	130.2	132.1	114.5	164.9

例 8. 某化合物的分子式为 $C_8H_6O_2$，它的 ^{13}C-NMR 谱如图 5-14 所示，试推测其结构。

解： 根据分子式求得不饱和度 $U=6$。谱图上的峰数少于分子式中的碳原子数，说明分子结构中具有一定的对称性。δ_C 196.1 的双峰可归属为 —CHO，δ_C 130~145 区域内的 3 个峰

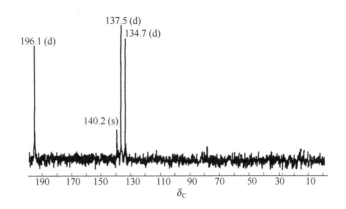

图 5-14 C₈H₆O₂ 的 ^{13}C-NMR 谱图

可归属为 3 种类型的 sp^2 碳原子。从分子式减去 CHO 后，尚余 C_7H_5O。根据 C、H 的比例及不饱和度，这剩余部分拟应构成一个苯环。若这是一个单取代苯，则应有 4 种苯环碳，而谱图上仅显示有 3 种，故单取代苯可予以否定。若为二元取代苯，则从分子式中扣除 CHO、C_6H_4 后，还剩 CHO 作为另一个取代基，并能进一步说明 δ_C 196.1 双峰为什么比较强的原因。这样，可组合成的结构有如下三种：

B 结构中共有 4 种不同的苯环碳，C 结构中则有 2 种不同的苯环碳，它们均与谱图数据不吻合。A 结构与谱图上的峰数吻合，其各碳的计算值与实测值的比较数据见表 5-14。

表 5-14　A 结构的计算值与实测值比较

碳 位	C-1	C-2	C-3	C-4
计算值	138.4	130.4	134.6	
实测值	140.2	134.7	137.5	196.1

表 5-14 中的数据表明，计算值与实测值吻合得较好，说明所推导的结构 A 是正确的。

例 9. 某化合物的分子式为 $C_6H_{12}O$，它的 ^{13}C-NMR 谱如图 5-15 所示，试推测其结构。

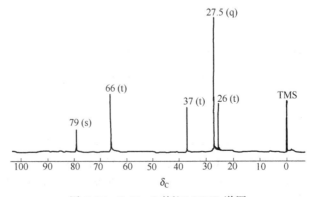

图 5-15　$C_6H_{12}O$ 的 ^{13}C-NMR 谱图

解：根据分子式求得不饱和度 $U=1$。分子式中有 6 个碳原子，而谱图上仅显示了 5 个峰，说明分子结构中具有一定的对称性，其中有一个峰代表 2 个碳。δ_C 27.5 的四重峰强度约为其他峰的 2 倍，可推知该峰归属于具有相同化学位移值的 2 个 CH_3。δ_C 26、δ_C 37、δ_C 66 的这 3 个峰均是三重峰，分别为 3 种类型的 CH_2。其中 δ_C 66 处于较低场，而分子式中又有氧原子，说明该峰对应的碳可能与氧相连。δ_C 79 的单峰为季碳，因处于低场，所以该季碳应与氧直接相连。

由于谱图中未见各种 sp^2 杂化碳的共振峰，而不饱和度又为 1，故分子结构中必须有一个环。

综合以上分析可知，该分子的结构单元有：2 个 CH_3、3 个 CH_2、1 个季碳、1 个环。分子结构中的氧应与季碳和 1 个 CH_2 相连，2 个 CH_3 完全等价，所以惟一可能的结构为：

例 10. 某化合物的分子式为 $C_{11}H_{14}O_3$，它的 ^{13}C-NMR 谱如图 5-16 所示，试推测其结构。

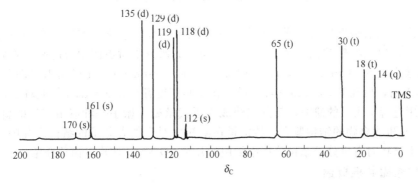

图 5-16 $C_{11}H_{14}O_3$ 的 ^{13}C-NMR 谱图

解：根据分子式求得不饱和度 $U=5$。谱图中显示了 11 个峰，与分子式中的碳原子数目相符，说明分子结构中无对称性。δ_C 14 的四重峰归属为 1 个 CH_3，δ_C 18、δ_C 30、δ_C 65 的 3 个三重峰可归属为 3 个 CH_2，考虑到分子结构中只有 1 个 CH_3 和 3 个 CH_2，它们不可能形成分支的链，所以可得结构单元 $CH_3CH_2CH_2CH_2O-$（因有 1 个 CH_2 的 δ_C 值较大，结合分子式的元素组成，可判断有 1 个 CH_2 与氧直接相连）。δ_C 170 的单峰可归属为 $C=O$。这样，从分子式中扣除 C_4H_9O- 和 $C=O$ 后，尚余 C_6H_5O。若将这剩余部分与不饱和度以及 δ_C 110～165 区域内的 6 个峰结合起来共同考虑，则可拟定这是一个二元取代的苯环（因有 2 个季碳的单峰；且不能是对位二取代，否则不应显示苯环的 6 个峰），而此时分子残存部分仅剩下 OH。至此，已推测出的结构单元有：

$CH_3CH_2CH_2CH_2O-$ $\overset{O}{\underset{\|}{-C-}}$ OH   （二元取代苯基）

为了确定在二元取代苯环上的取代基是 OH 和 $COOC_4H_9$，还是 COOH 和 OC_4H_9，可对与氧直接相连的 CH_2 的 δ_C 值进行比较：

$-O\overset{1}{C}H_2\overset{2}{C}H_2\overset{3}{C}H_2\overset{4}{C}H_3$ $\delta_{C-1}=(-2.68+9.09+9.40-2.49)+57=70.32$

$\overset{O}{\underset{\|}{-C}}-O\overset{1}{C}H_2\overset{2}{C}H_2\overset{3}{C}H_2\overset{4}{C}H_3$ $\delta_{C-1}=(-2.68+9.09+9.40-2.49)+52=65.32$

因为实测值为 δ_C 65，故这 2 个取代基应分别是 OH 和 $COOC_4H_9$。可能的结构为：

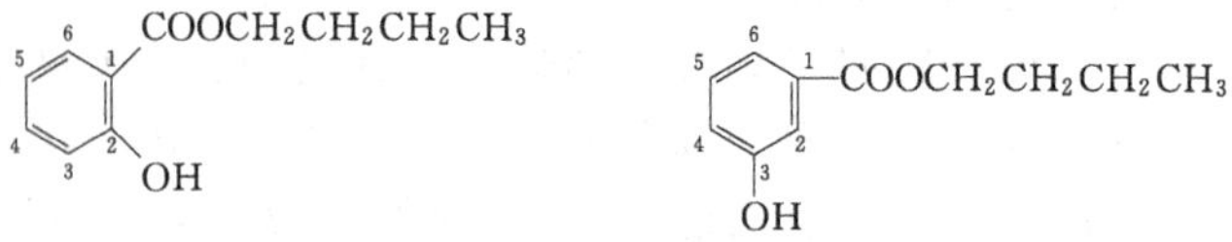

A　　　　　　B

究竟是 A 还是 B，可分析苯环上有取代基的 2 个季碳的 δ_C 值：

A：$\delta_{C\text{-}1}=128.5+1.3-12.7=117.1$　　$\delta_{C\text{-}2}=128.5+26.9-0.5=154.9$

B：$\delta_{C\text{-}1}=128.5+1.3+1.4=131.2$　　$\delta_{C\text{-}3}=128.5+26.9-0.5=154.9$

谱图上显示的 2 个苯环季碳的 δ_C 值分别为 112 和 161，相比较而言，A 结构的数据较为接近，故所推测的结构应为 A。

5.6　二维核磁共振谱简介

二维核磁共振谱是近年来核磁共振领域最重要的进展，它不仅使很复杂的核磁共振谱的解释成为可能，也使核磁共振在各种分子结构问题的研究中所占的地位越来越重要。

二维核磁共振谱（two-dimensional nuclear magnetic resonance，简写成 2D-NMR）是 Jeener 1971 年提出来的，后经 Ernst（1991 年 Nobel 化学奖获得者）和 Freeman 等人对 2D-NMR 的理论及实验应用进行了大量的研究，使其很快成为近代核磁共振中一种应用广泛的新方法。2D-NMR 对复杂有机化合物的结构鉴定，特别是在溶液中对生物大分子的结构研究中，发挥了重要的作用。本节将对有机分子结构分析中常用的几种 2D-NMR 谱作以简单介绍。

5.6.1　二维核磁共振概述

（1）2D-NMR 谱的形成及特点

2D-NMR 谱是两个独立频率变量的信号函数 $S(\omega_1,\omega_2)$，这里关键的是两个独立的自变量都必须是频率，如果一个自变量是频率，另一个自变量是时间、浓度、温度等其他的物理化学参数，就不属于 2D-NMR 谱，它们只能是一维 NMR 谱的多线记录。我们所指的 2D-NMR 谱是专指时间域的二维实验，是以一种两个独立的时间变量进行的一系列实验，可得到信号 $S(t_1,t_2)$。再经两次傅里叶变换得到两个独立频率的信号函数 $S(\omega_1,\omega_2)$。该实验方法也称为二维傅里叶变换实验。通常，把第二个时间变量 t_2 作为采样时间，第一个时间变量 t_1 则是与 t_2 无关的独立变量，是脉冲序列中某一个变化的时间间隔。2D-NMR 谱的形成可用图 5-17 表示。

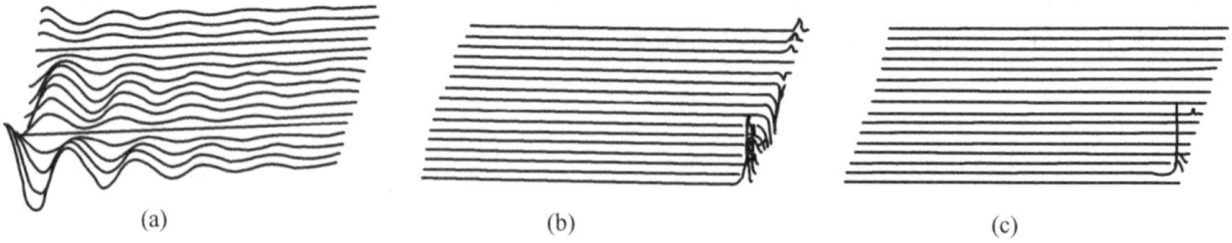

图 5-17　2D-NMR 谱的形成图——$S(t_1,t_2)$ 经两次 FT 变换成为 $S(\omega_1,\omega_2)$

(a) 从左到右为 t_2 增大的方向，曲线簇从下到上为 t_1 增大的方向。$S(t_1,t_2)$ 为初使函数，它是 t_1，t_2 的函数。对 t_2 进行 Fourier 变换（此时暂把 t_1 作为非变量）；结果如图 (b) 所示。若在 (b) 的右端作一截面，从右端 t_1 的方向来看是一正弦曲线，进行对 t_1 的 Fourier 变换，得结果 $S(\omega_1,\omega_2)$；如图 (c) 所示，它是频率 ω_1，ω_2 的函数 $S(\omega_1,\omega_2)$

2D-NMR 谱的特点是将化学位移、偶合常数等 NMR 参数以独立频率变量的函数 $S(\omega_1, \omega_2)$ 在两个频率轴构成的平面上展开,这样,既减少了信号间的重叠,又可表现出自旋核间的相互作用,从而提供更多的结构信息。

(2) 2D-NMR 谱的实验方法

独立频率变量的信号函数 $S(\omega_1, \omega_2)$,可采用不同的实验方法得到。目前应用最多的是二维时域实验,这是一种能够发展产生新的实验最多的方法。二维时域实验的关键是如何把通常以时间作为一维的连续变量,经过一定变换,得到两个彼此独立的时间变量,为此,将包括多脉冲序列激发的二维实验过程按其时间轴可分为:

预备期 (t_d) ⟶ 发展期 (t_1) ⟶ 混合期 (t_m) ⟶ 检测期 (t_2)

预备期 (t_d):预备期在时间轴上通常是一个较长的时期,它是为了使实验前的体系能回复到平衡状态。

发展期 (t_1):在 t_1 开始时由一个脉冲或几个脉冲使体系激发,使之处于非平衡状态。发展期的时间是变化的。

混合期 (t_m):在这个时期建立信号检测的条件。混合期有可能不存在,它不是必不可少的(视二维谱的种类而定)。

检测期 (t_2):在检测期内以通常方式检测作为 t_2 函数的各种 FID(FID 称为自由感应衰减信号)。

与 t_2 轴对应的 ω_2 轴是通常的频率轴,与 t_1 轴对应的 ω_1 轴是什么,则决定于在发展期中是何种过程。

(3) 2D-NMR 谱的表示方法

2D-NMR 谱有各种不同的表示方法。应用最多的为堆积图和等高线图。

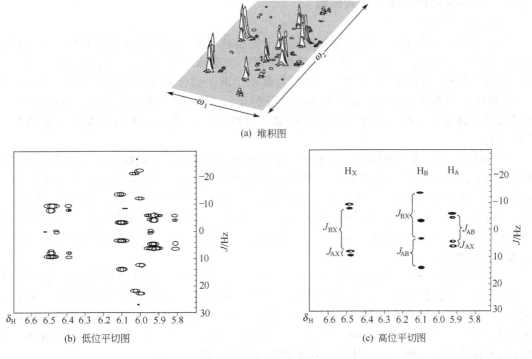

(a) 堆积图

(b) 低位平切图   (c) 高位平切图

图 5-18 丙烯酸 ABX 系统同核 2D-J 分解谱

堆积图是三维立体图形,由很多条一维谱线紧密排列构成,在二维频率轴构成的平面 (ω_1, ω_2) 上有序地矗立着大小不等的锥体,其高度或体积代表该信号的强度,见图 5-18

(a)。堆积图的优点是直观，富有立体感，缺点是难以确定吸收峰的频率和发现大峰后面可能隐藏着的小峰，而且绘制这种谱图耗时较多，因此在应用上受到了很大的限制。

等高线图类似于普通地图的地形图，是将堆积图以平行于（ω_1，ω_2）平面的不同距离进行连续平切绘制而成，见图 5-18（b）、图 5-18（c）。等高线图最中心的圆圈或点表示峰的位置，圆圈的数目表示峰的强度。最外圈表示信号的某一定强度的截面，其内第二、第三、第四圈分别表示强度依次增高的截面。这种图的优点是能够观察到峰的准确频率位置，检测时间短，绘制图比较方便。缺点是难以把握平切的最低值如何选择，若太高，则有些强度较小的真正的信号可能被忽略；若太低，信号占据面积太大，并且出现噪声信号和因信号间干涉而产生的低强度的信号。所以需要协调处理，优化绘图条件，或以不同高度平切画出多张谱图，以清楚地观察强信号和弱信号。虽然等高线图存在一些缺点，但它较堆积图优点多，是目前 2D-NMR 谱广泛采用的表示方法。

(4) 2D-NMR 谱的分类

根据使用的脉冲序列和提供的结构信息不同，2D-NMR 谱大体上可分为三类：

① 2D-J 分解谱　亦称 J 谱或 δ-J 谱。2D-J 分解谱一般不提供比一维谱更多的信息，它只是将化学位移 δ 和自旋偶合 J 在两个频率轴上展开，使重叠在一起的一维谱的 δ 和 J 分解在平面上，便于解析。2D-J 分解谱包括同核 J-分解谱和异核 J-分解谱。

② 二维相关谱　它包括同核（^1H-^1H）和异核（^{13}C-^1H）化学位移相关谱，是二维核磁共振谱的核心。根据不同核的磁化之间转移的不同，二维相关谱又可分为化学位移相关谱、化学交换谱和二维 NOE 谱等。

③ 多量子谱　通常所测定的核磁共振谱线为单量子跃迁（$\Delta m=\pm 1$）。发生多量子跃迁时 Δm 为大于 1 的整数。用脉冲序列可以检出多量子跃迁，得到多量子跃迁的二维谱。

5.6.2　几种常用的二维核磁共振谱

(1) 2D-J 分解谱

在通常的一维谱中，往往由于化学位移 δ 值相差不大，造成了谱带相互重叠（或部分重叠）。并且磁场的不均匀性也能引起峰的变宽，加重峰的重叠现象。这些峰组的相互重叠，使得各种核的裂分峰形常常不能清楚地展示出来，偶合常数 J 也不易读出。而在 2D-J 分解谱中，只要化学位移 δ 略有差别（能分辨开），峰组的重叠即可避免，因此 2D-J 分解谱能很好地解决一维谱中存在的这些问题。值得指出的是，这种讨论是针对弱偶合体系而言的。

① 同核 J-分解谱　弱偶合体系的同核 J-分解谱中最常见的为氢核的 J-分解谱，它的表现形式简单，即 ω_2 方向（水平轴）反映了氢谱的化学位移 δ_H，在 ω_2 方向的投影相当于全去偶谱图，化学位移等价的一种核显示一个峰；ω_1 方向（垂直轴）反映了峰的裂分和 J_{H-H} 值，峰组的峰数一目了然。若为强偶合体系，其同核 J-分解谱的表现形式将比较复杂。图 5-19 为 (E)-2-丁烯酸乙酯的 ^1H 同核 2D-J 分解谱，从谱图中可清楚地读出质子的化学位移 δ_H 及偶合常数 J_{H-H}。

② 异核 J-分解谱　常见的异核 J-分解谱为碳原子与氢原子之间偶合产生的，它的 ω_2 方向（水平轴）的投影类似于全去偶碳谱；ω_1 方向（垂直轴）反映了各个碳原子谱线被直接相连的氢原子偶合而产生的裂分，即季碳为单峰，CH 为二重峰，CH_2 为三重峰，CH_3 为四重峰。图 5-20 为 (E)-2-丁烯酸乙酯的 ^{13}C—^1H 异核 2D-J 分解谱，碳的化学位移及碳上的质子与其偶合均可读出，据此还可以判断碳上质子的个数。

(2) 二维化学位移相关谱

二维化学位移相关谱（two-dimensional shift correlated spectroscopy，简写成 2D-COSY 或 COSY）是比 2D-J 分解谱更重要更有用的方法，是 2D-NMR 谱的核心，它表明共振信号的相关性。2D-COSY 谱又分为同核和异核相关谱两种。

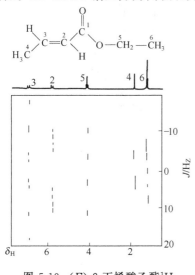

图 5-19 (E)-2-丁烯酸乙酯 ^{1}H 同核 2D-J 分解谱

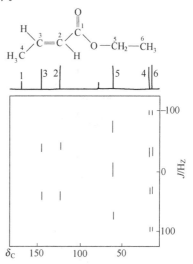

图 5-20 (E)-2-丁烯酸乙酯 ^{13}C—^{1}H 异核 2D-J 分解谱

① 同核化学位移相关谱　同核化学位移相关谱中使用最多的是 ^{1}H—^{1}H COSY 谱，它可以确定质子化学位移以及质子之间的偶合关系和连接顺序。^{1}H—^{1}H COSY 谱的 ω_2 (F_2，水平轴) 和 ω_1 (F_1，垂直轴) 方向的投影均为氢谱，一般列于上方和左侧。COSY 谱一般被画成正方形，图中有两类峰，一类是处于正方形对角线（一般为左上方到右下方）上的峰，被称为对角峰，对角峰在 F_1 或 F_2 上的投影得到常规的偶合谱或去偶谱；第二类峰称为交叉峰或相关峰，是处于对角线外的峰，它们分别出现在对角线两侧，并与对角线相对称。每个交叉峰反映两个峰组间的偶合关系。在实际的谱图解析中，是取任一交叉峰作为出发点，通过它作垂线，会与某对角线峰及上方的氢谱中的某峰组相交，它们即是构成此交叉峰的一个峰组。再通过该交叉峰作水平线，与另一对角线峰相交，再通过该对角线峰作垂线，又会与氢谱中的另一峰组相交，此即构成该交叉峰的另一峰组。由此可见，通过 COSY 谱，从任一交叉峰即可确定相应的两峰组的偶合关系而不必考虑氢谱中的裂分峰形。需要注意的是，COSY 谱一般反映的是 ^3J 偶合关系，但有时也会出现反映远程偶合关系的相关峰，而当 ^3J 小时（如双面角接近 90°时），也可能看不到相应的交叉峰。图 5-21 的实例说明了 CO-SY 的具体应用。

图 5-21 中化学位移最大的是编号为 7 的苯环氢（δ_H 7.43，d），从其出发可在对角峰上找到苯环氢-5（δ_H 7.06，d），这两个氢在苯环上处于邻位，偶合大。在 COSY 谱上可看到 2 个交叉峰，与这两个氢的对角峰组成一个四方形。乙基上的甲基和亚甲基也互相偶合，在图上有甲基的对角峰（δ_H 1.341，t）和亚甲基的对角峰（δ_H 4.276，q）与它们的交叉峰组成的四方形。其他氢之间无偶合，也看不见它们的交叉峰。

② 异核化学位移相关谱　异核化学位移相关谱中使用得最多的是 ^{13}C—^{1}H COSY 谱，它把分子中的一键偶合（$^1J_{CH}$）的 ^{13}C—^{1}H 信号相关联，为结构解析提供了基本的数据。在 ^{13}C—^{1}H COSY 谱中 F_1 轴是 ^{1}H 的化学位移，F_2 轴是 ^{13}C 的化学位移（全去偶碳谱）。一个有关 $^1J_{CH}$ 的信号，在不去偶谱中会有 6 个信号，其中两个在 F_2 轴的信号对解谱无用，其余的 4 个信号，2 个强度为正，2 个为负，形成一个正方形，边长等于 J。当使用不同去偶脉冲后，可分别使 F_2 轴去偶，只留下 F_1 轴上的一正一负两个信号。此外，也可使 F_2、F_1 都去偶，只留下一个正信号。常规的 ^{13}C—^{1}H COSY 谱能得到的是直接相连的碳与氢（$^1J_{CH}$）的

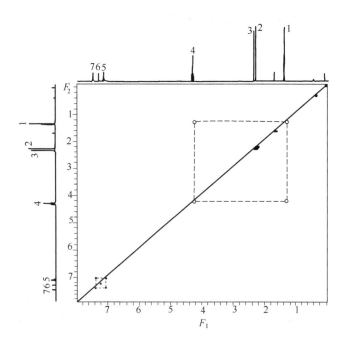

图 5-21 化合物 的 COSY 谱

偶合关系,从一个已知的 ^{1}H 信号,按照相关关系可以找到与之键合的 ^{13}C 信号;反之亦然。在 ^{13}C—^{1}H COSY 谱中,季碳没有信号,谱图中出现的只是每一个碳所直接相连的氢的交叉峰,没有对角峰。如果在一个碳上有几个化学位移值不同的氢,则谱图中该碳在相同的 δ_C 处及不同的 δ_H 处出现几个信号;如果在一个碳上几个氢的化学位移值相同,则只出现一个信号。图 5-22 的实例说明了 ^{13}C—^{1}H COSY 谱的实际应用。

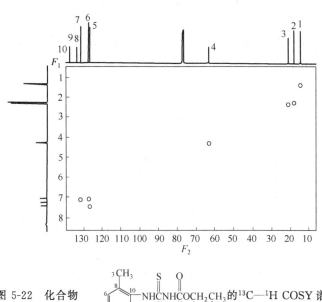

图 5-22 化合物 的 ^{13}C—^{1}H COSY 谱

从图 5-22 中的相关峰向 F_1 轴作垂线，可得 δ_H；向 F_2 轴作垂线，则得 δ_C。即图中的相关峰在该碳与这个碳上的氢的化学位移相交处出现。该分子中的 1、2、3、4、5、6、7 号碳上有氢，故图中有这些碳与氢的相关峰，没有对角峰，也没有其他无氢的碳的信息。

异核化学位移相关谱除了上面介绍的 ^{13}C—^1H COSY 谱外，尚有下面几种比较常见的 ^{13}C—^1H 二维相关谱：

a. COLOC 谱（correlation spectroscopy via long-range coupling，简写成 COLOC 或 long-range ^{13}C—^1H COSY），称为远程 ^{13}C—^1H 化学位移相关谱。从 COLOC 谱中可以获得相隔 2~3 个化学键的 ^{13}C 和 ^1H 的偶合信息，建立起 C—C 间的关联，从而确定分子骨架。这种远程偶合甚至能跨越季碳、氧、氮等杂原子，如 CO—O—CH 中的 H 与羰基碳、C—NH_2 中的 C 与 H 相关。在 COLOC 谱中，F_1 轴是 ^1H 的化学位移，F_2 轴是 ^{13}C 的化学位移，无对角峰，交叉峰既有 $^nJ_{CH}$ 远程相关峰，也有强的 $^1J_{CH}$ 相关峰，故能够得到一些季碳的信息。识谱时要与 ^{13}C—^1H COSY 谱对照，以便扣除 ^{13}C—^1H COSY 谱上也有的 $^1J_{CH}$ 交叉峰，得到远程 $^nJ_{CH}$ 的偶合信息。在这里需要注意的是，^1H—^1H 偶合有可能影响 COLOC 谱信号强度，所以 COLOC 谱最好用于含 ^1H 较少的分子或分子部分结构的鉴定。图 5-23 实例说明了 COLOC 谱的具体应用。

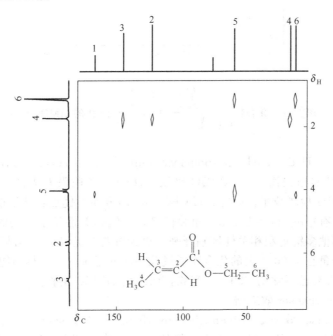

图 5-23 （E)-2-丁烯酸乙酯的 COLOC 谱

从图 5-23 中可见 H-6 与 C-5 有交叉峰，H-4 与 C-2（$^2J_{HC}$)、C-3（$^3J_{HC}$）有相关信号，H-5 跨过氧与 C-1（季碳）有交叉峰（^3J)，H-6 与 C-6、H-4 与 C-4、H-5 与 C-5 的信号也可看到。而 H-3、H-2 与 C-1 的交叉峰，H-3 与 C-3、H-2 与 C-2 的信息都没有看见。

b. HMQC 谱和 HSQC 谱（^1H detected heteronuclear multiple quantum coherence，简写成 HMQC；^1H detected heteronuclear single quantum coherence，简写成 HSQC）称为 ^1H 检测异核多量子相干谱和 ^1H 检测异核单量子相干谱。HMQC 谱使用的脉冲序列与 ^{13}C—^1H COSY 谱相似，区别在于不是用 ^{13}C 检测，而是用 ^1H 检测 ^{13}C—^1H COSY 谱。其优点在于充分利用 ^1H 较高的灵敏度，可减少样品用量和缩短测试时间，通过多量子过滤或磁场梯度抑制不直接与 ^{13}C 相连的 ^1H 和所有 ^{12}C 相连 ^1H 引起的较强信号，完成 ^1H 检测 ^{13}C—^1H COSY

谱，表示所有 δ_C、δ_H 及其偶合关系。这种谱图与 $^{13}C-^1H$ COSY 谱的标度相反，F_2 轴为 δ_H，而 F_1 轴为 δ_C。图中的交叉峰仍表示 $^{13}C-^1H$ 的相关性。由于 HMQC 谱的 ^1H 检测灵敏度高，特别适用于大分子微量样品的结构鉴定。

HSQC 谱的外观和 HMQC 谱完全一样，但在 F_1 轴上的分辨率比 HMQC 高。

图 5-24 和图 5-22 分别表示的是同一化合物的 HMQC 谱和 $^{13}C-^1H$ COSY 谱，二者图形十分相似。然而绘制图 5-24 只用了 21min，图 5-22 却用了 74min。

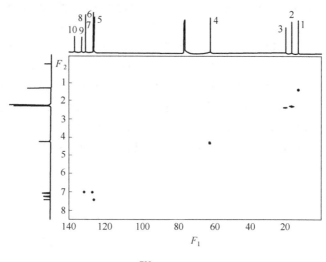

图 5-24　化合物 的 HMQC 谱

c. HMBC 谱（^1H detected heteronuclear multiple bond correlation，简写成 HMBC）称为 ^1H 检测异核多键相关谱。与 HMQC 比较，HMBC 实验没有去偶；与 COLOC 比较，在于用灵敏度高的 ^1H 检测技术。因此，HMBC 具有两方面的优点：从谱图上可清楚地看见包括季碳在内的所有 $^nJ_{CH}$（$n=1,2,3$）相关信息，一键相关性显示其大的 $^1J_{CH}$ 值，给出两个交叉峰，易与其他多键远程相关性区别开来；更为重要的优点是，样品用量少，检测时间短，用几毫克分子量在 1000 以上的化合物通过几小时的记录，即可得到能用于解析的 HMBC 谱图。所以，现在已不常用 COLOC 实验，而改用 HMBC 实验。

（3）二维核 Overhauser 效应谱

二维核 Overhauser 效应谱（2D-nuclear overhauser effect spectroscopy，简写成 NOESY）是通过同核 $^1H-^1H$ 间可发生交换弛豫的关系，检查相关 ^1H 核间距离的实验方法。NOESY 谱的两个频率轴都是 δ_H，其谱图外观与 COSY 谱相似，也有对角峰和交叉峰，差别只是交叉峰并非表示两个氢核之间有偶合关系，而是表示其 NOE 关系，可用以了解相关核的空间距离，研究有机分子的构型等立体化学信息。通过 NOESY 谱解析鉴定在溶液中的分子结构，可得到构型和构象的结论，为分子生物学提供重要的信息。

需要指出的是，NOESY 实验是在 COSY 实验的基础上发展而来的，因此，在谱图中往往会出现 COSY 峰，即 J 偶合交叉峰，故在解析时需对照它的 $^1H-^1H$ COSY 谱把 J 偶合交叉峰扣除。

（4）其他二维谱

上面已介绍了几种常用的二维谱，下面再简单地介绍一些二维谱的名称及其基本用途。

① TOCSY 谱和 HOHAHA 谱（total correlation spectroscopy，简写成 TOCSY；

homonuclear Hartmann-Hahn spectroscopy，简写成 HOHAHA）皆称为总相关谱。TOCSY 谱和 HOHAHA 谱只是在实验时用的脉冲序列不同，而其谱图外观和用途则是一样的。所以，在一般的文献中 TOCSY 谱和 HOHAHA 谱这两种称谓都在使用。从总相关谱图上某一个氢核的谱峰出发，可找到与它处于同一偶合体系的所有氢核谱峰的相关峰。目前，总相关谱的使用越来越广泛。

② 2D-INADEQUATE 谱　（2D-incredible natural abundance double quantum transfer experiment，简写成 2D-INADEQUATE）称为碳-碳同核化学位移相关谱。这种谱可用来检测 $^{13}C—^{13}C$ 间偶合分裂的谱线信息，以此确定分子中碳原子连接的顺序，是目前 ^{13}C 谱归属的最有效的方法。但由于 ^{13}C 天然丰度很低，$^{13}C—^{13}C$ 偶合的几率仅 0.01%，所以，实际上 2D-INADEQUATE 实验的灵敏度很低，测试时间很长，需 24～72h。故如不是迫不得已，一般不再使用这种实验方法。

③ $^{13}C—^1H$ RELAY 谱　（亦称异核 RCT 谱）2D-INADEQUATE 实验虽是确定有机分子碳骨架的最有力的方法，但因灵敏度太低而使其应用受到限制。$^{13}C—^1H$ RELAY 谱的灵敏度比 $^{13}C—^1H$ COSY 谱低，却比 COLOC 谱稍高一些，而比 2D-INADEQUATE 谱高得多。$^{13}C—^1H$ RELAY 谱可以提供碳骨架信息。

④ COSYLR 谱　（COSY optimised for long range couplings，简写成 COSYLR 或 LR-COSY）称为优化远程偶合的 COSY。COSYLR 谱可用来确认 ^3J 偶合以上的 H-H 之间的远程偶合关系。

⑤ HOESY 谱　（heteronuclear NOE spectroscopy，简写成 HOESY）可用于测定空间位置相近的两个不同的核。它的谱图与 H-C COSY 谱类似，只是它的交叉峰反映的是异核与 ^1H 之间的 NOE 关系，即它们在空间的距离是相近的。

除了上面介绍的 2D-NMR 谱外，还有许许多多其他的 2D-NMR 实验方法。随着仪器和技术的发展，2D-NMR 在近年来也得到了长足的进步和完善，成为应用越来越广泛的结构解析方法。减少样品用量、缩短测试时间、提高检测灵敏度、提供更加有用的信息，这是 2D-NMR 发展的方向。

第6章 质　　谱

质谱虽被列入有机化合物波谱分析法中，但它在原理上与前面介绍过的其他波谱不同。紫外、红外和核磁共振谱是吸收波谱，是以分子吸收辐射能所引起的能量状态的变迁为基础的。质谱则不然，它不是吸收波谱，而是用一定能量的电子流轰击或用其他适当方法打掉气态分子的一个电子（有时多于一个，但少见）形成带正电荷的离子。这些正离子在电场和磁场的综合作用下，按照其质荷比（m/z）的大小依次排列成谱，被记录下来，称之为质谱（mass spectrometry，简写成 MS）。质谱按其研究对象可分为同位数质谱、无机质谱和有机质谱三个主要分支。在本书中，仅介绍有机质谱。

质谱原理是1898年被发现的，直至1940年质谱法仍仅仅用于气体分析和化学元素的稳定同位素的测定，而从20世纪50年代末才开始利用质谱测定有机化合物的分子结构，至今不过40多年的历史。在这段时间里，已经取得了许多有规律性的东西，再加之近年来质谱仪器的不断改进，使许多难以挥发的固体有机物也能进行分析。气相色谱与质谱联用（gas chromatography-mass spectrometry，GC-MS）、液相色谱与质谱联用（high performance liquid chromatography-mass spectrometry，HPLC-MS）以及用计算机进行质谱数据处理，使质谱分析的效能进一步提高，应用越来越广泛，因而成为有机化学、药物学、生物化学、毒物学、食物化学、法医学、石油化学、地球化学、环境污染等研究领域中的重要分析工具之一。20世纪末，在新的离子源研究基础上，质谱进入生物分子的研究领域，成为研究生物大分子结构的有力工具。

与其他分析方法相比，质谱分析法具有以下两方面的特点。

第一，与其他化学分析及仪器分析方法相比，质谱法所能提供的被测样品的信息量大。一台高分辨质谱仪能够提供化合物的准确分子量、分子和碎片的元素组成、分子式以及有关化合物分子结构等大量分析数据。对于常见的一些有机化合物的分析，仅用质谱法本身就能完成定性和定量分析。

第二，质谱分析法灵敏度很高，样品用量极小，常用量约1mg左右，极限用量只要几微克就够了。另外，质谱分析响应时间短，分析速度快，因而使得质谱与气相色谱以及计算机的联机使用发展得最快、最成熟，应用得最广。色谱-质谱联用能对有机混合物样品实现微量或超微量的快速分析（色-质联用充分利用了色谱的高效分离能力和质谱的高分辨定性鉴定能力），因而是有机混合物分析中比较理想的测试手段。

质谱分析虽有上述一些优点，但并不是所有的化合物都能用这种方法进行测定。例如，目前还不能直接分析分子量超过数万的大分子，只能分析这些大分子的裂解产物。而对于结构复杂的分子，还需配合紫外、红外、核磁以及化学分析的结果进行综合分析，这样才能使结果更为可靠。

此外，由于质谱仪是大型、复杂的精密仪器，价格昂贵，操作维护比较麻烦，因而现在质谱仪还不能普及。而从理论研究和实验基础上看，质谱在有机分子结构测定的应用方面，仍然有待于进一步充实和发展。

6.1 质谱的基本知识

6.1.1 质谱计的一般原理

质谱仪器是一种测量带电粒子质荷比的装置。根据记录带电粒子的方法不同可将质谱仪器分为两大类：质谱仪和质谱计。前者用照相法记录，后者用电学方法记录。质谱仪及质谱计种类很多，原理也不尽相同。这里只简单介绍双聚焦电磁式质谱计，它是利用带电粒子在电场和磁场中偏转的行为来进行测量的。

图 6-1 是双聚焦质谱计的简化示意。有机化合物样品在高真空（$1.33 \times 10^{-3} \sim 1.33 \times 10^{-4}$ Pa）条件下受热汽化，汽化了的分子在离子源内受到高能电子束轰击（electron impact，简写成 EI）形成正离子。通常，分子中最易逸出的电子（离解位能最低的电子）将首先被打掉，成为带单位正电荷的分子离子[1]：

$$M + e(高速) \longrightarrow M^{+\cdot} + 2e(低速)$$

$M^{+\cdot}$ 代表分子离子，它右上角的"＋"表示分子离子带有一个正电荷，"·"表示分子离子具有一个未成对的独电子，实际上分子离子是带有独电子的自由基正离子，这样的离子称为奇电子离子。

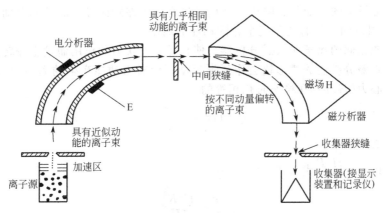

图 6-1 双聚焦质谱计示意

由于用于轰击样品蒸气的高能电子束的能量（通常为 50～70eV）大大超过典型有机化合物的离解位能（通常为 9～15eV），因此，在一般情况下所生成的分子离子将能获得足够的能量，很快会进一步从一个或几个地方发生键的断裂，生成许多不同的碎片。只有比较稳定的、寿命比较长的分子离子才能在质谱中出峰。

在这些断裂的碎片中，有正离子、中性分子、自由基和极少数的负离子，如：

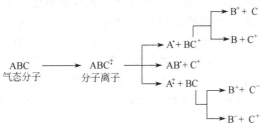

其中，带正电荷的离子受到高压电场 V（通常 6000～8000V）加速进入电分析器，负离

---

[1] 同时也可能产生 $M + e \longrightarrow M^{2+} + 3e$、$M + e \longrightarrow M^{-}$ 等，但前者一般概率小，后者不产生质谱讯号。

子则被排斥电位吸引而在后墙上消失电荷，中性分子和自由基不被加速，由真空泵抽走，在质谱图中没有反应。因此，一般所谓质谱都是指形成的正离子质谱。

由高压电场 V 加速后的各种正离子在电场中的位能等于它完成加速后所具有的动能：

$$zV=\frac{1}{2}mv^2 \tag{6-1}$$

式中　z——正离子的电荷；

　　　V——正离子的加速电压；

　　　m——正离子的质量；

　　　v——正离子运动的速度。

因为动能达数千电子伏特，故可以认为，这时各种带单位正电荷的离子都有近似相同的动能。

加速后的正离子进入一个正电场 E（电分析器），这时带电离子受电场作用发生偏转（参见图 6-1），偏转产生的离心力（mv^2/R）与静电力平衡，稳态时有：

$$zE=\frac{mv^2}{R}=\frac{2}{R}\cdot\frac{1}{2}mv^2 \tag{6-2}$$

式中　R——离子在电分析器中作弧形运动的曲率半径。

在电分析器的后部出口有一个狭缝，通过狭缝的离子（R 和 E 相同）将有非常相近的动能。可见，电分析器的功能是滤除由于初始条件有微小差别而导致的动能差别，挑出一束由不同的 m 和 v 组成的、具有几乎完全相同动能的离子。

将这束动能相同的离子送入磁分析器，使它受劳伦茨力的作用而发生偏转，不再按直线前进，而是沿着磁分析器的弧形轨道作弧形运动。此时由动能产生的离心力（mv^2/R）和由磁场产生的向心力（Hzv）在稳态时是相等的：

$$Hzv=\frac{mv^2}{R} \tag{6-3}$$

式中　H——磁场强度。

由式（6-3）$v=\dfrac{HzR}{m}$ 代入式（6-1）得：

$$\frac{m}{z}=\frac{H^2R^2}{2V} \tag{6-4}$$

或

$$R=\sqrt{\frac{2V}{H^2}\cdot\frac{m}{z}} \tag{6-5}$$

m/z 为质荷比。对于带单位正电荷的离子，$z=1$，这时质荷比就是质量数。

式（6-4）为磁质谱计的基本方程。它说明了离子在磁场中运动轨迹的曲率半径 R 是受 V、H 和 m/z 三种因素决定的。在仪器设计中，R 是固定不变的，所以改变 V 或改变 H 可以只允许具有一种 m/z 值的离子通过收集器狭缝进入检测系统，而其他 m/z 值的离子则撞击在管道内壁上，并最后被真空泵抽出仪器。这样，我们只要连续改变 H（磁场扫描）或连续改变 V（电压扫描）就能够使 m/z 不同的正离子按 m/z 值的大小顺序先后通过收集器狭缝，然后打到离子收集器片上，每一离子要从收集器片上得到一个电子以中和离子所带的正电荷，这样就在离子收集器线路上产生一电流，将此电流放大并记录下来，即可得到质谱。每通过收集器狭缝一种离子，在质谱上就出现一个峰，峰的高度取决于该种离子的数量。

6.1.2　质谱计的分辨率及质量范围

（1）分辨率

区别邻近的两个质谱峰的能力叫做分辨率。显然，如果两个邻近的质谱峰大部分重叠在一起,我们就很难区别它们。

目前用来表达质谱计分辨率的方法并不统一,没有一个简单的通用定义。现把两个正好完全分开的相邻的质谱峰之一的质量数与两者质量数之差的比值,规定为质谱计的分辨率,用 R 表示:

$$R = \frac{M_1(或 M_2)}{M_2 - M_1} = \frac{M}{\Delta M} \qquad (6-6)$$

式中,M_1 和 M_2 为两个相邻峰的质量,并且 $M_2 > M_1$,ΔM 为两峰质量数之差。

所谓正好分开,目前国际上有两种定义:

① 10%谷定义 若两个相等强度的相邻峰重叠形成的谷高为峰高的 10%,则可认为两峰正好分开,如图 6-2(a)所示。

② 50%谷定义 两个相等强度的相邻峰在 50%峰高的地方相交,就认为这两个峰正好分开,如图 6-2(b)所示。

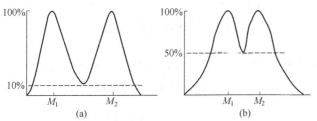

图 6-2 两个不同质量的离子峰的分辨   图 6-3 分辨率的测定方法

当然,同一分辨率值,10%谷的定义比 50%谷的高。目前国际上趋向磁质谱计采用 10%谷的定义,四极质谱计采用 50%谷的定义。

在实际测量中,不易找到两峰等高,并且重叠后的谷高正好为峰高的 10%(或 50%),故实用分辨率计算公式为(参见图 6-3):

$$R = \frac{M}{\Delta M} \cdot \frac{a}{b} \qquad (6-7)$$

式中 a——两峰顶之间的距离;

b——其中一峰在高度为 5%峰高 h 处的峰宽。

例如,两峰的质量数分别为 100 和 101,则这两个峰刚好分开时(两峰间的谷高达峰高的 10%或 50%),仪器的分辨率为:

$$R = \frac{100}{1} = 100$$

当两峰的质量数为 100.00 和 100.01 时,若要分开这两个离子,则须用分辨率为 10000 的仪器,即:

$$R = \frac{100.00}{0.01} = 10000$$

一般 R 在 10000 以下的仪器称为低分辨,在 10000 以上的称为中分辨或高分辨。低分辨的质谱计只给出离子的整数质量数,高分辨的质谱计则可给出离子的小数质量数。例如,用分辨率为 150000 的质谱计测定质量数为 100 的化合物时,由 $\Delta M = 100/150000 = 0.00066$,可知该仪器能分辨质量数与 100 相差 ±0.00066 的两个峰。两个离子的质量数有这样微小的差别,是由它们各自组成元素的原子量之和的小数决定的,所以由离子质量的小数可以计算出离子的元素组成。这就是利用高分辨质谱计测定有机化合物结构的意义所在。

例如,C_5H_6、C_4H_2O、$C_3H_2N_2$ 这些离子在低分辨质谱计中都在 m/z 为 66 处出峰。

而在高分辨质谱计中可将它们分离开而得到确定：

$m/z(C_5H_6)=66.04695$ $m/z(C_4H_2O)=66.010565$ $m/z(C_3H_2N_2)=66.021798$

所以可通过高分辨质谱计来确定离子的元素组成，并决定分子式，这在结构分析上十分有用。

(2) 质量范围

质量范围是指仪器能够测量的最大质量数。例如，质量范围为 1～1000，即该质谱计能测量质量数为 1～1000 间的物质。

6.1.3 质谱的表示方法

质谱的表示方法有三种，即质谱图、质谱表和元素图。

(1) 质谱图

质谱图是记录正离子质荷比及峰强的图谱。由质谱仪直接记录下来的图是一个个尖锐的峰，而我们通常见到的质谱图则是经过整理的、以直线代替信号峰的条图（棒图）。条图比较清楚，其横坐标表示质荷比 m/z，纵坐标表示离子峰的强（丰）度（在质谱中，离子的峰高称作丰度，就是离子的丰富程度），高低不同的条峰各代表相应质荷比的离子，峰的高度反映了离子的数目多少。

把强度最大的峰人为地规定为基峰或标准峰（100%），其他的峰则是相对于基峰的百分比，这种表示法称为"相对丰度"表示法（见图 6-4），是最常用的一种表示方法。

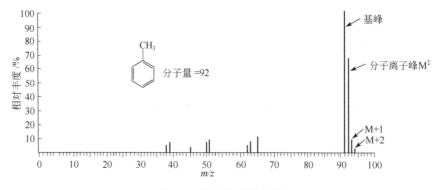

图 6-4　甲苯的质谱条图

纵坐标的另一种表示法称为"绝对丰度"表示法。这种方法是以总离子流的强度作为 100% 来计算各离子所占百分数，用 Σ 表示。例如，某种离子的绝对丰度是 10%，则写成 10%Σ。通常 m/z 40 以下的峰意义不大，可以从 m/z 40 以上计算总离子流，这时用 Σ_{40} 表示从 m/z 40 到分子离子的总离子流。此时，对于绝对丰度为 10% 的离子，可表示为 $10\%\Sigma_{40}$。

在文献记载中，一般都采用条图。

(2) 质谱表

质谱表是用表格的形式列出各峰的 m/z 值和对应的相对丰度（见表 6-1）。这种表对定量分析是非常实用的，但不太适合于解释给定的未知物的质谱，因为它未以图形表示出谱图的重要特征，使人看了以后一目了然。

表 6-1　甲苯的质谱

m/z 值	38	39	45	50	51	62	63	65	91	92(M⁺)	93(M+1)	94(M+2)
相对丰度/%	4.4	5.3	3.9	6.3	9.1	4.1	8.6	11	100(基峰)	68	4.9	0.21

上述两种表示方法各有特点，质谱图简洁、明了，易于在几个谱图之间进行比较；而用

质谱表格形式表示，则能获得离子峰相对强度的准确值。

(3) 元素图

元素图是将高分辨质谱计所得结果，经计算机按一定程序运算而得。由元素图可以了解每个离子的元素组成，对推导结构较为方便。

6.2 质谱中离子的主要类型

在一张质谱图上可以看到许多离子峰，这些峰包括以下几种类型：分子离子峰、同位素离子峰、碎片离子峰（包括简单断裂和重排形成的碎片峰）、亚稳离子峰、多电荷离子峰，以及离子与分子相互作用所生成的离子峰等。识别这些离子和了解这些离子形成的规律对解析质谱十分重要。

6.2.1 分子离子

分子经高能电子流轰击，失去一个电子形成的离子称为分子离子或母体离子，用 $M^{+\cdot}$ 表示（常常简写成 M 或 P，而将正电荷及自由基符号省略）。其相应的峰为分子离子峰或母峰。由于分子离子的质量数就是该分子失去一个电子后的分子质量，而电子的质量极小，可以忽略不计，故分子离子的质量相当于分子量。迄今所有用来测定分子量的方法（如经典的冰点降低、沸点升高等法，往往误差大、费时较长），质谱法是惟一能给出精确数值，而又十分快速的方法。

(1) 形成分子离子时电子失去的难易程度及表示方法

有机化合物分子中的电子种类有：σ 键电子、π 键电子和未成键的孤对电子。这些类型的电子在电子流的轰击下失去的难易程度是不同的。一般说来，失去电子的难易有如下顺序：

$$\underset{\text{易} \qquad\qquad\qquad\qquad\qquad\qquad \text{难}}{\text{杂原子上未成键电子} > C=C > C-C > C-H \longrightarrow}$$

失去杂原子上未成键电子而形成的分子离子可表示为：

$$R-CH_2-\overset{+\cdot}{X} \text{（X 为卤素原子）} \qquad R-CH=\overset{+\cdot}{Y} \text{（Y 可为 O、S 等）}$$

失去 π 键上的电子而形成的分子离子可表示为：

$$\underset{R^2}{\overset{R^1}{C}}\overset{+\cdot}{=}\underset{R^4}{\overset{R^3}{C}} \quad 或 \quad \underset{R^2}{\overset{R^1}{C}}\overset{\cdot+}{=}\underset{R^4}{\overset{R^3}{C}}$$

失去 σ 键上的电子而形成的分子离子可表示为：

$$R^1-CH_2 \overset{+\cdot}{|} CH_2-R^2$$

电离后的芳香环可表示为：

（芳香环结构式） 或 （芳香环结构式） 或 （芳香环结构式）

当难以判断分子离子的电荷位置时，可用 $[M]^{+\cdot}$ 或 $M^{+\cdot}$ 来表示，如：

$$[R-CH_3]^{+\cdot} \qquad \left[\underset{N}{\text{（吡啶环）}}-CH_2R\right]^{+\cdot}$$

(2) 分子离子峰的强度与化合物结构的关系

纵观各类化合物的质谱图，就会发现有的化合物的分子离子峰很强（通常，丰度超过总离子流的 30% 即为强峰，仅百分之几的为弱峰），有的中等强度，有的较弱，有的甚至没有。原因在于分子离子峰的强度与化合物的分子结构有密切的关系，它的强度决定于分子离子的稳定性，稳定性愈高分子离子峰愈强。当分子具有大的共轭体系时，其稳定性高。若无共轭体系，有 π 键的化合物的分子离子比无 π 键的化合物的分子离子稳定性高。脂环化合物有一定的稳定性，且环发生断裂时，其质量并不改变，因此其分子离子峰的强度相对链状的同类化合物大。

关于分子离子峰的强度有下列三类情况：

① 芳香族化合物＞共轭多烯＞脂环化合物＞短直链烷烃＞某些含硫化合物。这些化合物给出较显著的分子离子峰。

② 直链的酮、酯、酸、醛、酰胺、醚、卤化物等通常显示分子离子峰。

③ 脂肪族的醇、胺、亚硝酸酯、硝酸酯、硝基化合物、腈等化合物及高分支化合物则无分子离子峰。

由于化合物常为多官能团，实际情况也较复杂，故上述顺序有时可能有一定的变化。

表 6-2 给出了一些典型有机化合物分子离子峰强度的一般数值，可供识图时参考。

表 6-2　分子离子峰的相对丰度与化合物类别及分子量的关系

化合物类别	分子量≈75		分子量≈130		分子量≈185	
	分子式	相对丰度/%	分子式	相对丰度/%	分子式	相对丰度/%
芳香族化合物	苯	100	萘	100	蒽	100
杂环芳香化合物	吡啶 噻吩	100 100	喹啉 苯并噻吩	100 100	吖啶 二苯并噻吩	100 100
环烷烃	环己烷	70	十氢萘	90	全氢蒽	90
硫醇	C_3SH	100	C_7SH	40	$C_{10}SH$	46
硫醚	C_1SC_2	65	C_1SC_6	45	C_5SC_5	13
共轭烯烃	己三烯	55	2,6-二甲基-2,4,6-辛三烯	40		
烯烃	$C_2C=CC_2$	35	$C_3C=CC_4$ $C_6C=CC$	20 7	$C_{11}C=C$	3
酰胺	C_2CONH_2 $HCON(C_1)_2$	55 100	C_6CONH_2 $C_1CON(C_2)_2$	1 4	$C_{11}CONH_2$ $C_1CON(C_4)_2$	1 5
羧酸	C_2COOH	80	C_6COOH	0.5	C_9COOH	9
酮	C_1COC_2	25	C_2COC_5 C_1COC_6	8 3	C_6COC_5 C_1COC_9	8 10
醛	C_3CHO	45	C_7CHO	2	$C_{12}CHO$	5
烷	C_5	9	C_9	6	C_{13}	5
胺	C_4NH_2 $(C_2)_2NH$ $(C_2)_3N$	10 30 20	C_8NH_2 $(C_4)_2NH$ $(C_2)_3N$	0.5 11 20	$C_{12}NH_2$ $(C_7)_2NH$ $(C_4)_3N$	2 4 7
醚	C_2OC_2	30	C_4OC_4	2	C_6OC_6	0.05
酯	C_1COOC	20	C_1COOC_5 C_5COOC_1	0.1 0.3	C_1COOC_8 C_7COOC_1	0.1 3
卤代烷	C_4F C_3Cl	0.5 4	C_7F C_7Cl C_3Br C_1I	0.1 0.1 45 100	$C_{11}Cl$ C_7Br C_4I	0.3 2 6
支链烷烃	C-C-C-C (含支链C)	6	$(C_2)_2CC_4$	1	$(C_4)_3CH$	1

续表

化合物类别	分子量≈75		分子量≈130		分子量≈185	
	分子式	相对丰度/%	分子式	相对丰度/%	分子式	相对丰度/%
支链烷烃	C—C—C 　| 　C 　| 　C	0.01	C—C—C—C—C 　|　　| 　C　　C	0.05	C—C—C—C—C—C 　|　　|　　| 　C　　C　　C	0.03
腈类	C_4CN	0.3	C_8CN	0.4	$C_{11}CNF$	0.8
醇类	C_4OH	1	C_8OH	0.1	$C_{12}OH$	0.0
缩醛	$C(OC)_2$	0.00	$C_2(OC_3)_2$	0.0	$C_7(OC_2)_2$	0.0

注：C_n指正构烃基的碳原子数。

当分子离子峰的强度太低而不能检出时，可采用下列方法来提高分子离子峰强度：

① 降低轰击电子流的能量，使分子离子过剩的能量减小，从而增加分子离子的稳定性，这样，分子离子峰的相对强度增加了，但总离子流强度却下降了。

② 制备易挥发的衍生物，分子离子峰就容易出现。例如，有些有机酸和醇的熔点相当高，不容易挥发，这个时候，可以把酸变为酯，把醇变为醚再进行测定。

③ 采用各种软电离技术（前面讲的电子轰击EI叫做硬电离，是有机质谱中使用得最经典、最广泛的电离技术），可得到很显著的分子离子峰。下面就简单介绍几种软电离技术的基本原理。

a. 化学电离法（chemical ionization，简写成CI）：用一种电离势比样品分子略高的化合物的生成离子与样品分子作用，在这种情况下，只有很小的过剩能量授予样品的分子，于是样品分子断裂程度剧减，而其分子离子的丰度猛增。这种类型的质谱法称为化学电离质谱法。甲烷、异丁烷、氮、氨等一类电离势较大的物质是最常用的反应剂气体。如把样品和反应剂气体（如甲烷）同时引入电离室（其中样品含量约为0.1%），由于甲烷气体比样品量多得多，因此在电子流的轰击下，最初主要是甲烷电离，发生一级离子反应：

$$CH_4 + e \longrightarrow CH_4^+ + CH_3^+ + CH_2^+ + CH^+ + C^+ + H_2^+ + H^+ + ne$$

在CH_4电离过程中，质量小于14的碎片很少，碎片离子主要是CH_4^+和CH_3^+，约占全部离子的90%，这些离子又与反应气体作用，发生二级离子反应：

$$CH_4^+ + CH_4 \longrightarrow CH_5^+ + \cdot CH_3 \qquad CH_3^+ + CH_4 \longrightarrow C_2H_5^+ + H_2$$

生成的CH_5^+、$C_2H_5^+$活性离子再和样品分子RH发生质子转移反应：

$$CH_5^+ + RH \longrightarrow CH_4 + RH_2^+ \qquad CH_5^+ + RH \longrightarrow CH_4 + H_2 + R^+$$
$$C_2H_5^+ + RH \longrightarrow C_2H_4 + RH_2^+ \qquad C_2H_5^+ + RH \longrightarrow C_2H_6 + R^+$$

上述RH_2^+及R^+可写成$[RH+1]^+$或$[M+1]^+$及$[RH-1]^+$或$[M-1]^+$，它们叫做准分子离子。这样，在CI谱中的分子离子峰不是$M^{\ddagger}$，而是准分子离子$[M\pm1]^+$峰，强度较大。

CI法的优点：即使对于不稳定的有机化合物，也可得到较强的分子离子峰，有利于分子量的测定。缺点：碎片少，可提供的结构信息少。现代质谱仪器将CI和EI配合使用，可互相取长补短。

此外，在CI法中，因反应气体"漏入"，气体压强约为133Pa。所得质谱图亦因所用反应气体的不同而异。

b. 场致电离法（field ionization，简写成FI）：在距离很近的阳极和阴极之间（两者距离通常小于1mm），施加几千伏甚至上万伏稳定的直流电压，于是在阳极的尖端附近产生强电场（约$10^7 \sim 10^8$V/cm），这强电场可以把尖端附近不到1mm处的分子中的电子拉出去，形成正离子，这些正离子立刻被加速送走。

用 FI 法形成的分子离子与由 EI 法形成的分子离子不同，它不具有很大的振动能，因而进一步裂解趋势比由 EI 法产生的离子要小。用这一方法可使分子离子丰度大大增加。往往分子离子成为谱图中一个重要的离子。

此法的特点是谱图简单，碎片离子峰很少，这为混合物的定性、定量分析创造了条件。但也因碎片峰少，不能提供足够的结构信息，在解析结构时应与 EI 结合起来。

c. 场解吸法（field desorption，简写成 FD）：这是 FI 法的一个派生方法，但在样品导入方法上不同。适用于不易挥发和热不稳定的化合物的分子量的测定。这个方法是先把样品溶于适当的溶剂中，然后把钨丝浸入，待溶剂挥发后，把它作为阳极，离子靠强电场脱附。离子源的工作温度略高于室温，分子离子几乎不具有过剩的内能，因此基本上不断裂，它的分子离子峰比 FI 法的强。

d. 快原子轰击电离法（fast atom bombardment，简写成 FAB）：将样品先溶于一种基质中（基质是一类具有低蒸气压、有流动性、呈现化学惰性、对样品有很好溶解能力的极性溶剂，常用的有甘油、硫代甘油、3-硝基苄醇、三乙醇胺和聚乙烯醇等），再将样品溶液涂布在一个金属靶上，直接插入 FAB 源中，用加速到数千电子伏特的惰性气体离子（早期曾用中性原子）对靶进行轰击。这时，靶上的样品分子蒸发，并解离成离子。

在 FAB 法中，测得的主要是各种准分子离子以及它们与基质分子复合而形成的复合离子，如 $[M+H]^+$、$[M+H+G]^+$、$[M+H+2G]^+$ ……（G 为基质分子），根据这些准分子离子以及复合离子的质荷比就可以推测分子量。

FAB 法的优点：适用于对热不稳定、极性强、分子量大、难以汽化的有机化合物分析，其中在生物大分子分析方面的应用具有十分广阔的前景。该法的缺点：基质本身的质谱对样品有干扰，在低质量端尤为严重，故检测分子量较大的样品更有实用价值。

e. 电喷雾电离法（electrospray ionization，简写成 ESI）：样品溶液从带有 3～8kV 高压的不锈钢毛细管中流出，在同轴辅助氮气的作用下使液体表面带电，此时离开毛细管口的溶液不再是液滴，而是形成雾滴。随着溶剂的不断蒸发，这些带电荷的雾滴微粒逐渐缩小，表面电荷密度增加，形成强静电场使样品分子离子化，最终离子从雾滴表面"发射出来"。通常 ESI 法只形成准分子离子 $[M+H]^+$ 或 $[M-H]^+$。

ESI 法的优点：可形成多电荷离子，因此可用低质量范围的质谱仪检测高分子量化合物；作为一种非常温和的离子化方式，能够在气相状态下研究溶液分子之间的非共价结合作用，甚至于分子的三维空间构型。

（3）分子离子峰的识别

质谱的一个很大用途是用来确定化合物的分子量。而要得到分子量的关键是确认分子离子峰。但如果分子离子不稳定，在质谱上就不出现分子离子峰。这时要注意不要把碎片离子误认为分子离子。有时分子离子一产生就与其他离子或气体分子相碰撞，成为质量更高的离子。有时可能由于杂质的混入而产生高质量的离子峰。因此下结论以前，首先要检查该离子是否具有分子离子峰的所有特征，也要确证该离子不是杂质离子或碎片离子。通常，下列几点可以帮助我们识别分子离子峰。

① 分子离子峰应该是质谱中质量数最大的峰，即最右端的峰。虽然重同位素可产生质量高 1~2 个单位的峰，但这种同位素峰一般很弱或具有特征，易于辨别（下面即将论及）。值得注意的是，分子离子应该是质谱中质量数最大的离子，这是一个必要条件，而不是充分条件，因为有一部分化合物的分子离子在 EI 电离时全部裂解，这时质谱中质量数最大的离子是碎片离子。

② 分子离子必须是一个奇电子离子（它的判别见第 6.4 节）。由于有机分子都是偶电

子。因此失去一个电子生成的分子离子必定是奇电子离子。

③ 凡不含氮原子或只含偶数个氮原子的有机分子，其分子量必为偶数；而含奇数个氮原子的分子，其分子量必为奇数。这个规律称为氮规则。凡不符合此规则的质谱峰都不是分子离子峰。

氮规则的成因是简单的：有机化合物主要由 C、H、O、N、S、Cl、Br、I、F 等元素组成。C、O、S 等的原子量和化合价均为偶数，而 H、Cl、Br 等原子量和化合价均为奇数，N 则不同，N 的原子量为偶数，而化合价为奇数（3 价或 5 价）。由 C、H、O、S、X 组成的分子或含有偶数个 N 原子的分子，其 H 原子和卤素原子总数必为偶数，故其分子量一定是偶数。而对含奇数个 N 原子的分子，其 H、卤素原子之和必为奇数，故分子量也一定是奇数。

④ 应有合理的碎片丢失。在质谱中与分子离子峰紧邻的碎片离子峰，必定是由分子离子失去一个化学上适当的基团或小分子形成的。若与拟定的"分子离子峰"紧邻的碎片离子峰是由 $M^{\cdot+}$ 丢失一个 $H(M-1)$，$CH_3(M-15)$，$H_2O(M-18)$，$C_2H_4(M-28)$……形成的，则是合理的，而一般从 $M^{\cdot+}$ 丢失 $(M-4) \sim (M-13)$ 个质量单位则是不合理的。因为不可能从分子离子上接连失去四个氢或不够一个 CH_2 的碎片，所以，如在 $(M-4) \sim (M-13)$ 的范围存在峰，则说明原来拟定的"分子离子峰"并非真实的分子离子峰。附录 Ⅶ 给出了在质谱中从分子离子"一般丢失"的数据，可供识图时参考。

⑤ 被拟定的分子离子峰的强度与假定的分子结构必须相适应。例如，芳香族化合物和共轭链烯有利于正电荷的分散，分子离子比较稳定，因此分子离子峰较强，有时分子离子峰就是基峰。

⑥ $M^{\cdot+}$ 峰与 $[M\pm 1]^+$ 峰的判别。醚、酯、胺、酰胺、氰化物、氨基酸酯、胺醇等，其 $[M+1]^+$ 峰可能明显强于 $M^{\cdot+}$ 峰；芳醛、某些醇或某些含氮化合物则可能 $[M-1]^+$ 峰强于 $M^{\cdot+}$ 峰。因此，这时应结合其他谱所得出的关于该化合物官能团的信息来判断分子离子峰。

除了上面介绍识别分子离子峰的几点外，对所设想的分子离子峰还可以借改变如下实验条件来检验。

① 降低轰击电子流的电压，使其能量接近化合物的离解位能附近，如把 EI 法中常用的约 70eV 降低到 10eV 附近，这样可避免由于多余的能量使 $M^{\cdot+}$ 进一步裂解。若 $M^{\cdot+}$ 峰的相对强度增加，则它很可能是分子离子峰。若它的相对强度反而降低，就不是分子离子峰。

② 用软电离法核对。采用各种软电离技术，可得到很强的分子离子峰或准分子离子峰 $[M\pm 1]^+$。

当我们根据上面的判别条件得出某一离子不是分子离子峰时，结论是肯定的。而当我们判别某一离子是分子离子峰时，却只能认为可能是。因为对分子离子峰的判别到底正确与否，还需要与质谱碎片离子的解析结合起来考虑才能得出最终结论。

分子离子的一大用途是用来确定化合物的分子量；而它的另一大用途是利用分子量来计算化合物的分子式，这将在第 6.3 节详细讨论。

6.2.2 同位素离子

许多元素在自然界中是以同位素混合物的形式存在。同位素质量的差异可以在质谱峰中反映出来。实际上同位素的存在就是由质谱首先发现的，质谱早期也正是在应用于同位素的分析中发展起来的。

在有机物的分析鉴定方面，同位素丰度的分析有着重要作用。由于同位素的存在，质谱中除了有由元素的轻同位素（通常轻同位素的丰度最大）构成的分子离子峰之外，往往在分子离子峰的右边 1～2 个质量单位处出现含重同位素的分子离子峰，这些峰系由同位素引起的，故叫做同位素离子峰。所以在质谱里，分子离子（或碎片离子）不是单一的，通常都是成簇的，称之为同位素峰簇。质量比分子离子峰 M 大 1 个质量单位的同位素离子峰用 M+1 表示，大 2 个质量单位的峰用 M+2 表示。

在自然界中各元素的同位素比率是恒定的（见表 6-3），所以可以用百分比来表示同位素的丰度比。

表 6-3　有机化合物中常见元素的同位素质量和丰度

同位素	质量①	天然丰度/%	重同位素与最轻同位素天然丰度相对比值②/%	同位素	质量	天然丰度/%	重同位素与最轻同位素天然丰度相对比值/%
^{1}H	1.007825	99.9855	100	^{29}Si	28.976491	4.70	5.10
^{2}H	2.014102	0.0145	0.0145	^{30}Si	29.973761	3.10	3.36
^{12}C	12.000000	98.8920	100	^{31}P	30.973763	100	100
^{13}C	13.003354	1.1080	1.12	^{32}S	31.972074	95.018	100
^{14}N	14.003074	99.635	100	^{33}S	32.971461	0.750	0.789
^{15}N	15.000108	0.365	0.366	^{34}S	33.967865	4.215	4.44
^{16}O	15.994915	99.759	100	^{35}Cl	34.968855	75.557	100
^{17}O	16.999133	0.037	0.037	^{37}Cl	36.965896	24.463	32.4
^{18}O	17.999160	0.204	0.204	^{79}Br	78.918348	50.52	100
^{19}F	18.998405	100	100	^{81}Br	80.916344	49.48	97.9
^{28}Si	27.976927	92.20	100	^{127}I	126.904352	100	100

① 以 ^{12}C=12.000000 为基准。
② 以最轻同位素的天然丰度当作 100%，求出其他重同位素天然丰度的相对百分比。例如，^{13}C 与 ^{12}C 的天然丰度的相对百分比为：$\dfrac{^{13}\text{C}_{天然丰度}}{^{12}\text{C}_{天然丰度}}=\dfrac{1.1080}{98.8920}\times 100\%=1.12\%$。

由表 6-3 可见，有机物中常见元素的同位素含量大致可分为三类：第一类是重同位素丰度低，但在有机分子中含有该种原子的数目可能较多，如 C、H、O、N；第二类是重同位素丰度较高，但有机分子中含有该种原子的数目可能较少，如 Cl、Br、S、Si；第三类是不含重同位素的元素，如 F、P、I。

(1) 碳、氢、氧、氮元素数目的估计和计算

对于有机物分子，总有一些 M+1，M+2，M+3 等同位素离子峰伴随着分子离子峰。M+1 峰是由于分子中含有比最轻同位素重一个质量单位的一个同位素。M+2 峰是由于分子中含有两个重 1 个质量单位或一个重 2 个质量单位的同位素。M+1，M+2 等峰的强度取决于分子种类，也取决于分子中同位素的数目和它们的天然丰度。

以甲烷 CH_4 为例，因为 ^{13}C 的天然丰度是 ^{12}C 的 1.1%，故 m/z 17（M+1 峰，由 $^{13}C^1H_4$ 及少量 $^{12}C^1H_3{}^2H$ 组成）的峰强度是 m/z 16（M 峰，由 $^{12}C^1H_4$ 组成）的峰的 1.1%（因为 ^{2}H 的天然丰度很低，仅 0.0145%，故其同位素贡献可忽略不计）。

对于乙烷 CH_3CH_3，在 m/z 30 处的 M 峰伴有 m/z 31 的 M+1 峰，因为分子中含有 2 个碳原子，所以 M+1 峰的强度是 M 峰的 $2\times 1.1\% =2.2\%$。推广之，含有 W 个碳原子的分子，其 M+1 峰与 M 峰之间的强度关系可近似地写为：

$$\frac{M+1}{M}=W\times 1.1\% \tag{6-8}$$

即可以利用 M+1/M 来估算分子中含碳原子的数目。

对含有更多元素的有机化合物，如分子式是 $C_WH_XN_YO_Z$ 时，其精确计算 ^{13}C、^{2}H、^{15}N 和 ^{17}O 对 M+1 峰贡献的公式为：

$$\frac{M+1}{M}=\frac{W\cdot {}^{13}C_{天然丰度}}{100-{}^{13}C_{天然丰度}}+\frac{X\cdot {}^2H_{天然丰度}}{100-{}^2H_{天然丰度}}+\frac{Y\cdot {}^{15}N_{天然丰度}}{100-{}^{15}N_{天然丰度}}+\frac{Z\cdot {}^{17}O_{天然丰度}}{100-{}^{17}O_{天然丰度}-{}^{18}O_{天然丰度}}$$

$$\tag{6-9}$$

因为在质谱中测定离子强度时总是存在一些误差，当峰很小时尤其如此，所以，实际上用式（6-9）进行精确计算的意义不大。通常采用简化计算式（因氢及氧的重同位素对 M+1 峰的贡献甚小，可忽略不计）：

$$\frac{M+1}{M} \approx \frac{W \cdot {}^{13}C_{\text{天然丰度}}}{100 - {}^{13}C_{\text{天然丰度}}} + \frac{Y \cdot {}^{15}N_{\text{天然丰度}}}{100 - {}^{15}N_{\text{天然丰度}}} \approx W \times 1.1\% + Y \times 0.37\% \quad (6\text{-}10)$$

计算 M+2 峰的公式为：

$$\frac{M+2}{M} \approx \frac{(W \cdot 1.1\%)^2}{200} + (Z \cdot 0.2\%) \quad (6\text{-}11)$$

例. 对分子式为 C_7H_7NO 的化合物，求其 M+1 和 M+2 峰的相对强度。

$$\frac{M+1}{M} \approx (7 \times 1.1\%) + (1 \times 0.37\%) \approx 8.07\%$$

$$\frac{M+2}{M} \approx \frac{(7 \times 1.1\%)^2}{200} + (1 \times 0.2\%) \approx 0.496\%$$

由此可知，当化合物 C_7H_7NO 的分子离子峰的强度为 100% 时，M+1 和 M+2 峰的强度分别是 8.07% 和 0.50%。

根据上述这些近似关系，Beynon 在 1963 年计算了分子量在 250 原子质量单位以内的碳、氢、氧、氮的各种可能组合式的同位素丰度比，并把它编制成一个表（通常称为 Beynon 表，见附录Ⅸ）。表中的组合式仅含以上 4 种元素，因此，这些组合式并不一定就是分子式。我们暂且把这些组合式当成分子式看待，根据对 4 种元素组合式的同位素丰度计算的结果，Beynon 在表中列出了各种组合式的 (M+1)/M 和 (M+2)/M 的数值，均以百分数表示。

关于通过查阅 Beynon 表求化合物元素组合式的方法，我们将在下一节作详细讨论。

(2) 氯、溴元素的识别和数目的确定

当化合物中含有氯、溴等元素时，其 M+2 峰的强度将显著增加。在分子离子区将出现具有特征性的 M、M+2、M+4 等峰，因为这些元素的同位素相差两个质量单位。

对于 ^{35}Cl 和 ^{37}Cl，其相对丰度比为 100：32.4，即近似于 3：1，所以在化合物 RCH_2Cl 的质谱图中，分子离子 M 与其同位素 M+2 的峰值就约为 3：1。这就是说，该化合物如果共有 4 个分子的话，那么其中 3 个为 $RCH_2{}^{35}Cl$，1 个为 $RCH_2{}^{37}Cl$。又因为质谱峰的强度对应于该种离子数目的多少，所以该化合物的分子离子峰就比其重同位素峰的强度高 3 倍。

对于 ^{79}Br 和 ^{81}Br，其相对丰度比为 100：98，可近似地看作 1：1。因此，凡是含有一个溴原子的离子，其 M/(M+2) 的值均约为 1：1。

如果一个化合物中含有多个氯或溴原子时，我们可以用二项式 $(a+b)^n$ 来计算其 M+2，M+4，M+6……同位素峰的强度。式中，a 为轻同位素的相对丰度；b 为重同位素的相对丰度；n 为分子中所含同位素原子的个数。由 $(a+b)^n$ 展开后得到的各项值即为各同位素的相对强度。如 a^n 表示离子全由轻同位素组成，b^n 表示全由重同位素组成等。

例. 计算 $CHBr_3$ 的同位素峰强度。

因为 $^{79}Br_{\text{相对丰度}} : {}^{81}Br_{\text{相对丰度}} = 100 : 98 \approx 1 : 1$

即 $a=1$, $b=1$, $n=3$

$$(a+b)^n = a^3 + 3a^2b + 3ab^2 + b^3$$
$$= 1 \quad + \quad 3 \quad + \quad 3 \quad + \quad 1$$
$$\uparrow \qquad \uparrow \qquad \uparrow \qquad \uparrow$$
$$\text{M} \quad \text{M+2} \quad \text{M+4} \quad \text{M+6}$$

以相对强度表示：　　　　　33.3%　100%　100%　33.3%

如果化合物既含有氯元素又含有溴元素，按照概率乘法，计算公式为：
$$(a+b)^n \cdot (c+d)^m \tag{6-12}$$

式中　a，b——^{35}Cl，^{37}Cl 的相对丰度；

　　　c，d——^{79}Br，^{81}Br 的相对丰度；

　　　n，m——Cl，Br 原子的数目。

例．计算 CCl_2Br_2 的同位素峰强度。

因为 $^{35}Cl_{相对丰度}$ ：$^{37}Cl_{相对丰度}$ $=100:32.4\approx 3:1$

即 $a=3$，$b=1$，$c=1$，$d=1$，$n=2$，$m=2$

$$(a+b)^2(c+d)^2 = (a^2+2ab+b^2)(c^2+2cd+d^2)$$

将上式展开并加以整理，先找出不含重同位素的项（M），然后再找出含一个重同位素的项（M+2），依次再找出含两个重同位素的项（M+4）……

$(a+b)^2(c+d)^2$
$=a^2c^2+(2a^2cd+2abc^2)+(a^2d^2+4abcd+b^2c^2)+(2abd^2+2cdb^2)+b^2d^2$

　　↑　　　　↑　　　　　　　　↑　　　　　　　　↑　　　　↑
　　M　　　M+2　　　　　　　M+4　　　　　　　M+6　　　M+8

代入具体数值，可得：

$=3^2\times 1^2+(2\times 3^2\times 1\times 1+2\times 3\times 1\times 1^2)+(3^2\times 1^2+4\times 3\times 1\times 1\times 1+1^2\times 1^2)+(2\times 3\times 1\times 1^2+2\times 1\times 1\times 1^2)+1^2\times 1^2$

$=9\ +\ 24\ +\ 22\ +\ 8\ +\ 1$

　↑　　↑　　↑　　↑　　↑
　M　　M+2　M+4　M+6　M+8
　37.5%　100%　91.7%　33.3%　4.2%（以相对强度表示）

根据以上规律，我们可以判断化合物中是否含有氯元素和溴元素，以及确定它们数目的多少。这种判断方法不仅适应于分子离子，也适合于碎片离子。

(3) 硫、硅元素的识别和数目的确定

^{32}S 有重同位素 ^{33}S 和 ^{34}S，它们的相对丰度比为 100：0.79：4.4。因此，判断一个化合物中是否含有 S 元素，主要靠其 M+2 峰（因为 ^{33}S 的丰度比 ^{13}C 的丰度小，所以无法用 M+1 峰来判断）。如果化合物分子中有 n 个硫元素存在，那么其 M+2 峰的强度应为 4.4‰n，反过来根据 M+2 峰的强度，我们用 4.4 去除，即可得出该有机化合物中有几个硫原子存在。当然，因为有机化合物都含有碳、氢或氧原子。一般说来，M+2 峰的强度不只是由 ^{34}S 所贡献，还有碳、氢或氧的贡献。因此，在计算硫原子的数目时，一定要从 M+2 峰的强度中减去碳、氢或氧的贡献，方可用 4.4 去除。

^{28}Si 有重同位素 ^{29}Si 和 ^{30}Si，它们的相对丰度比为 100：5.1：3.4。判断化合物中是否含有硅元素及其数目的多少，要把 M+1 峰和 M+2 峰的强度联合起来考虑。如果化合物分子中含有 n 个硅原子，则其 M+1 峰和 M+2 峰的强度分别为 5.1‰n 和 3.4‰n，因为其重同位素的丰度很大，所以从分子量大小角度和相应的同位素峰强度的关系，比较容易判断和确定。

(4) 单同位素元素的识别

^{19}F、^{31}P 和 ^{127}I 都没有同位素，所以我们无法从 M+1 和 M+2 等同位素峰中找出它们的存在。识别这 3 种元素是否存在于有机化合物中的方法，我们称之为间接推断法。

当我们通过 M+1 峰和 M+2 峰推断出化合物中所含的元素类型和其相应数目后，我们就会发现，当把这些已推断出的原子和它们的数目拿去计算分子量时，一个质量空额出现了，即计算出的分子量比应有的分子量要少得多。这种情况尤其以含碘化合物最为明显。我们正是利用这所差质量来推断何种单同位素元素的存在和其数目有多少。

从以上几点的讨论中可看出,利用同位素峰的强度比可求得化合物的分子式,而这点对未知物分析是至关重要的。有关的分析实例在第6.3节作介绍。

6.2.3 碎片离子

含有较高内能的分子离子在离子源中会发生进一步的裂解而生成碎片。质谱图中低于分子离子质量的离子(除准分子离子、双电荷离子、亚稳离子外)都是碎片离子。

碎片离子可大致分为两类:一类是简单裂解产生的,另一类是重排裂解产生的。在质谱图中常见到的碎片离子是简单裂解产生的。这类碎片离子的特点是能直观地反映分子的结构。重排裂解产生的离子比较复杂。重排裂解包括氢重排和骨架重排两种裂解,氢重排裂解一般还能解析,骨架重排产生的碎片离子就不太容易解析了。

关于碎片离子裂解的一般规律在第6.4节作详细讨论。

6.2.4 亚稳离子

亚稳离子的存在对研究裂解很有用处,因为它们表明单分子裂解生成的某些离子之间的关联。

(1) 亚稳离子的形成及识别

当分子离子一旦在离子源中产生后即被拉出离子源(分子离子只能在离子源中停留10^{-6}s),通过电分析器、磁分析器,最终到达离子收集器,共所需时间约为10^{-5}s。如果分子离子所具有的内能比较小,发生进一步裂解的时间在10^{-5}s以上,那么分子离子在尚未裂解之前就会通过分析系统而到达离子收集器以分子离子的形式被记录下来。如果分子离子所具有的内能使其在10^{-6}s内进一步发生一级、二级或多级裂解,则产生的碎片离子仍然会被拉出离子源,通过分析系统到达离子收集器被以碎片离子的形式记录下来。这两种情况记录下来的离子我们都称之为稳定离子。但也会有这样一种分子离子或碎片离子,它们的内能使其进一步裂解所需时间在$10^{-6} \sim 10^{-5}$s之间,则它们会在离开离子源受到加速后,在进入磁分析器之前的路途中发生裂解:

$$m_1 \longrightarrow m_2 + \Delta m$$

式中,m_1表示原离子(母离子);m_2表示碎片离子(子离子);令$\Delta m = m_1 - m_2$,表示一个中性自由基或小分子。

由于碎片离子m_2是在m_1受到加速后至收集器的途中断裂所产生的,其部分动能要被Δm带走,所以它的动能要比在离子源生成同样的普通m_2离子所具有的动能小得多。因为动能小,所以它在磁场中的偏转要比同样的普通m_2离子大得多。在质谱中检测到的这个离子的m/z不是m_2,而是一个比正常m_2小的数值,这种新的碎片离子叫做亚稳离子,用m^*表示,它所产生的峰叫亚稳离子峰。m^*与m_1和m_2之间有一简单的数学关系:

$$m^* = \frac{(m_2)^2}{m_1} \tag{6-13}$$

式中 m^*——亚稳离子的表观质量;

m_1——原离子的质量;

m_2——子离子的真实质量。

对于亚稳离子的识别,我们可根据它在质谱图上呈现的如下特点来进行辨认。

① 一般的碎片离子峰外形都很尖锐,但亚稳离子峰宽度稍大且强度较低,它的宽度通常要横跨$2 \sim 5$个质量单位,如图6-5所示。

② 亚稳离子的质荷比一般都不是整数。

(2) 亚稳离子在质谱中的用途

亚稳离子对于判断和证实$m_1 \longrightarrow m_2$的裂解历程是非常有用的,从而帮助我们确定各离

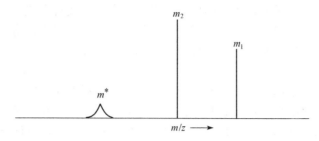

图 6-5 母离子、子离子与亚稳离子示意图

子的亲缘关系,提供更多分裂机理的信息,有利于结构的研究。例如,各种单取代苯存在着如下所示的裂解:

$$C_6H_5^+ \longrightarrow C_4H_3^+ + C_2H_4$$
$$m_1\ (m/z\ 77) \quad m_2\ (m/z\ 51)$$

同时,在质荷比 33.8 处出现亚稳离子($m^* = 51^2/77 = 33.8$)。因此,如果某化合物的质谱在 m/z 77 和 m/z 51 处有峰出现,并在质荷比 33.8 处有亚稳离子,则该化合物很可能是一个单取代苯。

又如,在对羟基苯乙酮的质谱中,根据质荷比 71.5 处的亚稳离子,可判断 m/z 93 的碎片离子是来自 m/z 121 的离子,而不是从分子离子断裂而来。即:

$$m^* = 93^2/121 \approx 71.5$$

在这里,应当强调指出的是,并非所有裂解过程都产生亚稳离子。因此,没有亚稳离子峰的出现,并不意味着没有某一裂解过程,只不过是这个过程如果存在,相比之下进行得极快而已(也可能仅仅发生在离子源内)。亚稳离子的最大用处是它能证实特定的母体以一步变化生成一特定的子离子的过程。

6.2.5 多电荷离子

多电荷离子是指失去多于一个电子的离子。最常见的是双电荷离子($m/2z$),三电荷离子($m/3z$)比较少见。由于质谱是按照离子质荷比进行记录的,因此,双电荷离子是在其质量数一半处出现。如果这个离子的质量是奇数,质荷比就不是整数。芳香族化合物、杂环或高度共轭不饱和化合物能形成双电荷离子,如苯的质谱图中 m/z 37.5、m/z 38.5 就是双电荷离子。所以双电荷离子也是这几类化合物的一个特征。

由于质谱中产生的多电荷离子少,所以在质谱中不重要。

6.2.6 离子与分子相互作用产生的离子

在离子源中,分子离子有可能与中性分子发生碰撞,并从中性分子取得一个原子或基团,生成一个较重的离子,可用通式表示:

$$ABCD^{+\cdot} + ABCD \longrightarrow [ABCD \cdot ABCD]^{+\cdot} \longrightarrow [ABCDA]^+ + BCD\cdot$$

由于离子-分子反应是二级反应,其丰度与离子源中样品蒸气压的平方成正比。但在正常情况下,样品蒸气压极低,离子-分子碰撞机会很少,故此类离子可以忽略不计。若分子离子不稳定而相应的质子化的分子离子(M+H)是稳定的,则此时(M+H)将出现不容忽视的丰度,也就是在质谱上将出现很小的 $M^{+\cdot}$ 峰,而 M+1 峰却很显著。在某些醚、酯、氨基酯和腈类的质谱中可看到此现象，此时 M+1 峰对于测定分子量是很有用的。

6.3 分子式的确定

质谱法确定分子式的方法有两种：一是用高分辨质谱计直接测出化合物的分子式；二是利用低分辨质谱计测得的同位素峰与分子离子峰的相对丰度来确定分子式。

6.3.1 高分辨质谱法

分辨率高的质谱计可以把分子离子或碎片离子的 m/z 值精确地测定出来，因此可以得到分子式或碎片离子的元素组成式。

这种测定方法是基于这样的事实：当以 $^{12}C=12.000000$ 为基准，其他原子质量严格来讲不是整数。例如，根据这一标准，^1H 的精确质量数是 1.007825，^{16}O 的精确质量数是 15.994915（见表6-3）。高分辨质谱计可测至小数点后 3~4 位数字，误差±0.006。符合这种精确数值的分子式数目大大减少，若再配合其他信息就可立即从少数的分子式中对最合理的分子式作出判断。Beynon 将 C、H、O、N 的各种可能组合式的精密质量排列成表（附录Ⅸ），可供将实测得到的精确分子离子峰质量数与之进行核对，就可推定分子式。

例．用高分辨质谱计测得某未知物分子离子的质量数为 167.0582，求它的分子式。

解：如果质谱测定分子离子质量数的误差是±0.006，则小数部分可以是 0.0582±0.006，即小数部分应在 0.0522~0.0642 之间。查 Beynon 表，质量数整数为 167，其小数部分在这个范围内的式子有下列 3 个：

分子式	分子量
$C_6H_7N_4O_2$	167.0570
$C_8H_9NO_3$	167.0583
$C_{11}H_7N_2$	167.0610

其中，$C_6H_7N_4O_2$ 和 $C_{11}H_7N_2$ 含有偶数个 N，与未知物分子量为奇数的事实不符（氮规则），可排除。所以分子式只能是 $C_8H_9NO_3$。

目前，高分辨质谱计都与计算机联用，从质谱计得到的准确质量经计算机处理后，可打印出一张元素图。由元素图中的分子离子的元素组成即可知分子式。

6.3.2 同位素丰度法

由低分辨质谱计所得到的分子离子 m/z 值只能准确到整数位，而在该值附近的可能分子式往往有数种。如由 C、H、O、N 组成的质量数为 167 的式子就有 33 个之多。因此，不能直接由分子离子的质量整数值来确定分子式。一般是借助同位素峰 M+1 和 M+2 与分子离子峰 M 的相对丰度来判断。具体做法是：将从未知物质谱中测量得到的(M+1)/M 和(M+2)/M的百分数，通过查阅 Beynon 表，并结合氮规则、有机化学的基本知识等，删去一些不合理的元素组成式之后，有可能得到未知物的分子式。

当化合物中含有氯、溴或硫时［可从(M+2)/M 的值中观察到，并可确定其数目］，欲用 Boynon 表查分子式，须先从分子量中减去它们的质量，并扣除它们对同位素峰强度的贡献（当存在氯、溴时，应扣除它们对(M+2)/M 的贡献；当存在硫时，应扣除硫对(M+2)/M 和(M+1)/M 的贡献）。经校正后的分子量和同位素丰度可用 Beynon 表来确定其 C、H、O、N 的数目。下面举例说明。

例1．某有机化合物质谱的分子离子区域数据如下，求其分子式。

M(151)	35%
M+1(152)	3.22%

$$M+2(153) \qquad 11.36\%$$

解：首先将上述离子强度数据换算成以分子离子为 100% 的相对强度数据：

$$M(151) \qquad 100\%$$
$$M+1(152) \qquad 9.2\%$$
$$M+2(153) \qquad 32.5\%$$

从分子离子的质量可以看出该化合物含有奇数个氮原子（氮规则）。从 M+2 的百分比值接近 32.4%，可知该化合物含有一个氯原子。分子量 151 减去氯的质量 35，就剩下 116。又从 M+2 的百分比值中扣除 ^{37}Cl 的贡献（32.5−32.4=0.1），M+2 的比值就为 0.1%。

查 Beynon 表。表中质量数为 116 的式子共有 29 个。其中 M+1/M 的百分比值较接近 9.2 的有下列 3 个：

元素组合式	M+1	M+2
C_8H_4O	8.75	0.54
C_8H_6N	9.12	0.37
C_9H_8	9.85	0.43

根据氮规则，C_8H_4O 和 C_9H_8 是不合理的，应排除。故所求分子式为 C_8H_6NCl。

例 2. 某有机化合物质谱的分子离子区域数据如下，求其分子式。

$$M(104) \qquad 100\%$$
$$M+1(105) \qquad 6.45\%$$
$$M+2(106) \qquad 4.77\%$$

解：因为由 C、H、O、N 组成的化合物的 M+2 峰强度都很弱，从 M+2 峰的强度为 4.77%，可知该化合物含有一个硫原子，因只有硫的 (M+2)/M 的百分比达到 4.44%。这样我们将分子量减去 ^{32}S 的质量，另外再从 M+1 和 M+2 的百分比值中分别减去 ^{33}S 和 ^{34}S 所贡献的相对丰度值：

分子剩余质量数　104−32=72

M+1 比值　6.45−0.79=5.66（^{33}S 贡献 0.79%）

M+2 比值　4.77−4.44=0.33（^{34}S 贡献 4.44%）

扣除上述因素后，用如下的质谱数据查 Boynon 表。

$$M'(72) \qquad 100\%$$
$$M'+1(73) \qquad 5.66\%$$
$$M'+2(74) \qquad 0.33\%$$

Beynon 表中质量数为 72 的式子共有 13 个。其中 (M+1)/M 的百分比值较接近 5.66% 的式子有下列 3 个：

元素组合式	M+1	M+2
C_5H_{12}	5.60	0.13
$C_4H_{10}N$	4.86	0.09
C_4H_8O	4.49	0.28

根据氮规则可以排除 $C_4H_{10}N$。剩下的两个式子中以 C_5H_{12} 的 M+1 值与实测数据 5.66% 最为接近。因此该化合物的分子式为 $C_5H_{12}S$。

例 3. 某有机化合物质谱的分子离子区域数据如下、求其分子式。

$$M(136) \qquad 100\%$$
$$M+1(137) \qquad 11.1\%$$
$$M+2(138) \qquad 0.57\%$$

解：根据 M+2 强度比为 0.57%，可知这个化合物不含氯、溴和硫。查 Boynon 表，质量数为 136 的式子共有 29 个，其中 M+1 和 M+2 丰度接近 11.1% 和 0.57% 的有以下 6 个式子：

元素组合式	M+1	M+2
$C_{11}H_4$	11.95	0.65
$C_{10}H_2N$	11.22	0.57
$C_{10}H_{16}$	11.06	0.55
$C_{10}O$	10.85	0.73
$C_9H_{14}N$	10.33	0.48
$C_9H_{12}O$	9.96	0.64

因分子量为 136 是偶数，根据氮规则，$C_{10}H_2N$ 及 $C_9H_{14}N$ 可排除。从化学逻辑上考虑，$C_{10}O$ 和 $C_{11}H_4$ 均不恰当，也可排除。剩下的是 $C_{10}H_{16}$ 和 $C_9H_{12}O$，以 $C_{10}H_{16}$ 的 M+1 值与实测值最为接近，因此该有机化合物的分子式以 $C_{10}H_{16}$ 最为恰当。

另外，可用式（6-8）进行核对：

$$碳原子数 = \frac{M+1}{M} \times \frac{100}{1.1} = \frac{11.1}{100} \times \frac{100}{1.1} \approx 10$$

即该分子中应含有 10 个碳原子（这种核对方法有时也有例外）。

例 4. 某有机化合物的质谱数据如下面的质谱表所示，试找出它的分子离子峰并确定其分子式。

m/z 值	26	27	59	60	61	62	63	64	65
相对丰度/%	22	77	1.5	5.8	8.7	100	4.6	31	0.71

解：因为从 m/z 62 和 m/z 64 峰可以看出含有一个氯原子，所以选 m/z 62 为分子离子峰。这样，分子离子区域内各峰才都有合理的解释，而选任何其他峰作为分子离子峰都将导致矛盾。例如，选 m/z 64 峰为分子离子时，很难解释 m/z 59 峰的形成（M−5 只可能丢 5 个氢，但这又是不可能的，因为这相当于断裂 5 个共价键，而每断裂一个共价键都要消耗相当大的能量），对 m/z 62 峰也难以解释，因为有机质谱中没有极强的 M−2 峰。又如，选 m/z 59，m/z 60 或 m/z 61 峰作分子离子峰时，立即使它们右边的同位素峰成为不可能，因为同位素峰和分子离子峰具有相同的化学组成，而与有机化合物有关的几种重一两个质量单位的元素同位素分布又是已知的，它们不可能形成这种分布。选定 m/z 62 峰为分子离子峰后，就可根据上面几例的方法，求得该有机化合物的分子式为 C_2H_3Cl。

同位素丰度法的优点是所用低分辨质谱计的价格低。但质谱中同位素峰的相对丰度不易测定是其缺点。在实际工作中，许多仪器测得的 M+1 值偏高，又常有 M+H 重叠在一起，因此用低分辨质谱法推算分子式受到很大限制。用高分辨质谱并结合元素分析和计算机可以直接给出分子式。

6.4 离子的裂解过程

如前所述，分子离子具有过剩的能量，在离子源中会发生进一步的裂解而生成质量较小的碎片离子，有的碎片离子还能进一步裂解，生成质量更小的碎片离子。但这样的裂解并不是任意的，而是遵循着一定的规律，形成尽可能更稳定的碎片离子。因此，记录和研究这些离子及它们的裂解过程，可以得到待测分子结构的线索，这是解释质谱、阐明待测化合物结构所必需的。

6.4.1 裂解的基本概念

(1) 裂解的表示方法

质谱中的裂解过程是在气相中进行的，和一般的分解过程不同。对裂解方式可用以下几种方法表示。

① 均裂：成键的一对电子向断裂的双方各转移一个。每个碎片各留有一个电子。如，

$$X \overset{\frown}{\frown} Y \longrightarrow X\cdot + Y\cdot$$

用"$\frown$"表示一个电子的转移，有时省去其中一个单箭头。

② 异裂：成键的一对电子向断裂的一方转移，两个电子都留在其中一个碎片上。如，

$$X \overset{\frown}{\smile} Y \longrightarrow X^+ + Y: \quad 或 \quad X \overset{\frown}{\smile} Y \longrightarrow X: + Y^+$$

用"$\frown$"表示双电子的转移。

③ 半异裂：已电离的 σ 键的断裂。如：

$$X \dotplus Y \longrightarrow X^+ + Y\cdot \quad 或 \quad X \dotplus Y \longrightarrow X\cdot + Y^+$$

在成键的 σ 轨道上仅有一个电子，所以用单箭头表示。

④ 质谱中裂解的其他表示法：

$$\underset{1}{CH_3} \overset{58}{\underset{2}{\S}} CH_2 \text{—} \overset{+\cdot}{N}(CH_3)_2 \overset{1\S 2}{\longrightarrow} CH_2 = \overset{+}{N}(CH_3)_2 \tag{A}$$

$$\underset{}{CH_3} \overset{15\ 58}{\S} CH_2 \text{—} \overset{+\cdot}{N}(CH_3)_2 \tag{B}$$

在式 (A) 中，$1\S 2$ 表示 $C_1\text{—}C_2$ 键的断裂。与波线垂直的横线上的数字表示丢掉 $\cdot CH_3$ 后碎片离子的质量为 58。式 (B) 表示观察到质量为 58 和 15 的碎片离子。

在表示裂解方式时要注意把离子正电荷的位置尽可能写清楚（实际上，关于离子的电荷位置是有争议的）。正电荷一般都在杂原子或不饱和化合物的 π 键系统上，这样写明正电荷的位置容易判断以后的断裂方向；当离子正电荷的位置不清楚时，可在离子的结构式外加 $\rceil^{+\cdot}$（表示奇电子离子）或 $\rceil^{+}$（表示偶电子离子）。

(2) 离子的电子数与质量数之间的关系

质谱中的离子可按所带电子为奇数个还是偶数个分为奇电子离子（odd electron, 简写成 $OE^{+\cdot}$）和偶电子离子（even electron, 简写成 EE^+）两大类。由于离子中的电子数目与质量数有一定关系，根据离子的质量数，就可以对奇电子离子和偶电子离子作出判断（在质谱图上并不指示离子所带电子的奇偶性）。

① 由 C、H、O、N 组成的离子，其中 N 为偶数（包括零）个时，如果离子的质量数为偶数则必含奇数个电子（$OE^{+\cdot}$）；如果质量数为奇数则必含偶数个电子（EE^+）。

② 由 C、H、O、N 组成的离子，其中 N 为奇数个时，若离子的质量数为偶数时，则必含偶数个电子（EE^+）；若质量数为奇数，则必含奇数个电子（$OE^{+\cdot}$）。

例如，分子式为 $C_8H_{10}O$ 的化合物，其质谱图上 m/z 94 处有峰出现，根据上述评判条件，可知与此峰相对应的离子必为 $OE^{+\cdot}$ 离子。

6.4.2 裂解类型

离子的裂解类型大体上可以分为四种：简单裂解、重排裂解、复杂裂解和双重重排裂解。

(1) 简单裂解

简单裂解的特征是仅有一根键发生断裂，最常见的是 $OE^{+\cdot}$ 键均裂。裂解过程中生成一个 EE^+ 离子，同时脱去一个中性自由基。表现在质谱图上的特点是：如果该 $OE^{+\cdot}$ 是不含氮

或含偶数个氮的质量为偶数的离子，则生成的碎片离子一定是个奇数质量的离子。反之，如果该 $OE^{+\cdot}$ 是含有奇数个氮的质量为奇数的离子，那么生成的碎片离子一定是具有偶数质量的。即：

$$\text{母离子}^{+\cdot} \longrightarrow \text{子离子}^+ + \text{自由基}$$
$$OE^{+\cdot} \qquad\qquad EE^+$$
$$\text{偶(奇)数质量} \quad \text{奇(偶)数质量}$$

例如：
$$C_7H_6O_2^{+\cdot} \longrightarrow C_7H_5O^+ + \dot{O}H$$
$$m/z\ 122 \qquad m/z\ 105$$

$$C_6H_7N^{+\cdot} \longrightarrow C_6H_6N^+ + \dot{H}$$
$$m/z\ 93 \qquad m/z\ 92$$

因此，根据碎片离子与母离子质量奇偶数相反的关系，就能推测所发生的裂解是简单裂解。

简单裂解主要有以下几种形式：

① α-裂解：表示带有正电荷的官能团与相连的 α-碳原子之间的均裂。含 n 电子和 π 电子的化合物易发生 α-裂解。例如：

$$R-\overset{\overset{+\cdot}{O}}{C}-R' \xrightarrow{\alpha\text{-裂解}} R\cdot + \overset{\overset{+}{O}}{C}-R' \quad \text{（自由基中心诱发的裂解，叫 α-裂解）}$$

② i-裂解：表示正电荷诱发的裂解，同时正电荷位置发生转移。例如：

$$R-\overset{\overset{+\cdot}{O}}{C}-R' \xrightarrow{i\text{-裂解}} R^+ + \overset{O}{C}-R' \quad \text{（电荷中心诱发的裂解，叫 i-裂解）}$$

$$R-CH_2-\overset{+}{C}R_2 \xrightarrow{i\text{-裂解}} R^+ + CH_2=CR_2$$

③ β-裂解：表示带有正电荷官能团的 $C_\alpha-C_\beta$ 的均裂。β-裂解易发生在烷基芳烃和烯烃等化合物中。例如：

（苄基裂解）

（烯丙基裂解）

④ σ-裂解：分子离子只有 σ 键的离子，通过半异裂形成一个偶电子离子，同时脱去一个中性自由基。例如：

$$R\dot{-}S-R' \xrightarrow{\sigma\text{-裂解}} R^+ + \cdot S-R'$$

⑤ 取代裂解：取代裂解又叫环化取代（rd），主要发生在卤代烃、脂肪胺和硫醇等化合物中。例如：

$$R-\overset{+X}{\underset{}{\bigcirc}} \xrightarrow{rd} R\cdot + \overset{+}{\underset{X}{\bigcirc}}$$

(2) 重排裂解

重排裂解有两大类，一类属无规则重排，主要在烃类中出现，这类重排用正常裂解规律是无法解释的；另一类重排则是根据一定规律进行的，它对于我们研究分子结构是非常有益的。这类重排的特征是有两个键发生断裂。对 $OE^{+\cdot}$ 而言，在发生原子间的重排生成一个新的 $OE^{+\cdot}$ 的同时脱去一个中性分子。表现在质谱图上的特点是：如果该 $OE^{+\cdot}$ 是不含氮或含偶数个氮的质量为偶数的离子，则生成的碎片离子一定是个偶数质量的离子。反之，如果该

OE$^{+\cdot}$是含有奇数个氮的质量为奇数的离子，那么生成的碎片离子一定是具有奇数质量的。即：

$$\text{母离子}^{+\cdot} \xrightarrow{\text{重排}} \text{子离子}^{+\cdot} + \text{中性分子}$$
$$\text{OE}^{+\cdot} \qquad \text{OE}^{+\cdot}$$
$$\text{偶(奇)数质量} \quad \text{偶(奇)数质量}$$

例如：$C_5H_{10}O^{+\cdot} \xrightarrow{\text{重排}} C_3H_6O^{+\cdot} + C_2H_4$
$\qquad\qquad\quad m/z\ 76 \qquad\quad m/z\ 58$

因此，根据碎片离子与母离子质量奇偶数相同的关系，就能推测所发生的裂解是重排裂解。并很容易将重排裂解与简单裂解区分开来。

重排裂解主要有以下几种形式。

① 麦氏重排（Mclafferty rearrangement）：凡具有 γ-H 的醛、酮、羧酸、酯、烯烃、侧链芳烃以及含硫羰基、双键氮等的化合物，经过六元环空间排列的过渡状态，γ-H 重排转移到电离的双键碳或杂原子上，同时烯丙键（α-β 键）断裂生成一个不饱和的中性碎片及一个 OE$^{+\cdot}$。它是美国质谱学家麦克拉弗蒂（F. W. Mclafferty）发现和提出的。我们可用下面的通式说明麦氏重排的机理。

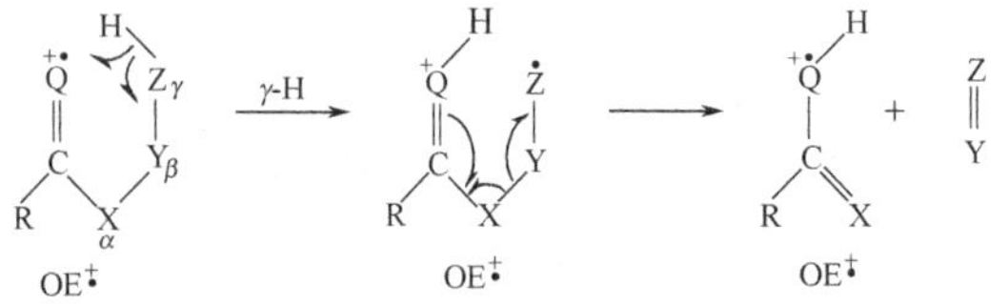

式中，Q、X、Y、Z 可以是 C、O、N、S 元素的任意组合。

麦氏重排的规律性很强，对解析质谱很有意义。由简单裂解或重排产生的碎片离子，若能满足麦氏重排条件（结构中有不饱和基团以及有 γ-H），还能进一步引起麦氏重排。

关于麦氏重排的实例可参看 6.5 节的有关内容。

② 逆狄尔斯-阿尔德（retro Diels-Alder，简写成 RDA）裂解：这种重排是由狄尔斯-阿尔德反应的逆向过程所造成的键断裂而引起的重排。具有环己烯结构类型的化合物可发生 RDA 裂解，结果一般都形成一个共轭二烯自由基正离子及一个烯烃中性碎片。例如：

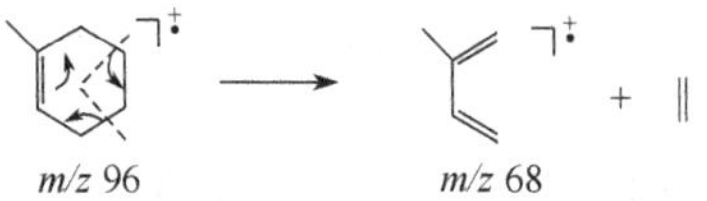

$m/z\ 96 \qquad m/z\ 68$

但不要认为正电荷一定留在共轭二烯碎片上，有时也可能在烯烃碎片上或两者兼有之，这就要看裂解过渡状态所形成的正离子的稳定性了。过渡状态的正离子越稳定，按这种过渡状态裂解而产生的离子比例就越高。例如：

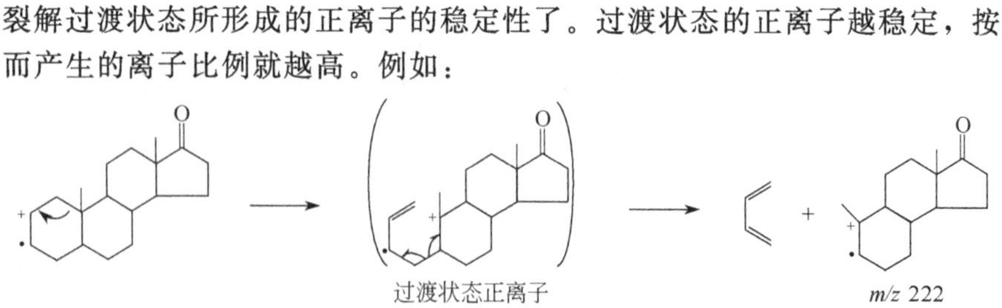

过渡状态正离子 $\qquad\qquad m/z\ 222$

上面过渡状态形成的是叔正碳离子，很稳定，所以按此过渡状态裂解而产生的 $m/z\ 222$ 的离子峰强度较大。

RDA 裂解可能是自由基中心或电荷中心诱发的。

③ 非六元环重排：醇、卤代烃、硫醇、醚及胺等可以经过环状过渡态发生非六元环重排裂解。在重排过程中，氢原子与官能团结合，脱去一个中性小分子。这种氢原子的迁移没

有选择性,某些芳香化合物及碎片离子也能发生这种重排。这种重排可用通式表示如下:

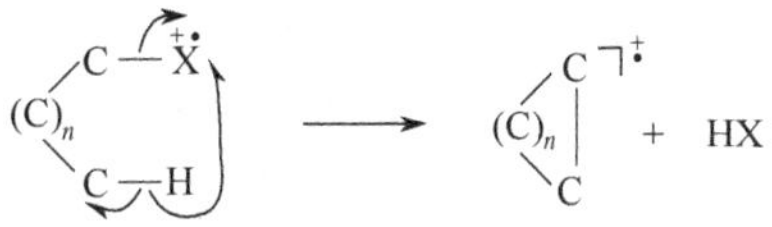

式中,X=OH、X、SH、OR、OCOR、NH$_2$、NR$_2$。

例如:

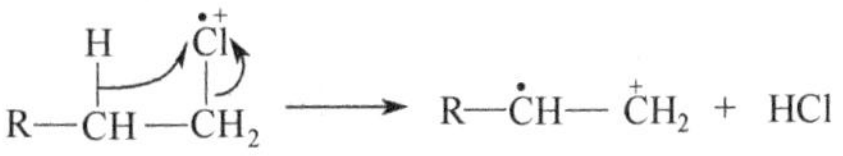

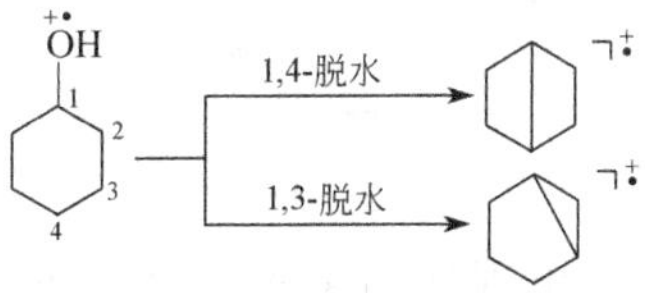

以上是重排裂解的三种主要形式。它们的共同点是:这些反应涉及一个以上的键断裂,称之为多中心裂解。断裂所涉及的中心必须有适当的空间位置;裂解过程中要经过在能量上有利的环状迁移过程;同时生成稳定的中性分子,这是该裂解过程的驱动力。

(3) 复杂裂解和双重重排

这两类裂解的特征是有三个键发生断裂。对 OE$^{\dot{+}}$ 而言,在生成一个 EE$^+$ 的同时脱去一个中性自由基或一个中性自由基和一个中性小分子。表现在质谱图上的特点是:如果该 OE$^{\dot{+}}$ 是不含氮或含偶数个氮的质量为偶数的离子,则生成的碎片离子一定是奇数质量的。如果该 OE$^{\dot{+}}$ 是含奇数个氮的质量为奇数的离子,那么生成的碎片离子一定是偶数质量的。利用上述特点可以很容易将这两类裂解与重排裂解相区别。

① 复杂裂解:指在断裂两个键的同时伴随着一个氢原子的迁移。这类裂解常见于含杂原子的环状化合物中。如一些环状的醇、环酮、环卤、环胺等,它们经复杂裂解后,生成锌嗡离子及亚胺正离子。

当环状化合物 A 的一根键发生简单裂解时 (β-裂解),不会马上脱离中性自由基,而只能产生开环的锌嗡离子 B,它的稳定性大于母离子。要使中性自由基脱离,还需一个氢原子的转移及一个键的断裂。B 的一个 β-H 在空间结构上处于六元环迁移状态的有利地位,同时形成的产物 C 具有共振稳定的结构,这些因素促成了 β-H 的均裂。最后,C 的 C$_\gamma$—C$_\delta$ 均裂,生成共振稳定的锌嗡离子 D,并脱去一个自由基。

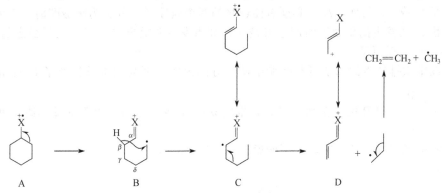

式中,X=O、OH、OR、NH$_2$、NR$_2$、S、卤素等。

例如:

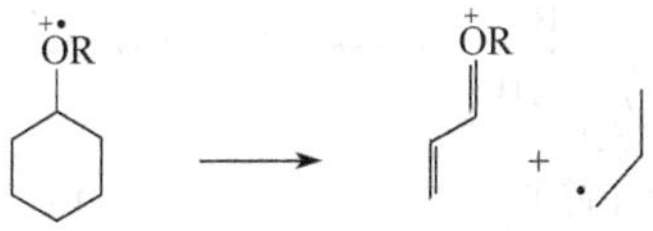

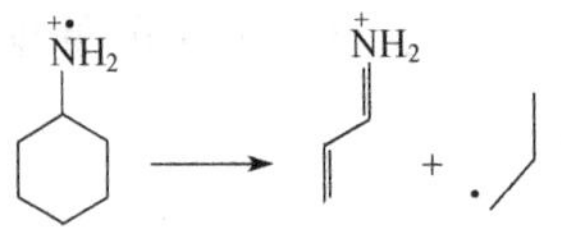

[反应示意图：环己胺分子离子 → m/z 56 + 丙基自由基；溴代环己烷分子离子 → m/z 119 + 丙基自由基；环己酮分子离子 → m/z 55 + 丙基自由基]

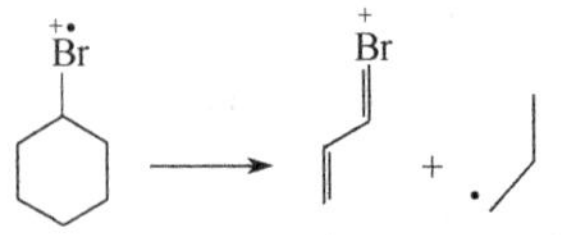

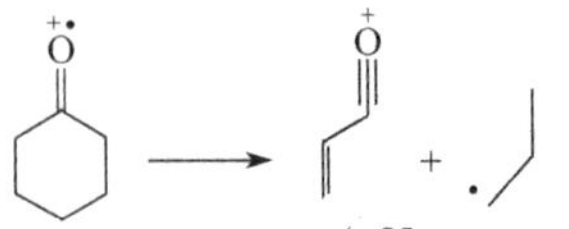

② 双重重排：质谱图上有时会出现比简单裂解产生的离子多两个质量的离子峰，这是因为从脱离的基团上有两个氢原子转移到该离子上。由于有两个氢的转移，故称为双重重排，容易发生这类重排的化合物有两种类型。

a. 乙酯以上的酯和碳酸酯

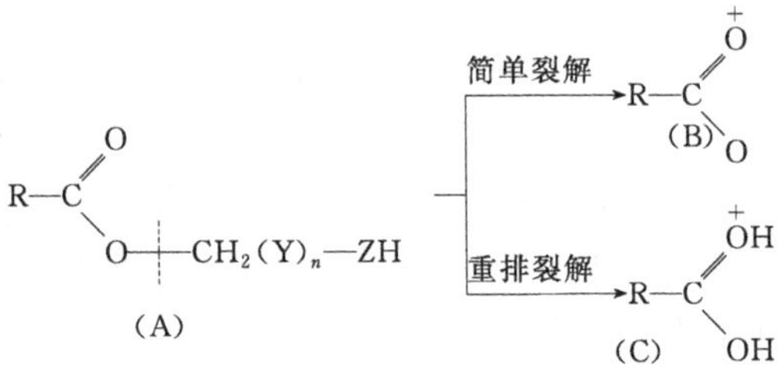

[反应示意图：R—C(=O)—O—CH$_2$(Y)$_n$—ZH (A) 简单裂解 → R—C(=O)—O$^+$ (B)；重排裂解 → R—C(OH)$_2^+$ (C)]

发生双重重排的过程如下：

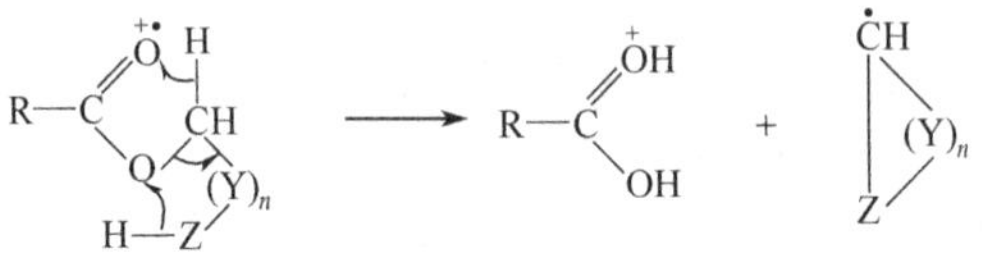

[反应示意图：展示双重重排机理 → R—C(OH)$_2$ + 含 (Y)$_n$Z 的环状结构]

在上式中，Y 为 C、S、O 等；$n = 0、1、2、3 \cdots\cdots$ 若 $n=3$，Y 的组成可以是 CH$_2$CH$_2$CH$_2$、CH$_2$OCH$_2$ 或 CH$_2$CH$_2$O 等。Z 为 C、O 或 S。但 Z 为 O 或 S 时，(Y)$_n$ 的末端不应该是 O 或 S。另外，A 中必须有能迁移的两个氢原子。分子为碳酸酯时，R 为 OR′。

化合物 A 在发生简单裂解时产生 B 离子。如果发生双重重排，就产生很稳定的离子 C。而 C 比 B 多两个氢原子。

根据双重重排产生的离子可判断酯中酸部分的组成。因为双重重排离子 C 的 m/z 值等于 46（—C(OH)$_2$）加 R 的质量数。例如，根据 m/z 61 或 m/z 89 的双重重排离子就知道该化合物是乙酸酯（46+15=61）或丁酸酯（46+43=89）。

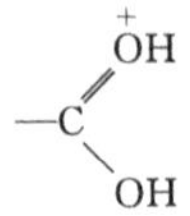

例如：

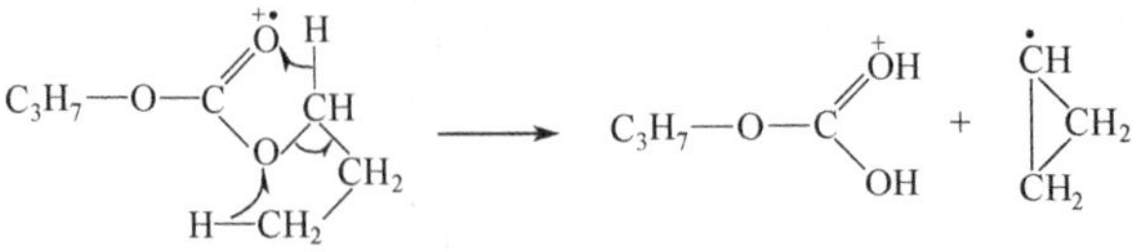

[反应示意图：碳酸二正丙酯 → C$_3$H$_7$—O—C(OH)$_2^+$ + 环丙烷类碎片；m/z 105]

碳酸二正丙酯　　　　　m/z 105

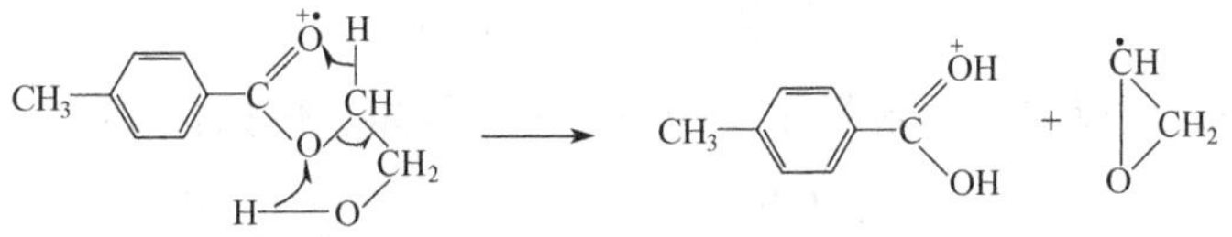

对甲基苯甲酸-2-羟基乙酯　　　　　m/z 137

b. 在邻接碳原子上有适当取代基

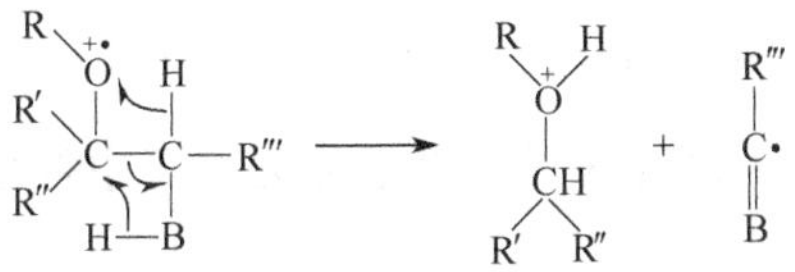

式中，B 为 CH_2、O、S 等。

McLafferty 认为这种双重重排过程是经过两个四元环迁移状态，发生协调的裂解。
例如：

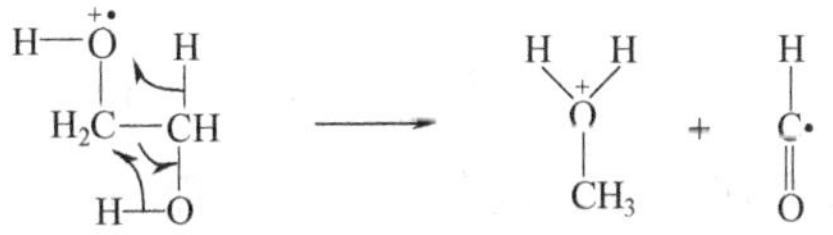

乙二醇　m/z 62　　　　m/z 33

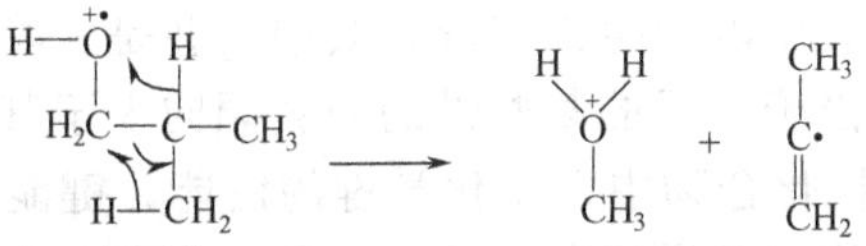

异丁醇，m/z 74　　　　m/z 33

以上介绍了质谱中的各种主要裂解类型。对于多官能团化合物，究竟按以上哪种裂解类型裂解，要看产生的正离子的稳定性及产生这一稳定正离子所需能量的高低。产生稳定正离子所需能量越低，这种裂解就越易发生。此外，如果裂解过程能脱离小分子，则此裂解也容易发生。所谓小分子主要是指 H_2O、H_2S、NH_3、HX、CO、CO_2、NO、C_2H_4、CH_3OH、$CH_2=C=O$、HCN、CH_3COOH 等。

6.4.3　裂解的一般规律

(1) 裂解方式的确定

必须指出，在众多的裂解反应中，自由基或正电荷是裂解反应的最有利中心。裂解反应是由这些中心所诱发的。也就是说，裂解反应的推动力来源于自由基或正电荷。其原因是自由基电子有强烈的配对趋势，这种自由基中心给出电子与相邻原子成键的配对趋势就是推动自由基中心诱导裂解（均裂）的动力来源；而正电荷强烈地吸引电子对的同时生成一个中性小分子的趋势则是发生正电荷中心诱导裂解（异裂）的动力来源。通常，异裂的重要性小于均裂。

均裂和异裂是两种相互竞争的反应。在 $OE^{+\cdot}$ 中，究竟是发生均裂还是异裂（EE^+ 只能异裂），这与该离子中自由基（或正电荷）所在处的原子种类有关。

化合物进行均裂的倾向平行于自由基处给出电子的能力，大致顺序为：

N＞S、O、π、R＞Cl＞Br＞I（π 表示不饱和键，R 代表烷基）

因为 N 给出电子的能力最强，所以胺类化合物主要发生均裂。

进行异裂时，一对电子发生转移，生成稳定的 R^+ 是有利的。若化合物中含有吸引电子对能力强的取代基，则容易发生异裂。吸引电子对能力的大致顺序为：

$$\text{卤素} > O、S \gg N、C$$

由上面两个序列可以看到,含氮化合物主要进行均裂。例如:

$$R\text{—}CH_2\overset{\frown}{\text{—}}\overset{+\cdot}{N}\!\!<\!\!\begin{array}{c}CH_3\\CH_3\end{array} \xrightarrow{\text{均裂}} R\cdot + CH_2\!=\!\overset{+}{N}\!\!<\!\!\begin{array}{c}CH_3\\CH_3\end{array}$$

卤素化合物,如碘代烷烃、溴代仲(叔)烷烃等,则易进行异裂。例如:

$$R\text{—}CH_2\overset{\frown}{\text{—}}\overset{+\cdot}{I} \xrightarrow{\text{异裂}} R\text{—}\overset{+}{C}H_2 + I\cdot$$

含氧和含硫化合物,则因氧和硫的吸引电子能力属于中等水平,既可发生均裂,也可发生异裂。例如:

$$R\text{—}\overset{+\cdot}{\underset{\parallel}{C}}\text{—}R \begin{array}{c} \xrightarrow{\text{均裂}} R\text{—}\overset{O^+}{\underset{\parallel}{C}} + R\cdot \\ \xrightarrow{\text{异裂}} R\text{—}\overset{O\cdot}{\underset{\parallel}{C}} + R^+ \end{array}$$

这里需要注意的是,异裂必然伴随着电荷的移动,而均裂正电荷位置不变。

(2) 裂解位置的确定

在质谱中,一个化合物分子能产生许多峰,其中一些是强峰,另一些是弱峰,甚至看不见。某些离子优先生成,是由于分子的某些键的断裂倾向大于其他键,显然相对弱的化学键容易断裂。表 6-4 列出了有机化合物中常见化学键的键能,键能大的化学键强度大,不容易断裂。从这些数据可以预测许多质谱现象。除此而外,有些化学键的断裂则是由于形成的产物具有较高的稳定性所致。为了预计占优势的裂解路线,即离子到底在何处裂解占优势,这就是我们所要讨论的离子裂解位置的判别(下面所讨论的情况不是绝对的,时常会有例外)。

表 6-4　有机化合物的键能/(kJ/mol)

键类型	C—C	C—N	C—O	C—S	C—H	C—F	C—Cl	C—Br	C—I	O—H
单键	345	304	359	272	409	485	338	284	213	462
双键	607	615	748	535						
三键	835	889								

① 裂解容易发生在取代得最多的碳原子上,并且正电荷保留在取代基较多的碳原子碎片上,因为这样的正碳离子由于 σ 键的超共轭效应,有比较大的稳定性。在 4 种正碳离子中,它们的稳定性顺序为:

$$R_3\overset{+}{C} > R_2\overset{+}{C}H > R\overset{+}{C}H_2 > \overset{+}{C}H_3$$

烃基的供电子诱导效应是随烃基增大而增强的。据此不难理解下列化合物中,极化度最强的是 C—Bu(键的极化度大,容易断裂),这个键最易失去电子成为离子:

$$Et\text{—}\underset{Me}{\overset{H}{C}}\text{—}Bu \xrightarrow{-e} Et\text{—}\underset{Me}{\overset{H}{\overset{+\cdot}{C}}}\text{—}Bu > Et\overset{+}{\text{—}}\underset{Me}{\overset{H}{C}}\text{—}Bu > Et\text{—}\underset{\overset{\cdot}{Me}}{\overset{H}{C}}\text{—}Bu$$

式中,Me 是甲基,Et 是乙基,Bu 是丁基。

随后它就裂解成为稳定的仲正碳离子:

$$\text{Et}-\underset{\text{Me}}{\overset{\text{H}}{\text{C}}}\overset{+}{\cdot}\text{Bu} \longrightarrow \text{Et}-\underset{\text{Me}}{\overset{\text{H}}{\text{C}}}{}^+ + \text{Bu} \cdot$$

可见，裂解时优先丢失的是较大的烃基。这就是质谱裂解反应中的所谓最大烃基丢失规律。它是简单裂解中的一个普遍规律。例如：

$$C_3H_7-\underset{C_2H_5}{\overset{CH_3}{\underset{|}{C}}}-\overset{+\cdot}{O}H \xrightarrow{\begin{array}{l}-\cdot C_3H_7\\-\cdot C_2H_5\\-\cdot CH_3\end{array}} \begin{array}{l} C_2H_5-\underset{CH_3}{\overset{CH_3}{C}}=\overset{+}{O}H \quad 100\% \\ C_3H_7-\underset{CH_3}{\overset{CH_3}{C}}=\overset{+}{O}H \quad 50\% \\ C_3H_7-\underset{C_2H_5}{\overset{}{C}}=\overset{+}{O}H \quad 10\% \end{array}$$

离子的相对丰度

② 饱和环易于在环与侧链连接处断裂。例如：

环己基—R ·+ ⟶ 环己基+ + R·

③ 碳原子在相邻有碳-碳 π 电子系统的情况下易发生 β-裂解，形成相对稳定的正碳离子。例如：

$$CH_2=CH-\underset{\alpha}{CH_2}\underset{\beta}{\overset{+}{|}}CH_2R\;]^{+\cdot} \xrightarrow[-\cdot CH_2R]{\beta\text{-裂解}} CH_2=CH-\overset{+}{CH_2} \longleftrightarrow \overset{+}{CH_2}-CH=CH_2$$

[乙苯 β-裂解示意图，生成 m/z 105 和 m/z 91 的离子]

苄基离子 䓬䓬离子

上述裂解反应生成的正碳离子的电荷能被相邻的 π 电子所分散，因而这些正碳离子的稳定性相对讲是高的。

在乙苯的两种 β-裂解中，以丢失大基团 $CH_3 \cdot$ 为优势，故 m/z 91 的离子峰强度大于 m/z 105 离子峰强度（苄基离子实际上被证明能经过重排形成更加稳定的䓬䓬离子）。

④ 含有羰基的化合物，容易发生 α-裂解。因为氧原子的未成键电子能使正电荷稳定下来。醛、酮、酸、酯和酰胺都会发生这种裂解。例如：

$$CH_3-\overset{+\cdot}{\overset{\|}{C}}-CH_2CH_2CH_3 \xrightarrow{\alpha\text{-裂解}} \begin{array}{l} \xrightarrow{-\cdot CH_2CH_2CH_3} CH_3-\overset{+}{\overset{\|}{C}} \longleftrightarrow CH_3-\overset{}{\overset{\|}{C}}{}^+ \\ \qquad\qquad\qquad\qquad\qquad A \\ \xrightarrow{-\cdot CH_3} CH_3CH_2CH_2-\overset{+}{\overset{\|}{C}} \longleftrightarrow CH_3CH_2CH_2-\overset{}{\overset{\|}{C}}{}^+ \\ \qquad\qquad\qquad\qquad\qquad B \end{array}$$

它们的离子丰度为：A＞B。

⑤ 存在杂原子时，裂解主要发生在杂原子的 β-位，并且正电荷位于含杂原子的碎片上。这是因为杂原子中未成键电子能使正电荷相对稳定下来。由此可以预测醇、胺、醚、硫醚、硫醇、卤化物等的裂解。这类裂解可用通式表示如下：

$$R-CH_2-\overset{+}{\overset{..}{Y}}-H(R') \xrightarrow[-R\cdot]{\beta\text{-裂解}} CH_2=\overset{+}{\overset{..}{Y}}-H(R') \longleftrightarrow \overset{+}{C}H_2-\overset{..}{Y}-H(R')$$

式中，Y＝N、S、O、X 等。

---

❶ 这是相对于环的 β-裂解。

杂原子使正电荷稳定的能力顺序为：

$$N>S>O>X$$

例如：

结构式	CH$_2$—CH$_2$—CH$_2$ \\ | \\ NH$_2$	CH$_2$—CH$_2$—CH$_2$ \\ | \\ OH	CH$_2$—CH$_2$—CH$_2$ \\ | \\ SH	CH$_2$—CH$_2$—CH$_2$ \\ | \\ OH	CH$_2$—CH$_2$—CH$_2$ \\ | \\ OH	CH$_2$—CH$_2$—CH$_2$ \\ | \\ Cl
CH$_2$X 离子的相对丰度	100%	9%	100%	60%	100%	12%

6.5 常见各类有机化合物的质谱裂解特性

各类有机化合物由于结构上的差异，在质谱上显示出各自特有的裂解方式和规律，这对质谱解析提供了珍贵的资料。本节将对各类有机化合物的质谱特征作扼要的讨论。

6.5.1 烷烃类

① 对开链烃的同分异构体而言，分子离子峰的相对强度以直链烷烃的最大，并随着分支程度的增加而降低；对同系物而言，分子离子峰的相对强度随着分子量的增加而降低。

环烷烃的分子离子峰比直链烷烃的大。

② 开链烃的主要峰都间隔 14 个质量单位（CH$_2$），这些离子都是奇数质量偶数电子的离子，可用通式 $C_nH_{2n+1}^+$ 表示，在裂解过程中还往往伴随脱去一分子 H$_2$ 而产生 $C_nH_{2n-1}^+$ 峰。相对丰度以含 3 个 C、4 个 C 和 5 个 C 的离子最强。对直链烷烃而言，其丰度好像是沿一条平滑的曲线渐渐减小至 M－29（见图 6-6）。而支链烷烃的丰度不再形成一平滑曲线（曲线在支链处变形，见图 6-7）。

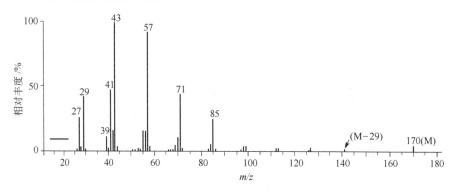

图 6-6　正十二烷的 MS 谱图

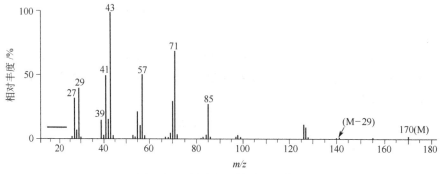

图 6-7　4-甲基十一烷的 MS 谱图

③ 直链烷烃不易失去甲基，故对应失去一个甲基（M－15）的峰强度是最弱的。支链烷烃有分支甲基，因此有 M－15 峰。且断裂易发生在分支处。

④ 带有支链的环烷烃最易失去侧链。

⑤ 环键也会发生断裂，从而脱掉 1 个或 2 个碳原子的碎片，所以往往出现 m/z 15（CH_3^+）、m/z 28（$C_2H_4^+$）、m/z 29（$C_2H_5^+$）以及 M－28、M－29 等峰。由于环键断裂的随机性，使谱图难以解释。图 6-8 是甲基环己烷的质谱图。其裂解方式为：

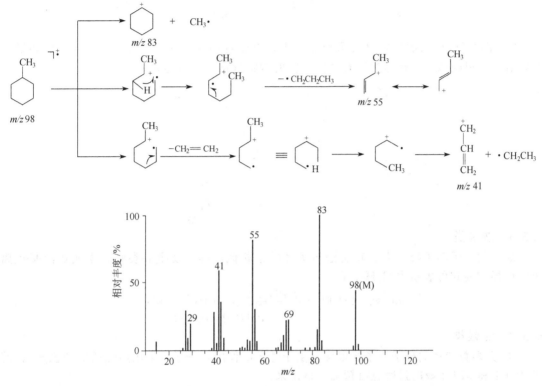

图 6-8　甲基环己烷的 MS 谱图

6.5.2　烯烃类

① 烯烃有较强的分子离子峰（双键使分子离子稳定），其强度随分子量增加而减弱。

② 烯烃容易发生双键的 β-裂解（双键促进烯丙键成为主要的裂解过程而断裂），电荷留在未饱和的碎片上，此碎片离子峰通常就是基峰（见图 6-9）。

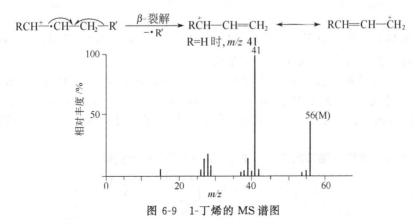

图 6-9　1-丁烯的 MS 谱图

随着烷基 R 的碳数增加，将出现 m/z 41，m/z 55，m/z 69（$C_nH_{2n-1}^+$）等离子峰。这些峰比相应烷烃碎片峰少二个质量单位，而与同分异构的环烷烃相似。故很难将烯烃与环烷烃相区别。

③ 如果有 γ-H 存在，可发生麦氏重排，产生奇电子系列 $C_nH_{2n}^{+\cdot}$。

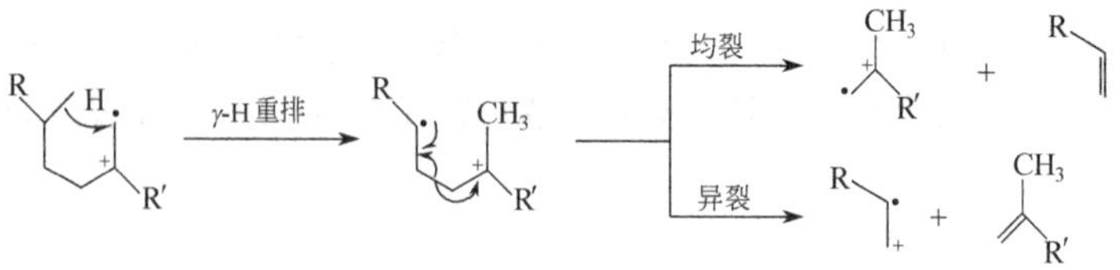

④ 环状烯烃中双键位置对谱图影响不大，例如各种分子式为 C_5H_8 和 C_7H_{10} 的环烯烃的质谱图都很相似，但环己烯则有高度特征的裂解过程，可描述为：

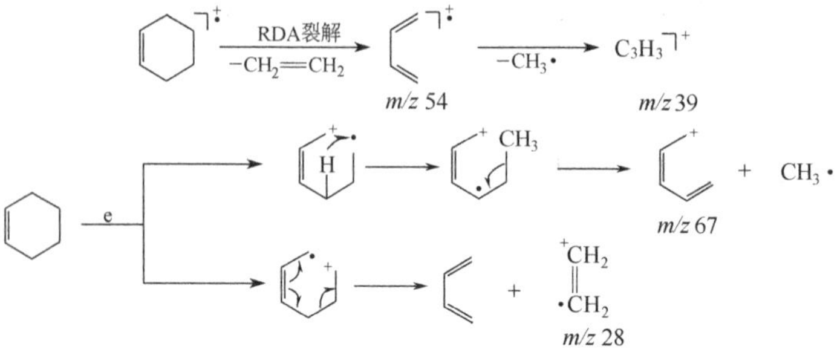

6.5.3 炔烃类

炔烃的分子离子峰颇强。其质谱与烯烃的很相似，容易发生 β-裂解，生成炔丙基正离子。炔烃的通式可表示为 $C_nH_{2n-3}^+$。

$$RC\equiv C-CH_2R'^{+\cdot} \xrightarrow{\beta-裂解} RC\equiv C-CH_2^+ + R'\cdot$$
$$R=H \text{ 时}, m/z\ 39$$

6.5.4 芳烃类

① 大多数芳烃的分子离子峰很强（由于芳环的作用，分子离子比烯烃的更加稳定），甚至 M+1 和 M+2 峰的强度也可精确测量出来。

② 烷基苯容易发生对环来说是 β-裂解的断裂，产生经重排形成的䓬鎓离子（m/z 91，基峰）。若基峰的 m/z 值为（91+14n），则表明苯环侧链的 α-碳上另有取代基，形成取代的䓬鎓离子。例如：

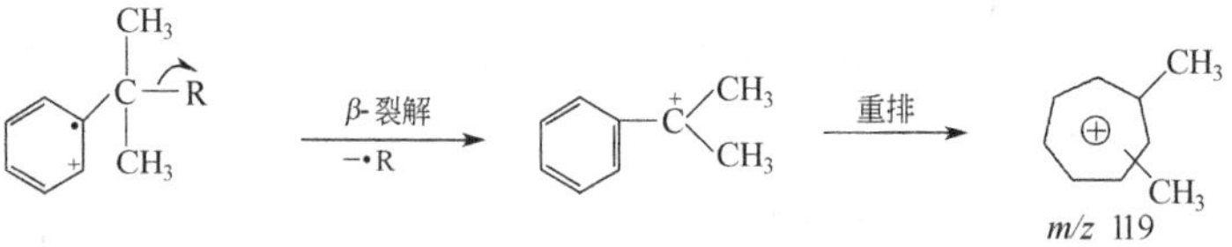

③ 烷基苯也能发生 α-裂解，形成特征离子 $C_6H_5^+$（m/z 77）、$C_6H_6^{+\cdot}$（m/z 78，β-H 迁移的产物）和 $C_6H_7^+$（m/z 79，苯加氢）。

④ 苯和䓬鎓离子都可逐级丢失乙炔分子（26 个质量单位），形成 m/z 39，m/z 51，m/z 65……系列离子（强度都比较小），所以 m/z 39，m/z 51，m/z 65，m/z 77，m/z 91……就组成了表征芳环的特征系列离子。此外，还常可见到 m/z 33.8（77→51）的亚稳离子峰。

⑤ 带有正丙基或更长侧链的芳烃（含 γ-H）能发生麦氏重排。

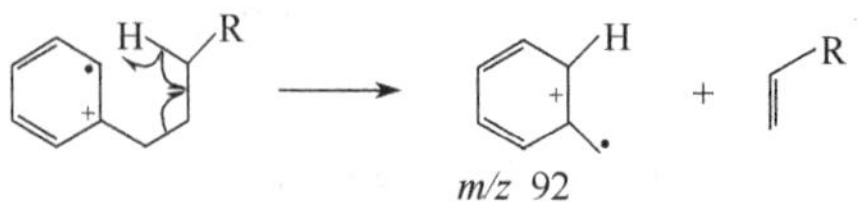

⑥ 邻位二取代苯,具有邻位效应,即从两个邻位取代基共同脱去一个中性小分子。

式中,A、X、Y、Z 可以是 C、O、N、S 的任意组合。

图 6-10 是正丙苯的质谱图,它的主要碎片离子生成过程如下:

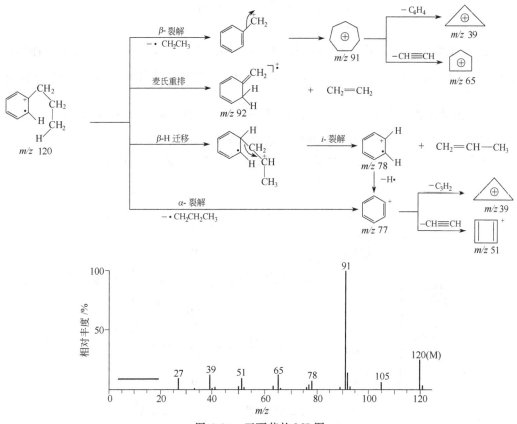

图 6-10 正丙苯的 MS 图

6.5.5 醇类

① 伯醇和仲醇的分子离子峰很小,叔醇的分子离子峰则测不出来。

② 醇容易脱水而产生 M－18 峰,此峰常被误认为分子离子峰。当醇的链增长时,M－18 峰强度增加。

③ 含有 4 个或更多个碳的长链伯醇,能显示 M－46 峰。这表示分子离子丢失 1 个水和 1 个乙烯(或取代的乙烯)分子。

④ 醇的分子离子易发生 β-裂解形成锌鎓离子。失去氢所形成的锌鎓离子（M－1）的强度要比失去烃基而形成的锌鎓离子的强度弱得多，这是因为遵循最大烃基丢失规律之故。

$$R-\overset{H}{\underset{}{CH}}-\overset{\cdot\cdot+}{OH} \xrightarrow{\beta\text{-裂解}} R-CH=\overset{+}{OH} + H\cdot$$
$$\phantom{R-CH-OH\xrightarrow{\beta\text{-裂解}}R-CH=OH+}M-1$$

$$R-\overset{R''}{\underset{R'}{C}}-\overset{\cdot\cdot+}{OH} \xrightarrow{\beta\text{-裂解}} \overset{R}{\underset{R'}{C}}=\overset{+}{OH} + R''\cdot$$

当 R 和 R′ 为氢时即伯醇，形成很强的 $CH_2=\overset{+}{OH}$ （m/z 31）；当 R 为氢时即仲醇，则为 $R'CH=\overset{+}{OH}$ （m/z 45，m/z 59，m/z 73……）；叔醇则为 $RR'C=\overset{+}{OH}$ （m/z 59，m/z 73，m/z 87……）。

因为醇的质谱由于脱水而与相应烯烃的质谱相似，而由 m/z 31 或 m/z 45、m/z 59 等特征系列峰 ($C_nH_{2n+1}O^{+}$) 则可判断样品是醇而不是烯。

⑤ 脂环醇经过复杂的途径发生裂解，生成质荷比较小的离子。例如：

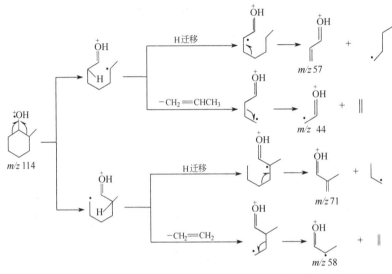

图 6-11 是 4-甲基-4-庚醇的质谱图。从谱图上观察不到分子离子峰（m/z 130）。图中质荷比最大的一个碎片峰（m/z 115）不可能是分子离子峰，因为由它第一次丢失的只有 3 个质量单位。

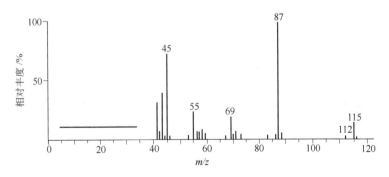

图 6-11　4-甲基-4-庚醇的 MS 图

该化合物的主要裂解过程如下：

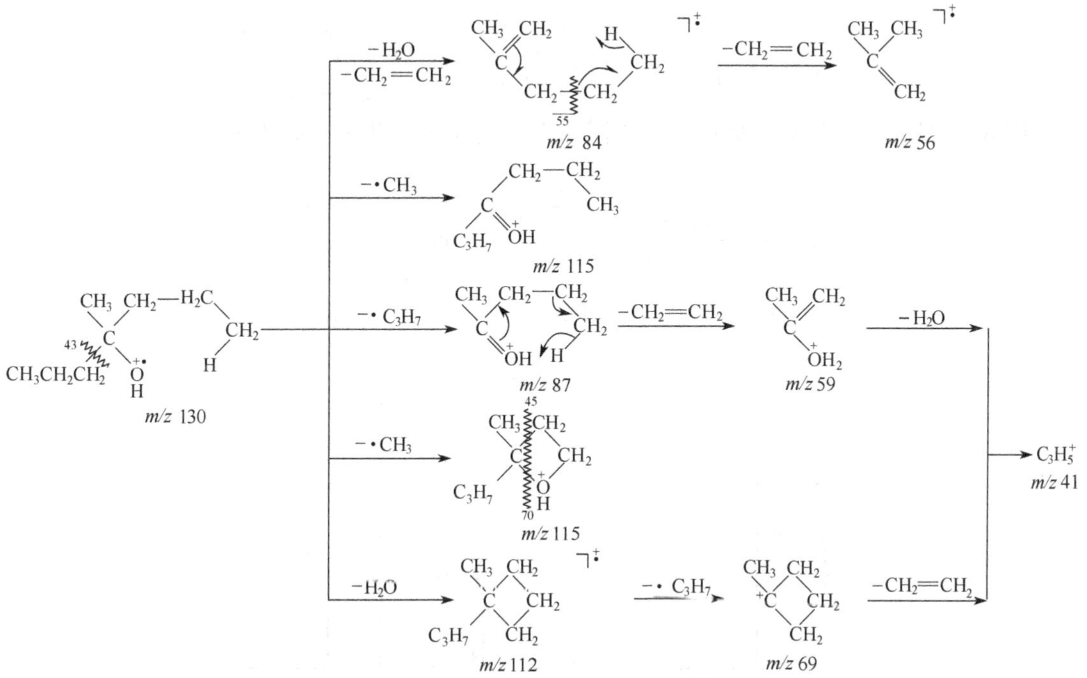

6.5.6 酚和芳香醇类

① 酚和芳香醇的分子离子峰很强。

② 苯酚的 M－1 峰不强，但甲酚和苯甲醇的 M－1 峰却很强，因为产生了较稳定的羟基-䓬鎓离子。

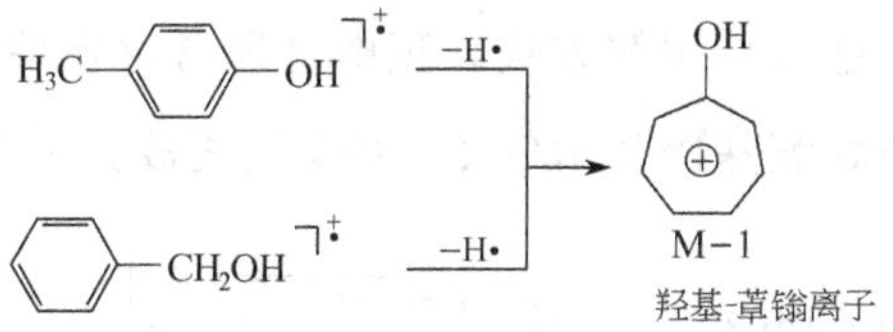

③ 酚类和芳香醇类最重要的裂解过程是丢失 CO 和 CHO 所形成的 M－28 和 M－29 峰。芳香醇还伴有 M－2 和 M－3 峰。例如：

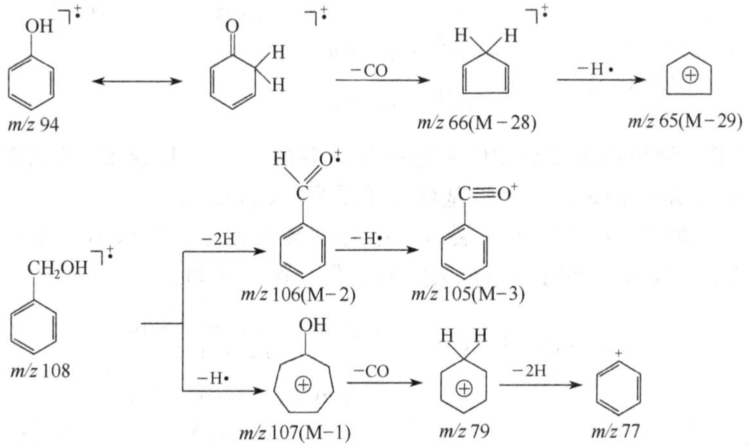

④ 甲苯酚类、多元酚以及甲基取代的苯甲醇等都有失水形成的 M－18 峰，当取代基互为邻位时更易发生（邻位效应）。例如：

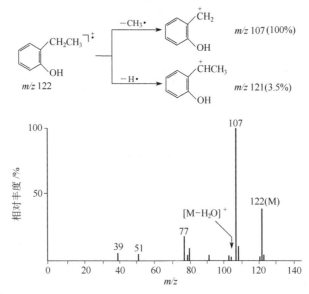

图 6-12 是邻乙基苯酚的质谱图。谱图指出该化合物的甲基比 α-H 更易失去。

图 6-12 邻乙基苯酚的 MS 图

6.5.7 醚类

① 脂肪醚的分子离子峰很弱，但可观察出来。芳香醚的分子离子峰较强。

② α-裂解和 i-裂解。按这两种裂解方式，正电荷通常留在烷基碎片或芳基上。这是因为醚发生这种裂解后所形成的烷氧基碎片 $R\overset{.}{O}$ 较 $H\overset{.}{O}$ 稳定之故。例如：

根据 R^+ 和 R'^+ 谁更稳定来确定哪种断裂是主要的。由于 R 或 R' 的碳数不同，将导致形成 m/z 29，m/z 43，m/z 57……烷基偶电子系列（$C_nH_{2n+1}^+$）。

③ β-裂解。芳香醚一般不发生 β-裂解。脂肪醚按这种方式裂解时，正电荷留在氧原子上，形成锌鎓离子，失去烃基时遵循最大烃基丢失规律。例如：

这样的裂解通常导致形成 m/z 45，m/z 59，m/z 73……烷氧基偶电子离子系列（$C_nH_{2n+1}O^+$）。这样的锌鎓离子还可以进一步裂解：

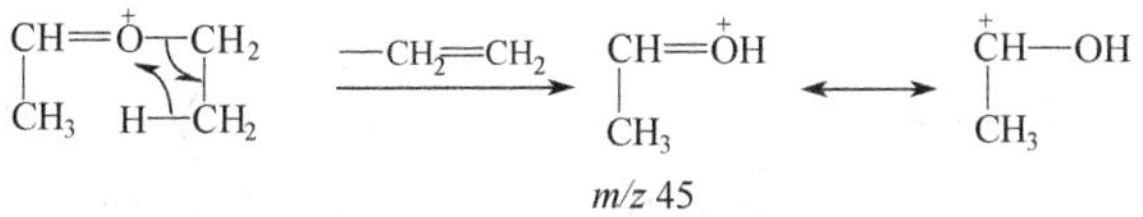

④ 伴随氢迁移的 α-裂解。这种裂解的特点是在 α 键断裂的同时伴随一个氢原子转位。脂肪醚的正电荷通常留在不饱和烃基上。芳香醚的正电荷则留在氧原子上。例如：

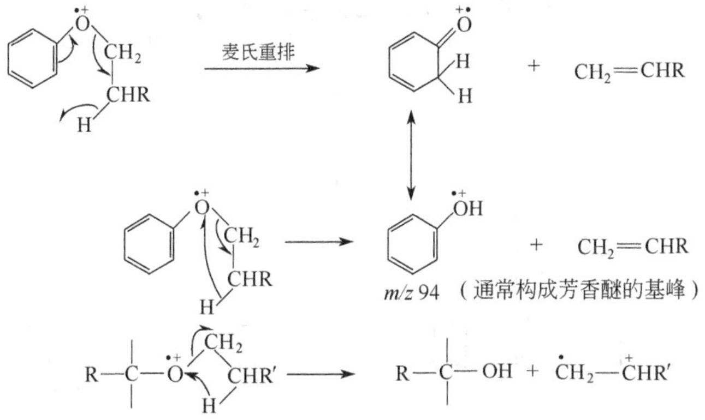

这样的裂解形成的碎片比不重排的 α-裂解碎片少 1 个质量单位，根据 R' 的碳数不同，分别出现 $m/z\ 28$，$m/z\ 42$，$m/z\ 56$……烃基奇电子离子系列（$C_nH_{2n}^{+\cdot}$）。

⑤ 脂环醚裂解可脱去一个中性的醛分子。例如：

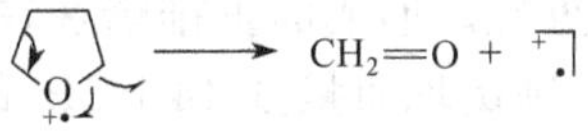

⑥ 缩醛和缩酮属于特殊的醚类。缩醛的分子离子峰很弱，而缩酮没有分子离子峰。缩醛的中心碳原子的 4 个键都可断裂，它的 3 个主要碎片为：

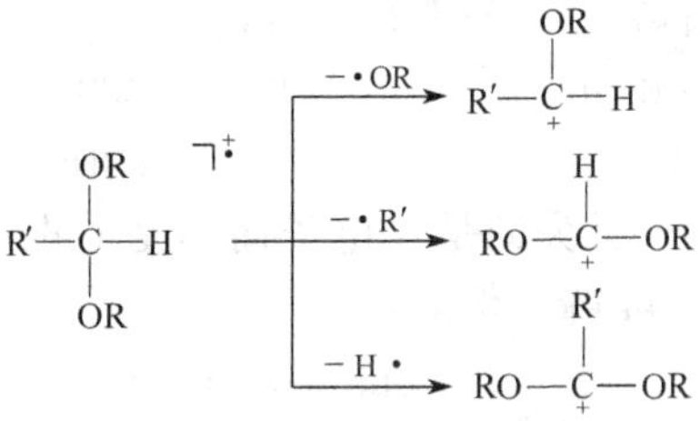

缩酮在失去烷基后产生共振稳定的锌翁离子：

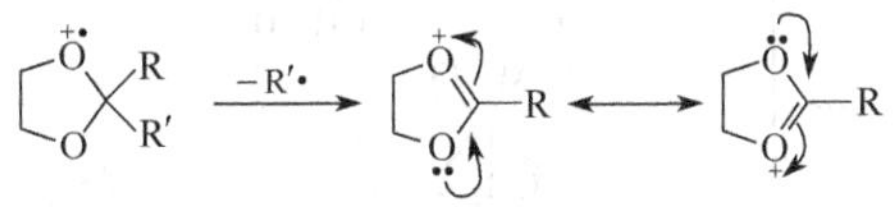

图 6-13 是乙基异丁基醚的质谱图，它的主要裂解过程如下：

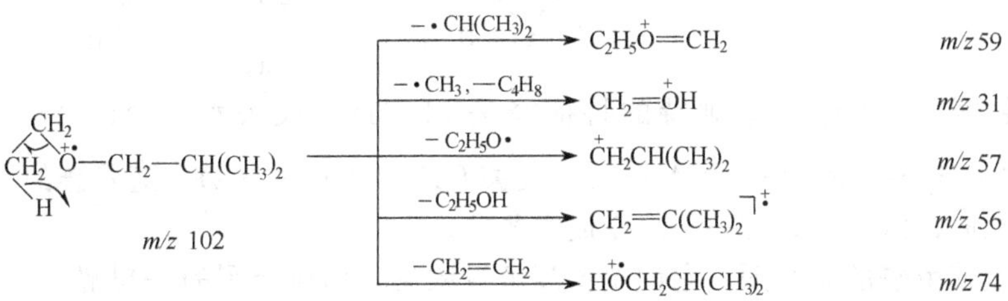

6.5.8 醛类

① 脂肪醛和芳香醛都有明显的分子离子峰，不过芳香醛的更强些。

② α-裂解。醛按这种裂解方式形成的与分子离子峰一样强（或更强）的 M－1 峰是醛的特征质谱峰。醛的另一个特征峰 $HC\equiv O^+$（$m/z\ 29$）也是经 α-裂解产生的。例如：

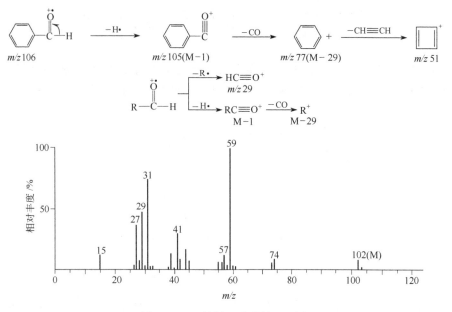

图 6-13 乙基异丁基醚的 MS 图

因为苯环共轭效应致稳的缘故，芳香醛易产生 R^+ 离子（M−29）。

③ 当有 γ-H 时，能发生麦氏重排。形成的重排峰往往是超过 3 个碳原子的直链醛的基峰。若 α-碳上氢原子被烷基取代，则出现质量数 44+14n 的峰，例如：

④ 如果最初形成的分子离子丢失的是 π 电子而不是 n 电子，则裂解将形成没有氢迁移的 M−43 峰和有氢迁移的 M−44 峰。例如：

⑤ 在直链醛中，其他一些独特的特征峰是 M−18（失去水），M−28（失去乙烯），M−43（失去 $CH_2=CH-\dot{O}$）和 M−44（失去 $CH_2=CH-OH$）。随着链的增长，烃类图形（m/z 29，m/z 43，m/z 57……）变成主要的。

图 6-14 是苯甲醛的质谱图，它的主要裂解过程见上面所介绍的 α-裂解。

6.5.9 酮类

① 脂肪酮和芳香酮的分子离子峰均很明显。

② α-裂解和 i-裂解。在这两种裂解方式中，α-裂解所形成的含氧碎片通常就是基峰，脂肪酮失去烃基时遵循最大烃基丢失规律。例如：

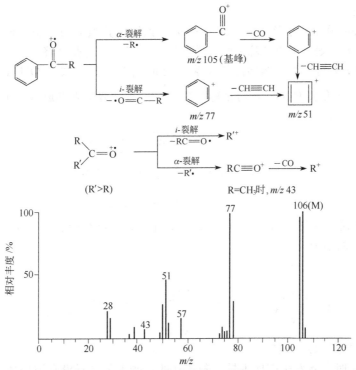

图 6-14 苯甲醛的 MS 图

形成的偶电子离子 $RC\equiv O^+$ 可产生 $m/z\ 43$，$m/z\ 57$，$m/z\ 71\cdots\cdots$（$43+14n$）等峰，R^+、R'^+ 产生烷基系列峰。

③ 当有 γ-H 时，可发生麦氏重排，但和醛类不同的是，它有可能发生两次重排。例如：

图 6-15 是乙基正丁基酮的质谱图，它的主要裂解过程如下：

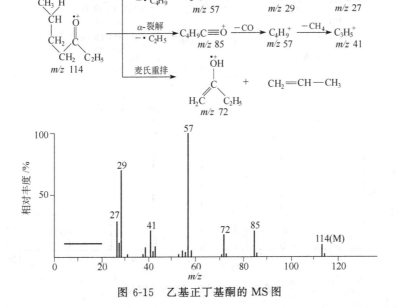

图 6-15 乙基正丁基酮的 MS 图

6.5.10 羧酸类

① 脂肪羧酸的分子离子峰很弱,但一般可以识别,其强度随分子量增加而降低。与羧基共轭的双键愈多,则分子离子峰愈强。芳香酸的分子离子峰是强峰。

② α-裂解和 i-裂解。低级脂肪酸按 α-裂解可形成 M−17(失去 OH),m/z 45(HO—C≡O⁺)和 M−18(失去 H_2O)等特征碎片离子峰。按 i-裂解则形成 M−45(失去 COOH)的特征峰。

③ 芳香酸的谱图有明显的 M−17 和 M−45 峰。若邻位有合适的侧链,可发生重排失去水,形成 M−18 的强峰。

式中,Y=CH_2,O,NH 等。

④ 当有 γ-H 时,能发生麦氏重排。若羧基的 α-碳上氢原子没有被烷基取代,则 m/z 60 的重排离子峰是羧酸的特征质谱峰(通常为基峰)。

图 6-16 是 2-甲基丁酸的质谱图,它的主要裂解过程如下:

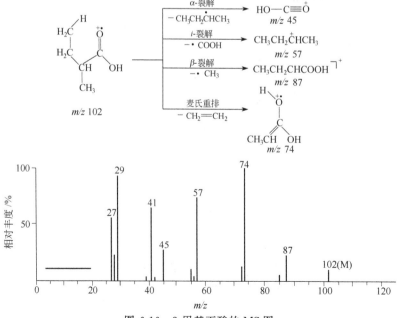

图 6-16　2-甲基丁酸的 MS 图

6.5.11 羧酸酯类

① 直链一元羧酸酯的分子离子峰通常可观察到，但当 RCOOR′ 中 R′ 大到丁基时，分子离子峰变得相当小，芳香羧酸酯的分子离子峰较强。

② α-裂解和 i-裂解。按这两种裂解方式可形成4种碎片离子：

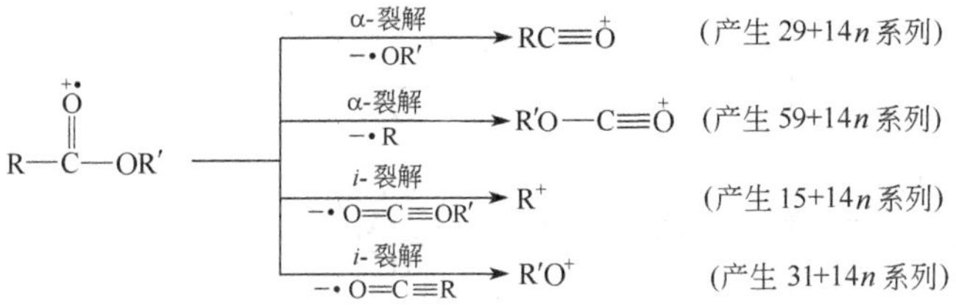

$$R-\overset{+}{\underset{\|}{C}}-OR' \begin{cases} \xrightarrow[-\cdot OR']{\alpha\text{-裂解}} RC\equiv \overset{+}{O} & (\text{产生 } 29+14n \text{ 系列}) \\ \xrightarrow[-\cdot R]{\alpha\text{-裂解}} R'O-C\equiv \overset{+}{O} & (\text{产生 } 59+14n \text{ 系列}) \\ \xrightarrow[-\cdot O=C-OR']{i\text{-裂解}} R^+ & (\text{产生 } 15+14n \text{ 系列}) \\ \xrightarrow[-\cdot O=C-R]{i\text{-裂解}} R'O^+ & (\text{产生 } 31+14n \text{ 系列}) \end{cases}$$

其中，主要的离子是 $RC\equiv\overset{+}{O}$ 和 $R'O-C\equiv\overset{+}{O}$，$R^+$ 和 $R'O^+$ 离子的丰度是很小的。

③ 当有 γ-H 时，能发生麦氏重排。甲基酯类经麦氏重排生成 m/z 74 的基峰，乙基酯类则生成 m/z 88 的基峰（这些是指羧基 α-碳上无支链时的情况，否则其 m/z 值将随支链作相应的改变）。

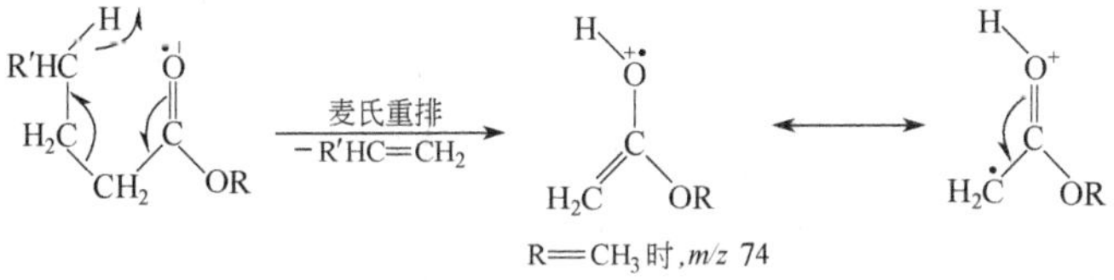

长链醇的酯还能发生双重麦氏重排，产生质子化的羧酸锌离子，在 m/z 61，m/z 75……（$61+14n$）处出现一个特征峰：

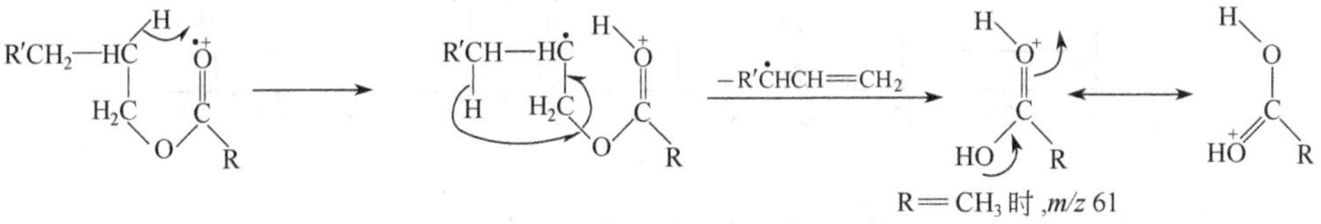

此峰对于鉴定酯也很有用。

④ 乙酸苄酯（糠醛乙酸酯和其他类似的乙酸酯也一样）和乙酸苯酯往往经重排消去中性烯酮分子形成基峰。

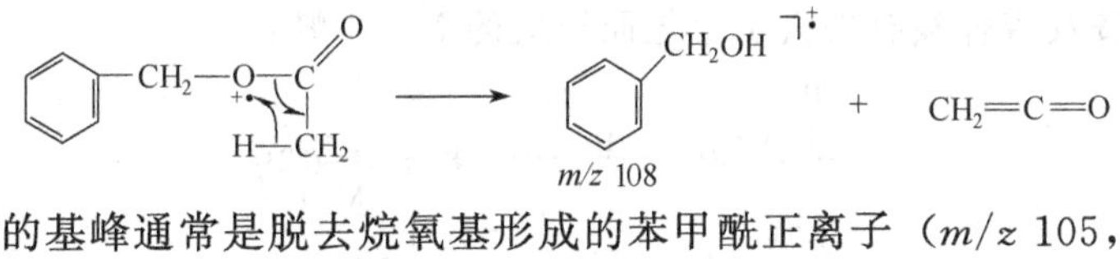

⑤ 芳香酸酯的基峰通常是脱去烷氧基形成的苯甲酰正离子（m/z 105，当苯环上有取代基时，该离子质量相应增高）。若羧基邻位具有带氢的取代基，则邻位效应也是明显的（脱去醇分子）。

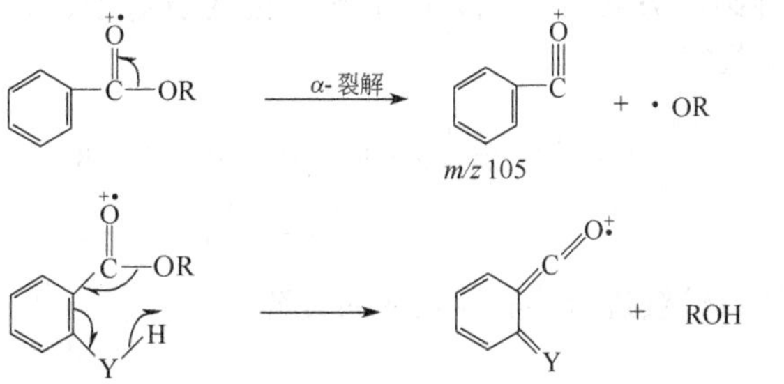

式中，Y=CH_2，O，NH 等。

取代基在间位、对位均无此裂解。

图 6-17 是水杨酸正丁酯的质谱图，它的主要裂解过程如下：

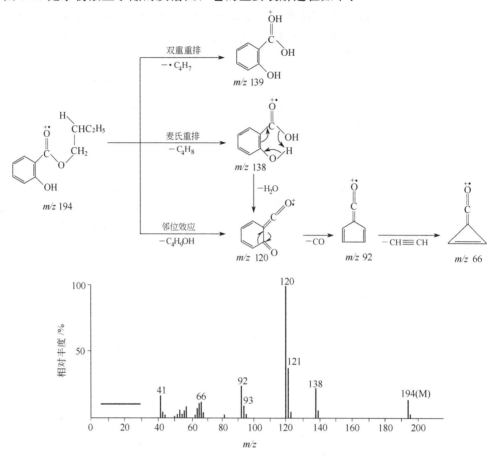

图 6-17 水杨酸正丁酯的 MS 图

6.5.12 胺类

① 脂肪开链胺分子离子峰很弱，甚至不存在。而脂环胺与芳香胺的分子离子峰较明显。
② 低级脂肪胺及芳香胺有失去 1 个氢而形成的 M－1 峰：

$$R-CH_2-\overset{+}{N}H_2 \xrightarrow{-H\cdot} R-CH=\overset{+}{N}H_2$$
$$\text{M}-1$$

$$C_6H_5-\overset{+}{N}H_2 \xrightarrow{-H\cdot} C_6H_5-\overset{+}{N}H$$
$$\text{M}-1$$

③ β-裂解。按这种裂解方式可形成 α-碳上无支链的所有伯、仲、叔胺的基峰。失去烃基时遵循最大烃基丢失规律。

$$\underset{R}{\overset{R'}{\diagdown}}CH-\overset{+}{N}H_2 \xrightarrow[-R'\cdot]{\beta\text{-裂解}} R-CH=\overset{+}{N}H_2 \quad (R'>R)$$
亚胺正离子
R=H 时, m/z 30

形成的亚胺正离子可继续进行伴有氢迁移的裂解：

$$CH_2=NH-CH_2-CH_2-H \longrightarrow CH_2=\overset{+}{N}H_2 + CH_2=CH_2$$

$$H_2\overset{+}{N}=CH_2 \xrightarrow{\text{麦氏重排}} H_3\overset{+}{N}-CH=CH_2 + CH_2=CH_2$$
$$m/z\ 44$$

④ 芳香胺能失去一个中性 HCN 分子又接着失去一个氢而产生 M−27 和 M−28 峰。

$$\text{PhNH}_2 \xrightarrow{-HCN} [C_5H_6]^{+\cdot} \xrightarrow{-H\cdot} [C_5H_5]^+$$
$$m/z\ 66(M-27) \qquad m/z\ 65(M-28)$$

⑤ 烷基芳香胺发生苄基断裂形成 m/z 106 的氨基-䓬鎓离子。

$$[H_2N-C_6H_4-CH_2-R]^{+\cdot} \xrightarrow{-\cdot R} H_2N-C_6H_4-\overset{+}{C}H_2 \longrightarrow \text{(氨基䓬鎓)}$$
$$m/z\ 106$$

图 6-18 是二乙胺的质谱图，它的主要裂解过程如下：

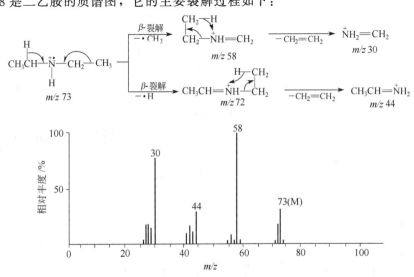

图 6-18 二乙胺的 MS 谱图

6.5.13 酰胺类

① 酰胺的分子离子峰通常可观察到。
② 当有 γ-H 时，能发生麦氏重排。基峰通常就是由麦氏重排而产生的。

$$\text{麦氏重排} \longrightarrow \text{烯醇式} + R'CH=CH_2$$
$$R=H\ \text{时},\ m/z\ 59$$

③ 具有羰基的裂解特点：

$$R'-\overset{O}{\underset{a\ \ \ b}{C}}-NHR \xrightarrow{\alpha\text{-裂解}} \begin{array}{l} a \longrightarrow \overset{+}{O}\equiv C-NHR \longleftrightarrow O=\overset{+}{C}-NHR \\ \qquad R=H\ \text{时},\ m/z\ 44 \\ b \longrightarrow R'\overset{+}{C}=O\ \text{和}\ \overset{\cdot}{N}HR \end{array}$$

④ 具有胺类的裂解特点：

对于不能发生麦氏重排的一些酰胺，③和④两种断裂就成为重要的裂解方式。

⑤ 芳香酰胺的基峰往往是由分子离子脱去氨基生成 $ArC\equiv O^+$ 而形成的。

图 6-19 是 N,N-二乙基乙酰胺的质谱图，它的主要裂解过程如下：

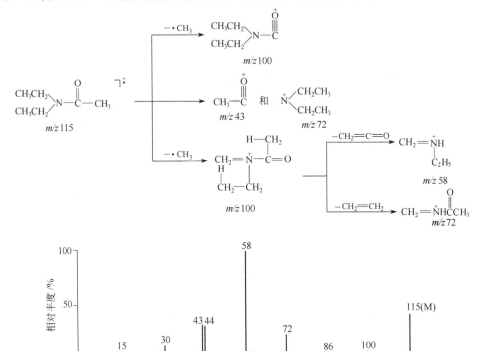

图 6-19 　N,N-二乙基乙酰胺的 MS 图

6.5.14　腈类

① 脂肪腈的分子离子峰很弱或不出现。芳香腈有很强的分子离子峰。

② 脂肪腈有较明显的 M－1 和 M+1 峰。

③ 当有 γ-H 时，能发生麦氏重排。$C_4 \sim C_{10}$ 的直链腈的基峰（m/z 41）均是由麦氏重排所得。

④ 芳香腈的主要裂解过程是丢失 HCN（27 个质量单位）形成的 M－27 峰。丢失 H$_2$CN 也会发生，但是次要过程。

图 6-20 是己腈的质谱图，它有明显的 M+1 峰，基峰系由麦氏重排而来。

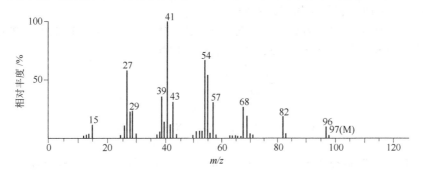

图 6-20 己腈的 MS 谱图

6.5.15 硝基化合物

① 脂肪族硝基化合物通常没有分子离子峰。芳香族硝基化合物的分子离子峰较强。

② 脂肪族硝基化合物的主要裂解是失去 NO$_2$ 形成带正电荷的烃基离子（因为硝基不是稳定的带电体），且烃基离子的 C—C 还能进一步断裂。此外，还常有相当强的 m/z 30 ($\overset{+}{\text{NO}}$)峰和 m/z 46 ($\overset{+}{\text{NO}_2}$) 的小峰。

③ 芳香族硝基化合物由于脱去 NO$_2$ 而得到一个很强的 M－46 峰，也常发生失去 NO 得到 M－30 峰。在 m/z 30 ($\overset{+}{\text{NO}}$) 处亦有一较强峰。

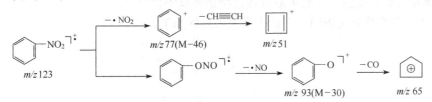

图 6-21 是硝基苯的质谱图。

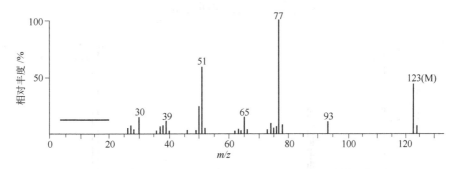

图 6-21 硝基苯的 MS 图

与许多双取代的芳香族化合物一样，芳香族硝基化合物的邻位异构体也能进行一个特定的裂解（邻位效应），而间位和对位异构体不会进行这样的裂解。这时，如果邻位基团带有合适的氢，分子离子会丢失 OH。

6.5.16 卤化物

① 脂肪族卤化物分子离子峰不明显，而芳香族卤化物分子离子峰明显。对于给定的烷基或芳基，分子离子峰强度的次序为：

$$I > Br > Cl > F$$

而对于给定的卤离子,则分子离子峰的强度随分子量以及支链程度的增加而降低。

② 含氯、溴的化合物有非常特征的同位素峰分布(见 6.2 节),含氟、碘的化合物则因自然界无重同位素而没有相应的同位素峰。

③ 卤化物质谱中通常有明显的 M-X, M-R, M-HX, M-H_2X 和 X 等峰。芳香卤化物中,当 X 与苯环直接相连时,M-X 峰显著。例如:

$$R-X \rceil^{\cdot+} \begin{array}{l} \xrightarrow{\alpha\text{-裂解}} X^+ + R\cdot \\ \xrightarrow{i\text{-裂解}} R^+ + X\cdot \quad (\text{当}X=Br,I\text{时,强峰}) \\ \phantom{\xrightarrow{i\text{-裂解}}} M-X \end{array}$$

$$R\frown CH_2-\ddot{\ddot{X}} \xrightarrow[-\cdot R]{\beta\text{-裂解}} CH_2=\overset{+}{\ddot{X}} \longleftrightarrow CH_2-\overset{+}{X}$$
$$\phantom{R\frown CH_2-\ddot{\ddot{X}} \xrightarrow[-\cdot R]{\beta\text{-裂解}}} M-R$$

形成 $CH_2=\overset{+}{X}$ 的难易次序是:F>Cl>Br>I,所以 $CH_2=F^+$ 的峰较强,而 $CH_2=I^+$ 峰非常弱。

$$\underset{CH_2(CH_2)_n CH_2}{\overset{H\ddot{\ddot{X}}}{\frown}} \xrightarrow{-HX} \overset{\cdot}{C}H(CH_2)_n \overset{+}{C}H_2 \quad (\text{当}X=F\text{、}Cl\text{时,强峰})$$
$$ M-HX$$

分子量较小的碘、溴化合物,有时会脱去 H_2X。

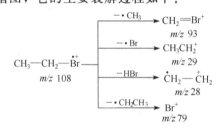

氟或碘化合物及支链卤化物不易形成此类杂环离子。

图 6-22 是溴乙烷的质谱图,它的主要裂解过程如下:

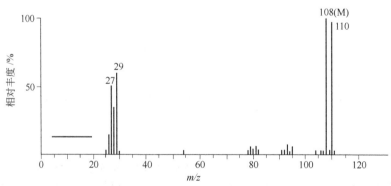

图 6-22 溴乙烷的 MS 谱图

6.5.17 含硫化合物

① 含硫化合物的分子离子峰要强于含氧的类似物的分子离子峰。脂肪族硫醇的分子离子峰除较高级叔硫醇外通常很强。脂肪族硫醚的分子离子峰通常也很强。

② 硫醇的断裂方式与醇类相似。例如：

$$R-CH_2-\overset{..}{S}H \xrightarrow[-\cdot R]{\beta-裂解} CH_2=\overset{+}{S}H \longleftrightarrow \overset{+}{C}H_2-SH$$
$$m/z\ 47$$

与醇失 H_2O 相似的有伯硫醇分解出 H_2S 给出一个 $M-34$ 的强峰，所形成的离子还会进一步失去 C_2H_4，产生 $M-H_2S-(CH_2=CH_2)_n$ 离子系列：

$$\text{(结构式)} \longrightarrow \text{(结构式)} \xrightarrow[-CH_2=CH_2]{-H_2S} {}^+CH_2\cdot\overset{\cdot}{C}HR \xrightarrow{-(C_2H_4)_n} \cdots$$

在长链硫醇中，烃类图形被叠加在硫醇图形上。

③ 硫醚的断裂方式与醚类相似。例如：

$$R-\overset{..}{\overset{+}{S}}-R' \begin{cases} \xrightarrow{\alpha\text{-裂解}} R\cdot + R'S^+ \\ \xrightarrow{\alpha\text{-裂解}} R'\cdot + RS^+ \\ \xrightarrow{i\text{-裂解}} R^+ + R'S\cdot \\ \xrightarrow{i\text{-裂解}} R'^+ + RS\cdot \end{cases}$$

其中 $R'S^+$ 和 RS^+ 的峰比较大。

$$R''-\underset{R'}{\overset{|}{C}}H-\overset{\cdot+}{S}-R \xrightarrow[-\cdot R'']{\beta\text{-裂解}} R'CH=\overset{+}{S}-R \quad (R''>R')$$

如果 R 比乙基大，这个离子还会进一步失去链烯：

$$R'CH=\overset{+}{S}-CH_2 \xrightarrow{-CH_2=CH_2} R'CH=\overset{+}{S}H \longleftrightarrow R'\overset{+}{C}H-SH$$
$$R'=H\ 时, m/z\ 47$$
$$R'=CH_3\ 时, m/z\ 61$$

对 2 个 α-碳上都不带支链的硫醚而言，这个离子是 $CH_2=\overset{+}{S}H$ (m/z 47)，它的强度可与硫醇中衍生出的同一离子相混淆，造成鉴别时的困难，这时可参照有无 $M-H_2S$ 或 $M-SH$ 峰来与硫醇区别。

一个中等到强的 m/z 61 峰也是硫醚类的特征，它可以是上述 $CH_3CH=\overset{+}{S}H$ 离子，也可能是由下述裂解导致的三元环状离子：

$$\text{(结构式)} \xrightarrow{-RCH=CH_2} \text{(结构式)} \xrightarrow{-R'CH_2\cdot} \underset{m/z\ 61}{\text{(结构式)}}$$

图 6-23 是甲基正丁基硫醚的质谱图，它的主要裂解过程如下：

$$CH_3\overset{+}{S}-CH_2-CH_2CH_2CH_3 \xrightarrow{-\cdot CH_2CH_2CH_3} \underset{m/z\ 61}{CH_3\overset{+}{S}=CH_2}$$
$$m/z\ 104$$

$$CH_3SCH_2CH_2\!\!\mid\!\!CH_2CH_3\rceil^{\cdot+} \xrightarrow{-\cdot CH_2CH_3} CH_3S\overset{+}{C}H_2CH_2 \longleftrightarrow \text{(三元环)}$$
$$m/z\ 75$$

$$CH_3\overset{+}{S}-CH_2-CH CH_2CH_3 \xrightarrow{-CH_3SH} \underset{m/z\ 56}{CH_2=CHCH_2CH_3\rceil^{\cdot+}} \begin{cases} \xrightarrow{-\cdot CH_2CH_3} \underset{m/z\ 27}{CH_2=\overset{+}{C}H} \\ \xrightarrow{-\cdot CH_3} \underset{m/z\ 41}{CH_2=\overset{+}{C}HCH_2} \end{cases}$$

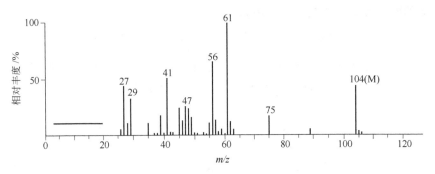

图 6-23 甲基正丁基硫醚的 MS 图

6.6 质谱图的解析

对质谱图的解析，最主要的就是利用质谱所提供的数据来推测分子结构。曾有人用这样一个很形象的例子来比喻用质谱法推测分子结构的过程：有机化合物分子犹如一个瓷花瓶，在质谱计中受到电子束的轰击而断裂成一系列的碎片。结构推测就是要将这些碎片找到并一块一块地把它们拼接起来，使之成为原来花瓶的模样。当然，我们在找碎片和拼接时，首先要找出和利用其中最具有特征形象和块比较大的碎片，这样才有利于结构的正确推测。

需要说明的是，对分子量比较小、结构较简单的化合物，仅靠质谱数据有可能推出结构；对分子量较大、结构较为复杂的化合物，仅靠质谱数据完全确定其分子结构是比较困难的，此时，必须依靠 UV、IR、NMR 以及化学方法进行综合分析。

最后必须强调指出的是，不要祈求解释质谱图中每一个离子的来源。

6.6.1 解析质谱图的先行知识

(1) 谱图概貌

利用质谱数据推测分子结构的第一步是看谱图概貌。首先从分子离子的质量和强度估计该分子的大小和它的稳定性。另外，根据碎片离子的质量分布和谱图中丰度大的离子的质量估计该分子是什么类型的化合物和可能含有什么样的官能团。例如，某化合物的分子离子峰 (m/z 128) 是基峰，并有 m/z 39，m/z 51，m/z 65，m/z 77 等碎片离子峰，则可说明该化合物十分稳定，并可判断为芳香族化合物（m/z 39，m/z 51，m/z 65，m/z 77……为"芳香系列"峰）。

(2) 低质量离子系列

看一张质谱图时，低质量离子系列常常能够提供该化合物可能属于哪一类化合物的信息。因为在低质量区对于某一个质量仅有少数可能的离子组成，并且都是 EE^+。例如，对于 m/z 29 的质量数只可能是 $C_2H_5^+$ 或 CHO^+ 两种 EE^+；而如果对于 m/z 129 则可能有上百种不同的离子结构。因此，由低质量离子系列获得的数据能够限制高质量离子的可能组成。由此可见，研究低质量离子系列是解析谱图的一个简单而有效的方法。

每一类化合物往往出现一系列的低质量谱峰。如饱和脂肪族含氮化合物出现 m/z 30，m/z 44，m/z 58，m/z 72……"氮系列"峰；饱和脂肪族醇、醚类化合物出现 m/z 31，m/z 45，m/z 59，m/z 73……"氧系列"峰等。一些不同类型化合物的系列峰可参见附录Ⅵ。

(3) 小的中性丢失

在一张质谱图中，最容易明确解释的信息是高质量碎片离子形成时丢失的中性碎片，例如：

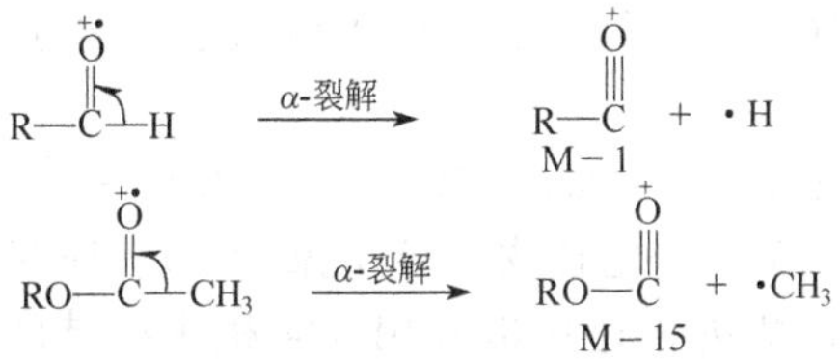

$$R-\overset{\overset{+}{O}}{C}-H \xrightarrow{\alpha-\text{裂解}} R-\overset{\overset{+}{O}}{C} + \cdot H$$
$$\text{M}-1$$

$$RO-\overset{\overset{+}{O}}{C}-CH_3 \xrightarrow{\alpha-\text{裂解}} RO-\overset{\overset{+}{O}}{C} + \cdot CH_3$$
$$\text{M}-15$$

从这些小的中性丢失，我们就可以知道该分子可能含有哪些基团和该分子可能的结构。

一些常见的中性丢失见附录Ⅶ。

（4）特征离子

在谱图的低质量端我们要看低质量离子系列，用它来确定该化合物属于什么类型；在高质量端，通过小的中性丢失看该化合物可能含有哪些官能团；在中等质量区我们主要寻找特征离子，特征离子可以给我们提供很有用的结构信息。但是，目前我们知道的特征离子还不够多，尚待进一步的研究。

一些常见的特征离子见附录Ⅷ。

6.6.2 解析质谱图的程序

通常，可按下面提供的程序对质谱图进行解析。

① 确认分子离子峰。并根据 6.3 节介绍的高分辨质谱法或同位素丰度法来推算分子式。也可根据低分辨质谱测得的分子量和元素分析结果来确定分子式。此外，还可由分子离子峰丢失的碎片及主要碎片离子推导出分子式。

② 根据分子式计算不饱和度（见第 3.6 节）。

③ 研究谱图概貌，并对分子的稳定性作出判断。

④ 研究低质量离子系列，推测化合物类型。

⑤ 从小的中性丢失推断所含官能团。

⑥ 寻找特征离子，获取结构上的信息。

⑦ 如存在亚稳离子，根据 $m^* = (m_2)^2/m_1$ 找出 m_2 和 m_1 两种碎片离子，由此判断裂解过程。这对于推测结构很重要。

⑧ 根据各类化合物裂解方式以及碎片离子断裂的一般规律，判断基峰和其他主要离子峰是由哪一种裂解类型产生的。由此可以了解官能团、骨架和其他部分结构。

⑨ 在研究所有可能得到的信息（如其他波谱数据、样品来源等）基础上，把已知部分碎片和残留结构碎片用所有可能的方式组合起来，搭成分子骨架，复原结构。然后再根据这些结构通过裂解规律进行推演，排除不符合谱图的结构，最后定下最可能的一个或两个结构。

⑩ 确证分子结构。用质谱法推测的分子结构，应当由 UV、IR、NMR 的数据予以证实。为了作最后的确证，应查阅标准质谱图与之核对。如果找不到标准谱图的话，那么找到该化合物的标准品作一张质谱图来进行对照，其结果更好。

常用标准质谱谱图集有：

① "Registry of Mass Spectral Data"，Vol.1～4（1974）。由 E. Stenhagen 等编，John Wiley 出版。共收集 18806 个化合物，分子量从 16.0313 到 1519.8069。记载项目有化合物名称、精密分子量、分子式、质谱和文献出处。附有元素组成索引。

② "Eight Peak Index of Mass Spectra"，2nd. Ed.（1974）。由 Mass Spectrometry Data Center 出版。共收集 31101 张质谱图。记载项目有化合物名称、分子量、元素组成、8 个主要峰的 m/z 和相对强度、化合物号码。附有分子量索引，元素组成索引和最高峰索引。

③ "Compilation of Mass Spectral Data"，（1966）。由 A. Cornu, R. Massot 编，由

Heyden 出版。截止 1971 年的第二次增补,共收集 7300 张质谱图。记载有十个主要峰的 m/z 和相对强度。附有标准波谱的号码索引,分子量索引,分子式索引,碎片离子的 m/z 值索引。

④ "EPA/NIH Mass Spectral Data Base", Vol. 1~4 (1978)。由 S. R. Heller 和 G. W. A. Milne 编。共收集 25556 个化合物,分子量为 30~1674,有 4 种索引。

除了对照上面的标准谱图集外,还可以利用计算机中存储的质谱库进行检索,把实验测试结果与质谱库中已有的谱图对照。这样做可以极大地简化检索步骤,缩小结构鉴定的范围,并给出许多有益的启示,从而提高正确判断的概率。对从检索系统得到的结果,还需要按照质谱断裂规律进行验证,以做出最后的判断。因为不同的有机化合物有可能呈现相似的质谱,同一个有机化合物,因实验条件不完全相同,谱图也可能有差异。所以提高谱图解析工作者的实际解析谱图的能力,还是很重要的。

6.6.3 解析质谱图的实例

例 1. 一未知固体的熔点为 79℃,它的质谱如图 6-24 所示,试推测其结构。

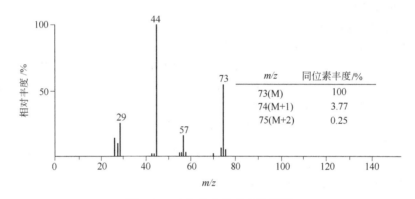

图 6-24 未知化合物的 MS 谱图

解: 用同位素丰度法求得该未知物的分子式为 C_3H_7NO,它的不饱和度等于 1。基峰 (m/z 44) 是 M−29 峰,可能系脱去 C_2H_5 后而形成的。从分子式中扣除 C_2H_5 后,剩余部分为 CH_2NO,其质量数正好满足基峰的要求。由于该分子有一个不饱和度,故可考虑基峰碎片包含一个 C=O,即基峰碎片结构可能为 $\overset{+}{O}\equiv C-NH_2$。而 m/z 29 ($C_2H_5^+$) 的碎片则为酰胺羰基的 i-裂解产物。于是可组成下列结构:

$$C_2H_5-\overset{\overset{O}{\|}}{C}-NH_2$$

谱图中主要离子的来源:

$$C_2H_5-\overset{\overset{\overset{+}{O}}{\|}}{\underset{m/z\,73}{C}}-NH_2 \begin{cases} \xrightarrow[-\dot{C}_2H_5]{\alpha\text{-裂解}} \overset{\overset{+}{\overset{O}{\|}}}{\underset{m/z\,44}{C-NH_2}} \\ \xrightarrow[-\dot{N}H_2]{\alpha\text{-裂解}} C_2H_5-\overset{\overset{+}{\overset{O}{\|}}}{\underset{m/z\,57}{C}} \\ \xrightarrow[-\dot{O}\equiv C-NH_2]{i\text{-裂解}} \underset{m/z\,29}{C_2H_5^+} \end{cases}$$

从而支持了这个结构的推断。

例 2. 某未知物经元素分析不含氮,它的质谱如图 6-25 所示,并存在亚稳峰 m^* 81.0,

试推测其结构。

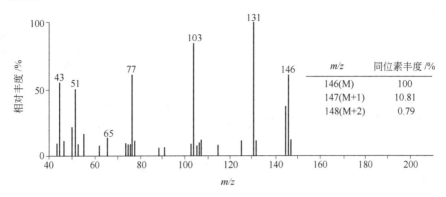

图 6-25 未知化合物的 MS 谱图

解：用同位素丰度法求得该未知物的分子式为 $C_{10}H_{10}O$，它的不饱和度等于 6。因分子离子峰丰度较大，说明分子较稳定。结合 $m/z\ 51$，$m/z\ 65$，$m/z\ 77$ 等芳香系列峰以及不饱和度，可确定该未知物含有苯环。另外，基峰（$m/z\ 131$）是 M－15 峰，应为脱去 CH_3 而形成，再加之谱图中有 $m/z\ 43$ 的碎片峰，故分子中可能具有甲基酮的结构：

这样，6 个不饱和度落实了 5 个。再从分子式中扣除苯环和 $CH_3-\overset{|}{C}=O$ 后，尚余 C_2H_2 无着落。结合还有一个不饱和度无归宿，可初步推测这 C_2H_2 的结构为 $-CH=CH-$。将所推得的这些结构片段复原为分子结构，可得下面的化合物：

谱图中 $m/z\ 103$ 的碎片离子峰为：

亚稳离子亦证实了 $m/z\ 103$ 的碎片离子是来自 $m/z\ 131$ 碎片的裂解。即：

$$m^* = \frac{(m_2)^2}{m_1} = \frac{103^2}{131} \approx 81.0$$

经上述分析，谱图中的主要碎片峰都已得到解释，结构已经清楚，其他碎片离子峰可不必解析。由此证明了上面推断的结构式是正确的。

例 3. 某未知物的质谱如图 6-26 所示，试推测其结构。

解：用同位素丰度法求得该未知物的分子式为 $C_{12}H_{14}O_4$，它的不饱和度等于 6。从不饱和度可知，$m/z\ 39$，$m/z\ 65$，$m/z\ 77$ 等苯环碎片峰以及该质谱只有较少的碎片离子，可确定该未知物含有苯环。

解这道题的关键在于 $m/z\ 149$ 这个离子，它是邻苯二甲酸酯的特征峰（见附录Ⅷ），并总是这类化合物的基峰，其结构为：

213

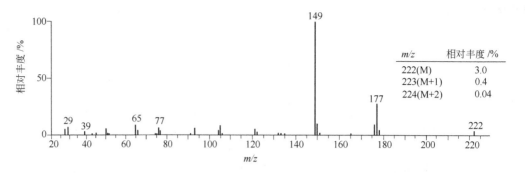

图 6-26 未知化合物的 MS 谱图

即确定了化合物为邻苯二甲酸酯，从分子量 222 可知该未知物为邻苯二甲酸二乙酯。谱图中 m/z 177、m/z 149 的碎片离子峰为：

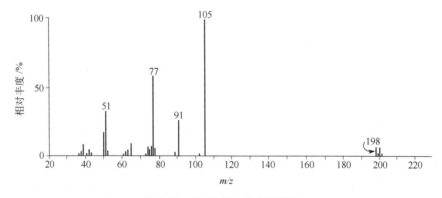

例 4. 分子式为 C_8H_7OBr 的化合物的质谱如图 6-27 所示，并存在亚稳峰 m^* 56.5，试推测其结构。

图 6-27 C_8H_7OBr 的 MS 谱图

解：谱图表明该化合物的分子离子峰为 m/z 198，与分子式相吻合。m/z 200 的峰强度与 m/z 198 的峰强度几乎相等，这是由于溴的两个同位素的天然丰度几乎相等的缘故，并且由此也表明化合物含有 1 个溴原子。

从分子式算出化合物的不饱和度为 5。再设想基峰（m/z 105）是苯甲酰基离子 C_6H_5CO—（见附录Ⅷ）。这样，5 个不饱和度都得到了落实。该分子的剩余部分也就只有 CH_2Br 了。而 m/z 105 的基峰正好是分子离子丢失 1 个溴原子和 14 个质量单位形成的。因此，该化合物的结构应为：

谱图中 m/z 77 的碎片离子峰为：

而 m/z 91 的碎片离子峰很可能是分子离子在丢失溴后马上又失去 CO 形成的：

例 5. 分子式为 $C_9H_{18}O$ 的化合物的质谱如图 6-28 所示，试推测其结构。

图 6-28 $C_9H_{18}O$ 的 MS 谱图

解： 从分子式可算出不饱和度为 1，也可知 m/z 142 为分子离子峰。谱图中的两个强峰为 m/z 85、m/z 57，二者质量之和恰好等于 142，二者之差恰好为 28 个质量单位，相应于一个 C=O 或 C_2H_4。由于分子中含一个氧以及有一个不饱和度，所以考虑这 28 个质量单位应为 C=O，由此可设想该化合物的结构为 R—C(=O)—R （若为醛，应有明显的 M−1 峰），其中 R 均有 57 个质量单位（C_4H_9）。由于 m/z 100 和 m/z 58 这两个偶数质量的离子是经重排而产生的（重排裂解的特点），故可考虑 R 相对羰基应该都有 γ-H，因此 R 不可能为叔丁基（无 γ-H），也不能为仲丁基（得不到 m/z 100 和 m/z 58 这两个重排离子）。事实上，该化合物为二正丁基酮。这一质谱不能确切地区分二正丁基酮、二异丁基酮和正丁基异丁基酮。

谱图中主要离子的来源：

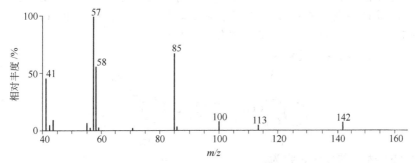

例6. 图 6-29（a）和图 6-29（b）分别代表两种羟基苯甲酸甲酯的位置异构体。试分析它们的谱图并指出邻位异构体是哪一个。

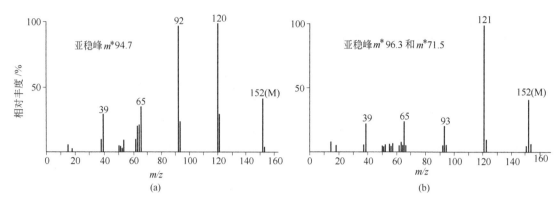

图 6-29 两种羟基苯甲酸甲酯的 MS 谱图

解： 羟基苯甲酸甲酯的分子式是 $C_8H_8O_3$，分子离子都是 m/z 152。图 6-29（a）的基峰是 m/z 120，质量是偶数，表示该碎片离子是由重排生成的。图 6-29（b）的基峰是 m/z 121，是分子离子丢失 OCH_3（31 个质量单位）生成的。

图 6-29（a）表示的变化过程为：

$$\text{(结构式) } m/z\ 152 \xrightarrow[-CH_3OH]{\text{邻位效应}} \text{(结构式) } m/z\ 120$$

图 6-29（b）表示的变化过程为：

$$\text{(结构式) } m/z\ 152 \xrightarrow{-\cdot OCH_3} \text{(结构式) } m/z\ 121$$

这两种裂解过程都由亚稳离子给予了证实：图 6-29（a）有一亚稳离子 m^* 94.7（$120^2/152$），而图 6-29（b）有一亚稳离子 m^* 96.3（$121^2/152$）。

这两个碎片离子接着丢失 CO（28 个质量单位），分别生成 m/z 92 离子和 m/z 93 离子。质量 121⟶93 的裂解过程，亦由亚稳离子 71.5 证实了。

需要说明的是，单靠质谱图往往不能确定取代基在苯环上的相互取代位置（有邻位效应的除外）。因此，从重排过程来看，图 6-29（a）显然代表 2-羟基苯甲酸甲酯。而单靠图 6-29（b）是不能区分 3-羟基苯甲酸甲酯和 4-羟基苯甲酸甲酯这两个异构体的。图 6-29（b）实际上是由 4-羟基苯甲酸甲酯得到的。

例7. 某未知物的质谱数据如下，试推测其结构。

m/z 值	12	14	19	24	26	31	32	38	50	51	69	70	76	77	95
相对丰度/%	13	2.1	2.0	2.7	11	22	0.3	6.2	25	0.3	100	1.1	46	1.2	2.4

解： 根据判断分子离子峰的条件，可确定 m/z 95 为分子离子峰。根据氮规则，该未知物含有一个氮原子。

通过给出的质谱数据求出碎片离子 m/z 76 和 m/z 77 的 M 和 M+1 峰强度（100%：2.6%）以及 m/z 69 和 m/z 70 的 M 和 M+1 峰强度（100%：1.1%）。由这两组数据可推

算出 m/z 76 的碎片离子的元素组成中含有 2 个碳原子,而 m/z 69 的碎片离子中含有 1 个碳原子(碳原子数 $=1.1/1.1=1$)。

由上述数据还可看出该未知物不含 Cl、Br、S、Si 元素,并且可以找到较大的质量空额。从分子离子 m/z 95 到 m/z 76 的碎片离子,差额为 19 个质量单位,正好为 1 个 F 原子,所以该分子的元素组成中应有 C_2FN,它与分子量的差额为:$95-(12\times 2+19+14)=38$。由于此分子中不可能出现 38 个氢原子,而 38 又恰好是 2 个 F 原子的质量,所以该未知物的分子式应为 C_2F_3N,它的主要裂解有:

$$M^{\ddot{+}}(m/z\ 95) \begin{cases} \xrightarrow{-CF_3} m/z\ 26 \\ \xrightarrow{-CN} m/z\ 69 \\ \xrightarrow{-F} m/z\ 77 \xrightarrow{-CN} m/z\ 50 \end{cases}$$

故可确定该未知物的结构为:

$$CF_3C\equiv N$$

例 8. 由一名昏迷婴儿的胃液中分离出一种化合物,其质谱如图 6-30 所示,试鉴定其可能的结构。

m/z 值	119	120	121	122	138	139	140	180	181	182
相对丰度/%	1.4	100	8.2	0.66	44	3.4	0.38	6.7	0.69	0.08

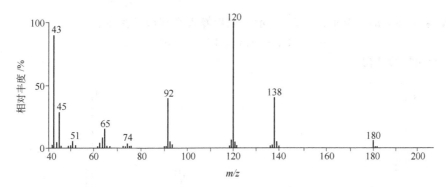

图 6-30 未知物的 MS 谱图

解: 低质量端奇数碎片指示该化合物不含氮,m/z 180 符合分子离子峰的要求,但强度较低,不宜用它来确定分子式,这时可用高质量端更强的碎片,确定其组成后,通过它与分子离子的关系来确定分子式。

将 m/z 138 的同位素峰(m/z 139,m/z 140)强度换算成相对 m/z 138 的相对百分比,再用同位素丰度法可求得 m/z 138 的碎片离子组成是 $C_7H_6O_3$;对 m/z 120 及其同位素峰用相同的方法可求得 m/z 120 的碎片离子组成是 $C_7H_4O_2$,它们与分子离子的关系分别为 M-42 和 M-60,这指明一个联结在 π 系上的乙酰氧基(芳香乙酸酯,见附录Ⅷ),并得到 m/z 43 强峰的支持。于是可在 $C_7H_6O_3$ 上加上 C_2H_2O(失去乙烯酮 $CH_2=C=O$),或在 $C_7H_4O_2$ 上加上 $C_2H_4O_2$(失去乙酸),就得到原化合物的分子式为 $C_9H_8O_4$,它的不饱和度等于 6。

另外,在低质量端还可清楚辨认出 m/z 51,m/z 65 等苯环特征离子,表明分子中存在苯环,结合分子式,可写出下列结构:

与分子式比较，R 应为 CHO_2。结合谱图中有较强的 m/z 45 峰以及尚有一个不饱和度无归宿，可判断这个 R 是 —C(=O)—OH；从邻位效应以及化合物的来源（婴儿胃液）分析，羧基应在乙酰氧基的邻位，以提供一个活动的氢原子，促使重排消去乙酸的反应顺利进行（产生基峰 m/z 120）。结果，通常羧酸所具有的 M－17 和 M－45 峰均被压抑而看不出来了。这化合物大概就是乙酰水杨酸（阿司匹林），可能这是那婴儿的家人给孩子服用过量阿司匹林导致了孩子的昏迷。

谱图中 m/z 138，m/z 120 的碎片离子峰为：

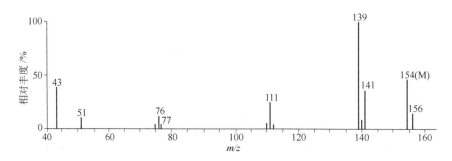

例 9. 某未知物的质谱如图 6-31 所示，亚稳峰表明有如下关系：

$$m/z\ 154 \longrightarrow m/z\ 139 \longrightarrow m/z\ 111$$

试推测该未知物的结构。

图 6-31 未知物的 MS 谱图

解：谱图表明分子离子峰（m/z 154）很强，说明分子较稳定，结合 m/z 51，m/z 76，m/z 77 等芳香系列峰，可确定该未知物含有苯环。m/z 156 的峰强度约为 m/z 154 的峰强度的 $\frac{1}{3}$，表明分子中有一个氯原子。m/z 139（M－15）为失去 CH_3 形成的基峰。而 m/z 43 则可能为 C_3H_7 或 CH_3CO（见附录Ⅷ）。考虑到分子量为偶数，即分子中不含氮或含偶数个氮。至此，已知结构单元有 Cl、CH_3CO（或 C_3H_7）和苯环。Cl 和 CH_3CO 的质量之和等于 35＋43＝78，与分子量之差为 154－78＝76。由于有苯环，可知这是一个二元取代的苯。根据这些已知的结构片断，推出该化合物可能有如下结构：

A: Cl—C₆H₄—CH₂CH₂CH₃
B: Cl—C₆H₄—CH(CH₃)₂
C: Cl—C₆H₄—C(=O)CH₃

A 可发生如下裂解：

218

$$\text{Cl}-\text{C}_6\text{H}_4-\text{CH}_2\text{CH}_3 \xrightarrow[-\dot{\text{C}}_2\text{H}_5]{\beta\text{-裂解}} \text{Cl}-\text{C}_6\text{H}_4=\text{CH}_2^+ \quad m/z\ 125$$

$$\xrightarrow[-\text{CH}_2=\text{CH}_2]{\text{麦氏重排}} \text{Cl}-\text{C}_6\text{H}_4-\dot{\text{CH}}_2^+ \quad m/z\ 126$$

所产生的 $m/z\ 125$ 和 $m/z\ 126$ 这两个峰在谱图中未见。

B 可发生如下裂解：

$$\text{Cl}-\text{C}_6\text{H}_4-\text{CH}(\text{CH}_3)_2 \xrightarrow[-\dot{\text{C}}\text{H}_3]{\beta\text{-裂解}} \text{Cl}-\text{C}_6\text{H}_4=\text{CHCH}_3^+ \quad m/z\ 139$$

谱图中确有此峰，但解释不了 $m/z\ 139 \longrightarrow m/z\ 111$ 亚稳峰的产生。只有 C 最合理：

$$\text{Cl}-\text{C}_6\text{H}_4-\overset{+\cdot}{\text{C}}(=\text{O})\text{CH}_3 \xrightarrow[-\dot{\text{C}}\text{H}_3]{\alpha\text{-裂解}} \text{Cl}-\text{C}_6\text{H}_4-\text{C}\equiv\text{O}^+ \xrightarrow[-\text{CO}]{i\text{-裂解}} \text{Cl}-\text{C}_6\text{H}_4^+$$
$$m/z\ 154 \qquad\qquad m/z\ 139 \qquad\qquad m/z\ 111$$

$m/z\ 139$ 为取代的苯甲酰正离子，通常构成基峰。至于 C 结构中 Cl 的确切位置在此尚不能作出最后结论。

例 10. 一种从发霉的窝头中分离出来的物质，由于试样数量太少，无法提供红外和核磁共振数据，图 6-32 是它的高分辨质谱图，试推测其可能的结构。

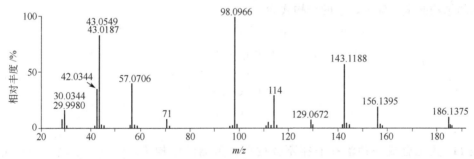

图 6-32 未知物的 MS 谱图

解： 由分子离子峰（$m/z\ 186$）的高分辨数据求出分子式为 $C_9H_{18}N_2O_2$（理论计算值 186.1368），它的不饱和度等于 2。为确定杂原子（氮和氧）所在官能团和不饱和度的归宿，可考察 $m/z\ 30$ 峰，它的组成为 CH_4N^+（由高分辨数据 30.0344 求得）和 NO^+ (29.9980)，$m/z\ 42$ 峰是 $C_2H_4N^+$（42.0344），这清楚地表明两个氮所在官能团是胺和亚硝基，还差一个氧和一个不饱和度无着落。

根据已知的碎片结构，可推测这个化合物属于亚硝基胺类 $\begin{matrix}R'\\R\end{matrix}\!\!>\!\!N\!-\!N\!=\!O$，这另一个氧原子和不饱和度应在 R' 或 R 部分。考察 $m/z\ 43$ 峰，高分辨数据指出它是由 $C_2H_3O^+$ (43.0187) 和 $C_3H_7^+$ (43.0549) 两个离子组成的，这就指出另一个氧和不饱和度是一个乙酰基，而 R' 和 R 的其余部分都应该是饱和的。

因为许多亚硝胺裂解时都会形成下列碎片：

$$R-\overset{+}{N}\equiv CH$$

本例中，$m/z\ 98$ 峰的组成为 $C_6H_{12}\overset{+}{N}$ (98.0966)，由此可知 R 是由 C_5H_{11} 组成，低端

偶电子离子系列 m/z 29，m/z 43，m/z 57，m/z 71 证实了这一点；其余部分应与乙酰基一起组成 R′，这有两种可能性：

$$\underset{A}{\underset{}{CH_3-C-CH_2-CH_2-N-N=O}} \qquad \underset{B}{\underset{}{CH_3-C-CH-N-N=O}}$$

从强的 M－43 峰（m/z 143）考虑，它应当符合胺类 β-裂解的要求，所以 B 更合理。

$$\underset{m/z\,186}{CH_3-C-CH-N-N=O} \longrightarrow \underset{M-43(m/z\,143)}{CH-N-N=O} + CH_3-C\cdot$$

最后剩下 C_5H_{11} 这部分结构。从 M－57 峰（m/z 129）可知丢失的是 C_4H_9，可见 R(C_5H_{11})与氮直接相连接的碳上没有支链取代，于是该化合物可写做：

$$C_4H_9-CH_2-N-N=O$$
$$CH_3-C-CH_3$$
$$O$$

分子中尚未能确定的 C_4H_9 部分最后由有机合成工作完成，证实它是异丁基，至此，这未知物的结构被全部确定，它的结构式为：

$$CH_3-CH-CH_2-CH_2-N-N=O$$
$$CH_3-CH$$
$$O\;CH_3$$

例 11. 人工合成一种治疗心律不齐的药，可能的结构为：[结构式]，现用质谱给予鉴定，其低分辨的质谱如图 6-33 所示。

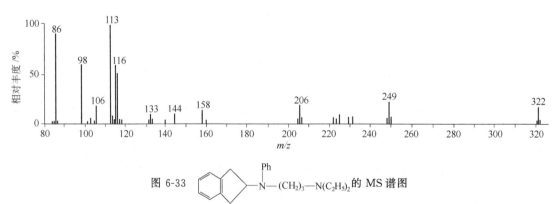

图 6-33　[结构式] 的 MS 谱图

解： m/z 322 峰与该化合物的分子量相一致，故为分子离子峰。再看谱图上主要的碎片离子峰是否能得到合理的解释。

如果裂解发生在右边的氮原子上：

如果裂解发生在左边的氮原子上：

从以上分析结果看出，图 6-33 上的主要碎片离子都得到较合理的解释。故可认为合成的化合物确为上述结构。

例 12. 混合物的 GC-MS 联用分析。冰箱的冷凝剂若含有少量水分，在使用时常引起冷冻堵塞和腐蚀，而极少量的水用一般的方法难于除尽，国外采用在冷凝剂中加入少量防冻堵防腐蚀液，既简单，又能取得好的效果。

这种防冻堵防腐蚀液经色谱分离出两个峰，如图 6-34（a）所示。在两个色谱出峰的时间内分别做了低分辨质谱图，如图 6-34（b）、图 6-34（c）所示。

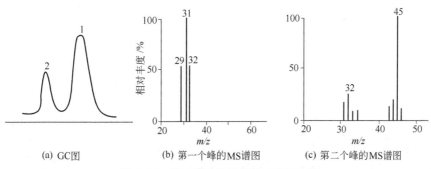

图 6-34 防冻堵防腐蚀液的 GC-MS 图

分析结果如下：

第一个峰的 GC 分析：CH_3OH，含量约 80%；

第一个峰的 MS 分析：$\overset{H}{\underset{CH_2}{|}}\!-\!\overset{..+}{O}H \xrightarrow{-\dot{H}} \underset{m/z\ 31}{CH_2\!=\!\overset{+}{O}H}$；

第二个峰的 GC 分析：$(CH_3)_2CHOH$，含量约 20%；

第二个峰的 MS 分析：$CH_3\!-\!\overset{\overset{CH_3}{|}}{CH}\!-\!\overset{..+}{O}H \xrightarrow{-\dot{C}H_3} \underset{m/z\ 45}{CH_3CH\!=\!\overset{+}{O}H}$。

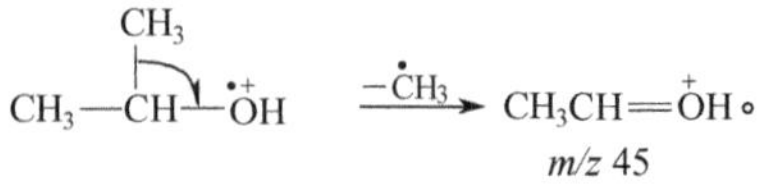

第7章 四种波谱的综合解析

前几章详尽地介绍了 UV、IR、NMR 和 MS 法在鉴定有机物结构中的作用。然而，在实际工作中，只用一种波谱方法往往解决不了问题，需要综合运用这些方法来互相补充、互相验证，才能得到正确的结论。

利用四种波谱联合鉴定有机物的结构，首先就需要掌握在联用过程中各种波谱所具有的特定功能，使之能从不同的角度获取有关分子结构的信息。根据前面学过的知识，可知从 UV 谱能获取有关化合物中是否存在芳香体系或共轭体系的信息，并可从最大吸收值的数据判断共轭体系或芳香体系上取代的情况；从 IR 谱和 NMR 谱能获取鉴定分子结构最有用和最重要的信息，IR 谱提供分子中具有哪些官能团的信息；^{1}H-NMR 谱提供分子中各种类型氢的数目、类别、相邻氢之间的关系，而^{13}C-NMR 谱则可给出分子中的全部碳原子数以及 sp^2 和 sp^3 碳原子的相对数目，亦可提供有关其对称元素及其官能团性质的信息；从 MS 谱能获取化合物的分子量及分子式等信息。

综合上述四种波谱在鉴定有机物结构中所具有的特定功能，可绘出如图 7-1 所示的四谱功能概括示意。

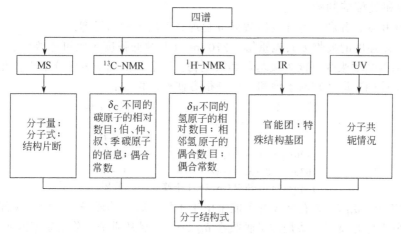

图 7-1 四谱功能概括示意

7.1 四谱综合解析的一般程序

用四谱鉴定有机化合物的结构并没有一个统一的、规一化的步骤。这是因为有机化合物的数目庞大、结构复杂、样品性能千变万化，再加之鉴定工作是否顺利在很大程度上又取决于波谱解析工作者本人的有机化学知识、实验技巧、对波谱原理了解的程度，以及对于样品的来源、历史等方面的了解。因此，有时即使是同一例子也会因人而异，可以从不同方面或程序加以解析。在实际工作中，往往每个人都会形成一套自己喜爱的解析方法。所以，下面介绍的程序只不过是对鉴定结构稍加系统化的一般步骤，供读者参考。实践出真知，只有不断实践，才能摸索出一条灵活的行之有效的解析途径。

7.1.1 分子量和分子式的确定

根据 MS 谱中分子离子峰的 m/z 值就可确定分子量，然后用高分辨质谱法或同位素丰度法求出分子式。若从 MS 谱得到的只是分子量的整数值而无同位素峰 M+1，M+2 的丰度值时，就只能从分子量的整数值并配合其他谱图数据或 C、H、N、S 等元素定量分析数据推出分子式。若从 MS 谱未能获取分子离子峰（分子离子不稳定）时，则只能根据元素分析数据求出其经验式（最简式）。

此外，用 ^{1}H-NMR 谱数据可对所提出的分子式进行校核，因为分子中氢原子的总数应当是 ^{1}H-NMR 谱中各组峰面积最简单比例的总和的整数倍，例如某分子的 ^{1}H-NMR 谱中有四组峰，它们的面积比（积分曲线高度之比）为 1∶2∶2∶3，则该分子中氢原子的数目只可能是 8（为 1，2，2，3 之和）的整数倍，即 8，16，24 等，如果由 MS 谱提出的分子式是 $C_9H_{14}O_2$，那一定是弄错了。据此原理，我们还可以利用 ^{1}H-NMR 谱求出的氢原子的最简单比例的总和或其整数倍来计算分子中的碳原子数：

$$碳原子数 = \frac{分子量 - 氢的最简比总和或其整数倍 - 其他原子质量}{12} \quad (7-1)$$

除了用式（7-1）求得分子中的碳原子数外，从 ^{13}C-NMR 谱的峰数也可得到碳原子数目（注意这是碳原子数的下限，结构有对称时，碳原子数大于谱峰数）。

7.1.2　根据分子式计算不饱和度

不饱和度是用来量度分子中不饱和的程度，它对于结构分析十分有用。当分子的不饱和度大于或等于 4 时，应考虑可能有苯环的存在。有关不饱和度的计算方法已在第 3.6 节作了详细介绍，此处不再赘述。

7.1.3　不饱和类型的判断

根据不饱和度，并利用各种波谱数据可发现分子的不饱和类型。

① UV：高强度的吸收为共轭重键。270nm 以上的低强度吸收可能为醛、酮的 C=O，210nm 左右的低强度吸收可能为羧基及其衍生物。B 带的出现则表示分子中存在芳核。

② IR：利用 IR 谱来判断不饱和类型是很方便的。例如：

波　数	可能的结构
≈2250cm^{-1}（w～m）	C≡N
≈2220cm^{-1}（w）	C≡C
1870～1650cm^{-1}（s）	C=O
1670～1630cm^{-1}（m）	C=C
1650～1430cm^{-1}（m，2～4 个峰）	苯环

③ ^{1}H-NMR：δ_H 5～8 有吸收峰可能是由于不饱和碳上的质子，其中低场部分为芳环质子，高场部分为烯烃质子。炔烃质子吸收在 δ_H 2～3。醛基质子和羧基质子的吸收分别在 δ_H 9.5～10.0 和 δ_H 10.0～13.0。

④ ^{13}C-NMR：δ_C 100～160 的吸收为烯烃或芳烃中 sp^2 杂化碳。羰基碳的吸收在 δ_C 160～230。炔烃碳的吸收在 δ_C 60～90。腈基碳的吸收在 δ_C 110～130。

⑤ MS：芳香族化合物的 MS 谱特征性较强，除了其分子离子峰强度大，有时为基峰外，通常还伴有 m/z 39，m/z 51，m/z 65，m/z 77……芳香系列峰。

7.1.4　活泼氢的识别

OH、NH$_2$、NH、COOH 等活泼氢的存在可由 IR 谱、^{1}H-NMR 谱的特征吸收来识别，其 ^{1}H-NMR 谱的重水交换可进一步证实。对于某些存在互变异构（如 β-二酮的烯醇式结构）的活泼氢也可用此法识别。除此之外，用分子中氢原子的数目减去由偏共振去偶 ^{13}C-NMR 谱计算的与碳原子直接相连的氢原子的数目，剩余氢亦为活泼氢。

7.1.5　结构式的推定

利用四谱数据，总结所有可能的官能团及结构片段。把已经确定的各个结构单元所包含的元素加起来,与分子式比较,看看还相差多少。在相差不多的情况下,这剩余的"残余结构"部分本身有时还能提供一些信息。

在尽量了解各结构单元"相邻"部分的情报的基础上构思较大一些的结构单元,并确定分子中这些结构单元的正确连接顺序,从而拟出可能的一个或几个结构式。然后再用各谱数据仔细地互相验证和论证所拟出的可能结构式,去伪存真,随时修正已拟出的结构,同时考虑化合物的立体模型,直到所定结构与各种波谱不矛盾为止。

7.1.6 结构式的最终确定

IR 检索对结构式的最终确定可起决定性的作用。如果被鉴定的化合物是 IR 标准谱图集中已有的,则可以很快完成鉴定;如果是迄今未知的新化合物,则需要按经典的有机反应进行合成,或培养单晶以取得 X 光单晶衍射数据来进行最终的确定。

另外,还可以从有关手册中查出所定结构式的物理常数(沸点、熔点、密度、折射率等),将其与未知样品的物理常数比较。若两者符合,说明定出的结构是正确的,否则就有问题。

综合上述四谱联用解析的一般程序,可绘出如图 7-2 所示的综合鉴定有机化合物结构的一般程序示意。

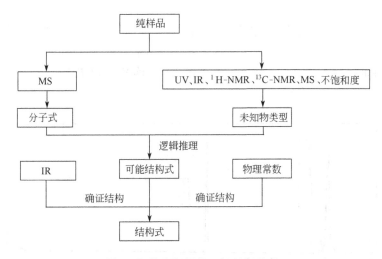

图 7-2 综合解析的一般程序示意

上面介绍的是综合鉴定有机化合物结构的一般程序。值得指出的是,在实际工作中有时为解决一个有机化合物的结构问题,不一定都按照这种程序进行(对经验丰富者更是不必死板地以此为工作顺序),更不必四谱都用上,什么情况下,用什么波谱手段,要靠自己对问题和用波谱分析的水平而定。至于对结构复杂的有机化合物的结构鉴定,则除了用四谱之外,往往还要与化学方法相配合,有时还要依靠 X 光衍射和合成等手段才能最后得到解决。

最后必须强调指出,在解析练习中用的样品都是纯物质。而实际工作中分析的样品不一定都是纯的。所以,要注意样品纯度,否则由样品中杂质的吸收峰推断出的结构会有意想不到的错误结论,从而使问题复杂化。不纯样品要进行分离和纯化(如蒸馏、重结晶、溶剂萃取、低温凝结以及各种色谱分离技术等)。样品的纯度可用测定熔点、沸点、折射率以及各种色谱法来判断。在一系列纯化步骤中红外光谱不变也可认为是纯净物质。对于共轭体系的杂质,用紫外光谱鉴定更为灵敏。另外,通过考察样品的来源或历史,将有助于了解样品中的杂质情况,可以帮助我们推断杂质大致是属于哪一类型的化合物。

7.2 四谱综合解析的实例

本节将通过几个实例来说明如何利用四谱综合鉴定有机化合物的结构。

例1. 某未知物不含氮、卤素和硫，分子量为198，它的 UV、IR 和 ^{1}H-NMR 谱分别见图 7-3、图 7-4、图 7-5。试推测该未知物的结构。

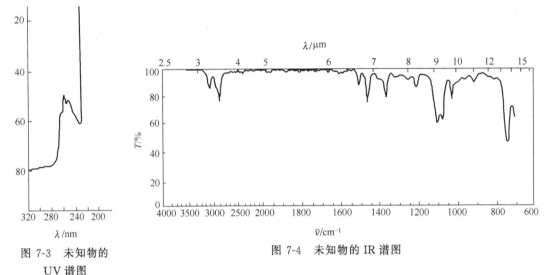

图 7-3 未知物的 UV 谱图

图 7-4 未知物的 IR 谱图

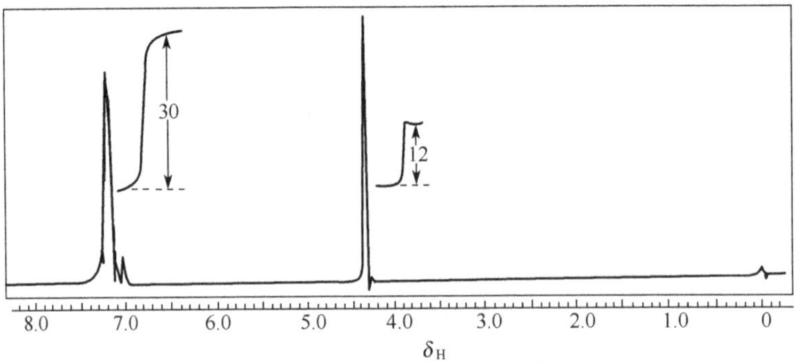

图 7-5 未知物的 ^{1}H-NMR 谱图

解： UV 谱存在共轭体系。

IR 谱：未发现存在 OH 或 C=O 的信息。在 3100～3000cm^{-1} 处有一弱吸收峰为 $\nu_{=C-H}$，1500cm^{-1}，1460cm^{-1} 处的吸收峰是苯环骨架振动，而 740cm^{-1} 处为苯环的 C—H 面外弯曲振动。在 1100cm^{-1} 处有一强吸收峰，可以认为是由 C—O 伸缩振动所引起的。

^{1}H-NMR 谱：未知物不含卤素及氮，所以分子中氢的数目必须是偶数，根据 ^{1}H-NMR 谱所提供的数据（积分曲线由左向右的强度比为 5：2），该未知物中氢的个数应是 14 或 14 的整数倍。据此，其可能的分子式可以用式（7-1）推导如下：

              可能的分子式 不饱和度

碳原子数 $= \dfrac{198-14-16}{12} = 14$ $C_{14}H_{14}O$ 8

碳原子数 $= \dfrac{198-2\times14-16}{12} = 12.83 \approx 13$ $C_{13}H_{28}O$ 0

$$\text{碳原子数} = \frac{198-14-2\times 16}{12} = 12.67 \approx 13 \qquad C_{13}H_{14}O_2 \qquad 7$$

$$\text{碳原子数} = \frac{198-14-4\times 16}{12} = 10 \qquad C_{10}H_{14}O_4 \qquad 8$$

$$\vdots \qquad\qquad\qquad\qquad \vdots \qquad\qquad \vdots$$

由于有芳环存在，故可排除 $C_{13}H_{28}O$（不饱和度为零）。

到这里，我们至少可以指出未知物具有 3 种碎片，即单取代苯环、与周围没有偶合作用的亚甲基及醚氧原子。这些碎片总共含有 7 个碳和 7 个氢，即未知物的分子实际上具有碳和氢原子数必须是 C_7H_7 的整数倍（$C_{14}H_{14}$，$C_{21}H_{21}$ 等）。显然，只有 $C_{14}H_{14}O$ 能满足这一要求。由分子式 $C_{14}H_{14}O$ 并结合上面已经推断出来的结构片段，可组合成下面两种结构式：

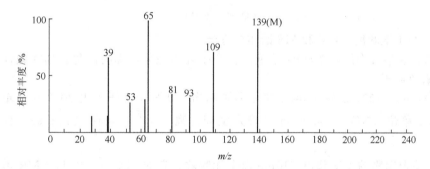

B 显然与实际得到的 ^{1}H-NMR 谱数据相矛盾，它不能解释在 δ_H 4.3 处的单峰，而 A 可以满意地说明未知物的 ^{1}H-NMR 谱：在 δ_H 7.2 处的单峰，积分值指出具有 10 个质子，这是两个单取代苯环；而在 δ_H 4.3 处的单峰，积分值指出具有 4 个质子，这说明是两个亚甲基，它们分别与氧原子和一个苯环相连。因此，未知物的结构为 A。

例 2. 实验式为 $C_6H_5NO_3$ 的化合物，其 UV 谱显示 λ_{max}^{EtOH} 312nm（ε 10000）。当在乙醇溶液中加入一滴 1mol/L NaOH 溶液后，其最大吸收波长变为 $\lambda_{max}^{EtOH+NaOH}$ 400nm（ε 20000），$\lambda_{max}^{EtOH+NaOH}$ 305nm（ε 8500）。此化合物的 MS、IR 和 ^{1}H-NMR 谱分别见图 7-6、图 7-7 和图 7-8。试推测该化合物的结构。

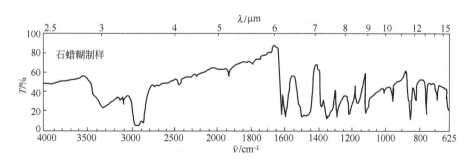

图 7-6　$C_6H_5NO_3$ 的 MS 谱图

图 7-7　$C_6H_5NO_3$ 的 IR 谱图

解： MS 谱图给出的分子量为 139，与实验式的质量相符，所以 $C_6H_5NO_3$ 即为分子式，它的不饱和度等于 5。考虑该化合物的分子离子峰强度很大，并有 m/z 39，m/z 65 等苯环碎片离子峰，结合不饱和度，可推测这可能是个芳香族化合物。

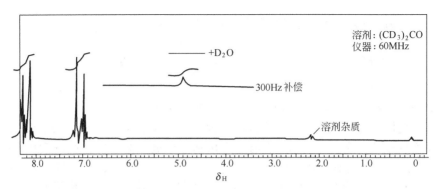

图 7-8 $C_6H_5NO_3$ 的 ^{1}H-NMR 谱图

IR 谱：由于谱图是用石蜡糊测定的，所以对 3000～2850cm^{-1}，1450cm^{-1} 和 1380cm^{-1} 处的峰是含混的。3090cm^{-1}（$\nu_{=C-H}$），1620cm^{-1}、1590cm^{-1}（$\nu_{C=C}$），855cm^{-1}、760cm^{-1} 和 695cm^{-1} 处的吸收表明有一个间位或对位二取代苯。1500cm^{-1} 和 1330cm^{-1} 处的吸收峰可以认为是由芳香硝基的伸缩振动引起的。这样，在 3330cm^{-1} 处宽的吸收峰为 OH。

^{1}H-NMR 谱：δ_H 8.2～7.1 的两组相似的二重峰信号是从 AA′XX′体系偶合而来，从峰形立即可确定这是一个对二取代苯。插图中 δ_H 4.9 处的峰是在 300Hz 补偿条件下记录的（在 60MHz 仪器上，补偿 60Hz 相当于补偿 δ_H 1），相当于未补偿条件的 δ_H 9.9，当在溶液中加入 D_2O 后，此共振峰消失，这表明 δ_H 9.9 处峰为 OH（缔合的酚羟基），与 IR 谱结论一致。

综合上述推出的结构片段并结合分子式，可推断该化合物的结构：

HO—◯—NO_2

此结构与不饱和度、UV 和 MS 谱亦相符合。

UV 谱：在溶液中加入 NaOH 溶液后，产生红移现象，说明该化合物在碱性溶液中容易形成酚氧负离子。

MS 谱：m/z 109，m/z 93 两个离子分别相当于从分子离子失去 30 个质量单位（NO）和 46 个质量单位（NO_2）。m/z 65 基峰是从碎片离子 $^+$◯—OH（m/z 93）失去 CO 形成的。

例 3. 某未知物的 UV 谱在 210nm 以上无吸收，它的 MS、IR 和 ^{1}H-NMR 谱分别见图 7-9、图 7-10 和图 7-11。试推测该未知物的结构。

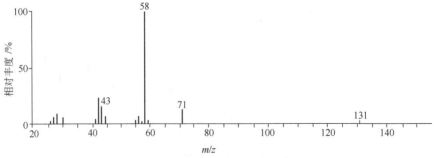

图 7-9 未知物的 MS 谱图

解： MS 谱图中最高质荷比 131 处有一个丰度很小的峰，它的条件符合分子离子峰，所以未知物的分子量就为 131。由于分子量为奇数，未知物必含奇数个氮原子。因为分子离子峰的丰度很小，M+1 峰和 M+2 峰就更小了，故不能准确地测量其强度，这样我们就无法

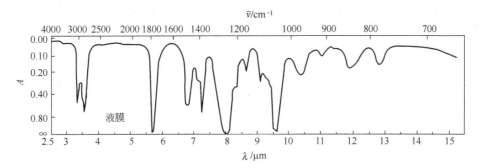

图 7-10　未知物的 IR 谱图

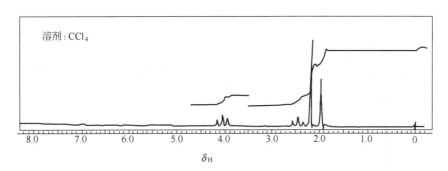

图 7-11　未知物的 ^{1}H-NMR 谱图

得到分子式。

IR 谱：1748cm^{-1} 处有一强的羰基吸收峰，在 1235cm^{-1} 附近有一典型的又宽又强的 C—O—C 吸收峰，这两者是存在一个乙酸酯的证据。1040cm^{-1} 处的吸收峰则进一步指出未知物是伯醇乙酸酯。

^{1}H-NMR 谱：谱图中有两组具有相同裂距、相等面积的三重峰，有理由认为它们是两个相连的亚甲基—CH$_2$—CH$_2$—，其中具有较大去屏蔽效应的亚甲基连在酯基的氧原子上，即：

$$\text{H}_3\text{C}-\overset{\overset{\text{O}}{\|}}{\text{C}}-\text{O}-\text{CH}_2-\text{CH}_2-$$

这种结构正好解释 δ_H 1.95 处的单峰（积分高度相当于 3 个 H），它是与酯羰基碳直接相连的 CH$_3$。图中位于 δ_H 2.20 处的单峰相当于 6 个 H。

从分子量减去上面列出的结构片段，剩下的质量数是 44。由于分子中还存在奇数个氮和 6 个氢，再从 44 中减去 1 个氮（只可能有 1 个氮）和 6 个氢的质量，剩下的质量数就是 24，正好是两个碳原子，可与 6 个氢组成两个 CH$_3$（IR 谱 1390cm^{-1} 处的吸收亦表明分子中存在 CH$_3$），这样就构成了—N(CH$_3$)$_2$ 基团。结合上面推导的结果，可得出如下结构：

$$\text{H}_3\text{C}-\overset{\overset{\text{O}}{\|}}{\text{C}}-\text{O}-\text{CH}_2\text{CH}_2\text{N}(\text{CH}_3)_2$$

按此结构，MS 谱中 m/z 58 基峰（它是胺的特征碎片峰）能得到合理解释：

$$[\text{H}_3\text{C}-\overset{\overset{\text{O}}{\|}}{\text{C}}-\text{O}-\text{CH}_2-\text{CH}_2-\text{N}(\text{CH}_3)_2]^{+\cdot} \longrightarrow \begin{array}{l} {}^+\text{CH}_2=\text{N}(\text{CH}_3)_2 \\ m/z\ 58 \\[4pt] \text{H}_3\text{C}-\text{C}\overset{+}{\equiv}\text{O} \\ m/z\ 43 \end{array}$$

例 4. 某未知物的 UV 谱在 210nm 以上无吸收,它的 MS、IR 和 ^{1}H-NMR 谱分别见图 7-12、图 7-13 和图 7-14。试推测该未知物的结构。

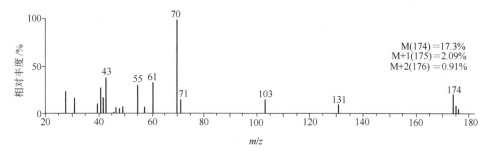

图 7-12 未知物的 MS 谱图

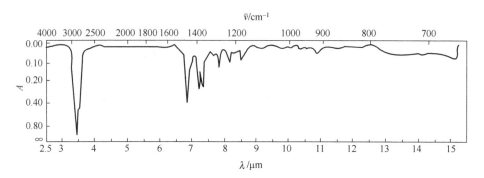

图 7-13 未知物的 IR 谱图

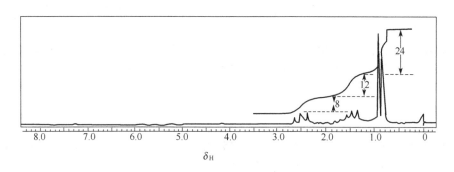

图 7-14 未知物的 ^{1}H-NMR 谱图

解: UV 谱无苯环、共轭双键和羰基。

MS 谱:用同位素丰度法求得该未知物的分子式为 $C_{10}H_{22}S$,它的不饱和度等于零,即为饱和化合物,这与 UV 谱结果相一致。

IR 谱:2980cm^{-1} 处有强吸收峰,为饱和烃的 C—H 伸缩振动;1391cm^{-1}、1364cm^{-1} 处有强度大约相同的双峰,可能系偕二甲基—CH(CH$_3$)$_2$ 的 C—H 弯曲振动所致,而 1170cm^{-1}、1136cm^{-1} 处的两个小峰则进一步说明存在偕二甲基。

^{1}H-NMR 谱:δ_H 0.8~2.7 有三组质子信号,其积分曲线由左向右指出谱图中三组峰的强度比为 2∶3∶6,其加和为 11,而分子式中有 22 个氢,这表示该化合物是对称的。

化合物中含 S,由于 S 是电负性较强的元素,与 S 相连的—CH$_2$—应处于较低场,所以—SCH$_2$—的 δ_H 应为 2.5,被裂分为三重峰,说明相邻的是另一个—CH$_2$—,即有

—SCH₂CH₂—结构片段，又由于 δ_H 2.5 有 4 个 H，因而其结构是对称的，故有 —CH₂CH₂SCH₂CH₂—结构单元。

δ_H 0.9 二重峰含有 12 个 H，根据 IR 谱可定为 2 个 —CH(CH₃)₂，其中甲基被次甲基裂分为双峰。δ_H 1.2～2.0 为含有 6 个 H 的多重峰，可能是 —CH₂—CH(CH₃)₂，其中亚甲基和次甲基重在一起，裂分为多重峰。因此该化合物的结构可能为：

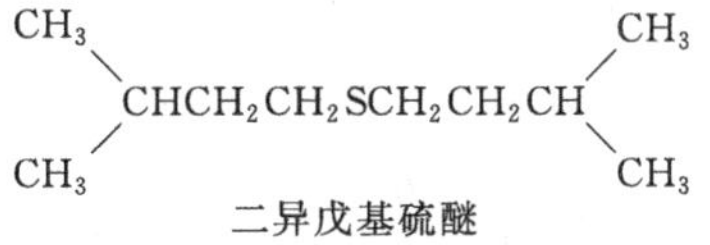

$$(CH_3)_2CHCH_2CH_2SCH_2CH_2CH(CH_3)_2$$
二异戊基硫醚

如有可能找到二异戊基硫醚的标准 IR 谱图与未知物 IR 谱图进行比较，这是一种可靠的方法。另外还可从手册中查出二异戊基硫醚的物理常数与未知物的物理常数比较。此外，尚可根据 MS 谱裂解过程予以证明。

在 MS 谱中有 m/z 131，m/z 103，m/z 71，m/z 70，m/z 55 和 m/z 43 等峰，这些碎片离子峰可通过下面的裂解找到：

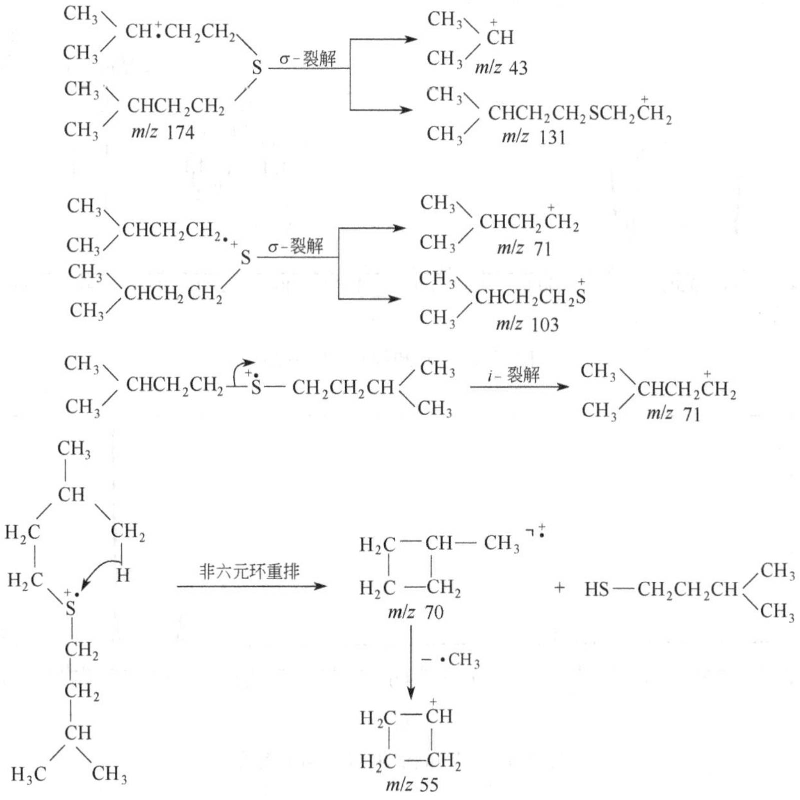

通过 MS 谱的验证，所定未知物的结构为二异戊基硫醚确切无疑。

例 5. 某未知物 MS、IR、¹H-NMR 和 ¹³C-NMR 谱分别见图 7-15、图 7-16、图 7-17 和图 7-18。试推测该未知物的结构。

解：通过 MS 谱，用同位素丰度法求得该未知物的分子式 $C_{15}H_{24}O$，它的不饱和度等于 4。m/z 205 的基峰系从分子离子失去 CH_3 形成的。

IR 谱：分子不含氮，故 3600 cm⁻¹ 处的强吸收峰为 OH，该峰形状尖锐，表明 OH 呈游离态。3040 cm⁻¹ ($\nu_{=C-H}$)、1600 cm⁻¹ 和 1480 cm⁻¹ ($\nu_{C=C}$) 的吸收并结合不饱和度，表明该分子具有苯环。3000～2800 cm⁻¹ 区域的吸收为饱和碳的 C—H 伸缩振动；1395～1330 cm⁻¹ 处 CH₃ 的 C—H 弯曲振动和 1255～1150 cm⁻¹ 处的饱和碳的骨架振动，说明分子

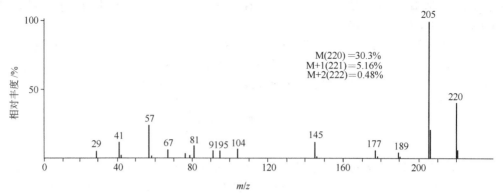

图 7-15 未知物的 MS 谱图

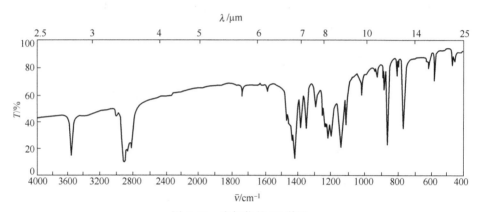

图 7-16 未知物的 IR 谱图

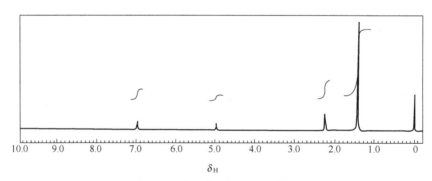

图 7-17 未知物的 ^{1}H-NMR 谱图

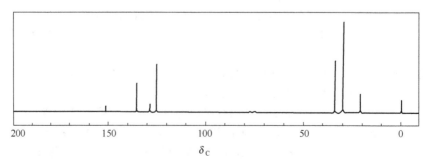

图 7-18 未知物的 ^{13}C-NMR 谱图

中存在 2 个或 3 个 CH₃ 连接在同一碳原子上。

^{1}H-NMR 谱：共有 4 种化学环境不同的氢，积分曲线由左向右的强度比为 2∶1∶3∶18，其加和为 24，与所推分子式一致。δ_H 4.96 处的单峰（1H）结合 IR 谱的推导，应为 OH；δ_H 2.36 处的单峰（3H）应是一个孤立的 CH₃；δ_H 1.4 处的单峰（18H）的合理解释应是 6 个 CH₃，并组合成 2 个—C(CH₃)₃；δ_H 7.0 处的单峰（2H）则是苯环氢，表明这是一个四元取代苯。

^{13}C-NMR 谱：共有 7 种化学环境不同的碳。δ_C 120～160 苯环区域只出现 4 个峰并结合 ^{1}H-NMR 谱所推的四元取代苯，可推断该芳环化合物具有对称性。据此，可写出下面两种结构式：

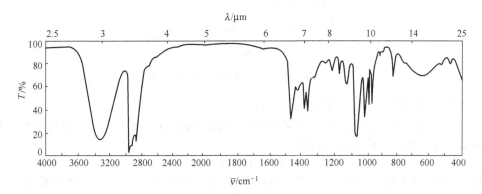

A 中的 OH 处于两个位阻很大的叔丁基之间，OH 不能形成分子间的氢键，故 OH 呈游离态，这与 IR 所得结论一致。因此，该未知物的结构为 A。

MS 谱 m/z 205 基峰可从下面的裂解得到解释：

例 6. 某未知物 IR、^{1}H-NMR、^{13}C-NMR 和 MS 谱分别见图 7-19、图 7-20、图 7-21 和图 7-22。试推测该未知物的结构。

图 7-19 未知物的 IR 谱图

解：IR 谱中，3350 cm^{-1} 处的强吸收是缔合 OH；3000～2850 cm^{-1} 区间的强吸收为饱和碳的 C—H 伸缩振动；1385 cm^{-1}、1365 cm^{-1} 强度大约相等的双峰为—CH(CH₃)₂；1065 cm^{-1} 处的强吸收为 C—O（伯醇）伸缩振动。

^{1}H-NMR 谱：积分曲线由左向右的强度比为 2∶1∶3∶6。根据 IR 的结论及化学位移和峰强比，可确定 δ_H 2.7 处的单峰为 OH，以此 OH 的峰高为基准，可以算出该未知物分子中有 12 个氢原子。δ_H 0.9 处的双峰（6H）应为 2 个 CH₃，与 IR 推导的—CH(CH₃)₂ 相符；δ_H 3.6 处的三重峰（2H）为 CH₂，因向低场位移，考虑有电负性基团与其相连，结合已知的 OH 和三重峰形，可构成结构片断 HOCH₂CH₂—；δ_H 1.4 处的复杂多重峰（3H）

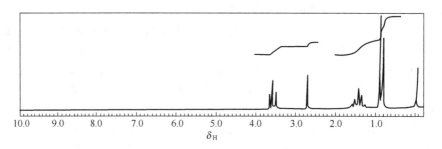

图 7-20 未知物的 ^{1}H-NMR 谱图

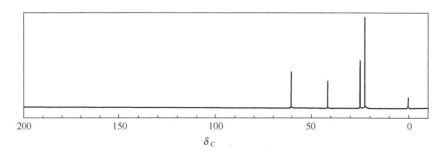

图 7-21 未知物的 ^{13}C-NMR 谱图

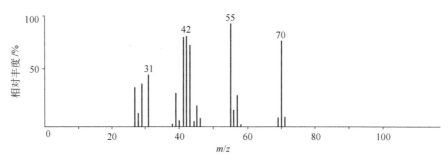

图 7-22 未知物的 MS 谱图

可能是与 δ_H 0.9 和 δ_H 3.6 处的峰分别偶合的结果。

^{13}C-NMR 谱：指出共有 4 种化学环境不同的碳。根据 IR 和 ^{1}H-NMR 推导的结构片断，可构成如下有 4 种不同碳原子的结构式：

$$HOCH_2CH_2CH(CH_3)_2$$

按此结构，MS 谱中的几个主要碎片峰（分子离子峰未显示）可得到合理解释，它们是醇类最常见的裂解方式：

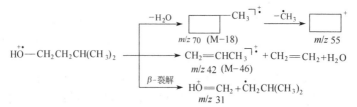

例 7. 某未知化合物的 UV 谱为 λ_{max}^{MeOH} 236nm（ε 8200），300nm（ε 3500），其 MS、IR、^{1}H-NMR 和 ^{13}C-NMR 谱分别见图 7-23、图 7-24、图 7-25 和图 7-26。试推测该未知物的结构。

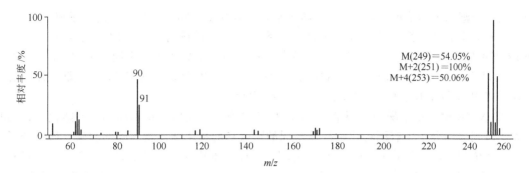

图 7-23　未知物的 MS 谱图

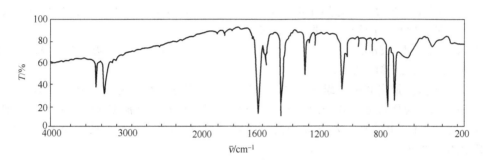

图 7-24　未知物的 IR 谱图

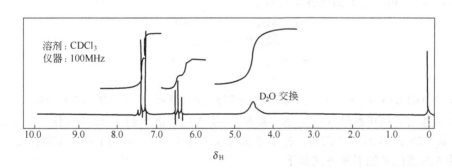

图 7-25　未知物的 ^{1}H-NMR 谱图

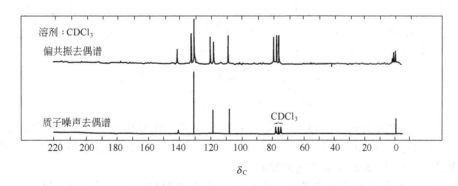

图 7-26　未知物的 ^{13}C-NMR 谱图

解：MS 谱中，分子离子的质荷比为奇数，表明分子中含有奇数个氮。由 M：(M+2)：(M+4)=1：2：1 可知，分子中可能含有 2 个溴原子。m/z 170 的离子是分子离子丢失1个溴原子形成的,而 m/z 91离子则是由 m/z 170离子丢失1个溴原子形成的,所以,分子中确实含有2个溴原子。从分子量中扣除2个溴的质量后,剩余部分的式量为91。根据IR谱可知该分子不含 OH、C=O 等含氧基团,故当氮原子为一个时,式量 91 的可能组合为 C_6H_5N(可查 Beynon 表);当氮为3个时,91 的可能组合式 C_4HN_3,即化合物的可能分子式为 $C_6H_5NBr_2$($U=4$)或 $C_4HN_3Br_2$($U=5$)。

^{13}C-NMR 谱:质子噪声去偶谱中 δ_C 142~108 有4种化学环境不同的 sp^2 杂化碳,偏共振去偶谱则表明分子中有两种化学环境不同的季碳和两种化学环境不同的叔碳,所以分子中至少有2个氢,故分子式 $C_4HN_3Br_2$ 不合理。因此,该化合物的分子式只能是 $C_6H_5NBr_2$。

IR谱:由于分子中含有氮,因此 $3430cm^{-1}$、$3320cm^{-1}$ 处的中等强度吸收应分别为 ν_{as}(N—H)和 ν_s(N—H),即分子含有 NH_2。根据不饱和度等于4,$1600cm^{-1}$、$1560cm^{-1}$ 和 $1460cm^{-1}$ 的吸收可能为苯环骨架振动,而 $770cm^{-1}$ 和 $710cm^{-1}$ 的苯环氢面外弯曲振动(可能是1,2,3-三元取代)则给予了进一步的确认。

UV 谱:λ_{max}^{MeOH} 236nm(ε 8200)和 λ_{max}^{MeOH} 300nm(ε 3500)两个吸收峰是苯环的 E、B 谱带受助色团影响红移的结果。

^{1}H-NMR 谱:指出共有3组化学环境不同的氢。积分曲线由左向右的强度比为 2∶1∶2,其加和为5,与所推分子式一致。δ_H 4.6 处的单峰(2H)可被 D_2O 交换,结合 IR 谱的推导可知这是 NH_2 上的氢;δ_H 6.5 处的三重峰(1H)和 δ_H 7.35 处的二重峰(2H)为苯环上剩余的3个氢。

综合以上分析,该化合物是一个三元取代苯。根据分子式及 ^{13}C-NMR 谱的结论(分子应具有对称性),可写出下面两种结构式:

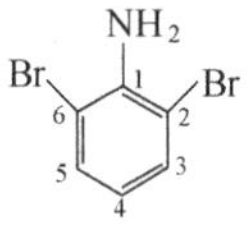

A 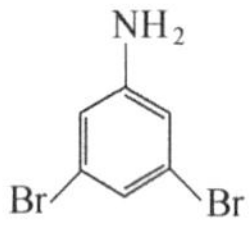 B

由 ^{1}H-NMR 谱中 δ_H 6.5 和 δ_H 7.35 两组峰的偶合常数 J 值分析($J\approx8Hz$),其偶合是邻位氢所引起的,故所推结构应为 A。此外,^{13}C-NMR 谱也给予 A 的确认:δ_C 142 为 C-1(季碳);δ_C 132 为 C-3,5(2CH);δ_C 118 为 C-4(CH);δ_C 108 为 C-2,6(季碳)。

A 的 MS 谱的可能裂解方式如下:

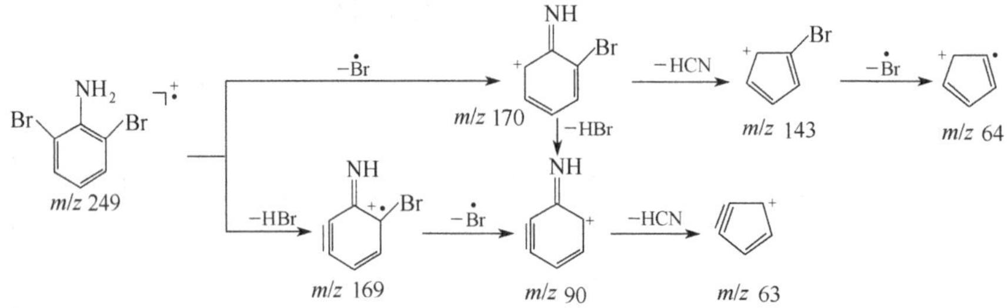

例8. 某未知物为淡黄色液体,有类似丁香的气味。相对密度为 1.0851(20/4℃),沸点 268℃,折射率 1.5739。它的 MS、IR、^{1}H-NMR 和 ^{13}C-NMR 谱分别见图 7-27、图 7-28、图 7-29 和图 7-30。试推测该未知物的结构。

解:用高分辨质谱法或同位素丰度法均可求得该未知物的分子式为 $C_{10}H_{12}O_2$,它的不饱和度等于5。

从不饱和度以及我们从下列现象中观察到的事实,可指出这是一个芳香族化合物。IR 谱在 $3030cm^{-1}$ 处的小峰,$1600\sim1430cm^{-1}$ 之间的多个强吸收峰以及在低频范围内的几个中

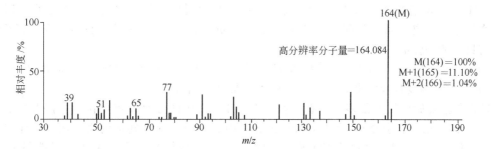

图 7-27 未知物的 MS 谱图

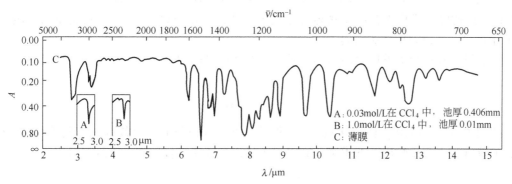

图 7-28 未知物的 IR 谱图

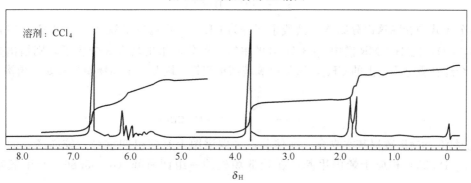

图 7-29 未知物的 ^{1}H-NMR 谱图

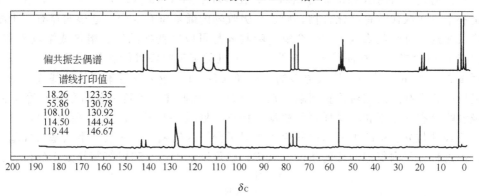

图 7-30 未知物的 ^{13}C-NMR 谱图

UV 谱数据：pH=7 $\begin{cases} \lambda_{max}^{EtOH}\ 263(lg\varepsilon_{max}4.2) \\ \lambda_{max}^{EtOH}\ 300(s)(lg\varepsilon_{max}3.6) \end{cases}$，pH=13 $\begin{cases} \lambda_{max}^{EtOH}\ 288(lg\varepsilon_{max}4.0) \\ \lambda_{max}^{EtOH}\ 315(s)(lg\varepsilon_{max}3.8) \end{cases}$；其中，s 表示肩峰

强峰；^{1}H-NMR 谱在 δ_H 6.7 处的吸收峰，这些都足以说明未知物具有芳香性。而 MS 谱中的基峰又是分子离子峰，并有 m/z 39, m/z 51, m/z 65, m/z 77 等芳香系列峰，更可作为未知物具有芳香性的一个佐证。

IR 谱在 3510cm^{-1} 处的较强吸收峰指出分子中可能存在—OH，但是由于 1230～1010cm^{-1} 之间的吸收峰太多，而给进一步确认带来了困难。

UV 谱给我们提供了很多的信息。在 pH=13 时发生的红移现象可认为是酚类化合物的特征。在 263nm 处的强的 K 吸收谱带指出分子中有一个与苯环共轭的生色团。由于分子中只含 C、H 和 O，而且 IR 谱中没有羰基的吸收峰，所以推测这个生色团很可能是 C═C。对这一点，我们很易从 ^{1}H-NMR 谱中的 δ_H 6.0 的烯类质子的吸收而得到证实，而且 IR 谱 965cm^{-1} 处的吸收峰也为存在反式烯类氢提供了证据，在 1605cm^{-1} 处的吸收峰也可认为是由于存在 C═C 伸缩振动所引起的。

到这里，我们至少可以指出未知物具有下面的部分结构：

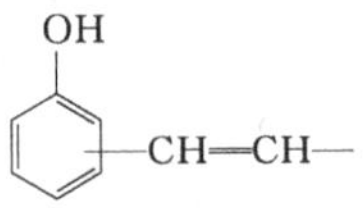

我们再从 ^{1}H-NMR 中注意到 δ_H 1.81 处的二重峰（积分值指出具有 3 个质子），其化学位移的位置正适合于烯丙基的甲基，它以二重峰出现证明是合理的。于是可写出：

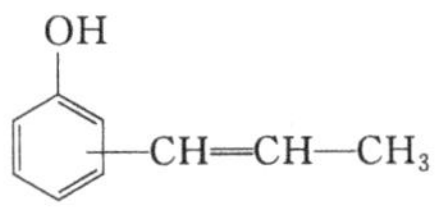

从分子式中扣除这部分结构，其残余部分为 CH$_3$O，可构成甲氧基（—OCH$_3$）或羟甲基（—CH$_2$OH），但 ^{1}H-NMR 谱中 δ_H 3.75 处的单峰（积分值指出具有 3 个质子）则指出分子中存在 1 个连在吸电子基上的 CH$_3$，这与甲氧基结构相符。因此，未知物便具有如下结构：

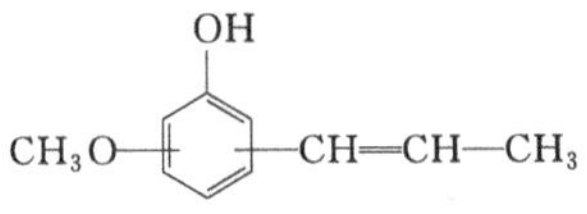

此时 ^{13}C-NMR 数据基本吻合。在偏共振去偶谱图上有两组四重峰。较高场处的一组四重峰（δ_C 18.26）相应于烯丙甲基，在较低场处的一组四重峰（δ_C 55.86）与甲氧基甲基相符。

我们再通过 ^{1}H-NMR 谱的积分值看到，在苯环上的氢（δ_H 6.7）共有 3 个，进一步证实了这是一个三元取代芳香族化合物。而多重吸收峰的烯基氢有 3 个，这很明显有一个酚羟基的氢隐藏在这一群吸收峰内。这一个氢的吸收峰是可以因变换温度、溶剂或浓度而移动的，也可用与 D$_2$O 交换的办法而除去。在约 δ_H 5.6 处的宽吸收峰可能就是属于这一羟基中的氢核。而重心在 δ_H 6.2 处的变形很厉害的二重峰（$J\approx 16$）应为靠近苯环的烯基氢核峰。

最后是各个基团的相对位置问题。在 IR 谱中，我们注意到这一化合物的纯净样品的酚羟基吸收峰具有高频率和不受稀释而移动的特点（见图 7-28 中 A、B 两幅小图），这个事实暗示了酚羟基与分子中的甲氧基的氧原子生成了分子内的氢键。显然，甲氧基与羟基互为邻位是产生这种分子内氢键的几何条件，这样，就可以认为羟基和甲氧基是处于邻位了：

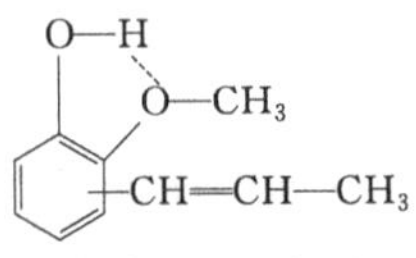

至于丙烯基在哪一个位置，却很难确定。因为这 3 个取代基都具有极性，我们很难从苯环的 C—H 面外弯曲振动来确定。^{13}C-NMR 谱可使我们对涉及到的四种可能异构体缩小选

择范围。当三个基团相邻（1,2,3-三元取代）排列成任何一种结构时，对连有取代基的环上碳都将会有较高的 δ_C 值。例如，对于结构：

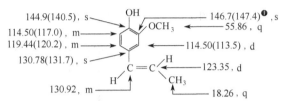

可计算出与甲氧基相连的环上碳原子的 δ_C 值为 156.7，而 ^{13}C-NMR 谱却未显示位移大于 δ_C 150 的信号。因此，丙烯基就只有与羟基对位或者与甲氧基对位，这两种异构体用 ^{13}C-NMR 和 ^{1}H-NMR 谱是区分不开的。尽管如此，作为熟悉天然产物结构的化学工作者已可以从其沸点以及类似化合物的存在的可能性，估计出这一化合物是异丁子香酚（isoeugenol）：

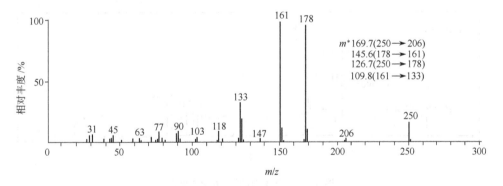

^{13}C-NMR 谱与反式异构体相一致。顺式异构体中的烯丙甲基在 δ_C 14.5 处产生吸收。由于这是一个非常普通的化合物，其红外光谱是可以从文献中查到的，我们将它的红外光谱与文献发表的异丁子香酚（Sadtler Standard Spectra, Commercial infra-red spectra, prism spectra, perfumes and flavors, F244）的红外吸收谱相比较，就可看到二者的指纹部分是相同的，因而就可以最终加以确定了。

例 9. 某未知物的 MS、IR、^{1}H-NMR 和 ^{13}C-NMR 谱分别见图 7-31、图 7-32、图 7-33 和图 7-34。试推测该未知物的结构。

图 7-31　未知物的 MS 谱图

解： MS 谱中最高质量的 m/z 250，它与相邻离子峰 m/z 206(M－44)、m/z 178(M－72) 之间关系合理，可能为分子离子峰。分子量 250 为偶数，说明该未知物不含氮或含偶数个氮。MS 谱表明无 F、Cl、Br、I、S 等特征离子存在。

IR 谱在 1715cm^{-1} 处的强吸收为 C=O 的伸缩振动；1625cm^{-1} 处的强吸收为参与共轭的 C=C 伸缩振动；1600cm^{-1}、1580cm^{-1} 和 1510cm^{-1} 为苯环骨架振动；1250cm^{-1} 和 1170cm^{-1} 处的强吸收为酯的 C—O—C 不对称和对称伸缩振动；975cm^{-1} 处的中等吸收为烯烃的反式 C—H 面外弯曲振动；820cm^{-1} 处的强吸收为对位二元取代苯环上两个相邻氢的面外弯曲振动。

---

❶ 括号内是计算值。

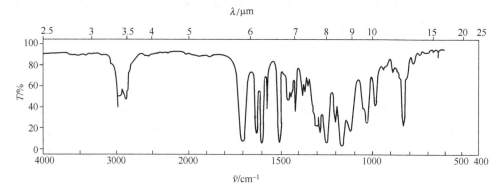

图 7-32 未知物的 IR 谱图

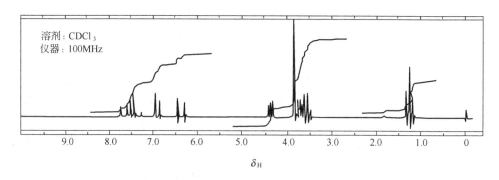

图 7-33 未知物的 ^{1}H-NMR 谱图

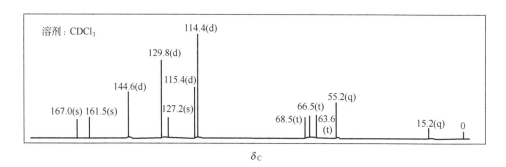

图 7-34 未知物的 ^{13}C-NMR 谱图

^{1}H-NMR 谱中大体分为 7 个质子群，积分曲线由左向右的强度比为 3∶2∶1∶2∶3∶4∶3，其加和为 18，表明分子中至少有 18 个氢。δ_H 1.25 处的三重峰（3H）与 δ_H 3.55 处的四重峰相关，应为 CH$_3$CH$_2$O—；δ_H 3.85 处的单峰（3H）为与电负性原子氧相连的 CH$_3$O—；在 δ_H 3.75、δ_H 3.85 之间有部分重叠的具有三重峰的 CH$_2$，与 δ_H 4.40 处的三重峰（2H）对应而具有—OCH$_2$CH$_2$O 结构；δ_H 6.40 处的双峰（1H）与 δ_H 7.65 处的双峰相关（J=18Hz），为反式双取代烯烃质子（ ）；δ_H 6.85～7.45 范围的 4 个氢为对位二取代苯的 AA′BB′ 系统（ ）。

^{13}C-NMR 谱中有 12 种化学环境不同的碳，考虑到含有对二取代苯环，分子中至少具有 14 个碳。偏共振数据提供了有 18 个氢与碳相连。在 δ_C 167.0 处的单峰为酯羰基碳；δ_C 144.6 和 δ_C 115.4 处的两个双峰为双取代烯碳—CH=CH—；δ_C 127.2 和 δ_C 161.5 处的两个单峰分别为季碳和 C—O，表明分子中含有对位取代苯基，且其中一个季碳与氧原子相连 —〈 〉—O—。^{13}C-NMR 谱得到的其他信息都与 ^{1}H-NMR 谱讨论的结构单元相对应。

综合以上分析，MS 和 IR 都没有显示含有氧之外的其他杂原子，故该化合物的分子式可能为 $C_{14}H_{18}O_x$。根据分子量可推得 $x=4$，所以分子式为 $C_{14}H_{18}O_4$，不饱和度等于 6。其中 4 个不饱和度属于苯环，另外两个分别属于羰基和碳碳双键。根据分子式并结合推导出的结构片段，可设计出如下的可能结构式：

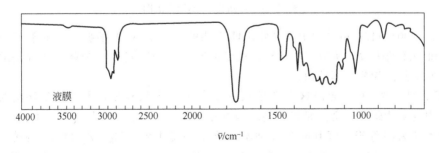

结构若为 A 或 B，MS 谱中应有丢失 OCH_3 或 CH_3 形成的离子峰 m/z 219（M-31）或 m/z 235（M-15），由于未在谱图中观测到，故应删去。结构 C 能与所提供的波谱数据相吻合，因而是合理的结构。它的 MS 谱主要裂解方式如下：

例 10. 某未知物的分子式为 $C_{11}H_{20}O_4$，它的 UV 谱在 200nm 以上无吸收，其 IR、^{13}C-NMR、MS 和 ^{1}H-NMR 谱分别见图 7-35、图 7-36、图 7-37 和图 7-38。试推测该未知物的结构。

图 7-35 未知物的 IR 谱图

解： 由分子式可知其不饱和度等于 2。没有紫外吸收表明分子中无苯环和共轭双键。IR 谱 2960~2850cm^{-1} 的中强吸收为饱和的 C—H 伸缩振动；1740cm^{-1} 处的强吸收为 C=O 的

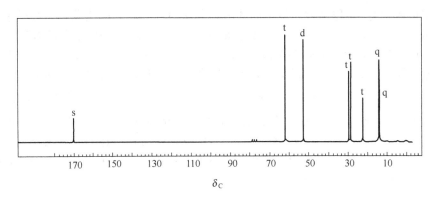

图 7-36　未知物 ^{13}C-NMR 谱图

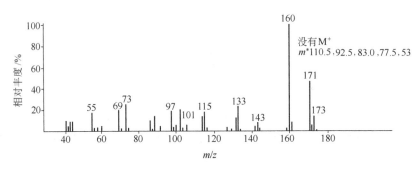

图 7-37　未知物 MS 谱图

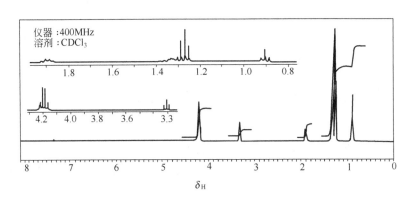

图 7-38　未知物 ^{1}H-NMR 谱图

伸缩振动；1200~1100 cm^{-1} 的中强吸收可能为酯的 C—O—C 伸缩振动。由于 IR 谱未提供 C=C 键和 OH 的吸收，所以，2 个不饱和度可能是一个羰基和一个环，或者是两个羰基，且 4 个氧原子只能为酮、酯或醚。

从 ^{13}C-NMR 谱中可以看出这个共有 11 个碳的分子中只有 8 种不同化学环境的碳原子，即该分子中的某些碳原子必定是以相同结构对称地存在。δ_C 13.81 和 δ_C 14.10 的 2 个峰在偏共振谱中表现为四重峰，可判断为 2 种不同化学环境中的 CH$_3$，δ_C 14.10 的峰强度为 δ_C 13.81 的 2 倍，故应对应于 2 个等价的 CH$_3$。δ_C 22.4、δ_C 28.5、δ_C 29.5 和 δ_C 61.1 的峰在偏共振谱中均表现为三重峰，可判断为 4 种不同化学环境的 CH$_2$。考虑到分子中含有氧及有一个处于低场的 CH$_2$，可判断出 δ_C 61.1 为 OCH$_2$ 的结构。δ_C 52.0 的双峰为次甲基（CH），δ_C 169.3 的单峰为羰基碳。

^{1}H-NMR 谱从低场到高场的 5 组积分曲线的强度比为 4∶1∶2∶10∶3，其加和为 20，与分子式中质子数目一致。δ_H 4.2 处的四重峰（4H）为 OCH$_2$CH$_3$ 基团中的 CH$_2$ 吸收，这表明该化合物中有 2 个处于对称位置的 OCH$_2$CH$_3$。根据 IR 谱有 C=O 的结论，由 OCH$_2$CH$_3$ 基团中 CH$_2$ 的化学位移值可推出该 OCH$_2$CH$_3$ 为一个酯 COOCH$_2$CH$_3$，而不是醚，于是便有了 2 个相同的 COOCH$_2$CH$_3$ 基团，也使 2 个不饱和度得到了归属，同样也解释了分子中只有 8 种不同碳原子的事实。由于分子中的氧原子均已归属在 2 个 COOCH$_2$CH$_3$ 中，因此，处于较低场的 δ_H 3.3 的三重峰（1H）只能是 CH$_2$CH(COOCH$_2$CH$_3$)$_2$ 基团中的 CH 产生，相邻的酯基使它的化学位移向低场移动。此外，δ_H 1.9 处的四重峰（2H）可能来自 CH$_2$CH(COOCH$_2$CH$_3$)$_2$ 中的 CH$_2$，因呈现四重峰，故要求此 CH$_2$ 要与另一个 CH$_2$ 相连（使邻近的氢原子数为 3）。于是我们得到了一个结构片段 CH$_2$CH$_2$CH(COOCH$_2$CH$_3$)$_2$。δ_H 0.9 处的三重峰（3H）应由 CH$_2$CH$_3$ 中的 CH$_3$ 产生，其中的 CH$_2$ 和 CH$_2$CH$_2$CH(COOCH$_2$CH$_3$)$_2$ 中的 CH$_2$ 在 δ_H 1.27 处呈一组多重峰。

综合上面所推导的结构单元，可写出如下结构：

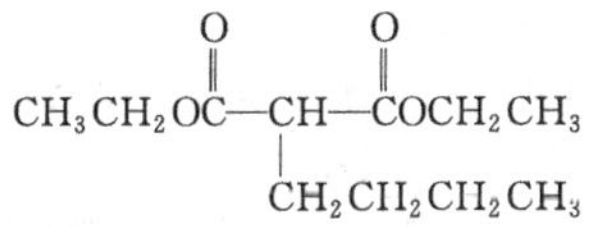

$$\text{CH}_3\text{CH}_2\text{OC}-\overset{\overset{\displaystyle O}{\|}}{\underset{\underset{\displaystyle \text{CH}_2\text{CH}_2\text{CH}_3}{|}}{\text{CH}}}-\overset{\displaystyle O}{\overset{\|}{\text{C}}}\text{OCH}_2\text{CH}_3$$

质谱裂解对此结构给予了合理的解释：

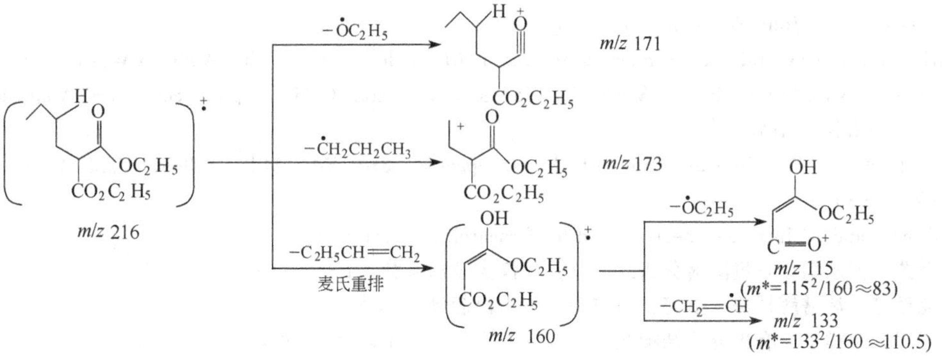

主要参考文献

1. 陈耀祖. 有机分析. 北京：高等教育出版社，1981
2. 于世林，李寅蔚等. 波谱分析法. 第2版. 重庆：重庆大学出版社，1994
3. 宁永成. 有机化合物结构鉴定与有机波谱学. 第2版. 北京：科学出版社，2002
4. 沈淑娟，方绮云. 波谱分析的基本原理及应用. 北京：高等教育出版社，1988
5. 唐恢同. 有机化合物的光谱鉴定. 北京：北京大学出版社，1992
6. 谈夭. 谱学方法在有机化学中的应用. 北京：高等教育出版社，1985
7. 洪山海. 光谱解析法在有机化学中的应用. 北京：科学出版社，1980
8. 伍越寰. 有机结构分析. 合肥：中国科学技术大学出版社，1993
9. 沈玉全，梁德声. 有机化合物结构确定例题解. 北京：化学工业出版社，1987
10. 姚新生，陈英杰等. 有机化合物波谱分析. 北京：人民卫生出版社，1981
11. 西北师院等. 有机分析教程. 西安：陕西师范大学出版社，1987
12. 黄量，于德泉. 紫外光谱在有机化学中的应用（上册）. 北京：科学出版社，1988
13. ［日］中西香尔. 红外吸收光谱. 第2版. 吴平平等译. 北京：中国化学会，1980
14. 赵天增. 核磁共振氢谱. 北京：北京大学出版社，1983
15. ［英］L. A. 科特. 有机质谱法导论. 潘希明译. 北京：科学出版社，1982
16. Silverstein R M，Bassler G C，Morrill T C. Spectrometric Identification of Organic Compounds. 4th Ed. New York：John Wiley and Sons，Inc，1981
17. Parikh V M. Absorption Spectroscopy of Organic Molecules. New York：Addison-Wesley pub Co，1974
18. Lambert J B，Shurvell H F，Verbit L，Cooks R G，Stout G H. Organic Structural Analysis. London：McMillan，1976
19. McLafferty F W. Interpretation of Mass Spectra. 3rd Ed. Mill Valley，Calif Univ：Science Books，1980
20. Sadtler Standard Infrared Spectra，Sadtler Research Laboratories
21. 孟令芝，何永炳. 有机波谱分析. 武汉：武汉大学出版社，1997
22. 苏克曼等. 波谱解析法. 上海：华东理工大学出版社，2002
23. 赵瑶兴，孙祥玉. 有机分子结构光谱鉴定. 北京：科学出版社，2003
24. ［英］Dudley H. Williams Ian Fleming. 有机化学中的光谱方法. 王剑波等译. 北京：北京大学出版社，2001
25. 陈洁，宋启泽. 有机波谱分析. 北京：北京理工大学出版社，1996
26. 常建华，董绮功. 波谱原理及解析. 北京：科学出版社，2001

附录Ⅰ 常见各类有机化合物的红外特征吸收频率

表 Ⅰ-1 烷烃和环烷烃

结构振动		吸收峰位置		强度	注释
		ν/cm^{-1}	$\lambda/\mu\text{m}$		
C—H 伸缩振动	—CH₃	2972~2953	3.36~3.39	s	ν'_{as} C=C—CH₃ 中的 ν_{asCH_3} 移向高波数
		2882~2862	3.47~3.49	m	ν_s
	\CH₂/	2936~2916	3.41~3.43	s	ν'_{as} 通常比 ν_{asCH_2} 强
		2863~2843	3.49~3.52	s	ν_s
	—CH\	2900~2880	3.45~3.47	w	ν
C—H 弯曲振动	—CH₃	1470~1430	6.80~7.00	m	δ'_{as} 通常比 δ_{sCH_3} 强
		1385~1370	7.22~7.30	m	δ_s
	\C(CH₃)₂/	1385~1380	7.22~7.25	m	δ_s }强度大致相等
		1370~1365	7.30~7.33	m	δ_s
	—C(CH₃)₃	1395~1385	7.17~7.22	m	δ_s }强度比约为 1:2
		≈1365	≈7.32	s	δ_s
	\CH₂/	1485~1445	6.73~6.92	m	δ,通常和 δ_{asCH_3} 相重叠
	—CH\	≈1340	≈7.46	m	δ,没有实用价值
C—C 骨架振动	\C(CH₃)₂/	1175~1165	8.51~8.58	s	
		1170~1140	8.55~8.77	s	
		840~790	11.90~12.66	m	
	—C(CH₃)₃	1255~1245	7.97~8.03	s	
		1250~1200	8.00~8.33	s	
	—(CH₂)ₙ—	725~720	13.79~13.89	m	$n\geqslant 4$ 时出现。固态是双峰。n 越小频率越高,(CH₂)₂—CH₃ 为 743~734cm⁻¹,CH₂—CH₃ 为 790~770cm⁻¹
混合振动	环丙烷	3100~3072	3.23~3.26	s	ν_{asCH_2}
		3033~2995	3.30~3.34	s	ν_{sCH_2}
		1020~1000	9.80~10.00	w	环振动
	环丁烷	2999~2977	3.33~3.26	s	ν_{asCH_2}
		2924~2875	3.42~3.48	s	ν_{sCH_2}
		920~910	10.87~10.99	m	环振动
	环戊烷	2959~2952	3.38~3.39	s	ν_{asCH_2}
		2866~2853	3.49~3.50	s	ν_{sCH_2}
		930~890	10.75~11.24	m	环振动
	环己烷	≈2927	≈3.42	s	ν_{asCH_2}
		≈2854	≈3.50	s	ν_{sCH_2}
		1055~1000	9.48~10.00	m~w	}环振动
		1025~952	9.76~10.50	m~w	

表 I-2　不同结构中的 CH₃ 吸收频率[①]

结构振动	吸收峰位置 ν/cm^{-1}	$\lambda/\mu\text{m}$	强度	注　释
Ar—CH₃	2930~2920	3.41~3.42	m	ν_{as}
CH₃—C(=O)—（酮）	3000~2900	3.33~3.45	w	ν_s
	1450~1400	6.90~7.15		δ_{as}
	1375~1350	7.28~7.41		δ_s
CH₃—C(=O)—O—	1450~1400	6.90~7.15		δ_{as}
	1400~1340	7.15~7.46		δ_s' 醋酸酯中的 δ_s 比 δ_{as} 的强度大
CH₃—O—C(=O)R	≈1440	≈6.95		δ_{as}
	≈1360	≈7.35		δ_s
CH₃—O—R	2992~2955	3.34~3.38	s	ν_{as}
	2897~2867	3.45~3.49	s	ν_s
	2832~2815	3.53~3.55	可变	弯曲振动倍频
	1470~1440	6.80~6.94	m	不对称及对称弯曲振动
CH₃—N<	2820~2760	3.55~3.62		ν_s
	1400~1340	6.95~7.20		δ_s
CH₃—C(=O)—N<（酰胺）	1500~1450	6.67~6.90		δ_{as}
	1420~1405	7.04~7.11		δ_s
CH₃—X（X=卤素）	1500~1250	6.67~8.00		δ_s
CH₃—S—	1440~1415	6.95~7.07	m	δ_{as}
	1330~1290	7.52~7.75	w	δ_s
CH₃—Si<	1440~1410	6.95~7.09	w	δ_{as}
	1270~1255	7.87~7.97	s	δ_s
CH₃—P<	1330~1290	7.52~7.81	s	δ_s

① 吸收频率与表 I-1 中的吸收范围大约相同的不再列出。

表 I-3　不同结构中的 CH₂ 吸收频率[①]

结构振动	吸收峰位置 ν/cm^{-1}	$\lambda/\mu\text{m}$	强度	注　释
R—CH₂—CH=CH₂ R—CH₂—C≡CH	1455~1435	6.87~6.97	m	δ
R—CH₂—OR' R—CH₂—OH R—CH₂—NH₂	2955~2922	3.38~3.42	s	ν_{as}' 与 $\nu_{s\text{CH}_2}$ 一样强
R—CH₂—C=O R—CH₂—C≡N R—CH₂—NO₂	3000~2900	3.33~3.45	m	ν
	1445~1405	6.92~7.11	m	δ_s' 比烷烃中的 δ_{CH_2} 强
R—CH₂—NHR R—CH₂—NR₂	2960~2920	3.38~3.42	s	ν_{as} } 强度大致相等
	2820~2760	3.55~3.62	s	ν_s
R—CH₂—SH R—CH₂—S—C R—CH₂—S—S	2948~2922	3.39~3.42	s	ν_{as} } ν_{as} 的强度大于 ν_s
	2878~2846	3.47~3.51	s	ν_s
	1440~1415	6.95~7.07	m	δ_s
	1270~1220	7.88~8.20	s	ω
—CH₂—N—C(=O)（酰胺）	1450~1405	6.89~7.11		δ_s
—CH₂—X（X=卤素）	1460~1430	6.85~7.00	m	δ_s
	1300~1170	7.69~8.55	s	ω
—Si—CH₂—	≈1410	≈7.09		δ_s
	1250~1200	8.00~8.33		ω
—CH₂—P<	1445~1405	6.92~7.22		δ_s

① 吸收频率与表 I-1 中的吸收范围大约相同的不再列出。

表 I-4 烯烃

结构振动		吸收峰位置		强度	注释
		ν/cm^{-1}	$\lambda/\mu\text{m}$		
=C—H 伸缩振动	=CH$_2$	≈3080	≈3.25	m	ν_{as},此峰可证实=C—H存在
	=CH—	≈2975	≈3.36	m	ν_s,通常与烷烃重叠
	=CH—	≈3020	≈3.31	m	ν
C=C 伸缩振动与 C—H 弯曲振动	C=C(非共轭)	1680~1625	5.95~6.15	不定	取代基较多时谱带出现。在较高频率处,强度也较低。连接极性基团如Br、O时频率降低
	C=C(与苯共轭)	≈1625	≈6.15	s	$\nu_{C=C}$
	C=C(与C=C或C=O共轭)	1660~1580	6.02~6.33	s	$\nu_{C=C}$
	RCH=CH$_2$	1645~1640	6.08~6.10	m	$\nu_{C=C}$
		1420~1410	7.04~7.09	w	δ_{CH_2}(面内)
		1300~1290	7.69~7.75	s~w	δ_{CH}(面内)
		995~985	10.05~10.15	s	δ_{CH}(面外)
		915~905	10.93~11.05	s	δ_{CH_2}(面外),常在约1830cm^{-1}出现倍频
	RCH=CHR'(顺)	1665~1635	6.01~6.12	m	$\nu_{C=C}$
		1420~1400	7.04~7.14	w	δ_{CH}(面内)
		728~675	13.74~14.82	s	δ_{CH}(面外),通常在约690cm^{-1}附近
	RCH=CHR'(反)	1675~1665	5.97~6.00	w	$\nu_{C=C}$
		1310~1295	7.64~7.72	w	δ_{CH}(面内)
		970~960	10.31~10.42	s	δ_{CH}(面外)
	RR'C=CH$_2$	1660~1640	6.02~6.10	m	$\nu_{C=C}$
		1420~1410	7.04~7.09	m	δ_{CH_2}(面内)
		895~885	11.17~11.30	s	δ_{CH_2}(面外),常在约1780cm^{-1}出现倍频
	RR'C=CHR"	1675~1665	5.97~6.00	m~w	$\nu_{C=C}$
		840~790	11.90~12.66	s	δ_{CH}(面外)

表 I-5 炔类和丙二烯类

结构振动		吸收峰位置		强度	注释
		ν/cm^{-1}	$\lambda/\mu\text{m}$		
炔类	RC≡CH	3330~3267	3.00~3.06	s	ν_{CH}尖锐,OH和NH在本区域内是宽峰
		2140~2100	4.67~4.76	m	$\nu_{C≡C}$
		700~610	14.29~16.39	s	δ_{CH},烷基取代接近630cm^{-1},宽带倍频接近1250cm^{-1}
	RC≡CR'	2260~2190	4.43~4.57	w	$\nu_{C≡C}$,取代基的质量相似或产生相似的诱导和共轭效应时,很弱或没有
丙二烯类	C=C=C(单取代)	1980~1945	5.05~5.14	m	$\nu_{asC=C=C}$,连有电负性基团如—CO$_2$H、—COR时,此峰发生裂分
	C=C=C(双取代)	1955~1930	5.12~5.18	w	$\nu_{asC=C=C}$
	=CH$_2$	875~840	11.43~11.91	s	δ_{CH},倍频接近1700cm^{-1}

表 I-6 芳香族化合物

结构振动	吸收峰位置		强度	注释
	ν/cm^{-1}	$\lambda/\mu\text{m}$		
=C—H 伸缩振动	3100~3000	3.22~3.33	m	通常约为3030cm^{-1},尖锐
C=C 骨架振动	1625~1575	6.16~6.35	m	通常约为1600cm^{-1},一般总是出现
	1590~1575	6.29~6.35	m~s	通常约为1580cm^{-1},仅当苯环与双键或具有抓对电子的基团共轭时才成为主要峰

续表

结构振动		吸收峰位置 ν/cm^{-1}	吸收峰位置 $\lambda/\mu\text{m}$	强度	注 释
C═C骨架振动		1525～1475	6.56～6.78	不定	通常约为1500cm^{-1}，当有—NO$_2$等吸电子基团与苯环相连时，此峰消失
		1465～1440	6.38～6.94	m	通常约为1450cm^{-1}，当分子中存在烃基，往往与δ_{sCH_2}重叠，实际中作用不大
═C—H面外弯曲振动与苯环取代类型	一元取代	770～730 710～690	12.99～13.70 14.08～14.49	s s	用途很大，也适用于多环化合物；当有极性基团，如—NO$_2$和环相连接时，谱带位置受到干扰
	1,2-二元取代	770～735	12.99～13.61	s	
	1,3-二元取代	900～860 810～750 725～680	11.11～11.63 12.35～13.33 13.74～14.71	m s m	
	1,4-与1,2,3,4-取代	860～800	11.63～12.50	s	
	1,2,3-三元取代	800～770 720～685	12.50～12.99 13.89～14.60	s m	
	1,2,4-三元取代	860～800 900～860	11.63～12.50 11.11～11.63	s m	
	1,3,5-三元取代	900～860 865～810 730～675	11.11～11.63 11.56～12.35 13.70～14.81	m s s	
	1,2,3,5-与1,2,4,5-或1,2,3,4,5-取代	900～860	11.11～11.63	m	

表 I-7 醇和酚

结构振动		吸收峰位置 ν/cm^{-1}	吸收峰位置 $\lambda/\mu\text{m}$	强度	注 释
O—H伸缩振动	游离OH	3650～3590	2.74～2.79	可变	尖锐，只是在稀溶液里，频率依伯＞仲＞叔＞酚的次序减弱
	缔合OH 分子间二聚缔合	3550～3450	2.82～2.90	可变 稍尖	稀释时频率增加，强度发生变化
	分子间多聚缔合	3400～3200	2.94～3.13	s 宽峰	
	分子内缔合	3570～3450	2.80～2.90	可变 尖锐	稀释时不受影响
	螯形化合物	3200～2500	3.13～4.00	w 很宽的峰	
C—O伸缩和O—H面内弯曲振动	伯醇	1075～1000 1350～1260	9.30～10.00 7.41～7.94	s m	$\nu_{C—O}$，通常～1050cm^{-1} $\delta_{O—H}$，面内
	仲醇	1120～1030 1350～1260	8.93～9.71 7.41～7.94	s m	$\nu_{C—O}$，通常～1100cm^{-1} $\delta_{O—H}$，面内
	叔醇	1170～1100 1410～1310	8.55～9.09 7.09～7.63	s m	$\nu_{C—O}$，通常～1150cm^{-1} $\delta_{O—H}$，面内
	酚	1300～1200 1410～1310	7.69～8.33 7.09～7.63	s m	$\nu_{C—O}$，通常～1230cm^{-1} $\delta_{O—H}$，面内

两种吸收对缔合状态的变化都敏感；这些是有氢键时的数值

表 I-8 醚类

结构振动		吸收峰位置 ν/cm^{-1}	吸收峰位置 $\lambda/\mu\text{m}$	强度	注 释
C—O伸缩振动（开链）	CH$_2$—O—CH$_2$	1150～1060	8.70～9.43	s	ν_{as}，其$\nu_{sC—O—C}$因很弱不易见到
	═C—O—C（芳醚、烯醚）	1275～1200	7.84～8.33	s	ν_{as}，烯醚的$\nu_{C═C}$峰得到加强
		1075～1020	9.30～9.80	s	ν_s，强度比$\nu_{as—C—O—C}$要弱些

续表

结构振动		吸收峰位置		强度	注释
		ν/cm^{-1}	$\lambda/\mu\text{m}$		
C—O 伸缩振动（环状）	六元环	≈ 1098	≈ 9.11	s	ν_{as}
		≈ 813	≈ 12.30	m	ν_s
	五元环	≈ 1071	9.34	s	ν_{as}
		≈ 913	≈ 10.95	s	ν_s
	四元环	≈ 983	≈ 10.17	s	ν_{as}
		≈ 1028	≈ 9.73	s	ν_s
	三元环	≈ 1250	≈ 8.00	m~s	ν_s
		≈ 890	≈ 11.24	m~s	ν_{as} 环氧乙烷类的三条特征吸收峰：8μ、11μ 和 12μ 峰。其中 8μ 峰在鉴定中价值小，12μ 峰在鉴定中则比较重要
		≈ 830	≈ 12.05	m~s	环的骨架振动

表 I-9 羰基化合物

结构振动		吸收峰位置		强度	注释
		ν/cm^{-1}	$\lambda/\mu\text{m}$		
醛类	① C=O 伸缩振动				
	饱和脂肪醛	1740～1720	5.75～5.81	s	
	α,β-不饱和醛	1705～1680	5.87～5.95	s	
	$\alpha,\beta,\gamma,\delta$-不饱和醛	1680～1660	5.95～6.02	s	
	芳香醛	1715～1695	5.83～5.90	s	受取代基性质和位置的影响
	② CHO 基中 C—H 伸缩与弯曲振动	2900～2700	3.45～3.70	m~w	$\nu_{C-H}(CHO)$，通常在 2830cm^{-1} 和 2720cm^{-1} 附近有 2 个吸收峰
		975～780	10.26～12.82	m	$\delta_{C-H}(CHO)$
酮类	① C=O 伸缩振动				
	饱和链状酮	1725～1705	5.80～5.87	s	
	α,β-不饱和链状酮	1690～1675	5.92～5.97	s	
	$\alpha,\beta,\alpha',\beta'$-不饱和链状酮	1670～1660	5.99～6.02	s	
	芳基酮	1700～1680	5.88～5.95	s	受取代基性质和位置的影响
	二芳基酮	1670～1660	5.99～6.02	s	
	六元（及六元以上）环酮	1725～1705	5.80～5.87	s	
	五元环酮	1750～1740	5.71～5.75	s	
	四元环酮	1780～1760	5.62～5.68	s	
	α-卤代酮	1745～1725	5.73～5.08	s	两个吸收峰
	α-双酮	1730～1710	5.78～5.85	s	
	β-双酮	1640～1540	6.10～6.49	s	有烯醇型、氢键
	邻羟基和邻氨基芳酮	1655～1635	6.04～6.12	s	受取代基性质和位置的影响
	1,4-醌	1690～1660	5.92～6.02	s	
	② 酮 $\overset{O}{\underset{\|}{C}}$—C 基中的 C—C—C 骨架伸缩和弯曲振动	1300～1100	7.69～9.09	s~m	该吸收可由多重峰组成
羧酸类	① O—H 振动				
	游离 OH	3560～3500	2.81～2.86	m	ν_{OH}，在非常稀的溶液里
	缔合 OH	3300～2500	3.03～4.00	s	ν_{OH}，很宽
	所有 OH	950～900	10.53～11.11	可变	δ_{OH}，面外
	② C=O 伸缩振动				
	饱和脂肪酸	1725～1700	5.80～5.88	s	

续表

结构振动		吸收峰位置 ν/cm^{-1}	吸收峰位置 $\lambda/\mu\text{m}$	强度	注释
羧酸类	α,β-不饱和酸	1710~1680	5.85~5.95	s	
	芳香酸	1700~1680	5.88~5.95	s	
	分子内氢键缔合酸	1680~1650	5.95~6.06	s	
	α-卤代酸	1740~1715	5.75~5.83	s	
	③ C—O伸缩和O—H面内弯曲振动	1440~1395	6.94~7.17	m~w	$\nu_{\text{C—O}}$ 这两个吸收峰包括C—O和C—O—H的相互作用
		1320~1210	7.57~8.26	s~m	$\delta_{\text{O—H}}$(面内)
	④ —C⟨O O⟩ 伸缩振动	1610~1550	6.21~6.45	s	$\nu_{as}\text{C}(\underline{\underline{\text{···}}}\text{O})_2^-$
		1420~1300	7.04~7.69	s~m	$\nu_s\text{C}(\underline{\underline{\text{···}}}\text{O})_2^-$
酯类与内酯类	① C=O伸缩振动				
	饱和脂肪酸酯	1750~1735	5.71~5.76	s	
	α,β-不饱和酸酯和芳香酸酯	1730~1715	5.78~5.83	s	
	乙烯酯与酚酯 (—COOCH=CH—)	1800~1770	5.56~5.65	s	
	α-酮酯	1755~1740	5.70~5.75	s	
	β-酮酯	1655~1635	6.04~6.12	s	烯醇
	邻羟基(氨基)苯甲酸酯	1690~1670	5.92~5.99	s	氢键,螯合
	六元环内酯(饱和)	1750~1735	5.71~5.76	s	
	五元环内酯(饱和)	1780~1760	5.62~5.68	s	
	四元环内酯(饱和)	≈1820	≈5.49	s	
	② C—O—C不对称伸缩振动				
	甲酸酯	1200~1180	8.33~8.48	s	
	乙酸酯	1250~1230	8.00~8.13	s	
	丙酸(及丙酸以上)酯	1200~1150	8.33~8.70	s	
	α,β-不饱和酸酯	{1300~1200 / 1180~1130}	{7.69~8.33 / 8.47~8.85}	s	酯的 $\nu_{as\text{C—O—C}}$ 为一强而宽的峰。其 $\nu_{s\text{C—O—C}}$ 在1150~1000cm^{-1} 区域,强度可变,作用没有 $\nu_{as\text{C—O—C}}$ 的大
	芳香酸酯	{1310~1250 / 1150~1100}	{7.63~8.00 / 8.70~9.09}	s	
	乙烯酯与酚酯	1220~1200	8.20~8.33	s	
	内酯	1370~1250	7.30~8.00	s	
酸酐类	① C=O伸缩振动				
	饱和开链酸酐	{1850~1800 / 1790~1740}	{5.40~5.56 / 5.58~5.75}	s	ν_{as} / ν_s 当有共轭时频率降低约20cm^{-1}
	五元环酸酐	{1870~1820 / 1800~1750}	{5.35~5.49 / 5.50~5.71}	s	ν_{as} / ν_s
	② C—O—C伸缩振动				
	开链	1170~1045	8.55~9.57	s	
	环状	1300~1200	7.69~8.33	s	
酰卤类	C=O伸缩振动	1815~1770	5.51~5.65	s	不包括酰氟,酰氟C=O高达1920cm^{-1} 左右。酰卤C=O吸收按I<Br<Cl<F的顺序往高波数位移;共轭化合物的吸收峰在低限部分
酰胺类	① N—H伸缩振动				
	伯酰胺	{3540~3480 / 3420~3380}	{2.83~2.88 / 2.92~2.96}	m~s / m~s	ν_{as} / ν_s 游离

续表

结构振动		吸收峰位置		强度	注 释
		ν/cm^{-1}	$\lambda/\mu\text{m}$		
酰胺类	仲酰胺	3360~3320	2.97~3.01	m	ν_{as} } 缔合
		3220~3180	3.11~3.15	m	ν_{s}
		3440~3420	2.91~2.93	s	顺式 } 游离
		3460~3440	2.89~2.91	s	反式
		3180~3140	3.15~3.19	m	顺式 } 缔合
		3330~3270	3.00~3.06	m	反式
		3100~3070	3.23~3.26	w	顺式和反式,缔合
	② C=O 伸缩(酰胺Ⅰ)				
	伯酰胺	≈1690	≈5.92	s	稀溶液
		≈1650	6.06	s	固相
	仲酰胺	1700~1665	5.88~6.01	s	稀溶液
		1680~1630	5.95~6.14	s	固相
	叔酰胺	1670~1630	5.99~6.14	s	溶液和固相
	六元环内酰胺	≈1680	≈5.95	s	稀溶液
	五元环内酰胺	≈1700	≈5.88	s	稀溶液
	四元环内酰胺	1760~1730	5.68~5.78	s	稀溶液
	无环的酰亚胺 (CO—NH—CO)	1740~1720	5.74~5.81	s	} 谱带常常分不开
		1720~1700	5.81~5.88	s	
	环状的酰亚胺 (CO—NH—CO)	1790~1735	5.58~5.76	s	} 低频率的谱带较强
		1745~1680	5.73~5.95	s	
	无环单烷基脲 (NH—CO—NH)	≈1605	≈6.23	s	
	无环双烷基脲 (NH—CO—NH)	≈1640	≈6.10	s	
	③ N—H 弯曲(酰胺Ⅱ)				
	伯酰胺	1650~1620	6.06~6.17	s	固相
		1620~1590	6.17~6.29	s	稀溶液
	仲酰胺(开链)	1570~1515	6.37~6.60	s	固相
		1550~1510	6.45~6.62	s	稀溶液
	④ N—H 弯曲和C—N 伸缩振动的混频 (酰胺Ⅲ)				
	伯酰胺	1420~1400	7.04~7.14	m	C—N 伸缩振动
	仲酰胺	1300~1260	7.69~7.94	m	C—N 伸缩与N—H 弯曲的混频
	⑤ N—H 面外摇摆振动				
	伯酰胺 } 仲酰胺	800~666	12.50~15.02	m	峰形较宽

表 Ⅰ-10 胺和亚胺

结构振动		吸收峰位置		强度	注 释
		ν/cm^{-1}	$\lambda/\mu\text{m}$		
N—H伸缩振动	伯胺	3550~3300	2.82~3.03	m	ν_{as} } 游离
		3450~3250	2.90~3.08	m	ν_{s}
		3400~3300	2.94~3.03	m	ν_{as} } 缔合
		3330~3250	3.00~3.08	m	ν_{s}
	仲胺	3500~3300	2.86~3.03	w	游离
		3460~3420	2.89~2.92	w	缔合
	亚胺	3400~3300	2.94~3.03	m	

251

续表

结构振动		吸收峰位置		强度	注释
		ν/cm^{-1}	$\lambda/\mu\text{m}$		
N—H 弯曲振动	伯胺	1650~1590 900~650	6.06~6.30 11.11~15.38	m~s m	面内弯曲振动(剪式) 面外弯曲振动(扭曲)
	仲胺	1650~1550 750~700	6.06~6.45 13.33~14.29	w s	和芳环邻接时与芳环 1580cm^{-1} 重叠面外弯曲振动(摇摆)
	亚胺	1590~1500	6.29~6.67		
C—N 伸缩振动	脂肪族胺	1220~1020	8.20~9.80	w~m	
	芳香伯胺	1340~1250	7.46~8.00	s	
	芳香仲胺	1360~1250 1280~1180	7.35~8.00 7.81~8.47	s m	芳基 ν_{C-N} 烷基 ν_{C-N}
	芳香叔胺	1360~1310 1250~1180	7.35~7.63 8.00~8.47	s m	芳基 ν_{C-N} 烷基 ν_{C-N}
C=N 伸缩振动	脂肪族亚胺	≈1670	≈5.99	m	
	芳香族亚胺	≈1640	≈6.10	m	
	共轭的亚胺	≈1618	≈6.18	m	
铵盐	伯胺盐	3350~3150 ≈2000 ≈1600 ≈1300 ≈900	2.99~3.17 ≈5.00 ≈6.25 ≈7.69 ≈11.11	s w m m m	$\nu_{\overset{+}{N}H_3}$,宽展的强峰 $\overset{+}{N}H_3$合频振动,有时不出现峰 $\delta_{as\overset{+}{N}H_3}$ $\delta_{s\overset{+}{N}H_3}$ $\delta_{\overset{+}{N}H_3}$,面内
	仲胺盐	2800~2000 1620~1560	3.57~5.00 6.17~6.41	s m	$\nu_{\overset{+}{N}H_2}$,宽峰或由较尖峰组成的群峰 $\delta_{\overset{+}{N}H_2}$
	叔胺盐	2700~2250	3.70~4.44	m	$\nu_{\overset{+}{N}H},\delta_{\overset{+}{N}H}$很弱,无实用价值
	亚胺盐	2500~2300 2200~1800 ≈1680	4.00~4.35 4.55~5.56 ≈5.95	m w~m m	$\nu_{=\overset{+}{N}-H}$,宽峰或由较尖峰组成的群峰 C=$\overset{+}{N}$H 合频振动 $\nu_{C=\overset{+}{N}}$

表 I-11 硝基和亚硝基化合物

结构振动		吸收峰位置		强度	注释
		ν/cm^{-1}	$\lambda/\mu\text{m}$		
硝基化合物	C—NO$_2$	1570~1500 1385~1320 920~850	6.37~6.67 7.22~7.58 10.87~11.76	s s s	ν_{asNO_2} ν_{sNO_2} ν_{C-N}
硝酸酯化合物	O—NO$_2$	1650~1600 1300~1250 790~770 870~830	6.06~6.25 7.69~8.00 12.66~12.99 11.49~12.05	s s m s	ν_{asNO_2} ν_{sNO_2} δ_{NO_2} ν_{O-N}
亚硝基化合物	C—N=O	1600~1460 1320~1190 1425~1370	6.25~6.85 7.58~8.40 7.02~7.30	s s s	ν_{NO},单体状态 ν_{NO},二聚体,反式 ν_{NO},二聚体,顺式
亚硝酸酯化合物	O—N=O	1680~1650 1625~1610 815~750 850~810 625~565 690~615	5.95~6.06 6.16~6.21 12.27~13.33 11.76~12.35 16.00~17.70 14.49~16.26	vs vs s s s s	ν_{NO},反式 ν_{NO},顺式 ν_{O-N},反式 ν_{O-N},顺式 ν_{ONO},反式 ν_{ONO},顺式

表 I-12 腈和异腈

结构振动		吸收峰位置		强度	注释
		ν/cm^{-1}	$\lambda/\mu\text{m}$		
腈的 C≡N 伸缩振动	饱和脂肪腈	2260~2240	4.42~4.46	s	强度变化很大
	α,β 不饱和脂肪腈	2235~2215	4.47~4.51	s	
	芳香腈	2240~2220	4.46~4.50	s	
异腈的 N≡C 伸缩振动	饱和脂肪异腈	2246~2134	4.45~4.69	s	
	芳香异腈	2130~2110	4.69~4.74	s	
异氰酸酯（—N=C=O）	N=C=O 伸缩振动	2275~2240	4.40~4.46	s	ν_{as}
		1390~1350	7.19~7.41	w	ν_s

表 I-13 有机硫化合物

结构振动		吸收峰位置		强度	注释
		ν/cm^{-1}	$\lambda/\mu\text{m}$		
S—H 伸缩振动		2590~2550	3.86~3.92	w	臭味
C=S 伸缩振动	硫代酮 / 二硫代酯	1270~1190	7.88~8.40	s	强度比 C=O 要小些，受分子结构的影响与 C=O 的情况相似
S=O 伸缩振动	亚砜，R_2SO	1070~1035	9.35~9.66	s	
	砜，R_2SO_2	1350~1300	7.41~7.69	s	ν_{as} 受共轭的影响不大
		1160~1120	8.62~8.93	s	ν_s
	磺酰胺，RSO_2N	1358~1336	7.37~7.49	s	ν_{as} 伯和仲酰胺也有 N—H 伸缩振动
		1169~1152	8.56~8.68	s	ν_s
	磺酰氯，RSO_2Cl	1410~1360	7.09~7.36	s	ν_{as}
		1195~1168	8.37~8.56	s	ν_s
	磺酸，RSO_3H	1350~1340	7.41~7.46	s	ν_{as} 也有氢键 O—H 伸缩谱带；这些是无水酸的数值
		1165~1150	8.59~8.70	s	ν_s
	磺酸酯，$ROSO_2R'$	1380~1347	7.25~7.43	s	ν_{as}，强的双峰，频率高者强度较强
		1193~1170	8.38~8.55	s	ν_s
	硫酸酯，$ROSO_2OR'$	1415~1380	6.92~7.25	s	ν_{as}
		1200~1185	8.33~8.44	s	ν_s
C—S 伸缩振动		705~570	14.18~17.54	w	

表 I-14 有机磷化合物

结构振动		吸收峰位置		强度	注释
		ν/cm^{-1}	$\lambda/\mu\text{m}$		
P—H 伸缩振动		2440~2350	4.10~4.26	m	峰锐
P—C 伸缩振动	P—Ar	1450~1435	6.90~6.97	m	
	P—CH_3	1320~1280	7.58~7.81	m~s	
P=O 伸缩振动		1350~1175	7.41~8.51	s	游离
		1250~1150	8.00~8.70	vs	缔合
P—O 伸缩振动	P—O—Ar	1240~1180	8.07~8.48	s	
	P—O—CH_3	1190~1170	8.40~8.55	s	
	P—O—C_2H_5	1170~1140	8.55~8.77	s	
	P—O—R	1050~990	9.52~10.10	s	
	P—O—P	970~940	10.31~10.64	m	峰宽
P—N 伸缩振动		1110~930	9.01~10.75	m	
P—F 伸缩振动		900~800	11.11~12.50	s	
P—Cl 伸缩振动		580~500	17.24~20.00	s	
P—S 伸缩振动		750~600	13.33~16.67	w	
PO_4^{3-}, HPO_4^{2-}, $H_2PO_4^-$		1100~1000	9.09~10.00	s	O=P—O 伸缩振动

表 I-15 卤素化合物

结构振动		吸收峰位置		强度	注 释
		ν/cm^{-1}	$\lambda/\mu\text{m}$		
C—F 伸缩振动	一氟代烷	1100～1000	9.09～10.00	s	
	多氟代烷	1400～1000	7.15～10.00	s	一系列谱带
C—Cl 伸缩振动	一氯代烷	760～540	13.15～18.52	s	在溶液里有2个以上的谱带
	平伏键	780～740	12.82～17.24	s	} 环己烷和甾族
	直立键	730～580	13.70～17.24	s	
C—Br 伸缩振动	一溴代烷	600～500	16.66～20.00	s	在溶液里有2个以上的谱带
	平伏键	750～690	13.33～14.50	s	} 环己烷和甾族
	直立键	690～550	14.50～18.18	s	
C—I 伸缩振动		600～465	16.67～21.50	s	

附录 Ⅱ 常见各类有机化合物的质子化学位移

表 Ⅱ-1 甲基粗分类 δ_H 值[①]

结构类型	δ_H 值
$CH_3Si\!\!<$	0.57～0
$CH_3C\!\!<$	1.88～0.75
$CH_3C\equiv$	2.11～1.83
$CH_3C=$	2.68～1.59
CH_3S-	2.58～2.02
CH_3-Ph	2.76～2.14
$CH_3N\!\!<$	3.10～2.12
CH_3O-	4.02～3.24
CH_3X	4.28～2.16

① 表中的横线表示 δ_H 值的分布范围，短的竖线为最易出现的 δ_H 值。附录Ⅱ表Ⅱ-2，表Ⅱ-3 及表Ⅱ-4 的情况与此相同。

表 Ⅱ-2 甲基细分类 δ_H 值

结构类型	δ_H 值
$CH_3-\overset{\mid}{C}-C\!\!<$	1.10～0.79
$-N\!\!<$	1.23～0.95
$-\overset{\mid}{C}=O$	1.23～1.04
$-Ph$	1.40～1.32
$-O-$	1.44～0.98
$-S-$	1.53～1.23
$-X$	1.88～1.49
$CH_3-\overset{\mid}{C}=C\!\!<$	2.14～1.59
$-\overset{\mid}{C}=O$	2.68～1.95
$CH_3-\overset{\mid}{C}-O-O$	2.50～1.80
$-C\!\!<$	2.41～1.95
$-\overset{\mid}{C}=C\!\!<$	2.31～2.06
$-Ph$	2.68～2.45
$CH_3-N\!\!<^{-C\!\!<}$	2.34～2.12
$-Ph$	3.10～2.71
$-\overset{\mid}{C}=O$	3.05～2.74
$CH_3-O-C\!\!<$	3.47～3.24
$-Ph$	3.86～3.61
$-\overset{\mid}{C}=O$	3.96～3.57

表 Ⅱ-3 亚甲基粗分类 δ_H 值

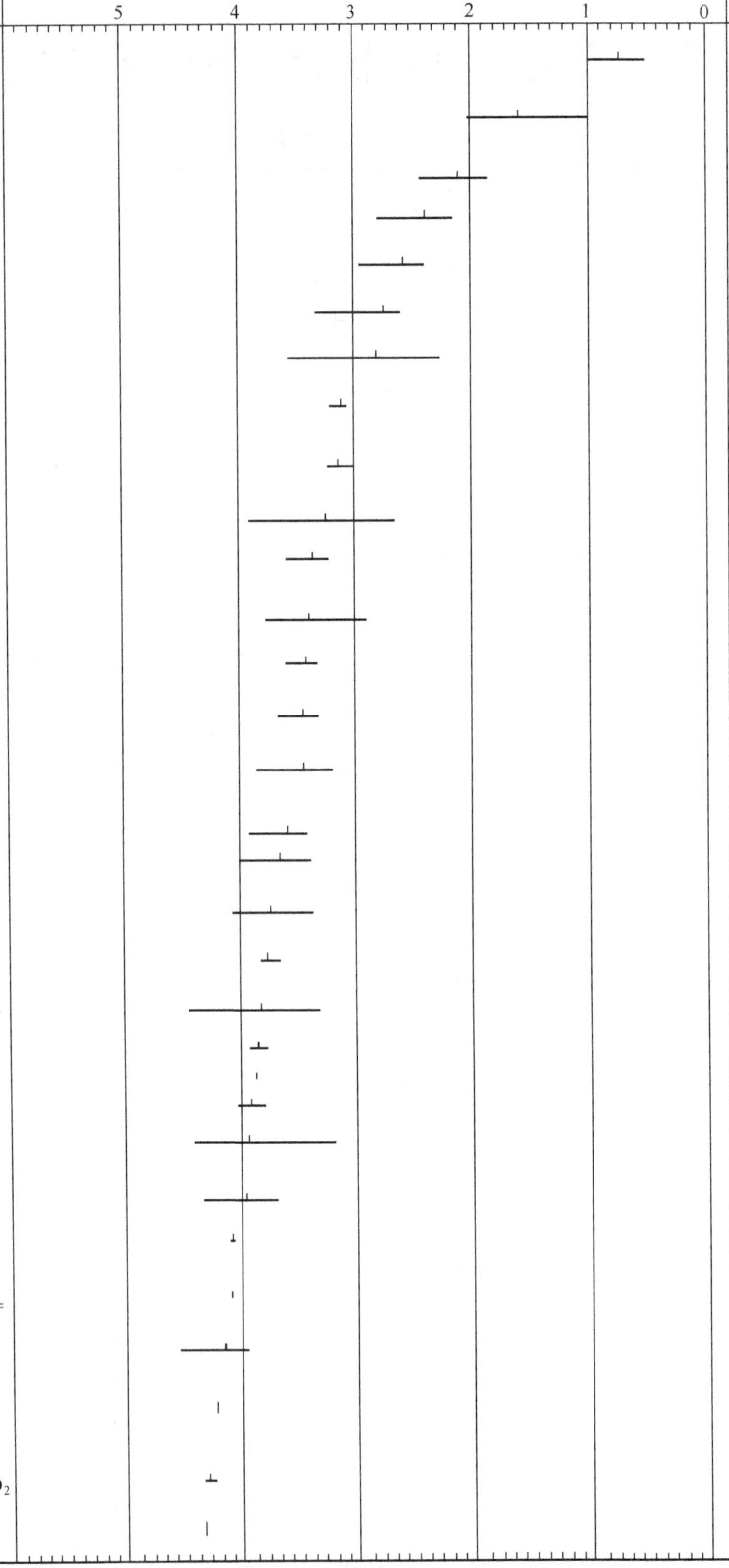

结构类型	δ_H 值
>C—CH₂—Si<	0.97～0.51
>C—CH₂—C<	2.03～0.98
>C—CH₂—C=	2.42～1.86
>C—CH₂—C≡	2.80～2.13
>C—CH₂—S—	2.97～2.39
Ph—CH₂—C<	3.34～2.62
>C—CH₂—N<	3.60～2.28
>C—CH₂—I	3.20～3.07
=C—CH₂—S—	3.25～3.02
=C—CH₂—C=	3.92～2.70
>C—CH₂—Br	3.63～3.26
=C—CH₂—N<	3.79～2.93
>C—CH₂—N=	3.61～3.34
>C—CH₂—Cl	3.69～3.35
≡C—CH₂—N<	3.88～3.24
Ph—CH₂—C=	3.97～3.45
Ph—CH₂—S—	4.03～3.45
=C—CH₂—C≡	4.08～3.41
=C—CH₂—I	3.84～3.69
>C—CH₂—O—	4.48～3.36
Ph—CH₂—Ph	3.96～3.81
I—CH₂—I	≈3.90
≡C—CH₂—Br	4.05～3.82
Ph—CH₂—N<	4.43～3.32
=C—CH₂—Br	4.37～3.70
Cl—CH₂—C≡	4.13～4.09
=C—CH₂—N=	≈4.12
=C—CH₂—Cl	4.58～3.97
Cl—CH₂—P=	≈4.24
>C—CH₂—NO₂	4.37～4.28
>C—CH₂—F	≈4.36

续表

结构类型	5 4 3 2 1 0	δ_H值
Ph—CH₂—Br		4.43~4.32
Ph—CH₂—Cl		4.60~4.45
—O—CH₂—O—		4.82~4.41
≡C—CH₂—O—		4.96~4.01
=C—CH₂—O—		5.07~4.17
Ph—CH₂—O—		5.34~4.34
Br—CH₂—Br		~4.95
Cl—CH₂—Br		~5.13
Cl—CH₂—Cl		~5.30
Cl—CH₂—O—		5.51~5.35

表 Ⅱ-4 亚甲基细分类 δ_H 值

结构类型	6 5 4 3 2 1	δ_H值
>C—CH₂—C—C<		1.54~0.98
—N<		1.62~1.33
—X		2.03~1.66
—O—		2.02~1.79
>C—CH₂—C=C<		2.12~1.86
—C=O		2.42~2.07
>C—CH₂—N<C/C		2.53~2.30
—NH₂		2.63~2.45
—NH—C<		2.74~2.49
—N—Ph		3.38~3.00
—N—C=O		3.28~3.12
>C=C—CH₂—C=C<		2.73~2.70
O=C—CH₂—C=O		3.92~3.25
>C—CH₂—O—C<		3.63~3.36
—C=C		3.67~3.36
—Ph		4.16~3.88
—C=O		4.39~4.04
Ph—CH₂—N<C/C		3.82~3.32
—Ph		4.43~4.08
—C=O		~4.35
≡C—CH₂—O—C<		4.21~4.02
—Ph		4.96~4.69
Ph—CH₂—O—C<		4.52~4.34
—Ph		5.10~4.96
—C=O		5.34~4.97

表 Ⅱ-5　次甲基的 δ_H 值[①]

结构类型	官能团	δ_H 值
$(X-C)_2CH-Y$	$X=OR; Y=OH$	4.02～3.15
	$X=OCOR; Y=OH$	4.19～4.13
	$X=OCOR; Y=OCOR$	5.30～5.13
$X-\overset{\|}{\underset{\|}{C}}-CHY_2$	$X=C=C; Y=COOR$	3.31～3.22
	$X=Ph, COOR; Y=COOR$	3.77～3.55
	$X=Ph, COOR, NR_2, Br, Cl; Y=OR$	4.57～4.38
	$X=Cl; Y=OR$	4.63～3.96
	$X=OR; Y=OR$	5.17～4.50
	$X=OCOR; Y=OCOR$	6.80
X_nC-CHY_2	$X_n=Ph, Ph_2; Y=Ph$	4.38～4.10
	$X_n=COR, OCOR; Y=Ph$	4.60～4.48
	$X_n={}^+NR_3; Y=Ph$	4.82～4.72
	$X_n=Cl_2, Cl_3; Y=Ph$	5.17～4.99
	$X_n=F_2; Y=F$	6.02～5.85
	$X_n=OH, (OR)_2; Y=Cl$	5.76～5.55
	$X_n=SH, Cl; Y=Cl$	5.90～5.73
	$X_n=Ph_2, Cl_2, Cl_3; Y=Cl$	6.35～5.93
	$X_n=Br; Y=Br$	5.69
	$X_n=Br_2, Br_3; Y=Br$	6.33～6.04
	$X_n=Ph; Y=Br$	7.08
$X-CH-Y_2$	$X=Ph, COOR; Y=COOR$	4.42～4.17
	$X=OH; Y=COOR$	5.01
	$X=NHCOR; Y=COOR$	5.45～5.28
	$X={}^+NR_3; Y=COOR$	6.29
	$X=C\equiv C, OR; Y=OR$	5.18～5.00
	$X=C=C; Y=OR$	6.71
	$X=P(O)(OR)_2; Y=Ph$	4.24～4.20
	$X=COR, COOR, CN, SR, SSR; Y=Ph$	5.29～4.80
	$X=NH-P(O)(OR)_2, SPh, S_3-(R, Ph); Y=Ph$	5.69～5.28
	$X=Ph; Y=Ph$	6.22～5.23
	$X=ONH_2, Cl, Br; Y=Ph$	6.45～6.10
	$X=OR; Y=Ph$	6.74～5.35
	$X={}^+PPh_3; Y=Ph$	8.27
	$X=SR; Y=SR$	4.18
	$X=SPh; Y=SPh$	5.28
	$X=COOR; Y=F$	6.15～5.91
	$X=SR, SO_2R; Y=F$	6.72～6.62
	$X=P(O)(OR)_2; Y=Cl$	5.90～5.55
	$X=CO-(R, OR, Sn); Y=Cl$	6.11～5.76
	$X=P(O)Cl_2; Y=Cl$	6.25
	$X=Ph, CO-(Ph, NR_2); Y=Cl$	6.70～6.31
	$X=F, Cl, Br; Y=Cl$	7.45～7.20
	$X=COR, CN; Y=Br$	6.31～5.85
	$X=COPh, Cl, Br; Y=Br$	7.08～6.70
	$X=I; Y=I$	5.20～4.93
	$X=C=C; Y=OCOR$	7.13～7.04
	$X=Ph; Y=OCOR$	7.71
	$X=NO_2; Y=NO_2$	7.52
$X-\overset{Z}{\underset{}{CH}}-Y$	$X=NR_2; Y=C-OH; Z=COOR$	3.60～3.29

续表

结构类型	官 能 团	δ_H 值
$\begin{array}{c} Z \\ | \\ X-CH-Y \end{array}$	$X=NR_2$; $Y=C-Ph$; $Z=COOR$	3.73
	$X=NR_2$; $Y=C-SH$; $Z=COOR$	4.48
	$X=^+NR_3$; $Y=CSR, CSO_2OH$; $Z=COOR$	4.52~4.26
	$X=^+NR_3$; $Y=C-Ph$; $Z=COOR$	4.62~4.39
	$X=NRPh$; $Y=CNO_2, COOR$; $Z=Ph$	5.19~4.98
	$X=NRCO(R,OR)$; $Y=C(COOPh, CONR_2, OH, SR)$ $Z=COO(R, Ph, NR_2)$	4.67~4.29
	$X=NRCO(R,OR)$; $Y=C-Ph$; $Z=COO(R, Ph, NR_2)$	5.18~4.51
	$X=O-(R,Ph)$; $Y=CO-Ph$; $Z=Ph$	5.41~5.35
	$X=OH$; $Y=COR$; $Z=Ph$	5.19~4.98
	$X=OH$; $CO-(Ph, OR, Cl)$; $Z=Ph$	6.04~5.13

① 这是 N.F.Chamberlain 对次甲基质子 δ_H 值的总结表。表中 R 为 H、烷基或 C—Z（Z 表示各种官能团）。

表 II-6　一些烯烃化合物的 δ_H 值

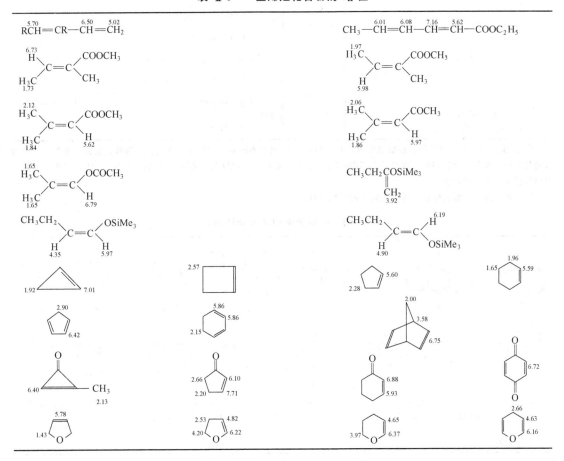

表 II-7　一些脂环化合物的 δ_H 值

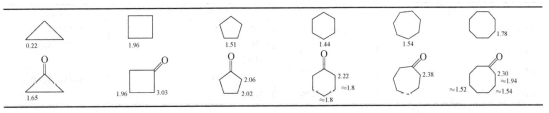

259

表 Ⅱ-8 一些炔类化合物的 δ_H 值

化合物类型	δ_H 值	化合物类型	δ_H 值
H—C≡C—H	1.80	C=C—C≡C—H	2.60~3.10
R—C≡C—H	1.73~1.88	C≡C—C≡C—H	1.75~2.42
Ar—C≡C—H	2.71~3.37	H_3C—C≡C—C≡C—C≡C—H	1.87
RO—C≡C—H	≈1.3	X—CH_2—C≡C—H	2.0~2.4
X—C≡C—H (X不是碳)	1.3~4.5	(X=卤素,—S—, |N—,—O—)	

—C—C≡C—H
‖
O
	2.13~3.28	R\\
		  C—C≡C—H
		R/ |
		  OH
			2.20~2.27

表 Ⅱ-9 各类活泼氢的 δ_H 值[①]

质子	化合物类型	δ_H 值	质子	化合物类型	δ_H 值
OH	ROH	0.5~5.5	NH_2 和 NHR	RNH_2,R_2NH	0.4~3.5
	ArOH	4~8		$ArNH_2$,Ar_2NH,ArNHR	2.9~4.8
	ArOH(分子内缔合)	10.5~16		$RCONH_2$,$ArCONH_2$	5~6.5
	RCOOH	10~13		RCONHR′,ArCONHR	6~8.2
	C=C\\OH (烯醇,分子内氢键)	15~19		RCONHAr,ArCONHAr	7.8~9.4
	H_2O	4~5	SH	RSH(硫醇)	0.9~2.5
	RSO_3H(磺酸)	11~12		ArSH(硫酚)	3~4
	=NOH(肟)	7.4~10.2			

[①] 活泼氢由于受相互交换、形成氢键等因素的影响,δ_H 值很不固定,与温度、浓度、溶剂都有很大的关系。表中列出的是各种活泼氢化学位移的大致范围,所用溶剂为 $CDCl_3$ 及 CCl_4,浓度为一般浓度(5%~10%)。即便如此,变化范围仍然很大,所以仅供参考。

注:胺类加入三氟乙酸后,将导致较大的低场位移。

表 Ⅱ-10 一些芳香稠环和杂环的 δ_H 值

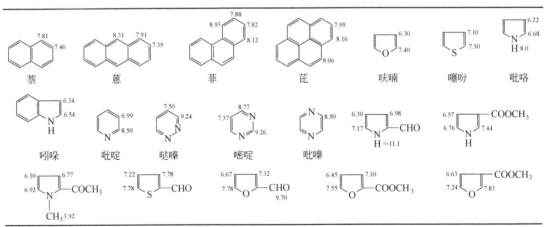

表 Ⅱ-11 各种质子的 δ_H 值[①]

各 种 质 子	δ_H 值	各 种 质 子	δ_H 值
t-Bu—O	1.00~1.40	t-Bu—C≡C	0.90~1.50
t-Bu—Ar	1.20~1.60	t-Bu—C	0.60~1.10
t-Bu—CO	1.00~1.50	H_3C\\ C—O H_3C/	0.80~1.40
t-Bu—C=C	0.09~1.50		

续表

各种质子	δ_H 值	各种质子	δ_H 值
(H₃C)₂CH—Ar	1.10~1.40	Et—Ar	(CH₃) 0.90~1.50
			(CH₂) 2.40~3.70
(H₃C)₂CH—CO	0.90~1.50	Et—CO	(CH₃) 0.80~1.50
			(CH₂) 1.80~2.80
(H₃C)₂CH—C=C	0.80~1.50	Et—C=C	(CH₃) 0.80~1.50
			(CH₂) 1.70~2.70
(H₃C)₂CH—C≡C	0.80~1.50	Et—C≡C	(CH₃) 0.80~1.50
			(CH₂) 1.90~3.00
(H₃C)₂CH—C	0.60~1.40	Et—C—	(CH₃) 0.50~1.40
			(CH₂) 1.50~2.40
H₃CC—O	0.80~1.50	iso-Pr—O—	(CH₃) 0.90~1.40
			(CH) 1.50~5.00
H₃CC—Ar	1.00~1.80	iso-Pr—O—C(=O)	(CH₃) 0.90~1.50
H₃CC—CO	0.70~1.40		(CH) 4.60~7.00
H₃CC—C=C	0.70~1.40	iso-Pr—Ar	(CH₃) 0.80~1.50
H₃CC—C≡C	0.70~1.40		(CH) 1.50~5.00
H₃CC—C	0.50~1.50	iso-Pr—C(=O)	(CH₃) 0.80~1.50
H₃C—C≡C	1.80~2.20		(CH) 1.50~5.00
H₃C—C=C	1.50~2.40	iso-Pr—C=C	(CH₃) 0.80~1.50
H₃C—Ar	2.00~2.80		(CH) 1.50~5.00
H₃C—CH₂—O	0.90~1.40	iso-Pr—C≡C	(CH₃) 0.80~1.50
H₃C—CH₂—Ar	0.90~1.50		(CH) 1.50~5.00
H₃C—CH₂CO	0.80~1.50	iso-Pr—C	(CH₃) 0.50~1.40
H₃C—CH₂—C=C	0.80~1.50		(CH) 1.50~5.00
H₃C—CH₂—C≡C	0.80~1.50	H₃CCH—O	(CH₃) 0.50~1.50
H₃C—CH₂C	0.50~1.40		(CH) 1.50~5.00
H₃C—CH—	0.50~1.50	H₃CCH—O—C(=O)	(CH₃) 0.50~1.50
H₃C—C(=O)—O	1.80~2.50		(CH) 4.60~7.80
H₃C—C(=O)—Ar	1.80~2.50	H₃CCH—Ar	(CH₃) 0.50~1.50
			(CH) 1.50~5.00
H₃C—C(=O)—C(=O)	1.80~2.50	CH₃CH—C(=O)	(CH₃) 0.50~1.50
			(CH) 1.50~5.00
H₃C—C=C	1.80~2.50	H₃CCH—C≡C	(CH₃) 0.50~1.50
H₃C—C≡C	1.80~2.50		(CH) 1.50~5.00
H₃C—C	1.80~2.50	H₃CCH—C=C	(CH₃) 0.50~1.50
H₃C—O—O	3.10~3.50		(CH) 1.50~5.00
H₃C—O—Ar	3.50~4.10	H₃CCH—C	(CH₃) 0.50~1.50
H₃C—O—C(=O)	3.66~4.10		(CH) 1.50~5.00
H₃C—O—C=C	3.50~4.10	CH	0.00~5.00
H₃C—O—C≡C	3.50~4.10	CH—O—C(=O)	4.60~7.00
H₃C—O—C	2.80~3.50	CH(O—C(=O)—)₂	6.50~7.80
Et—O	(CH₃) 0.90~1.40	CH(O—C(=O)—)₃	6.50~8.00
	(CH₂) 3.10~4.70	CCH₂—O	3.10~4.70
		CCH₂—Ar	2.40~3.70
		CCH₂—CO	1.80~2.80

续表

各 种 质 子	δ_H 值	各 种 质 子	δ_H 值
CCH$_2$—C=C	1.70～2.70	(烯醇式 O-H...O=C 环)	6.50～8.00
CCH$_2$—C≡C	1.90～3.00		
CCH$_2$—C	0.00～2.40		
OCH$_2$—O—	4.20～5.00	CH$_2$=	4.40～6.60
OCH$_2$—Ar	4.20～5.30	—CH=	3.80～8.00
OCH$_2$—C(=O)	4.00～5.60	HC≡C	2.00～3.20
		ArCHO	9.00～10.20
OCH$_2$—C=C	4.00～5.30	—C(=O)—CHO	9.00～10.20
OCH$_2$—C≡C	3.80～5.20	C=C—CHO	9.00～10.20
ArCH$_2$—Ar	3.50～4.20	C≡C—CHO	9.00～10.20
ArCH$_2$—C(=O)	3.20～4.20	C—CHO	9.00～10.00
ArCH$_2$—C=C	3.20～4.10	CH—CHO	9.00～10.00
ArCH$_2$—C≡C	3.20～4.10	CH$_2$—CHO	9.00～10.00
—C(=O)—CH$_2$—C(=O)—	2.70～4.00	—O—COOH	10.00～13.20
		Ar—COOH	10.00～13.20
—C(=O)—CH$_2$—C=C	2.50～4.00	—C(=O)—COOH	10.00～13.20
—C(=O)—CH$_2$—C≡C	3.20～4.40	C=C—COOH	10.00～13.20
		C≡C—COOH	10.00～13.20
		C—COOH	10.00～13.20
—C=C—CH$_2$—C=C	2.50～3.60	O—O—CHO	7.80～8.60
—C=C—CH$_2$—C≡C	3.20～4.40	ArO—CHO	7.80～8.60
—C≡C—CH$_2$—C≡C	3.20～4.40	—C(=O)—O—CHO	7.80～8.60
Ar—H	6.60～9.00	C=C—O—CHO	7.80～8.60
H$_2$C(—O—)$_2$Ar (环氧化物)	5.50～6.30	C≡C—O—CHO	7.80～8.60
		C—O—CHO	7.80～8.60

① 这是佐佐木慎一为计算机编写的化学位移表。计算机处理数值，不像人那样灵活，因此，化学位移选取的范围一定要恰当。如果化学位移的范围太大，就会混进各种官能团，而给以后的解析带来不少麻烦。相反，如果化学位移的范围太小，就会排除需要的官能团，而导致错误的结论。从这点来看，表中各种质子的 δ_H 值范围值得参考。

附录Ⅲ 各种类型质子的偶合常数

结 构 类 型	$J_{H_AH_B}$/Hz	$J_{H_AH_B}$典型值/Hz
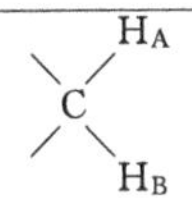 $\overset{H_A}{\underset{H_B}{C}}$	0～-22	-10～-15
CH$_A$—CH$_B$（自由旋转）	6～8	7
CH$_A$—C—CH$_B$	0～1	0
H$_A$ 直-直 H$_B$ 直-平 　　 平-平（环己烷）	7～13 2～5 2～5	8～11 2～3 2～3
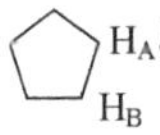 H$_A$ 顺式或反式（环戊烷） H$_B$	0～7	4～5
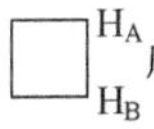 H$_A$ 顺式或反式（环丁烷） H$_B$	5～10	8
H$_A$ 顺式 H$_B$ 反式（环丙烷）	7～12 4～8	8 6
H$_A$C—CH$_B$ X=N、O、S　顺式 　X　　　　　　　　　　反式	4～7 2～6	4～6 2～5
CH$_A$—OH$_B$（无交换反应）	4～10	5
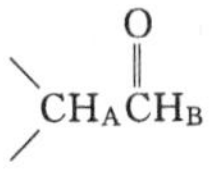 CH$_A$CH$_B$（有O双键）	1～3	2～3
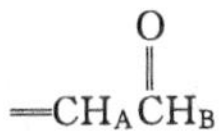 =CH$_A$CH$_B$（有O双键）	5～8	6
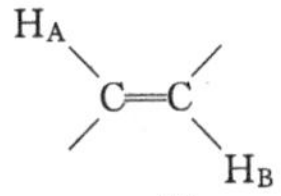 $\overset{H_A}{\underset{}{C}}=\overset{}{\underset{H_B}{C}}$	12～20	15～17
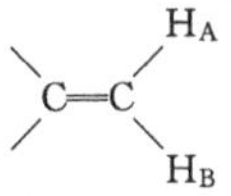 $\overset{H_A}{\underset{H_B}{C}}=C$	-2～+3	0～2
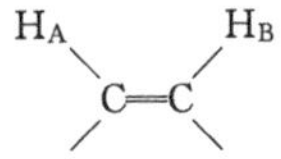 $\overset{H_A}{\underset{}{C}}=\overset{H_B}{\underset{}{C}}$	6～15	10～11
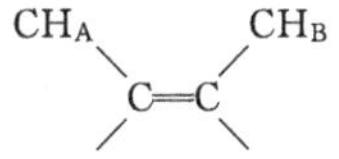 $\overset{CH_A}{\underset{}{C}}=\overset{CH_B}{\underset{}{C}}$	0～3	1～2
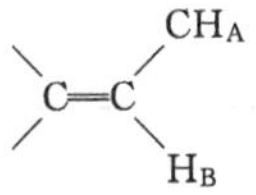 $C=\overset{CH_A}{\underset{H_B}{C}}$	5～11	7
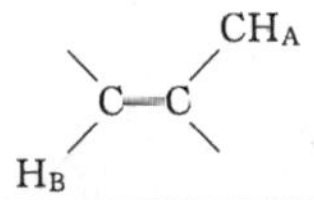 $\overset{CH_A}{\underset{H_B}{C}}=C$	-0.5～-3.0	-1.5

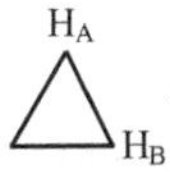

续表

结 构 类 型		$J_{H_AH_B}$/Hz	$J_{H_AH_B}$典型值/Hz
H_B CH_A C=C		−0.5～−3.0	−2
C=CH$_A$CH$_B$=C		10～13	11
CH$_A$C≡CH$_B$		−2～−3	
CH$_A$C≡CCH$_B$		2～3	
H$_A$ H$_B$ C=C (环)	三元环	0.5～2.0	
	四元环	2.5～4.0	
	五元环	5.1～7.0	
	六元环	8.8～11.0	
	七元环	9～13	
	八元环	10～13	
(苯环) H$_A$/H$_B$	$J_{邻}$	7～9	8
	$J_{间}$	1～3	2
	$J_{对}$	0～0.6	0.3
(苯环) CH$_A$/H$_B$		0～1	0.5
吡啶	$J_{2,3}$	5～6	5
	$J_{3,4}$	7～9	8
	$J_{2,4}$	1～2	1.5
	$J_{3,5}$	1～2	1
	$J_{2,5}$	0.7～0.9	0.8
	$J_{2,6}$	0～1	≈0
呋喃	$J_{2,3}$	1.7～2.0	1.8
	$J_{3,4}$	3.1～3.8	3.6
	$J_{2,4}$	0.4～1.0	
	$J_{2,5}$	1～2	1.5
噻吩	$J_{2,3}$	4.7～5.5	5.0
	$J_{3,4}$	3.3～4.1	3.7
	$J_{2,4}$	1.0～1.5	1.3
	$J_{2,5}$	2.8～3.5	3
噻唑	$J_{4,5}$	3～4	
	$J_{2,5}$	1～2	
	$J_{2,4}$	≈0	
嘧啶	$J_{4,5}$	4～6	
	$J_{2,5}$	1～2	
	$J_{2,4}$	0～1	
吡咯	$J_{1,2}$	2～3	
	$J_{1,3}$	2～3	
	$J_{2,3}$	2～3	
	$J_{3,4}$	3～4	
	$J_{2,4}$	1～2	
	$J_{2,5}$	1.5～2.5	

附录 Ⅳ 一些常见有机化合物的 ^{13}C 化学位移

表 Ⅳ-1 一些烷烃、饱和环状化合物的 δ_C 值

表 Ⅳ-2 一些烯烃化合物的 δ_C 值

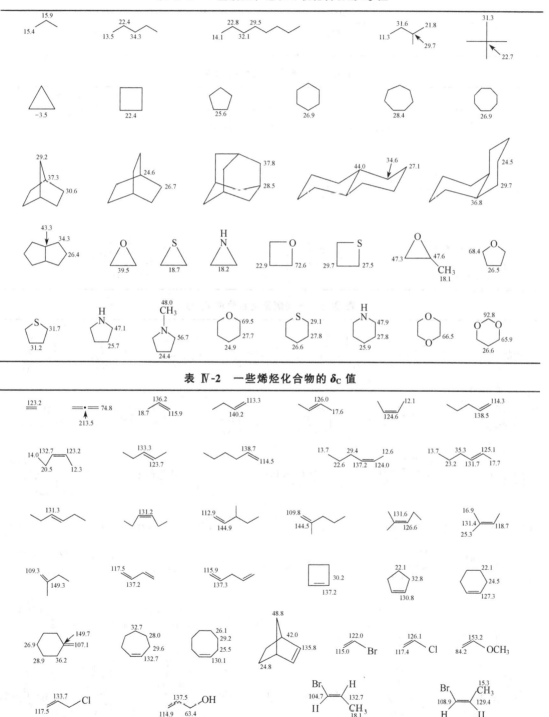

表 Ⅳ-3 一些炔烃、腈类化合物的 δ_C 值

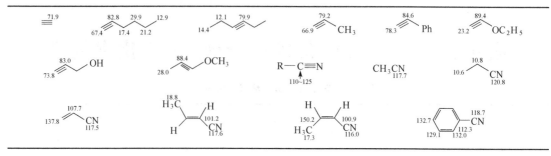

表 Ⅳ-4 一些芳香化合物的 δ_C 值

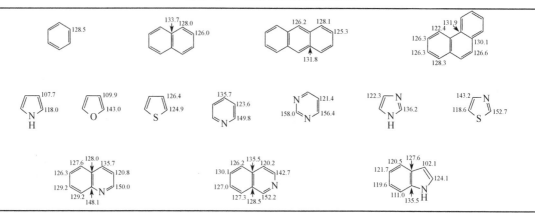

表 Ⅳ-5 一些羰基化合物的 δ_C 值

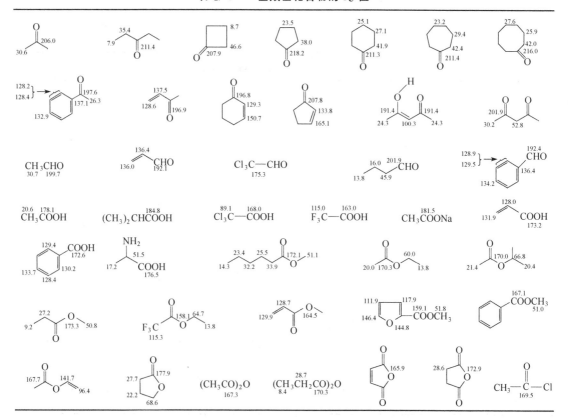

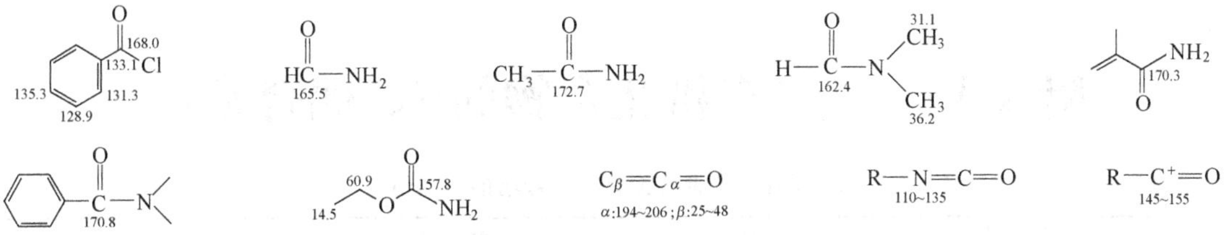
168.0
133.1
Cl
135.3
131.3
128.9
HC—NH2
165.5
CH3—C—NH2
172.7
31.1
CH3
H—C—N
162.4
CH3
36.2
NH2
170.3
170.8
60.9
157.8
14.5
NH2
Cβ=Cα=O
α:194~206;β:25~48
R—N=C=O
110~135
R—C+=O
145~155

表 Ⅳ-6 一些羰基化合物的羰基碳的 δ_C 值

$R^1—C(=O)—R^2$		$\delta_{C=O}$	$R^1—C(=O)—R^2$		$\delta_{C=O}$
CH_3—	—H	199.7	$(CH_3)_3C$—	—OH	185.9
CH_3CH_2—	—H	206.0	CH_2=CH—	—OH	171.7
$(CH_3)_2CH$—	—H	204.0	C_6H_5—	—OH	172.6
CH_2=CH—	—H	192.4	CH_3—	—OCH_3	170.7
C_6H_5—	—H	192.0	CH_3CH_2—	—OCH_3	173.3
CH_3—	—CH_3	206.0	$(CH_3)_2CH$—	—OCH_3	175.7
CH_3CH_2—	—CH_3	207.6	$(CH_3)_3C$—	—OCH_3	178.9
$(CH_3)_2CH$—	—CH_3	211.8	CH_2=CH—	—OCH_3	165.5
$(CH_3)_3C$—	—CH_3	213.5	C_6H_5—	—OCH_3	166.8
$ClCH_2$—	—CH_3	200.7	CH_3—	—NH_2	172.7
Cl_2CH—	—CH_3	193.6	CH_2=CH—	—NH_2	168.3
Cl_3C—	—CH_3	186.3	C_6H_5—	—NH_2	169.7
CH_2=CH—	—CH_3	197.2	CH_3—	—$OOCCH_3$	167.3
C_6H_5—	—CH_3	197.6	C_6H_5—	—$OOCCH_3$	162.8
CH_3—	—OH	178.1	CH_3—	—Cl	168.6
CH_3CH_2—	—OH	180.4	CH_2=CH—	—Cl	165.6
$(CH_3)_2CH$—	—OH	184.1	C_6H_5—	—Cl	168.0

附录 Ⅴ 一些有机化合物的 ^{13}C 偶合常数

表 Ⅴ-1 常见各类有机化合物的 $^1J_{CH}$ 值

化合物	$^1J_{CH}$	化合物	$^1J_{CH}$
sp³-C		**sp²-C**	
CH_4	125.0	$CH_2=CH_2$	156.2
CH_3CH_3	124.9	$CH_2=NH$	175.0
$CH_3CH_2CH_3$	119.4	$CH_2=C=CH_2$	168.2
$(CH_3)_3CH$	114.2	C_6H_6	159.0
$CH_2=CHCH_3$	122.4	$HCHO$	172.0
$CH\equiv CCH_3$	132.0	CH_3CHO	172.4
$C_6H_5CH_3$	129.0	CH_3CH_2OCHO	225.6
CH_3I	151.1	$HCOOH$	222.0
CH_3Br	151.5	$HCOOCH_3$	226.2
CH_3Cl	150.0	cis-2-butene (H,CH₃/H,CH₃)	151.9
CH_2Cl_2	178.0		
$CHCl_3$	209.0	trans-2-butene (H,CH₃/H₃C,H)	148.4
CH_3F	149.1		
CH_2F_2	184.5	(CH₃)₃C,H / H,C(CH₃)₃	143.3
CHF_3	239.1		
CH_3OH	141.0	Ph,H / Ph,H (cis-stilbene)	155.0
CH_3CH_2OH	140.2		
CH_3CH_2OH	126.9	H,Ph / Ph,H (trans-stilbene)	151.0
$(CH_3)_2CHOH$	142.8		
$(CH_3)_3COH$	126.9	cyclobutylidene=CH_2	154.9
CH_3COCH_3	140.0		
$CH_2(OCH_3)_2$	161.8	cyclopentylidene=CH_2	154.2
$CH(OCH_3)_3$	186.0		
CH_3COOH	130.0	cyclohexylidene=CH_2	153.3
CH_3CN	136.1		
CH_3NO_2	146.0	cycloheptylidene=CH_2	153.4
$CH_2(COOH)_2$	132.0		
$CH_2(CN)_2$	145.2	$H_a, H_c / H_b, F$	159.2(a)
$CH_2(NO_2)_2$	169.4		162.2(b)
$CH_2F(CN)$	166.0		200.2(c)
$CHF_2(CN)$	205.5		
CH_3CH_2CN	140.5	$CH_3-C(H)=N-OH$	163.0
CH_3CH_2CN	125.2		
CH_3NH_2	133.0		
△ (cyclopropane)	161.0		
□ (cyclobutane)	134.0	$CH_3-C(H)=N-OH$	177.0
⬠ (cyclopentane)	131.0		
⬡ (cyclohexane)	123.0		
tetrahydrofuran (β/α)	149.0(α)		
	133.0(β)		

续表

化 合 物	$^1J_{CH}$	化 合 物	$^1J_{CH}$
$HCONH_2$	188.3	$HC\equiv CCH_3$	248.0
$HCON(CH_3)_2$	191.2	$HC\equiv CC_6H_5$	251.0
$HCOF$	267.0	$HC\equiv CCH_2OH$	248.0
sp-C		$HC\equiv N$	269.0
$HC\equiv CH$	249.0		

表 Ⅴ-2 一些氘代溶剂的 $^1J_{CD}$ 值

化 合 物	$^1J_{CD}$	化 合 物	$^1J_{CD}$
C_6D_6	24	$(CD_3)_2SO$	21
CD_2Cl_2	27	CD_3COOD	20
$CDCl_3$	32	$(CD_3)_2NCDO$	21 30
$CDBr_3$	31.5	CD_3CD_2OD	22(α) 19.5(β)
CD_3NO_2	23.5	$CD_3CD_2CD_2OD$	22(α) 21(β) 19(γ)
CD_3CN	21	全氘二氧六环	22
CD_3OD	21.5	全氘四氢呋喃	22(α) 20.5(β)
$(CD_3)_2CO$	20	全氘吡啶	27.5(α) 25(β) 24.5(γ)

表 Ⅴ-3 一些有机化合物的 $^2J_{CH}$ 值

化 合 物	$^2J_{CH}$	化 合 物	$^2J_{CH}$
sp³-C		**sp²-C**	
CH_3CH_3	−4.5	$CH_2=CH_2$	−2.4
CH_3CCl_3	4.9	顺-ClHC=CHCl	16.0
CH_3CHO	26.7		
sp-C		反-ClHC=CHCl	0.8
$HC\equiv CH$	49.3		
$HC\equiv COC_6H_5$	61.0	CH_3COCH_3	5.5
$CH_3C\equiv C-O-C_6H_5$	10.8	$CH_2=CHCHO$	26.9

表 Ⅴ-4 一些含氟有机化合物的 J_{CF} 值

化 合 物	$^1J_{CF}$	$^2J_{CF}$	$^3J_{CF}$	$^4J_{CF}$
CH_3F	−157.5			
CH_2F_2	−234.8			
CHF_3	−274.3			
CF_4	−259.2			
CF_3CH_3	−271.0	40±3		
CF_3CH_2OH	−278.0	35.5		
CF_2HCH_2OH	−240.5			
CFH_2CH_2OH	−167.0			
$CF_2(CH_3)_2$	−245±10	22±3		
$CF(CH_3)_3$	−167.0			
CF_3OCF_3	−265.0			
CF_3COCF_3	−289.0	45		
$(CF_3)_2C(OH)_2$	−285.0			
$CF_3CH(OH)CH_3$	−281.1	32.3		
CFH_2COOH	−181.0			
CH_3COOH	−283.2	44		
CF_3COOCH_3	−264.6	41.8	—	4.4

269

化 合 物	$^1J_{CF}$	$^2J_{CF}$	$^3J_{CF}$	$^4J_{CF}$
F—C₆H₅	−245.3	21.0	7.7	3.3
F—C₆H₄—OCH₃	−237.6	22.8	7.8	1.7
F—C₆H₄—Cl	−246.6	24.4	9.8	4.9
F—C₆H₄—NO₂	−256.1	23.6	11.1	—
F—C₆H₄—CH₃	−252.1	20.9	8.9	—
F—C₆H₄—CH₂Br	−247.2	20.4	8.1	—
F—C₆H₄—CH₂CH₂Cl	−246.7	22.9	7.5	—
F—C₆H₄—OH	−239.2	22	7.3	
2-F-phenol (F at 1, OH at 2)	−238.3	C(2)14.7 C(6)17.0	C(3)0 C(5)6.4	
3-F-phenol (F at 1, OH at 3)	−244.2	C(2)23.6 C(6)21.1	C(3)11.7 C(5)10.0	
CF₃—C₆H₅	−271.1	32.3	3.9	1.3
CF₃—C₆H₄—Cl	−271.8	30	4.9	—
CF₃—C₆H₄—CN	−273.1	33.2	—	—
CH₃—(CH₂)₄—CH₂F	−166.6	19.9	5.3	<2
CH₃—(CH₂)₃—CH₂F	−165.4	19.8	4.9	<2
CF₂=CH₂	−287			
CF₂=O	−308.4			
CH₃CF=O	−353.0			
HCF=O	−369.0			
CF₃CH=CH₂	−270	35±5	4	
CF₃C≡CH	−255±5	58		

表 Ⅴ-5 一些三价磷有机化合物的 J_{CP} 值

化 合 物	$^1J_{CP}$	$^2J_{CP}$	$^2J_{COP}$	$^3J_{CCCP}$	$^3J_{CCOP}$	^4J
P(CH₃)₃	−13.6					
(CH₃)₄P⁺	55.5					
P(C₆H₅)₃	−12.4	19.6		6.7		
(C₆H₅)₄P⁺	88.4	10.9		12.4		2.9
P(OCH₃)₃			9.7			
P(OCH₂CH₃)₃			10.6		4.5	
P(OCH₂CH₂CH₃)₃			10.6		4.8	
HOP(OCH₃)₂			7.0			
HOP(OCH₂CH₃)₂			7.8		6.0	
HOP(OCH₂CH₂CH₃)₂			7.0		5.0	
P(OC₆H₅)₃			7.1		3.6	

续表

化 合 物	$^1J_{CP}$	$^2J_{CP}$	$^2J_{COP}$	$^3J_{CCCP}$	$^3J_{CCOP}$	^4J
$P(C_6H_5CH_2)_3$	10.0	19.6		7.1		
$P(o\text{-}CH_3C_6H_4)_3$	11.0	26.5 C(2) 4.9 C(6)		21.5 (CH_3)		
$C_6H_5PCl_2$	50.6	9.9				
$P[(CH_2)_7CH_3]_3$	11.9	14.4		13.4		
⬡P—CH_3	19(CH_3) 13C(2,6)					
⬡P—C(CH_3)_3	28(季碳) 18C(2,6)					
$(C_6H_5)_3P^+CH_3$	56.7 (CH_3) 89.0 (苯环)	10.0		12.9		
$(C_6H_5)_3P^+CH_2CH_2CH_2Br$	53.1 (烷取代) 85.9 (苯环)	0 9.8		20.0 12.4		
$(C_6H_5)_3P^+CH_2CH=CH_2$	49.6 85.7 (苯环)	13.0 9.8		9.7 12		
(⬡)_3P^+—CH_2CH_3	43.7 40.0 (环碳)	7.2 13.1		13.1		
(⬡)_3P^+—CH_2CH=CH_2	44.3 39.9 (环碳)	11.8 13.3		7.2 11.0		
(⬡)_3P^+—CH_2COCH_2CH_3	43 37.9 (环碳)	14.0		8.5		

表 Ⅴ-6 一些五价磷有机化合物的 J_{CP} 值

化 合 物	$^1J_{CP}$	$^2J_{CCP}$	$^2J_{COP}$	$^3J_{CCCP}$	$^3J_{CCOP}$
$O=P(CH_3)(OCH_3)_2$	144		6.3		
$O=P(CH_2CH_3)(OC_2H_5)_2$	143.3	7.3	6.9		6.2
$O=P(OCH_2CH_3)_3$			4.9		4.9
$O=P(OCH_2CH_2CH_3)_3$			7.0		7.0
$O=P(OCH_2CH_2CH_2CH_3)_3$			6.2		4.8
$O=P(OCH_2BrCHCH_3)_3$			4.9		9.8
$O=P(CH_2Cl)(OCH_2CH_3)_2$	158.6	7.4	4.9		
$O=P(CH_2Cl)(OCH_2CH=CH_2)_2$	158.7		4.9		4.8
$O=P(C_6H_5)_3$	105	10		12	
$O=P(OC_6H_5)_3$			7.6		5.0
$S=P(C_6H_5)_3$	85.4	14.7		12.0	
$O=P(OH)(C_6H_5)H$	≈100	14.6		12.3	
$O=P(OH)(OC_6H_5)_2$			7.0		4.7
$O=P(N_3)(C_6H_5)_2$	141.6	12.0		14.1	
$O=P(CH_2OH)(C_6H_5)_2$	98(苯环) 84(CH_2)	8.3		10.6	

续表

化 合 物	$^1J_{CP}$	$^2J_{CCP}$	$^2J_{COP}$	$^3J_{CCCP}$	$^3J_{CCOP}$
$CH_3O_2CCH=P(C_6H_5)_3$	92.3(苯环) 126.2(烯碳)	9.7 12.7 (C=O)		12.2	
$CH_3OCCH=P(C_6H_5)_3$	90.6(苯环) 107.4(烯碳)	9.8 12(C=O)		12.2 15.4 (CH_3)	
$O=P[N(CH_3)_2]_3$		3.5($^2J_{CNP}$)			
$O=P(CH_2C_6H_4\text{-}p\text{-}NH_2)(OC_2H_5)_2$	138.9	9.5	7.1	6.7	5.2

附录Ⅵ 普通碎片离子系列（主要为偶电子离子）

m/z	通 式	化 合 物 类 型
60,74,88,102…	$C_nH_{2n+2}NO$	$RCONHR'$,$RCONR'_2$（酰胺类）
	$C_nH_{2n}NO_2$	$R-CR_2-ONO$（亚硝酸酯类）
19,33,47,61…	$C_nH_{2n+3}O$	醇,多元醇,$ROR' \to ROH_2^+$ ($R'>n\text{-}C_5$)
33(34,35,45),47…	$C_nH_{2n+1}S$	烷基硫醇,硫醚
77,91,105,119…	$C_6H_5C_nH_{2n}$	烷基苯化合物
105,119,133…	$C_nH_{2n+1}C_6H_4CO$	烷基苯甲酰类化合物
63,77,91…	$C_nH_{2n+1}O_3$	碳酸酯类
78,92,106,120,134…	$C_5H_4NC_nH_{2n}$	吡啶衍生物,氨基芳香化合物
79,93,107,121…	C_nH_{2n-5}	萜类及其衍生物
38,39,50,51,63,64,75,76…		带电负性基团的芳香族化合物
39,40,51,52,65,66,77,78,79…		带供电子基团的芳香族化合物
39,53,67,81…	C_nH_{2n-3}	二烯,炔烃,环烯烃
81,95,109…	$C_nH_{2n-1}O$	烷基呋喃化合物,环状的醇、醚、醛
54,68,82,96,110…	$C_nH_{2n}CN$	烷基氰化合物,双环胺类
83,97,111,125…	$C_4H_3SC_nH_{2n}$	烷基噻吩类
69,81～84,95～97,107～110…		硫连在一个芳环上的化合物
55,69,83,97,111…	$\begin{cases}C_nH_{2n-1}\\C_nH_{2n-1}CO\end{cases}$	烯烃,环烷基（烷烃失 H_2 也产生它） 环烷基羰基,环状醇、醚
56,70,84,98,112…	$\begin{cases}C_nH_{2n}N\\C_nH_{2n}NCO\end{cases}$	烯胺,环烷胺,环状胺 异氰酸烷基酯
29,43,57,71,85…	$\begin{cases}C_nH_{2n+1}\\C_nH_{2n+1}CO\end{cases}$	烷基 饱和羰基,环烷醇,环醚
30,44,58,72,86…	$\begin{cases}C_nH_{2n+2}N\\C_nH_{2n+2}NCO\end{cases}$	脂肪饱和胺 酰胺,脲类,氨基甲酸酯类
72,86,100,144…	$C_nH_{2n}NCS$	异硫氰酸烷基酯
31,45,59,73,87,101…	$\begin{cases}C_nH_{2n+1}O\\C_nH_{2n-1}O_2\\C_nH_{2n+3}Si\\C_nH_{2n-1}S\end{cases}$	脂肪饱和醇、醚 酸,酯,环状缩醛,缩酮 烷基硅烷 硫杂环烷烃,不饱和取代的含硫化合物
31,50,69,100,119,131,169,181,193…	C_nF_m	全氟烷油（作内标用）

附录Ⅶ 从分子离子丢失的中性碎片

离子	中性碎片	可能的推断
M−1	H	醛(某些酯和胺)
M−2	H_2	—
M−14	—	同系物
M−15	CH_3	高度分支的碳链(在分支处甲基裂解),醛,酮,酯
M−16	CH_3+H	高度分支的碳链(在分支处裂解)
M−16	O	硝基物,亚砜,吡啶 N-氧化物,环氧,醌等
M−16	NH_2	$ArSO_2NH_2$,—$CONH_2$
M−17	OH	醇 R⌇OH ,羧酸 RCO⌇OH
M−17	NH_3	—
M−18	H_2O, NH_4	醇,醛,酮,胺等
M−19	F	氟化物
M−20	HF	氟化物
M−26	C_2H_2	芳烃
M−26	C≡N	腈
M−27	$CH_2=CH$	酯,R_2CHOH
M−27	HCN	氮杂环
M−28	CO, N_2	醌,甲酸酯等
M−28	C_2H_4	芳香乙醚乙酯,正丙基酮 $\left(\overset{O}{\underset{\|}{RC}}-CH_2C_2H_5\right)^{+\cdot} \rightarrow$ $\left(\overset{O}{\underset{\|}{R-C}}-CH_2\right)^{+\cdot}+C_2$,环烷烃,烯烃
M−29	C_2H_5	高度分支的碳链(在分支处乙基裂解),环烷烃
M−29	CHO	醛
M−30	C_2H_6	高度分支的碳链(在分支处裂解)
M−30	CH_2O	芳香甲醚
M−30	NO	$Ar-NO_2$
M−30	NH_2CH_2	伯胺类
M−31	OCH_3	甲酯,甲醚
M−31	CH_2OH	醇
M−31	CH_3NH_2	胺
M−32	CH_3OH	甲酯
M−32	S	
M−33	H_2O+CH_3	—
M−33	CH_2F	氟化物
M−33	HS	硫醇
M−34	H_2S	硫醇
M−35	Cl	氯化物(注意^{37}Cl同位素峰)
M−36	HCl	氯化物
M−37	H_2Cl	氯化物
M−39	C_3H_3	丙烯酯
M−40	C_3H_4	芳香化合物

续表

离　子	中性碎片	可能的推断
M−41	C_3H_5	烯烃(烯丙基裂解),丙基酯,醇
M−42	C_3H_6	丁基酮,芳香醚,正丁基芳烃,烯,丁基环烷
M−42	CH_2CO	甲基酮,芳基乙酸酯,$ArNHCOCH_3$
M−43	C_3H_7	高度分支的碳链(分支处有丙基),丙基酮,醛,酯,正丁基芳烃
M−43	NHCO	环酰胺
M−43	CH_3CO	甲基酮
M−44	CO_2	酯(碳架重排),酐
M−44	C_3H_8	高度分支的碳链
M−44	$CONH_2$	酰胺
M−44	CH_2CHOH	醛
M−45	CO_2H	羧酸
M−45	C_2H_5O	乙基醚,乙基酯
M−46	C_2H_5OH	乙酯
M−46	NO_2	$Ar—NO_2$
M−47	C_2H_4F	氟化物
M−48	SO	芳香亚砜
M−49	CH_2Cl	氯化物(注意^{37}Cl同位素峰)
M−53	C_4H_5	丁烯酯
M−55	C_4H_7	丁酯,烯
M−56	C_4H_8	$Ar-n-C_5H_{11}$,$ArO-n-C_4H_9$,$Ar-i-C_5H_{11}$,$Ar—O-i-C_4H_9$,戊基酮,戊酯
M−57	C_4H_9	丁基酮,高度分支的碳链
M−57	C_2H_5CO	乙基酮
M−58	C_4H_{10}	高度分支的碳链
M−59	C_3H_7O	丙基醚,丙基酯
M−59	$COOCH_3$	$R\text{—}\overset{\overset{O}{\|}}{C}\text{—}OCH_3$
M−60	CH_3COOH	醋酸酯
M−63	C_2H_4Cl	氯化物
M−67	C_5H_7	戊烯酯
M−69	C_5H_9	酯,烯
M−71	C_5H_{11}	高度分支的碳链,醛,酮,酯
M−72	C_5H_{12}	高度分支的碳链
M−73	$COOC_2H_5$	酯
M−74	$C_3H_6O_2$	一元羧酸甲酯
M−77	C_6H_5	芳香化合物
M−79	Br	溴化物(注意^{81}Br同位素峰)
M−127	I	碘化物

附录Ⅷ 有机化合物质谱中一些常见碎片离子[❶]（正电荷未标出）

m/z	碎 片 离 子	m/z	碎 片 离 子
14	CH_2	59	CH_3CHCH_2OH
15	CH_3	60	$(CH_2COOH+H)$, CH_2ONO
16	O	61	$(COOCH_3+2H)$, CH_2CH_2SH, CH_2SCH_3
17	OH	65	⊕≡C_5H_5 (环戊二烯正离子)
18	H_2O, NH_4		
19	F, H_3O	67	C_5H_7
20	HF	68	$CH_2CH_2CH_2C≡N$
26	$C≡N$	69	C_5H_9, CF_3, $CH_3CH=CHC=O$, $CH_2=C(CH_3)C=O$
27	C_2H_3		
28	C_2H_4, CO, $N_2(air)$, $CH=NH$	70	C_5H_{10}, (C_3H_5CO+H)
29	C_2H_5, CHO	71	C_5H_{11}, $C_3H_7C=O$
30	CH_2NH_2, NO	72	$(C_2H_5COCH_2+H)$, $C_3H_7CHNH_2$, $(CH_3)_2N=C=O$, $C_2H_5NHCHCH_3$, isomers
31	CH_2OH, OCH_3		
32	$O_2(air)$	73	$COOC_2H_5$, $C_3H_7OCH_2$
33	SH, CH_2F	74	(CH_2COOCH_3+H)
34	H_2S	75	$(COOC_2H_5+2H)$, $CH_2SC_2H_5$, $(CH_3)_2CSH$, $(CH_3O)_2CH$
35	Cl		
36	HCl	77	C_6H_5
39	C_3H_3	78	(C_6H_5+H)
40	$CH_2C≡N$	79	(C_6H_5+2H), Br
41	C_3H_5, $(CH_2C≡N+H)$, C_2H_2NH	80	吡咯-CH_2, (CH_3SS+H), HBr
42	C_3H_6		
43	C_3H_7, $CH_3C=O$, C_2H_5N	81	呋喃-CH_2, C_6H_9, 环己烯基H
44	(CH_2CHO+H), CH_3CHNH_2, CO_2, $NH_2C=O$, $(CH_3)_2N$	82	$CH_2CH_2CH_2CH_2C≡N$, CCl_2, C_6H_{10}
45	CH_3CHOH, CH_2CH_2OH, CH_2OCH_3, $COOH$, $(CH_3CH-O+H)$	83	C_6H_{11}, $CHCl_2$, 噻吩
46	NO_2	85	C_6H_{13}, $C_4H_9C=O$, $CClF_2$
47	CH_2SH, CH_3S	86	$(C_3H_7COCH_2+H)$, $C_4H_9CHNH_2$, isomers
48	(CH_2S+H)	87	C_3H_7COO, $CH_2CH_2COOCH_3$
49	CH_2Cl	88	$(CH_2COOC_2H_5+H)$
51	CHF_2		
53	C_4H_5	89	$(COOC_3H_7+2H)$, 苯基-C
54	$CH_2CH_2C≡N$		
55	C_4H_7, $CH_2=CHC=O$	90	CH_3CHONO_2, 苯基-CH
56	C_4H_8		
57	C_4H_9, $C_2H_5C=O$	91	苯基-CH_2, [苯基-$CH+H$]
58	(CH_3COCH_2+H), $C_2H_5CHNH_2$, $(CH_3)_2NCH_2$, $C_2H_5NHCH_2$, C_2H_2S		
59	$(CH_3)_2COH$, $CH_2OC_2H_5$, $COOCH_3$, (NH_2COCH_2+H), CH_3OCHCH_3		

[❶] 碎片+nH（n=1, 2, 3…）表示的离子涉及到氢原子重排而产生的离子。

续表

m/z	碎片离子	m/z	碎片离子
91	[C₆H₅-C+2H], (CH₂)₄Cl, C₆H₄N	111	噻吩-C=O
92	吡啶-CH₂, [C₆H₅-CH₂+H]	119	CF₃CF₂, C₆H₅C(CH₃)₂
93	CH₂Br, C₇H₉ (terpenes), 邻甲基苯酚, 苯氧基, 吡咯-C=O		甲基苯-CHCH₃, 甲基苯-C=O
94	[C₆H₅O+H], 吡咯-NH-C=O	120	环己二烯酮-C=O
95	呋喃-C=O	121	羟基苯-C=O, 甲氧基苯-CH₂
96	CH₂CH₂CH₂CH₂CH₂C≡N		
97	C₇H₁₃, 噻吩-S-CH₂		C₉H₁₃ (terpenes), 亚硝基环己二烯亚胺
98	[呋喃-CH₂O+H]		
99	C₇H₁₅, C₆H₁₁O	123	氟苯-C=O
100	(C₄H₉COCH₂+H), C₅H₁₁CHNH₂		
101	COOC₄H₉	125	C₆H₅-S→O
102	(CH₂COOC₃H₇+H)	127	I
103	(COOC₄H₉+2H), C₅H₁₁S, CH(OC₂H₅)₂	131	C₃F₅, C₆H₅-CH=CH-C=O
104	C₂H₅CHONO₂	135	(CH₂)₄Br
105	C₆H₅-C=O, C₆H₅-CH₂CH₂, C₆H₅-CHCH₃	138	[水杨酸+H]
106	C₆H₅-NHCH₂	139	氯苯-C=O
107	C₆H₅-CH₂O, 甲基苯酚-CH₂, 二羟基甲苯-CH₂	140	[邻苯二甲酸酐+H]
108	[C₆H₅-CH₂O+H], N-甲基吡咯-C=O	154	联苯
109	环己烯-C=O		

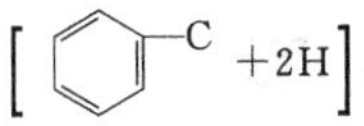

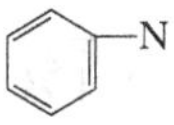

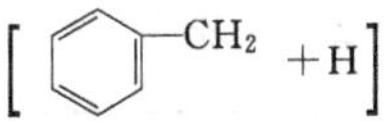

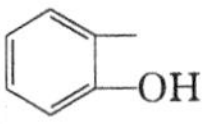

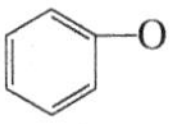

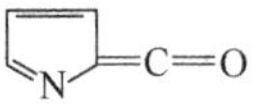

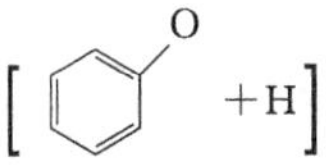

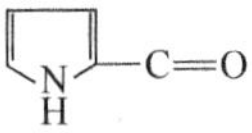

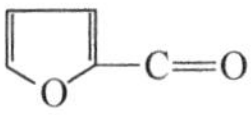

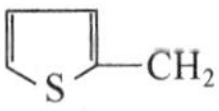

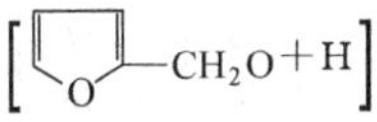

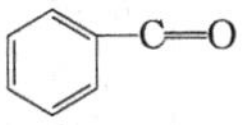

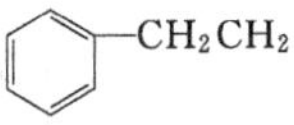

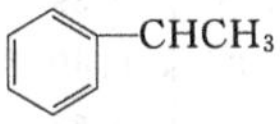

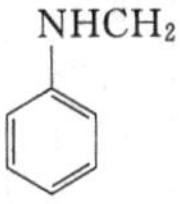

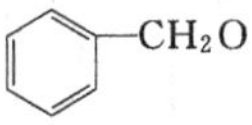

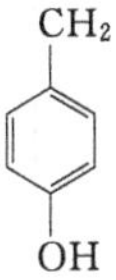

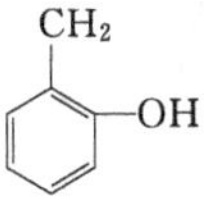

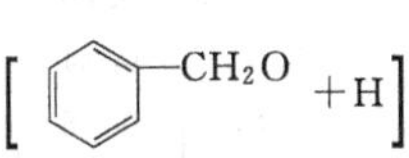

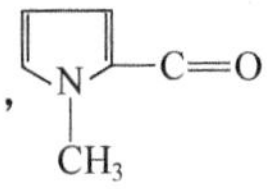

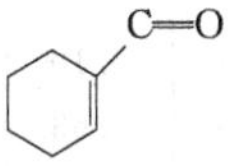

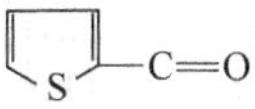

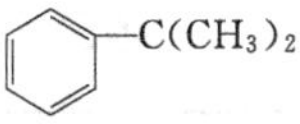

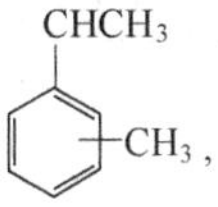

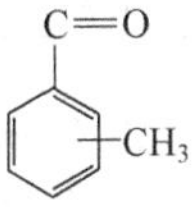

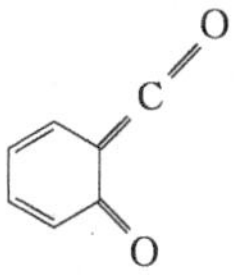

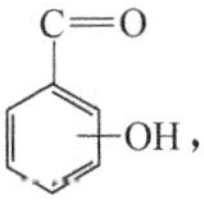

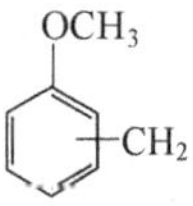

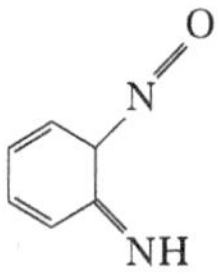

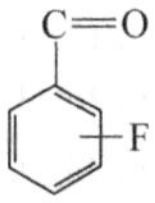

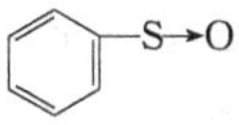

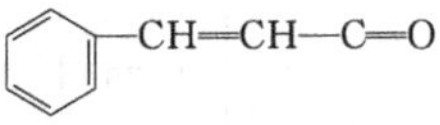

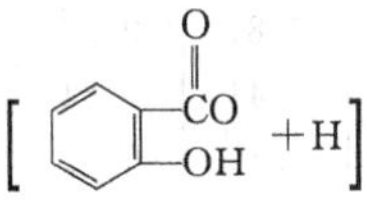

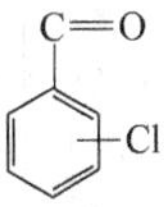

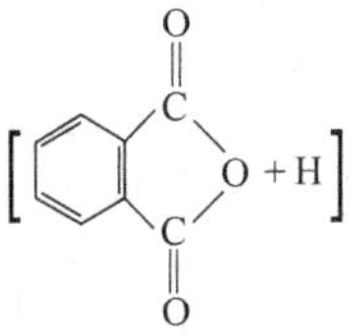

277

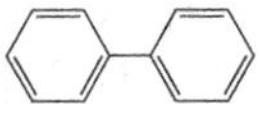

附录 IX 部分贝农（Beynon）表

碳、氢、氮、氧不同组合的质量和同位素丰度比[①]

分子式	M+1	M+2	MW	分子式	M+1	M+2	MW
100				C_7HO	7.62	0.45	101.0027
CN_4O_2	2.68	0.43	100.0022	C_7H_3N	7.99	0.28	101.0266
$C_2N_2O_3$	3.04	0.63	99.9909	C_8H_5	8.72	0.33	101.0391
$C_2H_2N_3O_2$	3.42	0.45	100.0147	**102**			
$C_2H_4N_4O$	3.79	0.26	100.0386	CN_3O_3	2.34	0.62	101.9940
C_3O_4	3.40	0.84	99.9796	$CH_2N_4O_2$	2.72	0.43	102.0178
$C_3H_2NO_3$	3.77	0.65	100.0034	C_2NO_4	2.70	0.83	101.9827
$C_3H_4N_2O_2$	4.15	0.47	100.0273	$C_2H_2N_2O_3$	3.07	0.64	102.0065
$C_3H_6N_3O$	4.52	0.28	100.0511	$C_2H_4N_3O_2$	3.45	0.45	102.0304
$C_3H_8N_4$	4.90	0.10	100.0750	$C_2H_6N_4O$	3.82	0.26	102.0542
$C_4H_4O_3$	4.50	0.68	100.0160	$C_3H_2O_4$	3.43	0.84	101.9953
$C_4H_6NO_2$	4.88	0.50	100.0399	$C_3H_4NO_3$	3.80	0.66	102.0191
$C_4H_8N_2O$	5.25	0.31	100.0637	$C_3H_6N_2O_2$	4.18	0.47	102.0429
$C_4H_{10}N_3$	5.63	0.13	100.0876	$C_3H_8N_3O$	4.55	0.28	102.0668
$C_5H_8O_2$	5.61	0.53	100.0524	$C_3H_{10}N_4$	4.93	0.10	102.0907
$C_5H_{10}NO$	5.98	0.35	100.0763	$C_4H_6O_3$	4.54	0.68	102.0317
$C_5H_{12}N_2$	6.36	0.17	100.1001	$C_4H_8NO_2$	4.91	0.50	102.0555
$C_6H_{12}O$	6.71	0.39	100.0888	$C_4H_{10}N_2O$	5.28	0.32	102.0794
$C_6H_{14}N$	7.09	0.22	100.1127	$C_4H_{12}N_3$	5.66	0.13	102.1032
C_6N_2	7.25	0.23	100.0062	$C_5H_{10}O_2$	5.64	0.53	102.0681
C_7H_{16}	7.82	0.26	100.1253	$C_5H_{12}NO$	6.02	0.35	102.0919
C_7O	7.60	0.45	99.9949	$C_5H_{14}N_2$	6.39	0.17	102.1158
C_7H_2N	7.98	0.28	100.0187	C_5N_3	6.55	0.18	102.0093
C_8H_4	8.71	0.33	100.0313	$C_6H_{14}O$	6.75	0.39	102.1045
101				C_6NO	6.90	0.40	101.9980
CHN_4O_2	2.70	0.43	101.0100	$C_6H_2N_2$	7.28	0.23	102.0218
$C_2HN_2O_3$	3.06	0.64	100.9987	C_7H_2O	7.64	0.45	102.0106
$C_2H_3N_3O_2$	3.43	0.45	101.0226	C_7H_4N	8.01	0.28	102.0344
$C_2H_5N_4O$	3.81	0.26	101.0464	C_8H_6	8.74	0.34	102.0470
C_3HO_4	3.41	0.84	100.9874	**103**			
$C_3H_3NO_3$	3.79	0.65	101.0113	CHN_3O_3	2.36	0.62	103.0018
$C_3H_5N_2O_2$	4.16	0.47	101.0351	$CH_3N_4O_2$	2.73	0.43	103.0257
$C_3H_7N_3O$	4.54	0.28	101.0590	C_2HNO_4	2.72	0.83	102.9905
$C_3H_9N_4$	4.91	0.10	101.0829	$C_2H_3N_2O_3$	3.09	0.64	103.0144
$C_4H_5O_3$	4.52	0.68	101.0238	$C_2H_5N_3O_2$	3.46	0.45	103.0382
$C_4H_7NO_2$	4.89	0.50	101.0477	$C_2H_7N_4O$	3.84	0.26	103.0621
$C_4H_9N_2O$	5.27	0.31	101.0715	$C_3H_3O_4$	3.45	0.84	103.0031
$C_4H_{11}N_3$	5.64	0.13	101.0954	$C_3H_5NO_3$	3.82	0.66	103.0269
$C_5H_9O_2$	5.63	0.53	101.0603	$C_3H_7N_2O_2$	4.19	0.47	103.0508
$C_5H_{11}NO$	6.00	0.35	101.0841	$C_3H_9N_3O$	4.57	0.29	103.0746
$C_5H_{13}N_2$	6.37	0.17	101.1080	$C_3H_{11}N_4$	4.94	0.10	103.0985
$C_6H_{13}O$	6.73	0.39	101.0967	$C_4H_7O_3$	4.55	0.68	103.0395
$C_6H_{15}N$	7.11	0.22	101.1205	$C_4H_9NO_2$	4.93	0.50	103.0634
C_6HN_2	7.26	0.23	101.0140	$C_4H_{11}N_2O$	5.30	0.32	103.0872

续表

分子式	M+1	M+2	MW	分子式	M+1	M+2	MW
$C_4H_{13}N_3$	5.67	0.14	103.1111	C_5HN_2O	6.22	0.36	105.0089
$C_5H_{11}O_2$	5.66	0.53	103.0759	$C_5H_3N_3$	6.60	0.19	105.0328
$C_5H_{13}NO$	6.03	0.35	103.0998	C_6HO_2	6.58	0.58	104.9976
C_5HN_3	6.56	0.18	103.0171	C_6H_3NO	6.95	0.41	105.0215
C_6HNO	6.92	0.40	103.0058	$C_6H_5N_2$	7.33	0.23	105.0453
$C_6H_3N_2$	7.29	0.23	103.0297	C_7H_5O	7.68	0.45	105.0340
C_7H_3O	7.65	0.45	103.0184	C_7H_7N	8.06	0.28	105.0579
C_7H_5N	8.03	0.28	103.0422	C_8H_9	8.79	0.34	105.0705
C_8H_7	8.76	0.34	103.0548	**106**			
104				$CH_2N_2O_4$	2.03	0.82	106.0014
CN_2O_4	2.00	0.81	103.9858	$CH_4N_3O_3$	2.41	0.62	106.0253
$CH_2N_3O_3$	2.37	0.62	104.0096	$CH_6N_4O_2$	2.78	0.43	106.0491
$CH_4N_4O_2$	2.75	0.43	104.0335	$C_2H_4NO_4$	2.76	0.83	106.0140
$C_2H_2NO_4$	2.73	0.83	103.9983	$C_2H_6N_2O_3$	3.14	0.64	106.0379
$C_2H_4N_2O_3$	3.11	0.64	104.0222	$C_2H_8N_3O_2$	3.51	0.45	106.0617
$C_2H_6N_3O_2$	3.48	0.45	104.0460	$C_2H_{10}N_4O$	3.89	0.26	106.0856
$C_2H_8N_4O$	3.85	0.26	104.0699	$C_3H_6O_4$	3.49	0.85	106.0266
$C_3H_4O_4$	3.46	0.84	104.0109	$C_3H_8NO_3$	3.87	0.66	106.0504
$C_3H_6NO_3$	3.84	0.66	104.0348	$C_3H_{10}N_2O_2$	4.24	0.47	106.0743
$C_3H_8N_2O_2$	4.21	0.47	104.0586	$C_4H_{10}O_3$	4.60	0.68	106.0630
$C_3H_{10}N_3O$	4.59	0.29	104.0825	C_4N_3O	5.51	0.33	106.0042
$C_3H_{12}N_4$	4.96	0.10	104.1063	$C_4H_2N_4$	5.88	0.15	106.0280
$C_4H_8O_3$	4.57	0.68	104.0473	C_5NO_2	5.86	0.54	105.9929
$C_4H_{10}NO_2$	4.94	0.50	104.0712	$C_5H_2N_2O$	6.24	0.36	106.0167
$C_4H_{12}N_2O$	5.32	0.32	104.0950	$C_5H_4N_3$	6.61	0.19	106.0406
C_4N_4	5.85	0.14	104.0124	$C_6H_2O_2$	6.59	0.58	106.0054
$C_5H_{12}O_2$	5.67	0.53	104.0837	C_6H_4NO	6.97	0.41	106.0293
C_5N_2O	6.20	0.36	104.0011	$C_6H_6N_2$	7.34	0.23	106.0532
$C_5H_2N_3$	6.58	0.19	104.0249	C_7H_6O	7.70	0.46	106.0419
C_6O_2	6.56	0.58	103.9898	C_7H_8N	8.07	0.28	106.0657
C_6H_2NO	6.94	0.41	104.0136	C_8H_{10}	8.80	0.34	106.0783
$C_6H_4N_2$	7.31	0.23	104.0375	**107**			
C_7H_4O	7.67	0.45	104.0262	$CH_3N_2O_4$	2.05	0.82	107.0093
C_7H_6N	8.04	0.28	104.0501	$CH_5N_3O_3$	2.42	0.62	107.0331
C_8H_8	8.77	0.34	104.0626	$CH_7N_4O_2$	2.80	0.43	107.0570
105				$C_2H_5NO_4$	2.78	0.83	107.0218
CHN_2O_4	2.02	0.81	104.9936	$C_2H_7N_2O_3$	3.15	0.64	107.0457
$CH_3N_3O_3$	2.39	0.62	105.0175	$C_2H_9N_3O_2$	3.53	0.45	107.0695
$CH_5N_4O_2$	2.76	0.43	105.0413	$C_3H_7O_4$	3.51	0.85	107.0344
$C_2H_3NO_4$	2.75	0.83	105.0062	$C_3H_9NO_3$	3.88	0.66	107.0583
$C_2H_5N_2O_3$	3.12	0.64	105.0300	C_4HN_3O	5.52	0.33	107.0120
$C_2H_7N_3O_2$	3.50	0.45	105.0539	$C_4H_3N_4$	5.90	0.15	107.0359
$C_2H_9N_4O$	3.87	0.26	105.0777	C_5HNO_2	5.88	0.54	107.0007
$C_3H_5O_4$	3.48	0.84	105.0187	$C_5H_3N_2O$	6.25	0.37	107.0246
$C_3H_7NO_3$	3.85	0.66	105.0426	$C_5H_5N_3$	6.63	0.19	107.0484
$C_3H_9N_2O_2$	4.23	0.47	105.0664	$C_6H_3O_2$	6.61	0.58	107.0133
$C_3H_{11}N_3O$	4.60	0.29	105.0903	C_6H_5NO	6.98	0.41	107.0371
$C_4H_9O_3$	4.58	0.68	105.0552	$C_6H_7N_2$	7.36	0.23	107.0610
$C_4H_{11}NO_2$	4.96	0.50	105.0790	C_7H_7O	7.72	0.46	107.0497
C_4HN_4	5.86	0.15	105.0202	C_7H_9N	8.09	0.29	107.0736

续表

分子式	M+1	M+2	MW	分子式	M+1	M+2	MW
C_8H_{11}	8.82	0.34	107.0861	$C_5H_2O_3$	5.55	0.73	110.0003
108				$C_5H_4NO_2$	5.93	0.55	110.0242
$CH_4N_2O_4$	2.06	0.82	108.0171	$C_5H_6N_2O$	6.30	0.37	110.0480
$CH_6N_3O_3$	2.44	0.62	108.0410	$C_5H_8N_3$	6.68	0.19	110.0719
$CH_8N_4O_2$	2.81	0.43	108.0648	$C_6H_6O_2$	6.66	0.59	110.0368
$C_2H_6NO_4$	2.80	0.83	108.0297	C_6H_8NO	7.03	0.41	110.0606
$C_2H_8N_2O_3$	3.17	0.64	108.0535	$C_6H_{10}N_2$	7.41	0.24	110.0845
$C_3H_8O_4$	3.53	0.85	108.0422	$C_7H_{10}O$	7.76	0.46	110.0732
C_3N_4O	4.81	0.30	108.0073	$C_7H_{12}N$	8.14	0.29	110.0970
$C_4N_2O_2$	5.16	0.51	107.9960	C_8H_{14}	8.87	0.35	110.1096
$C_4H_2N_3O$	5.54	0.33	108.0198	C_8N	9.03	0.36	110.0031
$C_4H_4N_4$	5.91	0.15	108.0437	C_9H_2	9.76	0.42	110.0157
C_5O_3	5.52	0.72	107.9847	**111**			
$C_5H_2NO_2$	5.89	0.54	108.0085	$C_3HN_3O_2$	4.48	0.48	111.0069
$C_5H_4N_2O$	6.27	0.37	108.0324	$C_3H_3N_4O$	4.85	0.30	111.0308
$C_5H_6N_3$	6.64	0.19	108.0563	C_4HNO_3	4.84	0.69	110.9956
$C_6H_4O_2$	6.63	0.59	108.0211	$C_4H_3N_2O_2$	5.21	0.51	111.0195
C_6H_6NO	7.00	0.41	108.0449	$C_4H_5N_3O$	5.59	0.33	111.0433
$C_6H_8N_2$	7.37	0.24	108.0688	$C_4H_7N_4$	5.96	0.15	111.0672
C_7H_8O	7.73	0.46	108.0575	$C_5H_3O_3$	5.57	0.73	111.0082
$C_7H_{10}N$	8.11	0.29	108.0814	$C_5H_5NO_2$	5.94	0.55	111.0320
C_8H_{12}	8.84	0.34	108.0939	$C_5H_7N_2O$	6.32	0.37	111.0559
C_9	9.73	0.42	108.0000	$C_5H_9N_3$	6.69	0.19	111.0798
109				$C_6H_7O_2$	6.67	0.59	111.0446
$CH_5N_2O_4$	2.08	0.82	109.0249	C_6H_9NO	7.05	0.41	111.0684
$CH_7N_3O_3$	2.45	0.62	109.0488	$C_6H_{11}N_2$	7.42	0.24	111.0923
$C_2H_7NO_4$	2.81	0.83	109.0375	$C_7H_{11}O$	7.78	0.46	111.0810
C_3HN_4O	4.82	0.30	109.0151	$C_7H_{13}N$	8.15	0.29	111.1049
$C_4HN_2O_2$	5.18	0.51	109.0038	C_8H_{15}	8.88	0.35	111.1174
$C_4H_3N_3O$	5.55	0.33	109.0277	C_8HN	9.04	0.36	111.0109
$C_4H_5N_4$	5.93	0.15	109.0515	C_9H_3	9.77	0.43	111.0235
C_5HO_3	5.54	0.73	108.9925	**112**			
$C_5H_3NO_2$	5.91	0.55	109.0164	$C_2N_4O_2$	3.77	0.46	112.0022
$C_5H_5N_2O$	6.29	0.37	109.0402	$C_3N_2O_3$	4.12	0.67	111.9909
$C_5H_7N_3$	6.66	0.19	109.0641	$C_3H_2N_3O_2$	4.50	0.48	112.0147
$C_6H_5O_2$	6.64	0.59	109.0289	$C_3H_4N_4O$	4.87	0.30	112.0386
C_6H_7NO	7.02	0.41	109.0528	C_4O_4	4.48	0.88	111.9796
$C_6H_9N_2$	7.39	0.24	109.0767	$C_4H_2NO_3$	4.85	0.70	112.0034
C_7H_9O	7.75	0.46	109.0653	$C_4H_4N_2O_2$	5.23	0.51	112.0273
$C_7H_{11}N$	8.12	0.29	109.0892	$C_4H_6N_3O$	5.60	0.33	112.0511
C_8H_{13}	8.85	0.35	109.1018	$C_4H_8N_4$	5.98	0.15	112.0750
C_9H	9.74	0.42	109.0078	$C_5H_4O_3$	5.58	0.73	112.0160
110				$C_5H_6NO_2$	5.96	0.55	112.0399
$CH_6N_2O_4$	2.10	0.82	110.0328	$C_5H_8N_2O$	6.33	0.37	112.0637
$C_3N_3O_2$	4.46	0.48	109.9991	$C_5H_{10}N_3$	6.71	0.19	112.0876
$C_3H_2N_4O$	4.84	0.30	110.0229	$C_6H_8O_2$	6.69	0.59	112.0524
C_4NO_3	4.82	0.69	109.9878	$C_6H_{10}NO$	7.06	0.41	113.0763
$C_4H_2N_2O_2$	5.20	0.51	110.0116	$C_6H_{12}N_2$	7.44	0.24	112.1001
$C_4H_4N_3O$	5.57	0.33	110.0355	$C_7H_{12}O$	7.80	0.46	112.0888
$C_4H_6N_4$	5.94	0.15	110.0594	$C_7H_{14}N$	8.17	0.29	112.1127

续表

分 子 式	M+1	M+2	MW	分 子 式	M+1	M+2	MW
C_7N_2	8.33	0.30	112.0062	$C_7H_{16}N$	8.20	0.29	114.1284
C_8H_{16}	8.90	0.35	112.1253	C_7NO	7.98	0.48	113.9980
C_8O	8.68	0.53	111.9949	$C_7H_2N_2$	8.36	0.31	114.0218
C_8H_2N	9.06	0.36	112.0187	C_8H_{18}	8.93	0.35	114.1409
C_9H_4	9.79	0.43	112.0313	C_8H_2O	8.72	0.53	114.0106
113				C_8H_4N	9.09	0.37	114.0344
$C_2HN_4O_2$	3.78	0.46	113.0100	C_9H_6	9.82	0.43	114.0470
$C_3HN_2O_3$	4.14	0.67	112.9987	**115**			
$C_3H_3N_3O_2$	4.51	0.48	113.0226	$C_2HN_3O_3$	3.44	0.65	115.0018
$C_3H_5N_4O$	4.89	0.30	113.0464	$C_2H_3N_4O_2$	3.81	0.46	115.0257
C_4HO_4	4.49	0.88	112.9874	C_3HNO_4	3.80	0.86	114.9905
$C_4H_3NO_3$	4.87	0.70	113.0113	$C_3H_3N_2O_3$	4.17	0.67	115.0114
$C_4H_5N_2O_2$	5.24	0.51	113.0351	$C_3H_5N_3O_2$	4.54	0.48	115.0382
$C_4H_7N_3O$	5.62	0.33	113.0590	$C_3H_7N_4O$	4.92	0.30	115.0621
$C_4H_9N_4$	5.99	0.15	113.0829	$C_4H_3O_4$	4.53	0.88	115.0031
$C_5H_5O_3$	5.60	0.73	113.0238	$C_4H_5NO_3$	4.90	0.70	115.0269
$C_5H_7NO_2$	5.97	0.55	113.0477	$C_4H_7N_2O_2$	5.28	0.52	115.0508
$C_5H_9N_2O$	6.35	0.37	113.0715	$C_4H_9N_3O$	5.65	0.33	115.0746
$C_5H_{11}N_3$	6.72	0.19	113.0954	$C_4H_{11}N_4$	6.02	0.16	115.0985
$C_6H_9O_2$	6.71	0.59	113.0603	$C_5H_7O_3$	5.63	0.73	115.0395
$C_6H_{11}NO$	7.08	0.42	113.0841	$C_5H_9NO_2$	6.01	0.55	115.0634
$C_6H_{13}N_2$	7.45	0.24	113.1080	$C_5H_{11}N_2O$	6.38	0.37	115.0872
$C_7H_{13}O$	7.81	0.46	113.0967	$C_5H_{13}N_3$	6.76	0.20	115.1111
$C_7H_{15}N$	8.19	0.29	113.1205	$C_6H_{11}O_2$	6.74	0.59	115.0759
C_7HN_2	8.34	0.31	113.0140	$C_6H_{13}NO$	7.11	0.42	115.0998
C_8H_{17}	8.92	0.35	113.1331	$C_6H_{15}N_2$	7.49	0.24	115.1236
C_8HO	8.70	0.53	113.0027	C_6HN_3	7.64	0.25	115.0171
C_8H_3N	9.07	0.36	113.0266	$C_7H_{15}O$	7.84	0.47	115.1123
C_9H_5	9.81	0.43	113.0391	$C_7H_{17}N$	8.22	0.30	115.1362
114				C_7HNO	8.00	0.48	115.0058
$C_2N_3O_3$	3.42	0.65	113.9940	$C_7H_3N_2$	8.38	0.31	115.0297
$C_2H_2N_4O_2$	3.80	0.46	114.0178	C_8H_3O	8.73	0.53	115.0184
C_3NO_4	3.78	0.86	113.9827	C_8H_5N	9.11	0.37	115.0422
$C_3H_2N_2O_3$	4.15	0.67	114.0065	C_9H_7	9.84	0.43	115.0548
$C_3H_4N_3O_2$	4.53	0.48	114.0304	**116**			
$C_3H_6N_4O$	4.90	0.30	114.0542	$C_2N_2O_4$	3.08	0.84	115.9858
$C_4H_2O_4$	4.51	0.88	113.9953	$C_2H_2N_3O_3$	3.45	0.65	116.0096
$C_4H_4NO_3$	4.89	0.70	114.0191	$C_2H_4N_4O_2$	3.83	0.46	116.0335
$C_4H_6N_2O_2$	5.26	0.51	114.0429	$C_3H_2NO_4$	3.81	0.86	115.9983
$C_4H_8N_3O$	5.63	0.33	114.0668	$C_3H_4N_2O_3$	4.19	0.67	116.0222
$C_4H_{10}N_4$	6.01	0.15	114.0907	$C_3H_6N_3O_2$	4.56	0.49	116.0460
$C_5H_6O_3$	5.62	0.73	114.0317	$C_3H_8N_4O$	4.93	0.30	116.0699
$C_5H_8NO_2$	5.99	0.55	114.0555	$C_4H_4O_4$	4.54	0.88	116.0109
$C_5H_{10}N_2O$	6.37	0.37	114.0794	$C_4H_6NO_3$	4.92	0.70	116.0348
$C_5H_{12}N_3$	6.74	0.20	114.1032	$C_4H_8N_2O_2$	5.29	0.52	116.0586
$C_6H_{10}O_2$	6.72	0.59	114.0681	$C_4H_{10}N_3O$	5.67	0.34	116.0825
$C_6H_{12}NO$	7.10	0.42	114.0919	$C_4H_{12}N_4$	6.04	0.16	116.1063
$C_6H_{14}N_2$	7.47	0.24	114.1158	$C_5H_8O_3$	5.65	0.73	116.0473
C_6N_3	7.63	0.25	114.0093	$C_5H_{10}NO_2$	6.02	0.55	116.0712
$C_7H_{14}O$	7.83	0.47	114.1045	$C_5H_{12}N_2O$	6.40	0.37	116.0950

分子式	M+1	M+2	MW	分子式	M+1	M+2	MW
$C_5H_{14}N_3$	6.77	0.20	116.1189	$C_4H_6O_4$	4.57	0.88	118.0266
C_5N_4	6.93	0.21	116.0124	$C_4H_8NO_3$	4.95	0.70	118.0504
$C_6H_{12}O_2$	6.75	0.59	116.0837	$C_4H_{10}N_2O_2$	5.32	0.52	118.0743
$C_6H_{14}NO$	7.13	0.42	116.1076	$C_4H_{12}N_3O$	5.70	0.34	118.0981
$C_6H_{16}N_2$	7.50	0.24	116.1315	$C_4H_{14}N_4$	6.07	0.16	118.1220
C_6N_2O	7.29	0.43	116.0011	$C_5H_{10}O_3$	5.68	0.73	118.0630
$C_6H_2N_3$	7.66	0.26	116.0249	$C_5H_{12}NO_2$	6.05	0.55	118.0868
$C_7H_{16}O$	7.86	0.47	116.1202	$C_5H_{14}N_2O$	6.43	0.38	118.1107
C_7O_2	7.64	0.65	115.9898	C_5N_3O	6.59	0.39	118.0042
C_7H_2NO	8.02	0.48	116.0136	$C_5H_2N_4$	6.96	0.21	118.0280
$C_7H_4N_2$	8.39	0.31	116.0375	$C_6H_{14}O_2$	6.79	0.60	118.0994
C_8H_4O	8.75	0.54	116.0262	C_6NO_2	6.94	0.61	117.9929
C_8H_6N	9.12	0.37	116.0501	$C_6H_2N_2O$	7.32	0.43	118.0167
C_9H_8	9.85	0.43	116.0626	$C_6H_4N_3$	7.69	0.26	118.0406
117				$C_7H_2O_2$	7.67	0.65	118.0054
$C_2HN_2O_4$	3.10	0.84	116.9936	C_7H_4NO	8.05	0.48	118.0293
$C_2H_3N_3O_3$	3.47	0.65	117.0175	$C_7H_6N_2$	8.42	0.31	118.0532
$C_2H_5N_4O_2$	3.85	0.46	117.0413	C_8H_6O	8.78	0.54	118.0419
$C_3H_3NO_4$	3.83	0.86	117.0062	C_8H_8N	9.15	0.37	118.0657
$C_3H_5N_2O_3$	4.20	0.67	117.0300	C_9H_{10}	9.89	0.44	118.0783
$C_3H_7N_3O_2$	4.58	0.49	117.0539	**119**			
$C_3H_9N_4O$	4.95	0.30	117.0777	$C_2H_3N_2O_4$	3.13	0.84	119.0093
$C_4H_5O_4$	4.56	0.88	117.0187	$C_2H_5N_3O_3$	3.50	0.65	119.0331
$C_4H_7NO_3$	4.93	0.70	117.0426	$C_2H_7N_4O_2$	3.88	0.46	119.0570
$C_4H_9N_2O_2$	5.31	0.52	117.0664	$C_3H_5NO_4$	3.86	0.86	119.0218
$C_4H_{11}N_3O$	5.68	0.34	117.0903	$C_3H_7N_2O_3$	4.23	0.67	119.0457
$C_4H_{13}N_4$	6.06	0.16	117.1142	$C_3H_9N_3O_2$	4.61	0.49	119.0695
$C_5H_9O_3$	5.66	0.73	117.0552	$C_3H_{11}N_4O$	4.98	0.30	119.0934
$C_5H_{11}NO_2$	6.04	0.55	117.0790	$C_4H_7O_4$	4.59	0.88	119.0344
$C_5H_{13}N_2O$	6.41	0.38	117.1029	$C_4H_9NO_3$	4.97	0.70	119.0583
$C_5H_{15}N_3$	6.79	0.20	117.1267	$C_4H_{11}N_2O_2$	5.34	0.52	119.0821
C_5HN_4	6.94	0.21	117.0202	$C_4H_{13}N_3O$	5.71	0.34	119.1060
$C_6H_{13}O_2$	6.77	0.60	117.0916	$C_5H_{11}O_3$	5.70	0.73	119.0708
$C_6H_{15}NO$	7.14	0.42	117.1154	$C_5H_{13}NO_2$	6.07	0.56	119.0947
C_6HN_2O	7.30	0.43	117.0089	C_5HN_3O	6.60	0.39	119.0120
$C_6H_3N_3$	7.68	0.26	117.0328	$C_5H_3N_4$	6.98	0.21	119.0359
C_7HO_2	7.66	0.65	116.9976	C_6HNO_2	6.96	0.61	119.0007
C_7H_3NO	8.03	0.48	117.0215	$C_6H_3N_2O$	7.33	0.43	119.0246
$C_7H_5N_2$	8.41	0.31	117.0453	$C_6H_5N_3$	7.71	0.26	119.0484
C_8H_5O	8.76	0.54	117.0340	$C_7H_3O_2$	7.69	0.66	119.0133
C_8H_7N	9.14	0.37	117.0579	C_7H_5NO	8.06	0.48	119.0371
C_9H_9	9.87	0.43	117.0705	$C_7H_7N_2$	8.44	0.31	119.0610
118				C_8H_7O	8.80	0.54	119.0497
$C_2H_2N_2O_4$	3.11	0.84	118.0014	C_8H_9N	9.17	0.37	119.0736
$C_2H_4N_3O_3$	3.49	0.65	118.0253	C_9H_{11}	9.90	0.44	119.0861
$C_2H_6N_4O_2$	3.86	0.46	118.0491	**120**			
$C_3H_4NO_4$	3.84	0.86	118.0140	$C_2H_4N_2O_4$	3.14	0.84	120.0171
$C_3H_6N_2O_3$	4.22	0.67	118.0379	$C_2H_6N_3O_3$	3.52	0.65	120.0410
$C_3H_8N_3O_2$	4.59	0.49	118.0617	$C_2H_8N_4O_2$	3.89	0.46	120.0648
$C_3H_{10}N_4O$	4.97	0.30	118.0856	$C_3H_6NO_4$	3.88	0.86	120.0297

续表

分子式	M+1	M+2	MW	分子式	M+1	M+2	MW
$C_3H_8N_2O_3$	4.25	0.67	120.0535	$C_3H_8NO_4$	3.91	0.86	122.0453
$C_3H_{10}N_3O_2$	4.62	0.49	120.0774	$C_3H_{10}N_2O_3$	4.28	0.67	122.0692
$C_3H_{12}N_4O$	5.00	0.30	120.1012	$C_4H_{10}O_4$	4.64	0.89	122.0579
$C_4H_8O_4$	4.61	0.88	120.0422	$C_4N_3O_2$	5.54	0.53	121.9991
$C_4H_{10}NO_3$	4.98	0.70	120.0661	$C_4H_2N_4O$	5.92	0.35	122.0229
$C_4H_{12}N_2O_2$	5.36	0.52	120.0899	C_5NO_3	5.90	0.75	121.9878
C_4N_4O	5.89	0.35	120.0073	$C_5H_2N_2O_2$	6.28	0.57	122.0116
$C_5H_{12}O_3$	5.71	0.74	120.0786	$C_5H_4N_3O$	6.65	0.39	122.0355
$C_5N_2O_2$	6.24	0.57	119.9960	$C_5H_6N_4$	7.02	0.21	122.0594
$C_5H_2N_3O$	6.62	0.39	120.0198	$C_6H_2O_3$	6.63	0.79	122.0003
$C_5H_4N_4$	6.99	0.21	120.0437	$C_6H_4NO_2$	7.01	0.61	122.0242
C_6O_3	6.60	0.78	119.9847	$C_6H_6N_2O$	7.38	0.44	122.0480
$C_6H_2NO_2$	6.98	0.61	120.0085	$C_6H_8N_3$	7.76	0.26	122.0719
$C_6H_4N_2O$	7.35	0.43	120.0324	$C_7H_6O_2$	7.74	0.66	122.0368
$C_6H_6N_3$	7.72	0.26	120.0563	C_7H_8NO	8.11	0.49	122.0606
$C_7H_4O_2$	7.71	0.66	120.0211	$C_7H_{10}N_2$	8.49	0.32	122.0845
C_7H_6NO	8.08	0.49	120.0449	$C_8H_{10}O$	8.84	0.54	122.0732
$C_7H_8N_2$	8.46	0.32	120.0688	$C_8H_{12}N$	9.22	0.38	122.0970
C_8H_8O	8.81	0.54	120.0575	C_9H_{14}	9.95	0.44	122.1096
$C_8H_{10}N$	9.19	0.37	120.0814	C_9N	10.11	0.46	122.0031
C_9H_{12}	9.92	0.44	120.0939	$C_{10}H_2$	10.84	0.53	122.0157
C_{10}	10.81	0.53	120.0000	**123**			
121				$C_2H_7N_2O_4$	3.19	0.84	123.0406
$C_2H_5N_2O_4$	3.16	0.84	121.0249	$C_2H_9N_3O_3$	3.57	0.65	123.0644
$C_2H_7N_3O_3$	3.53	0.65	121.0488	$C_3H_9NO_4$	3.92	0.86	123.0532
$C_2H_9N_4O_2$	3.91	0.46	121.0726	$C_4HN_3O_2$	5.56	0.53	123.0069
$C_3H_7NO_4$	3.89	0.86	121.0375	$C_4H_3N_4O$	5.94	0.35	123.0308
$C_3H_9N_2O_3$	4.27	0.67	121.0614	C_5HNO_3	5.92	0.75	122.9956
$C_3H_{11}N_3O_2$	4.64	0.49	121.0852	$C_5H_3N_2O_2$	6.29	0.57	123.0195
$C_4H_9O_4$	4.62	0.89	121.0501	$C_5H_5N_3O$	6.67	0.39	123.0433
$C_4H_{11}NO_3$	5.00	0.70	121.0739	$C_5H_7N_4$	7.04	0.22	123.0672
C_4HN_4O	5.90	0.35	121.0151	$C_6H_3O_3$	6.65	0.79	123.0082
$C_5HN_2O_2$	6.26	0.57	121.0038	$C_6H_5NO_2$	7.02	0.61	123.0320
$C_5H_3N_3O$	6.63	0.39	121.0277	$C_6H_7N_2O$	7.40	0.44	123.0559
$C_5H_5N_4$	7.01	0.21	121.0515	$C_6H_9N_3$	7.77	0.26	123.0798
C_6HO_3	6.62	0.79	120.9925	$C_7H_7O_2$	7.75	0.66	123.0446
$C_6H_3NO_2$	6.99	0.61	121.0164	C_7H_9NO	8.13	0.49	123.0684
$C_6H_5N_2O$	7.37	0.44	121.0402	$C_7H_{11}N_2$	8.50	0.32	123.0923
$C_6H_7N_3$	7.74	0.26	121.0641	$C_8H_{11}O$	8.86	0.55	123.0810
$C_7H_5O_2$	7.72	0.66	121.0289	$C_8H_{13}N$	9.23	0.38	123.1049
C_7H_7NO	8.10	0.49	121.0528	C_9H_{15}	9.97	0.44	123.1174
$C_7H_9N_2$	8.47	0.32	121.0767	C_9HN	10.12	0.46	123.0109
C_8H_9O	8.83	0.54	121.0653	$C_{10}H_3$	10.85	0.53	123.0235
$C_8H_{11}N$	9.20	0.38	121.0892	**124**			
C_9H_{13}	9.93	0.44	121.1018	$C_2H_8N_2O_4$	3.21	0.84	124.0484
$C_{10}H$	10.82	0.53	121.0078	$C_3N_4O_2$	4.85	0.50	124.0022
122				$C_4N_2O_3$	5.20	0.71	123.9909
$C_2H_6N_2O_4$	3.18	0.84	122.0328	$C_4H_2N_3O_2$	5.58	0.53	124.0147
$C_2H_8N_3O_3$	3.55	0.65	122.0566	$C_4H_4N_4O$	5.95	0.35	124.0386
$C_2H_{10}N_4O_2$	3.93	0.46	122.0805	C_5O_4	5.56	0.93	123.9796

283

续表

分子式	M+1	M+2	MW	分子式	M+1	M+2	MW
$C_5H_2NO_3$	5.93	0.75	124.0034	$C_5H_4NO_3$	5.97	0.75	126.0191
$C_5H_4N_2O_2$	6.31	0.57	124.0273	$C_5H_6N_2O_2$	6.34	0.57	126.0429
$C_5H_6N_3O$	6.68	0.39	124.0511	$C_5H_8N_3O$	6.71	0.39	126.0668
$C_5H_8N_4$	7.06	0.22	124.0750	$C_5H_{10}N_4$	7.09	0.22	126.0907
$C_6H_4O_3$	6.66	0.79	124.0160	$C_6H_6O_3$	6.70	0.79	126.0317
$C_6H_6NO_2$	7.04	0.61	124.0399	$C_6H_8NO_2$	7.07	0.62	126.0555
$C_6H_8N_2O$	7.41	0.44	124.0637	$C_6H_{10}N_2O$	7.45	0.44	126.0794
$C_6H_{10}N_3$	7.79	0.27	124.0876	$C_6H_{12}N_3$	7.82	0.27	126.1032
$C_7H_8O_2$	7.77	0.66	124.0524	$C_7H_{10}O_2$	7.80	0.66	126.0681
$C_7H_{10}NO$	8.14	0.49	124.0763	$C_7H_{12}NO$	8.18	0.49	126.0919
$C_7H_{12}N_2$	8.52	0.32	124.1001	$C_7H_{14}N_2$	8.55	0.32	126.1158
$C_8H_{12}O$	8.88	0.55	124.0888	C_7N_3	8.71	0.34	126.0093
$C_8H_{14}N$	9.25	0.38	124.1127	$C_8H_{14}O$	8.91	0.55	126.1045
C_8N_2	9.41	0.39	124.0062	$C_8H_{16}N$	9.28	0.38	126.1284
C_9H_{16}	9.98	0.45	124.1253	C_8NO	9.07	0.56	125.9980
C_9O	9.76	0.62	123.9949	$C_8H_2N_2$	9.44	0.40	126.0218
C_9H_2N	10.14	0.46	124.0187	C_9H_{18}	10.01	0.45	126.1409
$C_{10}H_4$	10.87	0.53	124.0313	C_9H_2O	9.80	0.63	126.0106
125				C_9H_4N	10.17	0.46	126.0344
$C_3HN_4O_2$	4.86	0.50	125.0100	$C_{10}H_6$	10.90	0.54	126.0470
$C_4HN_2O_3$	5.22	0.71	124.9987	**127**			
$C_4H_3N_3O_2$	5.59	0.53	125.0226	$C_3HN_3O_3$	4.52	0.68	127.0018
$C_4H_5N_4O$	5.97	0.35	125.0464	$C_3H_3N_4O_2$	4.89	0.50	127.0257
C_5HO_4	5.58	0.93	124.9874	C_4HNO_4	4.88	0.90	126.9905
$C_5H_3NO_3$	5.95	0.75	125.0113	$C_4H_3N_2O_3$	5.25	0.71	127.0144
$C_5H_5N_2O_2$	6.32	0.57	125.0351	$C_4H_5N_3O_2$	5.62	0.53	127.0382
$C_5H_7N_3O$	6.70	0.39	125.0590	$C_4H_7N_4O$	6.00	0.35	127.0621
$C_5H_9N_4$	7.07	0.22	125.0829	$C_5H_3O_4$	5.61	0.93	127.0031
$C_6H_5O_3$	6.68	0.79	125.0238	$C_5H_5NO_3$	5.98	0.75	127.0269
$C_6H_7NO_2$	7.06	0.61	125.0477	$C_5H_7N_2O_2$	6.36	0.57	127.0508
$C_6H_9N_2O$	7.43	0.44	125.0715	$C_5H_9N_3O$	6.73	0.40	127.0746
$C_6H_{11}N_3$	7.80	0.27	125.0954	$C_5H_{11}N_4$	7.10	0.22	127.0985
$C_7H_9O_2$	7.79	0.66	125.0603	$C_6H_7O_3$	6.71	0.79	127.0395
$C_7H_{11}NO$	8.16	0.49	125.0841	$C_6H_9NO_2$	7.09	0.62	127.0634
$C_7H_{13}N_2$	8.54	0.32	125.1080	$C_6H_{11}N_2O$	7.46	0.44	127.0872
$C_8H_{13}O$	8.89	0.55	125.0967	$C_6H_{13}N_3$	7.84	0.27	127.1111
$C_8H_{15}N$	9.27	0.38	125.1205	$C_7H_{11}O_2$	7.82	0.67	127.0759
C_8HN_2	9.42	0.40	125.0140	$C_7H_{13}NO$	8.19	0.49	127.0998
C_9H_{17}	10.00	0.45	125.1331	$C_7H_{15}N_2$	8.57	0.32	127.1236
C_9HO	9.78	0.63	125.0027	C_7HN_3	8.72	0.34	127.0171
C_9H_3N	10.15	0.46	125.0266	$C_8H_{15}O$	8.92	0.55	127.1123
$C_{10}H_5$	10.89	0.53	125.0391	$C_8H_{17}N$	9.30	0.38	127.1362
126				C_8HNO	9.08	0.57	127.0058
$C_3N_3O_3$	4.50	0.68	125.9940	$C_8H_3N_2$	9.46	0.40	127.0297
$C_3H_2N_4O_2$	4.88	0.50	126.0178	C_9H_{19}	10.03	0.45	127.1488
C_4NO_4	4.86	0.90	125.9827	C_9H_3O	9.81	0.63	127.0184
$C_4H_2N_2O_3$	5.23	0.71	126.0065	C_9H_5N	10.19	0.47	127.0422
$C_4H_4N_3O_2$	5.61	0.53	126.0304	$C_{10}H_7$	10.92	0.54	127.0548
$C_4H_6N_4O$	5.98	0.35	126.0542	**128**			
$C_5H_2O_4$	5.59	0.93	125.9953	$C_3N_2O_4$	4.16	0.87	127.9858

分子式	M+1	M+2	MW	分子式	M+1	M+2	MW
$C_3H_2N_3O_3$	4.54	0.68	128.0096	$C_7H_{17}N_2$	8.60	0.33	129.1393
$C_3H_4N_4O_2$	4.91	0.50	128.0335	C_7HN_2O	8.38	0.51	129.0089
$C_4H_2NO_4$	4.89	0.90	127.9983	$C_7H_3N_3$	8.76	0.34	129.0328
$C_4H_4N_2O_3$	5.27	0.72	128.0222	$C_8H_{17}O$	8.96	0.55	129.1280
$C_4H_6N_3O_2$	5.64	0.53	128.0460	C_8HO_2	8.74	0.74	128.9976
$C_4H_8N_4O$	6.02	0.36	128.0699	$C_8H_{19}N$	9.33	0.39	129.1519
$C_5H_4O_4$	5.62	0.93	128.0109	C_8H_3NO	9.11	0.57	129.0215
$C_5H_6NO_3$	6.00	0.75	128.0348	$C_8H_5N_2$	9.49	0.40	129.0453
$C_5H_8N_2O_2$	6.37	0.57	128.0586	C_9H_5O	9.84	0.63	129.0340
$C_5H_{10}N_3O$	6.75	0.40	128.0825	C_9H_7N	10.22	0.47	129.0579
$C_5H_{12}N_4$	7.12	0.22	128.1063	$C_{10}H_9$	10.95	0.54	129.0705
$C_6H_8O_3$	6.73	0.79	128.0473	**130**			
$C_6H_{10}NO_2$	7.10	0.62	128.0712	$C_3H_2N_2O_4$	4.19	0.87	130.0014
$C_6H_{12}N_2O$	7.48	0.44	128.0950	$C_3H_4N_3O_3$	4.57	0.69	130.0253
$C_6H_{14}N_3$	7.85	0.27	128.1189	$C_3H_6N_4O_2$	4.94	0.50	130.0491
C_6N_4	8.01	0.28	128.0124	$C_4H_4NO_4$	4.92	0.90	130.0140
$C_7H_{12}O_2$	7.83	0.67	128.0837	$C_4H_6N_2O_3$	5.30	0.72	130.0379
$C_7H_{14}NO$	8.21	0.50	128.1076	$C_4H_8N_3O_2$	5.67	0.54	130.0617
$C_7H_{16}N_2$	8.58	0.33	128.1315	$C_4H_{10}N_4O$	6.05	0.36	130.0856
C_7N_2O	8.37	0.51	128.0011	$C_5H_6O_4$	5.66	0.93	130.0266
$C_7H_2N_3$	8.74	0.34	128.0249	$C_5H_8NO_3$	6.03	0.75	130.0504
$C_8H_{16}O$	8.94	0.55	128.1202	$C_5H_{10}N_2O_2$	6.40	0.58	130.0743
C_8O_2	8.72	0.73	127.9898	$C_5H_{12}N_3O$	6.78	0.40	130.0981
$C_8H_{18}N$	9.31	0.39	128.1440	$C_5H_{14}N_4$	7.15	0.22	130.1220
C_8H_2NO	9.10	0.57	128.0136	$C_6H_{10}O_3$	6.76	0.79	130.0630
$C_8H_4N_2$	9.47	0.40	128.0375	$C_6H_{12}NO_2$	7.14	0.62	130.0868
C_9H_{20}	10.05	0.45	128.1566	$C_6H_{14}N_2O$	7.51	0.45	130.1107
C_9H_4O	9.83	0.63	128.0262	$C_6H_{16}N_3$	7.88	0.27	130.1346
C_9H_6N	10.20	0.47	128.0501	C_6N_3O	7.67	0.46	130.0042
$C_{10}H_8$	10.93	0.54	128.0626	$C_6H_2N_4$	8.04	0.29	130.0280
129				$C_7H_{14}O_2$	7.87	0.67	130.0994
$C_3HN_2O_4$	4.18	0.87	128.9936	$C_7H_{16}NO$	8.24	0.50	130.1233
$C_3H_3N_3O_3$	4.55	0.69	129.0175	C_7NO_2	8.02	0.68	129.9929
$C_3H_5N_4O_2$	4.93	0.50	129.0413	$C_7H_{18}N_2$	8.62	0.33	130.1471
$C_4H_3NO_4$	4.91	0.90	129.0062	$C_7H_2N_2O$	8.40	0.51	130.0167
$C_4H_5N_2O_3$	5.28	0.72	129.0300	$C_7H_4N_3$	8.77	0.34	130.0406
$C_4H_7N_3O_2$	5.66	0.54	129.0539	$C_8H_{18}O$	8.97	0.56	130.1358
$C_4H_9N_4O$	6.03	0.36	129.0777	$C_8H_2O_2$	8.75	0.74	130.0054
$C_5H_5O_4$	5.64	0.93	129.0187	C_8H_4NO	9.13	0.57	130.0293
$C_5H_7NO_3$	6.01	0.75	129.0426	$C_8H_6N_2$	9.50	0.40	130.0532
$C_5H_9N_2O_2$	6.39	0.57	129.0664	C_9H_6O	9.86	0.63	130.0419
$C_5H_{11}N_3O$	6.76	0.40	129.0903	C_9H_8N	10.23	0.47	130.0657
$C_5H_{13}N_4$	7.14	0.22	129.1142	$C_{10}H_{10}$	10.97	0.54	130.0783
$C_6H_9O_3$	6.74	0.79	129.0552	**131**			
$C_6H_{11}NO_2$	7.12	0.62	129.0790	$C_3H_3N_2O_4$	4.21	0.87	131.0093
$C_6H_{13}N_2O$	7.49	0.44	129.1029	$C_3H_5N_3O_3$	4.58	0.69	131.0331
$C_6H_{15}N_3$	7.87	0.27	129.1267	$C_3H_7N_4O_2$	4.96	0.50	131.0570
C_6HN_4	8.03	0.28	129.0202	$C_4H_5NO_4$	4.94	0.90	131.0218
$C_7H_{13}O_2$	7.85	0.67	129.0916	$C_4H_7N_2O_3$	5.31	0.72	131.0457
$C_7H_{15}NO$	8.22	0.50	129.1154	$C_4H_9N_3O_2$	5.69	0.54	131.0695

续表

分子式	M+1	M+2	MW	分子式	M+1	M+2	MW
$C_4H_{11}N_4O$	6.06	0.36	131.0934	$C_8H_8N_2$	9.54	0.41	132.0688
$C_5H_7O_4$	5.67	0.93	131.0344	C_9H_8O	9.89	0.64	132.0575
$C_5H_9NO_3$	6.05	0.75	131.0583	$C_9H_{10}N$	10.27	0.47	132.0814
$C_5H_{11}N_2O_2$	6.42	0.58	131.0821	$C_{10}H_{12}$	11.00	0.55	132.0939
$C_5H_{13}N_3O$	6.79	0.40	131.1060	C_{11}	11.89	0.64	132.0000
$C_5H_{15}N_4$	7.17	0.22	131.1298	**133**			
$C_6H_{11}O_3$	6.78	0.80	131.0708	$C_3H_5N_2O_4$	4.24	0.87	133.0249
$C_6H_{13}NO_2$	7.15	0.62	131.0947	$C_3H_7N_3O_3$	4.62	0.69	133.0488
$C_6H_{15}N_2O$	7.53	0.45	131.1185	$C_3H_9N_4O_2$	4.99	0.50	133.0726
$C_6H_{17}N_3$	7.90	0.27	131.1424	$C_4H_7NO_4$	4.97	0.90	133.0375
C_6HN_3O	7.68	0.46	131.0120	$C_4H_9N_2O_3$	5.35	0.72	133.0614
$C_6H_3N_4$	8.06	0.29	131.0359	$C_4H_{11}N_3O_2$	5.72	0.54	133.0852
$C_7H_{15}O_2$	7.88	0.67	131.1072	$C_4H_{13}N_4O$	6.10	0.36	133.1091
$C_7H_{17}NO$	8.26	0.50	131.1311	$C_5H_9O_4$	5.70	0.94	133.0501
C_7HNO_2	8.04	0.68	131.0007	$C_5H_{11}NO_3$	6.08	0.76	133.0739
$C_7H_3N_2O$	8.41	0.51	131.0246	$C_5H_{13}N_2O_2$	6.45	0.58	133.0976
$C_7H_5N_3$	8.79	0.34	131.0484	$C_5H_{15}N_3O$	6.83	0.40	133.1216
$C_8H_3O_2$	8.77	0.74	131.0133	C_5HN_4O	6.98	0.41	133.0151
C_8H_5NO	9.15	0.57	131.0371	$C_6H_{13}O_3$	6.81	0.80	133.0865
$C_8H_7N_2$	9.52	0.40	131.0610	$C_6H_{15}NO_2$	7.18	0.62	133.1103
C_9H_7O	9.88	0.64	131.0497	$C_6HN_2O_2$	7.34	0.63	133.0038
C_9H_9N	10.25	0.47	131.0736	$C_6H_3N_3O$	7.72	0.46	133.0277
$C_{10}H_{11}$	10.98	0.54	131.0861	$C_6H_5N_4$	8.09	0.29	133.0515
132				C_7HO_3	7.70	0.86	132.9925
$C_3H_4N_2O_4$	4.23	0.87	132.0171	$C_7H_3NO_2$	8.07	0.69	133.0164
$C_3H_6N_3O_3$	4.60	0.69	132.0410	$C_7H_5N_2O$	8.45	0.51	133.0402
$C_3H_8N_4O_2$	4.97	0.50	132.0648	$C_7H_7N_3$	8.82	0.35	133.0641
$C_4H_6NO_4$	4.96	0.90	132.0297	$C_8H_5O_2$	8.80	0.74	133.0289
$C_4H_8N_2O_3$	5.33	0.72	132.0535	C_8H_7NO	9.18	0.57	133.0528
$C_4H_{10}N_3O_2$	5.70	0.54	132.0774	$C_8H_9N_2$	9.55	0.41	133.0767
$C_4H_{12}N_4O$	6.08	0.36	132.1012	C_9H_9O	9.91	0.64	133.0653
$C_5H_8O_4$	5.69	0.93	132.0422	$C_9H_{11}N$	10.28	0.48	133.0892
$C_5H_{10}NO_3$	6.06	0.76	132.0661	$C_{10}H_{13}$	11.01	0.55	133.1018
$C_5H_{12}N_2O_2$	6.44	0.58	132.0899	$C_{11}H$	11.90	0.64	133.0078
$C_5H_{14}N_3O$	6.81	0.40	132.1138	**134**			
$C_5H_{16}N_4$	7.18	0.23	132.1377	$C_3H_6N_2O_4$	4.26	0.87	134.0328
C_5N_4O	6.97	0.41	132.0073	$C_3H_8N_3O_3$	4.63	0.69	134.0566
$C_6H_{12}O_3$	6.79	0.80	132.0786	$C_3H_{10}N_4O_2$	5.01	0.51	134.0805
$C_6H_{14}NO_2$	7.17	0.62	132.1025	$C_4H_8NO_4$	4.99	0.90	134.0453
$C_6H_{16}N_2O$	7.54	0.45	132.1264	$C_4H_{10}N_2O_3$	5.36	0.72	134.0692
$C_6N_2O_2$	7.32	0.63	131.9960	$C_4H_{12}N_3O_2$	5.74	0.54	134.0930
$C_6H_2N_3O$	7.70	0.46	132.0198	$C_4H_{14}N_4O$	6.11	0.36	134.1169
$C_6H_4N_4$	8.07	0.29	132.0437	$C_5H_{10}O_4$	5.72	0.94	134.0579
$C_7H_{16}O_2$	7.90	0.67	132.1151	$C_5H_{12}NO_3$	6.09	0.76	134.0817
C_7O_3	7.68	0.86	131.9847	$C_5H_{14}N_2O_2$	6.47	0.58	134.1056
$C_7H_2NO_2$	8.06	0.68	132.0085	$C_5N_3O_2$	6.63	0.59	133.9991
$C_7H_4N_2O$	8.43	0.51	132.0324	$C_5H_2N_4O$	7.00	0.41	134.0229
$C_7H_6N_3$	8.80	0.34	132.0563	$C_6H_{14}O_3$	6.82	0.80	134.0943
$C_8H_4O_2$	8.79	0.74	132.0211	C_6NO_3	6.98	0.81	133.9878
C_8H_6NO	9.16	0.57	132.0449	$C_6H_2N_2O_2$	7.36	0.64	134.0116

续表

分 子 式	M+1	M+2	MW	分 子 式	M+1	M+2	MW
$C_6H_4N_3O$	7.73	0.46	134.0355	$C_5H_2N_3O_2$	6.66	0.59	136.0147
$C_6H_6N_4$	8.11	0.29	134.0594	$C_5H_4N_4O$	7.03	0.42	136.0386
$C_7H_2O_3$	7.71	0.86	134.0003	C_6O_4	6.64	0.99	135.9796
$C_7H_4NO_2$	8.09	0.69	134.0242	$C_6H_2NO_3$	7.01	0.81	136.0034
$C_7H_6N_2O$	8.46	0.52	134.0480	$C_6H_4N_2O_2$	7.39	0.64	136.0273
$C_7H_8N_3$	8.84	0.35	134.0719	$C_6H_6N_3O$	7.76	0.46	136.0511
$C_8H_6O_2$	8.82	0.74	134.0368	$C_6H_8N_4$	8.14	0.29	136.0750
C_8H_8NO	9.19	0.58	134.0606	$C_7H_4O_3$	7.75	0.86	136.0160
$C_8H_{10}N_2$	9.57	0.41	134.0845	$C_7H_6NO_2$	8.12	0.69	136.0399
$C_9H_{10}O$	9.92	0.64	134.0732	$C_7H_8N_2O$	8.49	0.52	136.0637
$C_9H_{12}N$	10.30	0.48	134.0970	$C_7H_{10}N_3$	8.87	0.35	136.0876
$C_{10}H_{14}$	11.03	0.55	134.1096	$C_8H_8O_2$	8.85	0.75	136.0524
$C_{10}N$	11.19	0.57	134.0031	$C_8H_{10}NO$	9.23	0.58	136.0763
$C_{11}H_2$	11.92	0.65	134.0157	$C_8H_{12}N_2$	9.60	0.41	136.1001
135				$C_9H_{12}O$	9.96	0.64	136.0888
$C_3H_7N_2O_4$	4.27	0.87	135.0406	$C_9H_{14}N$	10.33	0.48	136.1127
$C_3H_9N_3O_3$	4.65	0.69	135.0644	C_9N_2	10.49	0.50	136.0062
$C_3H_{11}N_4O_2$	5.02	0.51	135.0883	$C_{10}H_{16}$	11.06	0.55	136.1253
$C_4H_9NO_4$	5.00	0.90	135.0532	$C_{10}O$	10.85	0.73	135.9949
$C_4H_{11}N_2O_3$	5.38	0.72	135.0770	$C_{10}H_2N$	11.22	0.57	136.0187
$C_4H_{13}N_3O_2$	5.75	0.54	135.1009	$C_{11}H_4$	11.95	0.65	136.0313
$C_5H_{11}O_4$	5.74	0.94	135.0657	**137**			
$C_5H_{13}NO_3$	6.11	0.76	135.0896	$C_3H_9N_2O_4$	4.31	0.88	137.0563
$C_5HN_3O_2$	6.64	0.59	135.0069	$C_3H_{11}N_3O_3$	4.68	0.69	137.0801
$C_5H_3N_4O$	7.02	0.41	135.0308	$C_4H_{11}NO_4$	5.04	0.90	137.0688
C_6HNO_3	7.00	0.81	134.9956	$C_4HN_4O_2$	5.94	0.55	137.0100
$C_6H_3N_2O_2$	7.37	0.64	135.0195	$C_5HN_2O_3$	6.30	0.77	136.9987
$C_6H_5N_3O$	7.75	0.46	135.0433	$C_5H_3N_3O_2$	6.67	0.59	137.0226
$C_6H_7N_4$	8.12	0.29	135.0672	$C_5H_5N_4O$	7.05	0.42	137.0464
$C_7H_3O_3$	7.73	0.86	135.0082	C_6HO_4	6.66	0.99	136.9874
$C_7H_5NO_2$	8.10	0.69	135.0320	$C_6H_3NO_3$	7.03	0.81	137.0113
$C_7H_7N_2O$	8.48	0.52	135.0559	$C_6H_5N_2O_2$	7.40	0.64	137.0351
$C_7H_9N_3$	8.85	0.35	135.0798	$C_6H_7N_3O$	7.78	0.47	137.0590
$C_8H_7O_2$	8.84	0.74	135.0446	$C_6H_9N_4$	8.15	0.29	137.0829
C_8H_9NO	9.21	0.58	135.0684	$C_7H_5O_3$	7.76	0.86	137.0238
$C_8H_{11}N_2$	9.58	0.41	135.0923	$C_7H_7NO_2$	8.14	0.69	137.0477
$C_9H_{11}O$	9.94	0.64	135.0810	$C_7H_9N_2O$	8.51	0.52	137.0715
$C_9H_{13}N$	10.31	0.48	135.1049	$C_7H_{11}N_3$	8.88	0.35	137.0954
$C_{10}H_{15}$	11.05	0.55	135.1174	$C_8H_9O_2$	8.87	0.75	137.0603
$C_{10}HN$	11.20	0.57	135.0109	$C_8H_{11}NO$	9.24	0.58	137.0841
$C_{11}H_3$	11.93	0.65	135.0235	$C_8H_{13}N_2$	9.62	0.41	137.1080
136				$C_9H_{13}O$	9.97	0.65	137.0967
$C_3H_8N_2O_4$	4.29	0.87	136.0484	$C_9H_{15}N$	10.35	0.48	137.1205
$C_3H_{10}N_3O_3$	4.66	0.69	136.0723	C_9HN_2	10.50	0.50	137.0140
$C_3H_{12}N_4O_2$	5.04	0.51	136.0961	$C_{10}H_{17}$	11.08	0.56	137.1331
$C_4H_{10}NO_4$	5.02	0.90	136.0610	$C_{10}HO$	10.86	0.73	137.0027
$C_4H_{12}N_2O_3$	5.39	0.72	136.0848	$C_{10}H_3N$	11.24	0.57	137.0266
$C_4N_4O_2$	5.93	0.55	136.0022	$C_{11}H_5$	11.97	0.65	137.0391
$C_5H_{12}O_4$	5.75	0.94	136.0735	**138**			
$C_5N_2O_3$	6.28	0.77	135.9909	$C_3H_{10}N_2O_4$	4.32	0.88	138.0641

续表

分子式	M+1	M+2	MW	分子式	M+1	M+2	MW
$C_4N_3O_3$	5.58	0.73	137.9940	$C_9H_3N_2$	10.54	0.50	139.0297
$C_4H_2N_4O_2$	5.96	0.55	138.0178	$C_{10}H_{19}$	11.11	0.56	139.1488
C_5NO_4	5.94	0.95	137.9827	$C_{10}H_3O$	10.89	0.74	139.0184
$C_5H_2N_2O_3$	6.32	0.77	138.0065	$C_{10}H_5N$	11.27	0.58	139.0422
$C_5H_4N_3O_2$	6.69	0.59	138.0304	$C_{11}H_7$	12.00	0.66	139.0548
$C_5H_6N_4O$	7.06	0.42	138.0542	**140**			
$C_6H_2O_4$	6.67	0.99	137.9953	$C_4N_2O_4$	5.24	0.91	139.9858
$C_6H_4NO_3$	7.05	0.81	138.0191	$C_4H_2N_3O_3$	5.62	0.73	140.0096
$C_6H_6N_2O_2$	7.42	0.64	138.0429	$C_4H_4N_4O_2$	5.99	0.55	140.0335
$C_6H_8N_3O$	7.80	0.47	138.0668	$C_5H_2NO_4$	5.97	0.95	139.9983
$C_6H_{10}N_4$	8.17	0.30	138.0907	$C_5H_4N_2O_3$	6.35	0.77	140.0222
$C_7H_6O_3$	7.78	0.86	138.0317	$C_5H_6N_3O_2$	6.72	0.60	140.0460
$C_7H_8NO_2$	8.15	0.69	138.0555	$C_5H_8N_4O$	7.10	0.42	140.0699
$C_7H_{10}N_2O$	8.53	0.52	138.0794	$C_6H_4O_4$	6.70	0.99	140.0109
$C_7H_{12}N_3$	8.90	0.35	138.1032	$C_6H_6NO_3$	7.08	0.82	140.0348
$C_8H_{10}O_2$	8.88	0.75	138.0681	$C_6H_8N_2O_2$	7.45	0.64	140.0586
$C_8H_{12}NO$	9.26	0.58	138.0919	$C_6H_{10}N_3O$	7.83	0.47	140.0825
$C_8H_{14}N_2$	9.63	0.42	138.1158	$C_6H_{12}N_4$	8.20	0.30	140.1063
C_8N_3	9.79	0.43	138.0093	$C_7H_8O_3$	7.81	0.87	140.0473
$C_9H_{14}O$	9.99	0.65	138.1045	$C_7H_{10}NO_2$	8.18	0.69	140.0712
$C_9H_{16}N$	10.36	0.48	138.1284	$C_7H_{12}N_2O$	8.56	0.52	140.0950
C_9NO	10.15	0.66	137.9980	$C_7H_{14}N_3$	8.93	0.36	140.1189
$C_9H_2N_2$	10.52	0.50	138.0218	C_7N_4	9.09	0.37	140.0124
$C_{10}H_{18}$	11.09	0.56	138.1409	$C_8H_{12}O_2$	8.92	0.75	140.0837
$C_{10}H_2O$	10.88	0.73	138.0106	$C_8H_{14}NO$	9.29	0.58	140.1076
$C_{10}H_4N$	11.25	0.57	138.0344	$C_8H_{16}N_2$	9.66	0.42	140.1315
$C_{11}H_6$	11.98	0.65	138.0470	C_8N_2O	9.45	0.60	140.0011
139				$C_8H_2N_3$	9.82	0.43	140.0249
$C_4HN_3O_3$	5.60	0.73	139.0018	$C_9H_{16}O$	10.02	0.65	140.1202
$C_4H_3N_4O_2$	5.97	0.55	139.0257	C_9O_2	9.80	0.83	139.9898
C_5HNO_4	5.96	0.95	138.9905	$C_9H_{18}N$	10.39	0.49	140.1440
$C_5H_3N_2O_3$	6.33	0.77	139.0144	C_9H_2NO	10.18	0.67	140.0136
$C_5H_5N_3O_2$	6.71	0.59	139.0382	$C_9H_4N_2$	10.55	0.50	140.0375
$C_5H_7N_4O$	7.08	0.42	139.0621	$C_{10}H_{20}$	11.13	0.56	140.1566
$C_6H_3O_4$	6.69	0.99	139.0031	$C_{10}H_4O$	10.91	0.74	140.0262
$C_6H_5NO_3$	7.06	0.82	139.0269	$C_{10}H_6N$	11.28	0.58	140.0501
$C_6H_7N_2O_2$	7.44	0.64	139.0508	$C_{11}H_8$	12.01	0.66	140.0626
$C_6H_9N_3O$	7.81	0.47	139.0746	**141**			
$C_6H_{11}N_4$	8.19	0.30	139.0985	$C_4HN_2O_4$	5.26	0.92	140.9936
$C_7H_7O_3$	7.79	0.86	139.0395	$C_4H_3N_3O_3$	5.63	0.73	141.0175
$C_7H_9NO_2$	8.17	0.69	139.0634	$C_4H_5N_4O_2$	6.01	0.56	141.0413
$C_7H_{11}N_2O$	8.54	0.52	139.0872	$C_5H_3NO_4$	5.99	0.95	141.0062
$C_7H_{13}N_3$	8.92	0.35	139.1111	$C_5H_5N_2O_3$	6.36	0.77	141.0300
$C_8H_{11}O_2$	8.90	0.75	139.0759	$C_5H_7N_3O_2$	6.74	0.60	141.0539
$C_8H_{13}NO$	9.27	0.58	139.0998	$C_5H_9N_4O$	7.11	0.42	141.0777
$C_8H_{15}N_2$	9.65	0.42	139.1236	$C_6H_5O_4$	6.72	0.99	141.0187
C_8HN_3	9.81	0.43	139.0171	$C_6H_7NO_3$	7.09	0.82	141.0426
$C_9H_{15}O$	10.00	0.65	139.1123	$C_6H_9N_2O_2$	7.47	0.64	141.0664
$C_9H_{17}N$	10.38	0.49	139.1362	$C_6H_{11}N_3O$	7.84	0.47	141.0903
C_9HNO	10.16	0.66	139.0058	$C_6H_{13}N_4$	8.22	0.30	141.1142

分子式	M+1	M+2	MW	分子式	M+1	M+2	MW
$C_7H_9O_3$	7.83	0.87	141.0552	$C_{10}H_6O$	10.94	0.74	142.0419
$C_7H_{11}NO_2$	8.20	0.70	141.0790	$C_{10}H_8N$	11.32	0.58	142.0657
$C_7H_{13}N_2O$	8.57	0.53	141.1029	$C_{11}H_{10}$	12.05	0.66	142.0783
$C_7H_{15}N_3$	8.95	0.36	141.1267	**143**			
C_7HN_4	9.11	0.37	141.0202	$C_4H_3N_2O_4$	5.29	0.92	143.0093
$C_8H_{13}O_2$	8.93	0.75	141.0916	$C_4H_5N_3O_3$	5.66	0.74	143.0331
$C_8H_{15}NO$	9.31	0.59	141.1154	$C_4H_7N_4O_2$	6.04	0.56	143.0570
$C_8H_{17}N_2$	9.68	0.42	141.1393	$C_5H_5NO_4$	6.02	0.95	143.0218
C_8HN_2O	9.46	0.60	141.0089	$C_5H_7N_2O_3$	6.40	0.78	143.0457
$C_8H_3N_3$	9.84	0.43	141.0328	$C_5H_9N_3O_2$	6.77	0.60	143.0695
$C_9H_{17}O$	10.04	0.65	141.1280	$C_5H_{11}N_4O$	7.14	0.42	143.0934
C_9HO_2	9.82	0.83	140.9976	$C_6H_7O_4$	6.75	0.99	143.0344
$C_9H_{19}N$	10.41	0.49	141.1519	$C_6H_9NO_3$	7.13	0.82	143.0583
C_9H_3NO	10.19	0.67	141.0215	$C_6H_{11}N_2O_2$	7.50	0.65	143.0821
$C_9H_5N_2$	10.57	0.50	141.0453	$C_6H_{13}N_3O$	7.88	0.47	143.1060
$C_{10}H_{21}$	11.14	0.56	141.1644	$C_6H_{15}N_4$	8.25	0.30	143.1298
$C_{10}H_5O$	10.93	0.74	141.0340	$C_7H_{11}O_3$	7.86	0.87	143.0708
$C_{10}H_7N$	11.30	0.58	141.0579	$C_7H_{13}NO_2$	8.23	0.70	143.0947
$C_{11}H_9$	12.03	0.66	141.0705	$C_7H_{15}N_2O$	8.61	0.53	143.1185
142				$C_7H_{17}N_3$	8.98	0.36	143.1424
$C_4H_2N_2O_4$	5.27	0.92	142.0014	C_7HN_3O	8.76	0.54	143.0120
$C_4H_4N_3O_3$	5.65	0.74	142.0253	$C_7H_3N_4$	9.14	0.37	143.0359
$C_4H_6N_4O_2$	6.02	0.56	142.0491	$C_8H_{15}O_2$	8.96	0.76	143.1072
$C_5H_4NO_4$	6.00	0.95	142.0140	$C_8H_{17}NO$	9.34	0.59	143.1311
$C_5H_6N_2O_3$	6.38	0.77	142.0379	C_8HNO_2	9.12	0.77	143.0007
$C_5H_8N_3O_2$	6.75	0.60	142.0617	$C_8H_{19}N_2$	9.71	0.42	143.1549
$C_5H_{10}N_4O$	7.13	0.42	142.0856	$C_8H_3N_2O$	9.49	0.60	143.0246
$C_6H_6O_4$	6.74	0.99	142.0266	$C_8H_5N_3$	9.87	0.44	143.0484
$C_6H_8NO_3$	7.11	0.82	142.0504	$C_9H_{19}O$	10.07	0.65	143.1436
$C_6H_{10}N_2O_2$	7.48	0.64	142.0743	$C_9H_3O_2$	9.85	0.83	143.0133
$C_6H_{12}N_3O$	7.86	0.47	142.0981	$C_9H_{21}N$	10.44	0.49	143.1675
$C_6H_{14}N_4$	8.23	0.30	142.1220	C_9H_5NO	10.23	0.67	143.0371
$C_7H_{10}O_3$	7.84	0.87	142.0630	$C_9H_7N_2$	10.60	0.51	143.0610
$C_7H_{12}NO_2$	8.22	0.70	142.0868	$C_{10}H_7O$	10.96	0.74	143.0497
$C_7H_{14}N_2O$	8.59	0.53	142.1107	$C_{10}H_9N$	11.33	0.58	143.0736
$C_7H_{16}N_3$	8.96	0.36	142.1346	$C_{11}H_{11}$	12.06	0.66	143.0861
C_7N_3O	8.75	0.54	142.0042	**144**			
$C_7H_2N_4$	9.12	0.37	142.0280	$C_4H_4N_2O_4$	5.31	0.92	144.0171
$C_8H_{14}O_2$	8.95	0.75	142.0994	$C_4H_6N_3O_3$	5.68	0.74	144.0410
$C_8H_{16}NO$	9.32	0.59	142.1233	$C_4H_8N_4O_2$	6.05	0.56	144.0648
C_8NO_2	9.10	0.77	141.9929	$C_5H_6NO_4$	6.04	0.95	144.0297
$C_8H_{18}N_2$	9.70	0.42	142.1471	$C_5H_8N_2O_3$	6.41	0.78	144.0535
$C_8H_2N_2O$	9.48	0.60	142.0167	$C_5H_{10}N_3O_2$	6.79	0.60	144.0774
$C_8H_4N_3$	9.85	0.44	142.0406	$C_5H_{12}N_4O$	7.16	0.42	144.1012
$C_9H_{18}O$	10.05	0.65	142.1358	$C_6H_8O_4$	6.77	1.00	144.0422
$C_9H_2O_2$	9.84	0.83	142.0054	$C_6H_{10}NO_3$	7.14	0.82	144.0661
$C_9H_{20}N$	10.43	0.49	142.1597	$C_6H_{12}N_2O_2$	7.52	0.65	144.0899
C_9H_4NO	10.21	0.67	142.0293	$C_6H_{14}N_3O$	7.89	0.47	144.1138
$C_9H_6N_2$	10.58	0.51	142.0532	$C_6H_{16}N_4$	8.27	0.30	144.1377
$C_{10}H_{22}$	11.16	0.56	142.1722	C_6N_4O	8.05	0.49	144.0073

续表

分 子 式	M+1	M+2	MW	分 子 式	M+1	M+2	MW
$C_7H_{12}O_3$	7.87	0.87	144.0786	C_9H_7NO	10.26	0.67	145.0528
$C_7H_{14}NO_2$	8.25	0.70	144.1025	$C_9H_9N_2$	10.63	0.51	145.0767
$C_7H_{16}N_2O$	8.62	0.53	144.1264	$C_{10}H_9O$	10.99	0.75	145.0653
$C_7N_2O_2$	8.41	0.71	143.9960	$C_{10}H_{11}N$	11.36	0.59	145.0892
$C_7H_{18}N_3$	9.00	0.36	144.1502	$C_{11}H_{13}$	12.09	0.67	145.1018
$C_7H_2N_3O$	8.78	0.54	144.0198	$C_{12}H$	12.98	0.77	145.0078
$C_7H_4N_4$	9.15	0.38	144.0437	**146**			
$C_8H_{16}O_2$	8.98	0.76	144.1151	$C_4H_6N_2O_4$	5.34	0.92	146.0328
C_8O_3	8.76	0.94	143.9847	$C_4H_8N_3O_3$	5.71	0.74	146.0566
$C_8H_{18}NO$	9.35	0.59	144.1389	$C_4H_{10}N_4O_2$	6.09	0.56	146.0805
$C_8H_2NO_2$	9.14	0.77	144.0085	$C_5H_8NO_4$	6.07	0.96	146.0453
$C_8H_{20}N_2$	9.73	0.42	144.1628	$C_5H_{10}N_2O_3$	6.44	0.78	146.0692
$C_8H_4N_2O$	9.51	0.60	144.0324	$C_5H_{12}N_3O_2$	6.82	0.60	146.0930
$C_8H_6N_3$	9.89	0.44	144.0563	$C_5H_{14}N_4O$	7.19	0.43	146.1169
$C_9H_{20}O$	10.08	0.66	144.1515	$C_6H_{10}O_4$	6.80	1.00	146.0579
$C_9H_4O_2$	9.87	0.84	144.0211	$C_6H_{12}NO_3$	7.17	0.82	146.0817
C_9H_6NO	10.24	0.67	144.0449	$C_6H_{14}N_2O_2$	7.55	0.65	146.1056
$C_9H_8N_2$	10.62	0.51	144.0688	$C_6H_{16}N_3O$	7.92	0.48	146.1295
$C_{10}H_8O$	10.97	0.74	144.0575	$C_6N_3O_2$	7.71	0.66	145.9991
$C_{10}H_{10}N$	11.35	0.58	144.0814	$C_6H_{18}N_4$	8.30	0.31	146.1533
$C_{11}H_{12}$	12.08	0.67	144.0939	$C_6H_2N_4O$	8.08	0.49	146.0229
C_{12}	12.97	0.77	144.0000	$C_7H_{14}O_3$	7.91	0.87	146.0943
145				$C_7H_{16}NO_2$	8.28	0.70	146.1182
$C_4H_5N_2O_4$	5.32	0.92	145.0249	C_7NO_3	8.06	0.88	145.9878
$C_4H_7N_3O_3$	5.70	0.74	145.0488	$C_7H_{18}N_2O$	8.65	0.53	146.1420
$C_4H_9N_4O_2$	6.07	0.56	145.0726	$C_7H_2N_2O_2$	8.44	0.71	146.0116
$C_5H_7NO_4$	6.05	0.96	145.0375	$C_7H_4N_3O$	8.81	0.55	146.0355
$C_5H_9N_2O_3$	6.43	0.78	145.0614	$C_7H_6N_4$	9.19	0.38	146.0594
$C_5H_{11}N_3O_2$	6.80	0.60	145.0852	$C_8H_{18}O_2$	9.01	0.76	146.1307
$C_5H_{13}N_4O$	7.18	0.43	145.1091	$C_8H_2O_3$	8.79	0.94	146.0003
$C_6H_9O_4$	6.78	1.00	145.0501	$C_8H_4NO_2$	9.17	0.77	146.0242
$C_6H_{11}NO_3$	7.16	0.82	145.0739	$C_8H_6N_2O$	9.54	0.61	146.0480
$C_6H_{13}N_2O_2$	7.53	0.65	145.0978	$C_8H_8N_3$	9.92	0.44	146.0719
$C_6H_{15}N_3O$	7.91	0.48	145.1216	$C_9H_6O_2$	9.90	0.84	146.0368
$C_6H_{17}N_4$	8.28	0.30	145.1455	C_9H_8NO	10.27	0.67	146.0606
C_6HN_4O	8.06	0.49	145.0151	$C_9H_{10}N_2$	10.65	0.51	146.0845
$C_7H_{13}O_3$	7.89	0.87	145.0865	$C_{10}H_{10}O$	11.01	0.75	146.0732
$C_7H_{15}NO_2$	8.26	0.70	145.1103	$C_{10}H_{12}N$	11.38	0.59	146.0970
$C_7H_{17}N_2O$	8.64	0.53	145.1342	$C_{11}H_{14}$	12.11	0.67	146.1096
$C_7HN_2O_2$	8.42	0.71	145.0038	$C_{11}N$	12.27	0.69	146.0031
$C_7H_{19}N_3$	9.01	0.36	145.1580	$C_{12}H_2$	13.00	0.77	146.0157
$C_7H_3N_3O$	8.80	0.54	145.0277	**147**			
$C_7H_5N_4$	9.17	0.38	145.0515	$C_4H_7N_2O_4$	5.35	0.92	147.0406
$C_8H_{17}O_2$	9.00	0.76	145.1229	$C_4H_9N_3O_3$	5.73	0.74	147.0644
C_8HO_3	8.78	0.94	144.9925	$C_4H_{11}N_4O_2$	6.10	0.56	147.0883
$C_8H_{19}NO$	9.37	0.59	145.1467	$C_5H_9NO_4$	6.08	0.96	147.0532
$C_8H_3NO_2$	9.15	0.77	145.0164	$C_5H_{11}N_2O_3$	6.46	0.78	147.0770
$C_8H_5N_2O$	9.53	0.61	145.0402	$C_5H_{13}N_3O_2$	6.83	0.60	147.1009
$C_8H_7N_3$	9.90	0.44	145.0641	$C_5H_{15}N_4O$	7.21	0.43	147.1247
$C_9H_5O_2$	9.88	0.84	145.0289	$C_6H_{11}O_4$	6.82	1.00	147.0657

分子式	M+1	M+2	MW	分子式	M+1	M+2	MW
$C_6H_{13}NO_3$	7.19	0.82	147.0896	$C_9H_{12}N_2$	10.68	0.52	148.1001
$C_6H_{15}N_2O_2$	7.56	0.65	147.1134	$C_{10}H_{12}O$	11.04	0.75	148.0888
$C_6H_{17}N_3O$	7.94	0.48	147.1373	$C_{10}H_{14}N$	11.41	0.59	148.1127
$C_6HN_3O_2$	7.72	0.66	147.0069	$C_{10}N_2$	11.57	0.61	148.0062
$C_6H_3N_4O$	8.10	0.49	147.0308	$C_{11}H_{16}$	12.14	0.67	148.1253
$C_7H_{15}O_3$	7.92	0.87	147.1021	$C_{11}O$	11.93	0.85	147.9949
$C_7H_{17}NO_2$	8.30	0.70	147.1260	$C_{11}H_2N$	12.30	0.69	148.0187
C_7HNO_3	8.08	0.89	146.9956	$C_{12}H_4$	13.03	0.78	148.0313
$C_7H_3N_2O_2$	8.45	0.72	147.0195	**149**			
$C_7H_5N_3O$	8.83	0.55	147.0433	$C_4H_9N_2O_4$	5.39	0.92	149.0563
$C_7H_7N_4$	9.20	0.38	147.0672	$C_4H_{11}N_3O_3$	5.76	0.74	149.0801
$C_8H_3O_3$	8.81	0.94	147.0082	$C_4H_{13}N_4O_2$	6.13	0.56	149.1040
$C_8H_5NO_2$	9.18	0.78	147.0320	$C_5H_{11}NO_4$	6.12	0.96	149.0688
$C_8H_7N_2O$	9.56	0.61	147.0559	$C_5H_{13}N_2O_3$	6.49	0.78	149.0927
$C_8H_9N_3$	9.93	0.44	147.0798	$C_5H_{15}N_3O_2$	6.87	0.61	149.1165
$C_9H_7O_2$	9.92	0.84	147.0446	$C_5HN_4O_2$	7.02	0.62	149.0100
C_9H_9NO	10.29	0.68	147.0684	$C_6H_{13}O_4$	6.85	1.00	149.0814
$C_9H_{11}N_2$	10.66	0.51	147.0923	$C_6H_{15}NO_3$	7.22	0.83	149.1052
$C_{10}H_{11}O$	11.02	0.75	147.0810	$C_6HN_2O_3$	7.38	0.84	148.9987
$C_{10}H_{13}N$	11.40	0.59	147.1049	$C_6H_3N_3O_2$	7.75	0.66	149.0226
$C_{11}H_{15}$	12.13	0.67	147.1174	$C_6H_5N_4O$	8.13	0.49	149.0464
$C_{11}HN$	12.28	0.69	147.0109	C_7HO_4	7.74	1.06	148.9874
$C_{12}H_3$	13.02	0.78	147.0235	$C_7H_3NO_3$	8.11	0.89	149.0113
148				$C_7H_5N_2O_2$	8.49	0.72	149.0351
$C_4H_8N_2O_4$	5.37	0.92	148.0484	$C_7H_7N_3O$	8.86	0.55	149.0590
$C_4H_{10}N_3O_3$	5.74	0.74	148.0723	$C_7H_9N_4$	9.23	0.38	149.0829
$C_4H_{12}N_4O_2$	6.12	0.56	148.0961	$C_8H_5O_3$	8.84	0.95	149.0238
$C_5H_{10}NO_4$	6.10	0.96	148.0610	$C_8H_7NO_2$	9.22	0.78	149.0477
$C_5H_{12}N_2O_3$	6.48	0.78	148.0848	$C_8H_9N_2O$	9.59	0.61	149.0715
$C_5H_{14}N_3O_2$	6.85	0.60	148.1087	$C_8H_{11}N_3$	9.97	0.45	149.0954
$C_5H_{16}N_4O$	7.22	0.43	148.1325	$C_9H_9O_2$	9.95	0.84	149.0603
$C_5N_4O_2$	7.01	0.61	148.0022	$C_9H_{11}NO$	10.32	0.68	149.0841
$C_6H_{12}O_4$	6.83	1.00	148.0735	$C_9H_{13}N_2$	10.70	0.52	149.1080
$C_6H_{14}NO_3$	7.21	0.83	148.0974	$C_{10}H_{13}O$	11.05	0.75	149.0967
$C_6H_{16}N_2O_2$	7.58	0.65	148.1213	$C_{10}H_{15}N$	11.43	0.59	149.1205
$C_6N_2O_3$	7.36	0.84	147.9909	$C_{10}HN_2$	11.58	0.61	149.0140
$C_6H_2N_3O_2$	7.74	0.66	148.0147	$C_{11}H_{17}$	12.16	0.67	149.1331
$C_6H_4N_4O$	8.11	0.49	148.0386	$C_{11}HO$	11.94	0.85	149.0027
$C_7H_{16}O_3$	7.94	0.88	148.1100	$C_{11}H_3N$	12.32	0.69	149.0266
C_7O_4	7.72	1.06	147.9796	$C_{12}H_5$	13.05	0.78	149.0391
$C_7H_2NO_3$	8.09	0.89	148.0034	**150**			
$C_7H_4N_2O_2$	8.47	0.72	148.0273	$C_4H_{10}N_2O_4$	5.40	0.92	150.0641
$C_7H_6N_3O$	8.84	0.55	148.0511	$C_4H_{12}N_3O_3$	5.78	0.74	150.0879
$C_7H_8N_4$	9.22	0.38	148.0750	$C_4H_{14}N_4O_2$	6.15	0.56	150.1118
$C_8H_4O_3$	8.83	0.94	148.0160	$C_5H_{12}NO_4$	6.13	0.96	150.0766
$C_8H_6NO_2$	9.20	0.78	148.0399	$C_5H_{14}N_2O_3$	6.51	0.78	150.1005
$C_8H_8N_2O$	9.57	0.61	148.0637	$C_5N_3O_3$	6.66	0.79	149.9940
$C_8H_{10}N_3$	9.95	0.45	148.0876	$C_5H_2N_4O_2$	7.04	0.62	150.0178
$C_9H_8O_2$	9.93	0.84	148.0524	$C_6H_{14}O_4$	6.86	1.00	150.0892
$C_9H_{10}NO$	10.31	0.68	148.0763	C_6NO_4	7.02	1.01	149.9827

分子式	M+1	M+2	MW	分子式	M+1	M+2	MW
$C_6H_2N_2O_3$	7.40	0.84	150.0065	$C_{10}H_3N_2$	11.62	0.61	151.0297
$C_6H_4N_3O_2$	7.77	0.67	150.0304	$C_{11}H_{19}$	12.19	0.68	151.1488
$C_6H_6N_4O$	8.14	0.49	150.0542	$C_{11}H_3O$	11.97	0.85	151.0184
$C_7H_2O_4$	7.75	1.06	149.9953	$C_{11}H_5N$	12.35	0.70	151.0422
$C_7H_4NO_3$	8.13	0.89	150.0191	$C_{12}H_7$	13.08	0.79	151.0548
$C_7H_6N_2O_2$	8.50	0.72	150.0429	**152**			
$C_7H_8N_3O$	8.88	0.55	150.0668	$C_4H_{12}N_2O_4$	5.43	0.92	152.0797
$C_7H_{10}N_4$	9.25	0.38	150.0907	$C_5N_2O_4$	6.32	0.97	151.9858
$C_8H_6O_3$	8.86	0.95	150.0317	$C_5H_2N_3O_3$	6.70	0.79	152.0096
$C_8H_8NO_2$	9.23	0.78	150.0555	$C_5H_4N_4O_2$	7.07	0.62	152.0335
$C_8H_{10}N_2O$	9.61	0.61	150.0794	$C_6H_2NO_4$	7.05	1.01	151.9983
$C_8H_{12}N_3$	9.98	0.45	150.1032	$C_6H_4N_2O_3$	7.43	0.84	152.0222
$C_9H_{10}O_2$	9.96	0.84	150.0681	$C_6H_6N_3O_2$	7.80	0.67	152.0460
$C_9H_{12}NO$	10.34	0.68	150.0919	$C_6H_8N_4O$	8.18	0.50	152.0699
$C_9H_{14}N_2$	10.71	0.52	150.1158	$C_7H_4O_4$	7.78	1.06	152.0109
C_9N_3	10.87	0.54	150.0093	$C_7H_6NO_3$	8.16	0.89	152.0348
$C_{10}H_{14}O$	11.07	0.75	150.1045	$C_7H_8N_2O_2$	8.53	0.72	152.0586
$C_{10}H_{16}N$	11.44	0.60	150.1284	$C_7H_{10}N_3O$	8.91	0.55	152.0825
$C_{10}NO$	11.23	0.77	149.9980	$C_7H_{12}N_4$	9.28	0.39	152.1063
$C_{10}H_2N_2$	11.60	0.61	150.0218	$C_8H_8O_3$	8.89	0.95	152.0473
$C_{11}H_{18}$	12.17	0.68	150.1409	$C_8H_{10}NO_2$	9.26	0.78	152.0712
$C_{11}H_2O$	11.96	0.85	150.0106	$C_8H_{12}N_2O$	9.64	0.62	152.0950
$C_{11}H_4N$	12.33	0.70	150.0344	$C_8H_{14}N_3$	10.01	0.45	152.1189
$C_{12}H_6$	13.06	0.78	150.0470	C_8N_4	10.17	0.47	152.0124
151				$C_9H_{12}O_2$	10.00	0.85	152.0837
$C_4H_{11}N_2O_4$	5.24	0.92	151.0719	$C_9H_{14}NO$	10.37	0.68	152.1076
$C_4H_{13}N_3O_3$	5.79	0.74	151.0958	$C_9H_{16}N_2$	10.74	0.52	152.1315
$C_5H_{13}NO_4$	6.15	0.96	151.0845	C_9N_2O	10.53	0.70	152.0011
$C_5HN_3O_3$	6.68	0.79	151.0018	$C_9H_2N_3$	10.90	0.54	152.0249
$C_5H_3N_4O_2$	7.05	0.62	151.0257	$C_{10}H_{16}O$	11.10	0.76	152.1202
C_6HNO_4	7.04	1.01	150.9905	$C_{10}O_2$	10.88	0.93	151.9898
$C_6H_3N_2O_3$	7.41	0.84	151.0144	$C_{10}H_{18}N$	11.48	0.60	152.1440
$C_6H_5N_3O_2$	7.79	0.67	151.0382	$C_{10}H_2NO$	11.26	0.78	152.0136
$C_6H_7N_4O$	8.16	0.50	151.0621	$C_{10}H_4N_2$	11.63	0.62	152.0375
$C_7H_3O_4$	7.77	1.06	151.0031	$C_{11}H_{20}$	12.21	0.68	152.1566
$C_7H_5NO_3$	8.14	0.89	151.0269	$C_{11}H_4O$	11.99	0.86	152.0262
$C_7H_7N_2O_2$	8.52	0.72	151.0508	$C_{11}H_6N$	12.36	0.70	152.0501
$C_7H_9N_3O$	8.89	0.55	151.0746	$C_{12}H_8$	13.10	0.79	152.0626
$C_7H_{11}N_4$	9.27	0.39	151.0985	**153**			
$C_8H_7O_3$	8.87	0.95	151.0395	$C_5HN_2O_4$	6.34	0.97	152.9936
$C_8H_9NO_2$	9.25	0.78	151.0634	$C_5H_3N_3O_3$	6.71	0.80	153.0175
$C_8H_{11}N_2O$	9.62	0.62	151.0872	$C_5H_5N_4O_2$	7.09	0.62	153.0413
$C_8H_{13}N_3$	10.00	0.45	151.1111	$C_6H_3NO_4$	7.07	1.02	153.0062
$C_9H_{11}O_2$	9.98	0.85	151.0759	$C_6H_5N_2O_3$	7.44	0.84	153.0300
$C_9H_{13}NO$	10.35	0.68	151.0998	$C_6H_7N_3O_2$	7.82	0.67	153.0539
$C_9H_{15}N_2$	10.73	0.52	151.1236	$C_6H_9N_4O$	8.19	0.50	153.0777
C_9HN_3	10.89	0.54	151.0171	$C_7H_5O_4$	7.80	1.07	153.0187
$C_{10}H_{15}O$	11.09	0.76	151.1123	$C_7H_7NO_3$	8.17	0.89	153.0426
$C_{10}H_{17}N$	11.46	0.60	151.1362	$C_7H_9N_2O_2$	8.55	0.72	153.0664
$C_{10}HNO$	11.24	0.77	151.0058	$C_7H_{11}N_3O$	8.92	0.56	153.0903

续表

分子式	M+1	M+2	MW	分子式	M+1	M+2	MW
$C_7H_{13}N_4$	9.30	0.39	153.1142	$C_{11}H_{22}$	12.24	0.68	154.1722
$C_8H_9O_3$	8.91	0.95	153.0552	$C_{11}H_6O$	12.02	0.86	154.0419
$C_8H_{11}NO_2$	9.28	0.78	153.0790	$C_{11}H_8N$	12.40	0.70	154.0657
$C_8H_{13}N_2O$	9.65	0.62	153.1029	$C_{12}H_{10}$	13.13	0.79	154.0783
$C_8H_{15}N_3$	10.03	0.45	153.1267	**155**			
C_8HN_4	10.19	0.47	153.0202	$C_5H_3N_2O_4$	6.37	0.97	155.0093
$C_9H_{13}O_2$	10.01	0.85	153.0916	$C_5H_5N_3O_3$	6.74	0.80	155.0331
$C_9H_{15}NO$	10.39	0.69	153.1154	$C_5H_7N_4O_2$	7.12	0.62	155.0570
$C_9H_{17}N_2$	10.76	0.52	153.1393	$C_6H_5NO_4$	7.10	1.02	155.0218
C_9HN_2O	10.54	0.70	153.0089	$C_6H_7N_2O_3$	7.48	0.84	155.0457
$C_9H_3N_3$	10.92	0.54	153.0328	$C_6H_9N_3O_2$	7.85	0.67	155.0695
$C_{10}H_{17}O$	11.12	0.76	153.1280	$C_6H_{11}N_4O$	8.22	0.50	155.0934
$C_{10}HO_2$	10.90	0.94	152.9976	$C_7H_7O_4$	7.83	1.07	155.0344
$C_{10}H_{19}N$	11.49	0.60	153.1519	$C_7H_9NO_3$	8.21	0.90	155.0583
$C_{10}H_3NO$	11.27	0.78	153.0215	$C_7H_{11}N_2O_2$	8.58	0.73	155.0821
$C_{10}H_5N_2$	11.65	0.62	153.0453	$C_7H_{13}N_3O$	8.96	0.56	155.1060
$C_{11}H_{21}$	12.22	0.68	153.1644	$C_7H_{15}N_4$	9.33	0.39	155.1298
$C_{11}H_5O$	12.01	0.86	153.0340	$C_8H_{11}O_3$	8.94	0.95	155.0708
$C_{11}H_7N$	12.38	0.70	153.0579	$C_8H_{13}NO_2$	9.31	0.79	155.0947
$C_{12}H_9$	13.11	0.79	153.0705	$C_8H_{15}N_2O$	9.69	0.62	155.1185
154				$C_8H_{17}N_3$	10.06	0.46	155.1424
$C_5H_2N_2O_4$	6.35	0.97	154.0014	C_8HN_3O	9.84	0.64	155.0120
$C_5H_4N_3O_3$	6.73	0.80	154.0253	$C_8H_3N_4$	10.22	0.47	155.0359
$C_5H_6N_4O_2$	7.10	0.62	154.0491	$C_9H_{15}O_2$	10.04	0.85	155.1072
$C_6H_4NO_4$	7.09	1.02	154.0140	$C_9H_{17}NO$	10.42	0.69	155.1311
$C_6H_6N_2O_3$	7.46	0.84	154.0379	C_9HNO_2	10.20	0.87	155.0007
$C_6H_8N_3O_2$	7.83	0.67	154.0617	$C_9H_{19}N_2$	10.79	0.53	155.1549
$C_6H_{10}N_4O$	8.21	0.50	154.0856	$C_9H_3N_2O$	10.58	0.71	155.0246
$C_7H_6O_4$	7.82	1.07	154.0266	$C_9H_5N_3$	10.95	0.54	155.0484
$C_7H_8NO_3$	8.19	0.90	154.0504	$C_{10}H_{19}O$	11.15	0.76	155.1436
$C_7H_{10}N_2O_2$	8.57	0.73	154.0743	$C_{10}H_3O_2$	10.93	0.94	155.0133
$C_7H_{12}N_3O$	8.94	0.56	154.0981	$C_{10}H_{21}N$	11.52	0.60	155.1675
$C_7H_{14}N_4$	9.31	0.39	154.1220	$C_{10}H_5NO$	11.31	0.78	155.0371
$C_8H_{10}O_3$	8.92	0.95	154.0630	$C_{10}H_7N_2$	11.68	0.62	155.0610
$C_8H_{12}NO_2$	9.30	0.79	154.0868	$C_{11}H_{23}$	12.25	0.69	155.1801
$C_8H_{14}N_2O$	9.67	0.62	154.1107	$C_{11}H_7O$	12.04	0.86	155.0497
$C_8H_{16}N_3$	10.05	0.46	154.1346	$C_{11}H_9N$	12.41	0.71	155.0736
C_8N_3O	9.83	0.63	154.0042	$C_{12}H_{11}$	13.14	0.79	155.0861
$C_8H_2N_4$	10.20	0.47	154.0280	**156**			
$C_9H_{14}O_2$	10.03	0.85	154.0994	$C_5H_4N_2O_4$	6.39	0.98	156.0171
$C_9H_{16}NO$	10.40	0.69	154.1233	$C_5H_6N_3O_3$	6.76	0.80	156.0410
C_9NO_2	10.19	0.87	153.9929	$C_5H_8N_4O_2$	7.14	0.62	156.0648
$C_9H_{18}N_2$	10.78	0.53	154.1471	$C_6H_6NO_4$	7.12	1.02	156.0297
$C_9H_2N_2O$	10.56	0.70	154.0167	$C_6H_8N_2O_3$	7.49	0.85	156.0535
$C_9H_4N_3$	10.93	0.54	154.0406	$C_6H_{10}N_3O_2$	7.87	0.67	156.0774
$C_{10}H_{18}O$	11.13	0.76	154.1358	$C_6H_{12}N_4O$	8.24	0.50	156.1012
$C_{10}H_2O_2$	10.92	0.94	154.0054	$C_7H_8O_4$	7.85	1.07	156.0422
$C_{10}H_{20}N$	11.51	0.60	154.1597	$C_7H_{10}NO_3$	8.22	0.90	156.0661
$C_{10}H_4NO$	11.29	0.78	154.0293	$C_7H_{12}N_2O_2$	8.60	0.73	156.0899
$C_{10}H_6N_2$	11.66	0.62	154.0532	$C_7H_{14}N_3O$	8.97	0.56	156.1138

续表

分子式	M+1	M+2	MW	分子式	M+1	M+2	MW
$C_7H_{16}N_4$	9.35	0.39	156.1377	$C_9H_3NO_2$	10.23	0.87	157.0164
C_7N_4O	9.13	0.57	156.0073	$C_9H_{21}N_2$	10.82	0.53	157.1706
$C_8H_{12}O_3$	8.95	0.96	156.0786	$C_9H_5N_2O$	10.61	0.71	157.0402
$C_8H_{14}NO_2$	9.33	0.79	156.1025	$C_9H_7N_3$	10.98	0.55	157.0641
$C_8H_{16}N_2O$	9.70	0.62	156.1264	$C_{10}H_{21}O$	11.18	0.77	157.1593
$C_8N_2O_2$	9.49	0.80	155.9960	$C_{10}H_5O_2$	10.96	0.94	157.0289
$C_8H_{18}N_3$	10.08	0.46	156.1502	$C_{10}H_{23}N$	11.56	0.61	157.1832
$C_8H_2N_3O$	9.86	0.64	156.0198	$C_{10}H_7NO$	11.34	0.78	157.0528
$C_8H_4N_4$	10.23	0.47	156.0437	$C_{10}H_9N_2$	11.71	0.63	157.0767
$C_9H_{16}O_2$	10.06	0.85	156.1151	$C_{11}H_9O$	12.07	0.86	157.0653
C_9O_3	9.84	1.03	155.9847	$C_{11}H_{11}N$	12.44	0.71	157.0892
$C_9H_{18}NO$	10.43	0.69	156.1389	$C_{12}H_{13}$	13.18	0.80	157.1018
$C_9H_2NO_2$	10.22	0.87	156.0085	$C_{13}H$	14.06	0.91	157.0078
$C_9H_{20}N_2$	10.81	0.53	156.1628	**158**			
$C_9H_4N_2O$	10.59	0.71	156.0324	$C_5H_6N_2O_4$	6.42	0.98	158.0328
$C_9H_6N_3$	10.97	0.55	156.0563	$C_5H_8N_3O_3$	6.79	0.80	158.0566
$C_{10}H_{20}O$	11.17	0.77	156.1515	$C_5H_{10}N_4O_2$	7.17	0.63	158.0805
$C_{10}H_4O_2$	10.95	0.94	156.0211	$C_6H_8NO_4$	7.15	1.02	158.0453
$C_{10}H_{22}N$	11.54	0.61	156.1753	$C_6H_{10}N_2O_3$	7.52	0.85	158.0692
$C_{10}H_6NO$	11.32	0.78	156.0449	$C_6H_{12}N_3O_2$	7.90	0.68	158.0930
$C_{10}H_8N_2$	11.70	0.62	156.0688	$C_6H_{14}N_4O$	8.27	0.50	158.1169
$C_{11}H_{24}$	12.27	0.69	156.1879	$C_7H_{10}O_4$	7.88	1.07	158.0579
$C_{11}H_8O$	12.05	0.86	156.0575	$C_7H_{12}NO_3$	8.25	0.90	158.0817
$C_{11}H_{10}N$	12.43	0.71	156.0814	$C_7H_{14}N_2O_2$	8.63	0.73	158.1056
$C_{12}H_{12}$	13.16	0.80	156.0939	$C_7H_{16}N_3O$	9.00	0.56	158.1295
C_{13}	14.05	0.91	156.0000	$C_7N_3O_2$	8.79	0.74	157.9991
157				$C_7H_{18}N_4$	9.38	0.40	158.1533
$C_5H_5N_2O_4$	6.40	0.98	157.0249	$C_7H_2N_4O$	9.16	0.58	158.0229
$C_5H_7N_3O_3$	6.78	0.80	157.0488	$C_8H_{14}O_3$	8.99	0.96	158.0943
$C_5H_9N_4O_2$	7.15	0.62	157.0726	$C_8H_{16}NO_2$	9.36	0.79	158.1182
$C_6H_7NO_4$	7.13	1.02	157.0375	C_8NO_3	9.14	0.97	157.9878
$C_6H_9N_2O_3$	7.51	0.85	157.0614	$C_8H_{18}N_2O$	9.73	0.63	158.1420
$C_6H_{11}N_3O_2$	7.88	0.67	157.0852	$C_8H_2N_2O_2$	9.52	0.81	158.0116
$C_6H_{13}N_4O$	8.26	0.50	157.1091	$C_8H_{20}N_3$	10.11	0.46	158.1659
$C_7H_9O_4$	7.86	1.07	157.0501	$C_8H_4N_3O$	9.89	0.64	158.0355
$C_7H_{11}NO_3$	8.24	0.90	157.0739	$C_8H_6N_4$	10.27	0.48	158.0594
$C_7H_{13}N_2O_2$	8.61	0.73	157.0978	$C_9H_{18}O_2$	10.09	0.86	158.1307
$C_7H_{15}N_3O$	8.99	0.56	157.1216	$C_9H_2O_3$	9.87	1.04	158.0003
$C_7H_{17}N_4$	9.36	0.39	157.1455	$C_9H_{20}NO$	10.47	0.69	158.1546
C_7HN_4O	9.15	0.57	157.0151	$C_9H_4NO_2$	10.25	0.87	158.0242
$C_8H_{13}O_3$	8.97	0.96	157.0865	$C_9H_{22}N_2$	10.84	0.53	158.1784
$C_8H_{15}NO_2$	9.34	0.79	157.1103	$C_9H_6N_2O$	10.62	0.71	158.0480
$C_8H_{17}N_2O$	9.72	0.62	157.1342	$C_9H_8N_3$	11.00	0.55	158.0719
$C_8HN_2O_2$	9.50	0.80	157.0038	$C_{10}H_{22}O$	11.20	0.77	158.1671
$C_8H_{19}N_3$	10.09	0.46	157.1580	$C_{10}H_6O_2$	10.98	0.95	158.0368
$C_8H_3N_3O$	9.88	0.64	157.0277	$C_{10}H_8NO$	11.35	0.79	158.0606
$C_8H_5N_4$	10.25	0.48	157.0515	$C_{10}H_{10}N_2$	11.73	0.63	158.0845
$C_9H_{17}O_2$	10.08	0.86	157.1229	$C_{11}H_{10}O$	12.09	0.87	158.0732
C_9HO_3	9.86	1.03	156.9925	$C_{11}H_{12}N$	12.46	0.71	158.0970
$C_9H_{19}NO$	10.45	0.69	157.1467	$C_{12}H_{14}$	13.19	0.80	158.1096

续表

分子式	M+1	M+2	MW	分子式	M+1	M+2	MW
$C_{12}N$	13.35	0.82	158.0031	$C_7H_{16}N_2O_2$	8.66	0.73	160.1213
$C_{13}H_2$	14.08	0.92	158.0157	$C_7N_2O_3$	8.44	0.92	159.9909
159				$C_7H_{18}N_3O$	9.04	0.57	160.1451
$C_5H_7N_2O_4$	6.43	0.98	159.0406	$C_7H_2N_3O_2$	8.82	0.75	160.0147
$C_5H_9N_3O_3$	6.81	0.80	159.0644	$C_7H_{20}N_4$	9.41	0.40	160.1690
$C_5H_{11}N_4O_2$	7.18	0.63	159.0883	$C_7H_4N_4O$	9.19	0.58	160.0386
$C_6H_9NO_4$	7.17	1.02	159.0532	$C_8H_{16}O_3$	9.02	0.96	160.1100
$C_6H_{11}N_2O_3$	7.54	0.85	159.0770	C_8O_4	8.80	1.14	159.9796
$C_6H_{13}N_3O_2$	7.91	0.68	159.1009	$C_8H_{18}NO_2$	9.39	0.79	160.1338
$C_6H_{15}N_4O$	8.29	0.51	159.1247	$C_8H_2NO_3$	9.18	0.97	160.0034
$C_7H_{11}O_4$	7.90	1.07	159.0657	$C_8H_{20}N_2O$	9.77	0.63	160.1577
$C_7H_{13}NO_3$	8.27	0.90	159.0896	$C_8H_4N_2O_2$	9.55	0.81	160.0273
$C_7H_{15}N_2O_2$	8.65	0.73	159.1134	$C_8H_6N_3O$	9.92	0.64	160.0511
$C_7H_{17}N_3O$	9.02	0.56	159.1373	$C_8H_8N_4$	10.30	0.48	160.0750
$C_7HN_3O_2$	8.80	0.75	159.0069	$C_9H_{20}O_2$	10.12	0.86	160.1464
$C_7H_{19}N_4$	9.39	0.40	159.1611	$C_9H_4O_3$	9.91	1.04	160.0160
$C_7H_3N_4O$	9.18	0.58	159.0308	$C_9H_6NO_2$	10.28	0.88	160.0399
$C_8H_{15}O_3$	9.00	0.96	159.1021	$C_9H_8N_2O$	10.66	0.71	160.0637
$C_8H_{17}NO_2$	9.38	0.79	159.1260	$C_9H_{10}N_3$	11.03	0.55	160.0876
C_8HNO_3	9.16	0.97	158.9956	$C_{10}H_8O_2$	11.01	0.95	160.0524
$C_8H_{19}N_2O$	9.75	0.63	159.1498	$C_{10}H_{10}NO$	11.39	0.79	160.0763
$C_8H_3N_2O_2$	9.53	0.81	159.0195	$C_{10}H_{12}N_2$	11.76	0.63	160.1001
$C_8H_{21}N_3$	10.13	0.46	159.1737	$C_{11}H_{12}O$	12.12	0.87	160.0888
$C_8H_5N_3O$	9.91	0.64	159.0433	$C_{11}H_{14}N$	12.49	0.72	160.1127
$C_8H_7N_4$	10.28	0.48	159.0672	$C_{11}N_2$	12.65	0.73	160.0062
$C_9H_{19}O_2$	10.11	0.86	159.1385	$C_{12}H_{16}$	13.22	0.80	160.1253
$C_9H_3O_3$	9.89	1.04	159.0082	$C_{12}O$	13.01	0.98	159.9949
$C_9H_{21}NO$	10.48	0.70	159.1624	$C_{12}H_2N$	13.38	0.82	160.0187
$C_9H_5NO_2$	10.27	0.87	159.0320	$C_{13}H_4$	14.11	0.92	160.0313
$C_9H_7N_2O$	10.64	0.71	159.0559	**161**			
$C_9H_9N_3$	11.01	0.55	159.0798	$C_5H_9N_2O_4$	6.47	0.98	161.0563
$C_{10}H_7O_2$	11.00	0.95	159.0446	$C_5H_{11}N_3O_3$	6.84	0.80	161.0801
$C_{10}H_9NO$	11.37	0.79	159.0684	$C_5H_{13}N_4O_2$	7.22	0.63	161.1040
$C_{10}H_{11}N_2$	11.74	0.63	159.0923	$C_6H_{11}NO_4$	7.20	1.03	161.0688
$C_{11}H_{11}O$	12.10	0.87	159.0810	$C_6H_{13}N_2O_3$	7.57	0.85	161.0927
$C_{11}H_{13}N$	12.48	0.71	159.1049	$C_6H_{15}N_3O_2$	7.95	0.68	161.1165
$C_{12}H_{15}$	13.21	0.80	159.1174	$C_6H_{17}N_4O$	8.32	0.51	161.1404
$C_{12}HN$	13.36	0.82	159.0109	$C_6HN_4O_2$	8.10	0.69	161.0100
$C_{13}H_3$	14.10	0.92	159.0235	$C_7H_{13}O_4$	7.93	1.08	161.0814
160				$C_7H_{15}NO_3$	8.30	0.90	161.1052
$C_5H_8N_2O_4$	6.45	0.98	160.0484	$C_7H_{17}N_2O_2$	8.68	0.74	161.1291
$C_5H_{10}N_3O_3$	6.82	0.80	160.0723	$C_7HN_2O_3$	8.46	0.92	160.9987
$C_5H_{12}N_4O_2$	7.20	0.63	160.0961	$C_7H_{19}N_3O$	9.05	0.57	161.1529
$C_6H_{10}NO_4$	7.18	1.02	160.0610	$C_7H_3N_3O_2$	8.83	0.75	161.0226
$C_6H_{12}N_2O_3$	7.56	0.85	160.0848	$C_7H_5N_4O$	9.21	0.58	161.0464
$C_6H_{14}N_3O_2$	7.93	0.68	160.1087	$C_8H_{17}O_3$	9.03	0.96	161.1178
$C_6H_{16}N_4O$	8.30	0.51	160.1325	C_8HO_4	8.82	1.14	160.9874
$C_6N_4O_2$	8.09	0.69	160.0022	$C_8H_{19}NO_2$	9.41	0.80	161.1416
$C_7H_{12}O_4$	7.91	1.07	160.0735	$C_8H_3NO_3$	9.19	0.98	161.0113
$C_7H_{14}NO_3$	8.29	0.90	160.0974	$C_8H_5N_2O_2$	9.57	0.81	161.0351

续表

分子式	M+1	M+2	MW	分子式	M+1	M+2	MW
$C_8H_7N_3O$	9.94	0.65	161.0590	$C_{11}H_2N_2$	12.68	0.74	162.0218
$C_8H_9N_4$	10.31	0.48	161.0829	$C_{12}H_{18}$	13.26	0.81	162.1409
$C_9H_5O_3$	9.92	1.04	161.0238	$C_{12}H_2O$	13.04	0.98	162.0106
$C_9H_7NO_2$	10.30	0.88	161.0477	$C_{12}H_4N$	13.41	0.83	162.0344
$C_9H_9N_2O$	10.67	0.72	161.0715	$C_{13}H_6$	14.14	0.92	162.0470
$C_9H_{11}N_3$	11.05	0.56	161.0954	**163**			
$C_{10}H_9O_2$	11.03	0.95	161.0603	$C_5H_{11}N_2O_4$	6.50	0.98	163.0719
$C_{10}H_{11}NO$	11.40	0.79	161.0841	$C_5H_{13}N_3O_3$	6.87	0.81	163.0958
$C_{10}H_{13}N_2$	11.78	0.63	161.1080	$C_5H_{15}N_4O_2$	7.25	0.63	163.1196
$C_{11}H_{13}O$	12.13	0.87	161.0967	$C_6H_{13}NO_4$	7.23	1.03	163.0845
$C_{11}H_{15}N$	12.51	0.72	161.1205	$C_6H_{15}N_2O_3$	7.60	0.85	163.1083
$C_{11}HN_2$	12.67	0.74	161.0140	$C_6H_{17}N_3O_2$	7.98	0.68	163.1322
$C_{12}H_{17}$	13.24	0.81	161.1331	$C_6HN_3O_3$	7.76	0.87	163.0018
$C_{12}HO$	13.02	0.98	161.0027	$C_6H_3N_4O_2$	8.14	0.69	163.0257
$C_{12}H_3N$	13.40	0.83	161.0266	$C_7H_{15}O_4$	7.96	1.08	163.0970
$C_{13}H_5$	14.13	0.92	161.0391	$C_7H_{17}NO_3$	8.33	0.91	163.1209
162				C_7HNO_4	8.12	1.09	162.9905
$C_5H_{10}N_2O_4$	6.48	0.98	162.0641	$C_7H_3N_2O_3$	8.49	0.92	163.0144
$C_5H_{12}N_3O_3$	6.86	0.81	162.0879	$C_7H_5N_3O_2$	8.87	0.75	163.0382
$C_5H_{14}N_4O_2$	7.23	0.63	162.1118	$C_7H_7N_4O$	9.24	0.58	163.0621
$C_6H_{12}NO_4$	7.21	1.03	162.0766	$C_8H_3O_4$	8.85	1.15	163.0031
$C_6H_{14}N_2O_3$	7.59	0.85	162.1005	$C_8H_5NO_3$	9.22	0.98	163.0269
$C_6H_{16}N_3O_2$	7.96	0.68	162.1244	$C_8H_7N_2O_2$	9.60	0.81	163.0508
$C_6N_3O_3$	7.75	0.86	161.9940	$C_8H_9N_3O$	9.97	0.65	163.0746
$C_6H_{18}N_4O$	8.34	0.51	162.1482	$C_8H_{11}N_4$	10.35	0.49	163.0985
$C_6H_2N_4O_2$	8.12	0.69	162.0178	$C_9H_7O_3$	9.95	1.04	163.0395
$C_7H_{14}O_4$	7.94	1.08	162.0892	$C_9H_9NO_2$	10.33	0.88	163.0634
$C_7H_{16}NO_3$	8.32	0.91	162.1131	$C_9H_{11}N_2O$	10.70	0.72	163.0872
C_7NO_4	8.10	1.09	161.9827	$C_9H_{13}N_3$	11.08	0.56	163.1111
$C_7H_{18}N_2O_2$	8.69	0.74	162.1369	$C_{10}H_{11}O_2$	11.06	0.95	163.0759
$C_7H_2N_2O_3$	8.48	0.92	162.0065	$C_{10}H_{13}NO$	11.43	0.80	163.0998
$C_7H_4N_3O_2$	8.85	0.75	162.0304	$C_{10}H_{15}N_2$	11.81	0.64	163.1236
$C_7H_6N_4O$	9.23	0.58	162.0542	$C_{10}HN_3$	11.97	0.66	163.0171
$C_8H_{18}O_3$	9.05	0.96	162.1256	$C_{11}H_{15}O$	12.17	0.88	163.1123
$C_8H_2O_4$	8.83	1.15	161.9953	$C_{11}H_{17}N$	12.54	0.72	163.1362
$C_8H_4NO_3$	9.21	0.98	162.0191	$C_{11}HNO$	12.32	0.89	163.0058
$C_8H_6N_2O_2$	9.58	0.81	162.0429	$C_{11}H_3N_2$	12.70	0.74	163.0297
$C_8H_8N_3O$	9.96	0.65	162.0668	$C_{12}H_{19}$	13.27	0.81	163.1488
$C_8H_{10}N_4$	10.33	0.48	162.0907	$C_{12}H_3O$	13.05	0.98	163.0184
$C_9H_6O_3$	9.94	1.04	162.0317	$C_{12}H_5N$	13.43	0.83	163.0422
$C_9H_8NO_2$	10.31	0.88	162.0555	$C_{13}H_7$	14.16	0.93	163.0548
$C_9H_{10}N_2O$	10.69	0.72	162.0794	**164**			
$C_9H_{12}N_3$	11.06	0.56	162.1032	$C_5H_{12}N_2O_4$	6.51	0.98	164.0797
$C_{10}H_{10}O_2$	11.04	0.95	162.0681	$C_5H_{14}N_3O_3$	6.89	0.81	164.1036
$C_{10}H_{12}NO$	11.42	0.79	162.0919	$C_5H_{16}N_4O_2$	7.26	0.63	164.1275
$C_{10}H_{14}N_2$	11.79	0.64	162.1158	$C_6H_{14}NO_4$	7.25	1.03	164.0923
$C_{10}N_3$	11.95	0.65	162.0093	$C_6H_{16}N_2O_3$	7.62	0.86	164.1162
$C_{11}H_{14}O$	12.15	0.87	162.1045	$C_6N_2O_4$	7.40	1.04	163.9858
$C_{11}H_{16}N$	12.52	0.72	162.1284	$C_6H_2N_3O_3$	7.78	0.87	164.0096
$C_{11}NO$	12.31	0.89	161.9980	$C_6H_4N_4O_2$	8.15	0.70	164.0335

续表

分子式	M+1	M+2	MW	分子式	M+1	M+2	MW
$C_7H_{16}O_4$	7.98	1.08	164.1049	$C_{10}H_{13}O_2$	11.09	0.96	165.0916
$C_7H_2NO_4$	8.13	1.09	163.9983	$C_{10}H_{15}NO$	11.47	0.80	165.1154
$C_7H_4N_2O_3$	8.51	0.92	164.0222	$C_{10}H_{17}N_2$	11.84	0.64	165.1393
$C_7H_6N_3O_2$	8.88	0.75	164.0460	$C_{10}HN_2O$	11.62	0.82	165.0089
$C_7H_8N_4O$	9.26	0.59	164.0699	$C_{10}H_3N_3$	12.00	0.66	165.0328
$C_8H_4O_4$	8.87	1.15	164.0109	$C_{11}H_{17}O$	12.20	0.88	165.1280
$C_8H_6NO_3$	9.24	0.98	164.0348	$C_{11}HO_2$	11.98	1.05	164.9976
$C_8H_8N_2O_2$	9.61	0.81	164.0586	$C_{11}H_{19}N$	12.57	0.73	165.1519
$C_8H_{10}N_3O$	9.99	0.65	164.0825	$C_{11}H_3NO$	12.36	0.90	165.0215
$C_8H_{12}N_4$	10.36	0.49	164.1063	$C_{11}H_5N_2$	12.73	0.74	165.0453
$C_9H_8O_3$	9.97	1.05	164.0473	$C_{12}H_{21}$	13.30	0.81	165.1644
$C_9H_{10}NO_2$	10.35	0.88	164.0712	$C_{12}H_5O$	13.09	0.99	165.0340
$C_9H_{12}N_2O$	10.72	0.72	164.0950	$C_{12}H_7N$	13.46	0.84	165.0579
$C_9H_{14}N_3$	11.09	0.56	164.1189	$C_{13}H_9$	14.19	0.93	165.0705
C_9N_4	11.25	0.58	164.0124	**166**			
$C_{10}H_{12}O_2$	11.08	0.96	164.0837	$C_5H_{14}N_2O_4$	6.55	0.99	166.0954
$C_{10}H_{14}NO$	11.45	0.80	164.1076	$C_6H_2N_2O_4$	7.43	1.04	166.0014
$C_{10}H_{16}N_2$	11.82	0.64	164.1315	$C_6H_4N_3O_3$	7.81	0.87	166.0253
$C_{10}N_2O$	11.61	0.81	164.0011	$C_6H_6N_4O_2$	8.18	0.70	166.0491
$C_{10}H_2N_3$	11.98	0.66	164.0249	$C_7H_4NO_4$	8.17	1.09	166.0140
$C_{11}H_{16}O$	12.18	0.88	164.1202	$C_7H_6N_2O_3$	8.54	0.92	166.0379
$C_{11}O_2$	11.96	1.05	163.9898	$C_7H_8N_3O_2$	8.91	0.76	166.0617
$C_{11}H_{18}N$	12.56	0.72	164.1440	$C_7H_{10}N_4O$	9.29	0.59	166.0856
$C_{11}H_2NO$	12.34	0.90	164.0136	$C_8H_6O_4$	8.90	1.15	166.0266
$C_{11}H_4N_2$	12.71	0.74	164.0375	$C_8H_8NO_3$	9.27	0.98	166.0504
$C_{12}H_{20}$	13.29	0.81	164.1566	$C_8H_{10}N_2O_2$	9.65	0.82	166.0743
$C_{12}H_4O$	13.07	0.98	164.0262	$C_8H_{12}N_3O$	10.02	0.65	166.0981
$C_{12}H_6N$	13.44	0.83	164.0501	$C_8H_{14}N_4$	10.39	0.49	166.1220
$C_{13}H_8$	14.18	0.93	164.0626	$C_9H_{10}O_3$	10.00	1.05	166.0630
165				$C_9H_{12}NO_2$	10.38	0.89	166.0868
$C_5H_{13}N_2O_4$	6.53	0.98	165.0876	$C_9H_{14}N_2O$	10.75	0.72	166.1107
$C_5H_{15}N_3O_3$	6.90	0.81	165.1114	$C_9H_{16}N_3$	11.13	0.56	166.1346
$C_6H_{15}NO_4$	7.26	1.03	165.1001	C_9N_3O	10.91	0.74	166.0042
$C_6HN_2O_4$	7.24	1.04	164.9936	$C_9H_2N_4$	11.28	0.58	166.0280
$C_6H_3N_3O_3$	7.79	0.87	165.0175	$C_{10}H_{14}O_2$	11.11	0.96	166.0994
$C_6H_5N_4O_2$	8.17	0.70	165.0413	$C_{10}H_{16}NO$	11.48	0.80	166.1233
$C_7H_3NO_4$	8.15	1.09	165.0062	$C_{10}NO_2$	11.27	0.98	165.9929
$C_7H_5N_2O_3$	8.52	0.92	165.0300	$C_{10}H_{18}N_2$	11.86	0.64	166.1471
$C_7H_7N_3O_2$	8.90	0.75	165.0539	$C_{10}H_2N_2O$	11.64	0.82	166.0167
$C_7H_9N_4O$	9.27	0.59	165.0777	$C_{10}H_4N_3$	12.01	0.66	166.0406
$C_8H_5O_4$	8.88	1.15	165.0187	$C_{11}H_{18}O$	12.21	0.88	166.1358
$C_8H_7NO_3$	9.26	0.98	165.0426	$C_{11}H_2O_2$	12.00	1.06	166.0054
$C_8H_9N_2O_2$	9.63	0.82	165.0664	$C_{11}H_{20}N$	12.59	0.73	166.1597
$C_8H_{11}N_3O$	10.00	0.65	165.0903	$C_{11}H_4NO$	12.37	0.90	166.0293
$C_8H_{13}N_4$	10.38	0.49	165.1142	$C_{11}H_6N_2$	12.75	0.75	166.0532
$C_9H_9O_3$	9.99	1.05	165.0552	$C_{12}H_{22}$	13.32	0.82	166.1722
$C_9H_{11}NO_2$	10.36	0.88	165.0790	$C_{12}H_6O$	13.10	0.99	166.0419
$C_9H_{13}N_2O$	10.74	0.72	165.1029	$C_{12}H_8N$	13.48	0.84	166.0657
$C_9H_{15}N_3$	11.11	0.56	165.1267	$C_{13}H_{10}$	14.21	0.93	166.0783
C_9HN_4	11.27	0.58	165.0202	**167**			
				$C_6H_3N_2O_4$	7.45	1.04	167.0093

分子式	M+1	M+2	MW	分子式	M+1	M+2	MW
$C_6H_5N_3O_3$	7.83	0.87	167.0331	$C_9H_{18}N_3$	11.16	0.57	168.1502
$C_6H_7N_4O_2$	8.20	0.70	167.0570	$C_9H_2N_3O$	10.94	0.74	168.0198
$C_7H_5NO_4$	8.18	1.10	167.0218	$C_9H_4N_4$	11.32	0.58	168.0437
$C_7H_7N_2O_3$	8.56	0.93	167.0457	$C_{10}H_{16}O_2$	11.14	0.96	168.1151
$C_7H_9N_3O_2$	8.93	0.76	167.0695	$C_{10}O_3$	10.92	1.14	167.9847
$C_7H_{11}N_4O$	9.31	0.59	167.0934	$C_{10}H_{18}NO$	11.51	0.80	168.1389
$C_8H_7O_4$	8.91	1.15	167.0344	$C_{10}H_2NO_2$	11.30	0.98	168.0085
$C_8H_9NO_3$	9.29	0.99	167.0583	$C_{10}H_{20}N_2$	11.89	0.65	168.1628
$C_8H_{11}N_2O_2$	9.66	0.82	167.0821	$C_{10}H_4N_2O$	11.67	0.82	168.0324
$C_8H_{13}N_3O$	10.04	0.66	167.1060	$C_{10}H_6N_3$	12.05	0.67	168.0563
$C_8H_{15}N_4$	10.41	0.49	167.1298	$C_{11}H_{20}O$	12.25	0.89	168.1515
$C_9H_{11}O_3$	10.02	1.05	167.0708	$C_{11}H_4O_2$	12.03	1.06	168.0211
$C_9H_{13}NO_2$	10.39	0.89	167.0947	$C_{11}H_{22}N$	12.62	0.73	168.1753
$C_9H_{15}N_2O$	10.77	0.73	167.1185	$C_{11}H_6NO$	12.40	0.90	168.0449
$C_9H_{17}N_3$	11.14	0.57	167.1424	$C_{11}H_8N_2$	12.78	0.75	168.0688
C_9HN_3O	10.92	0.74	167.0120	$C_{12}H_{24}$	13.35	0.82	168.1879
$C_9H_3N_4$	11.30	0.58	167.0359	$C_{12}H_8O$	13.13	0.99	168.0575
$C_{10}H_{15}O_2$	11.12	0.96	167.1072	$C_{12}H_{10}N$	13.51	0.84	168.0814
$C_{10}H_{17}NO$	11.50	0.80	167.1311	$C_{13}H_{12}$	14.24	0.94	168.0939
$C_{10}HNO_2$	11.28	0.98	167.0007	C_{14}	15.13	1.06	168.0000
$C_{10}H_{19}N_2$	11.87	0.64	167.1549	**169**			
$C_{10}H_3N_2O$	11.66	0.82	167.0246	$C_6H_5N_2O_4$	7.48	1.05	169.0249
$C_{10}H_5N_3$	12.03	0.66	167.0484	$C_6H_7N_3O_3$	7.86	0.87	169.0488
$C_{11}H_{19}O$	12.23	0.88	167.1436	$C_6H_9N_4O_2$	8.23	0.70	169.0726
$C_{11}H_3O_2$	12.01	1.06	167.0133	$C_7H_7NO_4$	8.21	1.10	169.0375
$C_{11}H_{21}N$	12.60	0.73	167.1675	$C_7H_9N_2O_3$	8.59	0.93	169.0614
$C_{11}H_5NO$	12.39	0.90	167.0371	$C_7H_{11}N_3O_2$	8.96	0.76	169.0852
$C_{11}H_7N_2$	12.76	0.75	167.0610	$C_7H_{13}N_4O$	9.34	0.59	169.1091
$C_{12}H_{23}$	13.34	0.82	167.1801	$C_8H_9O_4$	8.95	1.16	169.0501
$C_{12}H_7O$	13.12	0.99	167.0497	$C_8H_{11}NO_3$	9.32	0.99	169.0739
$C_{12}H_9N$	13.49	0.84	167.0736	$C_8H_{13}N_2O_2$	9.69	0.82	169.0978
$C_{13}H_{11}$	14.22	0.94	167.0861	$C_8H_{15}N_3O$	10.07	0.66	169.1216
168				$C_8H_{17}N_4$	10.44	0.50	169.1455
$C_6H_4N_2O_4$	7.47	1.04	168.0171	C_8HN_4O	10.23	0.67	169.0151
$C_6H_6N_3O_3$	7.84	0.87	168.0410	$C_9H_{13}O_3$	10.05	1.05	169.0865
$C_6H_8N_4O_2$	8.22	0.70	168.0648	$C_9H_{15}NO_2$	10.43	0.89	169.1103
$C_7H_6NO_4$	8.20	1.10	168.0297	$C_9H_{17}N_2O$	10.80	0.73	169.1342
$C_7H_8N_2O_3$	8.57	0.93	168.0535	$C_9HN_2O_2$	10.58	0.91	169.0038
$C_7H_{10}N_3O_2$	8.95	0.76	168.0774	$C_9H_{19}N_3$	11.17	0.57	169.1580
$C_7H_{12}N_4O$	9.32	0.59	168.1012	$C_9H_3N_3O$	10.96	0.75	169.0277
$C_8H_8O_4$	8.93	1.15	168.0422	$C_9H_5N_4$	11.33	0.59	169.0515
$C_8H_{10}NO_3$	9.30	0.99	168.0661	$C_{10}H_{17}O_2$	11.16	0.96	169.1229
$C_8H_{12}N_2O_2$	9.68	0.82	168.0899	$C_{10}HO_3$	10.94	1.14	168.9925
$C_8H_{14}N_3O$	10.05	0.66	168.1138	$C_{10}H_{19}NO$	11.53	0.81	169.1467
$C_8H_{16}N_4$	10.43	0.49	168.1377	$C_{10}H_3NO_2$	11.31	0.98	169.0164
C_8N_4O	10.21	0.67	168.0073	$C_{10}H_{21}N_2$	11.90	0.65	169.1706
$C_9H_{12}O_3$	10.03	1.05	168.0786	$C_{10}H_5N_2O$	11.69	0.82	169.0402
$C_9H_{14}NO_2$	10.41	0.89	168.1025	$C_{10}H_7N_3$	12.06	0.67	169.0641
$C_9H_{16}N_2O$	10.78	0.73	168.1264	$C_{11}H_{21}O$	12.26	0.89	169.1593
$C_9N_2O_2$	10.57	0.51	167.9960	$C_{11}H_5O_2$	12.04	1.06	169.0289

分子式	M+1	M+2	MW	分子式	M+1	M+2	MW
$C_{11}H_{23}N$	12.64	0.73	169.1832	$C_6H_9N_3O_3$	7.89	0.88	171.0644
$C_{11}H_7NO$	12.42	0.91	169.0528	$C_6H_{11}N_4O_2$	8.26	0.70	171.0883
$C_{11}H_9N_2$	12.79	0.75	169.0767	$C_7H_9NO_4$	8.25	1.10	171.0532
$C_{12}H_{25}$	13.37	0.82	169.1957	$C_7H_{11}N_2O_3$	8.62	0.93	171.0770
$C_{12}H_9O$	13.15	1.00	169.0653	$C_7H_{13}N_3O_2$	8.99	0.76	171.1009
$C_{12}H_{11}N$	13.52	0.84	169.0892	$C_7H_{15}N_4O$	9.37	0.60	171.1247
$C_{13}H_{13}$	14.26	0.94	169.1018	$C_8H_{11}O_4$	8.98	1.16	171.0657
$C_{14}H$	15.14	1.07	169.0078	$C_8H_{13}NO_3$	9.35	0.99	171.0896
170				$C_8H_{15}N_2O_2$	9.73	0.83	171.1134
$C_6H_6N_2O_4$	7.50	1.05	170.0328	$C_8H_{17}N_3O$	10.10	0.66	171.1373
$C_6H_8N_3O_3$	7.87	0.87	170.0566	$C_8HN_3O_2$	9.88	0.84	171.0069
$C_6H_{10}N_4O_2$	8.25	0.70	170.0805	$C_8H_{19}N_4$	10.47	0.50	171.1611
$C_7H_8NO_4$	8.23	1.10	170.0453	$C_8H_3N_4O$	10.26	0.68	171.0308
$C_7H_{10}N_2O_3$	8.60	0.93	170.0692	$C_9H_{15}O_3$	10.08	1.06	171.1021
$C_7H_{12}N_3O_2$	8.98	0.76	170.0930	$C_9H_{17}NO_2$	10.46	0.89	171.1260
$C_7H_{14}N_4O$	9.35	0.59	170.1169	C_9HNO_3	10.24	1.07	170.9956
$C_8H_{10}O_4$	8.96	1.16	170.0579	$C_9H_{19}N_2O$	10.83	0.73	171.1498
$C_8H_{12}NO_3$	9.34	0.99	170.0817	$C_9H_3N_2O_2$	10.61	0.91	171.0195
$C_8H_{14}N_2O_2$	9.71	0.82	170.1056	$C_9H_{21}N_3$	11.21	0.57	171.1737
$C_8H_{16}N_3O$	10.08	0.66	170.1295	$C_9H_5N_3O$	10.99	0.75	171.0433
$C_8N_3O_2$	9.87	0.84	169.9991	$C_9H_7N_4$	11.36	0.59	171.0672
$C_8H_{18}N_4$	10.46	0.50	170.1533	$C_{10}H_{19}O_2$	11.19	0.97	171.1385
$C_8H_2N_4O$	10.24	0.68	170.0229	$C_{10}H_3O_3$	10.97	1.14	171.0082
$C_9H_{14}O_3$	10.07	1.06	170.0943	$C_{10}H_{21}NO$	11.56	0.81	171.1624
$C_9H_{16}NO_2$	10.44	0.89	170.1182	$C_{10}H_5NO_2$	11.35	0.99	171.0320
C_9NO_3	10.22	1.07	169.9879	$C_{10}H_{23}N_2$	11.94	0.65	171.1863
$C_9H_{18}N_2O$	10.82	0.73	170.1420	$C_{10}H_7N_2O$	11.72	0.83	171.0559
$C_9H_2N_2O_2$	10.60	0.91	170.0116	$C_{10}H_9N_3$	12.09	0.67	171.0798
$C_9H_{20}N_3$	11.19	0.57	170.1659	$C_{11}H_{23}O$	12.29	0.89	171.1750
$C_9H_4N_3O$	10.97	0.75	170.0355	$C_{11}H_7O_2$	12.08	1.07	171.0446
$C_9H_6N_4$	11.35	0.59	170.0594	$C_{11}H_{25}N$	12.67	0.74	171.1988
$C_{10}H_{18}O_2$	11.17	0.97	170.1307	$C_{11}H_9NO$	12.45	0.91	171.0684
$C_{10}H_2O_3$	10.96	1.14	170.0003	$C_{11}H_{11}N_2$	12.83	0.76	171.0923
$C_{10}H_{20}NO$	11.55	0.81	170.1546	$C_{12}H_{11}O$	13.18	1.00	171.0810
$C_{10}H_4NO_2$	11.33	0.98	170.0242	$C_{12}H_{13}N$	13.56	0.85	171.1049
$C_{10}H_{22}N_2$	11.92	0.65	170.1784	$C_{13}H_{15}$	14.29	0.94	171.1174
$C_{10}H_6N_2O$	11.70	0.83	170.0480	$C_{13}HN$	14.45	0.97	171.0109
$C_{10}H_8N_3$	12.08	0.67	170.0719	$C_{14}H_3$	15.18	1.07	171.0235
$C_{11}H_{22}O$	12.28	0.89	170.1671	**172**			
$C_{11}H_6O_2$	12.06	1.06	170.0368	$C_6H_8N_2O_4$	7.53	1.05	172.0484
$C_{11}H_{24}N$	12.65	0.74	170.1910	$C_6H_{10}N_3O_3$	7.91	0.88	172.0723
$C_{11}H_8NO$	12.44	0.91	170.0606	$C_6H_{12}N_4O_2$	8.28	0.71	172.0961
$C_{11}H_{10}N_2$	12.81	0.75	170.0845	$C_7H_{10}NO_4$	8.26	1.10	172.0610
$C_{12}H_{26}$	13.38	0.83	170.2036	$C_7H_{12}N_2O_3$	8.64	0.93	172.0848
$C_{12}H_{10}O$	13.17	1.00	170.0732	$C_7H_{14}N_3O_2$	9.01	0.76	172.1087
$C_{12}H_{12}N$	13.54	0.85	170.0970	$C_7H_{16}N_4O$	9.39	0.60	172.1325
$C_{13}H_{14}$	14.27	0.94	170.1096	$C_7H_4O_2$	9.17	0.78	172.0022
$C_{13}N$	14.43	0.96	170.0031	$C_8H_{12}O_4$	8.99	1.16	172.0735
$C_{14}H_2$	15.16	1.07	170.0157	$C_8H_{14}NO_3$	9.37	0.99	172.0974
171				$C_8H_{16}N_2O_2$	9.74	0.83	172.1213
$C_6H_7N_2O_4$	7.51	1.05	171.0406				

续表

分子式	M+1	M+2	MW	分子式	M+1	M+2	MW
$C_8N_2O_3$	9.52	1.01	171.9909	C_9HO_4	9.90	1.24	173.9874
$C_8H_{18}N_3O$	10.12	0.66	172.1451	$C_9H_{19}NO_2$	10.49	0.90	173.1416
$C_8H_2N_3O_2$	9.90	0.84	172.0147	$C_9H_3NO_3$	10.27	1.08	173.0113
$C_8H_{20}N_4$	10.49	0.50	172.1690	$C_9H_{21}N_2O$	10.86	0.74	173.1655
$C_8H_4N_4O$	10.27	0.68	172.0386	$C_9H_5N_2O_2$	10.65	0.91	173.0351
$C_9H_{16}O_3$	10.10	1.06	172.1100	$C_9H_{23}N_3$	11.24	0.58	173.1894
C_9O_4	9.88	1.24	171.9796	$C_9H_7N_3O$	11.02	0.75	173.0590
$C_9H_{18}NO_2$	10.47	0.90	172.1338	$C_9H_9N_4$	11.40	0.59	173.0829
$C_9H_2NO_3$	10.26	1.07	172.0034	$C_{10}H_{21}O_2$	11.22	0.97	173.1542
$C_9H_{20}N_2O$	10.85	0.73	172.1577	$C_{10}H_5O_3$	11.00	1.15	173.0238
$C_9H_4N_2O_2$	10.63	0.91	172.0273	$C_{10}H_{23}NO$	11.59	0.81	173.1781
$C_9H_{22}N_3$	11.22	0.57	172.1815	$C_{10}H_7NO_2$	11.38	0.99	173.0477
$C_9H_6N_3O$	11.00	0.75	172.0511	$C_{10}H_9N_2O$	11.75	0.83	173.0715
$C_9H_8N_4$	11.38	0.59	172.0750	$C_{10}H_{11}N_3$	12.13	0.67	173.0954
$C_{10}H_{20}O_2$	11.20	0.97	172.1464	$C_{11}H_9O_2$	12.11	1.07	173.0603
$C_{10}H_4O_3$	10.99	1.15	172.0160	$C_{11}H_{11}NO$	12.48	0.91	173.0841
$C_{10}H_{22}NO$	11.58	0.81	172.1702	$C_{11}H_{13}N_2$	12.86	0.76	173.1080
$C_{10}H_6NO_2$	11.36	0.99	172.0399	$C_{12}H_{13}O$	13.21	1.00	173.0967
$C_{10}H_{24}N_2$	11.95	0.65	172.1941	$C_{12}H_{15}N$	13.59	0.85	173.1205
$C_{10}H_8N_2O$	11.74	0.83	172.0637	$C_{12}HN_2$	13.75	0.87	173.0140
$C_{10}H_{10}N_3$	12.11	0.67	172.0876	$C_{13}H_{17}$	14.32	0.95	173.1331
$C_{11}H_{24}O$	12.31	0.89	172.1828	$C_{13}HO$	14.10	1.12	173.0027
$C_{11}H_8O_2$	12.09	1.07	172.0524	$C_{13}H_3N$	14.48	0.97	173.0266
$C_{11}H_{10}NO$	12.47	0.91	172.0763	$C_{14}H_5$	15.21	1.07	173.0391
$C_{11}H_{12}N_2$	12.84	0.76	172.1001	**174**			
$C_{12}H_{12}O$	13.20	1.00	172.0888	$C_6H_{10}N_2O_4$	7.56	1.05	174.0641
$C_{12}H_{14}N$	13.57	0.85	172.1127	$C_6H_{12}N_3O_3$	7.94	0.88	174.0879
$C_{12}N_2$	13.73	0.87	172.0062	$C_6H_{14}N_4O_2$	8.31	0.71	174.1118
$C_{13}H_{16}$	14.30	0.95	172.1253	$C_7H_{12}NO_4$	8.29	1.10	174.0766
$C_{13}O$	14.09	1.12	171.9949	$C_7H_{14}N_2O_3$	8.67	0.93	174.1005
$C_{13}H_2N$	14.46	0.97	172.0187	$C_7H_{16}N_3O_2$	9.04	0.77	174.1244
$C_{14}H_4$	15.19	1.07	172.0313	$C_7N_3O_3$	8.83	0.95	173.9940
173				$C_7H_{18}N_4O$	9.42	0.60	174.1482
$C_6H_9N_2O_4$	7.55	1.05	173.0563	$C_7H_2N_4O_2$	9.20	0.78	174.0178
$C_6H_{11}N_3O_3$	7.92	0.88	173.0801	$C_8H_{14}O_4$	9.03	1.16	174.0892
$C_6H_{13}N_4O_2$	8.30	0.71	173.1040	$C_8H_{16}NO_3$	9.40	1.00	174.1131
$C_7H_{11}NO_4$	8.28	1.10	173.0688	C_8NO_4	9.18	1.18	173.9827
$C_7H_{13}N_2O_3$	8.65	0.93	173.0927	$C_8H_{18}N_2O_2$	9.77	0.83	174.1369
$C_7H_{15}N_3O_2$	9.03	0.77	173.1165	$C_8H_2N_2O_3$	9.56	1.01	174.0065
$C_7H_{17}N_4O$	9.40	0.60	173.1404	$C_8H_{20}N_3O$	10.15	0.67	174.1608
$C_7HN_4O_2$	9.18	0.78	173.0100	$C_8H_4N_3O_2$	9.93	0.85	174.0304
$C_8H_{13}O_4$	9.01	1.16	173.0814	$C_8H_{22}N_4$	10.52	0.50	174.1846
$C_8H_{15}NO_3$	9.38	0.99	173.1052	$C_8H_6N_4O$	10.31	0.68	174.0542
$C_8H_{17}N_2O_2$	9.76	0.83	173.1291	$C_9H_{18}O_3$	10.13	1.06	174.1256
$C_8HN_2O_3$	9.54	1.01	172.9987	$C_9H_2O_4$	9.91	1.24	173.9953
$C_8H_{19}N_3O$	10.13	0.66	173.1529	$C_9H_{20}NO_2$	10.51	0.90	174.1495
$C_8H_3N_3O_2$	9.92	0.84	173.0226	$C_9H_4NO_3$	10.29	1.08	174.0191
$C_8H_{21}N_4$	10.51	0.50	173.1768	$C_9H_{22}N_2O$	10.88	0.74	174.1733
$C_8H_5N_4O$	10.29	0.68	173.0464	$C_9H_6N_2O_2$	10.66	0.92	174.0429
$C_9H_{17}O_3$	10.11	1.06	173.1178	$C_9H_8N_3O$	11.04	0.75	174.0668

续表

分子式	M+1	M+2	MW	分子式	M+1	M+2	MW
$C_9H_{10}N_4$	11.41	0.60	174.0907	$C_{11}HN_3$	13.05	0.78	175.0171
$C_{10}H_{22}O_2$	11.24	0.97	174.1620	$C_{12}H_{15}O$	13.25	1.01	175.1123
$C_{10}H_6O_3$	11.02	1.15	174.0317	$C_{12}H_{17}N$	13.62	0.86	175.1362
$C_{10}H_8NO_2$	11.39	0.99	174.0555	$C_{12}HNO$	13.40	1.03	175.0058
$C_{10}H_{10}N_2O$	11.77	0.83	174.0794	$C_{12}H_3N_2$	13.78	0.88	175.0297
$C_{10}H_{12}N_3$	12.14	0.68	174.1032	$C_{13}H_{19}$	14.35	0.95	175.1488
$C_{11}H_{10}O_2$	12.12	1.07	174.0681	$C_{13}H_3O$	14.13	1.12	175.0184
$C_{11}H_{12}NO$	12.50	0.92	174.0919	$C_{13}H_5N$	14.51	0.98	175.0422
$C_{11}H_{14}N_2$	12.87	0.76	174.1158	$C_{14}H_7$	15.24	1.08	175.0548
$C_{11}N_3$	13.03	0.78	174.0093	**176**			
$C_{12}H_{14}O$	13.23	1.01	174.1045	$C_6H_{12}N_2O_4$	7.59	1.05	176.0797
$C_{12}H_{16}N$	13.60	0.85	174.1284	$C_6H_{14}N_3O_3$	7.97	0.88	176.1036
$C_{12}NO$	13.39	1.03	173.9980	$C_6H_{16}N_4O_2$	8.34	0.71	176.1275
$C_{12}H_2N_2$	13.76	0.88	174.0218	$C_7H_{14}NO_4$	8.33	1.11	176.0923
$C_{13}H_{18}$	14.34	0.95	174.1409	$C_7H_{16}N_2O_3$	8.70	0.94	176.1162
$C_{13}H_2O$	14.12	1.12	174.0106	$C_7N_2O_4$	8.48	1.12	175.9858
$C_{13}H_4N$	14.49	0.97	174.0344	$C_7H_{18}N_3O_2$	9.07	0.77	176.1400
$C_{14}H_6$	15.22	1.08	174.0470	$C_7H_2N_3O_3$	8.86	0.95	176.0096
175				$C_7H_{20}N_4O$	9.45	0.60	176.1639
$C_6H_{11}N_2O_4$	7.58	1.05	175.0719	$C_7H_4N_4O_2$	9.23	0.78	176.0335
$C_6H_{13}N_3O_3$	7.95	0.88	175.0958	$C_8H_{16}O_4$	9.06	1.17	176.1049
$C_6H_{15}N_4O_2$	8.33	0.71	175.1196	$C_8H_{18}NO_3$	9.43	1.00	176.1287
$C_7H_{13}NO_4$	8.31	1.11	175.0845	$C_8H_2NO_4$	9.21	1.18	175.9983
$C_7H_{15}N_2O_3$	8.68	0.94	175.1083	$C_8H_{20}N_2O_2$	9.81	0.83	176.1526
$C_7H_{17}N_3O_2$	9.06	0.77	175.1322	$C_8H_4N_2O_3$	9.59	1.01	176.0222
$C_7HN_3O_3$	8.84	0.95	175.0018	$C_8H_6N_3O_2$	9.96	0.85	176.0460
$C_7H_{19}N_4O$	9.43	0.60	175.1560	$C_8H_8N_4O$	10.34	0.69	176.0699
$C_7H_3N_4O_2$	9.22	0.78	175.0257	$C_9H_{20}O_3$	10.16	1.07	176.1413
$C_8H_{15}O_4$	9.04	1.16	175.0970	$C_9H_4O_4$	9.95	1.24	176.0109
$C_8H_{17}NO_3$	9.42	1.00	175.1209	$C_9H_6NO_3$	10.32	1.08	176.0348
C_8HNO_4	9.20	1.18	174.9905	$C_9H_8N_2O_2$	10.69	0.92	176.0586
$C_8H_{19}N_2O_2$	9.79	0.83	175.1447	$C_9H_{10}N_3O$	11.07	0.76	176.0825
$C_8H_3N_2O_3$	9.57	1.10	175.0144	$C_9H_{12}N_4$	11.44	0.60	176.1063
$C_8H_{21}N_3O$	10.16	0.67	175.1686	$C_{10}H_8O_3$	11.05	1.15	176.0473
$C_8H_5N_3O_2$	9.95	0.85	175.0382	$C_{10}H_{10}NO_2$	11.43	0.99	176.0712
$C_8H_7N_4O$	10.32	0.68	175.0621	$C_{10}H_{12}N_2O$	11.80	0.84	176.0950
$C_9H_{19}O_3$	10.15	1.06	175.1334	$C_{10}H_{14}N_3$	12.17	0.68	176.1189
$C_9H_3O_4$	9.93	1.24	175.0031	$C_{10}N_4$	12.33	0.70	176.0124
$C_9H_{21}NO_2$	10.52	0.90	175.1573	$C_{11}H_{12}O_2$	12.16	1.08	176.0837
$C_9H_5NO_3$	10.30	1.08	175.0269	$C_{11}H_{14}NO$	12.53	0.92	176.1076
$C_9H_7N_2O_2$	10.68	0.92	175.0508	$C_{11}H_{16}N_2$	12.91	0.77	176.1315
$C_9H_9N_3O$	11.05	0.76	175.0746	$C_{11}N_2O$	12.69	0.94	176.0011
$C_9H_{11}N_4$	11.43	0.60	175.0985	$C_{11}H_2N_3$	13.06	0.79	176.0249
$C_{10}H_7O_3$	11.04	1.15	175.0395	$C_{12}H_{16}O$	13.26	1.01	176.1202
$C_{10}H_9NO_2$	11.41	0.99	175.0634	$C_{12}O_2$	13.05	1.18	175.9898
$C_{10}H_{11}N_2O$	11.78	0.83	175.0872	$C_{12}H_{18}N$	13.64	0.86	176.1440
$C_{10}H_{13}N_3$	12.16	0.68	175.1111	$C_{12}H_2NO$	13.42	1.03	176.0136
$C_{11}H_{11}O_2$	12.14	1.07	175.0759	$C_{12}H_4N_2$	13.79	0.88	176.0375
$C_{11}H_{13}NO$	12.52	0.92	175.0998	$C_{13}H_{20}$	14.37	0.96	176.1566
$C_{11}H_{15}N_2$	12.89	0.77	175.1236	$C_{13}H_4O$	14.15	1.13	176.0262

续表

分子式	M+1	M+2	MW	分子式	M+1	M+2	MW
$C_{13}H_6N$	14.53	0.98	176.0501	$C_7H_6N_4O_2$	9.26	0.79	178.0491
$C_{14}H_8$	15.26	1.08	176.0626	$C_8H_{18}O_4$	9.09	1.17	178.1205
177				$C_8H_4NO_4$	9.25	1.18	178.0140
$C_6H_{13}N_2O_4$	7.61	1.06	177.0876	$C_8H_6N_2O_3$	9.62	1.02	178.0379
$C_6H_{15}N_3O_3$	7.99	0.88	177.1114	$C_8H_8N_3O_2$	10.00	0.85	178.0617
$C_6H_{17}N_4O_2$	8.36	0.71	177.1353	$C_8H_{10}N_4O$	10.37	0.69	178.0856
$C_7H_{15}NO_4$	8.34	1.11	177.1001	$C_9H_6O_4$	9.98	1.25	178.0266
$C_7H_{17}N_2O_3$	8.72	0.94	177.1240	$C_9H_8NO_3$	10.35	1.08	178.0504
$C_7HN_2O_4$	8.50	1.12	176.9936	$C_9H_{10}N_2O_2$	10.73	0.92	178.0743
$C_7H_{19}N_3O_2$	9.09	0.77	177.1478	$C_9H_{12}N_3O$	11.10	0.76	178.0981
$C_7H_3N_3O_3$	8.87	0.95	177.0175	$C_9H_{14}N_4$	11.48	0.60	178.1220
$C_7H_5N_4O_2$	9.25	0.78	177.0413	$C_{10}H_{10}O_3$	11.08	1.16	178.0630
$C_8H_{17}O_4$	9.07	1.17	177.1127	$C_{10}H_{12}NO_2$	11.46	1.00	178.0868
$C_8H_{19}NO_3$	9.45	1.00	177.1365	$C_{10}H_{14}N_2O$	11.83	0.84	178.1107
$C_8H_3NO_4$	9.23	1.18	177.0062	$C_{10}H_{16}N_3$	12.21	0.68	178.1346
$C_8H_5N_2O_3$	9.60	1.01	177.0300	$C_{10}N_3O$	11.99	0.86	178.0042
$C_8H_7N_3O_2$	9.98	0.85	177.0539	$C_{10}H_2N_4$	12.36	0.70	178.0280
$C_8H_9N_4O$	10.35	0.69	177.0777	$C_{11}H_{14}O_2$	12.19	1.08	178.0994
$C_9H_5O_4$	9.96	1.25	177.0187	$C_{11}H_{16}NO$	12.56	0.92	178.1233
$C_9H_7NO_3$	10.34	1.08	177.0426	$C_{11}NO_2$	12.35	1.10	177.9929
$C_9H_9N_2O_2$	10.71	0.92	177.0664	$C_{11}H_{18}N_2$	12.94	0.77	178.1471
$C_9H_{11}N_3O$	11.08	0.76	177.0903	$C_{11}H_2N_2O$	12.72	0.94	178.0167
$C_9H_{13}N_4$	11.46	0.60	177.1142	$C_{11}H_4N_3$	13.09	0.79	178.0406
$C_{10}H_9O_3$	11.07	1.16	177.0552	$C_{12}H_{18}O$	13.29	1.01	178.1358
$C_{10}H_{11}NO_2$	11.44	1.00	177.0790	$C_{12}H_2O_2$	13.08	1.19	178.0054
$C_{10}H_{13}N_2O$	11.82	0.84	177.1029	$C_{12}H_{20}N$	13.67	0.86	178.1597
$C_{10}H_{15}N_3$	12.19	0.68	177.1267	$C_{12}H_4NO$	13.45	1.03	178.0293
$C_{10}HN_4$	12.35	0.70	177.0202	$C_{12}H_6N_2$	13.83	0.88	178.0532
$C_{11}H_{13}O_2$	12.17	1.08	177.0916	$C_{13}H_{22}$	14.40	0.96	178.1722
$C_{11}H_{15}NO$	12.55	0.92	177.1154	$C_{13}H_6O$	14.18	1.13	178.0419
$C_{11}H_{17}N_2$	12.92	0.77	177.1393	$C_{13}H_8N$	14.56	0.98	178.0657
$C_{11}HN_2O$	12.70	0.94	177.0089	$C_{14}H_{10}$	15.29	1.09	178.0783
$C_{11}H_3N_3$	13.08	0.79	177.0328	**179**			
$C_{12}H_{17}O$	13.28	1.01	177.1280	$C_6H_{15}N_2O_4$	7.64	1.06	179.1032
$C_{12}HO_2$	13.06	1.18	176.9976	$C_6H_{17}N_3O_3$	8.02	0.89	179.1271
$C_{12}H_{19}N$	13.65	0.86	177.1519	$C_7H_{17}NO_4$	8.37	1.11	179.1158
$C_{12}H_3NO$	13.44	1.03	177.0215	$C_7H_3N_2O_4$	8.53	1.12	179.0093
$C_{12}H_5N_2$	13.81	0.88	177.0453	$C_7H_5N_3O_3$	8.91	0.95	179.0331
$C_{13}H_{21}$	14.38	0.96	177.1644	$C_7H_7N_4O_2$	9.28	0.79	179.0570
$C_{13}H_5O$	14.17	1.13	177.0340	$C_8H_5NO_4$	9.26	1.18	179.0218
$C_{13}H_7N$	14.54	0.98	177.0579	$C_8H_7N_2O_3$	9.64	1.02	179.0457
$C_{14}H_9$	15.27	1.08	177.0705	$C_8H_9N_3O_2$	10.01	0.85	179.0695
178				$C_8H_{11}N_4O$	10.39	0.69	179.0934
$C_6H_{14}N_2O_4$	7.63	1.06	178.0954	$C_9H_7O_4$	9.99	1.25	179.0344
$C_6H_{16}N_3O_3$	8.00	0.88	178.1193	$C_9H_9NO_3$	10.37	1.09	179.0583
$C_6H_{18}N_4O_2$	8.38	0.71	178.1431	$C_9H_{11}N_2O_2$	10.74	0.92	179.0821
$C_7H_{16}NO_4$	8.36	1.11	178.1080	$C_9H_{13}N_3O$	11.12	0.76	179.1060
$C_7H_{18}N_2O_3$	8.73	0.94	178.1318	$C_9H_{15}N_4$	11.49	0.60	179.1298
$C_7H_2N_2O_4$	8.52	1.12	178.0014	$C_{10}H_{11}O_3$	11.10	1.16	179.0708
$C_7H_4N_3O_3$	8.89	0.95	178.0253	$C_{10}H_{13}NO_2$	11.47	1.00	179.0947

分子式	M+1	M+2	MW	分子式	M+1	M+2	MW
$C_{10}H_{15}N_2O$	11.85	0.84	179.1185	$C_{12}H_{22}N$	13.70	0.87	180.1753
$C_{10}H_{17}N_3$	12.22	0.69	179.1424	$C_{12}H_6NO$	13.48	1.04	180.0449
$C_{10}HN_3O$	12.01	0.86	179.0120	$C_{12}H_8N_2$	13.86	0.89	180.0688
$C_{10}H_3N_4$	12.38	0.71	179.0359	$C_{13}H_{24}$	14.43	0.97	180.1879
$C_{11}H_{15}O_2$	12.20	1.08	179.1072	$C_{13}H_8O$	14.21	1.13	180.0575
$C_{11}H_{17}NO$	12.58	0.93	179.1311	$C_{13}H_{10}N$	14.59	0.99	180.0814
$C_{11}HNO_2$	12.36	1.10	179.0007	$C_{14}H_{12}$	15.32	1.09	180.0939
$C_{11}H_{19}N_2$	12.95	0.77	179.1549	C_{15}	16.21	1.23	180.0000
$C_{11}H_3N_2O$	12.74	0.95	179.0246	**181**			
$C_{11}H_5N_3$	13.11	0.79	179.0484	$C_7H_5N_2O_4$	8.56	1.13	181.0249
$C_{12}H_{19}O$	13.31	1.02	179.1436	$C_7H_7N_3O_3$	8.94	0.96	181.0488
$C_{12}H_3O_2$	13.09	1.19	179.0133	$C_7H_9N_4O_2$	9.31	0.79	181.0726
$C_{12}H_{21}N$	13.68	0.87	179.1675	$C_8H_7NO_4$	9.29	1.19	181.0375
$C_{12}H_5NO$	13.47	1.04	179.0371	$C_8H_9N_2O_3$	9.67	1.02	181.0614
$C_{12}H_7N_2$	13.84	0.89	179.0610	$C_8H_{11}N_3O_2$	10.04	0.86	181.0852
$C_{13}H_{23}$	14.42	0.96	179.1801	$C_8H_{13}N_4O$	10.42	0.69	181.1091
$C_{13}H_7O$	14.20	1.13	179.0497	$C_9H_9O_4$	10.03	1.25	181.0501
$C_{13}H_9N$	14.57	0.99	179.0736	$C_9H_{11}NO_3$	10.40	1.09	181.0739
$C_{14}H_{11}$	15.30	1.09	179.0861	$C_9H_{13}N_2O_2$	10.77	0.93	181.0978
180				$C_9H_{15}N_3O$	11.15	0.77	181.1216
$C_6H_{16}N_2O_4$	7.66	1.06	180.1111	$C_9H_{17}N_4$	11.52	0.61	181.1455
$C_7H_4N_2O_4$	8.55	1.12	180.0171	C_9HN_4O	11.31	0.78	181.0151
$C_7H_6N_3O_3$	8.92	0.96	180.0410	$C_{10}H_{13}O_3$	11.13	1.16	181.0865
$C_7H_8N_4O_2$	9.30	0.79	180.0648	$C_{10}H_{15}NO_2$	11.51	1.00	181.1103
$C_8H_6NO_4$	9.28	1.18	180.0297	$C_{10}H_{17}N_2O$	11.88	0.85	181.1342
$C_8H_8N_2O_3$	9.65	1.02	180.0535	$C_{10}HN_2O_2$	11.66	1.02	181.0038
$C_8H_{10}N_3O_2$	10.03	0.85	180.0774	$C_{10}H_{19}N_3$	12.25	0.69	181.1580
$C_8H_{12}N_4O$	10.40	0.69	180.1012	$C_{10}H_3N_3O$	12.04	0.86	181.0277
$C_9H_8O_4$	10.01	1.25	180.0422	$C_{10}H_5N_4$	12.41	0.71	181.0515
$C_9H_{10}NO_3$	10.38	1.09	180.0661	$C_{11}H_{17}O_2$	12.24	1.09	181.1229
$C_9H_{12}N_2O_2$	10.76	0.93	180.0899	$C_{11}HO_3$	12.02	1.26	180.9925
$C_9H_{14}N_3O$	11.13	0.77	180.1138	$C_{11}H_{19}NO$	12.61	0.93	181.1467
$C_9H_{16}N_4$	11.51	0.61	180.1377	$C_{11}H_3NO_2$	12.39	1.10	181.0164
C_9N_4O	11.29	0.78	180.0073	$C_{11}H_{21}N_2$	12.99	0.78	181.1706
$C_{10}H_{12}O_3$	11.12	1.16	180.0786	$C_{11}H_5N_2O$	12.77	0.95	181.0402
$C_{10}H_{14}NO_2$	11.49	1.00	180.1025	$C_{11}H_7N_3$	13.14	0.80	181.0641
$C_{10}H_{16}N_2O$	11.86	0.84	180.1264	$C_{12}H_{21}O$	13.34	1.02	181.1593
$C_{10}N_2O_2$	11.65	1.02	179.9960	$C_{12}H_5O_2$	13.13	1.19	181.0289
$C_{10}H_{18}N_3$	12.24	0.69	180.1502	$C_{12}H_{23}N$	13.72	0.87	181.1832
$C_{10}H_2N_3O$	12.02	0.86	180.0198	$C_{12}H_7NO$	13.50	1.04	181.0528
$C_{10}H_4N_4$	12.40	0.71	180.0437	$C_{12}H_9N_2$	13.87	0.89	181.0767
$C_{11}H_{16}O_2$	12.22	1.08	180.1151	$C_{13}H_{25}$	14.45	0.97	181.1957
$C_{11}O_3$	12.00	1.26	179.9847	$C_{13}H_9O$	14.23	1.14	181.0653
$C_{11}H_{18}NO$	12.60	0.93	180.1389	$C_{13}H_{11}N$	14.61	0.99	181.0892
$C_{11}H_2NO_2$	12.38	1.10	180.0085	$C_{14}H_{13}$	15.34	1.09	181.1018
$C_{11}H_{20}N_2$	12.97	0.78	180.1628	$C_{15}H$	16.22	1.23	181.0078
$C_{11}H_4N_2O$	12.75	0.95	180.0324	**182**			
$C_{11}H_6N_3$	13.13	0.80	180.0563	$C_7H_6N_2O_4$	8.58	1.13	182.0328
$C_{12}H_{20}O$	13.33	1.02	180.1515	$C_7H_8N_3O_3$	8.95	0.96	182.0566
$C_{12}H_4O_2$	13.11	1.19	180.0211	$C_7H_{10}N_4O_2$	9.33	0.79	182.0805

续表

分子式	M+1	M+2	MW	分子式	M+1	M+2	MW
$C_8H_8NO_4$	9.31	1.19	182.0453	$C_9H_{19}N_4$	11.56	0.61	183.1611
$C_8H_{10}N_2O_3$	9.69	1.02	182.0692	$C_9H_3N_4O$	11.34	0.79	183.0308
$C_8H_{12}N_3O_2$	10.06	0.86	182.0930	$C_{10}H_{15}O_3$	11.16	1.17	183.1021
$C_8H_{14}N_4O$	10.43	0.70	182.1169	$C_{10}H_{17}NO_2$	11.54	1.01	183.1260
$C_9H_{10}O_4$	10.04	1.25	182.0579	$C_{10}HNO_3$	11.32	1.18	182.9956
$C_9H_{12}NO_3$	10.42	1.09	182.0817	$C_{10}H_{19}N_2O$	11.91	0.85	183.1498
$C_9H_{14}N_2O_2$	10.79	0.93	182.1056	$C_{10}H_3N_2O_2$	11.70	1.02	183.0195
$C_9H_{16}N_3O$	11.16	0.77	182.1295	$C_{10}H_{21}N_3$	12.29	0.69	183.1737
$C_9N_3O_2$	10.95	0.95	181.9991	$C_{10}H_5N_3O$	12.07	0.87	183.0433
$C_9H_{18}N_4$	11.54	0.61	182.1533	$C_{10}H_7N_4$	12.44	0.71	183.0672
$C_9H_2N_4O$	11.32	0.79	182.0229	$C_{11}H_{19}O_2$	12.27	1.09	183.1385
$C_{10}H_{14}O_3$	11.15	1.16	182.0943	$C_{11}H_3O_3$	12.05	1.26	183.0082
$C_{10}H_{16}NO_2$	11.52	1.01	182.1182	$C_{11}H_{21}NO$	12.64	0.93	183.1624
$C_{10}NO_3$	11.30	1.18	181.9878	$C_{11}H_5NO_2$	12.43	1.11	183.0320
$C_{10}H_{18}N_2O$	11.90	0.85	182.1420	$C_{11}H_{23}N_2$	13.02	0.78	183.1863
$C_{10}H_2N_2O_2$	11.68	1.02	182.0116	$C_{11}H_7N_2O$	12.80	0.95	183.0559
$C_{10}H_{20}N_3$	12.27	0.69	182.1659	$C_{11}H_9N_3$	13.17	0.80	183.0798
$C_{10}H_4N_3O$	12.05	0.87	182.0355	$C_{12}H_{23}O$	13.37	1.02	183.1750
$C_{10}H_6N_4$	12.43	0.71	182.0594	$C_{12}H_7O_2$	13.16	1.20	183.0446
$C_{11}H_{18}O_2$	12.25	1.09	182.1307	$C_{12}H_{25}N$	13.75	0.87	183.1988
$C_{11}H_2O_3$	12.04	1.26	182.0003	$C_{12}H_9NO$	13.53	1.05	183.0684
$C_{11}H_{20}NO$	12.63	0.93	182.1546	$C_{12}H_{11}N_2$	13.91	0.90	183.0923
$C_{11}H_4NO_2$	12.41	1.11	182.0242	$C_{13}H_{27}$	14.48	0.97	183.2114
$C_{11}H_{22}N_2$	13.00	0.78	182.1784	$C_{13}H_{11}O$	14.26	1.14	183.0810
$C_{11}H_6N_2O$	12.78	0.95	182.0480	$C_{13}H_{13}N$	14.64	0.99	183.1049
$C_{11}H_8N_3$	13.16	0.80	182.0719	$C_{14}H_{15}$	15.37	1.10	183.1174
$C_{12}H_{22}O$	13.36	1.02	182.1671	$C_{14}HN$	15.53	1.12	183.0109
$C_{12}H_6O_2$	13.14	1.19	182.0368	$C_{15}H_3$	16.62	1.23	183.0235
$C_{12}H_{24}N$	13.73	0.87	182.1910	**184**			
$C_{12}H_8NO$	13.52	1.04	182.0606	$C_7H_8N_2O_4$	8.61	1.13	184.0484
$C_{12}H_{10}N_2$	13.89	0.89	182.0845	$C_7H_{10}N_3O_3$	8.99	0.96	184.0723
$C_{13}H_{26}$	14.46	0.97	182.2036	$C_7H_{12}N_4O_2$	9.36	0.80	184.0961
$C_{13}H_{10}O$	14.25	1.14	182.0732	$C_8H_{10}NO_4$	9.34	1.19	184.0610
$C_{13}H_{12}N$	14.62	0.99	182.0970	$C_8H_{12}N_2O_3$	9.72	1.03	184.0848
$C_{14}H_{14}$	15.35	1.10	182.1096	$C_8H_{14}N_3O_2$	10.09	0.86	184.1087
$C_{14}N$	15.51	1.12	182.0031	$C_8H_{16}N_4O$	10.47	0.70	184.1325
$C_{15}H_2$	16.24	1.23	182.0157	$C_8N_4O_2$	10.25	0.88	184.0022
183				$C_9H_{12}O_4$	10.07	1.26	184.0735
$C_7H_7N_2O_4$	8.60	1.13	183.0406	$C_9H_{14}NO_3$	10.45	1.09	184.0974
$C_7H_9N_3O_3$	8.97	0.96	183.0644	$C_9H_{16}N_2O_2$	10.82	0.93	184.1213
$C_7H_{11}N_4O_2$	9.34	0.79	183.0883	$C_9N_2O_3$	10.61	1.11	183.9909
$C_8H_9NO_4$	9.33	1.19	183.0532	$C_9H_{18}N_3O$	10.20	0.77	184.1451
$C_8H_{11}N_2O_3$	9.70	1.02	183.0770	$C_9H_2N_3O_2$	10.98	0.95	184.0147
$C_8H_{13}N_3O_2$	10.08	0.86	183.1009	$C_9H_{20}N_4$	11.57	0.61	184.1690
$C_8H_{15}N_4O$	10.45	0.70	183.1247	$C_9H_4N_4O$	11.35	0.79	184.0386
$C_9H_{11}O_4$	10.06	1.26	183.0657	$C_{10}H_{16}O_3$	11.18	1.17	184.1100
$C_9H_{13}NO_3$	10.43	1.09	183.0896	$C_{10}O_4$	10.96	1.34	183.9796
$C_9H_{15}N_2O_2$	10.81	0.93	183.1134	$C_{10}H_{18}NO_2$	11.55	1.01	184.1338
$C_9H_{17}N_3O$	11.18	0.77	183.1373	$C_{10}H_2NO_3$	11.34	1.18	184.0034
$C_9HN_3O_2$	10.96	0.95	183.0069	$C_{10}H_{20}N_2O$	11.93	0.85	184.1577

分子式	M+1	M+2	MW	分子式	M+1	M+2	MW
$C_{10}H_4N_2O_2$	11.71	1.03	184.0273	$C_{11}H_{21}O_2$	12.30	1.09	185.1542
$C_{10}H_{22}N_3$	12.30	0.70	184.1815	$C_{11}H_5O_3$	12.08	1.27	185.0238
$C_{10}H_6N_3O$	12.09	0.87	184.0511	$C_{11}H_{23}NO$	12.68	0.94	185.1781
$C_{10}H_8N_4$	12.46	0.71	184.0750	$C_{11}H_7NO_2$	12.46	1.11	185.0477
$C_{11}H_{20}O_2$	12.28	1.09	184.1464	$C_{11}H_{25}N_2$	13.05	0.79	185.2019
$C_{11}H_4O_3$	12.07	1.27	184.0160	$C_{11}H_9N_2O$	12.83	0.96	185.0715
$C_{11}H_{22}NO$	12.66	0.94	184.1702	$C_{11}H_{11}N_3$	13.21	0.81	185.0954
$C_{11}H_6NO_2$	12.44	1.11	184.0399	$C_{12}H_{25}O$	13.41	1.03	185.1906
$C_{11}H_{24}N_2$	13.03	0.78	184.1941	$C_{12}H_9O_2$	13.19	1.20	185.0603
$C_{11}H_8N_2O$	12.82	0.96	184.0637	$C_{12}H_{27}N$	13.78	0.88	185.2145
$C_{11}H_{10}N_3$	13.19	0.80	184.0876	$C_{12}H_{11}NO$	13.56	1.05	185.0841
$C_{12}H_{24}O$	13.39	1.03	184.1828	$C_{12}H_{13}N_2$	13.94	0.90	185.1080
$C_{12}H_8O_2$	13.17	1.20	184.0524	$C_{13}H_{13}O$	14.29	1.15	185.0967
$C_{12}H_{26}N$	13.76	0.88	184.2067	$C_{13}H_{15}N$	14.67	1.00	185.1205
$C_{12}H_{10}NO$	13.55	1.05	184.0763	$C_{13}HN_2$	14.83	1.02	185.0140
$C_{12}H_{12}N_2$	13.92	0.90	184.1001	$C_{14}H_{17}$	15.40	1.10	185.1331
$C_{13}H_{28}$	14.50	0.97	184.2192	$C_{14}HO$	15.18	1.27	185.0027
$C_{13}H_{12}O$	14.28	1.14	184.0888	$C_{14}H_3N$	15.56	1.13	185.0266
$C_{13}H_{14}N$	14.65	1.00	184.1127	$C_{15}H_5$	16.29	1.24	185.0391
$C_{13}N_2$	14.81	1.02	184.0062	**186**			
$C_{14}H_{16}$	15.38	1.10	184.1253	$C_7H_{10}N_2O_4$	8.64	1.13	186.0641
$C_{14}O$	15.17	1.27	183.9949	$C_7H_{12}N_3O_3$	9.02	0.96	186.0879
$C_{14}H_2N$	15.54	1.13	184.0187	$C_7H_{14}N_4O_2$	9.39	0.80	186.1118
$C_{15}H_4$	16.27	1.24	184.0313	$C_8H_{12}NO_4$	9.37	1.19	186.0766
185				$C_8H_{14}N_2O_3$	9.75	1.03	186.1005
$C_7H_9N_2O_4$	8.63	1.13	185.0563	$C_8H_{16}N_3O_2$	10.12	0.86	186.1244
$C_7H_{11}N_3O_3$	9.00	0.96	185.0801	$C_8N_3O_3$	9.91	1.04	185.9940
$C_7H_{13}N_4O_2$	9.38	0.80	185.1040	$C_8H_{18}N_4O$	10.50	0.70	186.1482
$C_8H_{11}NO_4$	9.36	1.19	185.0688	$C_8H_2N_4O_2$	10.28	0.88	186.0178
$C_8H_{13}N_2O_3$	9.73	1.03	185.0927	$C_9H_{14}O_4$	10.11	1.26	186.0892
$C_8H_{15}N_3O_2$	10.11	0.86	185.1165	$C_9H_{16}NO_3$	10.48	1.10	186.1131
$C_8H_{17}N_4O$	10.48	0.70	185.1404	C_9NO_4	10.26	1.28	185.9827
$C_8HN_4O_2$	10.26	0.88	185.0100	$C_9H_{18}N_2O_2$	10.85	0.94	186.1369
$C_9H_{13}O_4$	10.09	1.26	185.0814	$C_9H_2N_2O_3$	10.64	1.11	186.0065
$C_9H_{15}NO_3$	10.46	1.10	185.1052	$C_9H_{20}N_3O$	11.23	0.78	186.1608
$C_9H_{17}N_2O_2$	10.84	0.93	185.1291	$C_9H_4N_3O_2$	11.01	0.95	186.0304
$C_9HN_2O_3$	10.62	1.11	184.9987	$C_9H_{22}N_4$	11.60	0.62	186.1846
$C_9H_{19}N_3O$	11.21	0.77	185.1529	$C_9H_6N_4O$	11.39	0.79	186.0542
$C_9H_3N_3O_2$	11.00	0.95	185.0226	$C_{10}H_{18}O_3$	11.21	1.17	186.1256
$C_9H_{21}N_4$	11.59	0.62	185.1768	$C_{10}H_2O_4$	10.99	1.35	185.9953
$C_9H_5N_4O$	11.37	0.79	185.0464	$C_{10}H_{20}NO_2$	11.59	1.01	186.1495
$C_{10}H_{17}O_3$	11.20	1.17	185.1178	$C_{10}H_4NO_3$	11.37	1.19	186.0191
$C_{10}HO_4$	10.98	1.35	184.9874	$C_{10}H_{22}N_2O$	11.96	0.86	186.1733
$C_{10}H_{19}NO_2$	11.57	1.01	185.1416	$C_{10}H_6N_2O_2$	11.74	1.03	186.0429
$C_{10}H_3NO_3$	11.35	1.19	185.0113	$C_{10}H_{24}N_3$	12.33	0.70	186.1972
$C_{10}H_{21}N_2O$	11.94	0.85	185.1655	$C_{10}H_8N_3O$	12.12	0.87	186.0668
$C_{10}H_5N_2O_2$	11.73	1.03	185.0351	$C_{10}H_{10}N_4$	12.49	0.72	186.0907
$C_{10}H_{23}N_3$	12.32	0.70	185.1894	$C_{11}H_{22}O_2$	12.32	1.10	186.1620
$C_{10}H_7N_3O$	12.10	0.87	185.0590	$C_{11}H_6O_3$	12.10	1.27	186.0317
$C_{10}H_9N_4$	12.48	0.72	185.0829	$C_{11}H_{24}NO$	12.69	0.94	186.1859

分 子 式	M+1	M+2	MW	分 子 式	M+1	M+2	MW
$C_{11}H_8NO_2$	12.47	1.11	186.0555	$C_{11}H_{13}N_3$	13.24	0.81	187.1111
$C_{11}H_{26}N_2$	13.07	0.79	186.2098	$C_{12}H_{11}O_2$	13.22	1.20	187.0759
$C_{11}H_{10}N_2O$	12.85	0.96	186.0794	$C_{12}H_{13}NO$	13.60	1.05	187.0998
$C_{11}H_{12}N_3$	13.22	0.81	186.1032	$C_{12}H_{15}N_2$	13.97	0.90	187.1236
$C_{12}H_{26}O$	13.42	1.03	186.1985	$C_{12}HN_3$	14.13	0.93	187.0171
$C_{12}H_{10}O_2$	13.21	1.20	186.0681	$C_{13}H_{15}O$	14.33	1.15	187.1123
$C_{12}H_{12}NO$	13.58	1.05	186.0919	$C_{13}H_{17}N$	14.70	1.00	187.1362
$C_{12}H_{14}N_2$	13.95	0.90	186.1158	$C_{13}HNO$	14.48	1.17	187.0058
$C_{12}N_3$	14.11	0.92	186.0093	$C_{13}H_3N_2$	14.86	1.03	187.0297
$C_{13}H_{14}O$	14.31	1.15	186.1045	$C_{14}H_{19}$	15.43	1.11	187.1488
$C_{13}H_{16}N$	14.69	1.00	186.1284	$C_{14}H_3O$	15.22	1.28	187.0184
$C_{13}NO$	14.47	1.17	185.9980	$C_{14}H_5N$	15.59	1.13	187.0422
$C_{13}H_2N_2$	14.84	1.02	186.0218	$C_{15}H_7$	16.32	1.24	187.0548
$C_{14}H_{18}$	15.42	1.11	186.1409	**188**			
$C_{14}H_2O$	15.20	1.27	186.0106	$C_7H_{12}N_2O_4$	8.68	1.14	188.0797
$C_{14}H_4N$	15.57	1.13	186.0344	$C_7H_{14}N_3O_3$	9.05	0.97	188.1036
$C_{15}H_6$	16.30	1.24	186.0470	$C_7H_{16}N_4O_2$	9.42	0.80	188.1275
187				$C_8H_{14}NO_4$	9.41	1.20	188.0923
$C_7H_{11}N_2O_4$	8.66	1.13	187.0719	$C_8H_{16}N_2O_3$	9.78	1.03	188.1162
$C_7H_{13}N_3O_3$	9.03	0.97	187.0958	$C_8N_2O_4$	9.56	1.21	187.9858
$C_7H_{15}N_4O_2$	9.41	0.80	187.1196	$C_8H_{18}N_3O_2$	10.16	0.87	188.1400
$C_8H_{13}NO_4$	9.39	1.20	187.0845	$C_8H_2N_3O_3$	9.94	1.05	188.0096
$C_8H_{15}N_2O_3$	9.77	1.03	187.1083	$C_8H_{20}N_4O$	10.53	0.71	188.1639
$C_8H_{17}N_3O_2$	10.14	0.87	187.1322	$C_8H_4N_4O_2$	10.31	0.88	188.0335
$C_8HN_3O_3$	9.92	1.04	187.0018	$C_9H_{16}O_4$	10.14	1.26	188.1049
$C_8H_{19}N_4O$	10.51	0.70	187.1560	$C_9H_{18}NO_3$	10.51	1.10	188.1287
$C_8H_3N_4O_2$	10.30	0.88	187.0257	$C_9H_2NO_4$	10.30	1.28	187.9983
$C_9H_{15}O_4$	10.12	1.26	187.0970	$C_9H_{20}N_2O_2$	10.89	0.94	188.1526
$C_9H_{17}NO_3$	10.50	1.10	187.1209	$C_9H_4N_2O_3$	10.67	1.12	188.0222
C_9HNO_4	10.28	1.28	186.9905	$C_9H_{22}N_3O$	11.26	0.78	188.1764
$C_9H_{19}N_2O_2$	10.87	0.94	187.1447	$C_9H_6N_3O_2$	11.04	0.96	188.0460
$C_9H_3N_2O_3$	10.65	1.11	187.0144	$C_9H_{24}N_4$	11.64	0.62	188.2003
$C_9H_{21}N_3O$	11.24	0.78	187.1686	$C_9H_8N_4O$	11.42	0.80	188.0699
$C_9H_5N_3O_2$	11.03	0.95	187.0382	$C_{10}H_{20}O_3$	11.24	1.18	188.1413
$C_9H_{23}N_4$	11.62	0.62	187.1925	$C_{10}H_4O_4$	11.03	1.35	188.0109
$C_9H_7N_4O$	11.40	0.80	187.0621	$C_{10}H_{22}NO_2$	11.62	1.02	188.1651
$C_{10}H_{19}O_3$	11.23	1.17	187.1334	$C_{10}H_6NO_3$	11.40	1.19	188.0348
$C_{10}H_3O_4$	11.01	1.35	187.0031	$C_{10}H_{24}N_2O$	11.99	0.86	188.1890
$C_{10}H_{21}NO_2$	11.60	1.01	187.1573	$C_{10}H_8N_2O_2$	11.78	1.03	188.0586
$C_{10}H_5NO_3$	11.38	1.19	187.0269	$C_{10}H_{10}N_3O$	12.15	0.88	188.0825
$C_{10}H_{23}N_2O$	11.98	0.86	187.1811	$C_{10}H_{12}N_4$	12.52	0.72	188.1063
$C_{10}H_7N_2O_2$	11.76	1.03	187.0508	$C_{11}H_{24}O_2$	12.35	1.10	188.1777
$C_{10}H_{25}N_3$	12.35	0.70	187.2050	$C_{11}H_8O_3$	12.13	1.27	188.0473
$C_{10}H_9N_3O$	12.13	0.88	187.0746	$C_{11}H_{10}NO_2$	12.51	1.12	188.0712
$C_{10}H_{11}N_4$	12.51	0.72	187.0985	$C_{11}H_{12}N_2O$	12.88	0.96	188.0950
$C_{10}H_{23}O_2$	12.33	1.10	187.1699	$C_{11}H_{14}N_3$	13.25	0.81	188.1189
$C_{11}H_7O_3$	12.12	1.27	187.0395	$C_{11}N_4$	13.41	0.83	188.0124
$C_{11}H_{25}NO$	12.71	0.94	187.1937	$C_{12}H_{12}O_2$	13.24	1.21	188.0837
$C_{11}H_9NO_2$	12.49	1.12	187.0634	$C_{12}H_{14}NO$	13.61	1.06	188.1076
$C_{11}H_{11}N_2O$	12.86	0.96	187.0872	$C_{12}H_{16}N_2$	13.99	0.91	188.1315

续表

分子式	M+1	M+2	MW	分子式	M+1	M+2	MW
$C_{12}N_2O$	13.77	1.08	188.0011	$C_{13}H_3NO$	14.52	1.18	189.0215
$C_{12}H_2N_3$	14.14	0.93	188.0249	$C_{13}H_5N_2$	14.89	1.03	189.0453
$C_{13}H_{16}O$	14.34	1.15	188.1202	$C_{14}H_{21}$	15.46	1.11	189.1644
$C_{13}O_2$	14.13	1.32	187.9898	$C_{14}H_5O$	15.25	1.28	189.0340
$C_{13}H_{18}N$	14.72	1.01	188.1440	$C_{14}H_7N$	15.62	1.14	189.0579
$C_{13}H_2NO$	14.50	1.18	188.0136	$C_{15}H_9$	16.35	1.25	189.0705
$C_{13}H_4N_2$	14.87	1.03	188.0375	**190**			
$C_{14}H_{20}$	15.45	1.11	188.1566	$C_7H_{14}N_2O_4$	8.71	1.14	190.0954
$C_{14}H_4O$	15.23	1.28	188.0262	$C_7H_{16}N_3O_3$	9.08	0.97	190.1193
$C_{14}H_6N$	15.61	1.14	188.0501	$C_7H_{18}N_4O_2$	9.46	0.80	190.1431
$C_{15}H_8$	16.34	1.25	188.0626	$C_8H_{16}NO_4$	9.44	1.20	190.1080
189				$C_8H_{18}N_2O_3$	9.81	1.03	190.1318
$C_7H_{13}N_2O_4$	8.69	1.14	189.0876	$C_8H_2N_2O_4$	9.60	1.21	190.0014
$C_7H_{15}N_3O_3$	9.07	0.97	189.1114	$C_8H_{20}N_3O_2$	10.19	0.87	190.1557
$C_7H_{17}N_4O_2$	9.44	0.80	189.1353	$C_8H_4N_3O_3$	9.97	1.05	190.0253
$C_8H_{15}NO_4$	9.42	1.20	189.1001	$C_8H_{22}N_4O$	10.56	0.71	190.1795
$C_8H_{17}N_2O_3$	9.80	1.03	189.1240	$C_8H_6N_4O_2$	10.34	0.89	190.0491
$C_8HN_2O_4$	9.58	1.21	188.9936	$C_9H_{18}O_4$	10.17	1.27	190.1205
$C_8H_{19}N_3O_2$	10.17	0.87	189.1478	$C_9H_{20}NO_3$	10.54	1.10	190.1444
$C_8H_3N_3O_3$	9.95	1.05	189.0175	$C_9H_4NO_4$	10.33	1.28	190.0140
$C_8H_{21}N_4O$	10.55	0.71	189.1717	$C_9H_{22}N_2O_2$	10.92	0.94	190.1682
$C_8H_5N_4O_2$	10.33	0.88	189.0413	$C_9H_6N_2O_3$	10.70	1.12	190.0379
$C_9H_{17}O_4$	10.15	1.26	189.1127	$C_9H_8N_3O_2$	11.08	0.96	190.0617
$C_9H_{19}NO_3$	10.53	1.10	189.1365	$C_9H_{10}N_4O$	11.45	0.80	190.0856
$C_9H_3NO_4$	10.31	1.28	189.0062	$C_{10}H_{22}O_3$	11.28	1.18	190.1569
$C_9H_{21}N_2O_2$	10.90	0.94	189.1604	$C_{10}H_6O_4$	11.06	1.35	190.0266
$C_9H_5N_2O_3$	10.69	1.12	189.0300	$C_{10}H_8NO_3$	11.43	1.20	190.0504
$C_9H_{23}N_3O$	11.28	0.78	189.1842	$C_{10}H_{10}N_2O_2$	11.81	1.04	190.0743
$C_9H_7N_3O_2$	11.06	0.96	189.0539	$C_{10}H_{12}N_3O$	12.18	0.88	190.0981
$C_9H_9N_4O$	11.43	0.80	189.0777	$C_{10}H_{14}N_4$	12.56	0.73	190.1220
$C_{10}H_{21}O_3$	11.26	1.18	189.1491	$C_{11}H_{10}O_3$	12.16	1.28	190.0630
$C_{10}H_5O_4$	11.04	1.35	189.0187	$C_{11}H_{12}NO_2$	12.54	1.12	190.0868
$C_{10}H_{23}NO_2$	11.63	1.02	189.1730	$C_{11}H_{14}N_2O$	12.91	0.97	190.1107
$C_{10}H_7NO_3$	11.42	1.19	189.0426	$C_{11}H_{16}N_3$	13.29	0.82	190.1346
$C_{10}H_9N_2O_2$	11.79	1.04	189.0664	$C_{11}N_3O$	13.07	0.99	190.0042
$C_{10}H_{11}N_3O$	12.17	0.88	189.0903	$C_{11}H_2N_4$	13.44	0.84	190.0280
$C_{10}H_{13}N_4$	12.54	0.72	189.1142	$C_{12}H_{14}O_2$	13.27	1.21	190.0994
$C_{11}H_9O_3$	12.15	1.28	189.0552	$C_{12}H_{16}NO$	13.64	1.06	190.1233
$C_{11}H_{11}NO_2$	12.52	1.12	189.0790	$C_{12}NO_2$	13.43	1.23	189.9929
$C_{11}H_{13}N_2O$	12.90	0.97	189.1029	$C_{12}H_{18}N_2$	14.02	0.91	190.1471
$C_{11}H_{15}N_3$	13.27	0.81	189.1267	$C_{12}H_2N_2O$	13.80	1.08	190.0167
$C_{11}HN_4$	13.43	0.83	189.0202	$C_{12}H_4N_3$	14.18	0.93	190.0406
$C_{12}H_{13}O_2$	13.25	1.21	189.0916	$C_{13}H_{18}O$	14.37	1.16	190.1358
$C_{12}H_{15}NO$	13.63	1.06	189.1154	$C_{13}H_2O_2$	14.16	1.33	190.0054
$C_{12}H_{17}N_2$	14.00	0.91	189.1393	$C_{13}H_{20}N$	14.75	1.01	190.1597
$C_{12}HN_2O$	13.79	1.08	189.0089	$C_{13}H_4NO$	14.53	1.18	190.0293
$C_{12}H_3N_3$	14.16	0.93	189.0328	$C_{13}H_6N_2$	14.91	1.03	190.0532
$C_{13}H_{17}O$	14.36	1.16	189.1280	$C_{14}H_{22}$	15.48	1.12	190.1722
$C_{13}HO_2$	14.14	1.33	188.9976	$C_{14}H_6O$	15.26	1.28	190.0419
$C_{13}H_{19}N$	14.73	1.01	189.1519	$C_{14}H_8N$	15.64	1.14	190.0657

续表

分子式	M+1	M+2	MW	分子式	M+1	M+2	MW
$C_{15}H_{10}$	16.37	1.25	190.0783	$C_8H_6N_3O_3$	10.00	1.05	192.0410
191				$C_8H_8N_4O_2$	10.38	0.89	192.0648
$C_7H_{15}N_2O_4$	8.72	1.14	191.1032	$C_9H_{20}O_4$	10.20	1.27	192.1362
$C_7H_{17}N_3O_3$	9.10	0.97	191.1271	$C_9H_6NO_4$	10.36	1.29	192.0297
$C_7H_{19}N_4O_2$	9.47	0.81	191.1509	$C_9H_8N_2O_3$	10.73	1.12	192.0535
$C_8H_{17}NO_4$	9.45	1.20	191.1158	$C_9H_{10}N_3O_2$	11.11	0.96	192.0774
$C_8H_{19}N_2O_3$	9.83	1.04	191.1396	$C_9H_{12}N_4O$	11.48	0.80	192.1012
$C_8H_3N_2O_4$	9.61	1.22	191.0093	$C_{10}H_8O_4$	11.09	1.36	192.0422
$C_8H_{21}N_3O_2$	10.20	0.87	191.1635	$C_{10}H_{10}NO_3$	11.46	1.20	192.0661
$C_8H_5N_3O_3$	9.99	1.05	191.0331	$C_{10}H_{12}N_2O_2$	11.84	1.04	192.0899
$C_8H_7N_4O_2$	10.36	0.89	191.0570	$C_{10}H_{14}N_3O$	12.21	0.89	192.1138
$C_9H_{19}O_4$	10.19	1.27	191.1284	$C_{10}H_{16}N_4$	12.59	0.73	192.1377
$C_9H_{21}NO_3$	10.56	1.11	191.1522	$C_{10}N_4O$	12.37	0.90	192.0073
$C_9H_5NO_4$	10.34	1.28	191.0218	$C_{11}H_{12}O_3$	12.20	1.28	192.0786
$C_9H_7N_2O_3$	10.72	1.12	191.0457	$C_{11}H_{14}NO_2$	12.57	1.13	192.1025
$C_9H_9N_3O_2$	11.09	0.96	191.0695	$C_{11}H_{16}N_2O$	12.94	0.97	192.1264
$C_9H_{11}N_4O$	11.47	0.80	191.0934	$C_{11}N_2O_2$	12.73	1.15	191.9960
$C_{10}H_7O_4$	11.07	1.36	191.0344	$C_{11}H_{18}N_3$	13.32	0.82	192.1502
$C_{10}H_9NO_3$	11.45	1.20	191.0583	$C_{11}H_2N_3O$	13.10	0.99	192.0198
$C_{10}H_{11}N_2O_2$	11.82	1.04	191.0821	$C_{11}H_4N_4$	13.48	0.84	192.0437
$C_{10}H_{13}N_3O$	12.20	0.88	191.1060	$C_{12}H_{16}O_2$	13.30	1.22	192.1151
$C_{10}H_{15}N_4$	12.57	0.73	191.1298	$C_{12}O_3$	13.08	1.39	191.9847
$C_{11}H_{11}O_3$	12.18	1.28	191.0708	$C_{12}H_{18}NO$	13.68	1.06	192.1389
$C_{11}H_{13}NO_2$	12.55	1.12	191.0947	$C_{12}H_2NO_2$	13.46	1.24	192.0085
$C_{11}H_{15}N_2O$	12.93	0.97	191.1185	$C_{12}H_{20}N_2$	14.05	0.92	192.1628
$C_{11}H_{17}N_3$	13.30	0.82	191.1424	$C_{12}H_4N_2O$	13.83	1.09	192.0324
$C_{11}HN_3O$	13.09	0.99	191.0120	$C_{12}H_6N_3$	14.21	0.94	192.0563
$C_{11}H_3N_4$	13.46	0.84	191.0359	$C_{13}H_{20}O$	14.41	1.16	192.1515
$C_{12}H_{15}O_2$	13.29	1.21	191.1072	$C_{13}H_4O_2$	14.19	1.33	192.0211
$C_{12}H_{17}NO$	13.66	1.06	191.1311	$C_{13}H_{22}N$	14.78	1.02	192.1753
$C_{12}HNO_2$	13.44	1.23	191.0007	$C_{13}H_6NO$	14.56	1.18	192.0449
$C_{12}H_{19}N_2$	14.03	0.91	191.1549	$C_{13}H_8N_2$	14.94	1.04	192.0688
$C_{12}H_3N_2O$	13.82	1.08	191.0246	$C_{14}H_{24}$	15.51	1.12	192.1879
$C_{12}H_5N_3$	14.19	0.93	191.0484	$C_{14}H_8O$	15.30	1.29	192.0575
$C_{13}H_{19}O$	14.39	1.16	191.1436	$C_{14}H_{10}N$	15.67	1.15	192.0814
$C_{13}H_3O_2$	14.17	1.33	191.0133	$C_{15}H_{12}$	16.40	1.26	192.0939
$C_{13}H_{21}N$	14.77	1.01	191.1675	C_{16}	17.29	1.40	192.0000
$C_{13}H_5NO$	14.55	1.18	191.0371	**193**			
$C_{13}H_7N_2$	14.92	1.04	191.0610	$C_7H_{17}N_2O_4$	8.76	1.14	193.1189
$C_{14}H_{23}$	15.50	1.12	191.1801	$C_7H_{19}N_3O_3$	9.13	0.98	193.1427
$C_{14}H_7O$	15.28	1.29	191.0497	$C_8H_{19}NO_4$	9.49	1.20	193.1315
$C_{14}H_9N$	15.65	1.14	191.0736	$C_8H_5N_2O_4$	9.64	1.22	193.0249
$C_{15}H_{11}$	16.39	1.25	191.0861	$C_8H_7N_3O_3$	10.02	1.05	193.0488
192				$C_8H_9N_4O_2$	10.39	0.89	193.0726
$C_7H_{16}N_2O_4$	8.74	1.14	192.1111	$C_9H_7NO_4$	10.38	1.29	193.0375
$C_7H_{18}N_3O_3$	9.11	0.97	192.1349	$C_9H_9N_2O_3$	10.75	1.13	193.0614
$C_7H_{20}N_4O_2$	9.49	0.81	192.1588	$C_9H_{11}N_3O_2$	11.12	0.96	193.0852
$C_8H_{18}NO_4$	9.47	1.20	192.1236	$C_9H_{13}N_4O$	11.50	0.81	193.1091
$C_8H_{20}N_2O_3$	9.85	1.04	192.1475	$C_{10}H_9O_4$	11.11	1.36	193.0501
$C_8H_4N_2O_4$	9.63	1.22	192.0171	$C_{10}H_{11}NO_3$	11.48	1.20	193.0739

续表

分子式	M+1	M+2	MW	分子式	M+1	M+2	MW
$C_{10}H_{13}N_2O_2$	11.86	1.04	193.0978	$C_{11}H_4N_3O$	13.13	1.00	194.0355
$C_{10}H_{15}N_3O$	12.23	0.89	193.1216	$C_{11}H_6N_4$	13.51	0.85	194.0594
$C_{10}H_{17}N_4$	12.60	0.73	193.1455	$C_{12}H_{18}O_2$	13.33	1.22	194.1307
$C_{10}HN_4O$	12.39	0.91	193.0151	$C_{12}H_2O_3$	13.12	1.39	194.0003
$C_{11}H_{13}O_3$	12.21	1.28	193.0865	$C_{12}H_{20}NO$	13.71	1.07	194.1546
$C_{11}H_{15}NO_2$	12.59	1.13	193.1103	$C_{12}H_4NO_2$	13.49	1.24	194.0242
$C_{11}H_{17}N_2O$	12.96	0.97	193.1342	$C_{12}H_{22}N_2$	14.08	0.92	194.1784
$C_{11}HN_2O_2$	12.74	1.15	193.0038	$C_{12}H_6N_2O$	13.87	1.09	194.0480
$C_{11}H_{19}N_3$	13.34	0.82	193.1580	$C_{12}H_8N_3$	14.24	0.94	194.0719
$C_{11}H_3N_3O$	13.12	0.99	193.0277	$C_{13}H_{22}O$	14.44	1.17	194.1671
$C_{11}H_5N_4$	13.49	0.84	193.0515	$C_{13}H_6O_2$	14.22	1.34	194.0368
$C_{12}H_{17}O_2$	13.32	1.22	193.1229	$C_{13}H_{24}N$	14.81	1.02	194.1910
$C_{12}HO_3$	13.10	1.39	192.9925	$C_{13}H_8NO$	14.60	1.19	194.0606
$C_{12}H_{19}NO$	13.69	1.07	193.1467	$C_{13}H_{10}N_2$	14.97	1.04	194.0845
$C_{12}H_3NO_2$	13.47	1.24	193.0164	$C_{14}H_{26}$	15.54	1.13	194.2036
$C_{12}H_{21}N_2$	14.07	0.92	193.1706	$C_{14}H_{10}O$	15.33	1.29	194.0732
$C_{12}H_5N_2O$	13.85	1.09	193.0402	$C_{14}H_{12}N$	15.70	1.15	194.0970
$C_{12}H_7N_3$	14.22	0.94	193.0641	$C_{15}H_{14}$	16.43	1.26	194.1096
$C_{13}H_{21}O$	14.42	1.16	193.1593	$C_{15}N$	16.59	1.29	194.0031
$C_{13}H_5O_2$	14.21	1.33	193.0289	$C_{16}H_2$	17.32	1.41	194.0157
$C_{13}H_{23}N$	14.80	1.02	193.1832	**195**			
$C_{13}H_7NO$	14.58	1.19	193.0528	$C_8H_7N_2O_4$	9.68	1.22	195.0406
$C_{13}H_9N_2$	14.95	1.04	193.0767	$C_8H_9N_3O_3$	10.05	1.06	195.0644
$C_{14}H_{25}$	15.53	1.12	193.1957	$C_8H_{11}N_4O_2$	10.42	0.89	195.0883
$C_{14}H_9O$	15.31	1.29	193.0653	$C_9H_9NO_4$	10.41	1.29	195.0532
$C_{14}H_{11}N$	15.69	1.15	193.0892	$C_9H_{11}N_2O_3$	10.78	1.13	195.0770
$C_{15}H_{13}$	16.42	1.26	193.1018	$C_9H_{13}N_3O_2$	11.16	0.97	195.1009
$C_{16}H$	17.31	1.40	193.0078	$C_9H_{15}N_4O$	11.53	0.81	195.1247
194				$C_{10}H_{11}O_4$	11.14	1.36	195.0657
$C_7H_{18}N_2O_4$	8.77	1.14	194.1267	$C_{10}H_{13}NO_3$	11.51	1.21	195.0896
$C_8H_6N_2O_4$	9.66	1.22	194.0328	$C_{10}H_{15}N_2O_2$	11.89	1.05	195.1134
$C_8H_8N_3O_3$	10.03	1.06	194.0566	$C_{10}H_{17}N_3O$	12.26	0.89	195.1373
$C_8H_{10}N_4O_2$	10.41	0.89	194.0805	$C_{10}HN_3O_2$	12.04	1.07	195.0069
$C_9H_8NO_4$	10.39	1.29	194.0453	$C_{10}H_{19}N_4$	12.64	0.74	195.1611
$C_9H_{10}N_2O_3$	10.77	1.13	194.0692	$C_{10}H_3N_4O$	12.42	0.91	195.0308
$C_9H_{12}N_3O_2$	11.14	0.97	194.0930	$C_{11}H_{15}O_3$	12.24	1.29	195.1021
$C_9H_{14}N_4O$	11.51	0.81	194.1169	$C_{11}H_{17}NO_2$	12.62	1.13	195.1260
$C_{10}H_{10}O_4$	11.12	1.36	194.0579	$C_{11}HNO_3$	12.40	1.31	194.9956
$C_{10}H_{12}NO_3$	11.50	1.20	194.0817	$C_{11}H_{19}N_2O$	12.99	0.98	195.1498
$C_{10}H_{14}N_2O_2$	11.87	1.05	194.1056	$C_{11}H_3N_2O_2$	12.78	1.15	195.0195
$C_{10}H_{16}N_3O$	12.25	0.89	194.1295	$C_{11}H_{21}N_3$	13.37	0.83	195.1737
$C_{10}N_3O_2$	12.03	1.06	193.9991	$C_{11}H_5N_3O$	13.15	1.00	195.0433
$C_{10}H_{18}N_4$	12.62	0.73	194.1533	$C_{11}H_7N_4$	13.52	0.85	195.0672
$C_{10}H_2N_4O$	12.40	0.91	194.0229	$C_{12}H_{19}O_2$	13.35	1.22	195.1385
$C_{11}H_{14}O_3$	12.23	1.28	194.0943	$C_{12}H_3O_3$	13.13	1.39	195.0082
$C_{11}H_{16}NO_2$	12.60	1.13	194.1182	$C_{12}H_{21}NO$	13.72	1.07	195.1624
$C_{11}NO_3$	12.39	1.30	193.9878	$C_{12}H_5NO_2$	13.51	1.24	195.0320
$C_{11}H_{18}N_2O$	12.98	0.98	194.1420	$C_{12}H_{23}N_2$	14.10	0.92	195.1863
$C_{11}H_2N_2O_2$	12.76	1.15	194.0116	$C_{12}H_7N_2O$	13.88	1.09	195.0559
$C_{11}H_{20}N_3$	13.35	0.82	194.1659	$C_{12}H_9N_3$	14.26	0.94	195.0798

309

续表

分子式	M+1	M+2	MW	分子式	M+1	M+2	MW
$C_{13}H_{23}O$	14.45	1.17	195.1750	$C_{14}H_{12}O$	15.36	1.30	196.0888
$C_{13}H_7O_2$	14.24	1.34	195.0446	$C_{14}H_{14}N$	15.73	1.16	196.1127
$C_{13}H_{25}N$	14.83	1.02	195.1988	$C_{14}N_2$	15.89	1.18	196.0062
$C_{13}H_9NO$	14.61	1.19	195.0684	$C_{15}H_{16}$	16.47	1.27	196.1253
$C_{13}H_{11}N_2$	14.99	1.05	195.0923	$C_{15}O$	16.25	1.43	195.9949
$C_{14}H_{27}$	15.56	1.13	195.2114	$C_{15}H_2N$	16.62	1.29	196.0187
$C_{14}H_{11}O$	15.34	1.30	195.0810	$C_{16}H_4$	17.35	1.41	196.0313
$C_{14}H_{13}N$	15.72	1.15	195.1049	**197**			
$C_{15}H_{15}$	16.45	1.27	195.1174	$C_8H_9N_2O_4$	9.71	1.22	197.0563
$C_{15}HN$	16.61	1.29	195.0109	$C_8H_{11}N_3O_3$	10.08	1.06	197.0801
$C_{16}H_3$	17.34	1.41	195.0235	$C_8H_{13}N_4O_2$	10.46	0.90	197.1040
196				$C_9H_{11}NO_4$	10.44	1.29	197.0688
$C_8H_8N_2O_4$	9.69	1.22	196.0484	$C_9H_{13}N_2O_3$	10.81	1.13	197.0927
$C_8H_{10}N_3O_3$	10.07	1.06	196.0723	$C_9H_{15}N_3O_2$	11.19	0.97	197.1165
$C_8H_{12}N_4O_2$	10.44	0.90	196.0961	$C_9H_{17}N_4O$	11.56	0.81	197.1404
$C_9H_{10}NO_4$	10.42	1.29	196.0610	$C_9HN_4O_2$	11.35	0.99	197.0100
$C_9H_{12}N_2O_3$	10.80	1.13	196.0848	$C_{10}H_{13}O_4$	11.17	1.37	197.0814
$C_9H_{14}N_3O_2$	11.17	0.97	196.1087	$C_{10}H_{15}NO_3$	11.54	1.21	197.1052
$C_9H_{16}N_4O$	11.55	0.81	196.1325	$C_{10}H_{17}N_2O_2$	11.92	1.05	197.1291
$C_9N_4O_2$	11.33	0.99	196.0022	$C_{10}HN_2O_3$	11.70	1.23	196.9987
$C_{10}H_{12}O_4$	11.15	1.37	196.0735	$C_{10}H_{19}N_3O$	12.29	0.90	197.1529
$C_{10}H_{14}NO_3$	11.53	1.21	196.0974	$C_{10}H_3N_3O_2$	12.08	1.07	197.0226
$C_{10}H_{16}N_2O_2$	11.90	1.05	196.1213	$C_{10}H_{21}N_4$	12.67	0.74	197.1768
$C_{10}N_2O_3$	11.69	1.22	195.9909	$C_{10}H_5N_4O$	12.45	0.91	197.0464
$C_{10}H_{18}N_3O$	12.28	0.89	196.1451	$C_{11}H_{17}O_3$	12.28	1.29	197.1178
$C_{10}H_2N_3O_2$	12.06	1.07	196.0147	$C_{11}HO_4$	12.06	1.46	196.9874
$C_{10}H_{20}N_4$	12.65	0.74	196.1690	$C_{11}H_{19}NO_2$	12.65	1.14	197.1416
$C_{10}H_4N_4O$	12.43	0.91	196.0386	$C_{11}H_3NO_3$	12.43	1.31	197.0113
$C_{11}H_{16}O_3$	12.26	1.29	196.1100	$C_{11}H_{21}N_2O$	13.02	0.98	197.1655
$C_{11}O_4$	12.04	1.46	195.9796	$C_{11}H_5N_2O_2$	12.81	1.16	197.0351
$C_{11}H_{18}NO_2$	12.63	1.13	196.1338	$C_{11}H_{23}N_3$	13.40	0.83	197.1894
$C_{11}H_2NO_3$	12.42	1.31	196.0034	$C_{11}H_7N_3O$	13.18	1.00	197.0590
$C_{11}H_{20}N_2O$	13.01	0.98	196.1577	$C_{11}H_9N_4$	13.56	0.85	197.0829
$C_{11}H_4N_2O_2$	12.79	1.15	196.0273	$C_{12}H_{21}O_2$	13.38	1.23	197.1542
$C_{11}H_{22}N_3$	13.38	0.83	196.1815	$C_{12}H_5O_3$	13.16	1.40	197.0238
$C_{11}H_6N_3O$	13.17	1.00	196.0511	$C_{12}H_{23}NO$	13.76	1.08	197.1781
$C_{11}H_8N_4$	13.54	0.85	196.0750	$C_{12}H_7NO_2$	13.54	1.25	197.0477
$C_{12}H_{20}O_2$	13.37	1.22	196.1464	$C_{12}H_{25}N_2$	14.13	0.93	197.2019
$C_{12}H_4O_3$	13.15	1.40	196.0160	$C_{12}H_9N_2O$	13.91	1.10	197.0715
$C_{12}H_{22}NO$	13.74	1.07	196.1702	$C_{12}H_{11}N_3$	14.29	0.95	197.0954
$C_{12}H_6NO_2$	13.52	1.24	196.0399	$C_{13}H_{25}O$	14.49	1.17	197.1906
$C_{12}H_{24}N_2$	14.11	0.92	196.1941	$C_{13}H_9O_2$	14.27	1.34	197.0603
$C_{12}H_8N_2O$	13.90	1.09	196.0637	$C_{13}H_{27}N$	14.86	1.03	197.2145
$C_{12}H_{10}N_3$	14.27	0.95	196.0876	$C_{13}H_{11}NO$	14.64	1.20	197.0841
$C_{13}H_{24}O$	14.47	1.17	196.1828	$C_{13}H_{13}N_2$	15.02	1.05	197.1080
$C_{13}H_8O_2$	14.25	1.34	196.0524	$C_{14}H_{29}$	15.59	1.13	197.2270
$C_{13}H_{26}N$	14.85	1.03	196.2067	$C_{14}H_{13}O$	15.38	1.30	197.0967
$C_{13}H_{10}NO$	14.63	1.19	196.0763	$C_{14}H_{15}N$	15.75	1.16	197.1205
$C_{13}H_{12}N_2$	15.00	1.05	196.1001	$C_{14}HN_2$	15.91	1.18	197.0140
$C_{14}H_{28}$	15.58	1.13	196.2192	$C_{15}H_{17}$	16.48	1.27	197.1331

分子式	M+1	M+2	MW	分子式	M+1	M+2	MW
$C_{15}HO$	16.26	1.44	197.0027	$C_{15}H_2O$	16.28	1.44	198.0106
$C_{15}H_3N$	16.64	1.30	197.0266	$C_{15}H_4N$	16.65	1.30	198.0344
$C_{16}H_5$	17.37	1.42	197.0391	$C_{16}H_6$	17.39	1.42	198.0470
198				**199**			
$C_8H_{10}N_2O_4$	9.72	1.23	198.0641	$C_8H_{11}N_2O_4$	9.74	1.23	199.0719
$C_8H_{12}N_3O_3$	10.10	1.06	198.0879	$C_8H_{13}N_3O_3$	10.11	1.06	199.0958
$C_8H_{14}N_4O_2$	10.47	0.90	198.1118	$C_8H_{15}N_4O_2$	10.49	0.90	199.1196
$C_9H_{12}NO_4$	10.46	1.30	198.0766	$C_9H_{13}NO_4$	10.47	1.30	199.0845
$C_9H_{14}N_2O_3$	10.83	1.13	198.1005	$C_9H_{15}N_2O_3$	10.85	1.14	199.1083
$C_9H_{16}N_3O_2$	11.20	0.97	198.1244	$C_9H_{17}N_3O_2$	11.22	0.98	199.1322
$C_9N_3O_3$	10.99	1.15	197.9940	$C_9HN_3O_3$	11.00	1.15	199.0018
$C_9H_{18}N_4O$	11.58	0.82	198.1482	$C_9H_{19}N_4O$	11.59	0.82	199.1560
$C_9H_2N_4O_2$	11.36	0.99	198.0178	$C_9H_3N_4O_2$	11.38	0.99	199.0257
$C_{10}H_{14}O_4$	11.19	1.37	198.0892	$C_{10}H_{15}O_4$	11.20	1.37	199.0970
$C_{10}H_{16}NO_3$	11.56	1.21	198.1131	$C_{10}H_{17}NO_3$	11.58	1.21	199.1209
$C_{10}NO_4$	11.34	1.39	197.9827	$C_{10}HNO_4$	11.36	1.39	198.9905
$C_{10}H_{18}N_2O_2$	11.94	1.05	198.1369	$C_{10}H_{19}N_2O_2$	11.95	1.06	199.1447
$C_{10}H_2N_2O_3$	11.72	1.23	198.0065	$C_{10}H_3N_2O_3$	11.73	1.23	199.0144
$C_{10}H_{20}N_3O$	12.31	0.90	198.1608	$C_{10}H_{21}N_3O$	12.33	0.90	199.1686
$C_{10}H_4N_3O_2$	12.09	1.07	198.0304	$C_{10}H_5N_3O_2$	12.11	1.07	199.0382
$C_{10}H_{22}N_4$	12.68	0.74	198.1846	$C_{10}H_{23}N_4$	12.70	0.75	199.1925
$C_{10}H_6N_4O$	12.47	0.92	198.0542	$C_{10}H_7N_4O$	12.48	0.92	199.0621
$C_{11}H_{18}O_3$	12.29	1.29	198.1256	$C_{11}H_{19}O_3$	12.31	1.29	199.1334
$C_{11}H_2O_4$	12.07	1.47	197.9953	$C_{11}H_3O_4$	12.09	1.47	199.0031
$C_{11}H_{20}NO_2$	12.67	1.14	198.1495	$C_{11}H_{21}NO_2$	12.68	1.14	199.1573
$C_{11}H_4NO_3$	12.45	1.31	198.0191	$C_{11}H_5NO_3$	12.47	1.31	199.0269
$C_{11}H_{22}N_2O$	13.04	0.99	198.1733	$C_{11}H_{23}N_2O$	13.06	0.99	199.1811
$C_{11}H_6N_2O_2$	12.82	1.16	198.0429	$C_{11}H_7N_2O_2$	12.84	1.16	199.0508
$C_{11}H_{24}N_3$	13.42	0.83	198.1972	$C_{11}H_{25}N_3$	13.43	0.84	199.2050
$C_{11}H_8N_3O$	13.20	1.01	198.0668	$C_{11}H_9N_3O$	13.21	1.01	199.0746
$C_{11}H_{10}N_4$	13.57	0.85	198.0907	$C_{11}H_{11}N_4$	13.59	0.86	199.0985
$C_{12}H_{22}O_2$	13.40	1.23	198.1620	$C_{12}H_{23}O_2$	13.41	1.23	199.1699
$C_{12}H_6O_3$	13.18	1.40	198.0317	$C_{12}H_7O_3$	13.20	1.40	199.0395
$C_{12}H_{24}NO$	13.77	1.08	198.1859	$C_{12}H_{25}NO$	13.79	1.08	199.1937
$C_{12}H_8NO_2$	13.55	1.25	198.0555	$C_{12}H_9NO_2$	13.57	1.25	199.0634
$C_{12}H_{26}N_2$	14.15	0.93	198.2098	$C_{12}H_{27}N_2$	14.16	0.93	199.2176
$C_{12}H_{10}N_2O$	13.93	1.10	198.0794	$C_{12}H_{11}N_2O$	13.95	1.10	199.0872
$C_{12}H_{12}N_3$	14.30	0.95	198.1032	$C_{12}H_{13}N_3$	14.32	0.95	199.1111
$C_{13}H_{26}O$	14.50	1.18	198.1985	$C_{13}H_{27}O$	14.52	1.18	199.2063
$C_{13}H_{10}O_2$	14.29	1.35	198.0681	$C_{13}H_{11}O_2$	14.30	1.35	199.0759
$C_{13}H_{28}N$	14.88	1.03	198.2223	$C_{13}H_{29}N$	14.89	1.03	199.2301
$C_{13}H_{12}NO$	14.66	1.20	198.0919	$C_{13}H_{13}NO$	14.68	1.20	199.0998
$C_{13}H_{14}N_2$	15.03	1.05	198.1158	$C_{13}H_{15}N_2$	15.05	1.06	199.1236
$C_{13}N_3$	15.19	1.08	198.0093	$C_{13}HN_3$	15.21	1.08	199.0171
$C_{14}H_{30}$	15.61	1.14	198.2349	$C_{14}H_{15}O$	15.41	1.31	199.1123
$C_{14}H_{14}O$	15.39	1.30	198.1045	$C_{14}H_{17}N$	15.78	1.16	199.1362
$C_{14}H_{16}N$	15.77	1.16	198.1284	$C_{14}HNO$	15.56	1.33	199.0058
$C_{14}NO$	15.55	1.33	197.9980	$C_{14}H_3N_2$	15.94	1.19	199.0297
$C_{14}H_2N_2$	15.92	1.18	198.0218	$C_{15}H_{19}$	16.51	1.28	199.1488
$C_{15}H_{18}$	16.50	1.27	198.1409	$C_{15}H_3O$	16.30	1.44	199.0184

续表

分子式	M+1	M+2	MW	分子式	M+1	M+2	MW
$C_{15}H_5N$	16.67	1.30	199.0422	$C_{11}H_8N_2O_2$	12.86	1.16	200.0586
$C_{16}H_7$	17.40	1.42	199.0548	$C_{11}H_{26}N_3$	13.45	0.84	200.2129
200				$C_{11}H_{10}N_3O$	13.23	1.01	200.0825
$C_8H_{12}N_2O_4$	9.76	1.23	200.0797	$C_{11}H_{12}N_4$	13.60	0.86	200.1063
$C_8H_{14}N_3O_3$	10.13	1.07	200.1036	$C_{12}H_{24}O_2$	13.43	1.23	200.1777
$C_8H_{16}N_4O_2$	10.50	0.90	200.1275	$C_{12}H_8O_3$	13.21	1.40	200.0473
$C_9H_{14}NO_4$	10.49	1.30	200.0923	$C_{12}H_{26}NO$	13.80	1.08	200.2015
$C_9H_{16}N_2O_3$	10.86	1.14	200.1162	$C_{12}H_{10}NO_2$	13.59	1.25	200.0712
$C_9N_2O_4$	10.64	1.31	199.9858	$C_{12}H_{28}N_2$	14.18	0.93	200.2254
$C_9H_{18}N_3O_2$	11.24	0.98	200.1400	$C_{12}H_{12}N_2O$	13.96	1.10	200.0950
$C_9H_2N_3O_3$	11.02	1.15	200.0096	$C_{12}H_{14}N_3$	14.34	0.96	200.1189
$C_9H_{20}N_4O$	11.61	0.82	200.1639	$C_{12}N_4$	14.49	0.98	200.0124
$C_9H_4N_4O_2$	11.39	0.99	200.0335	$C_{13}H_{28}O$	14.53	1.18	200.2141
$C_{10}H_{16}O_4$	11.22	1.37	200.1049	$C_{13}H_{12}O_2$	14.32	1.35	200.0837
$C_{10}H_{18}NO_3$	11.59	1.21	200.1287	$C_{13}H_{14}NO$	14.69	1.20	200.1076
$C_{10}H_2NO_4$	11.38	1.39	199.9983	$C_{13}H_{16}N_2$	15.07	1.06	200.1315
$C_{10}H_{20}N_2O_2$	11.97	1.06	200.1526	$C_{13}N_2O$	14.85	1.23	200.0011
$C_{10}H_4N_2O_3$	11.75	1.23	200.0222	$C_{13}H_2N_3$	15.22	1.08	200.0249
$C_{10}H_{22}N_3O$	12.34	0.90	200.1764	$C_{14}H_{16}O$	15.42	1.31	200.1202
$C_{10}H_6N_3O_2$	12.12	1.08	200.0460	$C_{14}O_2$	15.21	1.48	199.9898
$C_{10}H_{24}N_4$	12.72	0.75	200.2003	$C_{14}H_{18}N$	15.80	1.17	200.1440
$C_{10}H_8N_4O$	12.50	0.92	200.0699	$C_{14}H_2NO$	15.58	1.33	200.0136
$C_{11}H_{20}O_3$	12.32	1.30	200.1413	$C_{14}H_4N_2$	15.96	1.19	200.0375
$C_{11}H_4O_4$	12.11	1.47	200.0109	$C_{15}H_{20}$	16.53	1.28	200.1566
$C_{11}H_{22}NO_2$	12.70	1.14	200.1651	$C_{15}H_{14}O$	16.31	1.44	200.0262
$C_{11}H_6NO_3$	12.48	1.32	200.0348	$C_{15}H_6N$	16.69	1.30	200.0501
$C_{11}H_{24}N_2O$	13.07	0.99	200.1890	$C_{16}H_8$	17.42	1.42	200.0626

① 标题为 MW 的竖列给出了基于每一元素最丰同位素的准确质量的分子式质量，这些质量是基于碳的最丰同位素质量为 12.0000。

内 容 提 要

　　本书以有机化合物的结构鉴定为目的，分别系统介绍了紫外光谱、红外光谱、核磁共振波谱和质谱的谱图解析方法，最后还重点介绍了如何利用四种波谱数据所提供的结构信息对分子结构进行综合解析。此外，书末还附有大量波谱解析所需的数据，为读者查找使用提供了方便。

　　本书实例丰富、典型，语言简明扼要，文字通俗易懂，具有较强的实用价值，既可供高等学校有机化学、分析化学、药物化学、应用化学、环境监测等相关专业的师生阅读学习，也可供从事上述专业的科研人员、技术人员参考使用。